# 中 国 国 家 标 准 汇 编

# 511

GB 27740～27767

（2011 年制定）

中国标准出版社　编

中国标准出版社

北　京

**图书在版编目(CIP)数据**

中国国家标准汇编:2011年制定.511:
GB 27740～27767/中国标准出版社编.—北京:中国
标准出版社,2012
ISBN 978-7-5066-6964-1

Ⅰ.①中… Ⅱ.①中… Ⅲ.①国家标准-汇编-中国
-2011 Ⅳ.①T-652.1

中国版本图书馆CIP数据核字(2012)第197822号

中国标准出版社出版发行
北京市朝阳区和平里西街甲2号(100013)
北京市西城区三里河北街16号(100045)
网址 www.spc.net.cn
总编室:(010)64275323 发行中心:(010)51780235
读者服务部:(010)68523946
中国标准出版社秦皇岛印刷厂印刷
各地新华书店经销
*
开本 880×1230 1/16 印张 40 字数 1 211 千字
2012年10月第一版 2012年10月第一次印刷
*
定价 220.00 元

如有印装差错 由本社发行中心调换
版权专有 侵权必究
举报电话:(010)68510107

# 出 版 说 明

1.《中国国家标准汇编》是一部大型综合性国家标准全集。自1983年起，按国家标准顺序号以精装本、平装本两种装帧形式陆续分册汇编出版。它在一定程度上反映了我国建国以来标准化事业发展的基本情况和主要成就，是各级标准化管理机构，工矿企事业单位，农林牧副渔系统，科研、设计、教学等部门必不可少的工具书。

2.《中国国家标准汇编》收入我国每年正式发布的全部国家标准，分为"制定"卷和"修订"卷两种编辑版本。

"制定"卷收入上一年度我国发布的、新制定的国家标准，顺延前年度标准编号分成若干分册，封面和书脊上注明"20××年制定"字样及分册号，分册号一直连续。各分册中的标准是按照标准编号顺序连续排列的，如有标准顺序号缺号的，除特殊情况注明外，暂为空号。

"修订"卷收入上一年度我国发布的、被修订的国家标准，视篇幅分设若干分册，但与"制定"卷分册号无关联，仅在封面和书脊上注明"20××年修订-1，-2，-3，……"字样。"修订"卷各分册中的标准，仍按标准编号顺序排列(但不连续)；如有遗漏的，均在当年最后一分册中补齐。需提请读者注意的是，个别非顺延前年度标准编号的新制定的国家标准没有收入在"制定"卷中，而是收入在"修订"卷中。

读者配套购买《中国国家标准汇编》"制定"卷和"修订"卷则可收齐由我社出版的上一年度我国制定和修订的全部国家标准。

3. 由于读者需求的变化，自1996年起，《中国国家标准汇编》仅出版精装本。

4. 2011年我国制修订国家标准共1 989项。本分册为"2011年制定"卷第511分册，收入国家标准GB 27740～27767的最新版本。

中国标准出版社

2012年8月

# 目　　录

ICS 83.140.10
G 33

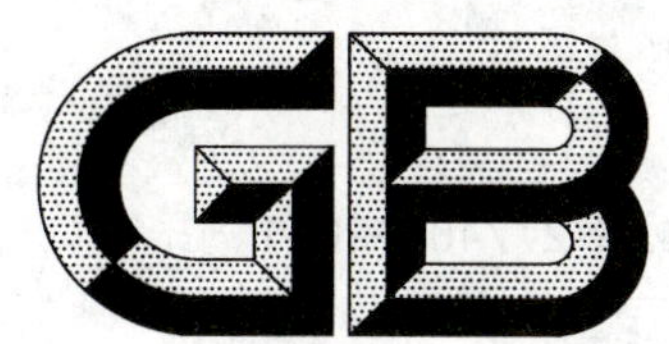

# 中华人民共和国国家标准

GB/T 27740—2011

# 流延聚丙烯(CPP)薄膜

**Cast polypropylene (CPP) film**

[ISO 17557:2003 Plastics—Film and sheeting—
Cast polypropylene (CPP) films, MOD]

2011-12-30 发布 2012-07-01 实施

中华人民共和国国家质量监督检验检疫总局
中国国家标准化管理委员会 发布

# 前　言

本标准按照 GB/T 1.1—2009 给出的规则起草。

本标准使用重新起草法修改采用 ISO 17557:2003《塑料　薄膜和薄片　流延聚丙烯薄膜》。

本标准与 ISO 17557:2003 的技术性差异及其原因如下：

——修改了产品的分类方法。根据产品的表面处理情况，分为经电晕或火焰处理的和没有经电晕或火焰处理的薄膜；根据产品的热封性能，分为热封型和非热封型；根据产品的用途，分为普通用薄膜、镀铝用薄膜、普通蒸煮用薄膜和高温蒸煮用薄膜。

——提高了厚度偏差、拉伸强度、雾度、润湿张力等主要技术指标值。

——增加了接头个数和段长的要求。

——增加了第六章检验规则。

为便于使用，本标准还做了下列编辑性修改：

a）删除国际标准的前言；

b）增加了资料性附录 A 和附录 B，以指导使用：

在资料性附录 A 中列出了本标准章条编号和国际标准 ISO 17557:2003 章条编号的对照一览表；

在资料性附录 B 中给出了本标准与 ISO 17557:2003 技术性差异及其原因的一览表。

请注意本文件的某些内容有可能涉及专利。本文件的发布机构不应承担识别这些专利的责任。

本标准由中国轻工业联合会提出。

本标准由全国塑料制品标准化技术委员会(SAC/TC 48)归口。

本标准主要起草单位：佛山塑料集团股份有限公司、浙江大东南包装股份有限公司、轻工业塑料加工应用研究所。

本标准主要起草人：张广强、陈志雄、施亚琤、史武军、曾建、杨文忠、陈倩、高新。

# 流延聚丙烯(CPP)薄膜

## 1 范围

本标准规定了流延聚丙烯薄膜的分类、要求、试验方法、检验规则、标志、包装、运输和贮存。

本标准适用于以聚丙烯树脂为主要原料,以流延成型的普通用途薄膜、镀铝用薄膜和蒸煮用薄膜(以下简称"CPP 薄膜")。

## 2 规范性引用文件

下列文件对于本文件的应用是必不可少的。凡是注日期的引用文件,仅注日期的版本适用于本文件。凡是不注日期的引用文件,其最新版本(包括所有的修改单)适用于本文件。

GB/T 191—2008 包装储运图示标志(ISO 780:1997,MOD)

GB/T 1037—1988 塑料薄膜和片材透水蒸气性试验方法 杯式法

GB/T 1040.3—2006 塑料 拉伸性能的测定 第3部分:薄膜和薄片的试验条件(ISO 527-3:1995,IDT)

GB/T 2410—2008 透明塑料透光率和雾度

GB/T 2828.1—2003 计数抽样检验程序 第1部分:按接收质量限(AQL)检索的逐批检验抽样计划(ISO 2859-1:1999,IDT)

GB/T 2918—1998 塑料试样状态调节和试验的标准环境(idt ISO 291:1997)

GB/T 5009.60—2003 食品包装用聚乙烯、聚苯乙烯、聚丙烯成型品卫生标准的分析方法

GB/T 6672—2001 塑料薄膜和薄片厚度测定 机械测量法(idt ISO 4593:1993)

GB/T 6673—2001 塑料薄膜和薄片 长度和宽度的测定(idt ISO 4592:1992)

GB 9688 食品包装用聚丙烯成型品卫生标准

GB/T 10006—1988 塑料薄膜和薄片摩擦系数测定方法(idt ISO 8295:1986)

GB/T 14216—2008 塑料 膜和片润湿张力的测定(ISO 8296:2003,IDT)

ISO 15106-1:2003 塑料 薄膜和薄片 水蒸气透过率的测定 第1部分:湿度计法(Plastics—Film and sheeting—Determination of water vapour transmission rate—Part 1:Humidity detection sensor method)

ISO 15106-2:2003 塑料 薄膜和薄片 水蒸气透过率的测定 第2部分:红外探测法(Plastics—Film and sheeting—Determination of water vapour transmission rate—Part 2:Infrared detection sensor method)

ISO 15106-3:2003 塑料 薄膜和薄片 水蒸气透过率的测定 第3部分:电解法(Plastics—Film and sheeting—Determination of water vapour transmission rate—Part 3:Electrolytic detection sensor method)

## 3 分类

### 3.1 按薄膜的热封性能分

按薄膜的热封性能分为热封型和非热封型。

### 3.2 按薄膜表面的处理情况分

按薄膜表面的处理情况分为经电晕或火焰处理的和没有经电晕或火焰处理的。

### 3.3 按薄膜的用途分

按薄膜的用途分为普通用途薄膜、镀铝用薄膜、普通蒸煮用薄膜和高温蒸煮用薄膜。

普通蒸煮用薄膜是指能用于温度为 121 ℃,时间为 40 min 蒸煮的薄膜。

高温蒸煮用薄膜是指能用于温度为 135 ℃,时间为 30 min 蒸煮的薄膜。

## 4 要求

### 4.1 外观

外观应符合表 1 规定。

表 1 膜卷外观要求

<table>
<tr><th colspan="3">项 目 名 称</th><th>要 求</th></tr>
<tr><td colspan="3">暴筋、条纹、荡边</td><td>允许轻微</td></tr>
<tr><td colspan="3">同卷膜端面颜色</td><td>允许有轻微差异</td></tr>
<tr><td colspan="3">端面不整齐度/mm</td><td>≤5</td></tr>
<tr><td colspan="3">端面划痕、油污、杂质</td><td>不允许</td></tr>
<tr><td colspan="3">表面划痕、皱折</td><td>不明显</td></tr>
<tr><td rowspan="4">气泡、颗粒、鱼眼/(个/0.1 m²)</td><td rowspan="2">镀铝用途、蒸煮用途</td><td>ϕ0.5 mm～1.0 mm</td><td>≤5</td></tr>
<tr><td>ϕ>1.0 mm</td><td>不允许</td></tr>
<tr><td rowspan="2">普通用途</td><td>ϕ0.5 mm～2.0 mm</td><td>≤5</td></tr>
<tr><td>ϕ>2.0 mm</td><td>不允许</td></tr>
<tr><td colspan="3">膜卷卷芯</td><td>不允许凹陷或缺口</td></tr>
</table>

### 4.2 尺寸偏差

#### 4.2.1 宽度偏差

宽度偏差符合表 2 规定。

表 2 宽度偏差

| 公称宽度/mm | 宽度偏差/mm |
|---|---|
| 300～2 500 | 0～+5.0 |

#### 4.2.2 长度偏差

膜卷长度偏差应介于公称长度的 0～+1%之间。膜卷长度及其相应偏差的例子如表 3 所示。

**表 3 膜卷公称长度及其相应偏差的例子**

| 公称长度/m | 膜卷长度/km | 膜卷长度偏差/m |
|---|---|---|
| 1 000 | 1 | 0～+10 |
| 2 000 | 2 | 0～+20 |
| 4 000 | 4 | 0～+40 |
| 6 000 | 6 | 0～+60 |
| 8 000 | 8 | 0～+80 |
| >8 000 | >8 | 0～公称长度的+1% |

### 4.2.3 接头个数和最小段长

每卷长度由供需双方商定，每卷接头个数和最小段长应符合表 4 规定，接头处用有色粘胶带对准接好，接头应牢固，并有明显标记。

**表 4 每卷接头个数和最小段长**

| 每卷长度/m | 每卷接头个数/个 | 最小段长/m |
|---|---|---|
| <2 000 | ≤1 | ≥300 |
| 2 000～6 000 | ≤2 | ≥500 |
| >6 000 | ≤2 | ≥1 000 |

### 4.2.4 卷芯内径

卷芯内径宜取 $76^{+2}_{0}$ mm 或 $152^{+2}_{0}$ mm。

### 4.2.5 厚度偏差

厚度偏差应符合表 5 规定。

**表 5 厚度偏差**

| 公称厚度/μm | 厚度极限偏差/% | 平均厚度偏差/% |
|---|---|---|
| 20～40 | ±10.0 | ±8.0 |
| 40～80 | ±8.0 | ±6.0 |

## 4.3 物理机械性能

物理机械性能应符合表 6 规定。

表 6 物理机械性能

| 项目名称 | | 普通用途薄膜 | 镀铝用薄膜 | 普通蒸煮用薄膜 | 高温蒸煮用薄膜 |
|---|---|---|---|---|---|
| 拉伸强度/MPa | 纵向[a] | ≥35 | | | |
| | 横向[b] | ≥25 | | | |
| 断裂标称应变/% | 纵向[a] | ≥280 | | | |
| | 横向[b] | ≥380 | | | |
| 水蒸气透过量[c]/[g/(100 μm·$m^{-2}$·$d^{-1}$)] | 热封型 | ≤5.0 | | | |
| | 非热封型 | ≤4.0 | | — | |
| 雾度[d]/% | 厚度≤30 μm | ≤5.0 | | — | |
| | 30 μm<厚度≤80 μm | ≤8.0 | | ≤12.0 | — |
| 起始热封温度(非处理面之间)[e]/℃ | 热封型 | <145 | | <175 | |
| | 非热封型 | ≥145 | | | |
| 动摩擦系数(非处理面之间) | | ≤0.50 | — | — | — |
| 润湿张力/(mN/m) | 处理面 | ≥36 | ≥38 | ≥36 | ≥38 |
| | 非处理面 | <33 | | | |

[a] 纵:与挤出方向平行的方向。
[b] 横:与挤出方向垂直的方向。
[c] 在 38 ℃,相对湿度 90%,供需双方认为需要时才检验。
[d] 仅适用于透明薄膜。
[e] 起始热封温度是热封强度≥3 N/15 mm 时的最低温度。

### 4.4 卫生指标

若薄膜直接与食品接触时,卫生指标应符合 GB 9688 的规定。

## 5 试验方法

### 5.1 取样方法

取样的膜卷包装应完好无损。在膜卷上去掉表面三层,沿膜卷的宽度切割取样,作外观、尺寸偏差、物理机械性能及卫生性能测试。待测定的试样,须密封包装,防止受潮和受污染。

### 5.2 试样状态调节和试验的标准环境

按 GB/T 2918—1998 的规定进行状态调节。温度:(23±2)℃,相对湿度:(50±10)%,状态调节时间不少于 4 h,并在此条件下进行试验。

### 5.3 外观

在自然光或 40 W 日光灯下对膜卷进行目测。颗粒、气泡的粒径用带有刻度值为 0.1 mm 的刻度尺测量。膜卷端面不整齐度用精度为 0.5 mm 的钢直尺测量。

## 5.4 尺寸偏差

### 5.4.1 厚度偏差

#### 5.4.1.1 测厚层数

按表7规定的取样层数，去掉面、底各一层进行叠加测厚。在薄膜宽度横向等距取十个点测量。

表7 取样层数

| 厚度/μm | 20～40 | 41～50 | 51～80 |
|---|---|---|---|
| 取样层数/层 | 7 | 5 | 4 |

#### 5.4.1.2 试验仪器

按GB/T 6672—2001中的2.1规定执行，精度不低于1 μm。

#### 5.4.1.3 试验步骤

测量点数按GB/T 6672—2001中的4.5规定执行。

将每点实测厚度除以层数，即为对应位置的薄膜厚度。

各测量位置的厚度算术平均值即为平均厚度。

#### 5.4.1.4 结果计算

厚度平均偏差及厚度极限偏差按式(1)、式(2)、式(3)计算：

$$\Delta d = \frac{L_1 - S}{S} \times 100 \quad \cdots\cdots(1)$$

$$\Delta d_m = \frac{L_2 - S}{S} \times 100 \quad \cdots\cdots(2)$$

$$\Delta d_n = \frac{L_3 - S}{S} \times 100 \quad \cdots\cdots(3)$$

式中：

$\Delta d$ ——平均厚度偏差，用%表示；

$\Delta d_m$——厚度最大偏差，用%表示；

$\Delta d_n$——厚度最小偏差，用%表示；

$L_1$ ——算术平均厚度，单位为微米(μm)；

$L_2$ ——最大厚度值，单位为微米(μm)；

$L_3$ ——最小厚度值，单位为微米(μm)；

$S$ ——公称厚度，单位为微米(μm)。

### 5.4.2 长度和宽度偏差

按GB/T 6673—2001的规定进行。

### 5.4.3 卷芯内径

卷芯内径用游标卡尺测量。

### 5.5 物理机械性能

#### 5.5.1 拉伸强度和断裂标称应变

按 GB/T 1040.3—2006 的规定进行。试样采用长 100 mm、宽 15 mm±0.1 mm 的长条形，夹具间距离 50 mm±0.5 mm，试验速度为(300±30)mm/min。结果取 5 个试样的算术平均值。

#### 5.5.2 水蒸气透过量

按 GB/T 1037—1988 条件 A，或者 ISO 15106-1:2003、ISO 15106-2:2003 或 ISO 15106-3:2003 的规定进行。结果取 3 个试样的算术平均值。

有争议时按 GB/T 1037—1988 的规定进行仲裁。用式(4)来计算水蒸气透过量，以每 100 μm 厚度来表示。

$$PWV = WVTR \times \frac{h}{100} \qquad \cdots\cdots(4)$$

其中：

PWV ——水蒸气透过量，单位为克每 100 微米平方米天[$g/(100\ \mu m \cdot m^{-2} \cdot d^{-1})$]；

WVTR——水蒸气透过率，单位为克每平方米天[$g/(m^2 \cdot d)$]；

$h$ ——样品厚度，单位为微米(μm)。

#### 5.5.3 雾度

按 GB/T 2410—2008 的规定进行。结果取 5 个试样的算术平均值。

#### 5.5.4 润湿张力

按 GB/T 14216—2008 的规定进行。

#### 5.5.5 动摩擦系数

按 GB/T 10006—1988 的规定进行。结果取 5 个试样的算术平均值。

#### 5.5.6 起始热封温度

##### 5.5.6.1 仪器

###### 5.5.6.1.1 热封机

单刀加热，加热宽度在 5 mm 或以上。

###### 5.5.6.1.2 拉伸试验机

##### 5.5.6.2 样品准备

取长 100 mm，宽 15 mm 的两块薄膜以热封面接触叠在一起，再用一块厚度 12 μm±1.2 μm 的聚酯(PET)薄膜盖在上面。把薄膜放在热封机的两把焊刀之间，焊刀垂直于膜面，上焊刀加热，用 0.20 MPa 的压力，时间 1 s 把薄膜封合在一起。在相同的温度下，重复以上操作准备 5 个样品。升高热封温度约 5 ℃，准备另外 5 个样品。如有需要(参见 5.5.6.3)，可以增加或降低热封温度，并在该温度下准备 5 个样品。

##### 5.5.6.3 处理过程

把样品的两端分别夹在拉伸机的夹具上，夹具间的距离大于或等于 50 mm。用(300±30)mm/min

的速度测定热封强度，每个热封温度一共测试 5 个样品，热封强度取其平均值，并制作温度与热封强度曲线图，以推算热封强度为 3 N/15 mm 时的热封温度。见图 1。

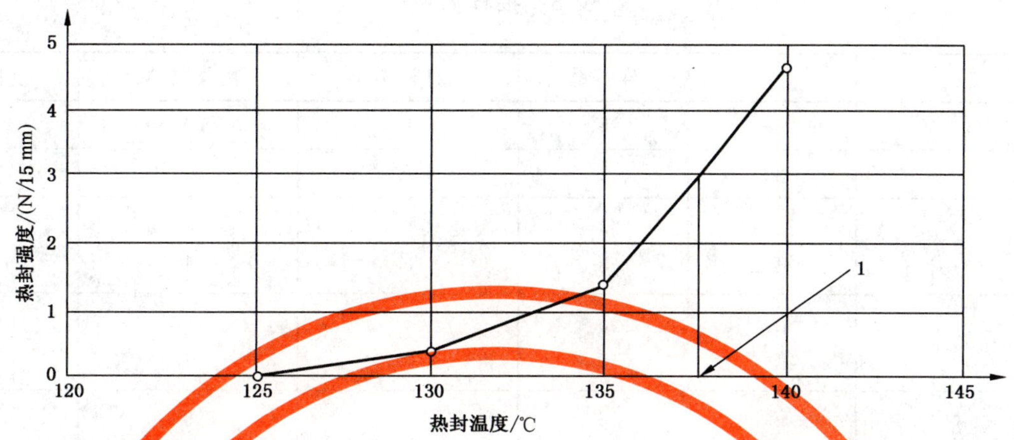


注：1 所指的为起始热封温度。

图 1 起始热封温度的判定

[watermark]

## 5.6 卫生性能

按 GB/T 5009.60—2003 的规定进行。

# 6 检验规则

## 6.1 检验分类

### 6.1.1 出厂检验

出厂检验项目为第 4 章除水蒸气透过量、卫生指标外的全部项目。

### 6.1.2 型式检验

型式检验为第 4 章的全部项目。有下列情况之一时应进行型式检验：

a) 新产品试制的定型鉴定；

b) 正式生产后，如材料、工艺有重大改变，可能影响产品性能时；

c) 正常生产时每半年进行一次检验；

d) 产品停产半年后，恢复生产时；

e) 出厂检验结果与上次型式检验结果有较大差异时。

## 6.2 组批和抽样

### 6.2.1 组批

产品抽样检验的基本单位为卷。同一类型、同一工艺条件、同一规格连续生产不超过 100 t，时间不超过一周的薄膜为一批。

### 6.2.2 抽样

物理机械性能和卫生性能从每批产品中任取一卷。

外观及尺寸偏差检验采用GB/T 2828.1—2003规定的一般检查水平为Ⅱ，二次抽样方案，质量接收限（AQL）为6.5，按表8抽样检验。

表8　抽样方案

单位为卷

| 批　量 | 样本 | 样本量 | 累计样本量 | 接收数 Ac | 拒收数 Re |
|---|---|---|---|---|---|
| 1～8 | 第一 | 2 | 2 | 0 | 1 |
| 9～15 | 第一 | 2 | 2 | 0 | 1 |
| 16～25 | 第一 | 3 | 3 | 0 | 2 |
| | 第二 | 3 | 6 | 1 | 2 |
| 26～50 | 第一 | 5 | 5 | 0 | 2 |
| | 第二 | 5 | 10 | 1 | 2 |
| 51～90 | 第一 | 8 | 8 | 0 | 3 |
| | 第二 | 8 | 16 | 3 | 4 |
| 91～150 | 第一 | 13 | 13 | 1 | 3 |
| | 第二 | 13 | 26 | 4 | 5 |
| 151～280 | 第一 | 20 | 20 | 2 | 5 |
| | 第二 | 20 | 40 | 6 | 7 |
| 281～500 | 第一 | 32 | 32 | 3 | 6 |
| | 第二 | 32 | 64 | 9 | 10 |
| 501～1 200 | 第一 | 50 | 50 | 5 | 9 |
| | 第二 | 50 | 100 | 12 | 13 |
| 1 201～3 200 | 第一 | 80 | 80 | 7 | 11 |
| | 第二 | 80 | 160 | 18 | 19 |
| 3 201～10 000 | 第一 | 125 | 125 | 11 | 16 |
| | 第二 | 125 | 250 | 26 | 27 |
| 10 001～35 000 | 第一 | 200 | 200 | 11 | 16 |
| | 第二 | 200 | 400 | 26 | 27 |

## 6.3　合格批的判定

### 6.3.1　合格项的判定

外观、尺寸偏差若有一项不合格，则该卷为不合格品。

物理机械性能检验结果中有一项不合格，应在原批中重新取样，对不合格项进行复验，复验结果如仍不合格，则该批为不合格。

卫生性能若有一项不合格，则卫生性能不合格。

### 6.3.2　合格批的判定

外观、尺寸偏差按表8判定。

外观、尺寸偏差、物理机械性能、卫生性能测试结果全部合格，则判该批合格。

## 7 标志、包装、运输和贮存

### 7.1 标志

产品应有合格证，并标注产品名称、本标准号、标称厚度、宽度、长度、净重、处理面、生产日期、检验章、厂名、厂址、食品包装用或非食品包装用；外包装应有“怕湿”、“怕热”、“小心轻放”等标志，标志应符合 GB/T 191—2008 的规定。

### 7.2 包装

每卷薄膜两端用发泡衬垫保护，并用包装材料包装。两端用塑料塞头塞紧(如果远途运输，两端用夹板支承)，用塑料带捆扎紧。

特殊包装由供需双方商定。

### 7.3 运输

运输时应小心轻放，防止机械碰撞和日晒雨淋。

### 7.4 贮存

薄膜应保存在整洁、干燥、通风的库房内，妥善堆放，远离热源和腐蚀性介质，不能受阳光直接照射，贮存期自生产之日起不超过六个月。

# 附 录 A
## （资料性附录）
## 本标准章条编号与 ISO 17557:2003 章条编号对照

本标准章条编号与 ISO 17557:2003 章条编号对照一览表，见表 A.1。

**表 A.1 本标准章条编号与 ISO 17557:2003 章条编号对照一览表**

| 本标准章条编号 | 对应的国际标准章条编号 |
| --- | --- |
| 前言 | 前言 |
| 1 范围 | 1 范围 |
| 2 规范性引用文件 | 2 规范性引用文件 |
| 3 分类 | 3 分类 |
| 4 要求 | 4 要求 |
| 4.1 外观 | 4.1 外观 |
| 4.2 尺寸偏差 | 4.2 尺寸偏差 |
| — | 4.2.1 概述 |
| 4.2.1 宽度偏差 | 4.2.2 宽度 |
| 4.2.2 长度偏差 | 4.2.3 膜卷长度 |
| 4.2.3 接头个数和最小段长 | — |
| 4.2.4 卷芯内径 | 4.2.4 卷芯内径 |
| 4.2.5 厚度偏差 | 4.2.5 厚度 |
| 4.3 物理机械性能 | 4.3 物理性能 |
| 4.4 卫生指标 | 4.4 卫生性能 |
| 5 试验方法 | 5 试验方法 |
| 5.1 取样方法 | — |
| 5.2 试样状态调节和试验的标准环境 | 5.1 试样的测试条件 |
| 5.3 外观 | 5.2 外观检验 |
| 5.4 尺寸偏差 | 5.3 尺寸 |
| 5.4.1 厚度偏差 | 5.3.3 厚度 |
| 5.4.1.1 测厚层数 | — |
| 5.4.1.2 试验仪器 | — |
| 5.4.1.3 试验步骤 | — |
| 5.4.1.4 结果计算 | — |
| 5.4.2 长度和宽度偏差 | 5.3.1 宽度 |
| 5.4.3 卷芯内径 | 5.3.2 卷芯内径 |
| 5.5 物理机械性能 | — |
| 5.5.1 拉伸强度和断裂标称应变 | 5.4 拉伸强度和断裂伸长率 |

表 A.1（续）

| 本标准章条编号 | 对应的国际标准章条编号 |
| --- | --- |
| 5.5.2 水蒸气透过量 | 5.5 水蒸气透过系数 |
| 5.5.3 雾度 | 5.6 雾度 |
| 5.5.4 润湿张力 | 5.7 润湿张力 |
| 5.5.5 动摩擦系数 | 5.8 动摩擦系数 |
| 5.5.6 起始热封温度 | 5.9 起始热封温度 |
| 5.5.6.1 仪器 | 5.9.1 仪器 |
| 5.5.6.2 样品准备 | 5.9.2 样品准备 |
| 5.5.6.3 处理过程 | 5.9.3 处理过程 |
| 5.6 卫生性能 | — |
| 6 检验规则 | — |
| 7 标志、包装、运输和贮存 | |
| 7.1 标志 | 7 标识 |
| 7.2 包装 | 6 包装 |
| 7.3 运输 | — |
| 7.4 贮存 | — |

# 附　录　B
（资料性附录）
## 本标准与标准 ISO 17557:2003 技术性差异及原因一览表

本标准与 ISO 17557:2003 技术性差异及其原因一览表，见表 B.1。

表 B.1　本标准与 ISO 17557:2003 技术性差异及其原因一览表

| 本标准章条编号 | 技术性差异 | 原　因 |
|---|---|---|
| 3　分类 | 国际标准根据所使用的原料分为均聚薄膜和共聚薄膜，根据表面处理情况分为电晕处理和非电晕处理。本标准按热封性能分为热封型和非热封型；增加根据产品用途的分类，分为普通用途薄膜、镀铝用薄膜、普通蒸煮用薄膜和高温蒸煮用薄膜，明确了产品的具体用途 | 国内用户主要根据薄膜是否能直接进行表面热封来分类，而不采用材料类别的分类。另外，国内市场更普遍使用按用途分类 |
| 4.1　外观 | 增加端面不整齐度、暴筋、条纹、同卷膜端面颜色、卷芯凹陷或缺口以及气泡、晶点的具体要求 | 满足我国用户质量需求 |
| 4.2.3　接头个数和最小段长 | 增加了膜卷接头数及每段长度要求 | 更好反映膜卷使用收得率，满足客户的使用要求 |
| 4.2.5　厚度偏差 | 厚度偏差分为平均厚度偏差和厚度极限偏差两项，指标高于国际标准的水平 | 更准确全面反映薄膜厚度均匀性，满足客户的使用要求 |
| 4.3　物理机械性能 | 拉伸强度国际标准为纵向≥34 MPa，横向≥21 MPa；修改为纵向≥35 MPa，横向≥25 MPa | 提高薄膜的质量和适用性，满足我国用户质量需求 |
| | 雾度国际标准为厚度 $h \leqslant 30\ \mu m$ 时指标≤7.0%，厚度 $30\ \mu m < h \leqslant 60\ \mu m$ 时指标≤12.0%；修改为普通用薄膜及镀铝用薄膜在厚度 $h \leqslant 30\ \mu m$ 时指标≤5.0%，厚度 $30\ \mu m < h \leqslant 80\ \mu m$ 时指标≤8.0%。<br>普通蒸煮用指标≤12.0%，高温蒸煮用薄膜不要求 | |
| | 润湿张力国际标准为处理面≥34 mN/m；修改为普通用薄膜和普通蒸煮用薄膜处理面≥36 mN/m，镀铝用薄膜和高温蒸煮用薄膜处理面≥38 mN/m | |
| | 起始热封温度，国际标准热封类＜145 ℃；修改为：普通用薄膜、镀铝用薄膜＜145 ℃，普通蒸煮用薄膜和高温蒸煮用薄膜＜175 ℃ | |
| 5　试验方法 | 增加了取样方法 | 适应我国标准化要求，便于实际操作 |
| 5.5.1　拉伸强度和断裂标称应变 | 国际标准测试条件为：(100±10)mm/min、(200±20)mm/min 或(300±30)mm/min；本标准为：(300±30)mm/min | 采用唯一的测试条件，有利于不同用户测试数据的可比性 |

**表 B.1（续）**

| 本标准章条编号 | 技术性差异 | 原　　因 |
|---|---|---|
| 5.5.2　水蒸气透过量 | 国际标准测试条件为 40 ℃，相对湿度 90%；本标准为 38 ℃，相对湿度 90%。ISO 标准水蒸气透过系数，本标准为水蒸气透过量，单位均为 $g/(100\ \mu m \cdot m^{-2} \cdot d^{-1})$ | 对测试结果影响不大 |
| 6　检验规则 | 增加了组批、抽样、检验分类、判定规则 | 适应我国标准化要求 |
| 7　标志、包装、运输和贮存 | 增加了运输、贮存要求 | 适应我国标准化要求 |

ICS 85-010
Y 30

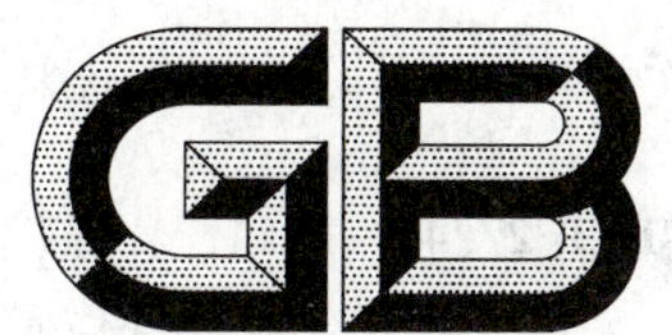

# 中华人民共和国国家标准

GB/T 27741—2011

# 纸和纸板 可迁移性荧光增白剂的测定

**Paper and board—Determination of migratable fluorescent whitening agents**

2011-12-30 发布　　2012-07-01 实施

中华人民共和国国家质量监督检验检疫总局
中国国家标准化管理委员会　发布

# 前　言

本标准按照 GB/T 1.1—2009 给出的规则起草。

请注意本文件的某些内容可能涉及专利。本文件的发布机构不承担识别这些专利的责任。

本标准由中国轻工业联合会提出。

本标准由全国造纸工业标准化技术委员会(SAC/TC 141)归口。

本标准起草单位:浙江传化华洋化工有限公司、中国制浆造纸研究院、中顺洁柔纸业股份有限公司、广州宝洁有限公司、国家纸张质量监督检验中心。

本标准主要起草人:高君、李萍、陈曦、张清文、蔡定汉、张洪。

# 纸和纸板
# 可迁移性荧光增白剂的测定

**警告：使用本标准的人员应有正规化学实验工作的实践经验。本标准并未指出所有的安全问题，使用者有责任采取适当的安全和健康措施，并保证符合国家有关法规规定的条件。**

## 1 范围

本标准规定了纸和纸板中可迁移性荧光增白剂的定性和定量检测方法。

本标准适用于各种纸和纸板中可迁移性荧光增白剂的测定。紫外可见分光光度法和高效液相色谱法检出限为20.0 mg/kg。

## 2 规范性引用文件

下列文件对于本文件的应用是必不可少的。凡是注日期的引用文件，仅注日期的版本适用于本文件。凡是不注日期的引用文件，其最新版本（包括所有的修改单）适用于本文件。

GB/T 450 纸和纸板 试样的采取及试样纵横向、正反面的测定

GB/T 6682 分析实验室用水规格和实验方法

## 3 术语和定义

下列术语和定义适用于本文件。

3.1

**可迁移性荧光增白剂 migratable fluorescent whitening agents**

在规定试验条件下，纸和纸板中的荧光增白剂转移到萃取溶液中的部分。

## 4 取样

按GB/T 450进行。取样过程应戴洁净无荧光现象的塑料或乳胶手套，避免试样受到污染。

## 5 可迁移性荧光增白剂的定性测定

### 5.1 原理

用pH为7.5～9.0的萃取液提取纸和纸板中的荧光增白剂后，调节滤液的pH到3.0～5.0，再将纱布放入滤液中吸附。在波长254 nm和365 nm紫外灯下，观察试验纱布是否有荧光现象，并以此来定性测定试样中是否有可迁移性荧光增白剂。

### 5.2 试剂和材料

除非另有说明，在试验过程中仅使用确认为分析纯的试剂和蒸馏水或去离子水或相当纯度的水。

所用试剂和材料紫外灯下应无荧光现象。

5.2.1　纱布：尺寸约 5 cm×5 cm。

5.2.2　氨水：0.1%。

5.2.3　盐酸溶液：10%。

5.2.4　萃取液：用 0.1%氨水(5.2.2)调节过 pH 的蒸馏水或去离子水，水溶液 pH 为 7.5～ 9.0。

### 5.3　仪器

一般实验室仪器及以下各项。

5.3.1　三角烧瓶：250 mL。

5.3.2　玻璃漏斗：1G1 玻璃砂芯漏斗。

5.3.3　玻璃表面皿。

5.3.4　紫外灯：波长为 254 nm 和 365 nm，具有保护眼睛的装置。

5.3.5　pH 计：读数准确至 0.01。

### 5.4　试验步骤

5.4.1　将试样剪成约 5 mm×5 mm 的小块，准确称取 2.0 g 试样，置于三角烧瓶(5.3.1)中。

5.4.2　在烧瓶中加入 100 mL 萃取液(5.2.4)。在缓慢摇晃烧瓶条件下，室温下萃取 10 min，然后用玻璃漏斗(5.3.2)过滤。

5.4.3　用盐酸溶液(5.2.3)将滤液的 pH 调节到 3.0～ 5.0。将纱布(5.2.1)浸入滤液中，并在温度为 40℃±2℃的水浴中加热 30 min。

5.4.4　用镊子取出纱布，然后用手挤干滤液并平均折成四层，放在玻璃表面皿上(5.3.3)。

5.4.5　重复 5.4.2～5.4.4 步骤，进行空白试验。每个试样进行两次平行测定。

5.4.6　将放置试样纱布(5.4.4)及空白试验纱布(5.4.5)的玻璃表面皿置于紫外灯(5.3.4)下约 20 cm 处，观察纱布荧光现象。

### 5.5　结果判定

若两个平行试验的试样纱布与空白试验纱布比较，均没有明显荧光现象，则判定该试样无可迁移性荧光增白剂；若两个平行试验的试样纱布中只有一个比空白试验纱布的荧光现象明显，则重新进行两个平行试验，若重新试验后的试样纱布与空白试验纱布比较，均没有明显荧光现象，则判定该试样无可迁移性荧光增白剂；否则判定该试样有可迁移性荧光增白剂。

## 6　可迁移性荧光增白剂的定量测定

### 6.1　紫外可见分光光度法

#### 6.1.1　原理

荧光增白剂对波长 348 nm 左右的紫外光有最大的吸收。用紫外可见分光光度计测定试样滤液的吸光度，与 VBL 荧光增白剂标准溶液吸光度比较，从而定量测定样品中可迁移性荧光增白剂含量。

#### 6.1.2　试剂和材料

除非另有说明，在试验过程中仅使用确认为分析纯的试剂和蒸馏水或去离子水或相当纯度的水。

6.1.2.1　VBL 荧光增白剂标准溶液：100 mg/L。准确称取 0.010 0 g VBL 标准物质，用萃取液(6.1.2.3)溶解后倒入 1 L 的棕色容量瓶中，然后用萃取液定容到刻度。溶液应避光存放，存放时间不超过 24 h。

6.1.2.2 氨水：0.1%。

6.1.2.3 萃取液：用0.1%氨水(6.1.2.2)调节过pH的蒸馏水或去离子水，溶液pH为8.0～9.0。

6.1.2.4 具塞三角烧瓶：250 mL。

#### 6.1.3 仪器

6.1.3.1 紫外可见分光光光度计。

6.1.3.2 恒温振荡水浴。

6.1.3.3 滤膜：0.45 μm。

#### 6.1.4 试验步骤

##### 6.1.4.1 试样的萃取

称取约1.000 g试样于具塞三角烧瓶(6.1.2.4)中，加入50 mL萃取液(6.1.2.3)，然后放入80 ℃恒温振荡水浴(6.1.3.2)中，萃取1 h。置于室温下避光冷却，然后用0.45 μm滤膜(6.1.3.3)过滤，保留滤液。每个试样做两次平行试验，同时做空白试验。

##### 6.1.4.2 测定

分别吸取1.0 mL、2.0 mL、5.0 mL、10.0 mL、15.0 mL、20.0 mLVBL荧光增白剂标准溶液(6.1.2.1)于100 mL容量瓶中，用萃取液稀释到刻度。配制1.0 mg/L、2.0 mg/L、5.0 mg/L、10.0 mg/L、15.0 mg/L、20.0 mg/L的VBL荧光增白剂标准工作溶液。

调节紫外可见分光光度计的波长为348 nm。测定标准工作溶液、试样滤液和空白溶液中荧光增白剂的吸光度。使用标准工作溶液测定结果绘制标准曲线，计算试样滤液和空白溶液中荧光增白剂含量。

#### 6.1.5 结果处理

按式(1)计算试样中可迁移性荧光增白剂的含量$w$(以VBL表示)：

$$w=\frac{(c-c_0)\times V\times 1\,000}{m\times 1\,000} \quad \cdots\cdots(1)$$

式中：

$w$——试样中可迁移性荧光增白剂的含量，单位为毫克每千克(mg/kg)；

$c$——滤液中荧光增白剂质量浓度，单位为毫克每升(mg/L)；

$c_0$——空白溶液中荧光增白剂质量浓度，单位为毫克每升(mg/L)；

$V$——萃取液的体积，单位为毫升(mL)；

$m$——试样的绝干质量，单位为克(g)。

计算结果精确到三位有效数字。

### 6.2 高效液相色谱法

#### 6.2.1 原理

试样经80 ℃水浴萃取，从纸张中萃取的荧光增白剂溶解到水中，萃取溶液经过滤后，加入高效液相色谱仪，经反相色谱分离后，利用紫外检测器，根据保留时间和峰面积进行定量测定。

#### 6.2.2 试剂和材料

6.2.2.1 除非另有说明，在分析中仅使用确认为分析纯的试剂，水为GB/T 6682二级。

6.2.2.2 甲醇：色谱纯。

6.2.2.3 氨水：0.1％。

6.2.2.4 萃取液：用0.1％氨水(6.2.2.3)调节过pH的蒸馏水或去离子水，溶液pH为8.0～9.0。

6.2.2.5 VBL荧光增白剂标准溶液：100 mg/L。准确称取0.010 0 g VBL标准物质，用萃取液(6.1.2.3)溶解后倒入1 L的棕色容量瓶中，然后用萃取液定容到刻度。溶液应避光存放，存放时间不超过24 h。

6.2.2.6 VBL荧光增白剂标准工作溶液(5.0 mg/L)：吸取5.0 mL VBL荧光增白剂标准溶液(6.2.2.5)于100 mL容量瓶中，用萃取液稀释到刻度。

### 6.2.3 仪器

6.2.3.1 高效液相色谱仪(附紫外检测器)。

6.2.3.2 恒温振荡水浴。

6.2.3.3 滤膜：0.45 μm。

### 6.2.4 试验步骤

#### 6.2.4.1 试样的萃取

按6.1.4.1进行。

#### 6.2.4.2 测定色谱条件

6.2.4.2.1 色谱柱：反相$C_{18}$不锈钢柱，150 mm×4.6 mm，5 μm。

6.2.4.2.2 UV检测器：检测波长为348 nm。

6.2.4.2.3 流动相：30 mL～70 mL甲醇(6.2.2.2)溶液。

6.2.4.2.4 柱温：室温。

6.2.4.2.5 流速：0.5 mL/min。

6.2.4.2.6 进样量：10 μL。

#### 6.2.4.3 测定

按仪器条件，依次取相同体积VBL标准工作溶液(6.2.2.6)、试样滤液和空白溶液等体积交替加入高效液相色谱仪(6.2.3.1)中测定。根据色谱图中的保留时间进行定性，外标法定量测定荧光增白剂含量。

### 6.2.5 结果计算

按式(2)计算试样中可迁移性荧光增白剂的含量$w$(以VBL表示)：

$$w=\frac{(c-c_0)\times V\times 1\,000}{m\times 1\,000} \qquad \cdots\cdots(2)$$

式中：

$w$ ——试样中可迁移性荧光增白剂的含量，单位为毫克每千克(mg/kg)；

$c$ ——滤液中荧光增白剂质量浓度，单位为毫克每升(mg/L)；

$c_0$ ——空白溶液中荧光增白剂质量浓度，单位为毫克每升(mg/L)；

$V$ ——萃取液的体积，单位为毫升(mL)；

$m$ ——试样的绝干质量，单位为克(g)。

计算结果精确到三位有效数字。

## 7 质量控制

光对荧光增白剂溶液浓度有明显的影响，导致测定结果产生偏差。试验过程中，标准溶液的配制和存放以及试样的萃取和滤液的存放应尽可能避免光线的照射。

## 8 精密度

可迁移性荧光增白剂在重复性条件下两次独立测定得到的测定结果，对于含量不大于 30.0 mg/kg 的试样，测定结果相对偏差应不大于 20%；含量大于 30.0 mg/kg 的试样，测定结果相对偏差应不大于 10%。

## 9 试验报告

试验报告应包括以下内容：

a） 完整鉴定样品所必要的全部资料；

b） 本标准编号及所使用的方法；

c） 如果测定次数多于两次，说明测定次数；

d） 测定结果；

e） 如果对标准步骤有所更改，报告标准步骤的任何变更情况；

f） 试验过程中观察到的任何异常的现象。

---

ICS 17.240
F 70

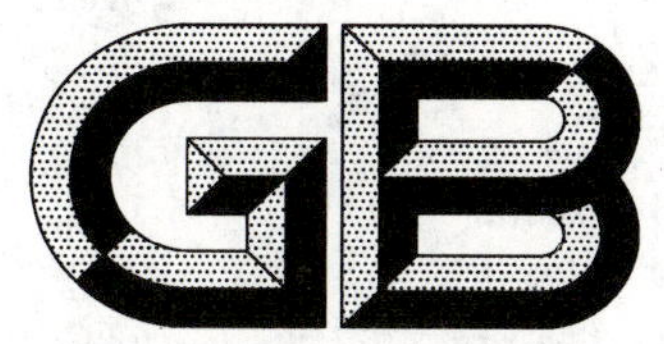

# 中华人民共和国国家标准

GB 27742—2011

# 可免于辐射防护监管的物料中放射性核素活度浓度

**Activity concentration for material not requiring radiological regulation**

2011-12-30 发布　　　　2012-12-01 实施

中华人民共和国国家质量监督检验检疫总局
中国国家标准化管理委员会　发布

# 前　言

**本标准的第4章、第5章、第6章、7.1、7.4、7.5、7.6、7.7的内容为强制性，其余为推荐性。**

本标准参考IAEA安全导则“排除、豁免和解控概念的应用”(No. RS-G-1.7)，并结合我国的实际情况制定的。

本标准的附录A为资料性附录，附录B为规范性附录。

本标准由中国核工业集团公司提出。

本标准由全国核能标准化技术委员会(SAC/TC 58)归口。

本标准起草单位：核工业标准化研究所。

本标准主要起草人：夏益华。

# 可免于辐射防护监管的物料中放射性核素活度浓度

## 1 范围

本标准规定了可免于辐射防护监管的物料中放射性核素活度浓度(以下简称免管浓度)。

本标准适用于大批量(大于1吨)物料的生产操作、贸易、填埋或再循环等活动,但不适用于下列情况:

——食品、饮水、动物饲料和任何用于食品或动物饲料的物质;

——空气中的氡(空气中氡浓度的优化行动水平见GB 18871—2002附录H);

——运输中的物料(按运输标准管理);

——已核准实践所产生的液态和气载流出物(它们属于核准排放的范围);

——环境(包括场地土壤)中的放射性残留物。

## 2 规范性引用文件

下列文件中的条款通过本标准的引用而成为本标准的条款。凡是注日期的引用文件,其随后所有的修改单(不包括勘误的内容)或修订版均不适用于本标准,然而,鼓励根据本标准达成协议的各方研究是否可使用这些文件的最新版本。凡是不注日期的引用文件,其最新版本适用于本标准。

GB 17567—2009 核设施的钢铁、铝、镍和铜再循环、再利用的清洁解控水平

GB 18871—2002 电离辐射防护与辐射源安全基本标准

## 3 术语和定义

下列术语和定义适用于本标准。

3.1

**物料 material**

物品和材料的统称,生产操作、贸易、再循环、填埋处置等活动中涉及的大批量固态原材料、辅料、或拟处置物。

3.2

**天然放射性核素 natural radionuclides**

以显著量天然存在于地球上的放射性核素,主要指原生放射性核素$^{235}U$、$^{238}U$和$^{232}Th$及其衰变子体。

3.3

**排除 exclusion**

在标准的适用范围之外,特指那些本质上不能通过实施本标准的要求对照射的大小或照射的可能性进行控制的照射情况,如人体内的$^{40}K$和到达地球表面的宇宙线等所引起的照射。

3.4

**豁免 exemption**

实践和实践中的源经确认符合规定的豁免要求或水平,并经审管部门同意后被审管要求所豁免。

3.5

**解控 clearance**

审管部门按规定解除对已批准进行的实践中的放射性材料或物品的管理控制。

3.6

**再循环 recycle**

其污染浓度等于或低于国家相关标准规定的解控水平的金属,经批准熔炼后作原材料使用;或其污染体浓度等于或低于国家相关标准规定的解控水平的混凝土,经批准混料后作建材使用。

## 4 免管浓度的确定基础

### 4.1 天然放射性核素免管浓度的确定基础

天然放射性核素的免管浓度,是以考虑自然界所有未经扰动的环境土壤中天然放射性核素的活度浓度为基础,使得环境土壤得予免管,而对矿石、矿砂、工业废渣和废物则要有适当监管。

操作和使用具有此种活度浓度水平的物料的活动,对公众个人所产生的附加有效剂量(氡吸入剂量除外)通常不太可能超过 1 mSv/a。

### 4.2 人工放射性核素免管浓度的确定基础

对含人工放射性核素的物料,判断其是否可免于辐射防护监管的剂量准则是:所致个人有效剂量在 10 μSv/a 量级,或更小。

考虑到可能导致更高辐照的低概率事件的出现,附加的准则是:这类低概率事件所可能产生的有效剂量应当不超过 1 mSv/a,此时还假定对皮肤的当量剂量免管准则为 50 mSv/a。

注:推导人工放射性核素免管浓度时考虑的照射情景、途径、主要相关参数参见附录 A。

## 5 免管浓度值

### 5.1 天然放射性核素的免管浓度值

天然放射性核素的免管浓度值见表 B.1。

### 5.2 人工放射性核素免管浓度值

人工放射性核素免管浓度值见表 B.2。

### 5.3 惰性气体的免管浓度值

对于惰性气体,采用 GB 18871—2002 附录 A 中所给出的人工放射性核素豁免浓度作为免管浓度。

### 5.4 含有多种放射性核素的物料

#### 5.4.1 含有不同天然放射性核素的物料

对于含有不同天然放射性核素混合物的物料,应当要求其中每一种天然放射性核素的活度浓度均满足表 B.1 所列相关值的要求。

#### 5.4.2 人工放射性核素混合物

对于含有多种人工放射性核素混合物的物料,应当要求其中各种人工放射性核素的活度浓度与各自的免管浓度值的比值之和小于 1,即满足式(1)要求:

$$\sum_{i=1}^{n} \frac{C_i}{C_{oi}} \leqslant 1 \quad \cdots\cdots\cdots\cdots (1)$$

式中：

$C_i$ ——第 $i$ 种人工放射性核素在物料中的活度浓度，单位为贝克每克(Bq/g)；

$C_{oi}$ ——表 B.2 所列第 $i$ 种人工放射性核素的免管浓度，单位为贝克每克(Bq/g)；

$n$ ——存在于物料中的人工放射性核素的种类数，无量纲。

#### 5.4.3 含有天然、人工放射性核素混合物

对于同时含有天然和人工两类放射性核素混合物的物料，应当同时满足上述 5.4.1 和 5.4.2 的要求。

## 6 免管浓度值的应用

### 6.1 天然放射性核素

6.1.1 在申报免管的活动的正当性得到确认的前提下，凡是涉及物料中天然放射性核素的活度浓度小于或等于表 B.1 所列数值的活动，通常无需进行辐射防护监管。

6.1.2 对于物料被掺入其照射因子较大的建材(住宅、办公室等用途)使用的情况，即使当其天然放射性活度浓度小于免管浓度时，仍然需要确保最终产品满足相关标准的要求。

6.1.3 当物料中天然放射性核素的活度浓度大于表 B.1 所列数值时，应由审管部门根据剂量评估结果等因素决定，GB 18871—2002 中规定的相关审管要求中，哪些要求应当得予满足。

### 6.2 人工放射性核素

物料中人工放射性核素的活度浓度不大于表 B.2 中所列数值，经审管部门核准后，该类物料的操作和使用可免于辐射防护监管，即这些被豁免或解控的物料可以不再进入实践防护体系，除非审管部门对一些特殊情况或特殊用途提出特殊要求。

### 6.3 剂量评估

6.3.1 在确认有必要进行剂量评估时，审管部门决定其是否可予免管的剂量准则是：该种物料的生产操作、贸易、填埋或再循环等活动对合理最大受照公众个人所产生的有效剂量符合第 4 章所给定的准则。但在有些情况下，审管部门也可根据对某些活动的物料用途、总年剂量(或潜在照射)大小、社会敏感性、操作或产品制造工艺、监管代价等因素的考虑，采用稍微不同的剂量准则。

6.3.2 对于其活度浓度值超过表 B.1、表 B.2 所列数值的情况，要求根据最优化原则对其进行逐例评价。根据评价结果所表明的照射(或潜在照射)大小，决定对它提出与其危险水平相适应的辐射防护管理要求。当评价结果表明，虽然其活度浓度值超过表 B.1、表 B.2 所列数值的几倍(最大到 10 倍)，但对它免于辐射防护管理恰是优化方案时，审管部门仍然可以免于管理。

### 6.4 表面污染的物料和设备

凡是属于只有表面污染的物料或设备，均应按 GB 18871—2002 中 B 2.2 的规定执行。

### 6.5 轻微污染的钢铁、铝、镍和铜

对于受到轻微放射性污染的钢铁、铝、镍和铜再循环再利用，GB 17567—2009 中已规定的人工放射性核素可进行熔炼再利用的解控水平可直接视作免管申报值，GB 17567—2009 中未给定数值的其他核素(包括天然核素)的免管浓度，可参考本标准执行。

### 6.6 小批量物料(小于1吨)

属于小批量(小于1吨)物料的情况,应按照GB 18871—2002附录A中给出的豁免浓度执行。

## 7 对满足免管浓度值的验证

7.1 基本的和直接的验证方法是对代表性样品进行实验室活度浓度分析,应当建立和采用合格的活度浓度值验证程序。

7.2 在保证物料的活度浓度不会超过本标准免管浓度值的前提下,可以采用某些间接方法,包括对γ放射性污染的物料的γ剂量率现场筛选测量、根据恰当的推导以确定物料中不同核素含量之间的相互关系的方法、查询有关物料的可追溯性资料(包括它们的产地和来源)的方法,以及审管部门可以接受的其他间接验证方法。

7.3 对于只含有γ放射性核素的物料,或其γ放射性水平与不同核素含量之间的相互关系已清楚的物料,采用γ剂量率现场筛选是十分方便的。应当在保证物料中活度浓度不会超过表B.1和表B.2所列水平,或审管部门要求的其他水平的前提下,利用实验和计算确定的物料中活度浓度与γ外照射剂量之间相互关系(留有足够安全余量)确定出一定测量条件下的γ剂量率筛选水平,并藉此进行现场γ剂量率筛选。对低于γ剂量率筛选水平的物料一般无需再进行活度浓度分析。当筛选结果表明有必要进行活度浓度分析时,或者作为质保要求需要抽样进行浓度分析时,可按相关的取样质保要求对物料进行取样,送实验室进行活度浓度分析。

7.4 审管部门应对申报单位所采用的取样和测量方法、仪器配置及验证的质保要求进行审核。

7.5 在对物料进行测量以前,要对不同物料进行分类,使得同类物料的组成及来源保持接近。在进行直接测量或抽样浓度分析时,要保证测量条件和取样样品的代表性。

7.6 除了正常生产操作过程中工艺操作需要的内在稀释以外,那种专门为了满足表B.1和表B.2所列浓度要求,未经审管部门同意而对物料进行稀释是不容许的。

7.7 物料中的放射性含量满足本标准的要求之后,还应当满足其他方面(如,化学、生物毒性等)的国家相关标准要求。

# 附 录 A
（资料性附录）
# 推导人工放射性核素免管浓度时考虑的照射情景、途径、主要相关参数

## 表 A.1 照射情景及相关途径

| 照射情景 | 描 述 | 受照个人 | 相关照射途径 |
|---|---|---|---|
| WL | 工作人员在掩埋场或其他设施（熔铸厂除外） | 工作人员 | 掩埋场外照射；<br>掩埋场吸入内照射；<br>直接食入污染物料 |
| WF | 工作人员在熔铸厂内 | 工作人员 | 熔铸厂内来自设备和废铁堆的外照射；<br>熔铸厂内吸入内照射；<br>直接食入污染物质 |
| WO | 其他工作人员（例如卡车司机） | 工作人员 | 来自设备或卡车装载物外照射 |
| RL-C | 掩埋场或其他设施附近居民 | 1～2 岁儿童 | 掩埋场或其他设施附近吸入内照射；<br>污染场地生长食物的食入内照射 |
| RL-A | | >17 岁成人 | |
| RF | 熔铸厂附近居民 | 1～2 岁儿童 | 附近吸入内照射 |
| RH | 污染建材内居民 | 成人 | 室内外照射 |
| RP | 污染物料建成的公共场所附近居民 | 1～2 岁儿童 | 场所外照射；<br>污染尘埃吸入内照射；<br>污染物质直接食入内照射 |
| RW-C | 消费污染河流中鱼类或私人井水的用户 | 1～2 岁儿童 | 污染饮水、食物和鱼类的食入内照射 |
| RW-A | | 成人 | |

## 表 A.2 不同照射情景的通用参数

| 参数 | 单位 | 情况 | 情景 | | | | | | |
|---|---|---|---|---|---|---|---|---|---|
| | | | WL | WF | WO | RL | RF | RH | RP |
| | | | 填埋场工人 | 熔炼厂工人 | 其他工人 | 填埋场居民 | 熔炼厂居民 | 住宅居民 | 公共场所公众 |
| 照射时间（$t_e$） | h/a | 现实 | 450 | 450 | 900 | 1 000 | 1 000 | 4 500 | 400 |
| | | 低概率 | 1 800 | 1 800 | 1 800 | 8 760 | 8 760 | 8 760 | 1 000 |
| 情景以前的蜕变时间（$t_1$） | d | 现实 | 30 | 30 | 30 | 30 | 30 | 100 | 100 |
| | | 低概率 | 1 | 1 | 1 | 1 | 1 | | |
| 情景过程的时间（$t_2$） | d | 现实 | 365 | 365 | 365 | 365 | 365 | 365 | 365 |
| | | 低概率 | 0 | 0 | 0 | 0 | 0 | | |
| 食物情景之前的蜕变时间（$t_{f1}$） | d | 现实 | 不适用 | 不适用 | 不适用 | 365 | 不适用 | 不适用 | 不适用 |
| 食物情景过程的时间（$t_{f2}$） | d | 现实 | 不适用 | 不适用 | 不适用 | 365 | 不适用 | 不适用 | 不适用 |

表 A.3 外照射情景参数

<table>
<tr><td rowspan="2">参数</td><td rowspan="2">单位</td><td rowspan="2">情况</td><td>WL</td><td>WF/WO</td><td>RH</td><td>RP</td></tr>
<tr><td>填埋场工人</td><td>熔炼厂或其他工人</td><td>住房居民</td><td>公共场所公众</td></tr>
<tr><td rowspan="2">稀释因子($f_d$)</td><td rowspan="2"></td><td>现实</td><td>0.1</td><td>0.1</td><td>0.1</td><td>0.1</td></tr>
<tr><td>低概率</td><td>1</td><td>1</td><td>0.5</td><td>0.5</td></tr>
<tr><td>物料密度</td><td>$g/cm^3$</td><td></td><td>1.5</td><td>1.5</td><td>1.5</td><td>1.5</td></tr>
<tr><td>几何条件</td><td></td><td></td><td>距地面1 m高，半无限大源</td><td>距5×2×1($m^3$)的货或物件1 m,无屏蔽</td><td>天花板,2面墙,3×4($m^2$),2.5 m高,墙厚20 cm</td><td>距地面1 m高,半无限大源</td></tr>
<tr><td rowspan="2">剂量率系数($\dot{e}_{ext}$)</td><td rowspan="2">(μSv/h)/(Bq/g)</td><td rowspan="2"></td><td>(成人)</td><td>(成人)</td><td>(成人)</td><td>(1～2岁儿童)</td></tr>
<tr><td colspan="4">取决于核素和几何条件</td></tr>
</table>

表 A.4 吸入内照射情景参数

<table>
<tr><td rowspan="2">参数</td><td rowspan="2">单位</td><td rowspan="2">情况</td><td>WL</td><td>WF</td><td>WL-A</td><td>RL-C</td><td>RF</td><td>RP</td></tr>
<tr><td>填埋场工人</td><td>熔炼厂工人</td><td colspan="2">填埋场居民</td><td>熔炼厂居民</td><td>公共场所公众</td></tr>
<tr><td rowspan="2">稀释因子($f_d$)</td><td rowspan="2"></td><td>现实</td><td>0.1</td><td>0.02</td><td>0.01</td><td>0.01</td><td>0.002</td><td>0.1</td></tr>
<tr><td>低概率</td><td>1</td><td>0.1</td><td>0.1</td><td>0.1</td><td>0.01</td><td>1</td></tr>
<tr><td rowspan="2">空气中尘埃浓度($C_{dust}$)</td><td rowspan="2">$g/m^3$</td><td>现实</td><td>$5\times10^{-4}$</td><td>$5\times10^{-4}$</td><td>$10^{-4}$</td><td>$10^{-4}$</td><td>$10^{-4}$</td><td>$10^{-4}$</td></tr>
<tr><td>低概率</td><td>$10^{-3}$</td><td>$10^{-3}$</td><td>$5\times10^{-4}$</td><td>$5\times10^{-4}$</td><td>$5\times10^{-4}$</td><td>$5\times10^{-4}$</td></tr>
<tr><td>浓集因子($f_c$)</td><td></td><td></td><td>4</td><td>1-70</td><td>4</td><td>4</td><td>1-70</td><td>4</td></tr>
<tr><td>呼吸速率($\dot{V}$)</td><td>$m^3/h$</td><td></td><td>1.2</td><td>1.2</td><td>1.2</td><td>0.22</td><td>0.22</td><td>0.22</td></tr>
<tr><td>剂量系数($e_{inh}$)</td><td>μSv/Bq</td><td></td><td>5 μm,工人</td><td>5 μm,工人</td><td>成人</td><td>儿童(1～2岁)</td><td>儿童(1～2岁)</td><td>儿童(1～2岁)</td></tr>
</table>

表 A.5 食入情景参数

<table>
<tr><td rowspan="2">参数</td><td rowspan="2">单位</td><td rowspan="2">情况</td><td>WL/WF</td><td>RP</td><td>RL-A</td><td>RL-C</td></tr>
<tr><td>填埋场或熔炼厂工厂</td><td>公共场所公众</td><td>填埋场公众</td><td>填埋场公众</td></tr>
<tr><td rowspan="2">稀释因子($f_d$)</td><td rowspan="2"></td><td>现实</td><td>0.1</td><td>0.1</td><td>0.01</td><td>0.01</td></tr>
<tr><td>低概率</td><td>1</td><td>1</td><td>0.1</td><td>0.1</td></tr>
<tr><td>浓集因子($f_c$)</td><td></td><td></td><td>2</td><td>2</td><td>不适用</td><td>不适用</td></tr>
<tr><td>根转移因子($f_t$)</td><td></td><td></td><td>不适用</td><td>不适用</td><td></td><td></td></tr>
<tr><td rowspan="2">年食入量($q$)</td><td rowspan="2">g/a 或 kg/a</td><td>现实</td><td>10 g/a</td><td>25 g/a</td><td>88 kg/a</td><td>68 kg/a</td></tr>
<tr><td>低概率</td><td>50 g/a</td><td>50 g/a</td><td>264 kg/a</td><td>204 kg/a</td></tr>
<tr><td>剂量系数($e_{ing}$)</td><td>μSv/Bq</td><td></td><td>工人</td><td>儿童(1～2岁)</td><td>成人</td><td>儿童(1～2岁)</td></tr>
</table>

表 A.6　分配系数($cm^3/g$)

| 元素 | 现实 | 低概率 | 元素 | 现实 | 低概率 |
|---|---|---|---|---|---|
| Ag | 0 | 0 | Nb | 0 | 0 |
| Am | 20 | 20 | Ni | 1 000 | 300 |
| Ba | 50 | 44 | Np | 50 | 5 |
| Bi | 0 | 0 | Pd | 30 | 30 |
| Bk | 213 | 213 | Pm | 268 | 240 |
| C | 0 | 0 | Pt | 12 | 12 |
| Ca | 50 | 5 | Pu | 2 000 | 550 |
| Cd | 0 | 0 | Rb | 20 | 20 |
| Ce | 1 000 | 500 | Rh | 44 | 44 |
| Cf | 109 | 109 | Ru | 0 | 0 |
| Cl | 3 | 3 | Sb | 0 | 0 |
| Cm | 395 | 395 | Se | 0 | 0 |
| Co | 1 000 | 60 | Sm | 182 | 182 |
| Cs | 1 000 | 270 | Sn | 0 | 0 |
| Es | 213 | 213 | Sr | 30 | 15 |
| Eu | 268 | 240 | Tb | 182 | 182 |
| Fe | 1 000 | 160 | Tc | 0 | 0 |
| Gd | 182 | 182 | Te | 0 | 0 |
| H | 0 | 0 | Th | 60 000 | 1 378 |
| Ho | 182 | 182 | Tl | 0 | 0 |
| I | 0.1 | 0.1 | Tm | 213 | 213 |
| La | 213 | 213 | U | 50 | 15 |
| Mn | 200 | 50 | Zn | 0 | 0 |
| Mo | 20 | 10 | Zr | 395 | 280 |
| Na | 10 | 10 | | | |

# 附　录　B
（规范性附录）
# 免管浓度值

表 B.1　天然放射性核素免管浓度值

| 核素 | 免管浓度值/(Bq/g) |
| --- | --- |
| 天然放射性核素 | 1 |

注 1：天然放射性核素，指以$^{238}U$、$^{235}U$ 和$^{232}Th$ 为母核的、处于永久平衡的衰变链中的任何一个核素，即包括物料中链首天然放射性核素$^{238}U$、$^{235}U$ 和$^{232}Th$，和分段链的链首核素$^{226}Ra$，以及它们衰变链中的每一个衰变子体核素。

注 2：所列数值是指物料中该天然放射性核素的总含量浓度值，即包括物料中所谓该地区“正常”含有的天然放射性含量，以及由活动带来的任何附加的浓度值。

注 3：对物料中的天然$^{40}K$ 活度浓度，不予管理。

表 B.2　人工放射性核素免管浓度值

| 放射性核素 | 免管浓度 Bq/g | | 放射性核素 | 免管浓度 Bq/g | | 放射性核素 | 免管浓度 Bq/g | |
| --- | --- | --- | --- | --- | --- | --- | --- | --- |
| H-3 | 100 | | Mn-56 | 10 | * | Se-75 | 1 | |
| Be-7 | 10 | | Fe-52 | 10 | * | Br-82 | 1 | |
| C-14 | 1 | | Fe-55 | 1 000 | | Rb-86 | 100 | |
| F-18 | 10 | * | Fe-59 | 1 | | Sr-85 | 1 | |
| Na-22 | 0.1 | | Co-55 | 10 | * | Sr-85m | 100 | * |
| Na-24 | 1 | * | Co-56 | 0.1 | | Sr-87m | 100 | * |
| Si-31 | 1 000 | * | Co-57 | 1 | | Sr-89 | 1 000 | |
| P-32 | 1 000 | | Co-58 | 1 | | Sr-90 | 1 | |
| P-33 | 1 000 | | Co-58m | 10 000 | * | Sr-91 | 10 | * |
| S-35 | 100 | | Co-60 | 0.1 | | Sr-92 | 10 | * |
| Cl-36 | 1 | | Co-60m | 1 000 | * | Y-90 | 1 000 | |
| Cl-38 | 10 | * | Co-61 | 100 | * | Y-91 | 100 | |
| K-42 | 100 | | Co-62m | 10 | * | Y-91m | 100 | * |
| K-43 | 10 | * | Ni-59 | 100 | | Y-92 | 100 | * |
| Ca-45 | 100 | | Ni-63 | 100 | | Y-93 | 100 | * |
| Ca-47 | 10 | | Ni-65 | 10 | * | Zr-93 | 10 | * |
| Sc-46 | 0.1 | | Cu-64 | 100 | * | Zr-95 | 1 | |
| Sc-47 | 100 | | Zn-65 | 0.1 | | Zr-97 | 10 | * |
| Sc-48 | 1 | | Zn-69 | 1 000 | * | Nb-93m | 10 | |
| V-48 | 1 | | Zn-69m | 10 | * | Nb-94 | 0.1 | |
| Cr-51 | 100 | | Ga-72 | 10 | * | Nb-95 | 1 | |
| Mn-51 | 10 | * | Ge-71 | 10 000 | | Nb-97 | 10 | * |
| Mn-52 | 10 | * | As-73 | 1 000 | | Nb-98 | 10 | * |
| Mn-52m | 10 | * | As-74 | 10 | * | Mo-90 | 10 | * |
| Mn-53 | 100 | | As-76 | 10 | * | Mo-93 | 10 | |

表 B.2（续）

| 放射性核素 | 免管浓度 Bq/g | | 放射性核素 | 免管浓度 Bq/g | | 放射性核素 | 免管浓度 Bq/g | |
|---|---|---|---|---|---|---|---|---|
| Mn-54 | 0.1 | | As-77 | 1 000 | | Mo-99 | 10 | |
| Mo-101 | 10 | * | Sn-125 | 10 | | Cs-129 | 10 | |
| Tc-96 | 1 | | Sb-122 | 10 | | Cs-131 | 1 000 | |
| Tc-96m | 1 000 | * | Sb-124 | 1 | | Cs-132 | 10 | |
| Tc-97 | 10 | | Sb-125 | 0.1 | | Cs-134 | 0.1 | |
| Tc-97m | 100 | | Te-123m | 1 | | Cs-134m | 1 000 | * |
| Tc-99 | 1 | | Te-125m | 1 000 | | Cs-135 | 100 | |
| Tc-99m | 100 | * | Te-127 | 1 000 | | Cs-136 | 1 | |
| Ru-97 | 10 | | Te-127m | 10 | | Cs-137 | 0.1 | |
| Ru-103 | 1 | | Te-129 | 100 | * | Cs-138 | 10 | * |
| Ru-105 | 10 | * | Te-129m | 10 | | Ba-131 | 10 | |
| Ru-106 | 0.1 | | Te-131 | 100 | * | Ba-140 | 1 | |
| Rh-103m | 10 000 | * | Te-131m | 10 | | La-140 | 1 | |
| Rh-105 | 100 | | Te-132 | 1 | | Ce-139 | 1 | |
| Pd-103 | 1 000 | | Te-133 | 10 | * | Ce-141 | 100 | |
| Pd-109 | 100 | | Te-133m | 10 | * | Ce-143 | 10 | |
| Ag-105 | 1 | | Te-134 | 10 | * | Ce-144 | 10 | |
| Ag-110m | 0.1 | | I-123 | 100 | | Pr-142 | 100 | |
| Ag-111 | 100 | | I-125 | 100 | | Pr-143 | 1 000 | |
| Cd-109 | 1 | | I-126 | 10 | | Nd-147 | 100 | |
| Cd-115 | 10 | | I-129 | 0.01 | | Nd-149 | 100 | * |
| Cd-115m | 100 | | I-130 | 10 | * | Pm-147 | 1 000 | |
| In-111 | 10 | | I-131 | 10 | | Pm-149 | 1 000 | |
| In-113m | 100 | * | I-132 | 10 | * | Sm-151 | 1 000 | |
| In-114m | 10 | | I-133 | 10 | * | Sm-153 | 100 | |
| In-115m | 100 | * | I-134 | 10 | * | Eu-152 | 0.1 | |
| Sn-113 | 1 | | I-135 | 10 | * | Eu-152m | 100 | * |
| Eu-154 | 0.1 | | Ir-192 | 1 | | Pa-230 | 10 | |
| Eu-155 | 1 | | Ir-194 | 100 | * | Pa-233 | 10 | |
| Gd-153 | 10 | | Pt-191 | 10 | | U-230 | 10 | |
| Gd-159 | 100 | * | Pt-193m | 1 000 | | U-231 | 100 | |
| Tb-160 | 1 | | Pt-197 | 1 000 | * | U-232 | 0.1 | |
| Dy-165 | 1 000 | * | Pt-197m | 100 | * | U-233 | 1 | |
| Dy-166 | 100 | | Au-198 | 10 | | U-236 | 10 | |
| Ho-166 | 100 | | Au-199 | 100 | | U-237 | 100 | |
| Er-169 | 1 000 | | Hg-197 | 100 | | U-239 | 100 | * |
| Er-171 | 100 | * | Hg-197m | 100 | | U-240 | 100 | * |
| Tm-170 | 100 | | Hg-203 | 10 | | Np-237 | 1 | |
| Tm-171 | 1 000 | | Tl-200 | 10 | | Np-239 | 100 | |
| Yb-175 | 100 | | Tl-201 | 100 | | Np-240 | 10 | * |

表 B.2（续）

| 放射性核素 | 免管浓度 Bq/g | 放射性核素 | 免管浓度 Bq/g | 放射性核素 | 免管浓度 Bq/g |
|---|---|---|---|---|---|
| Lu-177 | 100 | Tl-202 | 10 | Pu-234 | 100 * |
| Hf-181 | 1 | Tl-204 | 1 | Pu-235 | 100 * |
| Ta-182 | 0.1 | Pb-203 | 10 | Pu-236 | 1 |
| W-181 | 10 | Bi-206 | 1 | Pu-237 | 100 |
| W-185 | 1 000 | Bi-207 | 0.1 | Pu-238 | 0.1 |
| W-187 | 10 | Po203 | 10 * | Pu-239 | 0.1 |
| Re-186 | 1 000 | Po-205 | 10 * | Pu-240 | 0.1 |
| Re-188 | 100 * | Po-207 | 10 * | Pu-241 | 10 |
| Os-185 | 1 | At-211 | 1 000 | Pu-242 | 0.1 |
| Os-191 | 100 | Ra-225 | 10 | Pu-243 | 1 000 * |
| Os-191m | 1 000 * | Ra-227 | 100 | Pu-244 | 0.1 |
| Os-193 | 100 | Th-226 | 1 000 | Am-241 | 0.1 |
| Ir-190 | 1 | Th-229 | 0.1 | Am-242 | 1 000 * |
| Am-242m | 0.1 | Cm-248 | 0.1 | Cf-253 | 100 |
| Am-243 | 0.1 | Bk-249 | 100 | Cf-254 | 1 |
| Cm-242 | 10 | Cf-246 | 1 000 | Es-253 | 100 |
| Cm-243 | 1 | Cf-248 | 1 | Es-254 | 0.1 |
| Cm-244 | 1 | Cf-249 | 0.1 | Es-254m | 10 |
| Cm-245 | 0.1 | Cf-250 | 1 | Fm-254 | 10 000 * |
| Cm-246 | 0.1 | Cf-251 | 0.1 | Fm-255 | 10 * |
| Cm-247 | 0.1 | Cf-252 | 1 | | |
| 注：* 半衰期小于 1 天。 | | | | | |

ICS 29.100.01
K 97

# 中华人民共和国国家标准

GB/T 27743—2011

# 变压器专用设备检测方法

## Inspection method for transformer of special equipment

2011-12-30 发布　　2012-05-01 实施

中华人民共和国国家质量监督检验检疫总局
中国国家标准化管理委员会　发布

# 前　言

本标准按照 GB/T 1.1—2009 给出的规则起草。

本标准由中国电器工业协会提出。

本标准由全国电工专用设备标准化技术委员会(SAC/TC 412)归口。

本标准起草单位:西安启源机电装备股份有限公司、中山凯旋真空技术工程有限公司。

本标准主要起草人:许树森、高峰、郭磊鹰、李龙军、李刚。

# 变压器专用设备检测方法

## 1 范围

本标准规定了变压器专用设备中的硅钢片横剪生产线、硅钢片纵剪生产线、立式绕线机、变压法真空干燥设备和气相干燥设备的通用检测方法、专用检测方法。

本标准适用于变压器专用设备中的硅钢片横剪生产线、硅钢片纵剪生产线、立式绕线机、变压法真空干燥设备及气相干燥设备。

## 2 规范性引用文件

下列文件对于本文件的应用是必不可少的。凡是注日期的引用文件,仅注日期的版本适用于本文件。凡是不注日期的引用文件,其最新版本(包括所有的修改单)适用于本文件。

GB 150 钢制压力容器

GB/T 2900.39 电工术语 电机、变压器专用设备

GB/T 6070 真空技术 法兰尺寸(GB/T 6070—2007, ISO 1609:1986,MOD)

GB/T 16769 金属切削机床 噪声声压级测量方法

GB/T 23644 电工专用设备 通用技术条件

JB/T 9658 变压器专用设备 硅钢片纵剪生产线

JB/T 10918 变压器专用设备 硅钢片横剪生产线

JB/T 11054 变压器专用设备 变压法真空干燥设备

JB/T 11056 变压器专用设备 气相干燥设备

JB/T 11147 变压器用立式绕线机

## 3 术语和定义

GB/T 2900.39 界定的术语和定义适用于本文件。

## 4 通用检测方法

### 4.1 环境适应性检测

空载运转性能试验前,应进行设备工作环境、电压波动情况检测。检测工具为温度计、湿度计、电压表,检测结果应符合 GB/T 23644 的规定。

### 4.2 安全保护检测

4.2.1 绝缘电阻测量。用 500 V 及以上的绝缘电阻表在电气控制装置带电回路与接地装置之间进行测量绝缘电阻,测量结果应不小于 1 MΩ。

注:测量时电容器和半导体器件等不应承受试验电压的元器件应短路或拆除。

4.2.2 接地电阻测量。用接地电阻测试仪在电气控制装置主接地端子和装有电器的任何金属构件之间进行测量接地电阻,测量结果应不大于 0.1 Ω。

4.2.3 带有保护开关的安全防护装置应进行动作试验不少于3次。

4.2.4 设备通电后，检查其动作应符合设备的功能要求。

4.2.5 其他项目进行检测，结果应符合GB/T 23644的规定。

### 4.3 外观质量检测

4.3.1 目测油、水、气、电等管、线路安装排列状况。

4.3.2 用常规量具测量结合面的错位量。

4.3.3 目测设备外观表面质量。

4.3.4 以上检测项目结果应符合GB/T 23644的规定。

### 4.4 噪声检测

噪声检测应在设备最高转速下进行，检测方法按GB/T 16769的要求，检测结果应符合GB/T 23644的规定。

## 5 专用设备检测方法

### 5.1 硅钢片横剪生产线专用检测方法

#### 5.1.1 空载运转性能试验

设备装配后，先进行各单机空载运转性能试验，时间不少于2 h。其中主机的运转应从低速逐步升高至最高速度，保持最高速运转不少于1 h，检测设备运行的灵活性、平稳性，测试设备噪声是否符合4.4的要求。试验合格后，再进行整机联动空载运转性能试验，时间不少于2 h，检查设备的程序及动作能否满足使用的要求。

#### 5.1.2 负载运转性能试验

空载运转性能试验合格后，进行负载运转性能试验，检测产品性能参数，其结果应符合JB/T 10918的规定；剪切精度检测应符合表1的规定。

表1

| 检测项目 | 检测工具 | 检测方法 | 要求 |
| --- | --- | --- | --- |
| 剪切长度误差 | 游标卡尺 | 用游标卡尺测量多点，取最大差值 | 符合JB/T 10918的规定 |
| 角度误差 | 万能角度尺 | 用万能角度尺测量，取最大差值 | |
| 毛刺 | 千分尺 | 用千分尺测量多点，取最大值 | |

#### 5.1.3 装配质量检测

5.1.3.1 开卷机质量检测应符合表2的规定。

表2

| 检测项目 | 检测工具 | 检测方法 | 要求 |
| --- | --- | --- | --- |
| 卷筒直径 | 卡钳、钢板尺 | 用卡钳测量卷筒外径 | 符合JB/T 10918的规定 |
| 油缸漏油 | — | 目测 | |

5.1.3.2　送料机质量检测应符合表 3 的规定。

**表 3**

| 检测项目 | 检测工具 | 检测方法 | 要求 |
| --- | --- | --- | --- |
| 送料辊与固定导轨垂直度误差 | 直角尺、千分表 | 用直角尺一边贴合导轨,另一边用千分表检测不少于 3 次,取最大值 | 符合 JB/T 10918 的规定 |
| 测量辊与送料辊平行度误差 | 千分表 | 用千分表检测不少于 3 次,取最大差值 | |

5.1.3.3　冲床段质量检测应符合表 4 的规定。

**表 4**

| 检测项目 | 检测工具 | 检测方法 | 要求 |
| --- | --- | --- | --- |
| 冲床滑台两条直线导轨与水平面的平行度误差 | 千分表 | 用千分表检测,取最大差值 | 符合 JB/T 10918 的规定 |
| 冲床滑台两条直线导轨与固定侧的垂直度误差 | 直角尺、千分表 | 用直角尺一边贴合导轨,另一边用千分表检测不少于 3 次取最大值 | |
| 冲床下刀面与剪床下刀面等高误差 | 高度尺 | 用高度尺检测,取最大差值 | |
| 剪切硅钢片毛刺 | 千分尺 | 用千分尺测量多点,取最大值 | |

5.1.3.4　剪床段质量检测应符合表 5 的规定。

**表 5**

| 检测项目 | 检测工具 | 检测方法 | 要求 |
| --- | --- | --- | --- |
| 剪床下刀面与冲床下刀面等高误差 | 高度尺 | 用高度尺检测,取最大差值 | 符合 JB/T 10918 的规定 |
| 下排辊上母线高度与剪床下刀面高度误差 | | | |
| 各段活动侧导轧高度与固定侧导轧高度误差 | | | |
| 各调宽丝杠与冲床滑台导轨平行度误差 | 千分表 | 用千分表检测,取最大差值 | |

5.1.3.5　液压系统检测应符合表 6 的规定。

**表 6**

| 检测项目 | 检测工具 | 检测方法 | 要求 |
| --- | --- | --- | --- |
| 噪声 | 声级计 | 用声级计检测取最大值 | 符合 JB/T 10918 的规定 |
| 漏油 | — | 目测 | |
| 温升 | 工业温度计 | 用工业温度计测量液压油的最高温度,计算温升值 | |

5.1.3.6 电气控制系统的检测应符合表7的规定。

表7

| 检测项目 | 检测工具 | 检测方法 | 要求 |
|---|---|---|---|
| 程序测试 | — | 目测 | 符合JB/T 10918的规定 |

## 5.2 硅钢片纵剪生产线专用检测方法

### 5.2.1 空载运转性能试验

设备装配后，先进行各单机空载运转性能试验，时间不少于2 h。其中主机的运转应从低速逐步升高至最高速度，保持最高速运转不少于1 h，检查设备运行的灵活性、平稳性，检测设备噪声是否符合4.4的要求。试验合格后，再进行整机联动空载运转性能试验，时间不少于2 h，检查设备的程序及动作能否满足使用的要求。

### 5.2.2 负载运转性能试验

空载运转性能试验合格后，进行负载运转性能试验，检测产品性能参数，应符合JB/T 9658的规定，剪切精度检测应符合表8的规定。

表8

| 检测项目 | 检测工具 | 检测方法 | 要求 |
|---|---|---|---|
| 剪切毛刺 | 千分尺 | 用千分尺测量多点，取最大值 | 符合JB/T 9658的规定 |
| 单边不直度 | 塞尺、平尺 | 用平尺贴合硅钢片侧面，用塞尺测量多点，取最大值 | |
| 剪切宽度误差 | 游标卡尺 | 用游标卡尺测量多点，取最大差值 | |
| 两刀轴平等度误差 | 专用检测工具、千分表 | 将专用检测工具放置在一个刀轴上，用千分表沿另一个刀轴母线进行测量，取最大差值 | |
| 刀具端面圆跳动误差 | 千分表 | 用千分表测量分具两端面，取最大值 | |
| 刀片硬度 | 硬度计 | 用硬度计测量，取最小值 | |

### 5.2.3 装配质量检测

5.2.3.1 开卷机质量检测应符合表9的规定。

表9

| 检测项目 | 检测工具 | 检测方法 | 要求 |
|---|---|---|---|
| 卷筒直径 | 卡钳、钢板尺 | 用卡钳测量卷筒外径 | 符合JB/T 9658的规定 |
| 减速箱噪声 | 声级计 | 用声级计检测取最大值 | |

5.2.3.2 纵剪机质量检测应符合表 10 的规定。

表 10

| 检测项目 | 检测工具 | 检测方法 | 要求 |
| --- | --- | --- | --- |
| 刀轴径向圆跳动误差 | 千分表 | 用千分表检测取最大值 | 符合 JB/T 9658 的规定 |
| 刀轴轴向游隙 | | | |
| 减速箱噪声 | 声级计 | 用声级计检测取最大值 | |

5.2.3.3 收卷机质量检测应符合表 11 的规定。

表 11

| 检测项目 | 检测工具 | 检测方法 | 要求 |
| --- | --- | --- | --- |
| 卷筒直径 | 卡钳、钢板尺 | 用卡钳测量卷筒外径 | 符合 JB/T 9658 的规定 |
| 减速箱噪声 | 声级计 | 用声级计检测取最大值 | |

5.2.3.4 液压系统检测应符合表 12 的规定。

表 12

| 检测项目 | 检测工具 | 检测方法 | 要求 |
| --- | --- | --- | --- |
| 噪声 | 声级计 | 用声级计检测取最大值 | 符合 JB/T 9658 的规定 |
| 漏油 | — | 目测 | |
| 温升 | 工业温度计 | 用工业温度计测量液压油的最高温度，计算温升值 | |

5.2.3.5 电气控制系统检测应符合表 13 的规定。

表 13

| 检测项目 | 检测工具 | 检测方法 | 要求 |
| --- | --- | --- | --- |
| 程序测试 | — | 目测 | 符合 JB/T 9658 的规定 |

## 5.3 立式绕线机专用检测方法

### 5.3.1 空载运转性能试验

设备装配后，先进行空载运转性能试验，时间不少于 2 h。试验时设备应从低速逐步升高至最高速度，保持最高速运转不少于 1 h，检查设备运行的灵活性、平稳性，检测设备噪声是否符合 4.4 的要求，检查设备的程序及动作能否满足使用的要求。

5.3.2 负载运转性能试验

空载运转性能试验合格后，进行负载运转性能试验，检测产品性能参数，应符合 JB/T 11147 的规定。

5.3.3 装配质量

5.3.3.1 花盘传动系统装配质量应符合表 14 的规定。

表 14

| 检测项目 | 检测工具 | 检测方法 | 要求 |
| --- | --- | --- | --- |
| 花盘升降及旋转运动 | — | 目测 | 符合 JB/T 11147 的规定 |
| 丝杠、导轨润滑系统 | — | 目测 | |
| 升降系统噪声 | 声级计 | 用声级计检测 | |
| 花盘升降行程 | 卷尺 | 用卷尺测量 | |
| 花盘升降速度 | 秒表、卷尺 | 用秒表、卷尺检测，计算升降速度 | |
| 花盘旋转速度 | 秒表 | 用秒表检测 | |

5.3.3.2 活动平台检测应符合表 15 的规定。

表 15

| 检测项目 | 检测工具 | 检测方法 | 要求 |
| --- | --- | --- | --- |
| 活动盖板伸缩范围 | 卷尺 | 用卷尺测量 | 符合 JB/T 11147 的规定 |
| 活动盖板移动平稳性 | — | 带载检测 | |

5.3.3.3 电气控制系统检测应符合表 16 的规定。

表 16

| 检测项目 | 检测工具 | 检测方法 | 要求 |
| --- | --- | --- | --- |
| 程序测试 | — | 目测 | 符合 JB/T 11147 的规定 |

5.4 变压法真空干燥设备和气相干燥设备的专用检测方法

5.4.1 加热器的泄漏检查

传热介质是导热油的泄漏检查：在加热排管中充入 0.6 MPa 的压缩空气，保压 12 h，无泄漏。

传热介质是蒸汽的泄漏检查：水压检查，检测压力为工作压力的 1.2 倍，保压 12 h，无泄漏。

5.4.2 空载运转性能试验

设备安装完成后，制造厂应进行分部件空载运转性能试验。在使用厂家整机安装调试完成后，应进行整机联动空载运转性能试验，检测项目和结果应符合 JB/T 11054 或 JB/T 11056 的规定。

### 5.4.3 系统极限压力检测

5.4.3.1 系统极限压力检测条件

a) 符合设备运行环境要求；

b) 真空干燥罐常温无负载(允许用设备本身配用的加热装置对设备进行除气)；

c) 真空检测选用与系统极限压力相适应的真空计。

5.4.3.2 极限压力值取趋于稳定的最低压力值(30 min 内压力变化值不超过 5%)。

### 5.4.4 干燥罐漏率检测

将干燥罐抽空至极限压力，关闭干燥罐与真空系统间的阀门。

干燥罐内部压力的第一次读数 $P_1$ 应在关闭抽真空阀门 5 min 后开始读取，经 $\Delta t$(≥4 h)，读取压力 $P_2$，并计算漏率。

$$q=\frac{\Delta P\cdot V}{\Delta t} \qquad \cdots\cdots(1)$$

式中：

$q$ ——干燥罐的漏率，单位为 Pa·L/S；

$\Delta P$——$P_2$ 与 $P_1$ 差值，单位为 Pa；

$V$ ——罐体系统容积，单位为 L；

$\Delta t$ ——检测 $P_1$、$P_2$ 过程的时间间隔，单位为 s。

### 5.4.5 真空系统漏率检测

开启真空机组对真空系统抽真空，达到极限真空后关闭真空机组。压力变量($\Delta P$)、时间间隔($\Delta t$)的检测方法和干燥罐的检测方法相同，真空系统漏率用式(1)计算。

注：气相干燥设备冷凝系统漏率的检测与真空系统的检测同时进行，检测方法同上。

### 5.4.6 温度检测

5.4.6.1 用于检测干燥罐内空间温度的传感器距离罐壁或加热排管不少于 200 mm。

5.4.6.2 用于检测铁芯、线圈温度的传感器须与被测量物保持充分接触。

5.4.6.3 用于检测蒸发器出口煤油蒸汽温度的传感器应放置于蒸发器出口位置(适用于气相干燥设备)。

注：传感器采用 Pt100 铂电阻。

### 5.4.7 安全报警系统检测

5.4.7.1 工作温度过高、水压和气压不足时，检测设备的安全报警系统是否可靠运行。

5.4.7.2 紧急抽空启动功能检测：设备空载运转性能试验时，充入空气至 26 kPa，紧急抽空启动功能，检测是否正常工作。

注：此项检测方法仅适用于气相干燥设备。

5.4.7.3 煤油高低液位报警检测：设备空载运转性能试验时，调节浮球液位计浮球高低位置，检测报警信号是否正确反馈。

注：此项检测方法仅适用于气相干燥设备。

### 5.4.8 加工与装配质量检测

加工与装配质量检测应符合表 17 的规定。

**表 17**

| 检测项目 | 检测工具 | 检测方法 | 要求 |
| --- | --- | --- | --- |
| 焊缝表面形状尺寸及外观 | 精度为 0.05 mm 游标卡尺 | 直接或间接测量 | 符合 GB 150 要求 |
| 可凝性气体水平管道安装坡度 | 水平尺 | 水平尺与管道夹角的对边高度值与水平尺长度之比值 | 3‰～5‰ |
| 罐体法兰密封面垂直度误差(卧式罐)或水平度误差(立式罐) | 水平仪 | 按平面的上部左中右、下部左中右共 6 点所形成的两个倒映三角形各自所在平面分别与基准面比较取角度大的值 | 不大于 1° |
| 工作时处于真空环境中的表面清洁程度 | — | 目测 | 符合设计要求 |
| 法兰密封槽的尺寸 | 精度为 0.05 mm 游标卡尺 | 用游标卡尺测量密封槽尺寸 | 符合 GB/T 6070 的规定 |
| 法兰密封面和密封槽的表面质量 | 表面粗糙度样板 | 用表面粗糙度样板对比检测法兰密封面和密封槽的加工表面 | |

### 5.4.9 电气控制系统检测

电气控制系统检测应符合表 18 的规定。

**表 18**

| 检测项目 | 检测工具 | 检测方法 | 要求 |
| --- | --- | --- | --- |
| 程序测试 | — | 目测 | 符合设计要求 |

### 5.4.10 气相干燥设备功率试验

#### 5.4.10.1 蒸发器蒸发功率试验

将煤油通入高温的蒸发器内测量单位时间内真空罐的温升、主冷凝器收集的煤油量和缓冲罐内的煤油量和温升，计算蒸发功率，结果应符合 JB/T 11056 的规定。

#### 5.4.10.2 主冷凝器冷凝功率试验

将稳定工作的蒸发器蒸汽出口与主冷凝器接通，测量蒸汽冷凝速度，然后计算冷凝功率，结果应符合 JB/T 11056 的规定。

ICS 29.160.30
K 21

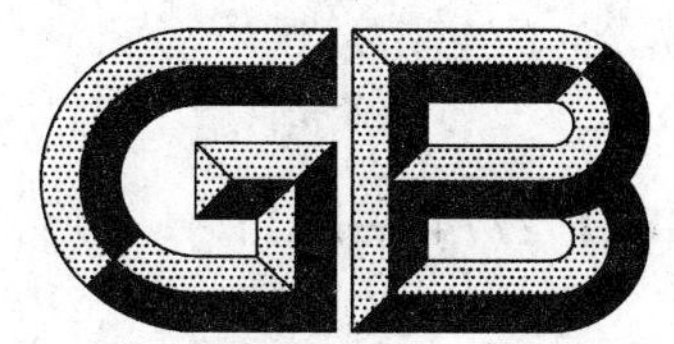

# 中华人民共和国国家标准

GB/T 27744—2011

# 超高效三相永磁同步电动机技术条件（机座号 132～280）

**Specification for premium efficiency three-phase permanent magnet synchronous motor**
**（frame size 132～280）**

2011-12-30 发布 2012-05-01 实施

中华人民共和国国家质量监督检验检疫总局
中国国家标准化管理委员会 发布

# 前　言

本标准按照 GB/T 1.1—2009 给出的规则起草。

本标准由中国电器工业协会提出。

请注意本文件的某些内容可能涉及专利。本文件的发布机构不承担识别这些专利的责任。

本标准由全国旋转电机标准化技术委员会(SAC/TC 26)归口。

本标准负责起草单位:上海电器科学研究所(集团)有限公司、上海电机系统节能工程技术研究中心有限公司、江苏爱尔玛电机制造有限公司、安徽明腾机电设备有限公司、江苏微特利电机制造有限公司、浙江金龙电机股份有限公司、上海曼科电机制造有限公司、中国电科二十一所。

本标准参加起草单位:浙江中龙电机股份有限公司、开封电机制造有限公司。

本标准主要起草人:姚丙雷、张宝强、周志民、梅浩东、赵炳荣、叶叶、许跃敏、鲍周清、凌良义。

# 超高效三相永磁同步电动机技术条件<br>（机座号 132～280）

## 1 范围

本标准规定了超高效三相永磁同步电动机的型式、基本参数与尺寸、技术要求、检验规则、标志、包装及保用期的要求。

本标准适用于自起动超高效三相永磁同步电动机（机座号 132～280）。本标准规定的超高效三相永磁同步电动机（以下简称电动机）适用于油田游梁式抽油机及类似高起动转矩负载，极数为 6 极、8 极，转子带笼型起动绕组。本标准不包含交流伺服永磁同步电动机。

## 2 规范性引用文件

下列文件对于本文件的应用是必不可少的。凡是注日期的引用文件，仅注日期的版本适用于本文件。凡是不注日期的引用文件，其最新版本（包括所有的修改单）适用于本文件。

GB/T 191—2008 包装储运图示标志

GB 755—2008 旋转电机 定额和性能

GB/T 997—2008 旋转电机结构型式、安装型式及接线盒位置的分类（IM 代号）

GB 1971—2006 旋转电机 线端标志与旋转方向

GB/T 1993—1993 旋转电机 冷却方法

GB/T 4772.1—1999 旋转电机尺寸和输出功率等级 第 1 部分：机座号 56～400 和凸缘号 55～1080

GB/T 4942.1—2006 旋转电机整体结构的防护等级（IP 代码） 分级

GB 10068—2008 轴中心高为 56 mm 及以上电机的机械振动 振动的测量、评定及限值

GB/T 10069.1—2006 旋转电机噪声测定方法及限值 第 1 部分：旋转电机噪声测定方法

GB/T 12665—2008 电机在一般环境条件下使用的湿热试验要求

GB 14711—2006 中小型旋转电机安全要求

GB/T 22669—2008 三相永磁同步电动机试验方法

GB/T 22719.1—2008 交流低压电机散嵌绕组匝间绝缘 第 1 部分：试验方法

GB/T 22719.2—2008 交流低压电机散嵌绕组匝间绝缘 第 2 部分：试验限值

## 3 型式、基本参数与尺寸

3.1 电动机的外壳防护等级为 IP55（按 GB/T 4942.1—2006 的规定）。

3.2 电动机的冷却方法为 IC411（按 GB/T 1993—1993 的规定）。

3.3 电动机的结构及安装型式为 IM B3、IM B5、IM B35、IM V1（按 GB/T 997—2008 的规定）。

3.4 电动机的定额是以连续工作制（S1）为基准的连续定额。

3.5 电动机的额定频率为 50 Hz，额定电压为 380 V，Y 接。

3.6 电动机应按下列额定功率制造：

2.2 kW，3 kW，4 kW，5.5 kW，7.5 kW，11 kW，15 kW，18.5 kW，22 kW，30 kW，37 kW，45 kW，

55 kW。

3.7 电动机的机座号与转速及功率的对应关系应按表1的规定。

表1 机座号与转速及功率的对应关系

<table>
<tr><th rowspan="3">机 座 号</th><th colspan="2">转速<br>r/min</th></tr>
<tr><th>1 000</th><th>750</th></tr>
<tr><th colspan="2">功率<br>kW</th></tr>
<tr><td>132S</td><td>3</td><td>2.2</td></tr>
<tr><td>132M1</td><td>4</td><td rowspan="2">3</td></tr>
<tr><td>132M2</td><td>5.5</td></tr>
<tr><td>160M1</td><td rowspan="2">7.5</td><td>4</td></tr>
<tr><td>160M2</td><td>5.5</td></tr>
<tr><td>160L</td><td>11</td><td>7.5</td></tr>
<tr><td>180L</td><td>15</td><td>11</td></tr>
<tr><td>200L1</td><td>18.5</td><td rowspan="2">15</td></tr>
<tr><td>200L2</td><td>22</td></tr>
<tr><td>225S</td><td>—</td><td>18.5</td></tr>
<tr><td>225M</td><td>30</td><td>22</td></tr>
<tr><td>250M</td><td>37</td><td>30</td></tr>
<tr><td>280S</td><td>45</td><td>37</td></tr>
<tr><td>280M</td><td>55</td><td>45</td></tr>
<tr><td colspan="3">注：S、M、L后面的数字1、2分别代表同一机座号和转速下不同的功率。</td></tr>
</table>

3.8 电动机尺寸及公差

3.8.1 电动机的安装尺寸及公差应符合表2～表5和图1～图4的规定，外形尺寸应不大于表2～表5和图1～图4的规定。

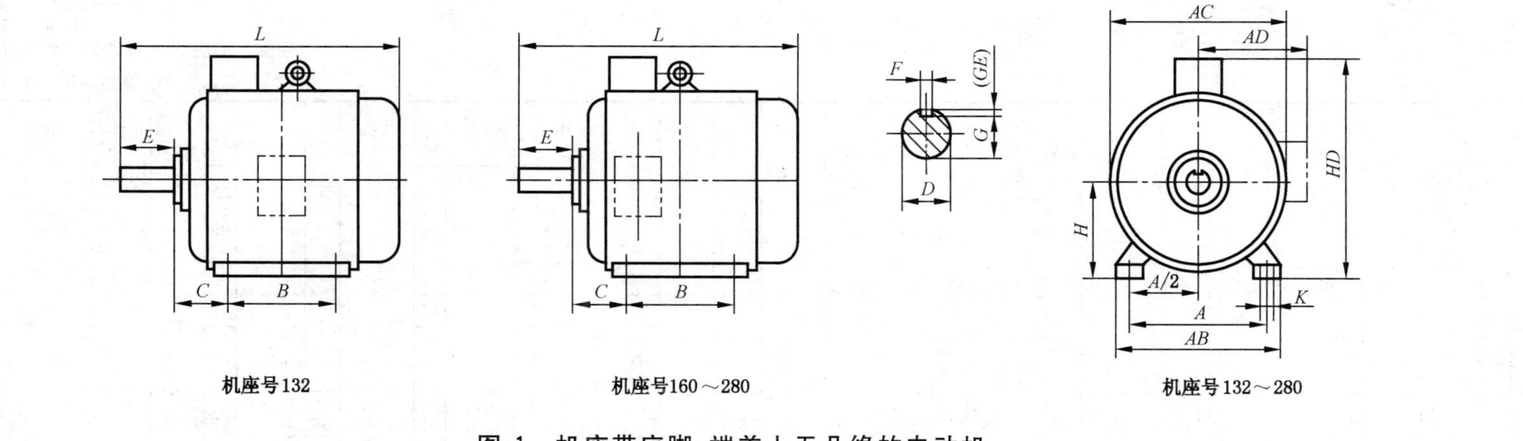


图 1　机座带底脚，端盖上无凸缘的电动机

表 2　机座带底脚，端盖上无凸缘的电动机

| 机座号 | 极数 | 安装尺寸及公差 mm | | | | | | | | | | | | | | | | | | 外形尺寸 mm | | | | |
|---|---|---|---|---|---|---|---|---|---|---|---|---|---|---|---|---|---|---|---|---|---|---|---|---|
| | | A | A/2 | B | C | | D | | E | | F | | $G^a$ | | H | | $K^b$ | | | AB | AC | AD | HD | L |
| | | 基本尺寸 | 基本尺寸 | 基本尺寸 | 基本尺寸 | 极限偏差 | 基本尺寸 | 极限偏差 | 基本尺寸 | 极限偏差 | 基本尺寸 | 极限偏差 | 基本尺寸 | 极限偏差 | 基本尺寸 | 极限偏差 | 基本尺寸 | 极限偏差 | 位置度公差 | | | | | |
| 132S | 6,8 | 216 | 108 | 140 | 89 | ±2.0 | 38 | +0.018<br>+0.002 | 80 | ±0.37 | 10 | 0<br>−0.036 | 33 | 0<br>−0.20 | 132 | 0<br>−0.5 | 12 | +0.43<br>0 | ϕ1.0Ⓜ | 270 | 275 | 210 | 345 | 470 |
| 132M | | | | 178 | | | | | | | | | | | | | | | | | | | | 510 |
| 160M | | 254 | 127 | 210 | 108 | ±3.0 | 42 | | 110 | ±0.43 | 12 | 0<br>−0.043 | 37 | | 160 | | 14.5 | | ϕ1.2Ⓜ | 320 | 330 | 255 | 420 | 615 |
| 160L | | | | 254 | | | | | | | | | | | | | | | | | | | | 670 |
| 180L | | 279 | 139.5 | 279 | 121 | | 48 | | | | 14 | | 42.5 | | 180 | | | | | 355 | 380 | 280 | 455 | 740 |
| 200L | | 318 | 159 | 305 | 133 | | 55 | +0.030<br>+0.011 | | | 16 | | 49 | | 200 | | 18.5 | +0.52<br>0 | | 395 | 420 | 305 | 505 | 770 |
| 225S | 8 | 356 | 178 | 286 | 149 | ±4.0 | 60 | | 140 | ±0.50 | 18 | | 53 | | 225 | | | | | 435 | 470 | 335 | 560 | 820 |
| 225M | 6,8 | | | 311 | | | | | | | | | | | | | | | | | | | | 845 |
| 250M | | 406 | 203 | 349 | 168 | | 65 | | | | | | 58 | | 250 | | 24 | | ϕ2.0Ⓜ | 490 | 510 | 370 | 615 | 910 |
| 280S | | 457 | 228.5 | 368 | 190 | | 75 | | | | 20 | 0<br>−0.052 | 67.5 | | 280 | 0<br>−1.0 | | | | 550 | 580 | 410 | 680 | 985 |
| 280M | | | | 419 | | | | | | | | | | | | | | | | | | | | 1 035 |

[a] $G=D-GE$，$GE$ 极限偏差为($^{+0.20}_{0}$)。

[b] $K$ 孔的位置度公差以轴伸的轴线为基准。

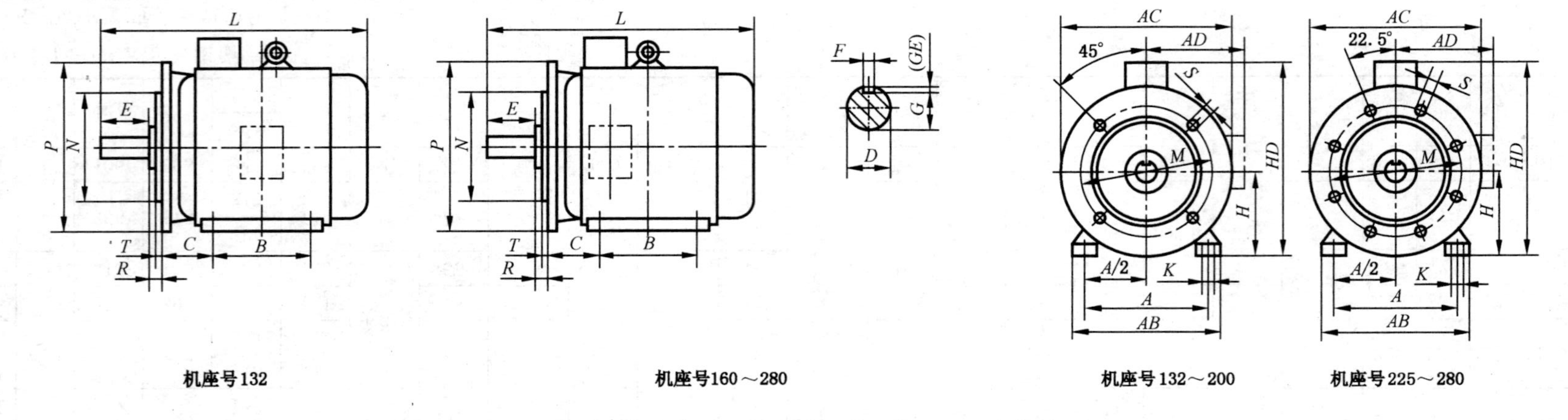


机座号132　　机座号160～280　　机座号132～200　　机座号225～280

图 2　机座带底脚,端盖上有凸缘(带通孔)的电动机

表 3　机座带底脚,端盖上有凸缘(带通孔)的电动机

| 机座号 | 凸缘号 | 极数 | 安装尺寸及公差 mm | | | | | | | | | | | | | | | | | | | | | | | | | | | | | | 外形尺寸 mm | | | | |
|---|---|---|---|---|---|---|---|---|---|---|---|---|---|---|---|---|---|---|---|---|---|---|---|---|---|---|---|---|---|---|---|---|---|---|---|---|---|
| | | | $A$ | $A/2$ | $B$ | $C$ | | $D$ | | $E$ | | $F$ | | $G$[a] | | $H$ | | $K$[b] | | | $M$ | $N$ | | $P$[c] | $R$[d] | | $S$[b] | | | $T$ | | 凸缘孔数 | $AB$ | $AC$ | $AD$ | $HD$ | $L$ |
| | | | 基本尺寸 | 基本尺寸 | 基本尺寸 | 基本尺寸 | 极限偏差 | 基本尺寸 | 极限偏差 | 基本尺寸 | 极限偏差 | 基本尺寸 | 极限偏差 | 基本尺寸 | 极限偏差 | 基本尺寸 | 极限偏差 | 基本尺寸 | 极限偏差 | 位置度公差 | | 基本尺寸 | 极限偏差 | | 基本尺寸 | 极限偏差 | 基本尺寸 | 极限偏差 | 位置度公差 | 基本尺寸 | 极限偏差 | | | | | | |
| 132S | FF265 | 6,8 | 216 | 108 | 140 | 89 | ±2.0 | 38 | $^{+0.018}_{+0.002}$ | 80 | ±0.37 | 10 | $^{0}_{-0.036}$ | 33 | $^{0}_{-0.20}$ | 132 | $^{0}_{-0.5}$ | 12 | $^{+0.43}_{0}$ | ϕ1.0Ⓜ | 265 | 230 | $^{+0.016}_{-0.013}$ | 300 | 0 | ±2.0 | 14.5 | $^{+0.43}_{0}$ | ϕ1.2Ⓜ | 4 | $^{0}_{-0.12}$ | 4 | 270 | 275 | 210 | 345 | 470 |
| 132M | | | | | 178 | | | | | | | | | | | | | | | | | | | | | | | | | | | | | | | | 510 |
| 160M | FF300 | | 254 | 127 | 210 | 108 | ±3.0 | 42 | | 110 | ±0.43 | 12 | $^{0}_{-0.043}$ | 37 | | 160 | | 14.5 | | | 300 | 250 | | 350 | | ±3.0 | | | | | | | 320 | 330 | 255 | 420 | 615 |
| 160L | | | | | 254 | | | | | | | | | | | | | | | | | | | | | | | | | | | | | | | | 670 |
| 180L | | | 279 | 139.5 | 279 | 121 | | 48 | | | | 14 | | 42.5 | | 180 | | | | ϕ1.2Ⓜ | | | | | | | | | | | | | 355 | 380 | 280 | 455 | 740 |
| 200L | FF350 | | 318 | 159 | 305 | 133 | | 55 | | | | 16 | | 49 | | 200 | | | | | 350 | 300 | ±0.016 | 400 | | | | | | | | | 395 | 420 | 305 | 505 | 770 |
| 225S | FF400 | 8 | 356 | 178 | 286 | 149 | | 60 | $^{+0.030}_{+0.011}$ | 140 | ±0.50 | 18 | | 53 | | 225 | | 18.5 | $^{+0.52}_{0}$ | | 400 | 350 | ±0.018 | 450 | | ±4.0 | 18.5 | $^{+0.52}_{0}$ | | 5 | | | 435 | 470 | 335 | 560 | 820 |
| 225M | | 6,8 | | | 311 | | | | | | | | | | | | | | | | | | | | | | | | | | | | | | | | 845 |
| 250M | | | 406 | 203 | 349 | 168 | ±4.0 | 65 | | | | | | 58 | | 250 | | | | | | | | | | | | | | | | 8 | 490 | 510 | 370 | 615 | 910 |
| 280S | FF500 | | 457 | 228.5 | 368 | 190 | | 75 | | | | 20 | $^{0}_{-0.052}$ | 67.5 | | 280 | $^{0}_{-1.0}$ | 24 | | ϕ2.0Ⓜ | 500 | 450 | ±0.020 | 550 | | | | | | | | | 550 | 580 | 410 | 680 | 985 |
| 280M | | | | | 419 | | | | | | | | | | | | | | | | | | | | | | | | | | | | | | | | 1 035 |

[a] $G=D-GE$,$GE$ 极限偏差为($^{+0.20}_{0}$)。

[b] $K$、$S$ 孔的位置度公差以轴伸的轴线为基准。

[c] $P$ 尺寸为最大极限值。

[d] $R$ 为凸缘配合面至轴伸肩的距离。

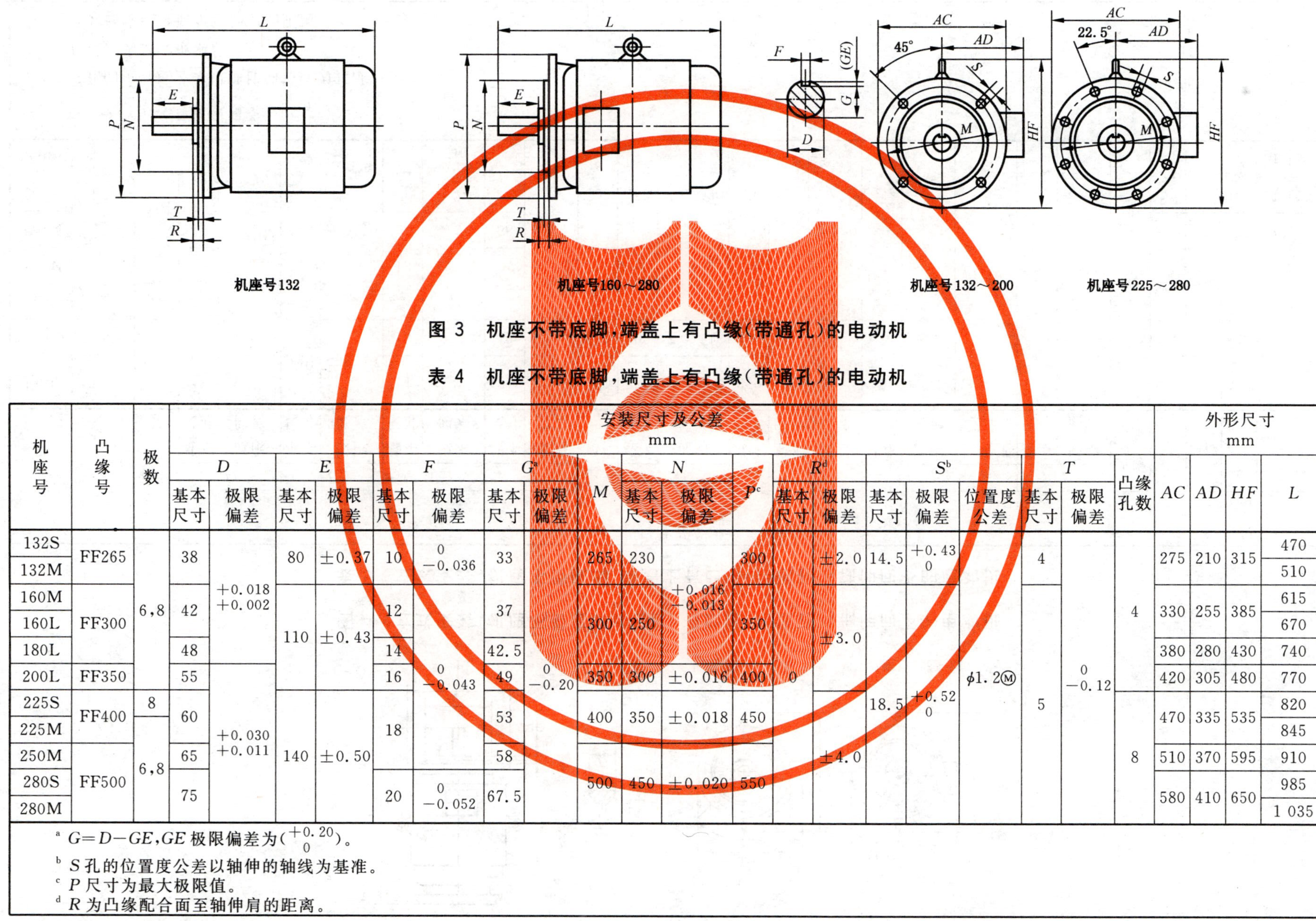


图 3　机座不带底脚，端盖上有凸缘(带通孔)的电动机

表 4　机座不带底脚，端盖上有凸缘(带通孔)的电动机

| 机座号 | 凸缘号 | 极数 | 安装尺寸及公差 mm | | | | | | | | | | | | | | | | | | | 凸缘孔数 | 外形尺寸 mm | | | |
|---|---|---|---|---|---|---|---|---|---|---|---|---|---|---|---|---|---|---|---|---|---|---|---|---|---|---|
| | | | D | | E | | F | | G[a] | | M | N | | P[c] | R[d] | | S[b] | | | T | | | AC | AD | HF | L |
| | | | 基本尺寸 | 极限偏差 | 基本尺寸 | 极限偏差 | 基本尺寸 | 极限偏差 | 基本尺寸 | 极限偏差 | | 基本尺寸 | 极限偏差 | | 基本尺寸 | 极限偏差 | 基本尺寸 | 极限偏差 | 位置度公差 | 基本尺寸 | 极限偏差 | | | | | |
| 132S | FF265 | | 38 | | 80 | ±0.37 | 10 | 0<br>−0.036 | 33 | | 265 | 230 | | 300 | | ±2.0 | 14.5 | +0.43<br>0 | | 4 | | | 275 | 210 | 315 | 470 |
| 132M | | | | | | | | | | | | | | | | | | | | | | | | | | 510 |
| 160M | FF300 | 6,8 | 42 | +0.018<br>+0.002 | | | 12 | | 37 | | 300 | 250 | +0.016<br>−0.013 | 350 | | | | | | | | 4 | 330 | 255 | 385 | 615 |
| 160L | | | | | 110 | ±0.43 | | | | | | | | | | ±3.0 | | | | | | | | | | 670 |
| 180L | | | 48 | | | | 14 | | 42.5 | | | | | | | | | | | | | | 380 | 280 | 430 | 740 |
| 200L | FF350 | | 55 | | | | 16 | 0<br>−0.043 | 49 | 0<br>−0.20 | 350 | 300 | ±0.016 | 400 | 0 | | | | ϕ1.2Ⓜ | | 0<br>−0.12 | | 420 | 305 | 480 | 770 |
| 225S | FF400 | 8 | 60 | | | | | | 53 | | 400 | 350 | ±0.018 | 450 | | | 18.5 | +0.52<br>0 | | 5 | | | 470 | 335 | 535 | 820 |
| 225M | | | | +0.030<br>+0.011 | | | 18 | | | | | | | | | | | | | | | | | | | 845 |
| 250M | FF500 | 6,8 | 65 | | 140 | ±0.50 | | | 58 | | | | | | | ±4.0 | | | | | | 8 | 510 | 370 | 595 | 910 |
| 280S | | | 75 | | | | 20 | 0<br>−0.052 | 67.5 | | 500 | 450 | ±0.020 | 550 | | | | | | | | | 580 | 410 | 650 | 985 |
| 280M | | | | | | | | | | | | | | | | | | | | | | | | | | 1 035 |

[a] $G=D-GE$，$GE$ 极限偏差为($^{+0.20}_{0}$)。

[b] $S$ 孔的位置度公差以轴伸的轴线为基准。

[c] $P$ 尺寸为最大极限值。

[d] $R$ 为凸缘配合面至轴伸肩的距离。

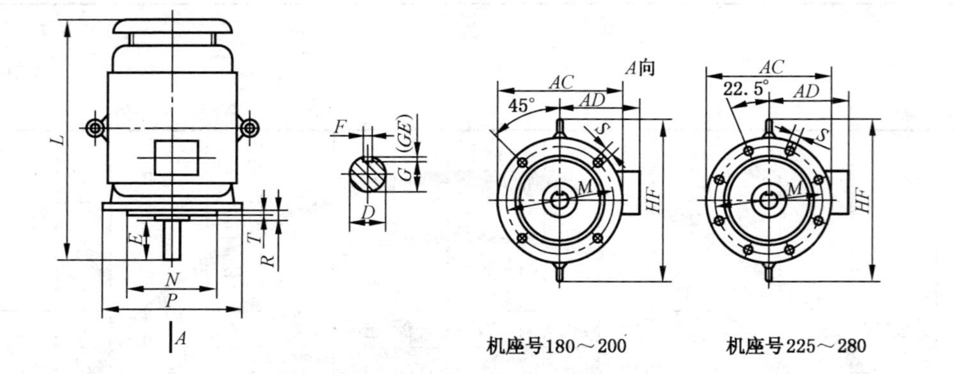


图 4　立式安装，机座不带底脚，端盖上有凸缘(带通孔)，轴伸向下的电动机

表 5　立式安装，机座不带底脚，端盖上有凸缘(带通孔)，轴伸向下的电动机

| 机座号 | 凸缘号 | 极数 | 安装尺寸及公差 mm | | | | | | | | | | | | | | | | | | | | 外形尺寸 mm | | | |
|---|---|---|---|---|---|---|---|---|---|---|---|---|---|---|---|---|---|---|---|---|---|---|---|---|---|---|
| | | | *D* | | *E* | | *F* | | *G*[a] | | *M* | *N* | | *P*[c] | *R*[d] | | *S*[b] | | | *T* | | 凸缘孔数 | *AC* | *AD* | *HD* | *L* |
| | | | 基本尺寸 | 极限偏差 | 基本尺寸 | 极限偏差 | 基本尺寸 | 极限偏差 | 基本尺寸 | 极限偏差 | | 基本尺寸 | 极限偏差 | | 基本尺寸 | 极限偏差 | 基本尺寸 | 极限偏差 | 位置度公差 | 基本尺寸 | 极限偏差 | | | | | |
| 180L | FF300 | 6,8 | 48 | +0.018<br>+0.002 | 110 | ±0.43 | 14 | | 42.5 | 0<br>−0.20 | 300 | 250 | +0.016<br>−0.013 | 350 | 0 | ±3.0 | 18.5 | +0.52<br>0 | ϕ1.2Ⓜ | 5 | 0<br>−0.12 | 4 | 380 | 280 | 500 | 800 |
| 200L | FF350 | | 55 | +0.030<br>+0.011 | | | 16 | 0<br>−0.043 | 49 | | 350 | 300 | ±0.016 | 400 | | | | | | | | | 420 | 305 | 550 | 840 |
| 225S | FF400 | 8 | 60 | | 140 | ±0.50 | 18 | | 53 | | 400 | 350 | ±0.018 | 450 | | ±4.0 | | | | | | 8 | 470 | 335 | 610 | 910 |
| 225M | | 6,8 | | | | | | | | | | | | | | | | | | | | | | | | 935 |
| 250M | FF500 | | 65 | | | | | | 58 | | 500 | 450 | ±0.020 | 550 | | | | | | | | | 510 | 370 | 650 | 1 015 |
| 280S | | | 75 | | | | 20 | 0<br>−0.052 | 67.5 | | | | | | | | | | | | | | 580 | 410 | 720 | 1 110 |
| 280M | | | | | | | | | | | | | | | | | | | | | | | | | | 1 150 |

[a] $G=D-GE$，$GE$ 极限偏差为($^{+0.20}_{0}$)。

[b] $S$ 孔的位置度公差以轴伸的轴线为基准。

[c] $P$ 尺寸为最大极限值。

[d] $R$ 为凸缘配合面至轴伸肩的距离。

3.8.2 电动机轴伸键的尺寸及公差应符合表6的规定。

表6 轴伸键的尺寸及公差

单位为毫米

| 轴伸直径 | 键宽 | 键高 |
|---|---|---|
| 38 | $10_{-0.022}^{0}$ | $8_{-0.090}^{0}$ |
| 42 | $12_{-0.027}^{0}$ | |
| 48 | $14_{-0.027}^{0}$ | $9_{-0.090}^{0}$ |
| 55 | $16_{-0.027}^{0}$ | $10_{-0.090}^{0}$ |
| 60 | $18_{-0.027}^{0}$ | $11_{-0.110}^{0}$ |
| 65 | | |
| 75 | $20_{-0.033}^{0}$ | $12_{-0.110}^{0}$ |

3.8.3 轴伸长度一半处的径向圆跳动公差应符合表7的规定。

表7 径向圆跳动公差

单位为毫米

| 轴伸直径 | 圆跳动公差 |
|---|---|
| 38～50 | 0.050 |
| >50～75 | 0.060 |

3.8.4 凸缘止口对电动机轴线的径向圆跳动和凸缘配合面对电动机轴线的端面圆跳动公差应符合表8的规定。

表8 径向圆跳动及端面圆跳动公差

单位为毫米

| 凸缘止口直径 | 圆跳动公差 |
|---|---|
| 230 | 0.100 |
| >230～450 | 0.125 |

3.8.5 电动机轴线对底脚支承面的平行度公差应符合表9的规定。

表9 平行度公差

单位为毫米

| 机座号 | 平行度公差 |
|---|---|
| 132～250 | 0.40 |
| >250～280 | 0.75 |

3.8.6 电动机底脚支承面的平面度公差应符合表10的规定。

表 10　平面度公差

单位为毫米

| *AB* 或 *BB* 中的最大尺寸 | 平面度公差 |
|---|---|
| 250～400 | 0.20 |
| >400～550 | 0.25 |
| 注：*AB* 为电动机底脚外边缘间的距离(端视)；*BB* 为电动机底脚外边缘间的距离(侧视)。 | |

3.8.7　电动机轴伸上键槽的对称度公差应符合表 11 的规定。

表 11　对称度公差

单位为毫米

| 键槽宽度 *F* | 对称度公差 |
|---|---|
| 10 | 0.022 |
| 12 | 0.030 |
| 14 | |
| 16 | |
| 18 | |
| 20 | 0.037 |

## 4　技术要求

4.1　电动机应符合本标准的要求，并按照经规定程序批准的图样及技术文件制造。

4.2　在下列的海拔和环境空气温度条件下，电动机应能额定运行。

4.2.1　海拔不超过 1 000 m。

4.2.2　最高环境空气温度随季节而变化，但不超过 40 ℃。

注：如电动机指定在海拔超过 1 000 m 或最高环境空气温度高于或低于 40 ℃的条件下使用时，按 GB 755—2008 的规定。

4.2.3　最低环境空气温度为－15 ℃。

4.3　电动机运行期间电源电压和频率与额定值的偏差应按 GB 755—2008 的规定。

4.4　电动机在功率、电压及频率为额定时，其效率的保证值应符合表 12 的规定。

4.4.1　电动机的效率由测量输入-输出功率的损耗分析法确定(按 GB/T 22669—2008 中 10.2.2 的规定)。

4.4.2　在计算中，效率值取四位有效位数。

4.4.3　测定效率时应卸下轴密封圈。

表 12　效率的保证值

| 功率<br>kW | 转速<br>r/min | |
|---|---|---|
| | 1 000 | 750 |
| | 效率($\eta$)<br>% | |
| 2.2 | — | 85.4 |
| 3 | 85.6 | 85.4 |

**表 12（续）**

| 功率<br>kW | 转速<br>r/min<br>1 000 | 效率(η)<br>%<br>750 |
|---|---|---|
| 4 | 87 | 86.8 |
| 5.5 | 88 | 87.6 |
| 7.5 | 89.5 | 88.5 |
| 11 | 90.5 | 90.1 |
| 15 | 91.5 | 91.5 |
| 18.5 | 92.2 | 92.2 |
| 22 | 92.5 | 92.5 |
| 30 | 92.9 | 92.9 |
| 37 | 93.6 | 93.6 |
| 45 | 94 | 94 |
| 55 | 94.5 | — |

4.5 电动机在功率、电压及频率为额定时，其功率因数的保证值为 0.94。在计算中，功率因数值取三位有效位数。

4.6 在额定电压下，电动机堵转转矩对额定转矩之比的保证值应符合表 13 的规定。

**表 13 堵转转矩对额定转矩之比的保证值**

<table>
<tr><th rowspan="3">功率<br>kW</th><th colspan="2">转速<br>r/min</th></tr>
<tr><th>1 000</th><th>750</th></tr>
<tr><th colspan="2">堵转转矩/额定转矩</th></tr>
<tr><td>2.2</td><td>—</td><td rowspan="5">2.8</td></tr>
<tr><td>3</td><td rowspan="12">2.8</td></tr>
<tr><td>4</td></tr>
<tr><td>5.5</td></tr>
<tr><td>7.5</td></tr>
<tr><td>11</td><td rowspan="7">2.7</td></tr>
<tr><td>15</td></tr>
<tr><td>18.5</td></tr>
<tr><td>22</td></tr>
<tr><td>30</td></tr>
<tr><td>37</td></tr>
<tr><td>45</td></tr>
<tr><td>55</td><td>—</td></tr>
</table>

4.7 在额定电压下，电动机失步转矩与额定转矩之比的保证值为2.2。

4.8 在额定电压下，电动机牵入转矩与额定转矩之比的保证值为1.3。

4.9 在额定电压下，电动机起动过程中最小转矩与额定转矩之比的保证值为1.2。

4.10 在额定电压下，电动机堵转电流与额定电流之比的保证值应符合表14的规定。

**表14 堵转电流对额定电流之比的保证值**

<table>
<tr><td rowspan="3">功率<br>kW</td><td colspan="2">转速<br>r/min</td></tr>
<tr><td>1 000</td><td>750</td></tr>
<tr><td colspan="2">堵转电流/额定电流</td></tr>
<tr><td>2.2</td><td>—</td><td rowspan="12">9.0</td></tr>
<tr><td>3</td><td rowspan="12">9.5</td></tr>
<tr><td>4</td></tr>
<tr><td>5.5</td></tr>
<tr><td>7.5</td></tr>
<tr><td>11</td></tr>
<tr><td>15</td></tr>
<tr><td>18.5</td></tr>
<tr><td>22</td></tr>
<tr><td>30</td></tr>
<tr><td>37</td></tr>
<tr><td>45</td></tr>
<tr><td>55</td><td>—</td></tr>
</table>

4.11 电动机电气性能保证值的容差应符合表15的规定。对4.6～4.10数值修约间隔规定为0.01。

**表15 电气性能保证值的容差**

| 序号 | 电气性能名称 | 容　差 |
|---|---|---|
| 1 | 效率($\eta$) | $-0.15(1-\eta)$ |
| 2 | 功率因数($\cos\varphi$) | $-0.02$ |
| 3 | 堵转转矩倍数 | 保证值的－15%，＋25%(经协议可超过＋25%) |
| 4 | 失步转矩倍数 | 保证值的－10% |
| 5 | 最小转矩倍数 | 保证值的－15% |
| 6 | 堵转电流倍数 | 保证值的＋20% |
| 7 | 牵入转矩倍数 | 保证值的－10% |

4.12 电动机定子绕组温升。

4.12.1 电动机采用155(F)级绝缘，当海拔和环境空气温度符合4.2规定时，电动机定子绕组的温升(电阻法)按80 K考核。温升数值修约间隔为1。

如试验地点的海拔或环境空气温度与 4.2 的规定不同时，温升限值应按 GB 755—2008 的规定修正。

4.12.2 用电阻法测量绕组温度时，应在热试验结束就尽快使电动机停转。电动机断电后能在表 16 给出的时间内测得第一点读数，则以此读数计算得到的温升不需要外推至断电瞬间。

**表 16 断电后间隔时间**

| 额定功率<br>kW | 断电后间隔时间<br>s |
|---|---|
| 2.2～45 | 30 |
| 55 | 90 |

如不能在上述间隔时间内测得第一点读数，则应按 GB 755—2008 的规定。

4.12.3 电动机轴承的允许温度(温度计法)应不超过 95 ℃。

4.13 电动机在热状态和逐渐增加转矩的情况下，应能承受 4.7 规定的失步转矩值(计及容差)历时 15 s 的短时过转矩试验而无转速突变、停转及发生有害变形。此时，电压和频率应维持在额定值。

4.14 电动机在空载情况下，应能承受 1.2 倍的最高额定转速，历时 2 min 的超速试验而不发生有害变形。

4.15 电动机定子绕组绝缘电阻在热状态时或热试验后，应不低于 0.38 MΩ。

4.16 电动机的定子绕组应能承受历时 1 min 的耐电压试验而不发生击穿，试验电压的频率为 50 Hz，并尽可能为正弦波形，电压的有效值为 1 760 V。

在传送带上大批连续生产的电动机进行检查试验时，允许将试验时间缩短至 1 s，而试验电压的有效值为 2 110 V。

4.17 电动机定子绕组应能承受匝间冲击耐电压试验而不击穿，其试验冲击电压峰值按 GB/T 22719.2—2008 的规定。

4.18 电动机的定子绕组在按 GB/T 12665—2008 所规定的 40 ℃交变湿热试验方法进行 6 周期试验后，绝缘电阻应不低于 0.38 MΩ，并应能承受 4.16 所规定的耐电压试验而不发生击穿，但电压的有效值为 1 500 V，试验时间为 1 min。

4.19 电动机的机械振动

4.19.1 电动机在空载时测得的振动强度应不超过表 17 的规定。在测得振动速度、加速度有效值的数值时，修约间隔为 0.1；在测得振动位移有效值的数值时，修约间隔为 1。

4.19.2 电动机在检查试验时，只需测量振动的速度。型式试验时，所有三种振动量值都应测量。检查试验是在自由悬置安装条件下做的，型式试验则必须包括在刚性安装情况下的试验。

**表 17 不同轴中心高 *H*(mm)用位移、速度和加速度表示的振动强度限值(方均根值)**

| 轴中心高 $H$<br>mm | 132 | | | 132<$H$≤280 | | |
|---|---|---|---|---|---|---|
| 安装方式 | 位移<br>μm | 速度<br>mm/s | 加速度<br>$m/s^2$ | 位移<br>μm | 速度<br>mm/s | 加速度<br>$m/s^2$ |
| 自由悬置 | 25 | 1.6 | 2.5 | 35 | 2.2 | 3.5 |
| 刚性安装 | 21 | 1.3 | 2.0 | 29 | 1.8 | 2.8 |

4.20 电动机在空载时测得的A计权声功率级的噪声数值应符合表18所规定的数值，噪声数值的容差为+3 dB(A)，修约间隔为1。

表18 空载最大A计权声功率级值 $L_{WA}$(dB)

| 功率<br>kW | 转速<br>r/min | |
|---|---|---|
| | 1 000 | 1 000 |
| | 声功率级<br>dB(A) | |
| 2.2 | — | 71 |
| 3 | 73 | 71 |
| 4 | 73 | 72 |
| 5.5 | 73 | 72 |
| 7.5 | 73 | 72 |
| 11 | 73 | 76 |
| 15 | 77 | 79 |
| 18.5 | 80 | 79 |
| 22 | 80 | 80 |
| 30 | 80 | 80 |
| 37 | 82 | 82 |
| 45 | 85 | 82 |
| 55 | 85 | — |

4.21 当三相电源平衡时，电动机的三相空载电流中任何一相与三相平均值的偏差应不大于三相平均值的10%。

4.22 电动机在检查试验时，空载电流和损耗应在某一数据范围之内，该数据范围应能保证电动机性能符合4.4～4.11的规定。

4.23 电动机有一个圆柱形轴伸，双方另有协议时允许电动机制成两个轴伸，第二轴伸应能传递额定功率，但只能用联轴器传动。

4.24 电动机应制成具有六个出线端。从主轴伸端视之，电动机的接线盒应置于机座右面或顶部。电动机的接线盒内应有接地端子，应在接地端子的附近设置接地标志，此标志应保证在电动机整个使用时期内不易磨灭。

4.25 在出线端标志的字母顺序与三相电源的电压相序方向相同时，从主轴伸端视之，电动机应为顺时针方向旋转(按GB 1971—2006的规定)。

4.26 电动机的安全性能应符合GB 14711—2006的要求。

## 5 检验规则

5.1 每台电动机须检验合格后才能出厂，并应附有产品合格证。

5.2 每台电动机应经过检查试验，检查试验项目包括：

a) 机械检查(按 5.5、5.6 的规定);
b) 定子绕组对机壳及绕组相互间绝缘电阻的测定(检查试验时可测量冷态绝缘电阻,但应保证热态时绝缘电阻不低于 4.15 的规定);
c) 定子绕组在实际冷状态下直流电阻的测定;
d) 耐电压试验;
e) 匝间绝缘试验;
f) 空载电流和损耗的测定;

注:在型式试验时需量取空载特性曲线。

g) 噪声的测定(按 5.6 的规定);
h) 振动的测定(按 5.6 的规定);
i) 旋转方向的检查;
j) 空载反电动势的测定。

5.3 凡遇下列情况之一者,必须进行型式试验:
a) 经鉴定定型后制造厂第一次试制或小批试生产时;
b) 电动机设计或工艺上的变更足以引起某些特性和参数发生变化时;
c) 当检查试验结果和以前进行的型式试验结果发生不可容许的偏差时;
d) 成批生产的电动机定期的抽试,每年抽试一次。当需要抽试的数量过多时,抽试时间间隔可适当延长,但至少每两年抽试一次。

5.4 电动机的型式试验项目包括:
a) 检查试验的全部项目;
b) 热试验;
c) 效率、功率因数的测定;
d) 堵转电流、堵转转矩和损耗的测定;
e) 短时过转矩试验;
f) 失步转矩的测定;
g) 起动过程中最小转矩的测定;
h) 超速试验(当有协议作出规定时进行);
i) 牵入转矩的测定。

5.5 电动机的机械检查项目包括:
a) 转动检查:电动机转动时,应平稳轻快,无停滞现象;
b) 外观检查:检查电动机的装配是否完整正确,电动机表面油漆应干燥完整、均匀、无污损、碰坏、裂痕等现象;
c) 安装尺寸、外形尺寸及键的尺寸检查:安装尺寸及外形尺寸应符合 3.8.1 的规定;键的尺寸应符合 3.8.2 的规定;
d) 圆跳动、底脚支承面的平行度和平面度及键槽对称度的检查:圆跳动应符合 3.8.3 和 3.8.4 的规定。底脚支承面的平行度和平面度应分别符合 3.8.5 和 3.8.6 的规定。键槽对称度应符合 3.8.7 的规定。底脚支承面的平面度和键槽对称度允许在零部件上进行检查。

5.6 5.5 的 a)和 b)必须每台检查,5.2 的 g)和 h)及 5.5 的 c)和 d)可以抽查,抽查办法由制造厂制定。

5.7 5.2(其中的 e),g),h),i)除外)和 5.4 所规定的各项试验,其试验方法按 GB/T 22669—2008 的规定进行,5.2 的 e)按 GB/T 22719.1—2008 的规定进行。5.2 的 g)按 GB/T 10069.1—2006 的规定进行。5.2 的 h)按 GB 10068—2008 的规定进行。5.2 的 i)按 GB 1971—2006 的规定进行。5.5 所规定的安装尺寸及公差的检查按 GB/T 4772.1—1999 的规定进行。

5.8 电动机外壳防护等级的试验,偶然过电流试验及 40 ℃交变湿热试验,可在产品结构定型或当结构

和工艺有较大改变时进行。外壳防护等级的试验方法按 GB/T 4942.1—2006 的规定进行。40 ℃交变湿热试验按 GB/T 12665—2008 的规定进行。

## 6 标志、包装及保用期

6.1 铭牌材料及铭牌上数据的刻划方法，应保证其字迹在电动机整个使用期间内不易磨灭。

6.2 铭牌应固定在电动机机座的上半部，应标明的项目如下：

a) 制造厂名或标记；
b) 电动机名称(超高效三相永磁同步电动机)；
c) 电动机型号；
d) 外壳防护等级(允许另作铭牌)；
e) 额定功率，单位为 kW；
f) 额定频率，单位为 Hz；
g) 额定电流，单位为 A；
h) 额定电压，单位为 V；
i) 额定转速，单位为 r/min；
j) 热分级；
k) 接线方法；
l) 效率；
m) 功率因数；
n) 制造厂出品年月和出品编号；
o) 质量，单位为 kg；
p) 标准编号。

6.3 电动机定子绕组的六个出线端及在接线板的接线位置上均应有相应的标志，并应保证其字迹在电动机整个使用时期内不易磨灭。其标志按表 19 的规定。

**表 19 出线端标志**

| 定子绕组名称 | 出线端标志 | |
|---|---|---|
| | 始端 | 末端 |
| 第一相 | U1 | U2 |
| 第二相 | V1 | V2 |
| 第三相 | W1 | W2 |

6.4 电动机的轴伸及平键表面应加防锈及保护措施。凸缘式电动机必须在凸缘的加工面上加防锈及保护措施。

6.5 电动机的轴伸平键、使用说明书(同一用户同一型式的一批电动机至少供应一份，使用说明书需标明制造厂地址)及产品合格证书应随同每台电动机供给用户。

6.6 电动机的包装应能保证在正常的储运条件下，自发货之日起的一年时间内不致因包装不善而导致受潮与损坏。

6.7 包装箱外壁的文字和标志应清楚整齐，内容如下：

a) 发货站及制造厂名称；
b) 收货站及收货单位名称；

c) 电动机型号和出品编号；

d) 电动机的净重及连同箱子的毛重；

e) 箱子外形尺寸；

f) 在箱子的适当位置应标有“小心轻放”、“怕雨”等字样，其图形应符合 GB/T 191—2008 的规定。

6.8 在用户按照使用说明书的规定正确地使用与存放电动机的情况下，制造厂应保证电动机在开始使用一年内，或自制造厂的出品日期不超过两年的时间内能良好地运行。如在此规定时间内电动机因制造质量不良而发生损坏或不能正常工作时，制造厂应无偿地为用户修理或更换零件或电动机。

ICS 29.120.99
K 30

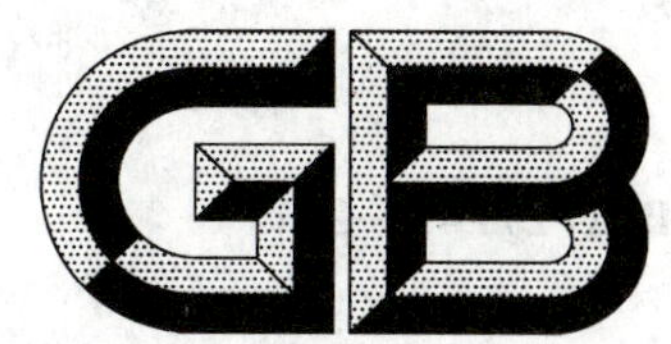

# 中华人民共和国国家标准

GB/T 27745—2011

# 低压电器通信规范

# Communication specification for low-voltage electrical apparatus

2011-12-30 发布　　2012-05-01 实施

中华人民共和国国家质量监督检验检疫总局
中国国家标准化管理委员会　发布

# 前　言

本标准按照 GB/T 1.1—2009 给出的规则起草。

本标准由中国电器工业协会提出。

本标准由全国电器设备网络通信接口标准化技术委员会(SAC/TC 411)归口。

本标准负责起草单位:上海电器科学研究院、上海电科电器科技有限公司。

本标准参加起草单位:上海良信电器股份有限公司、上海诺雅克电气有限公司、杭州之江开关股份有限公司。

本标准主要起草人:施惠冬、季慧玉。

本标准参加起草人:李柏、胡应龙、陆青峰。

# 低压电器通信规范

## 1 范围

本标准规定了低压电器通信规范。本标准规定了可通信低压电器的数据通信参数表、相关的说明及检测的要求。

本标准适用于具有通信功能的低压电器。采用本标准的低压电器可直接或通过通信适配器实现基于 Modbus、DeviceNet、Profibus-DP、EtherNet/IP 等通信协议进行数据传输的通信。

## 2 规范性引用文件

下列文件对于本文件的应用是必不可少的。凡是注日期的引用文件，仅注日期的版本适用于本文件。凡是不注日期的引用文件，其最新版本(包括所有的修改单)适用于本文件。

GB/T 12325—2008 电能质量 供电电压偏差

GB/T 12326—2008 电能质量 电压波动和闪变

GB 14048(所有部分) 低压开关设备和控制设备(IEC 60947)

GB/T 14549—1993 电能质量 公用电网谐波

GB/T 15543—2008 电能质量 三相电压不平衡

GB/T 15945—2008 电能质量 电力系统频率偏差

GB/T 18481—2001 电能质量 暂时过电压和瞬态过电压

GB/T 18858.1—2002 低压开关设备和控制设备 控制器 设备接口(CDI) 第1部分:总则(IEC 62026-1:2000,IDT)

GB/T 18858.3—2002 低压开关设备和控制设备 控制器 设备接口(CDI) 第3部分:DeviceNet(IEC 62026-3:2000,IDT)

GB/T 19582.1—2008 基于 Modbus 协议的工业自动化网络规范 第1部分:Modbus 应用协议

GB/T 19582.2—2008 基于 Modbus 协议的工业自动化网络规范 第2部分:Modbus 协议在串行链路上的实现指南

GB/T 19582.3—2008 基于 Modbus 协议的工业自动化网络规范 第3部分:Modbus 协议在 TCP/IP 上的实现指南

GB/T 21207—2007 低压开关设备和控制设备 入网工业设备描述的基本原则

## 3 术语和定义、代号

### 3.1 术语和定义

GB 14048、GB/T 18858.1 和 GB/T 18858.3 界定的以及下列术语和定义适用于本文件。

3.2

**现场总线 fieldbus**

是用于现场仪表与控制系统和控制室之间的一种全分散、全数字化、智能、双向、互联、多变量、多点、多站的通信网络。

3.2.1

**Modbus**

Modbus 协议是一种应用层协议，定义了数据传输的报文结构，描述了主站访问从站的步骤和方法、从站如何响应主站的请求、以及如何检测和响应错误，属于主/从结构的总线。

3.2.2

**DeviceNet**

一种位于设备层的现场总线，基于 CAN 的物理层和数据链路层的采用主从型及生产者/消费者模式的现场总线。以面向用户协会成员开放的方式提供服务，并对产品的可互操作性等技术性能进行认证。

3.2.3

**Profibus-DP**

一种现场总线的工业自动化网络规范。Profibus-DP 是使用 RS485 物理接口为物理层的基于主从型及多主从令牌系统的现场总线。以面向用户协会成员开放的方式提供服务，并对产品的可互操作性等技术性能进行认证。

注：本标准仅涉及 Profibus-DP，以下简称 Profibus-DP。

3.2.4

**通信规范　communication specification**

对通信中的方式、传送信息的格式、参数类型、数据编码等要素的约定。

3.2.5

**可互操作性测试　Inter-operable test**

尽管符合同一规范的设备各自通过了各种通信方面的测试，但是处于同一现场总线控制系统中通信时，各种设备还有可能因互相之间的影响而导致可重复的通信失败或导致某设备失效。为保证通信成功，可互操作性测试在同一系统中对各种设备同时进行通信测试，若无影响，则相关设备称为具有可互操作性，可以在同一系统中工作。

3.2.6

**通信适配器　communication adaptor**

一种通信设备，能对符合某一通信规范的设备进行协议转换后使其与其他现场总线系统通信。它具有两种通信接口，分别符合相应的通信协议，使得设备可与不同的现场总线系统进行连接。

3.2.7

**事件　event**

现场总线通信系统中发生的需要处理的情况。

3.2.8

**主从　master/slave**

主从型是一种面向子站设备的现场总线通信模式，由一个主站来进行通信控制，一般以对各个子站的周期性轮询方式进行通信。发生事件的子站只有在被轮询到时才能向主站报告事件，面向事件的响应可能因轮询周期有较大时间延迟。

3.2.9

**生产者/消费者　producer/consumer**

一种面向事件的现场总线通信模式，当事件突发时，系统可以对产生事件的子站给予快速的响应。

3.2.10

**低压断路器用电子式控制器　electronic controller for low-voltage circuit breaker**

对电路中的电参数进行采集、处理，并根据预先的设定值控制断路器的断开或报警，从而对被保护电路和设备进行保护的装置。该装置可以根据自身的设计情况配置有利于提高线路和设备安全运行的其他保护功能和辅助功能，例如：电参数测量、区域选择性联锁、负载监控、通信等功能。

3.2.11

**EtherNet/IP**

一种适用于工业环境的现场总线网络规范，其物理层与数据链路层采用 IEEE802.3 规范，网络层与传输层采用 TCP/IP 协议族。

3.2.12

**EtherNet**

即以太网，一种当前广泛使用，采用共享总线型传输媒体方式的局域网。该局域网采用 10 Mbit/s 传输及 CSMA/CD 访问方法，符合 IEEE802.3 系列标准。

## 3.3 代号

3.3.1 ACB：万能式断路器

3.3.2 VCB：真空断路器

3.3.3 MCCB：塑料外壳式断路器

3.3.4 RCCB：家用和类似用途不带过电流保护的剩余电流动作断路器

3.3.5 ATSE：自动转换开关电器

3.3.6 SMCB：选择性保护断路器

3.3.7 CPS：控制与保护开关电器

# 4 通信规范

## 4.1 总则

本条对可通信低压电器在通信中的方式、传送信息的参数项、数据类型、单位、访问规则、地址等要素进行约定。

注：通信数据的详细描述在相关附录中进行。

## 4.2 现场总线的类型

本标准采用的现场总线为主从型。

对于采用生产者/消费者模式的现场总线规范在考虑中。

## 4.3 通信数据

低压电器通用数据通信参数表，包括参数项、数据类型、单位、访问规则、地址等，在附录 A（规范性附录）低压电器通用数据通信参数表中规定，涉及 ACB、MCCB、CPS。

对于其他可通信低压电器的通信参数加入低压电器通用数据通信参数表在考虑中。

## 4.4 可通信低压电器的数据交换接口形式

低压断路器用电子式控制器对外通信接口有多种，与不同现场总线的连接可采用相应的通信接口。

### 4.4.1 CAN 接口

芯片或微处理器直接带片上 CAN 接口。它主要用于基于 CAN 规范的现场总线，如 DeviceNet 现场总线。

### 4.4.2 UART 接口

基于通用异步收发器的串口通信方式，在通信接口中一般加驱动电路，如 Modbus。

#### 4.4.3 EtherNet 接口

基于以太网通信方式，在通信接口中一般加驱动电路，如 EtherNet/IP。

## 5 关于使用通信适配器来连接上层现场总线系统的规定

### 5.1 总则

使用本标准的可通信低压电器可以通过通信适配器来与其他现场总线系统进行通信。本条款规定了从 Modbus 转换 DeviceNet 的通信适配器相关要求。

从 Modbus 转换 Profibus-DP 的通信适配器目前已经考虑了 Profibus-DP 的 DV0、DV1 以及 DV2 版本，并作了相应的规定。

**注**：对于 Modbus 而转换其他现场总线以及工业以太网的通信适配器的要求在考虑中。

可通信低压电器采用 Modbus/DeviceNet 或 Modbus/Profibus-DP 的通信适配器系统结构如图 1 所示。

关于一个通信适配器带多个可通信低压电器的系统结构在考虑中。

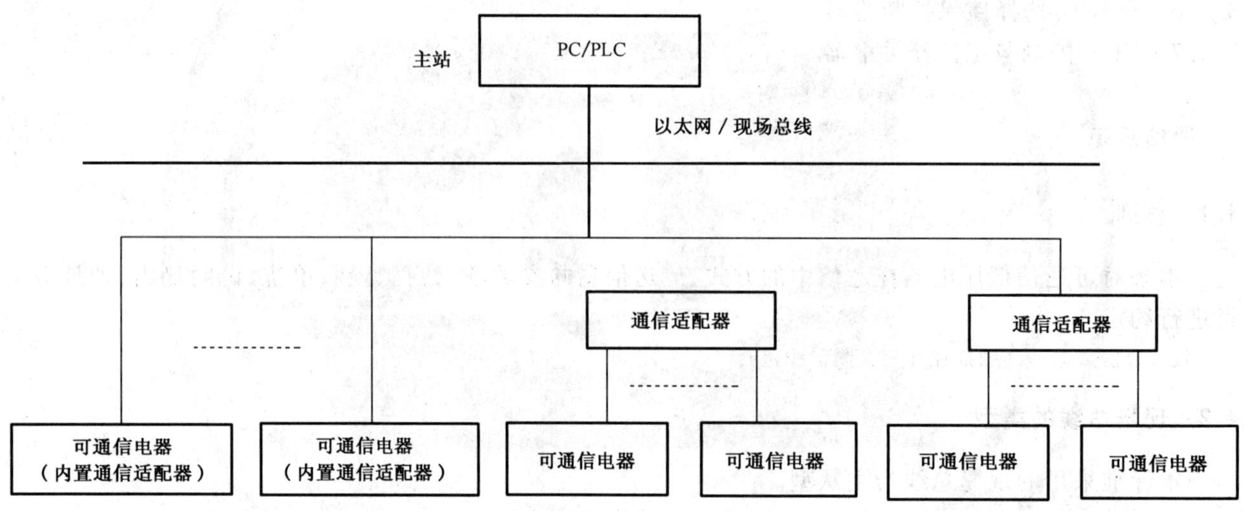


图 1 低压电器通信系统的系统结构

### 5.2 从 Modbus 转换 DeviceNet 的通信适配器相关要求

#### 5.2.1 总则

本条款规定了可通信低压电器使用 Modbus/DeviceNet 通信适配器连接的系统结构、与两层现场总线连接的规范和推荐使用的波特率。

#### 5.2.2 与两层现场总线连接的规范

与 DeviceNet 现场总线连接的规范应符合 GB/T 18858.3 规定。

与 Modbus 现场总线连接的规范应符合 GB/T 19582 规定。

#### 5.2.3 波特率

DeviceNet 的连接波特率：推荐使用 500 kbit/s，当电磁兼容环境较为恶劣时也可使用 250 kbit/s、125 kbit/s。连接长度、子站数目按 GB/T 18858.3 规定。

Modbus 连接波特率：推荐使用 19 200 bit/s，其他波特率的使用方式的连接要求在考虑中。子站数目和连接长度按 RS485 规范及 Modbus 相关要求。

### 5.3 从 Modbus 转换 Profibus-DP 模式的通信适配器相关要求

#### 5.3.1 总则

本条款规定了可通信低压电器使用 Modbus/Profibus-DP 通信适配器连接的系统结构、与两层现场总线连接的规范和推荐使用的波特率。

#### 5.3.2 与两层现场总线连接的规范

与 Profibus-DP 现场总线连接的规范应符合 IEC 61158-3 中 Profibus-DP 部分。应该注意 Profibus-DP 的版本号。

现场总线组态软件适用 Profibus-DP 的 DV2 及以下版本。

与 Modbus 现场总线连接的规范应符合 Modbus 通信规范。

#### 5.3.3 波特率

Profibus-DP 连接波特率：推荐使用 12/1.5 Mbit/s，其他波特率的使用方式的连接要求在考虑中。子站数目和连接长度按 RS485 规范及 Profibus-DP 相关要求。

Modbus 连接波特率：推荐使用 19 200 bit/s，其他波特率的使用方式的连接要求在考虑中。子站数目、连接长度按 RS485 规范及 Modbus 相关要求。

## 6 检测的要求

### 6.1 总则

检测的要求按不同层的现场总线进行，除了分别按 Modbus、DeviceNet、Profibus-DP 等相应标准要求认证外，还应符合它们所引用的 CAN 和 RS485 的有关规定。

如果这些标准规定可以免测，则按照相关标准的规定。

当采用 RS485 的 Modbus、Profibus-DP 的波特率为 19 200 bit/s、子站数目为 1、连接长度在 10 m 之内时，则按 RS485 的规定，有关的性能可以免测。

采用通信适配器的可通信低压电器需要同时符合两层现场总线的规定。

### 6.2 系统连接的认定和试验环境

#### 6.2.1 系统的连接

可通信低压电器试验应在连接相应的现场总线系统中进行。按对应数据通信参数表进行通信，对所通信的参数进行认定。

使用通信适配器的可通信低压电器应按图 1 连接系统。

#### 6.2.2 试验环境

一般试验可以在通信实验室内进行。有条件时可与可通信低压电器的型式试验同时进行。

应采用工业控制用计算机。测试用的计算机通信软件应能同时对上层现场总线和本标准进行试验，应该采用已经具有符合本标准驱动程序的组态软件。

注：现场总线组态软件已经具备此要求。目前不同生产商采用本标准的产品试验，均经过现场总线组态软件测试验证，现场总线组态软件测试平台是个具有可比性测试平台。

#### 6.2.3 在进行可互操作性测试时的原则

系统中除被测设备外的其他接入设备应至少包括同类可通信低压电器设备两台、其他类别可通信低压电器设备两种各一台、其他可通信设备一台。

系统中除被测设备外的其他接入设备优先选用可通信低压电器。

有条件时，系统应按允许设备的最大可接入数目构成，应接入尽可能多的设备种类以及尽可能多的不同生产商生产的与被测设备同类的设备。

### 6.3 同类可通信低压电器的可互操作性测试

在 6.2 所述系统中，连接其他的符合本标准的同类可通信低压电器进行可互操作性测试。在整个运行试验期间，互相不应有导致可重复的通信失败情况。

### 6.4 可通信低压电器的可互操作性测试

在 6.2 所述系统中，连接其他符合本标准的不同类型可通信低压电器设备进行可互操作性测试。在整个运行试验期间，互相不应有导致可重复的通信失败情况。

## 7 试验

### 7.1 总则

本条款所述试验应在连接相应的上层现场总线的系统中进行。

试验用计算机为工业控制用计算机和采用现场总线组态软件或有同类驱动程序的软件。

### 7.2 系统连接和通信内容的认定

按 6.2 连接系统，进行全部可选项通信内容的通信；能进行全部内容通信的，认定合格。一些试验条件尚不具备的参数，如大电流、瞬动电流值、标志位，可用模拟数据进行通信。

本条款可以与 7.3 或 7.4 同时进行，若通过则可认为本条款所规定的试验合格。

### 7.3 同类可通信低压电器的可互操作性测试

在按 6.2 要求的系统中，至少连接两家以上其他生产商的符合本标准的同类可通信低压电器，进行可互操作性测试。试验符合第 6 章相关规定，认定合格。

本条款可以与 7.4 同时进行，但系统中至少含 2 家以上其他生产商的符合本标准的同类可通信低压电器，若通过则可认为本条款所规定的试验合格。

### 7.4 可通信低压电器元件的可互操作性测试

在第 6 章所述的连接所有其他厂商的使用本标准的可通信低压电器元件的系统中，进行可互操作性测试。试验符合第 6 章相关规定，认定合格。

## 8 相关的工业规范和版本号的规定

对于通信和计算机控制领域中通用国际工业规范的版本的升级往往领先于等同技术标准的修订，应该注意并鼓励采用较先进的版本，并充分考虑与本标准的差异，同时保证采用本标准及通用国际工业规范升级版本的系统安全运行。

为本标准的修订做好前期工作，经试用、修改后定稿的工业规范升级版本应该尽快发布。

本标准相关的工业规范的升级版本由本标准起草单位负责发布。

工业规范版本号：一位整数为版本号、小数为该版本的修订版的两位流水号。

## 9 工业运行软件环境

对于采用不经过组态软件而直接编制计算机控制应用软件来进行工业化运行的用户，需要验证本标准规定的全部功能。

上位机通信软件，该软件符合或兼容低压电器的规范。

# 附 录 A
# （规范性附录）
# 低压电器通用数据通信参数表

## A.1 概述

本附录规定了低压电器通用数据通信参数表，涉及ACB、MCCB、CPS等。

## A.2 低压电器通用数据通信参数表

低压电器通用数据通信参数表见表A.1。

本章对可通信低压电器在通信中传送信息的参数项、数据类型、单位、访问规则、地址等要素进行约定，低压电器通用数据通信参数表中参数项是否保留由制造商申明，差异部分由生产商直接在产品使用手册或说明书中说明。

低压电器通用数据通信参数表参数项分为低压电器检测参数项、通信设置参数项、系统时间设置参数项、设备描述参数项、故障记录参数项、谐波检测参数项、波形记录参数项、保护功能参数项、制造商自定义保护功能参数项、控制功能参数项、制造商自定义控制功能参数项，总地址范围0x0000～0x2FFF，共24 K字节。

其中：0x0000～0x00FF：低压电器检测参数项；

0x0100～0x013F：通信设置参数项；

0x0140～0x0142：系统时间设置参数项；

0x0180～0x01FF：设备描述参数项；

0x0200～0x027F：故障记录参数项；

0x0280～0x03BF：谐波检测参数项；

0x0400～0x0FFF：波形记录参数项；

0x2000～0x23FF：保护功能参数项；

0x2400～0x27FF：制造商自定义保护功能参数项；

0x2800～0x2BFF：控制功能参数项；

0x2C00～0x2FFF：制造商自定义控制功能参数项；

0x3000～0xFFFF：保留参数项。

### A.2.1 低压电器检测参数项

低压电器检测参数项涉及电流、电压、功率、功率因数、频率、电流百分比、电压百分比、电流不平衡度、电压不平衡度、控制器/环境温度、热容比、脱扣报警原因、故障脱扣电流/电压、故障脱扣时间、寿命指示、操作次数、故障脱扣次数、保护功能预警原因等。

### A.2.2 通信设置参数项

通信设置参数项涉及通信地址、通信波特率等。

### A.2.3 系统时间设置参数项

系统时间设置参数项涉及年、月、日、时、分、秒系统时间。

### A.2.4 设备描述参数项

设备描述参数项涉及壳架/框架电流、额定电流/电压、制造时间、设备描述信息、制造商ID、产品信息等。

### A.2.5 故障记录参数项

故障记录参数项涉及前八次脱扣时间、脱扣报警原因、保护功能预报警原因、故障脱扣时间，以及前二次脱扣报警电流/电压等。

### A.2.6 谐波检测、需用参数项

谐波检测参数项涉及基波电流/电压、电流/电压总谐波畸变、电流/电压的3,5,7,…,31次谐波含有率、基波功率、需用电流、需用功率等。

### A.2.7 波形记录参数项

波形记录参数项涉及当前电流/电压一个周期的波形、前二次脱扣时电流/电压一个周期的波形等，其中0x0A00～0x0FFF作为制造商根据需要扩展波形记录参数项的地址范围。

注：在表A.1中的当前电流/电压一个周期波形、前二次脱扣时电流/电压一个周期波形等参数项以64点记录，电流/电压一个周期波形参数项超过64点记录制造商自定义。

### A.2.8 保护功能参数项

保护功能参数项涉及基本保护功能设定、附加保护功能设定、扩展功能设定、互感器变比等。

### A.2.9 制造商自定义保护功能参数项

制造商自定义保护功能参数项涉及制造商自定义特有的保护功能参数项、自诊断功能参数项、互感器校正参数项等。

### A.2.10 控制功能参数项

控制功能参数项涉及基本控制功能设定、附加控制功能设定、扩展功能设定等。

### A.2.11 制造商自定义控制功能参数项

制造商自定义控制功能参数项涉及制造商自定义特有的控制器功能参数项、可编程输入/输出参数项等。

### A.2.12 保留参数项

保留参数项作为低压电器通用数据通信参数项的扩展。

## A.3 通信细则

制造商参见Modbus、DeviceNet、Profibus-DP、EtherNet/IP等相关通信协议的要求。

**表 A.1 低压电器通用数据通信参数表**

| 序号 | 参数项 | 数据类型 | 单位[1] | 访问规则 | 地址 | 备注 |
|---|---|---|---|---|---|---|
| 1 | 低压电器工作状态字[a] | WORD | — | R | 0x0000 | 低压电器检测参数 |
| 2 | $L_1$ 相电流 | UINT | A | R | 0x0001 | 0x0000～0x00FF |
| 3 | $L_2$ 相电流 | UINT | A | R | 0x0002 | |
| 4 | $L_3$ 相电流 | UINT | A | R | 0x0003 | |
| 5 | N 相电流 | UINT | A | R | 0x0004 | |
| 6 | 剩余电流 | UINT | mA | R | 0x0005 | |
| 7 | $L_1$ 相电压 | UINT | V | R | 0x0006 | |
| 8 | $L_2$ 相电压 | UINT | V | R | 0x0007 | |
| 9 | $L_3$ 相电压 | UINT | V | R | 0x0008 | |
| 10 | $L_{1-2}$ 线电压 | UINT | V | R | 0x0009 | |
| 11 | $L_{2-3}$ 线电压 | UINT | V | R | 0x000A | |
| 12 | $L_{3-1}$ 线电压 | UINT | V | R | 0x000B | |
| 13 | 功率因数 | SINT | % | R | 0x000C | |
| 14 | 频率 | UINT | Hz | R | 0x000D | |
| 15 | 平均电流 | UINT | A | R | 0x000E | |
| 16 | 平均相电压 | UINT | V | R | 0x000F | |
| 17 | 平均线电压 | UINT | V | R | 0x0010 | |
| 18 | 电流不平衡度 | UINT | % | R | 0x0011 | |
| 19 | 相电压不平衡度 | UINT | % | R | 0x0012 | |
| 20 | 线电压不平衡度 | UINT | % | R | 0x0013 | |
| 21 | $L_1$ 相电流与整定电流百分比 | UINT | % | R | 0x0014 | |
| 22 | $L_2$ 相电流与整定电流百分比 | UINT | % | R | 0x0015 | |
| 23 | $L_3$ 相电流与整定电流百分比 | UINT | % | R | 0x0016 | |
| 24 | 剩余电流与整定电流百分比 | UINT | % | R | 0x0017 | |
| 25 | $L_1$ 相电压与额定电压百分比 | UINT | % | R | 0x0018 | |
| 26 | $L_2$ 相电压与额定电压百分比 | UINT | % | R | 0x0019 | |
| 27 | $L_3$ 相电压与额定电压百分比 | UINT | % | R | 0x001A | |
| 28 | $L_{1-2}$ 线电压与额定电压百分比 | UINT | % | R | 0x001B | |
| 29 | $L_{2-3}$ 线电压与额定电压百分比 | UINT | % | R | 0x001C | |
| 30 | $L_{3-1}$ 线电压与额定电压百分比 | UINT | % | R | 0x001D | |
| 31 | 平均电流与整定电流百分比 | UINT | % | R | 0x001E | |
| 32 | 平均相电压与额定电压百分比 | UINT | % | R | 0x001F | |
| 33 | 平均线电压与额定电压百分比 | UINT | % | R | 0x0020 | |
| 34 | $L_1$ 相有功功率 | UINT | kW | R | 0x0021 | |

表 A.1（续）

| 序号 | 参数项 | 数据类型 | 单位[1] | 访问规则 | 地址 | 备注 |
|---|---|---|---|---|---|---|
| 35 | $L_1$ 相无功功率 | UINT | kVar | R | 0x0022 | |
| 36 | $L_1$ 相视在功率 | UINT | kVA | R | 0x0023 | |
| 37 | $L_2$ 相有功功率 | UINT | kW | R | 0x0024 | |
| 38 | $L_2$ 相无功功率 | UINT | kVar | R | 0x0025 | |
| 39 | $L_2$ 相视在功率 | UINT | kVA | R | 0x0026 | |
| 40 | $L_3$ 相有功功率 | UINT | kW | R | 0x0027 | |
| 41 | $L_3$ 相无功功率 | UINT | kVar | R | 0x0028 | |
| 42 | $L_3$ 相视在功率 | UINT | kVA | R | 0x0029 | |
| 43 | 总有功功率 | UINT | kW | R | 0x002A | |
| 44 | 总无功功率 | UINT | kVar | R | 0x002B | |
| 45 | 总视在功率 | UINT | kVA | R | 0x002C | |
| 46 | 总有功电能 | LZNT | kWh | R | 0x002D | |
| 47 | 总无功电能 | LZNT | kVarh | R | 0x0031 | |
| 48 | 总视在电能 | LZNT | kVAh | R | 0x0035 | |
| 49 | 控制器温度 | SINT | ℃ | R | 0x0039 | |
| 50 | 环境温度 | SINT | ℃ | R | 0x003A | |
| 51 | 脱扣报警原因状态字 0[b] | WORD | — | R | 0x003B | |
| 52 | 故障脱扣 $L_1$ 相电流 | UINT | A | R | 0x003C | |
| 53 | 故障脱扣 $L_2$ 相电流 | UINT | A | R | 0x003D | |
| 54 | 故障脱扣 $L_3$ 相电流 | UINT | A | R | 0x003E | |
| 55 | 故障脱扣 N 相电流 | UINT | A | R | 0x003F | |
| 56 | 故障脱扣剩余电流 | UINT | mA | R | 0x0040 | |
| 57 | 故障脱扣 $L_1$ 相电压 | UINT | V | R | 0x0041 | |
| 58 | 故障脱扣 $L_2$ 相电压 | UINT | V | R | 0x0042 | |
| 59 | 故障脱扣 $L_3$ 相电压 | UINT | V | R | 0x0043 | |
| 60 | 故障脱扣 $L_{1-2}$ 线电压 | UINT | V | R | 0x0044 | |
| 61 | 故障脱扣 $L_{2-3}$ 线电压 | UINT | V | R | 0x0045 | |
| 62 | 故障脱扣 $L_{3-1}$ 线电压 | UINT | V | R | 0x0046 | |
| 63 | 故障脱扣时间 | UINT | ms | R | 0x0047 | |
| 64 | 寿命指示 | UINT | — | R | 0x0048 | |
| 65 | 操作次数 | UINT | — | R | 0x0049 | |
| 66 | 故障脱扣次数 | UINT | — | R | 0x004A | |
| 67 | 脱扣报警原因状态字 1[c] | WORD | — | R | 0x004B | |
| 68 | 脱扣报警原因状态字 2[d] | WORD | — | R | 0x004C | |

表 A.1(续)

| 序号 | 参数项 | 数据类型 | 单位[1] | 访问规则 | 地址 | 备注 |
|---|---|---|---|---|---|---|
| 69 | 脱扣报警原因状态字 3[e] | WORD | — | R | 0x004D | |
| 70 | 保护功能预报警原因状态字[f] | WORD | — | R | 0x004E | |
| 71 | ModBus 地址 0 | UINT | — | R/W | 0x0100 | 通信设置 |
| 72 | ModBus 波特率 0 | UINT | bit/s | R/W | 0x0101 | 0x0100～0x013F |
| 73 | ModBus 地址 1 | UINT | — | R/W | 0x0102 | |
| 74 | ModBus 波特率 1 | UINT | bit/s | R/W | 0x0103 | |
| 75 | 系统时间(年、月)[g] | WORD | — | R/W | 0x0140 | 系统时间设置 |
| 76 | 系统时间(日、时)[h] | WORD | — | R/W | 0x0141 | 0x0140～0x0142 |
| 77 | 系统时间(分、秒)[i] | WORD | — | R/W | 0x0142 | |
| 78 | 壳架/框架电流 | UINT | A | R | 0x0180 | 设备描述 |
| 79 | 额定电流 | UINT | A | R | 0x0181 | 0x0180～0x01FF |
| 80 | 额定电压 | UINT | V | R | 0x0182 | |
| 81 | 制造时间(年、月)[g] | WORD | — | R | 0x0183 | |
| 82 | 制造时间(日、时)[h] | WORD | — | R | 0x0184 | |
| 83 | 制造时间(分、秒)[i] | WORD | — | R | 0x0185 | |
| 84 | 设备描述 ID | STRING24 | — | R | 0x0186～0x0191 | |
| 85 | 设备描述版本 | STRING4 | — | R | 0x0192～0x0193 | |
| 86 | 设备描述出版日期 | STRING10 | — | R | 0x0194～0x0198 | |
| 87 | 制造商 ID | STRING32 | — | R | 0x0199～0x01A8 | |
| 88 | 出厂编号 | STRING32 | — | R | 0x01A9～0x01B8 | |
| 89 | 产品版本号 | STRING8 | — | R | 0x01B9～0x01BC | |
| 90 | 控制单元版本号 | STRING8 | — | R | 0x01BD～0x01C0 | |
| 91 | 硬件版本号 | STRING8 | — | R | 0x01C1～0x01C4 | |
| 92 | 软件版本号 | STRING8 | — | R | 0x01C5～0x01C8 | |
| 93 | 前一次脱扣报警时间(年、月)[g] | WORD | — | R | 0x0200 | 故障记录 |
| 94 | 前一次脱扣报警时间(日、时)[h] | WORD | — | R | 0x0201 | 0x0200～0x027F |
| 95 | 前一次脱扣报警时间(分、秒)[i] | WORD | — | R | 0x0202 | |
| 96 | 前一次脱扣报警原因状态字 0[b] | WORD | — | R | 0x0203 | |
| 97 | 前一次脱扣报警原因状态字 1[c] | WORD | — | R | 0x0204 | |
| 98 | 前一次脱扣报警原因状态字 2[d] | WORD | — | R | 0x0205 | |
| 99 | 前一次脱扣报警原因状态字 3[e] | WORD | — | R | 0x0206 | |
| 100 | 前一次保护功能预报警原因状态字[f] | WORD | — | R | 0x0207 | |
| 101 | 前一次脱扣报警 $L_1$ 相电流 | UINT | A | R | 0x0208 | |
| 102 | 前一次脱扣报警 $L_2$ 相电流 | UINT | A | R | 0x0209 | |

表 A.1（续）

| 序号 | 参数项 | 数据类型 | 单位[1] | 访问规则 | 地址 | 备注 |
|---|---|---|---|---|---|---|
| 103 | 前一次脱扣报警 $L_3$ 相电流 | UINT | A | R | 0x020A | |
| 104 | 前一次脱扣报警 N 相电流 | UINT | A | R | 0x020B | |
| 105 | 前一次脱扣报警剩余电流 | UINT | A | R | 0x020C | |
| 106 | 前一次脱扣报警 $L_1$ 相电压 | UINT | V | R | 0x020D | |
| 107 | 前一次脱扣报警 $L_2$ 相电压 | UINT | V | R | 0x020E | |
| 108 | 前一次脱扣报警 $L_3$ 相电压 | UINT | V | R | 0x020F | |
| 109 | 前一次脱扣报警 $L_{1-2}$ 线电压 | UINT | V | R | 0x0210 | |
| 110 | 前一次脱扣报警 $L_{2-3}$ 线电压 | UINT | V | R | 0x0211 | |
| 111 | 前一次脱扣报警 $L_{3-1}$ 线电压 | UINT | V | R | 0x0212 | |
| 112 | 前一次故障脱扣时间 | UINT | ms | R | 0x0213 | |
| 113 | 前二次脱扣报警时间(年、月)[g] | WORD | — | R | 0x0214 | |
| 114 | 前二次脱扣报警时间(日、时)[h] | WORD | — | R | 0x0215 | |
| 115 | 前二次脱扣报警时间(分、秒)[i] | WORD | — | R | 0x0216 | |
| 116 | 前二次脱扣报警原因状态字 0[b] | WORD | — | R | 0x0217 | |
| 117 | 前二次脱扣报警原因状态字 1[c] | WORD | — | R | 0x0218 | |
| 118 | 前二次脱扣报警原因状态字 2[d] | WORD | — | R | 0x0219 | |
| 119 | 前二次脱扣报警原因状态字 3[e] | WORD | — | R | 0x021A | |
| 120 | 前二次保护功能预报警原因状态字[f] | WORD | — | R | 0x021B | |
| 121 | 前二次脱扣报警 $L_1$ 相电流 | UINT | A | R | 0x021C | |
| 122 | 前二次脱扣报警 $L_2$ 相电流 | UINT | A | R | 0x021D | |
| 123 | 前二次脱扣报警 $L_3$ 相电流 | UINT | A | R | 0x021E | |
| 124 | 前二次脱扣报警 N 相电流 | UINT | A | R | 0x021F | |
| 125 | 前二次脱扣报警剩余电流 | UINT | A | R | 0x0220 | |
| 126 | 前二次脱扣报警 $L_1$ 相电压 | UINT | V | R | 0x0221 | |
| 127 | 前二次脱扣报警 $L_2$ 相电压 | UINT | V | R | 0x0222 | |
| 128 | 前二次脱扣报警 $L_3$ 相电压 | UINT | V | R | 0x0223 | |
| 129 | 前二次脱扣报警 $L_{1-2}$ 线电压 | UINT | V | R | 0x0224 | |
| 130 | 前二次脱扣报警 $L_{2-3}$ 线电压 | UINT | V | R | 0x0225 | |
| 131 | 前二次脱扣报警 $L_{3-1}$ 线电压 | UINT | V | R | 0x0226 | |
| 132 | 前二次故障脱扣时间 | UINT | ms | R | 0x0227 | |
| 133 | 前三次脱扣报警时间(年、月)[g] | WORD | — | R | 0x0228 | |
| 134 | 前三次脱扣报警时间(日、时)[h] | WORD | — | R | 0x0229 | |
| 135 | 前三次脱扣报警时间(分、秒)[i] | WORD | — | R | 0x022A | |

表 A.1(续)

| 序号 | 参数项 | 数据类型 | 单位[1] | 访问规则 | 地址 | 备注 |
| --- | --- | --- | --- | --- | --- | --- |
| 136 | 前三次脱扣报警原因状态字 0[b] | WORD | — | R | 0x022B | |
| 137 | 前三次脱扣报警原因状态字 1[c] | WORD | — | R | 0x022C | |
| 138 | 前三次脱扣报警原因状态字 2[d] | WORD | — | R | 0x022D | |
| 139 | 前三次脱扣报警原因状态字 3[e] | WORD | — | R | 0x022E | |
| 140 | 前三次保护功能预报警原因状态字[f] | WORD | — | R | 0x022F | |
| 141 | 前三次故障脱扣时间 | UINT | ms | R | 0x0230 | |
| 142 | 前四次脱扣报警时间(年、月)[g] | WORD | — | R | 0x0231 | |
| 143 | 前四次脱扣报警时间(日、时)[h] | WORD | — | R | 0x0232 | |
| 144 | 前四次脱扣报警时间(分、秒)[i] | WORD | — | R | 0x0233 | |
| 145 | 前四次脱扣报警原因状态字 0[b] | WORD | — | R | 0x0234 | |
| 146 | 前四次脱扣报警原因状态字 1[c] | WORD | — | R | 0x0235 | |
| 147 | 前四次脱扣报警原因状态字 2[d] | WORD | — | R | 0x0236 | |
| 148 | 前四次脱扣报警原因状态字 3[e] | WORD | — | R | 0x0237 | |
| 149 | 前四次保护功能预报警原因状态字[f] | WORD | — | R | 0x0238 | |
| 150 | 前四次故障脱扣时间 | UINT | ms | R | 0x0239 | |
| 151 | 前五次脱扣报警时间(年、月)[g] | WORD | — | R | 0x023A | |
| 152 | 前五次脱扣报警时间(日、时)[h] | WORD | — | R | 0x023B | |
| 153 | 前五次脱扣报警时间(分、秒)[i] | WORD | — | R | 0x023C | |
| 154 | 前五次脱扣报警原因状态字 0[b] | WORD | — | R | 0x023D | |
| 155 | 前五次脱扣报警原因状态字 1[c] | WORD | — | R | 0x023E | |
| 156 | 前五次脱扣报警原因状态字 2[d] | WORD | — | R | 0x023F | |
| 157 | 前五次脱扣报警原因状态字 3[e] | WORD | — | R | 0x0240 | |
| 158 | 前五次保护功能预报警原因状态字[f] | WORD | — | R | 0x0241 | |
| 159 | 前五次故障脱扣时间 | UINT | ms | R | 0x0242 | |
| 160 | 前六次脱扣报警时间(年、月)[g] | WORD | — | R | 0x0243 | |
| 161 | 前六次脱扣报警时间(日、时)[h] | WORD | — | R | 0x0244 | |
| 162 | 前六次脱扣报警时间(分、秒)[i] | WORD | — | R | 0x0245 | |
| 163 | 前六次脱扣报警原因状态字 0[b] | WORD | — | R | 0x0246 | |
| 164 | 前六次脱扣报警原因状态字 1[c] | WORD | — | R | 0x0247 | |
| 165 | 前六次脱扣报警原因状态字 2[d] | WORD | — | R | 0x0248 | |
| 166 | 前六次脱扣报警原因状态字 3[e] | WORD | — | R | 0x0249 | |
| 167 | 前六次保护功能预报警原因状态字[f] | WORD | — | R | 0x024A | |

表 A.1（续）

| 序号 | 参数项 | 数据类型 | 单位[1] | 访问规则 | 地址 | 备注 |
|---|---|---|---|---|---|---|
| 168 | 前六次故障脱扣时间 | UINT | ms | R | 0x024B | |
| 169 | 前七次脱扣报警时间(年、月)[g] | WORD | — | R | 0x024C | |
| 170 | 前七次脱扣报警时间(日、时)[h] | WORD | — | R | 0x024D | |
| 171 | 前七次脱扣报警时间(分、秒)[i] | WORD | — | R | 0x024E | |
| 172 | 前七次脱扣报警原因状态字 0[b] | WORD | — | R | 0x024F | |
| 173 | 前七次脱扣报警原因状态字 1[c] | WORD | — | R | 0x0250 | |
| 174 | 前七次脱扣报警原因状态字 2[d] | WORD | — | R | 0x0251 | |
| 175 | 前七次脱扣报警原因状态字 3[e] | WORD | — | R | 0x0252 | |
| 176 | 前七次保护功能预报警原因状态字[f] | WORD | — | R | 0x0253 | |
| 177 | 前七次故障脱扣时间 | UINT | ms | R | 0x0254 | |
| 178 | 前八次脱扣报警时间(年、月)[g] | WORD | — | R | 0x0255 | |
| 179 | 前八次脱扣报警时间(日、时)[h] | WORD | — | R | 0x0256 | |
| 180 | 前八次脱扣报警时间(分、秒)[i] | WORD | — | R | 0x0257 | |
| 181 | 前八次脱扣报警原因状态字 0[b] | WORD | — | R | 0x0258 | |
| 182 | 前八次脱扣报警原因状态字 1[c] | WORD | — | R | 0x0259 | |
| 183 | 前八次脱扣报警原因状态字 2[d] | WORD | — | R | 0x025A | |
| 184 | 前八次脱扣报警原因状态字 3[e] | WORD | — | R | 0x025B | |
| 185 | 前八次保护功能预报警原因状态字[f] | WORD | — | R | 0x025C | |
| 186 | 前八次故障脱扣时间 | UINT | ms | R | 0x025D | |
| 187 | $L_1$ 相基波电流 | UINT | A | R | 0x0280 | 谐波检测 |
| 188 | $L_1$ 相电流总谐波畸变(THDi) | UINT | — | R | 0x0281 | 0x0280～0x03BF |
| 189 | $L_1$ 相电流总谐波畸变(thdi) | UINT | — | R | 0x0282 | |
| 190～204 | $L_1$ 相电流 3,5,7,…,31 次谐波含有率(HRIh) | UINT15 | % | R | 0x0283～0x0291 | |
| 205 | $L_2$ 相基波电流 | UINT | A | R | 0x0292 | |
| 206 | $L_2$ 相电流总谐波畸变(THDi) | UINT | — | R | 0x0293 | |
| 207 | $L_2$ 相电流总谐波畸变(thdi) | UINT | — | R | 0x0294 | |
| 208～222 | $L_2$ 相电流 3,5,7,…,31 次谐波含有率(HRIh) | UINT15 | % | R | 0x0295～0x02A3 | |
| 223 | $L_3$ 相基波电流 | UINT | A | R | 0x02A4 | |
| 224 | $L_3$ 相电流总谐波畸变(THDi) | UINT | — | R | 0x02A5 | |
| 225 | $L_3$ 相电流总谐波畸变(thdi) | UINT | — | R | 0x02A6 | |
| 226～240 | $L_3$ 相电流 3,5,7,…,31 次谐波含有率(HRIh) | UINT15 | % | R | 0x02A7～0x02B5 | |

表 A.1（续）

| 序号 | 参数项 | 数据类型 | 单位[1] | 访问规则 | 地址 | 备注 |
|---|---|---|---|---|---|---|
| 241 | N 相基波电流 | UINT | A | R | 0x02B6 | |
| 242 | N 相电流总谐波畸变(THDi) | UINT | — | R | 0x02B7 | |
| 243 | N 相电流总谐波畸变(thdi) | UINT | — | R | 0x02B8 | |
| 244～258 | N 相电流 3,5,7,…,31 次谐波含有率(HRIh) | UINT15 | % | R | 0x02B9～0x02C7 | |
| 259 | $L_1$ 相基波电压 | UINT | V | R | 0x02C8 | |
| 260 | $L_1$ 相电压总谐波畸变(THDu) | UINT | — | R | 0x02C9 | |
| 261 | $L_1$ 相电压总谐波畸变(thdu) | UINT | — | R | 0x02CA | |
| 262～276 | $L_1$ 相电压 3,5,7,…,31 次谐波含有率(HRUh) | UINT15 | % | R | 0x02CB～0x02D9 | |
| 277 | $L_2$ 相基波电压 | UINT | V | R | 0x02DA | |
| 278 | $L_2$ 相电压总谐波畸变(THDu) | UINT | — | R | 0x02DB | |
| 279 | $L_2$ 相电压总谐波畸变(thdu) | UINT | — | R | 0x02DC | |
| 280～294 | $L_2$ 相电压 3,5,7,…,31 次谐波含有率(HRUh) | UINT15 | % | R | 0x02DD～0x02EB | |
| 295 | $L_3$ 相基波电压 | UINT | V | R | 0x02EC | |
| 296 | $L_3$ 相电压总谐波畸变(THDu) | UINT | — | R | 0x02ED | |
| 297 | $L_3$ 相电压总谐波畸变(thdu) | UINT | — | R | 0x02EE | |
| 298～312 | $L_3$ 相电压 3,5,7,…,31 次谐波含有率(HRUh) | UINT15 | % | R | 0x02EF～0x02FD | |
| 313 | $L_{1-2}$线基波电压 | UINT | V | R | 0x02FE | |
| 314 | $L_{1-2}$线电压总谐波畸变(THDu) | UINT | — | R | 0x02FF | |
| 315 | $L_{1-2}$线电压总谐波畸变(thdu) | UINT | — | R | 0x0300 | |
| 316～330 | $L_{1-2}$线电压 3,5,7,…,31 次谐波含有率(HRUh) | UINT15 | % | R | 0x0301～0x030F | |
| 331 | $L_{2-3}$线基波电压 | UINT | — | R | 0x0310 | |
| 332 | $L_{2-3}$线电压总谐波畸变(THDu) | UINT | — | R | 0x0311 | |
| 333 | $L_{2-3}$线电压总谐波畸变(thdu) | UINT | — | R | 0x0312 | |
| 334～348 | $L_{2-3}$线电压 3,5,7,…,31 次谐波含有率(HRUh) | UINT15 | % | R | 0x0313～0x0321 | |
| 349 | $L_{3-1}$线基波电压 | UINT | V | R | 0x0322 | |
| 350 | $L_{3-1}$线电压总谐波畸变(THDu) | UINT | — | R | 0x0323 | |
| 351 | $L_{3-1}$线电压总谐波畸变(thdu) | UINT | — | R | 0x0324 | |
| 352～366 | $L_{3-1}$线电压 3,5,7,…,31 次谐波含有率(HRUh) | UINT15 | % | R | 0x0325～0x0333 | |
| 367 | $L_1$ 相基波有功功率 | UINT | kW | R | 0x0380 | |

表 A.1（续）

| 序号 | 参数项 | 数据类型 | 单位[1] | 访问规则 | 地址 | 备注 |
|---|---|---|---|---|---|---|
| 368 | $L_1$ 相基波无功功率 | UINT | kVar | R | 0x0381 | |
| 369 | $L_1$ 相基波视在功率 | UINT | kVA | R | 0x0382 | |
| 370 | $L_2$ 相基波有功功率 | UINT | kW | R | 0x0383 | |
| 371 | $L_2$ 相基波无功功率 | UINT | kVar | R | 0x0384 | |
| 372 | $L_2$ 相基波视在功率 | UINT | kVA | R | 0x0385 | |
| 373 | $L_3$ 相基波有功功率 | UINT | kW | R | 0x0386 | |
| 374 | $L_3$ 相基波无功功率 | UINT | kVar | R | 0x0387 | |
| 375 | $L_3$ 相基波视在功率 | UINT | kVA | R | 0x0388 | |
| 376 | 基波总有功功率 | UINT | kW | R | 0x0389 | |
| 377 | 基波总无功功率 | UINT | kVar | R | 0x038A | |
| 378 | 基波总视在功率 | UINT | kVA | R | 0x038B | |
| 379 | $L_1$ 相需用电流 | UINT | A | R | 0x038C | |
| 380 | $L_2$ 相需用电流 | UINT | A | R | 0x038D | |
| 381 | $L_3$ 相需用电流 | UINT | A | R | 0x038E | |
| 382 | N 相需用电流 | UINT | A | R | 0x038F | |
| 383 | $L_1$ 相需用有功功率 | UINT | kW | R | 0x0390 | |
| 384 | $L_1$ 相需用无功功率 | UINT | kVar | R | 0x0391 | |
| 385 | $L_1$ 相需用视在功率 | UINT | kVA | R | 0x0392 | |
| 386 | $L_2$ 相需用有功功率 | UINT | kW | R | 0x0393 | |
| 387 | $L_2$ 相需用无功功率 | UINT | kVar | R | 0x0394 | |
| 388 | $L_2$ 相需用视在功率 | UINT | kVA | R | 0x0395 | |
| 389 | $L_3$ 相需用有功功率 | UINT | kW | R | 0x0396 | |
| 390 | $L_3$ 相需用无功功率 | UINT | kVar | R | 0x0397 | |
| 391 | $L_3$ 相需用视在功率 | UINT | kVA | R | 0x0398 | |
| 392 | 总需用有功功率 | UINT | kW | R | 0x0399 | |
| 393 | 总需用无功功率 | UINT | kVar | R | 0x039A | |
| 394 | 总需用视在功率 | UINT | kVA | R | 0x039B | |
| 395～458 | 当前 $L_1$ 相电流波形点 1,2,…,63,64 | INT64 | — | R | 0x0400～0x043F | |
| 459～522 | 当前 $L_2$ 相电流波形点 1,2,…,63,64 | INT64 | — | R | 0x0440～0x047F | 0x0400～0x0FFF |
| 523～586 | 当前 $L_3$ 相电流波形点 1,2,…,63,64 | INT64 | — | R | 0x0480～0x04BF | |
| 587～650 | 当前 N 相电流波形点 1,2…,63,64 | INT64 | — | R | 0x04C0～0x04FF | |

表 A.1(续)

| 序号 | 参数项 | 数据类型 | 单位[1] | 访问规则 | 地址 | 备注 |
|---|---|---|---|---|---|---|
| 651～714 | 当前剩余电流波形点 1,2,…,63,64 | INT64 | — | R | 0x0500～0x053F | |
| 715～778 | 当前 $L_1$ 相电压波形点 1,2,…,63,64 | INT64 | — | R | 0x0540～0x057F | |
| 779～842 | 当前 $L_2$ 相电压波形点 1,2,…,63,64 | INT64 | — | R | 0x0580～0x05BF | |
| 843～906 | 当前 $L_3$ 相电压波形点 1,2,…,63,64 | INT64 | — | R | 0x05C0～0x05FF | |
| 907～970 | 当前 $L_{1\text{-}2}$ 线电压波形点 1,2,…,63,64 | INT64 | — | R | 0x0600～0x063F | |
| 971～1034 | 当前 $L_{2\text{-}3}$ 线电压波形点 1,2,…,63,64 | INT64 | — | R | 0x0640～0x067F | |
| 1035～1098 | 当前 $L_{3\text{-}1}$ 线电压波形点 1,2,…,63,64 | INT64 | — | R | 0x0680～0x06BF | |
| 1099～1162 | 前一次脱扣时 $L_1$ 相电流波形点 1,2,…,63,64 | INT64 | — | R | 0x06C0～0x06FF | |
| 1163～1226 | 前一次脱扣时 $L_2$ 相电流波形点 1,2,…,63,64 | INT64 | — | R | 0x0700～0x073F | |
| 1227～1290 | 前一次脱扣时 $L_3$ 相电流波形点 1,2,…,63,64 | INT64 | — | R | 0x0740～0x077F | |
| 1291～1354 | 前一次脱扣时 N 相电流波形点 1,2,…,63,64 | INT64 | — | R | 0x0780～0x07BF | |
| 1355～1418 | 前一次剩余电流波形点 1,2,…,63,64 | INT64 | — | R | 0x07C0～0x07FF | |
| 1419～1482 | 前一次脱扣时 $L_1$ 相电压波形点 1,2,…,63,64 | INT64 | — | R | 0x0800～0x083F | |
| 1483～1546 | 前一次脱扣时 $L_2$ 相电压波形点 1,2,…,63,64 | INT64 | — | R | 0x0840～0x087F | |
| 1547～1610 | 前一次脱扣时 $L_3$ 相电压波形点 1,2,…,63,64 | INT64 | — | R | 0x0880～0x08BF | |
| 1611～1674 | 前一次脱扣时 $L_{1\text{-}2}$ 线电压波形点 1,2,…,63,64 | INT64 | — | R | 0x08C0～0x08FF | |
| 1675～1738 | 前一次脱扣时 $L_{2\text{-}3}$ 线电压波形点 1,2,…,63,64 | INT64 | — | R | 0x0900～0x093F | |
| 1739～1802 | 前一次脱扣时 $L_{3\text{-}1}$ 线电压波形点 1,2,…,63,64 | INT64 | — | R | 0x0940～0x097F | |
| 1803～1866 | 前二次脱扣时 $L_1$ 相电流波形点 1,2,…,63,64 | INT64 | — | R | 0x0980～0x09BF | |
| 1867～1930 | 前二次脱扣时 $L_2$ 相电流波形点 1,2,…,63,64 | INT64 | — | R | 0x09C0～0x09FF | |
| 1931～1994 | 前二次脱扣时 $L_3$ 相电流波形点 1,2,…,63,64 | INT64 | — | R | 0x0A00～0x0A3F | |

**表 A.1（续）**

| 序号 | 参数项 | 数据类型 | 单位[1] | 访问规则 | 地址 | 备注 |
|---|---|---|---|---|---|---|
| 1995～2058 | 前二次脱扣时 N 相电流波形点 1,2,…,63,64 | INT64 | — | R | 0x0A40～0x0A7F | |
| 2059～1122 | 前二次剩余电流波形点 1,2,…,63,64 | INT64 | — | R | 0x0A80～0x0ABF | |
| 2123～2186 | 前二次脱扣时 $L_1$ 相电压波形点 1,2,…,63,64 | INT64 | — | R | 0x0AC0～0x0AFF | |
| 2187～2250 | 前二次脱扣时 $L_2$ 相电压波形点 1,2,…,63,64 | INT64 | — | R | 0x0B00～0x0B3F | |
| 2251～2314 | 前二次脱扣时 $L_3$ 相电压波形点 1,2,…,63,64 | INT64 | — | R | 0x0B40～0x0B7F | |
| 2315～2378 | 前二次脱扣时 $L_{1-2}$ 线电压波形点 1,2,…,63,64 | INT64 | — | R | 0x0B80～0x0BBF | |
| 2379～2442 | 前二次脱扣时 $L_{2-3}$ 线电压波形点 1,2,…,63,64 | INT64 | — | R | 0x0BC0～0x0BFF | |
| 2443～2506 | 前二次脱扣时 $L_{3-1}$ 线电压波形点 1,2,…,63,64 | INT64 | — | R | 0x0C00～0x0C3F | |
| 2507 | 低压电器保护功能设置 0(电流基本保护)[j] | WORD | — | R/W | 0x2000 | 保护功能 |
| 2508 | 低压电器保护功能设置 1(电流附加保护)[k] | WORD | — | R/W | 0x2001 | 0x2000～0x23FF |
| 2509 | 低压电器保护功能设置 2(电压、频率、温度附加保护)[l] | WORD | — | R/W | 0x2002 | |
| 2510 | 低压电器保护功能设置 3(其他附加保护)[m] | WORD | — | R/W | 0x2003 | |
| 2511 | 低压电器保护功能预报警设置[n] | WORD | — | R/W | 0x2004 | |
| 2512 | 低压电器保护功能起动过程设置 0[o] | WORD | — | R/W | 0x2005 | |
| 2513 | 低压电器保护功能起动过程设置 1[p] | WORD | — | R/W | 0x2006 | |
| 2514 | 长延时电流整定值 | UINT | A | R/W | 0x2007 | |
| 2515 | 长延时时间整定值 | UINT | s | R/W | 0x2008 | |
| 2516 | 短延时电流整定值 | UINT | A | R/W | 0x2009 | |
| 2517 | 短延时时间整定值 | UINT | ms | R/W | 0x200A | |
| 2518 | 瞬动电流整定值 | UINT | A | R/W | 0x200B | |
| 2519 | 接地保护电流整定值 | UINT | A | R/W | 0x200C | |
| 2520 | 接地保护时间整定值 | UINT | ms | R/W | 0x200D | |
| 2521 | 电流不平衡动作阈值整定值 | UINT | % | R/W | 0x200E | |
| 2522 | 电流不平衡动作延时时间整定值 | UINT | s | R/W | 0x200F | |

表 A.1（续）

| 序号 | 参数项 | 数据类型 | 单位[1] | 访问规则 | 地址 | 备注 |
|---|---|---|---|---|---|---|
| 2523 | 电流不平衡返回阈值整定值 | UINT | % | R/W | 0x2010 | |
| 2524 | 电流不平衡返回延时时间整定值 | UINT | s | R/W | 0x2011 | |
| 2525 | 断相动作阈值整定值 | UINT | % | R/W | 0x2012 | |
| 2526 | 断相动作延时时间整定值 | UINT | s | R/W | 0x2013 | |
| 2527 | 断相返回阈值整定值 | UINT | % | R/W | 0x2014 | |
| 2528 | 断相返回延时时间整定值 | UINT | s | R/W | 0x2015 | |
| 2529 | 电压不平衡动作阈值整定值 | UINT | % | R/W | 0x2016 | |
| 2530 | 电压不平衡动作延时时间整定值 | UINT | s | R/W | 0x2017 | |
| 2531 | 电压不平衡返回阈值整定值 | UINT | % | R/W | 0x2018 | |
| 2532 | 电压不平衡返回延时时间整定值 | UINT | s | R/W | 0x2019 | |
| 2533 | 欠电压动作阈值整定值 | UINT | V | R/W | 0x201A | |
| 2534 | 欠电压动作延时时间整定值 | UINT | s | R/W | 0x201B | |
| 2535 | 欠电压返回阈值整定值 | UINT | V | R/W | 0x201C | |
| 2536 | 欠电压返回延时时间整定值 | UINT | s | R/W | 0x201D | |
| 2537 | 过电压动作阈值整定值 | UINT | V | R/W | 0x201E | |
| 2538 | 过电压动作延时时间整定值 | UINT | s | R/W | 0x201F | |
| 2539 | 过电压返回阈值整定值 | UINT | V | R/W | 0x2020 | |
| 2540 | 过电压返回延时时间整定值 | UINT | s | R/W | 0x2021 | |
| 2541 | 最小频率动作阈值整定值 | UINT | Hz | R/W | 0x2022 | |
| 2542 | 最小频率动作延时时间整定值 | UINT | s | R/W | 0x2023 | |
| 2543 | 最小频率返回阈值整定值 | UINT | Hz | R/W | 0x2024 | |
| 2544 | 最小频率返回延时时间整定值 | UINT | s | R/W | 0x2025 | |
| 2545 | 最大频率动作阈值整定值 | UINT | Hz | R/W | 0x2026 | |
| 2546 | 最大频率动作延时时间整定值 | UINT | s | R/W | 0x2027 | |
| 2547 | 最大频率返回阈值整定值 | UINT | Hz | R/W | 0x2028 | |
| 2548 | 最大频率返回延时时间整定值 | UINT | s | R/W | 0x2029 | |
| 2549 | 热记忆特性时间整定值 | UINT | s | R/W | 0x202A | |
| 2550 | 热容量整定值 | UINT | % | R/W | 0x202B | |
| 2551 | 相序保护动作时间整定值 | UINT | s | R/W | 0x202C | |
| 2552 | 控制器内温度动作阈值整定值 | UINT | ℃ | R/W | 0x202D | |

**表 A.1(续)**

| 序号 | 参数项 | 数据类型 | 单位[1] | 访问规则 | 地址 | 备注 |
|---|---|---|---|---|---|---|
| 2553 | 控制器内温度动作延时时间整定值 | UINT | s | R/W | 0x202E | |
| 2554 | 控制器内温度返回阈值整定值 | UINT | ℃ | R/W | 0x202F | |
| 2555 | 控制器内温度返回延时时间整定值 | UINT | s | R/W | 0x2030 | |
| 2556 | 环境温度动作阈值整定值 | UINT | ℃ | R/W | 0x2031 | |
| 2557 | 环境温度动作延时时间整定值 | UINT | s | R/W | 0x2032 | |
| 2558 | 环境温度返回阈值整定值 | UINT | ℃ | R/W | 0x2033 | |
| 2559 | 环境温度返回延时时间整定值 | UINT | s | R/W | 0x2034 | |
| 2560 | 逆功率动作阈值整定值 | UINT | % | R/W | 0x2035 | |
| 2561 | 逆功率动作延时时间整定值 | UINT | s | R/W | 0x2036 | |
| 2562 | 逆功率返回阈值整定值 | UINT | % | R/W | 0x2037 | |
| 2563 | 逆功率返回延时时间整定值 | UINT | s | R/W | 0x2038 | |
| 2564 | 电流谐波动作阈值整定值 | UINT | % | R/W | 0x2039 | |
| 2565 | 电流谐波动作延时时间整定值 | UINT | s | R/W | 0x203A | |
| 2566 | 电流谐波返回阈值整定值 | UINT | % | R/W | 0x203B | |
| 2567 | 电流谐波返回延时时间整定值 | UINT | s | R/W | 0x203C | |
| 2568 | 电压谐波动作阈值整定值 | UINT | % | R/W | 0x203D | |
| 2569 | 电压谐波动作延时时间整定值 | UINT | s | R/W | 0x203E | |
| 2570 | 电压谐波返回阈值整定值 | UINT | % | R/W | 0x203F | |
| 2571 | 电压谐波返回延时时间整定值 | UINT | s | R/W | 0x2040 | |
| 2572 | 需用电流动作阈值整定值 | UINT | % | R/W | 0x2041 | |
| 2573 | 需用电流动作延时时间整定值 | UINT | s | R/W | 0x2042 | |
| 2574 | 需用电流返回阈值整定值 | UINT | % | R/W | 0x2043 | |
| 2575 | 需用电流返回延时时间整定值 | UINT | s | R/W | 0x2044 | |
| 2576 | 需用电流、需用功率时间区间整定值 | UINT | min | R/W | 0x2045 | |
| 2577 | 需用功率动作阈值整定值 | UINT | % | R/W | 0x2046 | |
| 2578 | 需用功率动作延时时间整定值 | UINT | s | R/W | 0x2047 | |
| 2579 | 需用功率返回阈值整定值 | UINT | % | R/W | 0x2048 | |
| 2580 | 需用功率返回延时时间整定值 | UINT | s | R/W | 0x2049 | |
| 2581 | 卸载1动作阈值整定值 | UINT | A | R/W | 0x204A | |
| 2582 | 卸载1动作延时时间整定值 | UINT | s | R/W | 0x204B | |
| 2583 | 卸载2动作阈值(方式1)/返回阈值(方式2)整定值 | UINT | A | R/W | 0x204C | |

表 A.1（续）

| 序号 | 参数项 | 数据类型 | 单位[1] | 访问规则 | 地址 | 备注 |
|---|---|---|---|---|---|---|
| 2584 | 卸载 2 动作延时时间(方式 1)/返回延时(方式 2)整定值 | UINT | s | R/W | 0x204D | |
| 2585 | 脱扣等级整定值 | UINT | — | R/W | 0x204E | |
| 2586 | 过载预报警电流整定值 | UINT | A | R/W | 0x204F | |
| 2587 | 过载预报警时间整定值 | UINT | s | R/W | 0x2050 | |
| 2588 | 过载预报警热容整定值 | UINT | % | R/W | 0x2051 | |
| 2589 | 剩余电流预报警电流整定值 | UINT | mA | R/W | 0x2052 | |
| 2590 | 堵转动作延时时间整定值 | UINT | s | R/W | 0x2053 | |
| 2591 | 堵转动作电流整定值 | UINT | A | R/W | 0x2054 | |
| 2592 | 堵转故障预报警电流整定值 | UINT | A | R/W | 0x2055 | |
| 2593 | 阻塞动作延时时间整定值 | UINT | s | R/W | 0x2056 | |
| 2594 | 阻塞动作阈值整定值 | UINT | % | R/W | 0x2057 | |
| 2595 | 阻塞预报警阈值整定值 | UINT | % | R/W | 0x2058 | |
| 2596 | 欠载动作延时时间整定值 | UINT | s | R/W | 0x2059 | |
| 2597 | 欠载动作电流整定值 | UINT | A | R/W | 0x205A | |
| 2598 | 欠载预报警电流时间整定值 | UINT | s | R/W | 0x205B | |
| 2599 | 电流不平衡预报警整定值 | UINT | % | R/W | 0x205C | |
| 2600 | 欠电压预报警电压整定值 | UINT | % | R/W | 0x205D | |
| 2601 | 过电压预报警电压整定值 | UINT | % | R/W | 0x205E | |
| 2602 | 欠功率动作延时时间整定值 | UINT | % | R/W | 0x205F | |
| 2603 | 欠功率动作功率整定值 | UINT | % | R/W | 0x2060 | |
| 2604 | 欠功率预报警功率整定值 | UINT | % | R/W | 0x2061 | |
| 2605 | 控制器内温度预报警整定值 | SINT | ℃ | R/W | 0x2062 | |
| 2606 | 额定功率 1 整定值 | UINT | kW | R/W | 0x2063 | |
| 2607 | 额定功率 2 整定值 | UINT | kW | R/W | 0x2064 | |
| 2608 | 起动时间整定值 | UINT | s | R/W | 0x2065 | |
| | | | | | 0x2400～0x27FF | 制造商自定义保护功能 |
| 2609 | 控制命令[q] | WORD | — | R/W | 0x2800 | 控制功能 |
| 2610 | 延时起动时间整定值 | UINT | s | R/W | 0x2801 | 0x2800～0x2BFF |
| 2611 | 欠压重起动延时时间整定值 | UINT | s | R/W | 0x2802 | |
| 2612 | 欠压重起电压整定值 | UINT | % | R/W | 0x2803 | |
| | | | | | 0x2C00～0x2FFF | 制造商自定义控制功能 |

**表 A.1（续）**

| 序号 | 参数项 | 数据类型 | 单位[1] | 访问规则 | 地址 | 备注 |
|---|---|---|---|---|---|---|
| 注 1：参数单位的大小由制造商自定义。 | | | | | | |
| [a] 数据说明见表 A.2。<br>[b] 数据说明见表 A.3。<br>[c] 数据说明见表 A.4。<br>[d] 数据说明见表 A.5。<br>[e] 数据说明见表 A.6。<br>[f] 数据说明见表 A.7。<br>[g] 数据说明见表 A.8。<br>[h] 数据说明见表 A.9。<br>[i] 数据说明见表 A.10。<br>[j] 数据说明见表 A.11。<br>[k] 数据说明见表 A.12。<br>[l] 数据说明见表 A.13。<br>[m] 数据说明见表 A.14。<br>[n] 数据说明见表 A.15。<br>[o] 数据说明见表 A.16。<br>[p] 数据说明见表 A.17。<br>[q] 数据说明见表 A.18。 | | | | | | |

**表 A.2 低压电器工作状态字**

| Bit15 | Bit14 | Bit13 | Bit12 | Bit11 | Bit10 | Bit9 | Bit8 |
|---|---|---|---|---|---|---|---|
| 交流/直流保护状态位<br>0:交流<br>1:直流 | 保留 | 电机运行状态位<br>00:停止<br>01:正转<br>10:反转<br>11:停止 | | 开关工作状态位<br>0000:分断/停止<br>0010:延时起动<br>0100:故障延时<br>0110:脱扣<br>1000:测试状态 | | 0001:合闸/起动<br>0011:合闸/运行<br>0101:脱扣并报警<br>0111:报警<br>1001～1111:保留 | |
| **Bit7** | **Bit6** | **Bit5** | **Bit4** | **Bit3** | **Bit2** | **Bit1** | **Bit0** |
| 本地/网络控制状态位<br>0:本地<br>1:网络 | 预报警状态位<br>0:无预报警<br>1:有预报警 | 开关分合指示状态位<br>0:合闸<br>1:分断 | 故障脱扣指示状态位<br>0:正常<br>1:故障 | 储能状态位<br>0:未完成<br>1:完成 | 合闸/手柄准备状态位<br>0:未就绪<br>1:就绪 | 断路器位置状态位<br>00:脱离位置<br>01:连接位置<br>10:试验位置<br>11:保留 | |

**表 A.3 脱扣报警原因状态字 0**

| Bit15 | Bit14 | Bit13 | Bit12 | Bit11 | Bit10 | Bit9 | Bit8 |
|---|---|---|---|---|---|---|---|
| $L_1$ 相电流故障状态位<br>0:正常<br>1:异常 | $L_2$ 相电流故障状态位<br>0:正常<br>1:异常 | $L_3$ 相电流故障状态位<br>0:正常<br>1:异常 | N 相电流故障状态位<br>0:正常<br>1:异常 | 瞬动/短路故障状态位<br>0:正常<br>1:瞬动 | 短延时故障状态位<br>0:正常<br>1:短延时 | 长延时/过载故障状态位<br>0:正常<br>1:长延时 | 剩余电流故障状态位<br>0:正常<br>1:异常 |
| Bit7 | Bit6 | Bit5 | Bit4 | Bit3 | Bit2 | Bit1 | Bit0 |
| 保留 | 保留 | 保留 | 保留 | 保留 | 保留 | 保留 | 保留 |

**表 A.4 脱扣报警原因状态字 1**

| Bit15 | Bit14 | Bit13 | Bit12 | Bit11 | Bit10 | Bit9 | Bit8 |
|---|---|---|---|---|---|---|---|
| $L_1$ 相断相状态位<br>0:正常<br>1:异常 | $L_2$ 相断相状态位<br>0:正常<br>1:异常 | $L_3$ 相断相状态位<br>0:正常<br>1:异常 | 最小频率状态位<br>0:正常<br>1:异常 | 最大频率状态位<br>0:正常<br>1:异常 | 逆功率状态位<br>0:正常<br>1:异常 | 控制器温度状态位<br>00:正常<br>01:超温报警(85 ℃)<br>10:超极限温度(或温度检测错误)<br>11:保留 | |
| Bit7 | Bit6 | Bit5 | Bit4 | Bit3 | Bit2 | Bit1 | Bit0 |
| $L_1$ 相电流谐波状态位<br>0:正常<br>1:异常 | $L_2$ 相电流谐波状态位<br>0:正常<br>1:异常 | $L_3$ 相电流谐波状态位<br>0:正常<br>1:异常 | $L_1$ 相电压谐波状态位<br>0:正常<br>1:异常 | $L_2$ 相电压谐波状态位<br>0:正常<br>1:异常 | $L_3$ 相电压谐波状态位<br>0:正常<br>1:异常 | 环境温度状态位<br>00:正常<br>01:超温报警(85 ℃)<br>10:超极限温度(或温度检测错误)<br>11:保留 | |

**表 A.5 脱扣报警原因状态字 2**

| Bit15 | Bit14 | Bit13 | Bit12 | Bit11 | Bit10 | Bit9 | Bit8 |
|---|---|---|---|---|---|---|---|
| $L_1$ 相欠电压状态位<br>0:正常<br>1:异常 | $L_2$ 相欠电压状态位<br>0:正常<br>1:异常 | $L_3$ 相欠电压状态位<br>0:正常<br>1:异常 | $L_1$ 相过电压状态位<br>0:正常<br>1:异常 | $L_2$ 相过电压状态位<br>0:正常<br>1:异常 | $L_3$ 相过电压状态位<br>0:正常<br>1:异常 | 相序状态位<br>00:正相序<br>01:反相序<br>10:同相序(或相序检测错误)<br>11:保留 | |
| Bit7 | Bit6 | Bit5 | Bit4 | Bit3 | Bit2 | Bit1 | Bit0 |
| 保留 | 保留 | 保留 | 保留 | 电流不平衡状态位<br>00:正常<br>01:$L_1$ 相电流异常<br>10:$L_2$ 相电流异常<br>11:$L_3$ 相电流异常 | | 相电压不平衡状态位<br>00:正常<br>01:$L_1$ 相电压异常<br>10:$L_2$ 相电压异常<br>11:$L_3$ 相电压异常 | |

**表 A.6 脱扣报警原因状态字 3**

| Bit15 | Bit14 | Bit13 | Bit12 | Bit11 | Bit10 | Bit9 | Bit8 |
|---|---|---|---|---|---|---|---|
| 保留 | 保留 | $L_1$ 相负载监控 1 报警状态位<br>0:正常<br>1:异常 | $L_2$ 相负载监控 1 报警状态位<br>0:正常<br>1:异常 | $L_3$ 相负载监控 1 报警状态位<br>0:正常<br>1:异常 | $L_1$ 相负载监控 2 报警状态位<br>0:正常<br>1:异常 | $L_2$ 相负载监控 2 报警状态位<br>0:正常<br>1:异常 | $L_3$ 相负载监控 2 报警状态位<br>0:正常<br>1:异常 |
| Bit7 | Bit6 | Bit5 | Bit4 | Bit3 | Bit2 | Bit1 | Bit0 |
| 断路器寿命指示报警状态位<br>0:正常<br>1:异常 | $L_n$ 需用电流报警状态位<br>0:正常<br>1:异常 | $L_1$ 需用电流报警状态位<br>0:正常<br>1:异常 | $L_2$ 需用电流报警状态位<br>0:正常<br>1:异常 | $L_3$ 需用电流报警状态位<br>0:正常<br>1:异常 | $L_1$ 需用功率报警状态位<br>0:正常<br>1:异常 | $L_2$ 需用功率报警状态位<br>0:正常<br>1:异常 | $L_3$ 需用功率报警状态位<br>0:正常<br>1:异常 |

**表 A.7 保护功能预报警原因状态字**

| Bit15 | Bit14 | Bit13 | Bit12 | Bit11 | Bit10 | Bit9 | Bit8 |
|---|---|---|---|---|---|---|---|
| 保留 | 保留 | 欠功率预报警状态位<br>0:正常<br>1:异常 | 过电压预报警状态位<br>0:正常<br>1:异常 | 欠电压预报警状态位<br>0:正常<br>1:异常 | 通信预报警状态位<br>0:正常<br>1:异常 | 保留 | 电流不平衡预报警状态位<br>0:正常<br>1:异常 |
| Bit7 | Bit6 | Bit5 | Bit4 | Bit3 | Bit2 | Bit1 | Bit0 |
| 欠载预报警状态位<br>0:正常<br>1:异常 | 阻塞预报警状态位<br>0:正常<br>1:异常 | 堵转预报警状态位<br>0:正常<br>1:异常 | 剩余电流预报警状态位<br>0:正常<br>1:异常 | 断相预报警状态位<br>0:正常<br>1:异常 | $L_1$ 过载预报警状态位<br>0:正常<br>1:异常 | $L_2$ 过载预报警状态位<br>0:正常<br>1:异常 | $L_3$ 过载预报警状态位<br>0:正常<br>1:异常 |

**表 A.8 时间(年、月)**

| Bit15 | Bit14 | Bit13 | Bit12 | Bit11 | Bit10 | Bit9 | Bit8 |
|---|---|---|---|---|---|---|---|
| 年十位:0～9 | | | | 年个位:0～9 | | | |
| Bit7 | Bit6 | Bit5 | Bit4 | Bit3 | Bit2 | Bit1 | Bit0 |
| 0 | 0 | 0 | 月十位:0～1 | 月个位:0～9 | | | |

**表 A.9 时间(日、时)**

<table>
<tr><td>Bit15</td><td>Bit14</td><td>Bit13</td><td>Bit12</td><td>Bit11</td><td>Bit10</td><td>Bit9</td><td>Bit8</td></tr>
<tr><td>0</td><td>0</td><td colspan="2">日十位:0～3</td><td colspan="4">日个位:0～9</td></tr>
<tr><td>Bit7</td><td>Bit6</td><td>Bit5</td><td>Bit4</td><td>Bit3</td><td>Bit2</td><td>Bit1</td><td>Bit0</td></tr>
<tr><td rowspan="2">12～24<br>模式位<br>0:24 模式<br>1:12 模式</td><td rowspan="2">0</td><td>AM-PM 位<br>(12 模式)<br>0:AM<br>1:PM</td><td>时十位(12 模式):0～1</td><td colspan="4" rowspan="2">时个位:0～9</td></tr>
<tr><td colspan="2">时十位(24 模式):0～2</td></tr>
</table>

**表 A.10 时间(分、秒)**

<table>
<tr><td>Bit15</td><td>Bit14</td><td>Bit13</td><td>Bit12</td><td>Bit11</td><td>Bit10</td><td>Bit9</td><td>Bit8</td></tr>
<tr><td>0</td><td colspan="3">分十位:0～5</td><td colspan="4">分个位:0～9</td></tr>
<tr><td>Bit7</td><td>Bit6</td><td>Bit5</td><td>Bit4</td><td>Bit3</td><td>Bit2</td><td>Bit1</td><td>Bit0</td></tr>
<tr><td>0</td><td colspan="3">秒十位:0～5</td><td colspan="4">秒个位:0～9</td></tr>
</table>

**表 A.11 保护功能设置 0(电流基本保护)**

<table>
<tr><td>Bit15</td><td>Bit14</td><td>Bit13</td><td>Bit12</td><td>Bit11</td><td>Bit10</td><td>Bit9</td><td>Bit8</td></tr>
<tr><td>交/直流保护方式<br>0:交流<br>1:直流</td><td>保留</td><td>增安保护使能位<br>0:禁止<br>1:允许</td><td>短延时保护类型<br>0:定时限<br>1:反时限</td><td colspan="4">长延时保护类型<br>0000:三段保护曲线可调<br>0001:熔断器特性<br>0010:保护继电器特性<br>0011: 配电线路保护特性<br>0100:电动机保护特性<br>0101:$I2t$ 曲线(一般配电保护用)<br>0110:标准反时限<br>0111:快速反时限<br>1000: 特快反时限(一般用途)<br>1001:特快反时限(电动机保护)<br>1010:高压熔丝兼容<br>1011～1111:保留</td></tr>
<tr><td>Bit7</td><td>Bit6</td><td>Bit5</td><td>Bit4</td><td>Bit3</td><td>Bit2</td><td>Bit1</td><td>Bit0</td></tr>
<tr><td colspan="2">开关类型<br>00:2P<br>01:3P<br>10:3P+N<br>11:4P</td><td colspan="2">瞬动保护方式<br>00:关闭<br>01:脱扣并报警<br>10:脱扣<br>11:保留</td><td colspan="2">短延时保护方式<br>00:关闭<br>01:脱扣并报警<br>10:脱扣<br>11:报警</td><td colspan="2">长延时保护方式<br>00:关闭<br>01:脱扣并报警<br>10:脱扣<br>11:报警</td></tr>
</table>

**表 A.12 保护功能设置 1(电流附加保护)**

| Bit15 | Bit14 | Bit13 | Bit12 | Bit11 | Bit10 | Bit9 | Bit8 |
|---|---|---|---|---|---|---|---|
| 接通分断使能位<br>0:禁止<br>1:允许 | 热记忆使能位<br>0:禁止<br>1:允许 | 区域联锁剩余电流保护使能位<br>0:禁止<br>1:允许 | 区域联锁过电流保护使能位<br>0:禁止<br>1:允许 | 电流不平衡保护方式<br>00:关闭<br>01:脱扣并报警<br>10:脱扣<br>11:报警 | | 断相保护方式<br>00:关闭<br>01:脱扣并报警<br>10:脱扣<br>11:报警 | |
| Bit7 | Bit6 | Bit5 | Bit4 | Bit3 | Bit2 | Bit1 | Bit0 |
| 中性线保护类型<br>00:$I_n/2$<br>01:$I_n$<br>10:$1.6I_n$<br>11:$2I_n$ | | 中性线保护方式<br>00:关闭<br>01:脱扣并报警<br>10:脱扣<br>11:保留 | | 剩余电流保护类型<br>00:采用零序电流互感器(定时限)<br>01:不采用零序电流互感器(反时限)<br>10:不采用零序电流互感器(定时限)<br>11:保留 | | 剩余电流保护方式<br>00:关闭<br>01:脱扣并报警<br>10:脱扣<br>11:报警 | |

**表 A.13 保护功能设置 2(电压、频率、温度附加保护)**

| Bit15 | Bit14 | Bit13 | Bit12 | Bit11 | Bit10 | Bit9 | Bit8 |
|---|---|---|---|---|---|---|---|
| 欠电压保护方式<br>00:关闭<br>01:脱扣并报警<br>10:脱扣<br>11:报警 | | 过电压保护方式<br>00:关闭<br>01:脱扣并报警<br>10:脱扣<br>11:报警 | | 控制器内温度保护方式<br>00:关闭<br>01:脱扣并报警<br>10:脱扣<br>11:报警 | | 环境温度保护方式<br>00:关闭<br>01:脱扣并报警<br>10:脱扣<br>11:报警 | |
| Bit7 | Bit6 | Bit5 | Bit4 | Bit3 | Bit2 | Bit1 | Bit0 |
| 相电压不平衡保护方式<br>00:关闭<br>01:脱扣并报警<br>10:脱扣<br>11:报警 | | 相序保护方式<br>00:关闭<br>01:脱扣并报警<br>10:脱扣<br>11:报警 | | 最小频率保护方式<br>00:关闭<br>01:脱扣并报警<br>10:脱扣<br>11:报警 | | 最大频率保护方式<br>00:关闭<br>01:脱扣并报警<br>10:脱扣<br>11:报警 | |

**表 A.14 保护功能设置 3(其他附加保护)**

| Bit15 | Bit14 | Bit13 | Bit12 | Bit11 | Bit10 | Bit9 | Bit8 |
|---|---|---|---|---|---|---|---|
| 电流谐波保护方式<br>00:关闭<br>01:脱扣并报警<br>10:脱扣<br>11:报警 | | 电压谐波保护方式<br>00:关闭<br>01:脱扣并报警<br>10:脱扣<br>11:报警 | | 逆功率保护方式<br>00:关闭<br>01:脱扣并报警<br>10:脱扣<br>11:报警 | | 通信故障保护方式<br>00:关闭<br>01:脱扣并报警<br>10:脱扣<br>11:报警 | |

表 A.14（续）

| Bit7 | Bit6 | Bit5 | Bit4 | Bit3 | Bit2 | Bit1 | Bit0 |
|---|---|---|---|---|---|---|---|
| 需用电流保护方式<br>00:关闭<br>01:脱扣并报警<br>10:脱扣<br>11:报警 | | 卸载保护类型<br>0:电流型<br>1:功率型 | 卸载保护方式<br>000:关闭<br>001:方式1,卸载1<br>010:方式1,卸载2<br>011:方式1,卸载1,卸载2;<br>100:方式2<br>101～111:保留 | | | 保留 | 保留 |

## 表 A.15 保护功能预报警设置

| Bit15 | Bit14 | Bit13 | Bit12 | Bit11 | Bit10 | Bit9 | Bit8 |
|---|---|---|---|---|---|---|---|
| 保留 | 保留 | 欠功率预报警使能位<br>0:禁止<br>1:允许 | 过电压预报警使能位<br>0:禁止<br>1:允许 | 欠电压预报警使能位<br>0:禁止<br>1:允许 | 通信预报警使能位<br>0:禁止<br>1:允许 | 保留 | 电流不平衡预报警使能位<br>0:禁止<br>1:允许 |
| Bit7 | Bit6 | Bit5 | Bit4 | Bit3 | Bit2 | Bit1 | Bit0 |
| 欠载预报警使能位<br>0:禁止<br>1:允许 | 阻塞预报警使能位<br>0:禁止<br>1:允许 | 堵转预报警使能位<br>0:禁止<br>1:允许 | 剩余电流预报警使能位<br>0:禁止<br>1:允许 | 断相预报警使能位<br>0:禁止<br>1:允许 | 过载预报警使能位<br>0:禁止<br>1:允许 | 保留 | 保留 |

## 表 A.16 保护功能起动过程设置 0

| Bit15 | Bit14 | Bit13 | Bit12 | Bit11 | Bit10 | Bit9 | Bit8 |
|---|---|---|---|---|---|---|---|
| 外部联锁动作使能位<br>0:禁止<br>1:允许 | 相序错动作使能位<br>0:禁止<br>1:允许 | 欠功率动作使能位<br>0:禁止<br>1:允许 | 过电压故障动作使能<br>0:禁止<br>1:允许 | 欠电压动作使能位<br>0:禁止<br>1:允许 | 通信预报警使能位<br>0:禁止<br>1:允许 | 起动超时动作使能位<br>0:禁止<br>1:允许 | 电流不平衡动作使能位<br>0:禁止<br>1:允许 |
| Bit7 | Bit6 | Bit5 | Bit4 | Bit3 | Bit2 | Bit1 | Bit0 |
| 欠载动作使能位<br>0:禁止<br>1:允许 | 阻塞动作使能位<br>0:禁止<br>1:允许 | 堵转动作使能位<br>0:禁止<br>1:允许 | 剩余电流动作使能位<br>0:禁止<br>1:允许 | 断相动作使能位<br>0:禁止<br>1:允许 | 过载动作使能位<br>0:禁止<br>1:允许 | 过流短延时动作使能位<br>0:禁止<br>1:允许 | 保留 |

**表 A.17 保护功能起动过程设置 1**

| Bit15 | Bit14 | Bit13 | Bit12 | Bit11 | Bit10 | Bit9 | Bit8 |
|---|---|---|---|---|---|---|---|
| 保留 | 保留 | 保留 | 保留 | 保留 | 保留 | 保留 | 保留 |
| Bit7 | Bit6 | Bit5 | Bit4 | Bit3 | Bit2 | Bit1 | Bit0 |
| 保留 | 保留 | 保留 | 保留 | 保留 | 保留 | 机械动作使能位<br>0:禁止<br>1:允许 | 控制单元动作使能位<br>0:禁止<br>1:允许 |

**表 A.18 控制命令**

| Bit15 | Bit14 | Bit13 | Bit12 | Bit11 | Bit10 | Bit9 | Bit8 |
|---|---|---|---|---|---|---|---|
| 本地/网络控制位<br>0:本地<br>1:网络 | 断路器储能位<br>0:不动作<br>1:动作 | 保留 | 保留 | 控制器工作方式<br>0:运行<br>1:测试 | 控制器复位位<br>0:正常<br>1:复位 | 开关电器分合闸位<br>00:不动作<br>01:分闸<br>10:合闸<br>11:保留 | |
| Bit7 | Bit6 | Bit5 | Bit4 | Bit3 | Bit2 | Bit1 | Bit0 |
| 保留 | 保留 | 保留 | 试验脱扣触发位<br>0:待命<br>1:触发 | 外部联锁故障触发位<br>0:待命<br>1:触发 | 停止触发位<br>0:待命<br>1:触发 | 起动 B 触发位<br>0:待命<br>1:触发 | 起动 A 触发位<br>0:待命<br>1:触发 |

## 参 考 文 献

[1] GB/T 21207—2007 低压开关设备和控制设备 入网工业设备描述的基本原则(IEC/TS 61915:2003,IDT)

[2] GB/T 22710—2008 低压断路器用电子式控制器

[3] JB/T 10709—2007 低压电器通信适配器

[4] IEC 61158-3:2000 测量和控制用数字数据通信——工业控制系统用现场总线 第3部分:数据链路服务定义

ICS 29.120.01
K 30

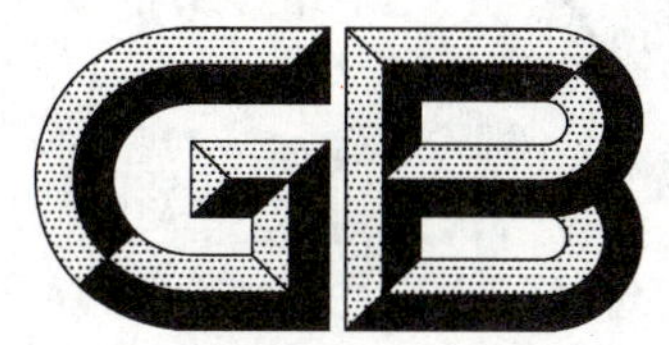

# 中华人民共和国国家标准

GB/T 27746—2011

# 低压电器用金属氧化物压敏电阻器(MOV)技术规范

## Technical specification for metal oxide varistors (MOV) used in low-voltage apparatus

2011-12-30 发布　　2012-05-01 实施

中华人民共和国国家质量监督检验检疫总局
中国国家标准化管理委员会　发布

# 前　言

本标准按照 GB/T 1.1—2009 给出的规则起草。

本标准由中国电器工业协会提出。

本标准由全国低压电器标准化技术委员会(SAC/TC 189)归口。

本标准负责起草单位:上海电器科学研究院、常州市创捷防雷电子有限公司、南阳金冠科技有限公司。

本标准参加起草单位:浙江正泰电器股份有限公司、余姚市嘉荣电子电器有限公司、浙江雷泰电气有限公司、上海电科电器科技有限公司。

本标准主要起草人:束静、李永祥、王碧云、黄兢业。

本标准参加起草人:萧红卫、钱家灿、陈宝林。

# 引　言

低压电器是工作在额定交流电压 1 000 V、直流电压 1 500 V 及以下的电路中，用于电路的切换、控制、检测、保护、变换和调节作用的电器，是组成成套电气设备的基础配套件，使用量大，应用面广。低压电器在电路中使用，不可避免地受到电路传导来的雷电过电压、操作过电压和静电放电，这些过电压可以使电触点起弧、器件绝缘加速老化和损坏，或干扰邻近电路，因此，必须采用过电压抑制器件将它们限制到安全值之内。目前，金属氧化物压敏电阻器（MOV）是低压电器中用于抑制过电压非常广泛而又经济的器件。

本标准参照了 GB/T 10193—2007《电子设备用压敏电阻器　第 1 部分：总规范》和 ITU-T K.77《电信设备保护用压敏电阻器（MOV）特性》。

本标准根据低压电器应用环境和具体使用情况，提出了满足低压电器使用要求的 MOV 的技术要求、试验方法及检验规则等内容。本标准的目的是为低压电器用 MOV 的制造商和用户提供技术指导，协调双方的要求，以保证 MOV 在低压电器中能达到预定的保护功能。

# 低压电器用金属氧化物压敏电阻器(MOV)技术规范

## 1 范围

本标准规定了低压电器用MOV的：

——定义；

——分类；

——额定值；

——使用条件；

——技术要求；

——试验方法；

——检验规则。

本标准适用于交流电压不超过1 000 V(有效值)、50/60 Hz和/或直流电压不超过1 500 V的电器设备用金属氧化物压敏电阻器(以下简称MOV)，用于抑制瞬时过电压以保护电器设备的安全。

低压电涌保护器用金属氧化物压敏电阻器应符合GB/T 18802.331的要求。

注：额定交流电压1 140 V的电器可参照本标准执行。有关电器的性能等要求由制造商和用户协商确定。

## 2 规范性引用文件

下列文件对于本文件的应用是必不可少的。凡是注日期的引用文件，仅注日期的版本适用于本文件。凡是不注日期的引用文件，其最新版本(包括所有的修改单)适用于本文件。

GB/T 2423.2—2008 电工电子产品环境试验 第2部分：试验方法 试验B：高温(IEC 60068-2-2：2007，IDT)

GB/T 2423.3—2006 电工电子产品环境试验 第2部分：试验方法 试验Cab：恒定湿热试验(IEC 60068-2-78：2001，IDT)

GB/T 2423.22—2002 电工电子产品环境试验 第2部分：试验方法 试验N：温度变化(IEC 60068-2-14：1984，IDT)

GB/T 2423.28—2005 电工电子产品环境试验 第2部分：试验方法 试验T：锡焊(IEC 60068-2-20：1979，IDT)

GB/T 2423.30—1999 电工电子产品环境试验 第2部分：试验方法 试验XA和导则：在清洗剂中浸渍(IEC 60068-2-45：1993，IDT)

GB/T 2828.1—2003 计数抽样检验程序 第1部分：按接收质量限(AQL)检索的逐批检验抽样计划(ISO 2859-1：1999 IDT)

GB/T 5169.5—2008 电工电子产品着火危险试验 第5部分：试验火焰 针焰试验方法装置、确认试验方法和导则(IEC 60695-11-5：2004，IDT)

GB/T 5169.10—2006 电工电子产品着火危险试验 第10部分：灼热丝/热丝基本试验方法 灼热丝装置和通用试验方法(IEC 60695-2-10：2000，IDT)

GB/T 17627.1—1998 低压电气设备的高电压试验技术 第1部分：定义和试验要求(IEC 61180-1：1992，EQV)

GB/T 18802.331—2007 低压电涌保护器元件 第331部分：金属氧化物压敏电阻(MOV)规范(IEC 61643-331:2003,IDT)

IEC 60068-2-21:2006 电工电子产品环境试验 第2部分：试验方法 试验U:引出端及整体安装件强度(Environmental testing—Part 2-21:Tests—Test U:Robustness of terminations and integral mounting devices)

IEC 60068-2-58:2005 环境试验 第2-58部分：试验Td:表面贴装元件(SMD)的可焊性，金属化的耐溶蚀性，和耐焊接热试验方法(Environmental testing—Part 2-58:Tests—Test Td:Test methods for solderability,resistance to dissolution of metallization and to soldering heat of surface mounting devices (SMD))

## 3 术语和定义、符号

下列术语和定义、符号适用于本文件。

3.1

**金属氧化物压敏电阻器(MOV) metal oxide varistors**

以金属氧化物为主体材料，用陶瓷工艺生产的半导体元件，它的基本电气特性是其电阻值随着流过它的电流的增大而急速减小。

3.2

**电阻方程 resistance formula**

表达MOV的电阻值$R$，与流过它的电流$I$之间的数量关系的等式。在规定的电流波形和数值范围内，以及在一定的温度条件下，MOV的电阻方程可用式(1)来表达。

$$R = \lg^{-1}(A + B\lg I) \tag{1}$$

式中：

$A$和$B$是两个常数，且$B$是个负数。

注：$A$和$B$的数值，随着产品的规格以及测试电流的波形和数值范围而变，不同的生产批次也略有差别。这两个常数值可通过抽样测试来确定。在绝大多数使用条件下，B的绝对值小于1.0，但在一定的脉冲电流下，B的绝对值可略大于1.0。

3.3

**伏安特性(V-A特性)方程 V-A characteristic formula**

表达MOV两端的电压值$U$，与流过它的电流$I$之间的数量关系的等式。在规定的电流波形和数值范围内，以及一定的温度条件下，MOV的V-I特性方程可用式(2)来表达。

$$U = CI^{\beta} \tag{2}$$

式中：

$C$和$\beta$是两个常数，它们可依据电阻方程的常数$A$和$B$用式(3)和式(4)计算得到。$\beta$也称为MOV的“电流非线性指数”。

$$C = 10^{A} \tag{3}$$

$$\beta = 1 + B \tag{4}$$

MOV的V-A特性方程也可写成式(5)的形式：

$$I = DU^{\alpha} \tag{5}$$

式中：

$D$和$\alpha$是两个常数，$\alpha$也称为MOV的“电压非线性指数“。$\alpha$是$\beta$的倒数。

注：常用MOV的V-A特性方程有直流V-A特性，工频V-A特性和8/20脉冲V-A特性。MOV的制造商应提供应用要求的V-A特性方程。

3.4

**低压型 MOV　low-voltage MOV**

标称压敏电压小于 82 V 的 MOV。

3.5

**高压型 MOV　high-voltage MOV**

标称压敏电压大于或等于 82 V 的 MOV。

3.6

**引线式压敏电阻器　leaded type MOV**

通过引出线(片)或螺丝引出端与外电路连接的压敏电阻器。

3.7

**表面安装式压敏电阻器　surface mount type MOV(SMV)**

无引线的以表面安装技术(SMT)安装的压敏电阻器。

3.8

**静电保护型 MOV　ESD protection MOV**

主要用于抑制静电放电(ESD)过电压的 MOV。

3.9

**热保护型 MOV　thermally protected MOV**

带有内部过热脱离装置的 MOV。

3.10

**标称压敏电压　nominal varistor voltage**

$U_N$

制造商声称的在规定直流测试电流下的电压,它通常用作 MOV 特性的基准。

注:除非另有规定,直流测试电流为(1±0.1)mA。标称压敏电压与实测压敏电压是有区别的,除非另有规定,实测压敏电压的范围为标称压敏电压的±10%。

3.11

**最大持续工作交流电压　maximum contineous operating voltage a. c.**

$U_{c(ac)}$

在环境温度 25 ℃下,可以连续施加在元件上的,波形基本上是正弦波的(总谐波失真小于 5%)最大交流电压有效值。当温度高于 25 ℃时,MOV 制造商应说明降额要求。

注:通常 $U_{c(ac)}$ 的峰值≤压敏电压的公差下限值。当标称压敏电压 $U_N$ 的公差为±10%时 $U_{c(ac)}$≈0.64 $U_N$。

3.12

**最大持续工作直流电压　maximum contineous operating voltage d. c.**

$U_{c(dc)}$

在环境温度 25 ℃下,可以连续施加在元件上的最大直流电压值(纹波小于 5%)。当温度高于25 ℃时,MOV 制造商应说明降额要求。

注:确定最大持续工作直流电压的原则,是在该电压下压敏电阻器的功耗应与在最大持续工作交流电压下的功耗大体相同,而在一定电压下,压敏电阻器的功耗受电压非线性指数 $\alpha$ 的影响极大,对于多数工业生产的产品而言,依据"功耗相同"原则得出的最大持续工作直流电压大约是最大持续工作交流电压的 1.3 倍。

3.13

**加压比(荷电率)　ratio applied voltage**

$R_{ap}$

施加在 MOV 上的直流电压值或交流电压峰值对于实测压敏电压的比值。

3.14

**漏电流 leakage current**

$I_L$

在规定的环境温度下,施加最大持续工作电压时,通过 MOV 的电流。

施加最大持续工作交流电压时测得的电流有效值称交流漏电流 $I_{Lac}$,施加最大持续工作直流电压时所测得的电流值称直流漏电流 $I_{Ldc}$。

3.15

**电阻性漏电流 resistive leakage current**

$I_{Lr}$

施加最大持续工作交流电压时测得的电阻性电流的峰值。

3.16

**标称脉冲电流 nominal pulse current**

$I_N$

规定峰值的 8/20 脉冲电流,用于测量 MOV 的限制电压。

注:常用的标称脉冲电流有两种,一种是电流的峰值约为 30 A·cm$^{-2}$(压敏电压 $U_N$≥82 V),或 6 A·cm$^{-2}$(压敏电压 $U_N$<82V),该电流也称为"分级电流",另一种是电流的峰值约为 1 500 A·cm$^2$～2 000 A·cm$^2$。

3.17

**重复脉冲电流 repetitive pulse current**

$\boldsymbol{I_{PR}}$

MOV 能够承受的规定波形、峰值和放电次数的脉冲电流,用来检验 MOV 承受脉冲电流的能力(通流量)。若无特别规定放电次数为 10 次,并分别规定一种窄波脉冲(8/20 脉冲或组合波)和一种宽波脉冲(2ms 脉冲或 10/1 000 脉冲)。

3.18

**最大脉冲电流 maximum pulse current**

$\boldsymbol{I_{Pm}}$

MOV 能够承受一次的规定波形脉冲电流的最大峰值。若无特别规定,应分别规定一种窄波脉冲(8/20 脉冲或组合波)和一种宽波脉冲(2ms 脉冲或 10/1 000 脉冲)。

3.19

**等效方波时间 equivalent rectangular pulse duration**

$\tau$

单极性脉冲的归一化时间宽度,等于脉冲波形的面积对于其峰值的比值。

注:标准的 8/20 电流波的 $\tau$=17.45 μs,标准的 10/1 000 电流波的 $\tau$=1 553 μs。

3.20

**脉冲电流减额特性 pulse current derating characteristic**

表达在环境温度 25 ℃时的最大电流峰值 $I_P$,随着脉冲等效宽度 $\tau$ 和压敏电阻器能够承受的脉冲次数 $n$ 的增大而减定额的特性曲线或数学公式。

3.21

**限制电压测量值 measured clamping voltage**

$\boldsymbol{U_{cla}}$

施加规定波形和幅值的冲击电流时,在 MOV 两端测得的最大电压值。除非另有规定,冲击电流波形为 8/20。

注:若无特别规定,限制电压不包括出现在脉冲电流起始时刻的,由于压敏电阻器充电,电阻性电流滞后所产生的电压过冲。

3.22

**限压比 clamping voltage ratio**

$R_{cla}$

限制电压测量值与实测压敏电压之比，如限压比与极性有关时，取高值。

3.23

**电压保护水平 voltage protection level**

$U_P$

按规定赋予 MOV 的限制电压测量值的最大允许值。

3.24

**脉冲伏安特性 pulse volt-ampere characteristic**

在规定的电流波形下，流过 MOV 的电流峰值与得到的电压最大值之间的关系。除非另有规定，冲击电流波形为 8/20。

注：脉冲伏安特性也称为电压限制特性或保护特性。

3.25

**额定平均功率 rated average power**

$P_M$

在环境温度 25 ℃时，压敏电阻器能够承受的规定脉冲串的最大平均功耗。

3.26

**热稳定 thermal stability**

在规定的环境温度和试验电压下，MOV 的温度或有功功率不会持续增加的状态。

3.27

**热击穿 thermal puncture**

电热效应导致的穿过 MOV 本体的破坏性放电。

3.28

**TOV 耐受安秒值 $[As]_{TOV}$ TOV withstanding As value**

在规定的试验电流或试验电压下，压敏电阻器热击穿前耐受的总电荷量的安秒值。

3.29

**TOV 耐受安秒特性($I_{AV}\sim t_{TOV}$ 特性) TOV withstanding characteristic**

表达流过压敏电阻器的电流平均值 $I_{AV}$ 与热击穿前的耐受时间 $t_{TOV}$ 之间关系的数学式或曲线。该特性可用式(6)来表达。

$$I_{AV}=\frac{[It]_{TOV}}{t_{TOV}^{\ b}} \quad 或 \quad \lg I_{AV}=[It]_{TOV}-b\lg t_{TOV} \quad \cdots\cdots( 6 )$$

式中：

$b$ 和$[It]_{TOV}$为由试验确定的常数。

注：通常 TOV 耐受安秒值用于产品的质量控制，TOV 耐受安秒特性作为应用资料。

3.30

**最大热脱离电流(仅适用于热保护型 MOV) maximum disconnection current (for thermally protected MOV only)**

热保护型 MOV 的热脱离装置能可靠地与电源分离开的最大交流电流有效值或直流电流值。

3.31

**电路符号 circuit symbol**

MOV 的符号为：

## 4 分类

### 4.1 按照 MOV 的标称压敏电压区分

——低压型 MOV；
——高压型 MOV。

注：通常"高压"和"低压"产品采用不同的瓷料配方来生产，它们的限压比和最大放电电流等主要性能指标有明显的差别。

### 4.2 按照 MOV 的安装方式区分

——引线式压敏电阻器；
——表面安装式压敏电阻器。

### 4.3 按照 MOV 的特殊功能区分

——静电保护型 MOV；
——热保护型 MOV。

### 4.4 按照 MOV 的主体材料区分

——氧化锌 MOV；
——钛酸锶 MOV；
——氧化锡 MOV。

注：氧化锌 MOV 是目前使用最多的品种，除上述三种外还有其他材料的 MOV，但目前使用量很少。

## 5 额定值

### 5.1 引线式低压 MOV 的额定值

引线式低压 MOV 的额定值见表 1 和表 2。

**表 1 标称直径 $D$，限制电压测量用标称脉冲电流 $I_N$ 和最大脉冲电流 $I_{pm}$**

| 标称直径 $D$<br>mm | 5 | 7 | 10 | 14 | 20 |
|---|---|---|---|---|---|
| 标称脉冲电流 $I_N$(8/20)<br>A | 1 | 2.5 | 5 | 10 | 20 |
| 最大脉冲电流 $I_{pm}$(8/20)<br>A | 100 | 250 | 500 | 1 000 | 2 000 |

**表 2 电压的额定值**

| 标称压敏电压 $U_N$<br>V | 最大持续工作电压<br>V | | 最大限制电压<br>V<br>（测量电流 $I_N$） |
|---|---|---|---|
| | 直　流 | 工频<br>(r. m. s.) | |
| 18 | 11 | 14 | 36 |
| 22 | 14 | 18 | 43 |

表 2（续）

| 标称压敏电压 $U_N$<br>V | 最大持续工作电压<br>V | | 最大限制电压<br>V<br>（测量电流 $I_N$） |
|---|---|---|---|
| | 直　流 | 工频<br>(r. m. s.) | |
| 27 | 17 | 22 | 53 |
| 33 | 20 | 21 | 65 |
| 39 | 25 | 31 | 77 |
| 47 | 30 | 38 | 93 |
| 56 | 35 | 45 | 110 |
| 68 | 40 | 56 | 135 |

## 5.2 引线式高压 MOV 的额定值

引线式高压 MOV 的额定值见表 3 和表 4。

表 3　标称直径 $D$，限制电压测量电流 $I_N$ 和最大脉冲电流 $I_{pm}$

| 标称直径 $D$<br>mm | 5 | 7 | 10 | 14 | 20 | 25 | 32 | 40 |
|---|---|---|---|---|---|---|---|---|
| 标称脉冲电流 $I_N$(8/20)<br>A | 5 | 10 | 25 | 50 | 100 | 150 | 200 | 300 |
| 最大脉冲电流 $I_{pm}$(8/20)<br>kA | 0.8 | 1.75 | 3.5 | 6 | 10 | 15 | 25 | 40 |
| **注**：34 mm×34 mm 方形 MOV 的额定值同标称直径 40 mm 的规格。 | | | | | | | | |

表 4　电压的额定值

| 标称压敏电压 $U_N$<br>V | 最大持续工作电压<br>V | | 最大限制电压<br>V<br>（测量电流 $I_N$） |
|---|---|---|---|
| | 直　流 | 工频(r. m. s.) | |
| 82 | 50 | 65 | 135 |
| 100 | 60 | 85 | 165 |
| 120 | 75 | 100 | 200 |
| 150 | 95 | 125 | 250 |
| 180 | 115 | 150 | 300 |
| 200 | 130 | 170 | 340 |
| 220 | 140 | 180 | 360 |
| 240 | 150 | 200 | 395 |
| 275 | 175 | 225 | 455 |

表 4（续）

| 标称压敏电压 $U_N$<br>V | 最大持续工作电压<br>V | | 最大限制电压<br>V<br>（测量电流 $I_N$） |
|---|---|---|---|
| | 直　流 | 工频（r. m. s.） | |
| 300 | 195 | 250 | 505 |
| 330 | 210 | 270 | 545 |
| 360 | 230 | 300 | 595 |
| 390 | 250 | 320 | 650 |
| 430 | 275 | 350 | 710 |
| 470 | 300 | 385 | 775 |
| 510 | 320 | 410 | 845 |
| 560 | 350 | 450 | 930 |
| 620 | 385 | 505 | 1 025 |
| 680 | 420 | 560 | 1 120 |
| 750 | 460 | 615 | 1 240 |
| 820 | 510 | 670 | 1 355 |
| 910 | 550 | 745 | 1 500 |
| 1 000 | 625 | 825 | 1 650 |
| 1 100 | 680 | 895 | 1 815 |
| 1 200 | 750 | 1 060 | 2 000 |
| 注：压敏电压的允许公差±10%。 | | | |

## 5.3 表面安装 MOV 的额定值

表面安装 MOV 的额定值见表 5 和表 6。

表 5　常用尺寸代码（长×宽）

| 公制尺寸代码 | 1005 | 1608 | 2012 | 3216 | 3225 | 4532 | 5750 |
|---|---|---|---|---|---|---|---|
| 英制尺寸代码 | 0402 | 0603 | 0805 | 1206 | 1210 | 1812 | 222 |
| 注：公制尺寸代码的意义：例如“1005”表示长度“1.0 mm”，宽度“0.5 mm”；<br>英制尺寸代码的意义：例如“0402”表示长度“0.04 in”，宽度“0.02 in”。 | | | | | | | |

表 6　常用电压规格

单位为伏

| 压 敏 电 压 | 直流工作电压 | 交流工作电压<br>（r. m. s.） |
|---|---|---|
| 5 | 3.3 | 2.5 |
| 8 | 5.6 | 4 |

表 6（续）

单位为伏

| 压 敏 电 压 | 直流工作电压 | 交流工作电压<br>（r. m. s.） |
|---|---|---|
| 12 | 8 | 5.7 |
| 16 | 11 | 7.8 |
| 18 | 12 | 8.5 |
| 20 | 14 | 10 |
| 22 | 16 | 11.3 |
| 25 | 18 | 12.7 |
| 30 | 22 | 15.6 |
| 36 | 26 | 18.4 |
| 42 | 30 | 21.2 |
| 47 | 33 | 26 |
| 54 | 42 | 30 |
| 62 | 48 | 40 |
| 68 | 56 | 40 |
| 75 | 60 | 50 |
| 注：压敏电压的测试电流为 d.c.1 mA。 | | |

## 6 使用条件

### 6.1 正常使用条件

符合本标准的 MOV 在下述工作条件下应能正常运行：

——工作温度范围：−40 ℃～＋85 ℃；

——相对湿度：室温下应小于 95％；

——海拔：不应超过 2 000 m。

### 6.2 异常使用条件

MOV 的使用条件不同于正常使用条件时，应由制造商与用户协商确定，并在设计、制造和应用时给予特别的考虑。考虑的因素主要有：

——环境温度超出正常使用条件；

——非正常振动或碰撞；

——重量或空间受限制；

——盐雾环境。

## 7 技术要求

### 7.1 一般要求

#### 7.1.1 外观和尺寸

MOV 的外观和尺寸应符合图纸和标样要求，标志正确、清晰。通过直观检查和 8.2.1 的试验来检验其是否符合要求。

#### 7.1.2 标志

制造商至少应提供下列信息：

a） 最大持续运行交流电压和/或最大持续运行直流电压；

b） 标称压敏电压；

c） 规格型号；

d） 制造日期；

e） 制造商名称或商标。

在MOV显著位置上应清晰标明上述a)或b)以及c)、e)。MOV的包装上应清晰标出上述全部内容。

注：若由于空间有限，标志不能标在产品上，则相关的信息应在最小包装单元及制造商的技术文件中出现。

标志应不易磨灭且易识别。通过直观检查和8.2.2的试验来检验其是否符合要求。

### 7.2 电气要求

#### 7.2.1 标称压敏电压

MOV的实测压敏电压不应超过制造商宣称的标称压敏电压公差范围。通过8.3.1的试验来检验其符合性。

#### 7.2.2 直流漏电流

MOV的直流漏电流不应大于制造商规定的值，若制造商没有规定，不应大于20 μA。通过8.3.2的试验来检验其符合性。

#### 7.2.3 交流漏电流

用于交流系统中的MOV，在最大持续工作交流电压下的漏电流有效值，不应大于制造商的规定值。通过8.3.3的试验来检验其符合性。

#### 7.2.4 电容量

在规定的试验条件下，MOV的电容量不应大于制造商规定的值。除非另有规定，在环境温度25 ℃下，采用频率1 kHz、电压有效值1 V的信号，但SMV型的测试信号为0.5 V。通过8.3.4的试验来检验其符合性。

注：MOV的电容量与频率有关。

#### 7.2.5 电压保护水平

MOV的限制电压测量值不应大于制造商规定的电压保护水平。通过8.3.5的试验来检验其符合性。

#### 7.2.6 重复脉冲电流

MOV应能承受规定波形的窄波脉冲（8/20脉冲或组合波）和宽波脉冲（2 ms脉冲或10/1 000脉冲）放电10次而其特性没有不可接受的变化。通过8.3.6的试验来检验其符合性。

#### 7.2.7 温度-电压应力稳定性

在温度115 ℃、加压比1.0的条件下，MOV不应出现有功功率持续增大的现象，除非另有规定，试验持续时间为6 h。通过8.3.7的试验来检验其符合性。

#### 7.2.8 额定平均功率

在环境温度 25 ℃时，压敏电阻器在规定的平均功率条件下，以规定峰值的 8/20 电流试验 10 000 次后，应能保持其工作性能。通过 8.3.8 的试验来检验其符合性。

#### 7.2.9 暂时过电压(TOV)耐受安秒值

在环境温度 25 ℃和施加有效值等于样品实际压敏电压的工频电压时，MOV 热击穿前所能承受的电荷量的安秒值，不应低于制造商的规定值。通过 8.3.9 的试验来检验其符合性。

#### 7.2.10 (热保护型 MOV)最大热脱离电流

热保护型 MOV 的最大脱扣电流不应小于制造商的规定值。通过 8.3.10 的试验来检验其符合性。

#### 7.2.11 (静电保护 MOV)静电放电耐受性

静电保护用 MOV 应能承受规定严酷度等级的 10 次接触放电试验和 10 次空气放电试验，试验后其特性没有不可接受的变化。通过 8.3.11 的试验来检验其符合性。

#### 7.2.12 耐电压

MOV 的绝缘封装应能经受规定工频交流电压试验 1 min 而无击穿和闪络。通过 8.3.12 的试验来检验其符合性。

#### 7.2.13 绝缘电阻

MOV 的绝缘封装的绝缘电阻不应低于规定值。通过 8.3.13 的试验来检验其符合性。

#### 7.2.14 上限工作温度耐久性

MOV 在规定的上限工作温度＋85 ℃，和最大持续工作交流电压或最大持续工作直流电压下，经受 1 000 h 试验后，仍应保持其保护功能。通过 8.3.14 的试验来检验其符合性。

#### 7.2.15 脉冲伏安特性

MOV 的制造商应提供规定电流范围内的脉冲伏安特性。若无另外规定，电流范围为 8/20 电流峰值 20 A·cm$^2$～2 000 A·cm$^2$。脉冲伏安特性按 8.3.15 的试验方法测定。

#### 7.2.16 脉冲电流减额特性

MOV 的制造商应提供脉冲电流峰值随脉冲次数和等效方波时间的增大而减小额的特性。

该特性按 8.3.16 的试验方法测定

#### 7.2.17 TOV 耐受特性

MOV 的制造商应向使用方提供表达流过压敏电阻器的电流平均值 $I_{AV}$ 与热击穿前的耐受时间 $t_{TOV}$ 之间关系的数学式或特性曲线。

该特性按 8.3.17 的试验方法测定。

### 7.3 引出端要求

#### 7.3.1 引出端强度

引线式 MOV 的金属引线，螺栓或螺钉固定式 MOV 的引出端应有足够的机构强度，试验后，实测压敏电压变化率不应超过±5%,外观不应有可见的损坏。通过8.4.1的试验来检验其符合性。

#### 7.3.2 引出端可焊性

引线式MOV的金属引线、SMV型MOV的焊接面应具有良好的焊料流动性和润湿性。通过8.4.2的试验来检验其符合性。

注:热保护型MOV不适用。

#### 7.3.3 耐焊接热的能力

引线式MOV、SMV型MOV应具有良好耐焊接热的能力,试验后,MOV的实测压敏电压变化率不应超过±5%,外观不应有可见的损伤。通过8.4.3的试验来检验其符合性。

注:热保护型MOV不适用。

### 7.4 环境要求

#### 7.4.1 恒定湿热性能

MOV应能经受GB/T 2423.2—2008的恒定湿热试验(Ca试验),试验后,压敏电压变化不应超过±10%,外观不应有可见的损坏,标志保持清晰;绝缘型MOV的绝缘电阻不应小于100 MΩ。通过8.5.1的试验来检验其符合性。

#### 7.4.2 元件抗溶剂性

MOV应能经受GB/T 2423.30—1999的浸溶剂试验(XA试验)试验后,MOV的实测压敏电压变化不应超过±5%,外观不应有可见的损伤。通过8.5.2的试验来检验其符合性。

#### 7.4.3 温度快速变化

MOV应能经受GB/T 2423.22—2002的温度快速变化试验(Na试验)5个循环,试验后,压敏电压变化不应超过±5%,外观不应有可见的损坏,标志保持清晰。通过8.5.3的试验来检验其符合性。

#### 7.4.4 着火危险性

MOV的绝缘涂敷应能经受GB/T 5169.5—2008规定的针状火焰试验。MOV的塑料外壳应能经受GB/T 5169.10规定的灼热丝试验。通过8.5.4的试验来检验其符合性。

## 8 试验方法

### 8.1 一般要求

本标准所采用的冲击电流和电压波形应符合附录A的规定。

除非另有规定,高压试验要求参考GB/T 17627.1—1998。

除非另有规定,本标准给出的交流值为有效值,交流电源的总谐波畸变小于5%,直流电源的纹波小于1%。

除非另有规定,测量系统的准确度不应低于3%。

除非另有规定,每项试验(或试验程序)应在新的和清洁的试品上进行。

除非另有规定,试验和测试应在下述标准大气条件下进行:

——温度:15 ℃~35 ℃;

——相对湿度:45%~75%;

——大气压：86 kPa～106 kPa。

试验前，应对试品进行方向标识，试验时应分别测量两个方向的电气性能。

试验前，试品应在试验温度下放置足够长的时间，以便使整个试品达到这个温度。如果无法在规定的温度条件下进行测试，必要时应将测试结果修正到规定的温度条件下的数据，并在试验报告中说明。

试验和测量时，引线式 MOV 应按正常使用状态安装，表面安装式 MOV 应按附录 B 的方法焊接在 PCB 基板上。

## 8.2 一般检验

### 8.2.1 外观和尺寸

直观 MOV 的外观及标志，并用分度值 0.02 mm 的游标卡尺测量，应符合 7.1.1 的要求。

### 8.2.2 标志的耐久性试验

试验时，用手拿一块浸湿水的棉花来回擦拭 10 次，接着再用一块浸湿脂族已烷溶剂（芳香剂的容积含量最多为 0.1%，贝壳松脂丁醇值为 29，初沸点近似为 65 ℃，密度为 0.68 g/m$^3$）的棉花来回擦拭 10 次。在约 1 cm$^2$ 的面积上以 5 N±0.5 N 的力在标志区域上擦拭，擦拭的速度为每秒 2 次。

对于用压印、模压和雕刻方法制造的标志不进行本试验。

试验后，标志应容易识别。

## 8.3 电气试验

### 8.3.1 压敏电压

除非另有规定，对 MOV 施加直流 1 mA±0.1 mA 恒定电流，测量试品两端的电压。

试验时，电流应从低值上升到规定值，待施加的测试电流稳定在规定值 10 ms～100 ms 后读取电压值。

应测量试品两个方向的电压值，取较小电压值。

测试设备的准确度不应低于±0.5%。

### 8.3.2 直流漏电流

试验前，试品应在（25±5）℃或制造商规定的其他环境温度中放置不小于 2 h。

对试品施加 $U_{c(dc)}$ ±0.5%的直流电压，在电压施加 100 ms～400 ms 后测量电流值，不应大于规定值，且电流不应有稳定增大的现象。

应测量两个方向的漏电流，取最大值。

测试设备的准确度不应低于±1%±0.1 μA。

### 8.3.3 交流漏电流

试验前试品应在（25±5）℃或制造商规定的其他环境温度中放置不小于 2 h。

对试品施加有效值 $U_{c(ac)}$ ±0.5%的工频电压，电源电压总谐波畸变小于 1%。在电压施加100 ms～400 ms 后测量电流真有效值，不应大于规定值，且电流不应有稳定增大的现象。

应测量两个方向的漏电流，取最大值。

测试设备的准确度不应低于±1%±0.1 μA。

### 8.3.4 电容量

试验前 48 h 内试品不应进行任何其他电气试验。

试验测试信号频率为 1 kHz,除非另有规定,测量信号电平为 1 V(有效值),对于表面安装式 MOV 的测量信号电平为 0.5 V(有效值)。测得的电容量不应大于规定值。

若试验前 48 h 内,试品已进行其他的电气试验,可在 85 ℃的环境中放置 4 h,再在室温中恢复 2 h 后进行电容量测试。

### 8.3.5 电压保护水平

试验测试电流为 8/20 冲击电流,视在波前时间应在 7 μs～9 μs 之间,电流峰值为规定值的±5%。

应测量每只试品两个方向的压敏电压,分别记为 $U_{N-+}$ 和 $U_{N+-}$。

以标称脉冲电流或其他规定的电流峰值,测量每只试品两个方向的电压峰值,分别记 $U_{cla+}$ 和 $U_{cla-}$,电压峰值的测量误差不应大于±3%。

计算每只试品的限压比 $R_{cla+}=U_{cla+}/U_{N+}$ 和 $R_{cla-}=U_{cla-}/U_{N-}$,取两者中较大值作为该试品的限压比,并取所有试品中的最大限压比作为该批产品的限压比 $R_{cla}$。

按式(7)确定该批产品的最大限制电压。

$$U_{cla}=U_{N(max)}\times R_{cla} \qquad \cdots\cdots(7)$$

式中:

$U_{N(max)}$——MOV 压敏电压公差上限值。

计算所得的限制电压应不大于 MOV 的电压保护水平。

### 8.3.6 重复脉冲电流

规定数量的压敏电阻器的样品分为两组,分别进行以下两种脉冲电流试验:

规定的 8/20 电流或组合波试验 10 次,间隔时间 30 s,单一电流方向。

规定的 10/1 000 电流或 2 ms 方波电流试验 10 次,间隔时间 120 s,单一电流方向。

试验电流的峰值,或组合波的开路电压值,应调整到制造商规定值的(0,+5)%,组合波的等效输出阻抗按规定,若无特别规定则为 2 Ω。

施加脉冲前后,应分别测量压敏电压和分级电流下的限制电压,测量前样品应恢复到室温。

合格判定要求:

a) 试验前后,压敏电压和分级电流下的限制电压的变化不大于 10%。

b) 试验中用示波器观测,不应有样品击穿、闪络的迹象。

c) 试后应进行外观检查,封装层不应有开裂和其他破坏现象,去掉封装层后检查,不应有引出线(片)松动和银层烧蚀,但允许银层的局部发黑。

### 8.3.7 温度-电压应力稳定性

试验所施加的电源电压按式(8)确定:

$$U_c^*=U_c\times(U_N/U_{N(min)}) \qquad \cdots\cdots(8)$$

式中:

$U_c^*$ ——试品所需施加的电源电压(V);

$U_c$ ——MOV 的最大持续运行电压(V);

$U_N$ ——试品实测压敏电压(V);

$U_{N(min)}$——MOV 标称压敏电压公差下限值(V)。

试验在恒温试验箱中进行,试品表面温度应控制在 115 ℃±2 K,在容许的温度范围内,所有的电参数测量应该在相同温度±1 K 下进行。

对试品连续施加试验电压,每只试品试验电源电压控制在 $U_c^*$ ±0.5%,电源的额定电流不小于 5 A。

施加试验电压后，每隔 1 h 测量试品的有功功耗，共试验 6 h，不应有功耗持续增大的现象。

试验时 MOV 的有功功耗，一般有一个先上升再下降然后稳定的过程，达到稳定的时间一般不超过 6 h。若试验结果证明，某种 MOV 的功耗稳定时间明显不同于 6 h，允许改变该项试验的时间。

#### 8.3.8 额定平均功率

MOV 的额定平均脉冲功耗的符合性，通过在规定峰值的 8/20 电流下，进行 10 000 次放电试验来验证，试验期间脉冲的平均功耗应为规定值。

确定放电的重复速率 $r$（每秒次数）：为此，用一只压敏电压接近公差下限的试品接入 8/20 冲击电流发生器，测定试品在规定电流峰值下放电一次所吸收的能量 $W_S$(J)，则放电重复速率 $r$ 按式(9)计算：

$$r = P_M / W_S \qquad \text{(9)}$$

式中：

$P_M$——规定的额定平均功率(W)。

注：能量 $W_S$（焦）可用脉冲能量表测量得到，或者测量试品在规定 8/20 电流峰值 $I_P$ 时的电压峰值 $U_P$，然后用式(10)计算得到：

$$W_S = 17.5 \times I_P \times U_P \qquad \text{(10)}$$

式中：

$I_P$ 单位为 kA；$U_P$ 单位为 kV；$W_S$ 单位为 J。

试验前测量：压敏电压和分级电流下的限制电压。

样品在规定的 8/20 电流峰值 $I_P$(−0，+5)% 和式(10)确定的重复速率 $r$(±5%)下经受 10 000 次放电，电流方向每放电 50 次变换一次。10 000 次试验结束后，样品在室温下恢复 0.5 h～1 h。

合格判定要求：

a) 试验中不应有闪络、击穿，试验后外观检查不应有封装层开裂和其他机械损伤。

b) 恢复后测量压敏电压和分级电流限制电压，相对于初始测量值的变化不大于 10%。

c) 去掉封装层后检查，不应有引出线(片)松动，以及银层烧蚀等破坏现象，但银层的局部发黑是允许的。

#### 8.3.9 暂时过电压(TOV)耐受安秒值

试验装置：试验装置包括样品盒，“击穿关断”控制器，电压有效值表，电流均值表，电荷量表和时间表。

a) 样品盒用于保证试验故障时的人身安全，其侧壁与样品的距离不小于 100 mm，盒上应有观测窗。

b) 工频电源应能输出波形为正弦波的工频电压，其谐波失真不大于 1%。该电压通过限流电阻加到试样上，电压应能调整到规定值。限流电阻应使得试样热击穿后的电流不小于 5 A。

c) 击穿关断装置应能在样品电流超过初始值的 2 倍后切断加在样品上的电压。

d) 电压表指示有效值，误差不大于±1%。

电流均值表指示电流的平均值，误差不大于±1%。

电荷量表指示流过试样的总电荷量 $Q$ 的绝对值，误差不大于±1%。

时间表应指示试样加电的时间，误差不大于±0.02 s。

试验程序：

a) 测量样品的压敏电压。

b) 将工频电源的开路输出电压有效值调整到 a)项的压敏电压测量值±0.5%。

c) 将样品接入试验装置，接通电压，直到样品热击穿，记录样品击穿前的耐受时间和流过的电荷量。

合格判定要求：

每只样品击穿前流过的电荷量，不应小于制造商规定的安秒值。

#### 8.3.10 （热保护型 MOV）最大热脱离电流

试品应放置在用不易燃烧材料制成的试样盒中进行试验。

试验电源为工频恒流电源。试验前将恒流电源的输出电流调整到规定热脱离电流的±2%。

将试品接入试验电源，接通电流后试品的热保护应动作，试品本体不应发生热击穿。试后，施加最大持续工作交流电压其漏电流有效值不应大于 1 mA。

#### 8.3.11 （静电保护用 MOV）静电放电耐受性

样品分为 2 组，一组进行接触静电放电试验，另一组进行空气静电放电试验。

试验前测量：样品的压敏电压

样品应承受规定的试验电压，放电规定的次数。若无特别规定，接触静电放电试验电压为 8 kV±5%，空气静电放电试验电压为 15 kV±5%，放电次数为 10 次，间隔时间 1 s。试验后恢复 1 h。

恢复后测量压敏电压，相对于试验前测量值的变化不大于制造商规定值，外观检查无可见损伤。

#### 8.3.12 耐电压试验

采用金属球法进行耐电压试验。

试验电压由制造商规定。若无特别规定，低压型 MOV 为工频有效值 1 200 V；高压型 MOV 为工频有效值为 2 500 V。试验电源的短路电流不小于 0.2 A。

将 MOV 的绝缘封装部分整个放在一个装有直径(1.6±0.2)mm 金属小球的盒中，仅使引出端伸到金属球的外面，在金属球中插入一个电极，所有伸到外面的引出端连在一起作为另一个电极。

在上述两电极之间施加规定的试验电压，试验电压以大体为 100 V/s 的速度逐步上升到规定值，保持(60±5)s。

试验过程中，不应发生击穿和闪络。

#### 8.3.13 绝缘电阻

试验采用 8.3.12 规定的金属球法。

在两电极之间施加 500 V±50 V 的直流电压 1 min 后读取绝缘电阻值，应满足：

——正常工作条件下：≥1 000 MΩ；

——恒定湿热试验后：≥100 MΩ。

#### 8.3.14 上限工作温度耐久性

试验抽样：试样应有其实测压敏电压接近公差上限、下限，和接近标称值的三种情况。

恒温试验箱：温度控制 85 ℃±2 K。

试验电源：试验电压应能调整到规定值的±0.5%。额定输出电流不小于 1 A。交流电压应是正弦的，谐波失真不大于 0.5%。

试验过程中样品的测量：直流电压试验时测量直流漏电流或功耗，交流电压试验时测量交流阻性漏电流的峰值或功耗。电流值的测量误差±1%，功耗的测量误差±2%。

样品安装：用安装在绝缘支架上的合适的夹具，夹持压敏电阻器的引出端，将其固定在试验位置上。相邻两个压敏电阻器之间的距离不应小于压敏电阻器主体尺寸的 3 倍。压敏电阻器周围不应有过强的气流，只允许有因压敏电阻器发热而产生的对流。

试验程序：

a) 初始测量:压敏电压和分级电流限制电压。

b) 样品放入规定温度的试验箱中,加上规定的试验电压。

c) 加电压后 2 h～3 h 测量样品漏电流或功耗,记作 $I_1(P_1)$。

d) 第 1 次测试后每隔 100 h 测一次,在 1 000(0,+24)h 后进行最后一次测量,记作 $I_2(P_2)$。中间测量的最小值记作 $I_3(P_3)$。

试验过程中允许偶然断电,但断电总时间不应超过 24 h,断电时间不应计入 1 000 h 试验时间中,最后一次测量前的连续加电时间不应少于 100 h。

e) 试后,样品在室温中恢复 1 h～2 h,测量压敏电压,分级电流限制电压以及绝缘电阻。

合格判定要求:

a) 外观检查,不应有可见损伤,标志应清晰。

b) 试验后相对于试验前测得的压敏电压偏差不大于−10%,
分级电流限制电压偏差不大于+10%,
绝缘电阻不应小于规定值。

c) $I_2(P_2)\leqslant kI_3(P_3)$,系数 $k$ 由制造商规定,若无特别规定,则 $k=2.0$,但交流试验高压 MOV $k=1.2$。

### 8.3.15 脉冲伏安特性

测试样品:在代表批产品中随机抽取 3 只样品,在每只样品的一个引出端上标明“+”极性,测试并记录该极性的压敏电压 $U_N$,其中一只的 $U_N$ 应为标称值(±0.5%),记作 $U_{NO}$;另二只的 $U_N$ 接近公差范围的上、下限值,分别记作 $U_{N+}$、$U_{N-}$。在以后的测试中,测试电流的极性应保持与测试 $U_N$ 的极性相同。

测试电流:在要求的电流范围内,可按几何等距的原则选择几个测试电流($I_1$、$I_2$、…$I_N$),测试点 $n$ 的数目多,所得到的参数 $A$ 和 $B$ 的偏差就小,一般取 $n=(5\sim7)$。若无特别规定,8/20 电流峰值为(0.01,0.02,0.05,0.1,0.2,0.5,1.0)$I_N$。

测量样品在各个测试电流下的电压峰值($U_1$、$U_2$、…$U_n$),这个电压峰值不应包括起始时刻的电压过冲。两次测试之间应有足够的间隔时间,使样品温度恢复到(室温+2K)以内。

计算各样品在各测试点的电阻值 $R(R_1=U_1/I_1$、$R_2=U_2/I_2$、…$R_n=U_n/I_N)$。

计算各测试电流的对数值($\lg I$)和对应电阻值的对数值($\lg R$)。

以 $\lg I$ 为自变量 $x$,$\lg R$ 为函数 $y$,求取最小二乘直线拟合方程 $y=A+Bx$,得到每一只样品的 $A$ 和 $B$。分别写出 3 只样品的伏安特性方程式:

$$U=I\times R=I\times \lg^{-1}(A+B\lg I) \qquad (11)$$

写出该批产品“标称”伏安特性方程

$$U=I\times R=I\times \lg^{-1}(A_{UN0}+B_{AV}\lg I) \qquad (12)$$

式中:

$A_{UN0}$——压敏电压为标称值 $U_{NO}$ 的样品的 $A$ 值;

$B_{AV}$ ——3 只样品 $B$ 值的平均值。

注:当要求用一个公式来同时表达正常限压区和电压陡升区的限制电压特性时,可采用式(13):

$$U=CI^{\beta}+R_ZI=CI^{\beta}+\frac{U_{P1}-CI_{P1}{}^{\beta}}{I_{P1}}I \qquad (13)$$

式中:

$CI^{\beta}$——正常电压限制区的 V-I 特性;

$I_{P1}$ ——压敏电阻器的 8/20-1 次最大电流峰值(电流密度约为 5 000 A·cm²);

$U_{P1}$——在电流 $I_{P1}$ 下测得的残压;

$R_Z$ ——压敏电阻器的线性电阻成分。

### 8.3.16 脉冲电流减额特性

#### 8.3.16.1 关于脉冲电流减额特性的说明

压敏电阻的最大电流峰值减额特性以图1的曲线族来表示。纵坐标 $I_P$ 是脉冲电流的最大峰值（对数坐标），横坐标 $\tau$ 是脉冲的等效方波宽度（对数坐标），参数 $n$ 是能承受的脉冲次数。

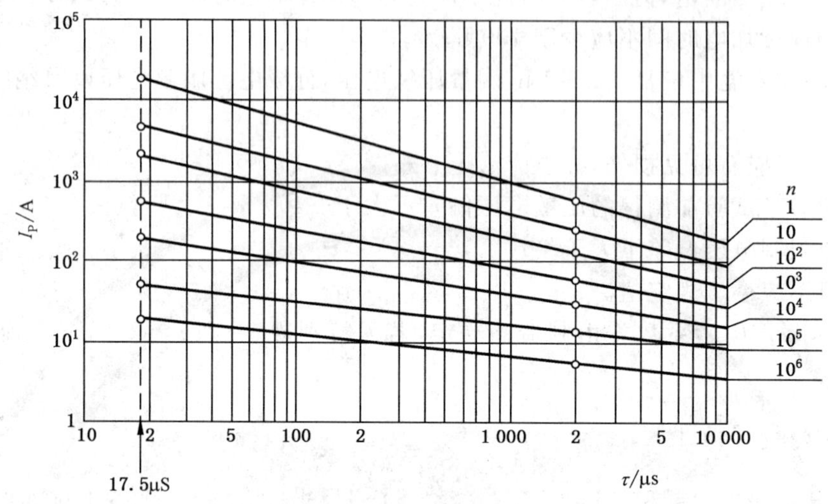


图1 最大电流峰值减额特性

#### 8.3.16.2 测定最大电流峰值减额特性的技术依据

从正常生产批中抽取的一只压敏电阻器，它在规定的脉冲波形（$\tau$ 一定）和规定的失效判据条件下，在其工作寿命期内能承受的脉冲电流安秒值$(As)_P$是个常数，且可表示为式(14)：

$$\lg(I_P \cdot n^a) = (As)_P \qquad (14)$$

式中：

指数 $a$ 和安秒值$(As)_P$ 是两个由样品的冲击电流寿命试验确定的常数。为确定这两个常数，应当以两个不同的电流（$I_{P1}$，$I_{P2}$），分别对两组样品进行寿命试验，得出失效前的脉冲次数（$n_1$，$n_2$），然后用式(14)计算出 $a$ 和安$(As)_P$。这两个常数确定后，就可以计算出 $n=10^1$，$10^2$，$10^3$，$10^4$，$10^5$，$10^6$，的电流峰值 $I_P$。

当 $n<10$ 时，$I_P$与 $n$ 的数量关系不符合式(14)的规律，因此相应于 $n=1$ 的 $I_P$值，应通过单独的试验得到。

不同等效脉冲宽度 $\tau$ 的脉冲电流，对压敏电阻器的破坏机理不同，其安秒值$(As)_P$不同，应通过不同的试验来测定。

#### 8.3.16.3 脉冲电流寿命试验的失效判据：

脉冲电流寿命试验一直进行到压敏电压的变化超过－10%，或分级电流限制电压的变化超过＋10%时终止。

#### 8.3.16.4 测定程序

a) 8/20 脉冲电流寿命试验

1) 抽取规定数量的样品，分为相等数量的3组：

2) 第1组样品：通过试验，确定能够承受8/20放电一次的电流峰值（记作 $I_{P1}$），所有样品以这个电流进行第 2 次试验后，压敏电压或限制电压变化率超过 12%的样品数不超过一半。第 2 次试验的电流方向同第 1 次，试验前样品应恢复到(室温+2K)。

3) 第 2 组样品：以 8.3.6 规定的 8/20 进行 10 次的电流(记作 $I_{P2}$)，进行 8.3.6 同样的试验，但试验一直进行到压敏电压或分级电流限制电压的变化超过 10%为止，记录不超过 10%的放电次数，计算该组样品能承受的平均放电次数(记作 $n_2$)。

4) 第 3 组样品：以 8.3.6 规定的 8/20 进行 10 000 次的电流(记作 $I_{P3}$)，进行 8.3.8 同样的试验，但试验一直进行到压敏电压或分级电流限制电压的变化超过 10%为止，记录不超过 10%的放电次数，计算该组样品能承受的平均放电次数(记作 $n_3$)。

5) 将上面得到的($I_{P2}-n_2$)，($I_{P3}-n_3$)，运用式(14)计算出在 8/20 电流下的指数 $a$ 和安秒值 $(As)_P$。

然后计算放电次数为 $n$=101,102,103,104,105,106，的电流峰值 $I_P$。

6) 将 5)项各个电流峰值 $I_P$ 标点在图 1 的 17.5 μs 垂直线上。

b) 2 ms 方波(或 10/1 000 脉冲)电流寿命试验。

抽样和试验的方法和程序同上面 b)项，但是有以下不同点：

试验电流为：$I_{P2}$ 为 8.3.6 规定的 2 ms 进行 10 次的电流(或 10/1 000 进行 10 次的电流)。

$$I_{P3} \approx 0.03 I_{P2}$$

$n=1,10^1,10^2,10^3,10^4,10^5,10^6$ 的电流峰值 $I_P$ 标点在图 1 的 2 ms(或 1553 μs)垂直线上。

c) 将两条垂直线上“$n$”值相同的两个点连成一条直线。

### 8.3.17 TOV 耐受安秒特性

TOV 耐受安秒特性的测定中所用的试验装置，以及对于每只样品的试验方法，都与 8.3.9 相同，只是在 3 个不同的试验电压下进行试验，具体方法如下：

a) 抽取 9 只样品，分为 3 组每组 3 只，分别在实测压敏电压的 0.94，0.97 和 1.0 倍工频电压下进行试验。

b) 第 1 组的 3 只样品，分别在每只样品实测压敏电压的 0.94 倍工频电压下进行试验，直到热击穿，得出每只样品的耐受时间 $t_x$ 和电荷量 $Q_x$，以及相应的电流 $I_x=Q_x/t_x$，令 3 只样品的平均时间为 $t_1$，平均电流为 $I_1$。

c) 以与 b)同样的方法，确定第 2 组样品在 0.97 倍工频电压下试验得到的平均时间 $t_2$，和平均电流 $I_2$。

d) 以与 b)同样的方法，确定第 3 组样品在 1.0 倍工频电压下试验得到的平均时间 $t_3$，和平均电流 $I_3$。

e) 根据公式(6)求取 3 组试验数据($I_1$-$t_1$)，($I_2$-$t_2$)，($I_3$-$t_3$)，由此可得到指数 $b$ 和安秒值$[It]_{TOV}$。

注：确定所加工频电压有效值对于压敏电压的比例为 0.94，0.97 和 1.0 倍，是因为电压变化 3%，电流约变化 2～2.5 倍。

## 8.4 引出端试验

### 8.4.1 引出端强度试验

试验前测量：试品的压敏电压。

根据适用性，按 IEC 60068-2-21:2006 规定进行以下试验：

a) 拉力试验

按 IEC 60068-2-21:2006 试验 Ua1 进行 1 min 拉力试验，施加的拉力如下：

——圆截面线状引出端：直径小于或等于 0.8 mm 为 10 N，大于 0.8 mm 为 20 N；

——其他引出端:40 N。

b) 弯曲试验

线状或带状引出端,按 IEC 60068-2-21:2006 试验 Ub 在每个方向上各进行 2 次弯曲试验。

注:若 MOV 的引出端是刚性的,本试验不适用。

c) 转矩试验

螺栓或螺钉引出端,按 IEC 60068-2-21:2006 试验 Ud 严酷等级 1 进行转矩试验。

d) 推力试验

SMV 型 MOV 按图 2 所示焊在基板上,基板尺寸按表 7,在试品上平稳施加表 7 规定的推力,保持 5 s±1 s。

试后,检查试品的外观,测量试品的压敏电压,应满足:

——外表不应有损伤;

——电极不应脱落;

——实测压敏电压的变化率不应超过±5%。

单位为毫米

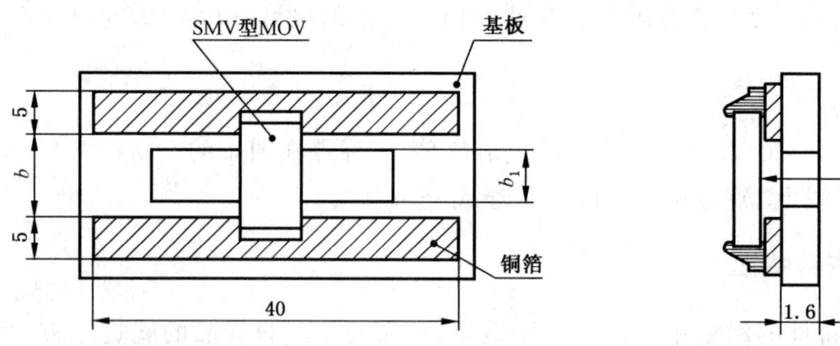


**图 2 SMV 型 MOV 的试验方法**

**表 7 SMV 型 MOV 的推力和基板尺寸**

| 尺寸代码 | 1005<br>(0402) | 1608<br>(0603) | 2012<br>(0805) | 3210<br>(1206) | 3225<br>(1210) | 4532<br>(1812) | 5750<br>(2220) |
|---|---|---|---|---|---|---|---|
| 推力 $P$<br>N | 5 | 5 | 10 | 10 | 10 | 15 | 15 |
| 基板尺寸 $b$<br>mm | 0.5 | 1.0 | 1.2 | 2.2 | 2.2 | 3.2 | 4.0 |
| 基板尺寸 $b_1$<br>mm | 0.5 | 1.0 | 1.0 | 1.0 | 1.0 | 1.0 | 1.5 |
| 注:括号中数据为英制代码。 | | | | | | | |

### 8.4.2 引出端可焊性试验

非 SMV 型 MOV 按 a)试验进行,SMV 型 MOV 按 b)试验进行。

a) 非 SMV 型 MOV

按 GB/T 2423.28—2005 试验 Ta 方法 1(焊槽法)进行引出端可焊性试验。

试验前不进行引出端加速老化。

试验时,引线式 MOV 的本体与焊料保持 2 mm 的距离;引出片 MOV 的本体与焊料保持

3.5 mm 的距离。

焊料温度：铅锡焊料——235 ℃±5 K，无铅焊料——245 ℃±5 K。

浸渍时间为 2 s±0.5 s。

试验时，使用 1.5 mm±0.5 mm 厚的隔热屏。

试验后，在合适的光线下用肉眼观察或借助于 4～10 倍的放大镜进行引出端的外观检查。浸渍过的表面上应覆盖上一层光滑明亮的焊层，只允许有少量分散的诸如针孔的不润湿或弱润湿区域之类的缺陷，且这些缺陷不应集中在一块。

b) SMV 型 MOV

SMV 型 MOV 应受 IEC 60068-2-58:2004 试验 Td，安装方法按附录 B，试验条件如下：

——浸渍条件：波峰焊：235 ℃±5 ℃，2 s±0.2 s；

回流焊：215 ℃±3 ℃，3 s±0.3 s；

——浸渍深度：端子应被持续地浸渍，要求其全部的金属表面都被焊料覆盖；

——助焊剂类型：非活性的。

试验后，在合适的光线下用肉眼观察或借助于 4～10 倍的放大镜进行引出端的外观检查。浸渍过的表面上应覆盖上一层光滑明亮的焊料层，只允许有少量分散的诸如针孔的不润湿或弱润湿区域之类的缺陷，且这些缺陷不应集中在一块。

#### 8.4.3 耐焊接热试验

非 SMV 型 MOV 按 a)试验进行，SMV 型 MOV 按 b)试验进行。

a) 非 SMV 型 MOV

试验前，测量 MOV 的压敏电压。

按 GB/T 2423.28—2005 试验 Tb 方法 1A(焊槽法)进行耐焊接热试验。

试验时，引线式 MOV 的本体与焊料保持 2 mm 的距离；引出片 MOV 的本体与焊料保持 3.5 mm 的距离。

焊料温度：铅锡焊料和无铅焊料——260 ℃±5 K。

试验时，浸渍时间为 5 s±1 s。

试验时，使用 1.5 mm±0.5 mm 厚的隔热屏。

试验后，试品应在室温下恢复不少于 2 h，检查试品的外观，测量试品的压敏电压，应满足：

——外表不应有开裂等现象，且标志清晰；

——实测压敏电压的变化率不应超过±5%。

b) SMV 型 MOV

试验前，测量 MOV 的压敏电压。

SMV 型 MOV 应受 IEC 60068-2-58:2004 试验 Td，安装方法按附录 B，试验条件如下：

——浸渍条件：260 ℃±5 ℃，10 s±1 s；

——浸渍深度：10 mm；

——助焊剂类型：活性的。

试验后，试品应在室温下恢复不少于 2 h，检查试品的外观，测量试品的压敏电压，应满足：

——外表不应开裂，标志应清晰，色码标志不应改变颜色；

——实测压敏电压的变化率不应超过±5%。

### 8.5 环境试验

#### 8.5.1 恒定湿热

试验前测量：MOV 的压敏电压。

试验分为两组：一组试验时不施加电压；另一组试验时施加最大持续工作直流电压的10%。

在下列条件下，按GB/T 2423.3—2006规定进行恒定湿热试验：

——试验持续时间：21 d；

——试验温度：+40 ℃；

——相对湿度：93%。

环境试验后，试品应在室温下恢复1 h～2 h，检查试品的外观，测量试品的压敏电压；绝缘型MOV还应测量绝缘电阻。应满足：

——外表不应有开裂、接焊处不应有松动等现象，且标志清晰；

——实测压敏电压变化不应超过±10%；

——绝缘电阻不应小于100 MΩ。

#### 8.5.2 元件抗溶剂性

试验前测量：MOV的压敏电压。

在下列条件下，按GB/T 2423.30—1999规定进行元件抗溶剂试验：

——溶剂：GB/T 2423.30—1999中3.1.1规定；

——溶剂温度：23 ℃±5 ℃；

——方法：方法2(不经过擦拭)。

试验后，试品应在室温下恢复不少于4 h，检查试品的外观，测量试品的压敏电压，应满足：

——外表不应有损伤；

——实测压敏电压变化不应超过±5%。

#### 8.5.3 温度快速变化

试验前测量：MOV的压敏电压。

试验程序：MOV按下述要求经受GB/T 2423.22—2002试验Na的试验，共循环5次。

——极限温度：−40 ℃，+85 ℃；

——在每个极限温度下的暴露时间：30 min。

——循环次数：5次。

试后，试品在标准大气条件下恢复不少于1 h，不多于2 h。检查试品的外观，测量试品的压敏电压，应满足：

——外表不应有可见损伤，标志清晰。

——实测压敏电压变化不应超过规定值。若无特别规定，不应超过±5%。

#### 8.5.4 着火危险性

##### 8.5.4.1 塑料外壳绝缘型MOV的灼热丝试验

塑料外壳的绝缘型MOV，在下列条件下，按GB/T 5169.10—2006规定在1只试品上进行试验：样品按正常使用状态安装，试样下面铺一层薄纸。

——灼热丝温度：850 ℃±15 K；

——灼热丝施加点：试品侧面，侧面呈垂直位置；

——持续时间：30 s±1 s；

——灼热丝施加次数：一次。

合格判定要求：

——没有可见火焰，也无持续辉光；

——在灼热丝移开后，试品上的火焰或辉光在 30 s 内自行熄灭。

——滴落物不应点燃铺底面的薄纸。

#### 8.5.4.2 绝缘涂敷 MOV 的针焰试验

绝缘涂敷的绝缘型 MOV，在下列条件下，按 GB/T 5169.5—2008 规定在 1 只试品上进行试验：

样品按正常使用状态安装，试样下面铺一层薄纸。

在试品的侧面施加一次火焰。

火焰施加的持续时间，依据制造商规定的试验类别和样品体积，从表 8 中选定。火焰离开后样品燃烧的时间不应超过表 8 的规定，燃烧滴落物不应将薄纸点燃。

**表 8 针状火焰试验的严酷度和要求**

| 试验类别 | 严酷度：按体积 $V$(mm$^3$)确定的火焰施加时间/s | | | | 允许的最大自燃时间<br>s |
|---|---|---|---|---|---|
| | $V \leqslant 250$ | $250 < V \leqslant 500$ | $500 < V \leqslant 1\ 750$ | $V > 1\ 750$ | |
| A | 15 | 30 | 60 | 120 | 3 |
| B | 10 | 20 | 30 | 60 | 10 |
| C | 5 | 10 | 20 | 30 | 30 |

## 9 检验规则

### 9.1 试验分类

MOV 的试验分为：

——型式试验；

——逐批检验；

——周期检验。

### 9.2 型式试验

型式试验旨在验证 MOV 的设计是否符合本标准的要求。

型式试验按表 9 进行。同一试验组中的多项试验应按表 9 规定的顺序进行，试验组别的顺序可改变。

**表 9 型式试验一览表**

| 试验分组 | 试验项目 | 技术规范条款号 | | 样品和合格判定数 | | | 备注 |
|---|---|---|---|---|---|---|---|
| | | 技术要求 | 试验方法 | $n$ | $c$ | $t$ | |
| 0 组 | 外观和尺寸 | 7.1.1 | 8.2.1 | 51+4 | 1 | 1 | 全部样品都应经“0”组试验合格，然后分别进行各组试验 |
| | 标称压敏电压 | 7.2.1 | 8.3.1 | | | | |
| | 直流或交流漏电流 | 7.2.2 或 7.2.3 | 8.3.2 或 8.3.3 | | | | |
| | 电容量 | 7.2.4 | 8.3.4 | | | | |

表 9（续）

| 试验分组 | 试验项目 | 技术规范条款号 | | 样品和合格判定数 | | | 备注 |
|---|---|---|---|---|---|---|---|
| | | 技术要求 | 试验方法 | $n$ | $c$ | $t$ | |
| 1A 组 | 电压保护水平 | 7.2.5 | 8.3.5 | 6 | 1 | 1 | 宽波和窄波重复脉冲电流试验各用 3 只样品 |
| | 重复脉冲电流 | 7.2.6 | 8.3.6 | 3+3 | | | |
| | 标志耐久性 | 7.1.2 | 8.2.2 | 3 | | | |
| | 引出端可焊性 | 7.3.2 | 8.4.2 | 3 | | | |
| 1B 组 | TOV 耐受安秒值 | 7.2.9 | 8.3.9 | 3 | 0 | | |
| | 引出端强度 | 7.3.1 | 8.4.1 | | | | |
| 2A 组 | 绝缘电阻 | 7.2.13 | 8.3.13 | 3 | 1 | | |
| | 额定平均功率 | 7.2.8 | 8.3.8 | | | | |
| | 耐电压 | 7.2.12 | 8.3.12 | | | | |
| 2B 组 | 温度快速变化 | 7.4.3 | 8.5.3 | 3 | 1 | | |
| | 耐焊接热 | 7.3.3 | 8.4.3 | | | | |
| 3 组 | 恒定湿热 | 7.4.1 | 8.5.1 | 6 | 1 | 1 | 恒定湿热试验，3 只样品加电压，3 只不加电压 |
| | 元件抗溶剂性 | 7.4.2 | 8.5.2 | 3 | | | |
| | 着火危险性[a] | 7.4.4 | 8.5.4 | 3 | | | |
| 4 组 | 上限工作温度耐久性 | 7.2.14 | 8.3.14 | 6 | 1 | | 接触放电和空气放电各 3 只 |
| | 最大热脱离电流 | 7.2.10 | 8.3.10 | | | | |
| | 静电放电 | 7.2.11 | 8.3.11 | 3+3 | | | |
| 5 组 | 脉冲伏安特性 | 7.2.15 | 8.3.15 | 3 | 不计 | 不计 | |
| 6 组 | 脉冲减额特性 | 7.2.16 | 8.3.16 | 12 | | | 宽波和窄波各用 6 只样品 |
| 7 组 | TOV 耐受安秒特性 | 7.2.17 | 8.3.17 | 9 | | | 3 个试验电流各用 3 只样品 |

**注 1**：同一组中的几项试验，应按表中的顺序进行。

**注 2**：该表中：$n$=样品数量；

$c$=试验组的合格判定数(每一个试验组或分组的允许不合格品数)；

$t$=总的合格判定数(一个或几个组合在一起的试验组的允许不合格品数，例如试验组 1A，1B，2A，2B 组合在一起的情况)。

**注 3**："0"组试验是非破坏性的(ND)，其余各组试验都视作破坏性的(D)。

[a] 着火危险性试验不允许有不合格。

如果一个试验组(或分组)的不合格品数，不超过该组(或分组)规定的合格判定数 $c$，则该组(或分组)合格；如果几个试验组(或分组)总的不合格品数，不超过它们的规定的总合格判定数 $t$，则这几个试验组(或分组)合格；合格判定数 $c$ 和 $t$ 都符合要求时，判定型式试验合格。

除非另有规定，如果有一个试品没有通过一项试验，该试验项目及同一试验组别中前面几项可能影响该试验结果的试验项目，应用表 9 规定数量的新试品重新进行该组别试验，但是这一次不允许有任何试品试验失败。

如果制造商同意,同一组试品可以用于多于一个试验组别。

## 9.3 逐批检验

每个生产批 MOV 按表 10 的规定进行试验。如果 MOV 不满足表 10 中所规定的任何一项要求,则判定该生产批 MOV 不合格。

同一生产批次是指采用相同的瓷料配方、原材料批次、产品结构(主要是指 MOV 单位厚度压敏电压、标称直径、绝缘封装等)和生产工艺,在同一生产线以及连续的生产周期内(一般为一个月内)所生产的产品。

每个生产批逐批检验的合格判定,必须在本周期检验合格(9.4)的基础上进行。

对于逐批检验合格后,未立即交给订货方而在库房存放超过 6 个月的产品,应重复进行表 10 的 A2 和 B1 组试验,并合格后才能交货。

**表 10 逐批检验一览表**

| 试验分组 | 试验项目 | 技术规范条款号 | | 检验水平 $I_L$ | 合格质量水平 AQL |
|---|---|---|---|---|---|
| | | 技术要求 | 试验方法 | | |
| A1 | 外观和尺寸 | 7.1.1 | 8.2.1 | I | 1.0 % |
| A2 | 压敏电压 | 7.2.1 | 8.3.1 | I | 0.65% |
| | 交流或直流漏电流 | 7.2.2 或<br>7.2.3 | 8.3.2 或<br>8.3.3 | | |
| B1 | 电压保护水平 | 7.2.5 | 8.3.5 | S2 | 0.65% |
| | 引出端可焊性 | 7.3.2 | 8.4.2 | | |
| B2A | 温度-电压应力稳定性 | 7.2.7 | 8.3.7 | S2 | 0.65% |
| | 标志耐久性 | 7.1.2 | 8.2.2 | | |
| B2B | TOV 耐受安秒值 | 7.2.9 | 8.3.9 | S1 | 1.0% |
| | 耐电压 | 7.2.12 | 8.3.12 | | |
| 注:检验水平 $I_L$ 和合格质量水平 AQL 见 GB 2828.1 标准。 | | | | | |

## 9.4 周期检验

周期检验是以规定的抽样周期进行的抽样和试验,或者当产品停止生产一个周期以上又恢复生产,或者产品的设计、结构、工艺、材料等有较大变动时所进行的必要试验。

周期试验项目见表 11。同一试验组中的多项试验应按表 9 规定的顺序进行,试验组别的顺序可改变。

**表 11 周期检验一览表**

| 试验分组 | 试验项目 | 技术规范条款号 | | 周期,样品和可接受判据 | | | 备注 |
|---|---|---|---|---|---|---|---|
| | | 技术要求 | 试验方法 | $P$ | $n$ | $c$ | |
| C1A | 重复脉冲电流(窄波) | 7.2.6 | 8.3.6 | 6 | 13 | 1 | |
| C1B | 重复脉冲电流(宽波) | 7.2.6 | 8.3.6 | 6 | 13 | 1 | |
| C2 | 最大热脱离电流<br>或静电放电 | 7.2.10<br>7.2.11 | 8.3.10<br>8.3.11 | 12 | 13 | 1 | 热保护型<br>静电保护型 |

**表 11（续）**

| 试验分组 | 试验项目 | 技术规范条款号 | | 周期，样品和可接受判据 | | | 备注 |
|---|---|---|---|---|---|---|---|
| | | 技术要求 | 试验方法 | $P$ | $n$ | $c$ | |
| C3 | 电容量 | 7.2.4 | 8.3.4 | 12 | 13 | 1 | |
| | 耐焊接热 | 7.3.3 | 8.4.3 | | | | |
| | 元件抗溶剂性 | 7.4.2 | 8.5.2 | | | | |
| | 温度快速变化 | 7.4.3 | 8.5.3 | | | | |
| C4A | 上限工作温度耐久性 | 7.2.14 | 8.3.14 | 12 | 13 | 1 | |
| C4B | 额定平均功率 | 7.2.8 | 8.3.8 | 12 | 13 | 1 | |
| D1 | 恒定湿热 | 7.4.1 | 8.5.1 | 24 | 8 | 1 | |
| D2A | 脉冲伏安特性 | 7.2.15 | 8.3.15 | 24 | 6 | 1 | |
| D2B | 脉冲减额特性 | 7.2.16 | 8.3.16 | 24 | 24 | 1 | |
| D2C | TOV 耐受特性 | 7.2.17 | 8.3.17 | 24 | 18 | 1 | |
| D3 | 着火危险性 | 7.4.4 | 8.5.4 | 24 | 5 | 0 | |

注：$P$—周期(月)，$n$—样品数量，$c$—可接受判据(允许不合格数)。

# 附　录　A
（规范性附录）
本规范采用的测试脉冲

## A.1　测试脉冲的类型

本规范采用了三种类型的测试脉冲：

### A.1.1　$T_1/T_2$脉冲

这类脉冲的波形是在短时间内从零上升到峰值，然后以接近于指数的规律下降到零，或以过阻尼正弦曲线的方式下降到零。这类波形用视在波前时间 $T_1$ 和视在半峰值时间 $T_2$ 来定义，并写作“$T_1/T_2$”，且以微秒为单位，符号“/”无数学意义。$T_1/T_2$ 电流波见图 A.1，$T_1/T_2$ 电压波见图 A.2。

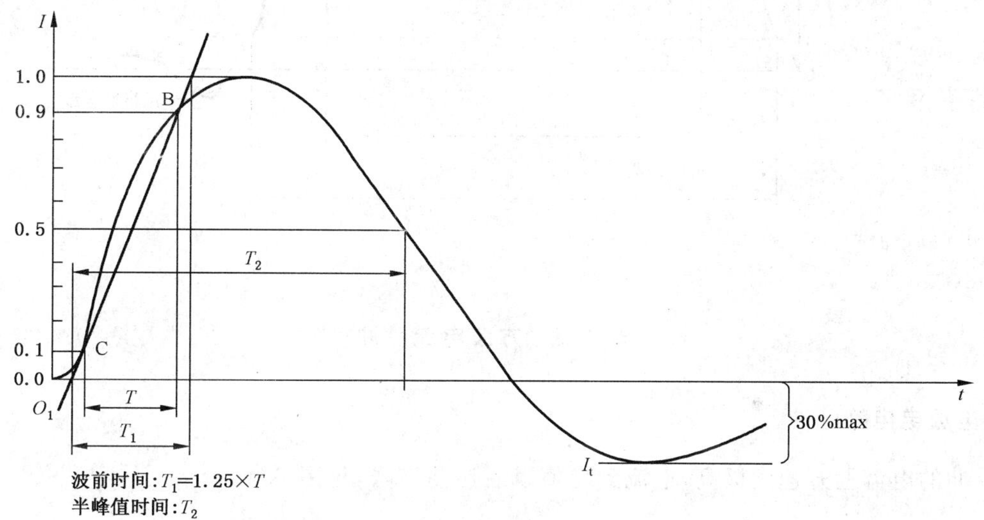


图 A.1　$T_1/T_2$ 电流脉冲

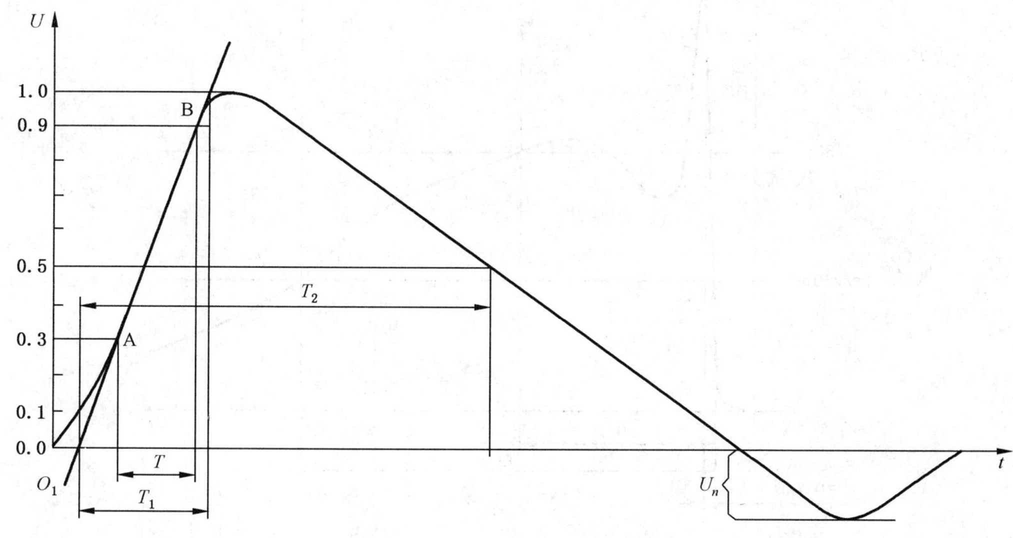


图 A.2　$T_1/T_2$ 电压脉冲

在本标准中，$T_1/T_2$脉冲包括8/20电流脉冲，10/1 000电流脉冲，1.2/50—8/20组合波。组合波是指在开路条件下为1.2/50电压脉冲，在短路条件下为8/20电流脉冲，它以"峰值电压/短路电流"来表示。

### A.1.2 方波脉冲

这类脉冲的波形接近于矩形，它以视在峰值时间和视在总时间来表达，见图A.3。

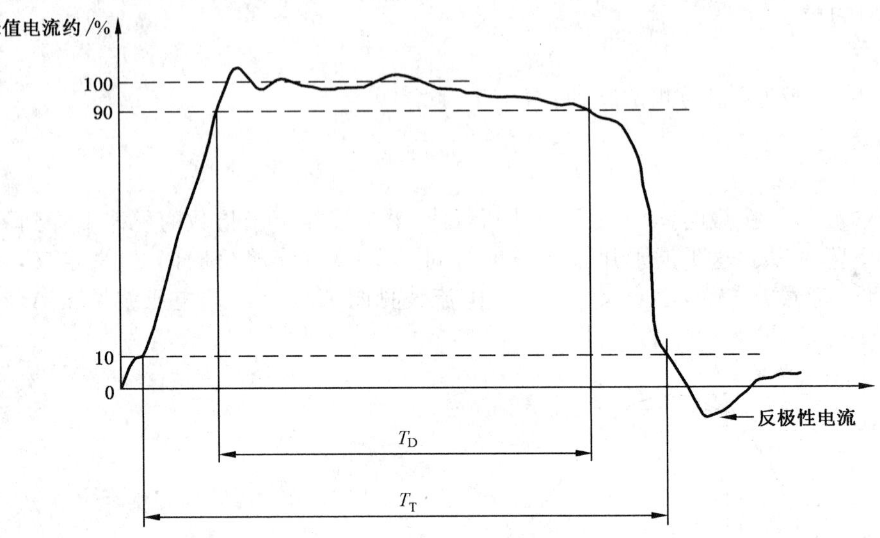


$T_D$——视在峰值时间；
$T$——视在总时间。

图A.3 方波电流脉冲

### A.1.3 静电放电电流脉冲

这类脉冲的电流上升速度极高，电流到峰值以后振荡下降，见图A.4。

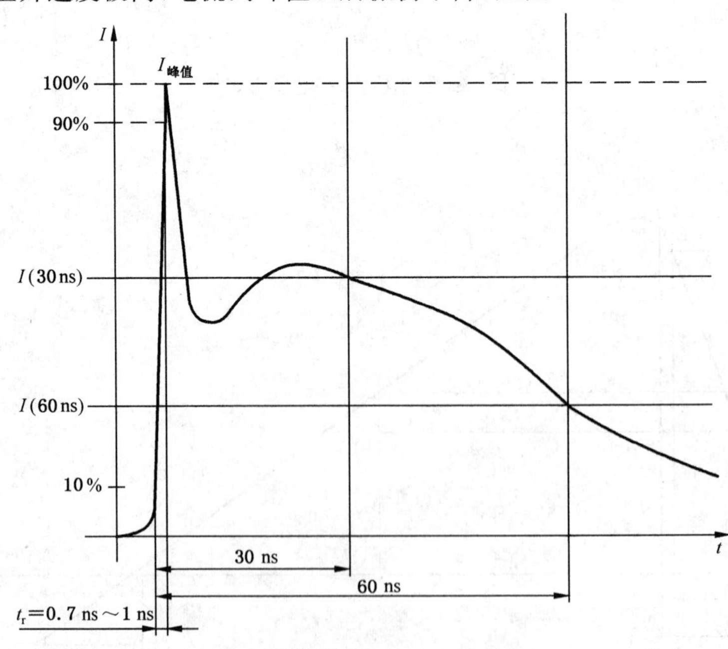


图A.4 静电放电电流脉冲

## A.2 术语和定义

### A.2.1 脉冲电流值

脉冲电流通常规定它的峰值。某些试验线路发生的电流波上可能有过冲或振荡，只要振荡的峰值不超过规定值，就可以通过振荡画一条平滑曲线来表示该脉冲。

### A.2.2 视在波前时间 $T_1$

脉冲电流的视在波前时间 $T_1$ 是波前上峰值的 10% 到 90%之间的时间间隔的 1.25 倍；脉冲电压的视在波前时间 $T_1$ 是波前上峰值的 30% 到 90%之间的时间间隔的 1.67 倍。

### A.2.3 视在原点 $O_1$

脉冲电流的视在原点 $O_1$，位于波前上峰值的 10%这一点的前面 $0.1T_1$ 处。脉冲电压的视在原点 $O_1$，位于波前上峰值的 30%这一点的前面 $0.3T_1$ 处。

在线性时间扫描的示波图中，视在原点是一条直线与 X 轴的交点，该直线是通过电流波前上峰值的 10%点，或电压波前上峰值的 30%点，与电流/电压波前上 90%点所作的一条直线。

### A.2.4 视在半峰值时间 $T_2$

脉冲电流和脉冲电压的视在半峰值时间 $T_2$，都是指视在原点到波尾第一次下降到峰值的 50%时刻之间的时间。

### A.2.5 方波脉冲电流的视在峰值时间 $t_d$

电流大于其峰值的 90%的持续时间。

### A.2.6 脉冲电流的视在总时间 $t_t$

脉冲电流大于其峰值的 10%的持续时间。若波前上存在振荡，应作一条平均线，在平均线上确定 10%点。

## A.3 允许偏差

脉冲电流的规定值与实测值之间的允许偏差应符合表 A.1 的规定，测量系统应符合 GB/T 17627.1—1998 的要求。

**表 A.1 $T_1/T_2$ 脉冲的允许偏差**

| 波　形 | 8/20 | 10/1 000 | 组　合　波 | |
|---|---|---|---|---|
| | | | 开路电压 $U_{OC}$ | 短路电流 $I_{SC}$ |
| 峰值 | ±10% | ±10% | ±10% | $U_{OC}/(2\pm0.25)\Omega$ |
| 视在波前时间 $T_1$ | ±10% | +100%，−10% | ±30% | 8(+1，−2.5) μs |
| 视在半峰值时间 $T_2$ | ±10% | ±20% | ±20% | 20(+8，−4) μs |
| 视在总时间 | | $(2.5\sim4)T_2$ | | |

$T_1/T_2$ 脉冲上的不大的过冲或振荡是允许的，但在邻近脉冲峰点处的过冲或振荡的单幅值，不应超过峰值的 5%。脉冲电流过零后的反极性电流，不应超过峰值的 20%。

方波脉冲的允许偏差：

峰值 $I_P$　　　　+20%，−0%；

视在峰值时间 $t_D$　+20%，−0%。

方波脉冲上的过冲或振荡是允许的，但其峰值的幅度，不应超过峰值的 10%。方波脉冲的总时间不应大于视在峰值时间的 1.5 倍。反极性电流，不应超过峰值的 10%。

静电放电(ESD)电流脉冲的允许偏差如表 A.2 所示。

**表 A.2　静电放电(ESD)电流脉冲允许偏差**

| 试验<br>水平 | 电压示值<br>kV | 电流的第一个峰点<br>A | 上升时间 $T_r$<br>ns | 30 ns 处的电流<br>A | 60 ns 处的电流<br>A |
|---|---|---|---|---|---|
| 1 | 2 | 7.5±0.75 | 0.7～1 | 4±1.2 | 2±0.6 |
| 2 | 4 | 15±1.5 | 0.7～1 | 8±2.4 | 4±1.2 |
| 3 | 6 | 22.5±2.25 | 0.7～1 | 12±3.6 | 6±1.8 |
| 4 | 8 | 30±3 | 0.7～1 | 16±4.8 | 8±2.4 |

# 附 录 B
（规范性附录）
# 测量 SMV 型 MOV 时的安装方法

## B.1 安装实例

图 B.1 给出了 SMV 型 MOV 安装方法的一个实例。单位为毫米。

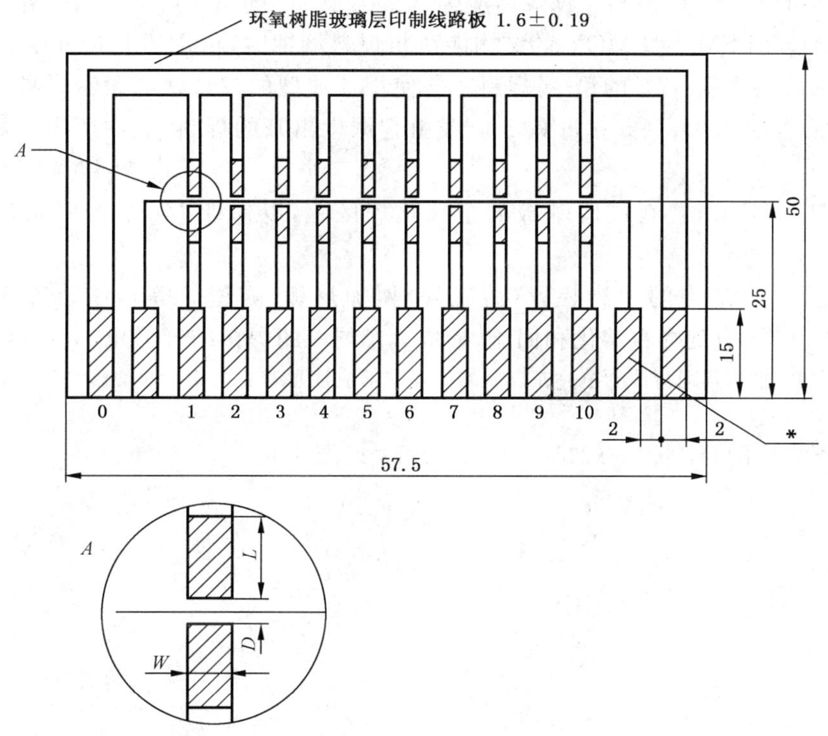


说明：* 这个导体可以省去，或用作保护电极。

**图 B.1 测量 SMV 型 MOV 时的安装方法**

## B.2 基板要求

SMV 型 MOV 应安装在适当的基板上，基板材料通常是 1.6 mm 厚的环氧树脂玻璃层印制板，安装的方法取决于 MOV 的结构。

基板上应有适当间距的金属化焊区，以便安装 SMV 型 MOV，并保证与其端头的电气连接。

## B.3 波峰焊接

当使用波峰焊时，应采用一种适当的粘合剂，以便在焊接前将元件固定在基板上。

采用一种合适的能保证工艺一致性的装置，将粘合剂点在基板的导电带之间。

用镊子将 SMV 型 MOV 放在粘合剂点上，注意防止将粘合剂粘附在导体上，且 SMV 型 MOV 不会移位。

将安装有 SMV 型 MOV 的基板在 100 ℃的加热炉中保持 15min。

基板放入波峰焊接设备中进行焊接。该设备的预热温度 80 ℃～130 ℃，焊槽温度 235 ℃～260 ℃，焊接时间不得超过 5 s±0.5 s。

再重复一次焊接操作(总共循环 2 次)。

将基板在适当的溶剂中清洗 3 min。

## B.4 回流焊

当使用回流焊时，安装步骤如下：

a) 使用预成型的或膏状的焊料。该焊料应为含银大于 2%的铅-锡共熔焊料，并带有符合要求的非活性焊剂。当 SMV 型 MOV 的结构能防止焊料溶蚀时，可用铅含量 60%、锡含量 40% 或铅含量 63%、锡含量 37%的铅-锡焊料。若使用预成型的或膏状的无铅焊料，成分为 Sn 含量 96.5%、Ag 含量 3.0%、Cu 含量 0.5%，或由它派生出来的焊料，其中所带的焊剂应符合相关标准；

b) 将 SMV 型 MOV 跨置在试验基板的金属化焊区上，以保证 MOV 与基板焊区之间的电气连接；

c) 然后将基板放入适当的加热装置(熔融焊料，加热板，隧道炉等)，该装置的温度应保持在 215 ℃～260 ℃，直到焊料熔化和回流，形成一个均一的焊接结合为止，但不得超过 10 s。

注 1：应采用适当的溶剂将焊剂清洗干净。在以后的处理中都应注意避免污染。小心保持试验箱和试验后测量时的清洁。

注 2：若采用气相焊，可采用同样的方法和与之相适应的温度。

# 附 录 C
（资料性附录）
# MOV 故障与失效模式

## C.1 劣化故障模式

在这一模式中，MOV 的实测压敏电压低于初始值的 90%。应注意，试验电流的大小、电流的纹波等会影响失效的评价，推荐的典型试验电流为直流 1 mA。

## C.2 短路故障模式

在这一模式中，MOV 两电极之间，至少有一个导通链上的绝大部分晶界势垒被短路或消失。此时，MOV 的实测压敏电压低于初始值的 90%，且直流电压非线性指数 $\alpha$ 永久性地小于 3。

短路失效模式的物理现象是电阻体上形成一个烧穿孔，这种烧穿孔通常是由强的宽波脉冲电流或工频电流向电阻体的薄弱点集中而形成的热击穿；或者因高电压击穿或闪络在两电极之间形成一个沿面导电桥。在短路失效模式中，当两电极之间有足够高的电压时，烧穿孔或导电桥通常处在电弧放电状态，熄弧以后的冷态电阻差别极大，从几欧到几兆欧。

## C.3 高限制电压失效模式

在这一模式里，在相同电流下测量的 MOV 限制电压大于失效前的 110%。

## C.4 漏电流爬升失效模式

在这一模式中，MOV 在固定电压下的漏电流或有功功耗随时间持续上升。

漏电流爬升可能是电阻体内部劣化的表现，也可能是侧面电化学过程的表现。

## C.5 电极层烧蚀故障模式

在这一模式中，MOV 的部分电极层被烧蚀。

电极层烧蚀现象，一般出现在引线（引片）周围，它通常是由高峰值的窄波电流引起的，有时不能通过常规电参数测量来发现电极层烧蚀现象，而要去掉封装层才能看到。

## C.6 电阻体破裂故障模式

在这一模式中，MOV 电阻体因高峰值的冲击电流作用而出现裂纹，或破裂成碎片，或者绝缘涂敷层开裂。

# 附 录 D
## （资料性附录）
## 标准涉及有关符号汇总

| 符　　号 | 名称或含义 | 参考条款 |
|---|---|---|
| MOV | 金属氧化物压敏电阻器 | 3.1 |
| $U_{N}$ | 标称压敏电压 | 3.10 |
| $U_{c(ac)}$ | 最大持续工作交流电压 | 3.11 |
| $U_{c(dc)}$ | 最大持续工作直流电压 | 3.12 |
| $R_{ap}$ | 加压比（荷电率） | 3.13 |
| $I_{L}$ | 漏电流 | 3.14 |
| $I_{Lr}$ | 电阻性漏电流 | 3.15 |
| $I_{N}$ | 标称脉冲电流 | 3.16 |
| $I_{PR}$ | 重复脉冲电流 | 3.17 |
| $I_{Pm}$ | 最大脉冲电流 | 3.18 |
| $U_{cla}$ | 限制电压测量值 | 3.21 |
| $R_{cla}$ | 限压比 | 3.22 |
| $U_{P}$ | 电压保护水平 | 3.23 |
| TOV | 暂时过电压 | 3.29 |
|  | MOV 电路符号 | 3.31 |

ICS 29.130.10
K 43

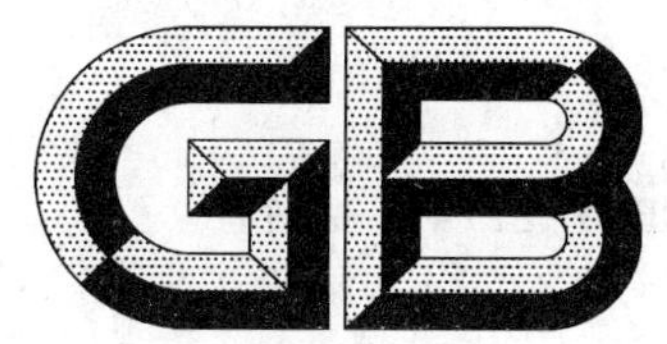

# 中华人民共和国国家标准

GB/T 27747—2011

# 额定电压72.5 kV及以上交流隔离断路器

**High-voltage alternating current disconnecting circuit-breakers for rated voltages of 72.5 kV and above**

(IEC 62271-108:2005,MOD)

2011-12-30 发布　　2012-05-01 实施

中华人民共和国国家质量监督检验检疫总局
中国国家标准化管理委员会　发布

# 前　言

本标准按照 GB/T 1.1—2009 给出的规则起草。

本标准与 GB/T 11022、GB 1984、GB 1985 一起使用。为了简化相同要求的表示，本标准的章条号与 GB/T 11022 一致。对这些章条内容的补充在同一引用标题下给出，而附加的条款从 101 开始编号。

本标准使用重新起草法修改采用 IEC 62271-108:2005《高压开关设备和控制设备　第 108 部分：额定电压 72.5 kV 及以上的高压交流隔离断路器》。

本标准与 IEC 62271-108:2005 的主要差别体现在：

——额定频率：

根据我国电网的实际情况，去掉了 IEC 62271-108:2005 中 60 Hz 的额定频率；

——额定电压：

根据我国电网情况，电压等级范围分为：

72.5 kV，126 kV，252 kV，363 kV，550 kV，800 kV；

——额定端子静负载：

根据我国电压等级水平，对 IEC 62271-108:2005 表 1 中的额定电流范围和端子静负载值进行修改，考虑了在多柱式隔离断路器情况下，断路器侧端子和隔离开关侧端子的静负载值；

——增加了第 12 章：产品对环境的影响的相关要求；

——对附录 A 图 A.3 增加了断路器与隔离开关连动机构示意图。

本标准中各章、条的编排顺序与 IEC 62271-108:2005 一致，大部分条文内容与 IEC 62271-108:2005 相同，不同之处在主要差别中已给予说明。

本标准由中国电器工业协会提出。

本标准由全国高压开关设备标准化技术委员会(SAC/TC 65)归口。

本标准起草单位：西安高压电器研究院有限责任公司、日升集团有限公司、中国电力科学研究院高压开关研究所、河南平高电气股份有限公司、西安西开高压电气股份有限公司、西安西电高压开关有限责任公司、新东北电气(沈阳)高压开关有限公司设计院、机械工业高压电器产品质量检测中心(沈阳)、杭州德特高压电气设备有限公司、ABB(中国)有限公司高压技术中心、宁波天安(集团)股份有限公司、正泰电气股份有限公司、浙江开关厂有限公司、陕西电力科学研究院、山东泰开高压开关有限公司、河北省电力研究院电气所、上海电气输配电试验中心有限公司。

本标准起草人：田恩文、游一民、冯武俊、徐井强、潘永成、董传琪、李庆余、阎关星、吴军辉、莫康、王天祥、张姝、杨大锟、邓蒙、张交锁、王其恺、龚晨、刘全都、苏伟民、吕珍梅、杨韧、李中华、潘瑾、罗时聪、邢建。

# 额定电压 72.5 kV 及以上交流隔离断路器

## 1 概述

### 1.1 范围

本标准适用于设计安装在户内或户外且运行在频率为 50 Hz 系统中的额定电压 72.5 kV 及以上交流隔离断路器。

注 1：额定电压小于 72.5 kV 的交流隔离断路器可参照本标准。

本标准确认了 GB/T 11022、GB 1984 和 GB 1985 中要求的适用部分，还给出了这类装置特有的附加要求。

本标准涵盖了在分闸位置同时满足断路器和隔离开关要求的装置。

本标准详细描述了隔离断路器独立功能间相互作用的要求，明确了这些要求与分立的断路器和隔离开关的独立要求之间的差异。

注 2：隔离断路器的解释性的注释和举例说明参见附录 A。

### 1.2 规范性引用文件

下列文件中对于本文件的应用是必不可少的。凡是注日期的引用文件，仅注日期的版本适用于本文件。凡是不注日期的引用文件，其最新版本(包括所有的修改单)适用于本文件。

GB 1984　高压交流断路器(IEC 62271-100:2001,MOD)

GB 1985　高压交流隔离开关和接地开关(IEC 62271-102:2002,MOD)

GB/T 2900.19—1994　电工术语　高电压试验技术和绝缘配合(neq IEC 60071-1:1993)

GB/T 2900.20—1994　电工术语　高压开关设备(neq IEC 60050-441:1984)

GB/T 2900.57—2008　电工术语　发电、输电及配电　运行(IEC 60050-604:1987,MOD)

GB/T 11022　高压开关设备和控制设备标准的共用技术要求(IEC 62271-1:2007,MOD)

IEC/TS 60815-1:2008　污染条件下用高压绝缘子的选择和尺寸确定定义，信息和一般原则 Selection and dimensioning of high-voltage insulators intended for use in polluted conditions—Definitions, information and general principles

IEC/TR 62271-310:2008　高压开关装置和控制器　第 310 部分：额定电压 52 kV 断路器的电气耐久性测试 High-voltage switchgear and controlgear—Part 310: Electrical endurance testing for circuit-breakers a rated voltage 52 kV

## 2 正常和特殊使用条件

GB/T 11022 的第 2 章适用。

## 3 术语和定义

下列术语和定义适用于本文件。

注 1：为了便于参考，GB/T 2900.19、GB/T 2900.20、GB/T 2900.57 和 GB/T 11022 中的部分定义在此重新列出。

注 2：此处给出的附加定义采用了和 GB/T 2900.20 相同的分类方法。

3.1

**通用术语**

3.1.1

**开关设备和控制设备　switchgear and controlgear**

包含开关装置以及它们与相关的控制、测量、保护和调节设备的组合，也包含了此类装置和设备与相关的连接线、附件、外壳和支撑件的总装的通用术语。

[GB/T 2900.20—1994 的 3.2，修改过]

3.2

**开关设备和控制设备的总装**

没有特别的定义。

3.3

**总装的部件**

没有特别的定义。

3.4

**开关装置**

3.4.101

**断路器　circuit-breaker**

在正常回路条件下能够关合、承载和开断电流以及在规定的异常回路条件(例如短路情况下的回路条件)下能够关合、在规定的时间内承载和开断电流的机械开关装置。

[GB/T 2900.20—1994 的 3.13]

3.4.102

**隔离开关　disconnector**

在分闸位置能够提供符合规定要求的隔离距离的机械开关装置。

[GB/T 2900.20—1994 的 3.24]

3.4.103

**隔离断路器　disconnecting circuit-breaker**

触头处于分闸位置时，满足隔离开关要求的断路器。

3.5

**开关设备和控制设备的部件**

没有特别的定义。

3.6

**操作**

3.6.101

**合闸位置(机械开关装置的)　closed position(of a mechanical switching device)**

在该位置能够保证装置主回路预定的连续性。

[GB/T 2900.20—1994 的 5.32]

3.6.102

**分闸位置(机械开关装置的)　open position(of a mechanical switching device)**

在该位置能够保证装置主回路中分闸的触头间具有预定的间隙。

[GB/T 2900.20—1994 的 5.33]

3.6.103

**联锁装置　inter locking device**

能够使得开关装置的动作取决于设备的一个或多个部分动作位置的装置。

[GB/T 2900.20—1994 的 4.25]

3.7

**特性参量**

3.7.101

**绝缘水平　insulation level**

对于隔离断路器，用表明绝缘耐受电压的数值所确定的特征。

[GB/T 2900.57—2008 的 2.3.47，修改过]

3.7.102

**外绝缘　external insulation**

空气间隙及设备固体绝缘的外露表面。它承受电压并受大气、污秽、潮湿、异物等外界条件的影响。

[GB/T 2900.19—1994 的 3.24]

注：外绝缘可以是气候防护的，也可以是非气候防护的，分别对应于设计用于封闭掩体内或户外。

3.7.103

**内绝缘　internal insulation**

不受大气和外部条件影响的设备绝缘的内部固体、液体或气体部分。

[GB/T 2900.19—1994 的 3.25，修改过]

3.7.104

**隔离距离（隔离断口）（机械开关装置一极的）　isolating distance（isolating clearance）（of a pole of a mechanical switching device）**

满足对隔离开关所规定的安全要求的分开的一极触头间的距离。

[GB/T 2900.20—1994 的 2.38，修改过]

## 4　额定值

### 4.1　概述

除非另有规定，GB 1984 的第 4 章适用。

隔离断路器（包括其操动机构以及辅助设备）的特性，用于确定如下额定值：

对于所有隔离断路器都应给出的额定特性：

a）　额定电压；

b）　额定绝缘水平；

c）　额定频率；

d）　额定电流；

e）　额定短时耐受电流；

f）　额定峰值耐受电流；

g）　额定短路持续时间；

h）　合分闸装置和辅助回路的额定电源电压；

i）　合分闸装置和辅助回路的额定电源频率；

j）　适用时，用于操作、开断和绝缘的压缩气源和/或液压源的额定压力；

k）　额定短路开断电流；

l）　与额定短路开断电流相关的瞬态恢复电压；

m) 额定短路关合电流；

n) 额定操作顺序；

o) 额定时间参量；

p) 额定端子静负载；

q) 额定线路充电开断电流；

特殊情况下需要给出的额定特性：

r) 对于直接和架空线路连接的、额定短路开断电流 12.5kA 以上的隔离断路器，与额定短路开断电流相关的近区故障特性；

s) 用于开合电缆的三极隔离断路器的额定电缆充电开断电流；

要求时给出的额定特性：

t) 额定失步关合和开断电流；

u) 额定单个电容器组开断电流；

v) 额定背对背电容器组开断电流；

w) 额定电容器组关合涌流；

x) 额定背对背电容器组关合涌流。

隔离断路器的额定特性与额定操作顺序有关。

注 1：隔离断路器不需要规定关于母线转换电流开合方面的额定值。母线转换电流开合能力已被 GB 1984 的关合和开断试验涵盖。

注 2：额定接触区不适用于隔离断路器。

### 4.2 额定电压($U_r$)

GB/T 11022 的 4.2 适用。

### 4.3 额定绝缘水平

除了下述例外情况外，GB/T 11022 的 4.3 适用。

隔离断路器的隔离断口间的额定耐受电压标准值在 GB/T 11022 的表 1 的栏(3)和栏(5)、表 2 的栏(3)、栏(6)和栏(8)中给出。

### 4.4 额定频率($f_r$)

GB 1984 的 4.4 适用。

### 4.5 额定电流($I_r$)和温升

GB 1984 的 4.5 适用。

### 4.6 额定短时耐受电流($I_k$)

GB 1984 的 4.6 适用。

### 4.7 额定峰值耐受电流($I_p$)

GB 1984 的 4.7 适用。

### 4.8 额定短路持续时间($t_k$)

GB 1984 的 4.8 适用。

4.9 操动机构和辅助及控制回路的额定电源电压($U_a$)

GB 1984 的 4.9 适用。

4.10 操动机构和辅助回路的额定电源频率

GB 1984 的 4.10 适用。

4.11 绝缘、操作和/或开断用的压缩气源的额定压力

GB 1984 的 4.11 适用。

4.101 额定短路开断电流($I_{SC}$)

GB 1984 的 4.101 适用。

4.102 与额定短路开断电流相关的瞬态恢复电压

GB 1984 的 4.102 适用。

4.103 额定短路关合电流

GB 1984 的 4.103 适用。

4.104 额定操作顺序

GB 1984 的 4.104 适用。

4.105 近区故障特性

GB 1984 的 4.105 适用。

4.106 额定失步关合和开断电流

GB 1984 的 4.106 适用。

4.107 额定容性开合电流

GB 1984 的 4.107 适用。

4.108 小感性开断电流

GB 1984 的 4.108 适用。

4.109 额定时间参量

GB 1984 的 4.109 适用。

4.110 机械操作的次数

GB 1984 的 4.110 适用。

4.111 断路器按照电寿命的分类

GB 1984 的 4.111 适用。

## 4.112 额定端子静负载

额定端子静负载是允许隔离断路器端子承受的最大合成端子拉力(冰、风和连接的导体的同时作用)。

隔离断路器分为单柱式、双柱式和三柱式,表1中给出了隔离断路器端子静负载的推荐值(不包括隔离断路器本身上的风或冰负载或动态负载)。

**表1 端子静负载试验的静态水平力和垂直力示例**

| 额定电压范围 $U_r$ kV | 额定电流范围 $I_r$ A | 单柱式隔离断路器 | | | 双柱式或三柱式隔离断路器 | | |
|---|---|---|---|---|---|---|---|
| | | 静态水平力 $F_{th}$ | | 静态垂直力 $F_{tv}$ (垂直轴向上和向下) N | 静态水平力 $F_{th}$ | | 静态垂直力 $F_{tv}$ (垂直轴向上和向下) N |
| | | 纵向 $F_{thA}$ N | 横向 $F_{thB}$ N | | 纵向 $F_{thA}$ N | 横向 $F_{thB}$ N | |
| (1) | (2) | (3) | (4) | (5) | (6) | (7) | (8) |
| 72.5 | 不大于1 250 | 800 | 400 | 500 | 500/750 | 400/400 | 500/500 |
| | 不小于1 600 | 800 | 500 | 750 | 750/750 | 500/500 | 750/750 |
| 126 | 不大于2 500 | 1 000 | 750 | 1 000 | 1 000<br>(1 250)/1 000 | 750<br>(750)/750 | 750<br>(1 000)/1 000 |
| | 不小于3 150 | 1 250 | 750 | 1 000 | 1 250/1 250 | 750/750 | 1 000/1 000 |
| 252 | 不大于1 600 | 2 000 | 1 500 | 1 000 | 1 500/1 500 | 1 000/1 000 | 1 250/1 000 |
| | 不小于2 000 | 2 000 | 1 500 | 1 250 | 1 500/1 500 | 1 000/1 000 | 1 250/1 250 |
| 363 | 不大于2 500 | 2 000 | 1 500 | 1 250 | 1 500/1 500 | 1 000/1 000 | 1 250/1 250 |
| | 不小于3 150 | 2 000 | 1 500 | 1 500 | 1 500/1 500 | 1 000/1 000 | 1 250/1 500 |
| 550 | 不大于3 150 | 3 000 | 2 000 | 1 500 | 2 000/2 000 | 1 500/1 500 | 1 500/1 500 |
| | 4 000 | 4 000 | 2 000 | 1 500 | 2 000/2 000 | 1 500/1 500 | 1 500/1 500 |
| 800 | 不大于3 150 | 3 000 | 2 000 | 1 500 | 2 000/2 000 | 1 500/1 500 | 1 500/1 500 |
| | 4 000 | 4 000 | 2 000 | 1 500 | 2 000/2 000 | 1 500/1 500 | 1 500/1 500 |

注1:静负载对于单柱式是隔离断路器端子的值,对于两柱式或三柱式隔离断路器,其“/”左边为断路器侧端子的值,“/”右边为隔离开关侧端子的值。

注2:“()”里的数据为额定电流等于2 500 A产品的值。

额定端子静负载由水平($F_{shA}$和$F_{shB}$)和垂直($F_{sv}$)合力表示(见图1和图2)。

注:对于单柱式隔离断路器,图1、图2表示隔离断路器的端子静负载,对于两柱式或三柱式隔离断路器,图1、图2只表示断路器侧端子静负载,隔离开关侧端子静负载及其力的方向分别见GB 1985的图7和图8。

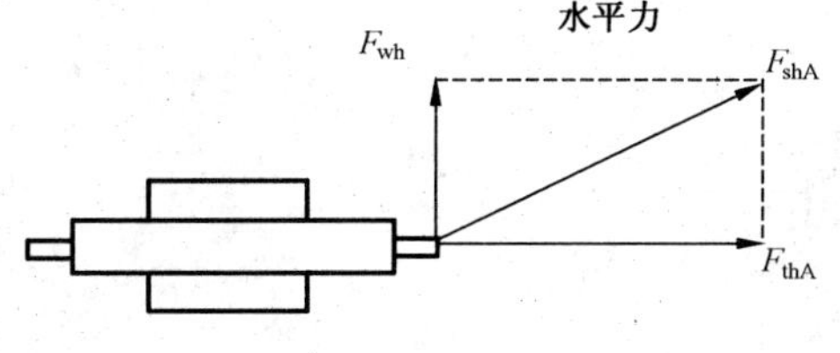


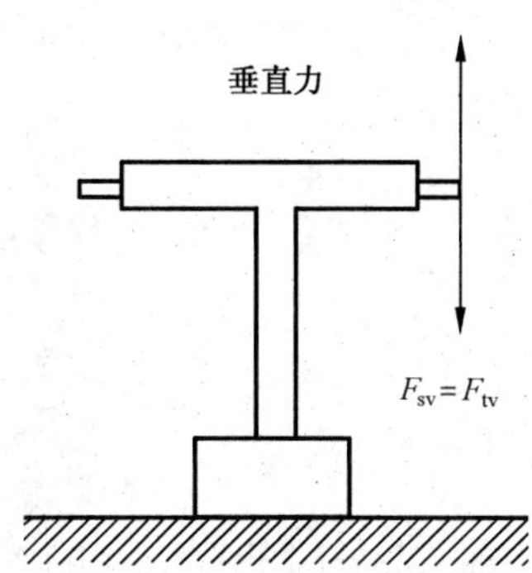


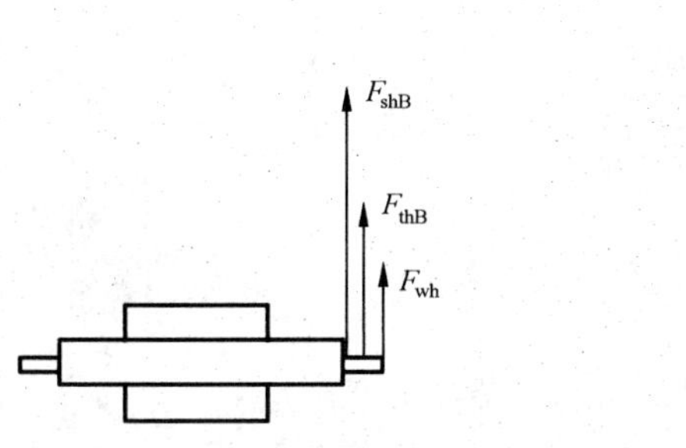


$F_{thA}$ ——连接导体引起的水平拉力(方向 A);

$F_{thB}$ ——连接导体引起的水平拉力(方向 B);

$F_{tv}$ ——连接导体引起的垂直拉力(方向 C);

$F_{wh}$ ——覆冰的隔离断路器上的风压引起的水平力;

$F_{shA}$、$F_{shB}$、$F_{sv}$——额定端子静负载(合力)。

**注**:力的方向 A 向、B 向和 C 向见图 2。

| | 水平的 | 垂直的 | 备注 |
|---|---|---|---|
| 连接导体的净重、导体上的冰和风引起的力 | $F_{thA}$、$F_{thB}$ | $F_{tv}$ | 按照表 1 |
| 隔离断路器上的冰和风引起的力[a] | $F_{wh}$ | 0 | 由制造厂考虑 |
| 合力 | $F_{shA}$、$F_{shB}$ | $F_{sv}$ | |
| [a] 因风引起的隔离断路器上的水平力可以从压力中心移向端子且按照较长的力臂成比例地减小(在隔离断路器最低部分的弯矩应相同)。 | | | |

**图 1 端子静态负载拉力**

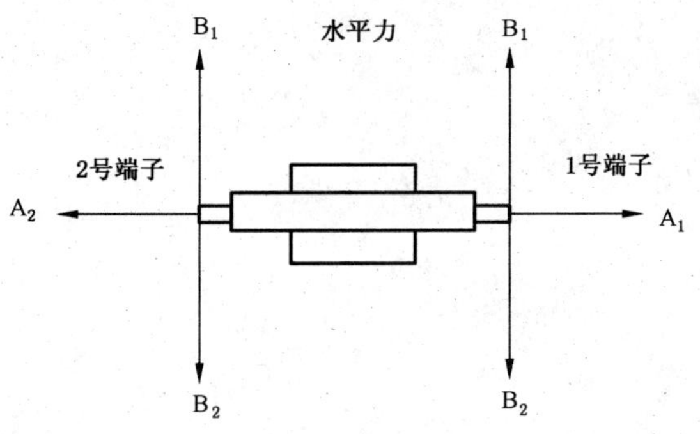


力的方向:1 号端子 $A_1$、$B_1$ 和 $B_2$;

力的方向:2 号端子 $A_2$、$B_1$ 和 $B_2$;

水平试验力:$F_{shA}$、$F_{shB}$(见图 1)。

**图 2 端子静态负载试验的方向**

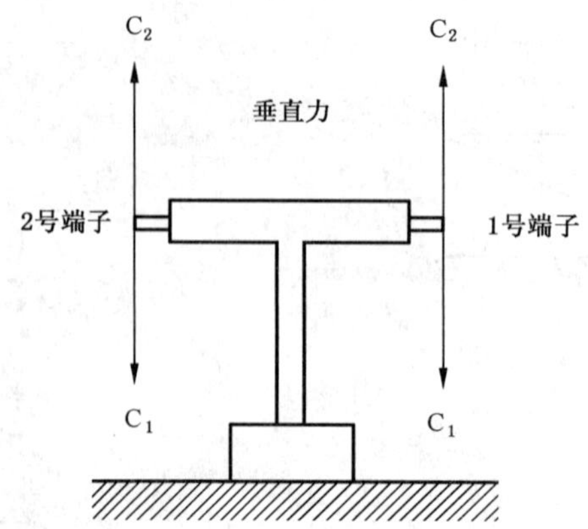


力的方向：1 号端子 $C_1$ 和 $C_2$；

力的方向：2 号端子 $C_1$ 和 $C_2$；

垂直试验力(两个方向)：$F_{sv}$(见图 1)。

注：对于相对于一个极的垂直中心线对称的隔离断路器，仅需要对一个端子进行试验。

图 2(续)

## 5 设计与结构

除非另有规定，GB/T 11022、GB 1984 和 GB 1985 的第 5 章适用。

作为一个独立装置，隔离断路器的设计应该考虑断路器和隔离开关机械的、电气的和其他方面的要求。

### 5.1 隔离断路器中液体的要求

GB/T 11022 的 5.1 适用。

### 5.2 隔离断路器中气体的要求

GB/T 11022 的 5.2 适用。

### 5.3 隔离断路器的接地

GB/T 11022 的 5.3 适用。

### 5.4 辅助和控制设备

GB 1984 的 5.4 适用。

### 5.5 动力操作

GB 1984 的 5.5 适用。

### 5.6 储能操作

GB 1984 的 5.6 适用。

### 5.7 不依赖人力的操作

GB 1984 的 5.7 适用。

## 5.8 脱扣器的操作

GB 1984 的 5.8 适用。

## 5.9 低压力和高压力闭锁装置

GB 1984 的 5.9 适用。

## 5.10 铭牌

GB 1984 的 5.10 适用，并做如下补充：
铭牌应说明装置是隔离断路器，且数据相应于断路器和隔离开关所声明的额定值。

## 5.11 联锁装置

GB/T 11022 的 5.11 适用。

## 5.12 位置指示

GB/T 11022 和 GB 1985 的 5.12 以及 GB 1985 的 5.104.3.1 适用。

## 5.13 外壳的防护等级

GB/T 11022 的 5.13 适用。

## 5.14 爬电距离

GB/T 11022 的 5.14 适用。

## 5.15 气体和真空的密封

GB/T 11022 的 5.15 适用。

## 5.16 液体的密封

GB/T 11022 的 5.16 适用。

## 5.17 易燃性

GB/T 11022 的 5.17 适用。

## 5.18 电磁兼容性(EMC)

GB/T 11022 的 5.18 适用。

## 5.19 X 射线发射

GB/T 11022 的 5.19 适用。

## 5.20 腐蚀

GB/T 11022 的 5.20 适用。

## 5.101 单合和单分操作时的极间同期性要求

GB 1984 的 5.101 适用。

### 5.102 隔离断路器的隔离距离方面的要求

GB 1985 的 5.102 适用，并做如下补充：

当隔离断路器的隔离距离间的绝缘可能承受运行条件中的污秽时，应特别注意绝缘子设计的适用性(例如，现场污秽度、绝缘子伞形设计、外绝缘材料等)。如有必要，应该验证污秽条件下的性能。

注：现场污秽度、绝缘子伞形设计、外绝缘材料等参见 IEC/TS 60815-1。

设计应该考虑磨损和电弧分解物引起的杂质的长期效应。耐受运行中这些效应的设计的有效性应该通过 6.114 的试验验证。

### 5.103 操作用流体的压力极限

GB 1984 的 5.103 适用。

### 5.104 隔离断路器的操动装置

#### 5.104.1 位置锁定

隔离断路器的设计应使得它们不能因为重力、风压、振动、合理的撞击或意外的触及操动机构而脱离其分闸或合闸位置。

隔离断路器在其分闸位置应该具有临时的机械联锁措施。仅在用户有规定时才要求在合闸位置有临时的机械联锁。

注 1：在合闸位置隔离断路器的临时联锁妨碍了短路保护功能，且仅在提供了替代的保护后方可使用。

注 2：如果隔离断路器用于接地目的，合闸位置的临时机械联锁是典型的要求。

#### 5.104.2 对动力操动机构的附加要求

GB 1985 的 5.104.2 不适用，因为运行中此类装置不需要人力操动机构。

## 6 型式试验

### 6.1 总则

型式试验与装置的额定值有关，在完成 GB 1984 的第 6 章规定的型式试验的基础上，还需要进行附加的试验来验证装置满足隔离开关的相关要求。

特别在经过 GB 1984 规定的型式试验后，要求进行组合功能试验来验证隔离距离间的绝缘耐受能力保持不变而没有不利的劣化。

### 6.2 概述

除非另有规定，GB 1984 和 GB 1985 的 6.2 适用。

如果隔离断路器已经按照 GB 1984 进行了型式试验，则仅需要进行下面所示的补充试验。

为了便于试验，附加的组合功能试验可以和断路器的试验合并。

### 6.3 绝缘试验

GB 1984 的 6.3 适用，并做如下补充：

隔离断路器隔离距离间的试验数值在 GB/T 11022 的表 1 的栏(3)和栏(5)、表 2 的栏(3)、栏(6)和栏(8)中给出。

### 6.4 无线电干扰电压(r. i. v.)试验

GB 1984 的 6.4 适用。

### 6.5 主回路电阻测量

GB 1984 的 6.5 适用。

### 6.6 温升试验

GB 1984 的 6.6 适用。

### 6.7 短时耐受电流和峰值耐受电流试验

GB 1984 的 6.7 适用。

### 6.8 防护等级的验证

GB 1984 的 6.8 适用。

### 6.9 密封试验

GB 1984 的 6.9 适用。

### 6.10 电磁兼容性试验

GB 1984 的 6.10 适用。

### 6.101 机械和环境试验

除非另有规定,GB 1984 的 6.101 适用。

注:对于两柱式或三柱式隔离断路器,隔离开关侧应考虑 GB 1985 中 6.102.3 的要求。

#### 6.101.1 机械试验和环境试验的各项规定

GB 1984 的 6.101.1 适用。

#### 6.101.2 端子静负载试验

GB 1984 的 6.101.2 适用。

#### 6.101.3 端子静负载试验

GB 1984 的 6.101.3 适用。

#### 6.101.4 端子静负载试验

GB 1984 的 6.101.4 适用。

#### 6.101.5 端子静负载试验

GB 1984 的 6.101.5 适用。

#### 6.101.6 端子静负载试验

GB 1984 的 6.101.6 适用,并做如下补充:

端子静负载的推荐值在表 1 中给出。

### 6.102 关合、开断和开合试验的各项规定

除非另有规定,GB 1984 的 6.102 适用。

#### 6.102.9.4 一个容性电流开合试验系列后的状态

GB 1984 的 6.102.9.4 适用,并做如下补充:

如果容性电流开合试验期间出现了重击穿,则应该验证符合 GB 1985 隔离距离的绝缘要求。隔离断路器的隔离距离间的试验数值在 GB/T 11022 的表 1 的栏(3)和栏(5)、表 2 的栏(3)、栏(6)和栏(8)中给出。

试验的布置应有必要使得隔离断路器的试验之间没有相互影响。

但是,如果由于试验设施的限制不可能如此时,试品在不同试验场之间的运输是允许的。如果当地的安全法规要求在进入试验小室或者不同试验场之间的运输之前降低压力,那么只要在重新充气时重新使用了这些气体,允许降低隔离断路器中的压力。

注:可能不是所有使用过的气体都适用于对试品重新充气。在这种情况下,允许采用新的 $SF_6$ 气体把试品充到规定压力。应采用适当的气体处理来避免不必要的用新的 $SF_6$ 气体重新充气。

### 6.103 短路关合和开断试验的试验回路

GB 1984 的 6.103 适用。

### 6.104 短路试验参量

GB 1984 的 6.104 适用。

### 6.105 短路试验程序

GB 1984 的 6.105 适用。

### 6.106 基本短路试验方式

GB 1984 的 6.106 适用。

### 6.107 临界电流试验

GB 1984 的 6.107 适用。

### 6.108 单相和异相接地故障试验

GB 1984 的 6.108 适用。

### 6.109 近区故障试验

GB 1984 的 6.109 适用。

### 6.110 失步关合和开断试验

GB 1984 的 6.110 适用。

### 6.111 容性电流开合试验

GB 1984 的 6.111 适用。

### 6.112 E2 级隔离断路器的关合和开断试验的特殊要求

IEC 62271-310:2004 适用。

### 6.113 验证位置指示装置正确功能的试验

#### 6.113.1 概述

除非另有规定,GB 1985 的附录 A 适用。

#### 6.113.2 验证位置指示装置正确功能的试验

GB 1985 的 A.6.105 适用,并做如下补充:

在隔离断路器由几个关合(或开断)单元串联组成的情况下,仅应锁定极中一个单元中的动触头。

#### 6.113.3 动力运动链的试验

对于隔离断路器,GB 1985 的 A.6.105.1.1 或 A.6.105.1.4 适用。

如果位置指示装置是操动机构的一部分,动力运动链上的解开点的位置应尽可能地靠近操动机构。

注:如果位置指示装置是操动机构的一部分,则不规定连接点。

#### 6.113.4 依靠动力操作的隔离断路器

GB 1985 的 A.6.105.1.1 适用,并做如下补充:

作为测量的替代方法,可以计算合力($F_m$)或合力矩($T_m$)。

#### 6.113.5 不依赖于动力操作由锁扣装置脱扣驱动的隔离断路器

GB 1985 的 A.6.105.1.4 适用,并做如下补充:

作为测量的替代方法,可以计算合力($F_m$)或合力矩($T_m$)。在这种情况下,合力($F_m$)或合力矩($T_m$)是从隔离断路器处于合闸位置时打开的锁扣上的静态力获得的。

注:如果设计的打开的锁扣点位于动力运动链上的解开点和触头之间,则试验前应释放锁扣。

#### 6.113.6 试验结果

GB 1985 的 A.6.105.3 适用,并做如下补充:

如果位置指示装置是操动机构的一部分,如果满足下述条件,动力运动链的试验通过:

——动力运动链上没有能够引起操动机构上的位置指示装置不正确的位置指示的永久变形。

### 6.114 组合功能试验

#### 6.114.1 概述

隔离断路器的隔离距离不仅在新的状态下而且在运行中都应该满足绝缘要求。因此,在机械操作试验和规定的短路试验方式后应该验证隔离距离间的绝缘耐受能力。

组合功能试验是此类装置特定的型式试验要求;它们不是 GB 1984 和 GB 1985 的 6.2.11 中规定的状态检查试验。

这些试验验证了隔离断路器在规定的机械和短路开断试验后完全保持了分闸触头间的绝缘性能。认为成功通过这些组合功能试验的隔离断路器能够耐受运行期间因触头磨损以及电弧开断产生的分解物，进而满足了 5.102 中给出的设计准则。

这些单独的试验要求应如 6.114.2 和 6.114.3 中描述的那样。为了方便，机械操作和短路组合功能试验可以按照一个顺序进行。试验顺序的选择见图 3 和图 4 中的流程图，如果元件都经过相应型式试验，则采用右边的替代试验方法，反之，则采用左边的试验方法。

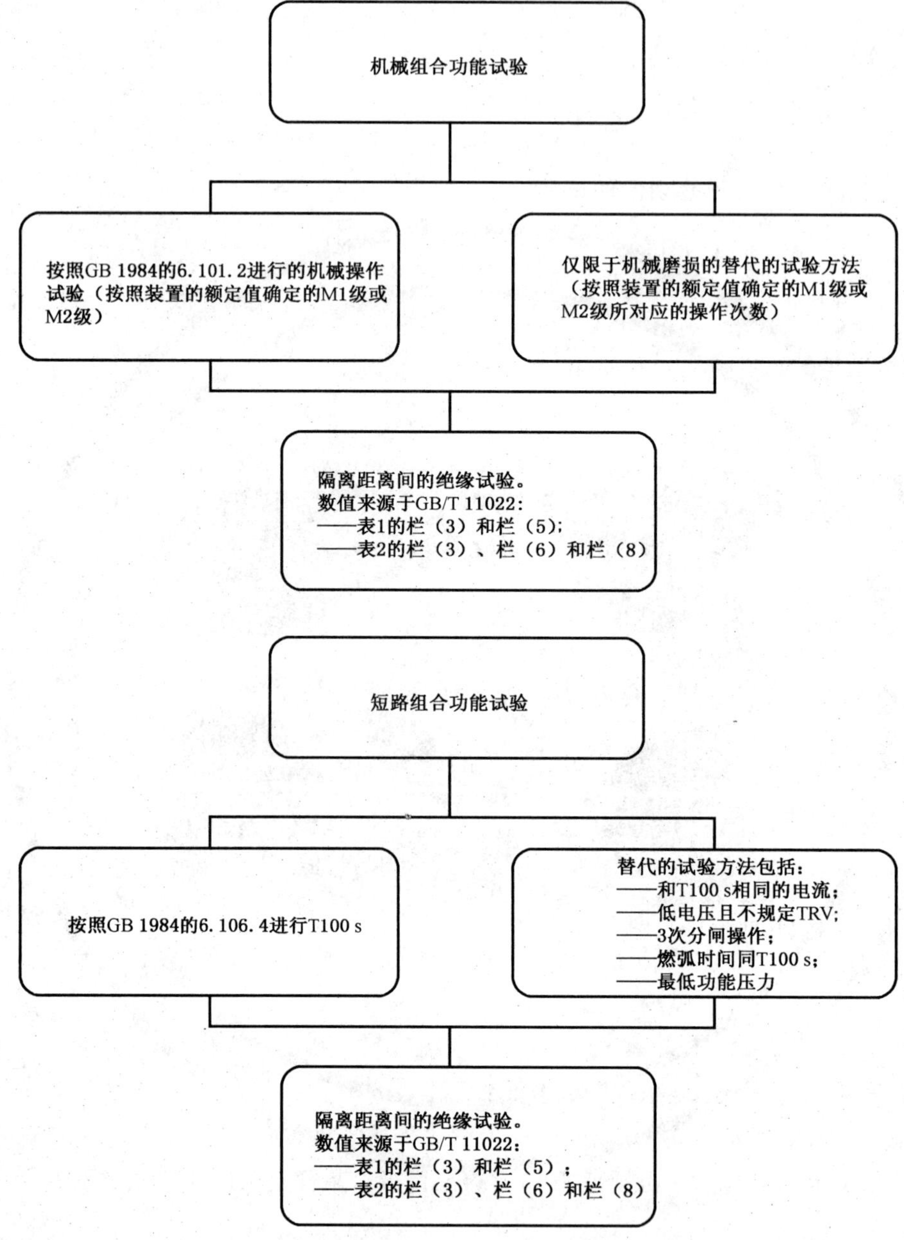


**注**：对于 E2 级的隔离断路器，试验方式 T100 s 由 IEC/TR 62271-310 规定的磨损阶段代替。

**图 3 按独立试验进行的机械操作和短路组合功能试验的试验顺序**

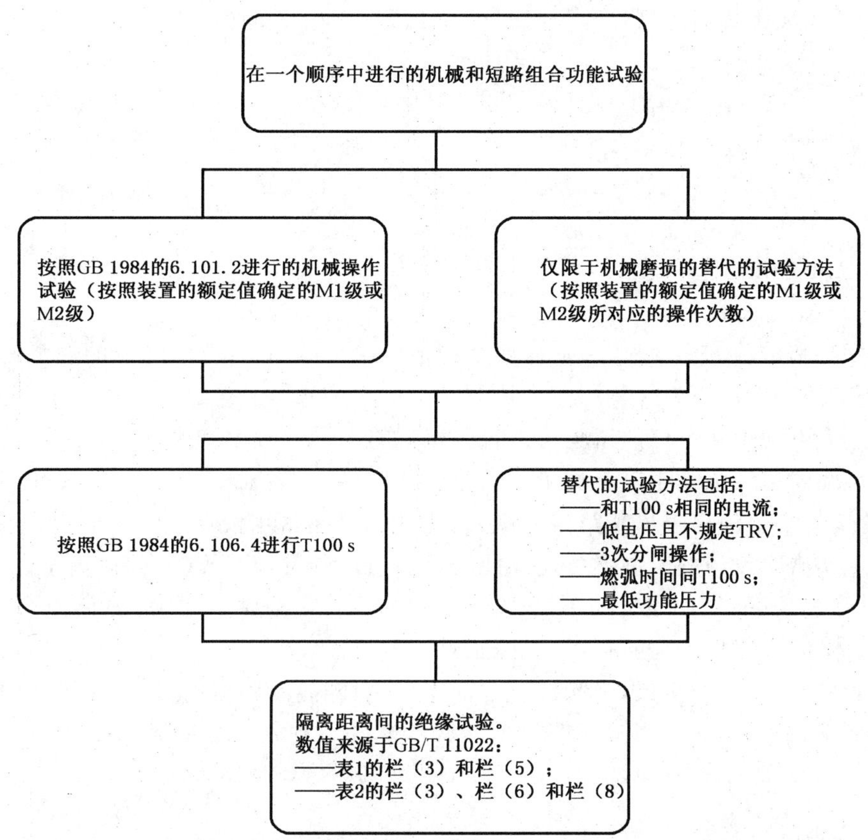


注：对于 E2 级的隔离断路器，试验方式 T100 s 由 IEC/TR 62271-310 规定的磨损阶段代替。

图 4 按一个顺序进行的机械操作和短路组合功能试验的试验顺序

### 6.114.2 机械操作组合功能试验

在按照 6.101 中详述的机械操作试验后，应该验证 GB 1985 的隔离距离间的额定绝缘水平。隔离断路器的隔离距离间的试验数值在 GB/T 11022 的表 1 的栏(3)和栏(5)、表 2 的栏(3)、栏(6)和栏(8)中给出。

作为替代，在上述绝缘试验之前仅进行触头的机械磨损的机械操作试验，且仅需要在试验开始和试验结束时记录动作特性(参考的机械行程曲线)。

试验布置应有必要使得隔离断路器的试验之间没有相互影响。

但是，如果受到试验设施的限制不可能如此时，试品在不同试验场之间的运输是允许的。如果当地的安全法规要求在进入试验小室或者不同试验场之间的运输之前降低压力，那么允许降低隔离断路器中的压力。在这种情况下，有可能重新给隔离断路器充入前面机械操作试验中用过的气体或者新的气体。

注：可能不是所有使用过的气体都适用于试品的重新充气。在这种情况下，允许采用新的 $SF_6$ 气体把试品充到规定压力。

### 6.114.3 短路组合功能试验

#### 6.114.3.1 E1 级隔离断路器

在按照 6.106 中详述的断路器的短路试验顺序 T100 s 后，应该验证 GB 1985 的隔离距离间的额定绝缘水平。这些要求可在 GB 1984 的短路型式试验后进行验证。

隔离断路器的隔离距离间的试验数值在 GB/T 11022 的表 1 的栏(3)和栏(5)、表 2 的栏(3)、栏(6)和栏(8)中给出。

注 1：由于运行中存在着各种各样的短路电流，电流大多出现在 10%～60%范围内，假定试验方式 T100 s 足以作为隔离距离间的绝缘耐受试验之前的预加载试验。

作为替代，可以在上述绝缘试验之前进行包括下述内容的短路试验顺序：

——和试验方式 T100 s 相同的电流；

——低电压且不规定 TRV；

——3 次分闸操作；

——燃弧时间：和试验方式 T100 s 一样或者制造厂给出的预期的 T100 s 的燃弧时间；

——操作用的最低功能压力。

为了方便，具有不同熄弧窗口的试验可以合并(例如，不同的频率和不同的接地系统)。在这种情况下，试验期间的燃弧窗口应该等于或者长于要求值。

试验的布置应有必要使得隔离断路器的试验之间没有相互影响。

但是，如果由于试验设施的限制不可能如此时，试品在不同试验场之间的运输是允许的。如果当地的安全法规要求在进入试验小室或者不同试验场之间的运输之前降低压力，那么只要在重新充气时重新使用了这些气体，允许降低隔离断路器中的压力。

根据用户和制造厂之间的协议，绝缘试验之前，可以对隔离断路器的 T100 s 进行附加的试验。

注 2：可能不是所有使用过的气体都适用于试品的重新充气。在这种情况下，允许采用新的 $SF_6$ 气体把试品充到规定压力。应采用适当的气体处理来避免不必要的用新的 $SF_6$ 气体重新充气。

#### 6.114.3.2 E2 级隔离断路器

在按照 IEC/TR 62271-310 的第 4 章规定的磨损试验组成的断路器短路试验顺序后，应该验证 GB 1985 的隔离距离间的额定绝缘水平。

隔离断路器的隔离距离间的试验数值在 GB/T 11022 的表 1 的栏(3)和栏(5)、表 2 的栏(3)、栏(6)和栏(8)中给出。

磨损试验可以按照 IEC 62271-310 的 4.1 或 4.2 中描述的相关的试验程序，在有 TRV 或者没有 TRV 的情况下进行。

试验的布置应有必要使得隔离断路器的试验之间没有相互影响。

但是，如果由于试验设施的限制不可能如此时，试品在不同试验场之间的运输是允许的。如果当地的安全法规要求在进入试验小室或者不同试验场之间的运输之前降低压力，那么只要在重新充气时重新使用了这些气体，允许降低隔离断路器中的压力。

根据用户和制造厂之间的协议，绝缘试验之前，可以对隔离断路器的磨损阶段进行附加的试验。

注：可能不是所有使用过的气体都适用于试品的重新充气。在这种情况下，允许采用新的 $SF_6$ 气体把试品充到规定压力。应采用适当的气体处理来避免不必要的用新的 $SF_6$ 气体重新充气。

### 6.114.4 隔离断路器在作为组合功能试验一部分的绝缘试验期间的状态

GB/T 11022 的 6.2.4 适用，并做如下补充：绝缘试验应该在完成机械操作组合功能试验和短路组合功能试验后、其他试验或者拆卸之前进行，使得绝缘试验开始时的状态和这些组合功能试验的第一部分结束时的状态相同。

## 7 出厂试验

除非另有规定，GB/T 11022、GB 1984 和 GB 1985 的第 7 章适用。

如果断路器的出厂试验程序涵盖了隔离开关的出厂试验程序，则可以认为对于隔离断路器同样有效。

## 8 隔离断路器的选用导则

GB 1984 的第 8 章适用。

## 9 随询问单、标书和订单提供的资料

GB 1984 的第 9 章适用。

## 10 运输、储存、安装、操作和维护的规则

GB 1984 的第 10 章适用。

## 11 安全

GB/T 11022、GB 1984 和 GB 1985 的第 11 章适用。

## 12 产品对环境的影响

GB/T 11022 的第 12 章适用。

# 附　录　A
（资料性附录）
## 隔离断路器的解释性的注解和举例

图 A.1～图 A.3 以概略的形式图解了认为是隔离断路器的开关装置的类型示例。在这些图中，完整装置的端子标有 A 和 B，且装置的隔离距离为这两端子间的距离。

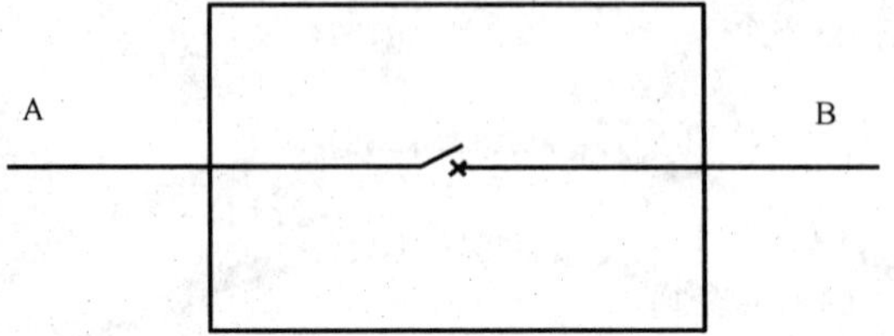


注：关合（或开断）单元满足隔离开关处于分闸位置的绝缘要求。

**图 A.1　满足隔离开关的绝缘要求的关合（或开断）单元（或者几个相同的单元串联）**

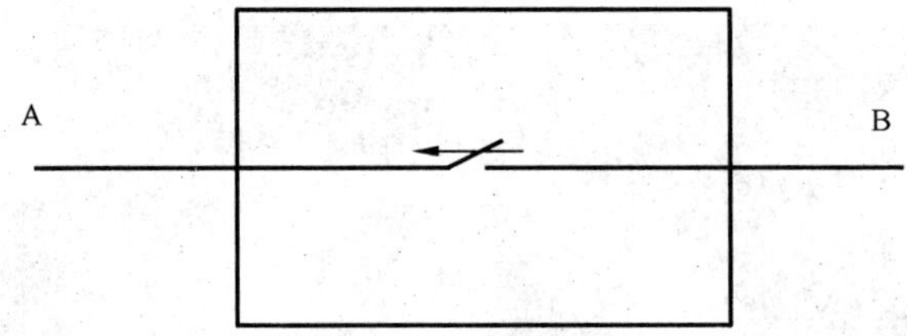


注：采用相同的关合（或开断）单元的接触部件（插入触头或者类似可动触头）来获得与触头间隙不同长度的隔离距离。

**图 A.2　具有分成关合（或开断）段和隔离段的单一间隙的装置**

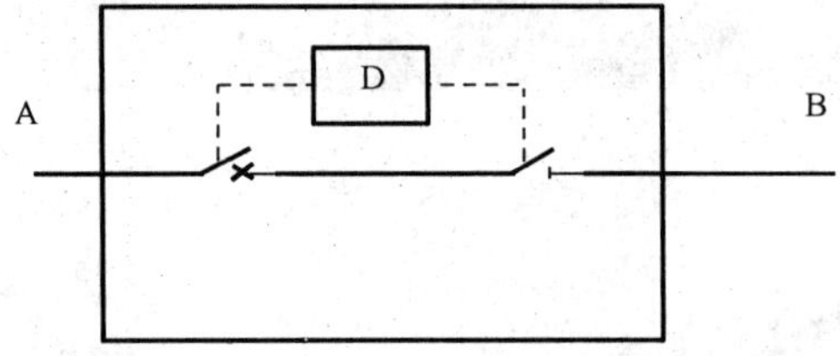


注：定义该装置为隔离断路器的准则是所有的串联间隙都需要满足隔离开关的绝缘要求。因此，关合（开断）间隙的隔离性能是隔离功能的基本。它与用于将触头移至不同间隙的单个或者各自的传动装置无关。

**图 A.3　断路器与串联的隔离开关一起共同满足分闸位置隔离开关的绝缘要求**

ICS 27.070
K 82

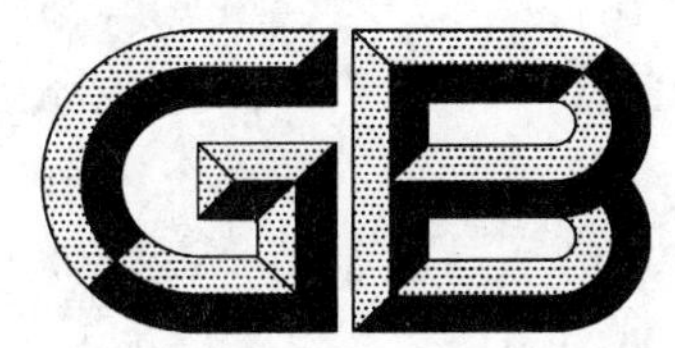

# 中华人民共和国国家标准

GB/T 27748.1—2011/IEC 62282-3-1:2007

# 固定式燃料电池发电系统 第1部分:安全

**Stationary fuel cell power system—**
**Part 1:Safety**

(IEC 62282-3-1:2007,IDT)

2011-12-30 发布　　　　2012-05-01 实施

中华人民共和国国家质量监督检验检疫总局
中国国家标准化管理委员会　发布

# 前　言

GB/T 27748《固定式燃料电池发电系统》共分为3个部分：

——第1部分：安全；

——第2部分：性能试验方法；

——第3部分：安装。

本部分为GB/T 27748的第1部分。

本部分按照GB/T 1.1—2009给出的规则起草。

本标准等同采用IEC 62282-3-1:2007《燃料电池技术　第3-1部分：固定式燃料电池发电系统　安全》。

为便于使用，本标准做了下列编辑性修改：

——删除国际标准的前言。

本部分“规范性引用文件”中的引用标准，凡是有与IEC(或ISO)对应国家标准的均用国家标准代替；本部分由中国电器工业协会提出。

与本标准中规范性引用的国际文件有一致性对应关系的我国文件如下：

——GB/T 2893.2—2008　图形符号　安全色和安全标志　第2部分：产品安全标签的设计原则(ISO 3864-2:2004,MOD)

——GB/T 3766　液压系统通用技术条件(GB/T 3766—2001,ISO 4413:1998,EQV)

——GB 3836.1　爆炸性气体环境用电气设备　第1部分：通用要求(GB 3836.1—2000,IEC 60079-0:1998,EQV))

——GB 3836.5　爆炸性气体环境用电气设备　第5部分：正压外壳型“p”(GB 3836.5—2004,IEC 60079-2:2001,MOD)

增加GB 4943.1—2011　信息技术设备　安全　第1部分：通用要求(IEC 60950-1:2005,MOD)

——GB/T 16273.1　设备用图形符号　第1部分：通用符号(GB/T 16273.1—2008,ISO 7000:2004,NEQ)

——GB/T 16499—2008　安全出版物的编写及基础安全出版物和多专业共用安全出版物的应用导则(IEC指南104:1997,NEQ)

——GB/T 19840　回转容积泵　技术要求(GB/T 19840—2005,ISO 14847:1999,MOD)

——GB/T 20000.4—2003　标准化工作指南　第4部分：标准中涉及安全的内容(ISO/IEC指南51:1999,MOD)

——GB/T 20322　石油及天然气工业用往复压缩机(GB/T 20322—2006,ISO 13707:2000,MOD)

GB/T 20438(所有部分)　电气/电子/可编程电子安全相关系统的功能安全(GB/T 20438—2006,IEC 61508,IDT)

——GB/T 20801—2006(所有部分)　压力管道规范　工业管道(ISO 15649:2001,NEQ)

——GB/T 25357—2010　石油、石化及天然气工业　流程用容积式回转压缩机(ISO 10440-1:2007,MOD)

——GB/T 25358—2010　石油及天然气工业用集装型回转无油空气压缩机(ISO 10440-2:2001,MOD)

——GB/T 25359—2010　石油及天然气工业用集成撬装往复压缩机(ISO 13631:2002,MOD)

本部分由全国燃料电池标准化技术委员会(SAC/TC 342)归口。

本部分起草单位:机械工业北京电工技术经济研究所、中国科学院大连化学物理研究所、上海攀业氢能源科技有限公司、上海神力科技有限公司、新源动力股份有限公司、中国科学院上海硅酸盐研究所、武汉银泰科技燃料电池有限公司、UL 美华认证有限公司等。

本部分主要起草人:李晶晶、季良俊、张若谷、侯明、王绍荣、高勇、郭丽平、卢琛钰、侯中军、董辉、张黛、张延飞等。

# 固定式燃料电池发电系统
# 第1部分:安全

## 1 范围

GB/T 27748的本部分是产品的安全标准,适用于IEC指南104:1997,ISO/IEC指南51:1999和ISO/IEC指南7:1994所要求的产品符合性评定工作。

本部分适用于固定式燃料电池发电系统,该系统可以是组装的,自成体系的或由制造商提供完整集成系统的形式,均为通过电化学反应来发电的装置。

本部分适用于:

——直接或通过转换开关与电力网连接,或与独立配电系统连接的系统;

——提供交流电或直流电的系统;

——具有或不具有回收可用热量能力的各种系统;

——使用以下各种燃料工作的系统:

a) 天然气或其他来源于可再生燃料(生物质)或化石燃料的富含甲烷的气体,比如,垃圾填埋气、沼气和煤层气等;

b) 来源于石油炼制的燃料,例如,柴油、汽油、煤油、液化石油气,如丙烷和丁烷;

c) 来源于可再生燃料(生物质)或化石燃料的酒精、酯类、醚类、醛类、酮类、费托(Fischer-Tropsch)合成液体和其他富含氢气的有机化合物,比如,甲醇、乙醇、二甲醚、生物柴油等;

d) 氢、含氢气的气体混合物,例如,合成煤气、民用燃气等。

本部分不适用于:

——便携式燃料电池发电系统;

——驱动式燃料电池发电系统。

图1为典型的固定式燃料电池发电系统。

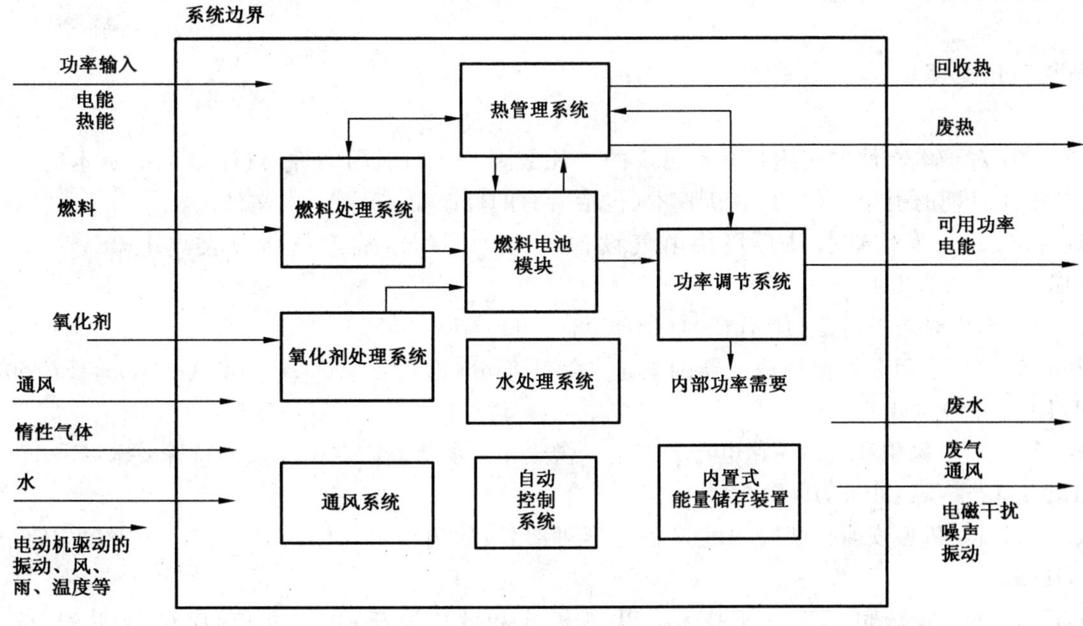


图1 固定式燃料电池发电系统

本部分所适用的发电系统的总体设计应构成一个完整系统的集成。根据需要实现设定的功能,该系统应由下列部分或全部的部件组成:

——燃料处理系统:由催化或化学反应的设备以及相关的热交换器和控制装置组成,用于制备燃料供燃料电池使用。

——氧化剂处理系统:用于计量、调节、处理并可以加压燃料电池发电系统所需的氧化剂。

——热管理系统:提供冷却和散热功能以保持燃料电池发电系统内部的热平衡,还可以回收余热以及在启动过程中协助加热动力传动系统。

——水处理系统:对回收或添加的水进行处理和净化,以供燃料电池系统使用。

——功率调节系统:该设备控制所产生的电能与制造商指定的用电需求相匹配。

——自动控制系统:由传感器、执行器、阀门、开关和逻辑元件组成,用于将燃料电池发电系统参数维持在制造商设定范围内而无需人工进行干预。

——通风系统:通过机械的方法,向燃料电池发电系统的机柜内提供空气。

——燃料电池模块:由一个或多个燃料电池堆、输送电堆电能的电联接装置以及监控装置构成。

——燃料电池堆:由多个单电池、分隔板、冷却板、共用管道及支撑结构构成的组装件。其典型功能在于将富含氢的气体和空气氧化剂通过电化学反应转化为直流电、热量、水和其他副产品。

——内置式能量储存装置:系统内部所带的储能装置,用于帮助或补充燃料电池模块向内部或外部负载供电。

本部分适用于无危害(未划分类别)区域,室内和室外的,商用、工业用和家用的固定式燃料电池发电系统。

本部分考虑了在制造商预设条件下使用燃料电池系统时,所有涉及燃料电池系统的重大危险、危险态势和事件,但不包括与环境兼容性(安装条件)有关的各种危险。

本部分规定的危险情况仅限于一方面可能对人身造成的伤害,另一方面可能对燃料电池发电系统之外造成的破坏。本部分不涉及对燃料电池内部的保护,假定这种内部损害不会对燃料电池外部产生危害。

本部分中的必备条件并非旨在限制创新。当采用与本部分不同的燃料、材料、设计或制造时,它们应与本部分规定的安全、性能等同或水平相当。

## 2 规范性引用文件

下列文件对于本文件的应用是必不可少的。凡是注日期的引用文件,仅注日期的版本适用于本文件。凡是不注日期的引用文件,其最新版本(包括所有的修改单)适用于本文件。

GB 3836.14 爆炸性气体环境用电气设备 第14部分:危险场所分类(GB 3836.14—2000,IEC 60079-10:1995,IDT)

GB 4208 外壳防护等级(IP代码)(GB 4208—1993,IEC 60529:2001,IDT)

GB 4706.1 家用和类似用途电器的安全 第1部分:通用要求(GB 4706.1—2005,IEC 60335-1:2001,IDT)

GB 4706.71 家用和类似用途电器的安全 供热和供水装置固定循环泵的特殊要求(GB 4706.71—2008,IEC 60335-2-51:2005,IDT)

GB 5226.1 机械安全 机械电气设备 第1部分:通用技术条件(GB 5226.1—2008,IEC 60204-1:2005,IDT)

GB/T 7826 系统可靠性分析技术 失效模式和效应分析(FMEA)程序(GB/T 7826—1987,IEC 60812:1985,IDT)

GB/T 7932 气动系统通用技术条件(GB/T 7932—2003,ISO 4414:1998,IDT)

GB/T 14472—1998 电子设备用固定电容器 第 14 部分:分规范 抑制电源电磁干扰用固定电容器(IEC 60384-14:1993,IDT)

GB 14536.1 家用和类似用途电自动控制器 第 1 部分:通用要求(GB 14536.1—2008,IEC 60730-1:2003,IDT)

GB 14536.6 家用和类似用途电自动控制器 燃烧器电自动控制系统的特殊要求(GB 14536.6—2008,IEC 60730-2-5:2004,IDT)

GB 14536.7 家用和类似用途电自动控制器 第 2-6 部分:压力敏感电自动控制器的特殊要求,包括机械要求(GB 14536.7—2010,IEC 60730-2-6:2007,IDT)

GB 14536.10 家用和类似用途电自动控制器 温度敏感控制器的特殊要求(GB 14536.10—2008,IEC 60730-2-9:2004,IDT)

GB 14536.19 家用和类似用途电自动控制器 电动燃气阀的特殊要求,包括机械要求(GB 14536.19—2006,IEC 60730-2-17:2001,IDT)

GB 14536.21 家用和类似用途电自动控制器 电动油阀的特殊要求,包括机械要求(GB 14536.21—2008,IEC 60730-2-19:1997+A1:2000+A2:2007,IDT)

GB 16754 机械安全 急停 设计原则(GB 16754—2008,ISO 13850:2006,IDT)

GB 17625.1 电磁兼容 限值 谐波电流发射限值(设备每相输入电流≤16 A)(GB 17625.1—2003,IEC 61000-3-2:2001,IDT)

GB 17625.2 电磁兼容 限值 对每相额定电流≤16 A 且无条件接入的设备在公用低压供电系统中产生的电压变化、电压波动和闪烁的限制(GB 17625.2—2007,IEC 61000-3-3:2005,IDT)

GB/T 17799.1 电磁兼容 通用标准 居住、商业和轻工业环境中的抗扰度试验(GB/T 17799.1—1999,IEC 61000-6-1:1997,IDT)

GB/T 17799.2 电磁兼容 通用标准 工业环境中的抗扰度试验(GB/T 17799.2—2003,IEC 61000-6-2:1999,IDT)

GB 17799.3 电磁兼容 通用标准 居住、商业和轻工业环境中的发射标准(GB 17799.3—2001,IEC 61000-6-3:1996,IDT)

GB 17799.4 电磁兼容 通用标准 工业环境中的发射标准(GB 17799.4—2001,IEC 61000-6-4:1997,IDT)

GB 19518.1 爆炸性气体环境用电气设备 电阻式伴热器 第 1 部分:通用和试验要求(GB 19518.1—2004,IEC 62086-1:2001,IDT)

GB/T 20042.1 质子交换膜燃料电池 术语

GB/T 20438(所有部分) 电气/电子/可编程电子安全相关系统的功能安全[IEC 61508(所有部分),IDT]

GB 20936.4 可燃性气体探测用电气设备 第 4 部分:显示气体体积含量至 100%的Ⅱ类探测器的性能要求(GB 20936.4—2008,IEC 61779-4:1998,IDT)

GB/T 21109.1 过程工业领域安全仪表系统的功能安全 第 1 部分:框架、定义、系统、硬件和软件要求(GB/T 21109.1—2007,IEC 61511-1:2003,IDT)

GB/T 21109.3 过程工业领域安全仪表系统的功能安全 第 3 部分:确定要求的安全完整性等级的指南(GB/T 21109.3—2007,IEC 61511-3:2003,IDT)

GB/Z 17625.3 电磁兼容 限值 对额定电流大于 16 A 的设备在低压供电系统中产生的电压波动和闪烁的限制(GB/Z 17625.3—2000,IEC 61000-3-5:1994,IDT)

GB/Z 17625.6 电磁兼容 限值 对额定电流大于 16 A 的设备在低压供电系统中产生的谐波电流的限制(GB/Z 17625.6—2003,IEC/TS 61000-3-4:1998,IDT)

IEC 60079-0 爆炸性气体环境用电气设备 第 1 部分:通用要求(Electrical apparatus for explosive gas atmospheres—Part 0:General requirements)

IEC 60079-2 爆炸性气体环境用电气设备 第5部分:正压外壳型"p"(Electrical apparatus for explosive gas atmospheres—Part 2:Pressurized enclosures "p")

IEC 60079-20 爆炸性气体环境用电气设备 第20部分:与电气设备的使用有关的可燃性气体和蒸气的数据(Electrical apparatus for explosive gas atmospheres—Part 20:Data for flammable gases and vapours,relating to the use of electrical apparatus)

IEC 60300-3-9 可信性管理 第3部分:应用指南 第9节:技术的系统风险分析(Dependability management—Part 3:Application guide—Section 9:Risk analysis of technological systems)

IEC 60417 设备用图形符号(Graphical symbols for use on equipment)

IEC 60950-1:2005 信息技术设备 安全 第1部分:通用要求(Information technology equipment—Safety—Part 1:General requirements)

IEC 61025 故障树分析(FTA)(Fault tree analysis (FTA))

IEC 61779-6 可燃性气体的检测和测量用电气设备 第6部分:可燃性气体检测和测量设备的选择、安装、使用和维护导则(Electrical apparatus for the detection and measurement of flammable gases—Part 6:Guide for the selection,installation,use and maintenance of apparatus for the detection and measurement of flammable gases)

IEC 61882 危险性与可操作性研究(HAZOP研究) 应用指南(Hazard and operability studies (HAZOP studies)—Application guide)

IEC 62282-2 燃料电池技术 第2部分:燃料电池模块(Fuel cell technologies—Part 2:Fuel cell modules)

IEC 62282-3-2 燃料电池技术 第3-2部分:固定式燃料电池发电系统 性能试验方法(Fuel cell technologies—Part 3-2:Stationary fuel cell power systems—Performance test methods)

ISO 3864-2:2004 图形符号 安全色和安全标志 第2部分:产品安全标签的设计原则(Graphical symbols—Safety colours and safety signs—Part 2:Design principles for product safety labels)

ISO 4413 液压系统通用技术条件(Hydraulic fluid power—General rules relating to systems)

ISO 5388:1981 定的空气压缩机 安全规则和操作规程(Stationary air compressors—Safety rules and code of practice)

ISO 7000 设备用图形符号 第1部分:通用符号(Graphical symbols for use on equipment—Index and synopsis)

ISO 10439:2002 石油、化学和气体工业 离心压缩机(Petroleum,chemical and gas service industries—Centrifugal compressors)

ISO 10440-1:2000 石油、石化及天然气工业流程用容积式回转压缩机(Petroleum and natural gas industries—Rotary-type positive-displacement compressors—Part 1:Process compressors (oil-free))

ISO 10440-2:2001 石油及天然气工业用集装型回转无油空气压缩机(Petroleum and natural gas industries—Rotary-type positive-displacement compressors—Part 2:Packaged air compressors(oil-free))

ISO 10442:2002 石油、化学和气体设备工业 包装的整体式齿轮分离空气压缩机(Petroleum,chemical and gas service industries—Packaged,integrally geared centrifugal air compressors)

ISO 13631:2002 石油及天然气工业用集成撬装往复压缩机(Petroleum and natural gas industries—Packaged reciprocating gas compressors)

ISO 13707:2000 石油及天然气工业用往复压缩机(Petroleum and natural gas industries—Reciprocating compressors)

ISO 13709 石油、石油化工和天然气工业用离心泵(Centrifugal pumps for petroleum,petrochemical and natural gas industries)

ISO 14121 机械安全 风险评价的原则(Safety of machinery—Principles of risk assessment)

ISO 14847 回转容积泵 技术要求(Rotary positive displacement pumps—Technical requirements)

ISO 15649 压力管道规范 工业管道(Petroleum and natural gas industries—Piping)

ISO/TR 15916 氢系统安全性的基础问题(Basic considerations for the safety of hydrogen systems)

ISO/TS 16528 锅炉及压力容器 促进国际社会认可的注册准则和标准(Boilers and pressure vessels—Registration of codes and standards to promote international recognition)

IEC/TS 60079-16 爆炸性气体环境用电气设备 第16部分:保护分析仪器房屋的人工通风(Electrical apparatus for explosive gas atmospheres—Part 16:Artificial ventilation for the protection of analyzer(s) houses)

ISO/IEC 指南 7:1994 制定合格评定用标准指南(Guidelines for drafting of standards suitable for use for conformity assessment)

ISO/IEC 指南 51:1999 标准化工作指南 第4部分:标准中涉及安全的内容(Safety aspects—Guidelines for their inclusion in standards)

IEC 指南 104:199 安全出版物的编写及基础安全出版物和多专业共用安全出版物的应用导则(The preparation of safety publications and the use of basic safety publications and group safety publications)

## 3 术语和定义

下列术语和定义适用于本文件。

3.1

**可接近性 accessible**

在正常操作条件下,符合如下因素之一的区域:

a) 在不使用工具的情况下可以接近;

b) 有意识地为操作人员提供接近方式后,可以接近;

c) 无论是否需要使用工具,均可以引导操作人员接近。

注:除非另有界定,术语“接近”和“可接近性”仅涉及操作人员接近上述定义的区域。

3.2

**超低压电路 circuit,extra low voltage;ELV**

**ELV 电路**

在正常运行条件下,由基本绝缘层与危险电压隔离开,既不满足安全超低压电路的所有要求,也不满足限流电路的所有要求的次级电路,其中任意两个电导体之间及任何一个电导体与地线之间的电压峰值不超过 42.4 V 或直流电压不超过 60 V,则上述电路为超低压电路。

IEC 60950-1:2005

3.3

**限流电路 circuit,limited current**

在正常运行条件和单一故障条件下,该电路的设计与保护措施能保证其中产生的电流不会造成危害。

IEC 60950-1:2005

3.4

**主电路　circuit,primary**

直接连接至交流电源的电路。例如,主电路可包括连接至交流电源的连接件、变压器的主绕组、电动机和其他负载装置。

IEC 60950-1:2005

3.5

**安全控制电路　circuit,safety-control**

该电路或其一部分包括了一个或多个安全控制措施,用于防范由于电路中任何一部分接地、开路或短路而失效时引起的被控制设备的不安全运行。

3.6

**安全超低压电路　circuit,safety extra low voltage;SELV**

在正常操作条件和单一故障条件下,电路设计与保护设备能保证其产生的电压不超过某一安全值的次级电路。

IEC 60950-1:2005

3.7

**次级电路　circuit,secondary**

该电路未直接连接至主电路,通过变压器、转换器或同等独立装置或电池获得电力。

IEC 60950-1:2005

3.8

**电信网络电压电路　circuit,telecommunications network voltage;TNV**

**TNV 电路**

该电路被设计与保护于电信设备内部或其可接近性受到限制区域,在正常运行条件和单一故障条件下,电压不超过规定的限定值。

[IEC 60950-1:2005,第 1.2.8.8“具体极限值”]

3.9

**Ⅰ类设备　class Ⅰ equipment**

通过采取以下保护措施以避免发生电击现象的设备:

a) 采用基本型绝缘;

b) 配备连接至楼宇保护性接地导体的设备,即使设备的基本绝缘层遭到损坏,上述导体也能使设备不产生危险性电压。

注:Ⅰ类设备的零部件可以是双重型绝缘或增强型绝缘。

3.10

**设计压力　design pressure**

为确定最小厚度或物理性能,在零部件设计及与材料设计温度相一致所采用的压力。

3.11

**排气　effluent**

从气体利用设备中排出的燃烧产物和多余的空气(亦称废气)。

3.12

**电气设备　electrical equipment**

见 3.14。

3.13

**ELV 电路　ELV circuit**

见 3.2。

3.14

**电气设备　equipment,electrical**

通用术语,本标准所指的电气设备包括材料、配件、应用设备、固定件、仪器等在电气安装中的连接件或组件。

3.15

**火焰熄灭锁定时间　flame failure lock-out time**

见3.31。

3.16

**燃料电池　fuel cell**

将燃料(比如,氢气、富含氢气的气体、醇类、碳水化合物)和氧化剂的化学能转换成直流电、热量和其他反应产物的电化学反应装置。

3.17

**排气道　gas vent**

由厂家根据装配清单提供的部件组成的通道,用于将气体利用设备或其排气孔连接器内的废气输送到外部大气。(又见3.56)

3.18

**热交换器　heat exchanger**

用于将热量从一种介质传递至另一种介质的装置。

3.19

**点火器　igniter**

用电能点燃母火或主燃烧器内的气体的装置。

3.20

**自动点燃　ignition,automatic**

气体控制装置开启时,点燃燃烧器内气体的装置,包括当燃烧器的火焰被以某种方式(除关闭气体控制装置外)熄灭后重新点燃。

3.21

**点火装置　ignition device**

a)　用于点燃燃烧器内气体的装置。可以是母火,也可以是点火器;

b)　**直接点燃**

用点火器点燃主燃烧器内的气体。

3.22

**自动点火系统　ignition system,automatic**

用于点燃和重新点燃主燃烧器的点火系统,需满足下列条件:

a)　分别检验点火源或主燃烧器是否有火焰,或二者均检验;

b)　自动点燃主燃烧器或母火内的可燃气体,从而母火可以点燃主燃烧器;

c)　当无法检验被监控的火焰或点燃源时,可自动关闭主燃烧器或母火和主燃烧器的可燃气体源。

3.23

**点火系统时序　ignition system timings**

a)　火焰形成时段　flame-establishing period

从可燃气体流开启至检测到被监控火焰或检测到被监控火焰至可燃气体流开启之间的时间段。上述时间段可以检验可燃气体的点火源或主燃烧器火焰,或二者均检验。

b)　点火运行时段　ignition activation period

从主气体阀门启动至在熄火时间前停止点火装置之间的时间段。

c） 锁定时间 lockout time

在检测被监控的点火源或主燃烧器火焰失败的情况下，从启动气流至关闭气流动作之间的时间段。重新启动点火过程需要人工进行操作。

d） 最长时间 maximum time

任何一个装置运行规定功能的最大允许时间。

e） 吹扫时间 purge time

除去未燃烧气体或剩余燃烧产物的时间段。

1） 预吹扫时间 pre-purge time

在燃烧器运行周期开始，启动点火前的吹扫时间。

2） 后吹扫时间 post-purge time

燃烧器运行周期结束时的吹扫时间。

f） 循环时间 recycle time

在被监控的点火源或被监控的主燃烧器火焰消失后，从关闭可燃气体源至重新启动点火源之间的时间段。

3.24

**绝缘 insulation**

a） 基本型

对防电击提供基本保护的绝缘。

b） 双重型

由基本绝缘加上附加绝缘构成的绝缘。

c） 功能型

仅设备正常工作所需要的绝缘。

d） 加强型

一种单一的绝缘结构，在本标准规定条件下，其所提供的防电击的保护等级相当于双重型绝缘。

注1：按照定义，功能型绝缘并不起防电击的作用，但其可能会减小引燃和着火的危险。

注2："绝缘系统"这一术语并不是指该绝缘必须是一个质地均匀的整体。这种绝缘系统可以由几个不能像附加型绝缘或基本型绝缘那样单独来试验的绝缘层组成。

3.25

**联锁 interlock**

检验规定条件的物理状态并保证执行安全关闭装置电路的控制装置。

3.26

**连接点 joints**

燃料电池发电系统传热装置表面之间、部件的正负压力区之间及燃料电池发电系统部件之间的连接点。

3.27

**标识件 labelled**

带有管理部门认可的某个组织的标签、记号或其他辨认标志的设备或材料(上述管理部门对标记设备或材料的生产进行周期性的检查，从而对产品性能进行评定)，设备或材料的制造商以该方式宣称标签设备或材料的性能符合相应的标准。

3.28

**限流电路 limited current circuit**

见3.3。

3.29

**公告 listed**

包括在由国家认可的试验室、检验机构或其他相关组织所公布的公告内的设备或材料(上述机构或组织应对列名的设备或材料进行周期性检验及对产品性能进行评定),上述公告内所列设备或材料符合国家认可的标准或经试验证明能满足特定的使用要求。

3.30

**正常负载 load,normal**

连接至利用外部电源控制待机、启动或维持发电系统运行的最大负载。

3.31

**熄火时间 lock-out time,flame failure**

出现火焰熄灭信号至火焰熄灭之间的时间段。

3.32

**主燃烧器 main burner**

将燃气或燃气与空气混合气输送至最终的燃烧区域实现燃烧,完成设备设计功能的设备或设备组。

3.33

**共用管道 manifold**

向燃料电池或燃料电池堆输送气体或从燃料电池或燃料电池堆回收气体的通道。

3.34

**材料 materials**

a) 可燃性材料 combustible

与发热装置(例如,排气口连接器、排气出口、蒸汽和热水管道及暖气管道等)相邻的或接触的材料,若其成分或表面由木材、层压纸、植物纤维或其他可被点燃和燃烧的材料制造,即使其具有阻燃性、经耐火处理或涂敷处理,也应视为可燃性材料。

b) 不可燃性材料 non-combustible

根据本标准规定,凡无法被点燃或不能燃烧的材料均为不可燃性材料,例如,由钢、铁、砖、瓦、混凝土、石板、石棉、玻璃和石膏等组成的材料或由上述材料混合成的材料。

3.35

**最大允许工作压力 maximum allowable working pressure**

见3.63。

3.36

**最大工作压力 maximum operating pressure**

见3.39。

3.37

**正常负载 normal load**

见3.30。

3.38

**正常运行条件 normal operating conditions**

燃料电池发电系统在正常条件下的运行状态,尤指:

——与电压和电流相对应的公称(额定)功率输出;

——与温度和冷却介质流(如适用)相对应的公称热能输出;

——燃料电池发电系统所有子系统的公称温度范围;

——标准的燃料成分;

——阳极和阴极介质的公称流量;

——发电系统内所有流体的公称压力范围；

——制造商使用说明书规定范围内功率输出(包括电力输出与热能输出)的变化。

除另有规定外，在制造商的规定条件下，整个燃料电池系统运行时，输入电压和频率偏差应在额定值的2%以内，额定输出条件下燃料消耗量偏差应在额定值的5%以内。其他参数的偏差宜由制造商规定。

注：不符合上述正常运行条件的应视为非正常运行条件。

3.39

**最大工作压力 operating pressure，maximum；MOP**

在正常运行过程中(包括启动、停车和瞬变)，部件或系统达到的最高表压。

3.40

**钝态 passive state**

当燃料电池发电系统关闭输出或者在启动之前(初始状态)，用蒸汽、空气或氮气或按制造说明书吹扫燃料电池发电系统时，燃料电池发电系统内部各部件仍/已正常投入工作的状态。

3.41

**母火 pilot**

用于点燃主燃烧器可燃气体的小型火种，有如下类型：

a） 连续型

不管主燃烧器是否燃烧，母火在主燃烧器的整个服务期间不熄灭，一直燃烧。

b） 扩展型

这是连续型母火的一种，为了可靠地点燃主燃烧器，它在点燃时会自动扩大，而在主燃烧器火焰形成后又自动减小。

c） 间歇型

每次出现初始化信号时自动被点燃的母火，在主燃烧器燃烧的整个时段内该母火保持燃烧。

d） 断续型

每次出现初始化信号时自动被点燃的母火，在主燃烧器火焰形成后该母火自动熄灭。

e） 检验用

由基本安全装置监控的母火。

3.42

**管道系统 piping system**

用于将气体设备连接至气体供应点的所有管道、阀门和配件。

3.43

**A型可插式设备 pluggable equipment type A**

通过非工业用插头、插座，或非工业用器具耦合器，或兼用两者，与建筑物安装配线连接的设备。

3.44

**端口 port**

燃烧器内部所有用于提供燃气或燃气与空气混合气体的开口。

3.45

**发电系统 power system**

用于产生有用电能和可回收热能的，成套的自动化操作的集成系统。

3.46

**主电路 primary circuit**

见3.4。

3.47

**吹扫　purge**

排除气体管道中的空气、燃气或二者的混合物。

3.48

**重整器　reformer**

供燃气和其他再循环气流（如果利用再循环情况下）与水蒸气和热进行反应（通常加催化剂），生成燃料电池发电系统使用的富氢气体的反应器。

3.49

**气流调节器　regulator，draft**

通过自动减小气流量到预定值以维持设备内设定气流量的装置。

3.50

**次级电路　secondary circuit**

见3.7。

3.51

**安全超低压电路　SELV circuit**

见3.6。

3.52

**比重　specific gravity**

在相同条件下测量的给定体积的一种物质的重量或质量与同等体积的其他用作标准物质（比如空气对各种气体、水对各种液体和固体等）的重量或质量的比值。

3.53

**中止点　stop**

控制中一个确定的点（值），如温度限值控制，用以防止控制调整超出该限值点。

3.54

**热平衡状态　thermal equilibrium conditions**

每间隔15 min所读两个温度的变化不超过3 K（5 ℉）或绝对工作温度的1%（以二者中数值大者为准）的稳定温度状态。

3.55

**电信网络电压电路（TNV电路）　TNV circuit**

见3.8。

3.56

**排气道　vent**

用于将燃气设备或其他排气口连接器内的燃烧产物输送至外界大气中的通道或管道。

3.57

**排气道连接器　vent connector**

排气系统中将燃气设备烟道出口连接至气体排放口或单壁金属管道的部分。

3.58

**排出气体　vent gases**

从燃气设备排出的燃烧产物与过剩空气，以及气流调节器或类似设备上排气系统内的稀释空气。

3.59

**排气孔终端（排气孔盖）　vent terminal（vent cap）**

位于排气管末端、将烟气等燃烧产物导入外界大气的配件。

3.60

**通风 ventilation**

将处理或未处理过的空气，经自然或机械方式通入或排出任意空间的过程。

3.61

**排气系统 venting system**

将气体出口、单层金属管道和排气口连接器(如果使用)组装以形成从燃气设备烟道衬圈至外界大气的连续性开口通道，用于将排出气体从设备内排出。

3.62

**危险电压 voltage，hazardous**

既不符合限流电路要求，也不符合 TNV 电路要求的电路内峰值超过 42.4 V 的交流电压或超过 60 V 的直流电压。

IEC 60950-1:2005

3.63

**最大允许工作压力 working pressure，maximum allowable；MAWP**

设备或系统标称的在正常运行条件下可以承受的最大工作流体(气体或液体)的表压，达到此压时将启动故障管理程序。

注：最大运行压力与泄压装置设定点(该点通常设定在减压装置的最大允许工作压力或最大允许工作压力以下)之间通常存在一个余量。

## 4 安全要求和保护性措施

### 4.1 总体安全策略

4.1.1 制造商应确保：

——确定在燃料电池的预期使用寿命内与燃料电池发电系统相关的所有可预见的危险、危险情况和事故；

——对上述每种危险的发生机率及其可预见的严重后果根据适用的 ISO 14121、IEC 61882、IEC 60300-3-9 或 GB/T 21109.3 等标准或其等同标准，进行过风险评估；

——已尽可能地在设计过程中，消除或减少所评估风险的全部两个因素(发生机率与严重性)，且包括在设计中有理由预见到的固有的安全设计和制造误用所导致的风险；

——对未消除或无法消除的各种风险采取了必要的保护措施(提供报警和安全装置)；

——用户已被告知了需要采用的附加安全措施。

根据燃料电池系统内燃料和其他贮能(例如可燃性材料、受压介质、电能、机械能等)的量值，有必要消除潜在的危险。应根据下列步骤制定燃料电池系统的总体安全策略：

——当上述能量几乎在瞬时释放时，消除危及燃料电池系统之外部危险；或

——以被动方式控制(例如利用爆炸安全隔板、排泄阀、隔热装置等)上述能量形式时，应确保上述能量的释放不会对环境造成危害；或

——以主动方式控制(例如在燃料电池系统内使用电子控制设备，该设备根据对传感器信号的评估结果可执行足够的防范措施)时，应详细调查由于上述控制设备出现故障而导致继续存在的风险。可参见 GB/T 20438 中有关关键部件的安全指南；或

——针对仍存在的风险提供适当的安全标识。

利用上述技术措施时，应特别关注处理附录 A 中所列的危险。

4.1.2 制造商应说明对燃料电池系统安全产生重大影响的故障已进行过安全与可靠性分析，对未消除的危险风险采取了必要的保护措施。

应参照GB/T 7826,IEC 61025或其他等效的标准进行可靠性分析。

4.1.3 正常条件和非正常条件下的运行状态

燃料电池系统的制造应满足以下条件:该系统应能在制造商使用说明书规定的所有正常运行条件下运行而不发生损坏。对于可预见的非正常运行条件,燃料电池系统在制造和设计时应考虑4.1列出的影响因素。

## 4.2 物理环境与运行条件

### 4.2.1 概述

设计和制造燃料电池发电系统及其保护性装置时应使其能够在4.2.2～4.2.8规定的物理环境和运行条件下达到设定的功能。

### 4.2.2 电能输入

燃料电池发电系统应被设计成能在GB 5226.1中规定的电能输入条件下或制造商规定的其他电能输入条件下正常运行。

### 4.2.3 物理环境

制造商应规定适于燃料电池发电系统的环境的物理条件,应考虑以下因素:

——室内或室外使用;

——燃料电池发电系统能够正常运行的海拔高度;

——燃料电池发电系统能够正常运行的空气温度、湿度范围;

——燃料电池发电系统可能被安置在地震区。

### 4.2.4 燃料输入

燃料电池发电系统应被设计成能在给定的燃料的限定成分和供给方式下(例如管道天然气)正常运行。在用户手册中,制造商应规定用于燃料电池发电系统的燃料限定成分和供应方式。

### 4.2.5 水的输入

制造商应规定用于燃料电池发电系统的水质与供应方式。

### 4.2.6 振动、震动与撞击

通过选用适当设备,安装在远离燃料电池发电系统的位置,或通过使用防震动安装措施来避免振动、震动和撞击(包括由机器本身及辅助设备所产生,以及由物理环境产生的振动、震动和撞击)产生的不良影响。上述不良影响不包括地震冲击造成的影响,若制造商认为其产品适于在地震区使用,应单独说明(见4.2.3)。

### 4.2.7 装卸、运输和贮存

燃料电池发电系统的设计应能够承受或采取适当的预防措施后能承受－25 ℃～＋55 ℃的运输和贮存温度,并能承受短时间＋70 ℃的高温(24 h内)。制造商也可规定替代的温度范围。

燃料电池发电系统及其部件应:

——能够被安全装卸和运输,在必要情况下应提供用起重机或类似设备进行装卸的适当方法;

——设计和包装时应使其能够安全贮存而不受损坏(例如具有足够的稳定性和特别加固等)。

如有必要,制造商应说明燃料电池系统装卸、运输和贮存的专门方法。

#### 4.2.8 系统的吹扫

燃料电池系统应提供吹扫措施，为了安全，应根据制造商的规定使燃料电池系统在关闭后或启动前处于钝态。吹扫系统可使用制造商规定的介质(包括但不限于氮气、空气或无危险状态下的蒸气)，对燃料电池系统进行吹扫。

### 4.3 材料的选择

所有材料均应适用于规定目的。

4.3.1 当已知制造燃料电池发电系统所使用的材料在某些条件下会发生危险时，制造商应采取各种防范措施，并向用户提供必要的信息，以最大程度地减小危及人身安全与健康的风险。

4.3.2 燃料电池发电系统中，不得使用石棉或含石棉物质。

4.3.3 用于制造燃料电池发电系统内部或外部部件的金属和非金属材料(特别是那些直接或间接暴露在潮湿环境、含有工业废气或废液流以及用于密封和相互连接的所有部件和材料，比如焊接材料等)应能适用于设备使用寿命内可预见的所有物理、化学和热学条件及所有试验条件，尤其是：

——上述部件在制造商规定的所有运行条件和整个使用寿命中，应能够保持与强度相关的机械稳定性(如疲劳特性、疲劳极限和热蠕变强度)；

——上述部件应对其所储存流体的物理和化学反应及其外部环境侵蚀具有足够的抵抗力；除预定的更换，在燃料电池系统的设计使用寿命内，其运行安全所必需的化学和物理性能不应受到重大影响；尤其在选择材料和制造方法时，应充分考虑材料的抗腐蚀性能、耐磨性能、导电性能、冲击强度、抗老化性能、温度变化的影响、材料放置在一起时产生的其他影响(例如电蚀)、紫外线照射的影响以及氢气对材料机械性能的衰减影响等。可参阅 ISO/TR 15916 和附录 B 了解氢气对某种材料机械性能的衰减影响。

4.3.4 当可能出现腐蚀、磨损、侵蚀或其他化学反应腐蚀情况时，应采用如下防范措施：

——通过采取适当设计(例如增加厚度)或采用适当的保护措施(例如使用内衬物、镀层材料或表面涂层，以及充分考虑燃料电池系统合理可预见用途等)最大程度地降低上述影响；

——能够对受影响最严重的部件进行更换；

——根据 7.4.5 使用说明，应注意保障燃料电池发电系统持续性安全使用的检查标准和频率及必要的维修措施，如有可能，应指出哪些个部件易受影响及其更换的依据。

### 4.4 一般要求

4.4.1 在符合燃料电池发电系统用途的前提下，燃料电池发电系统的可接触部件不得具有可能造成人身伤害的尖利的边、角和粗糙表面。

4.4.2 在设计、制造的燃料电池发电系统或其部件上有供操作人员活动、站立的位置时，应防止操作人员在上述部件上滑倒、绊倒或跌落。

4.4.3 燃料电池发电系统及其组件、配件在设计制造时应充分考虑稳定性，以便在预定的运行条件下(必要时还要考虑天气条件)使用时不会发生翻倒、坠落或意外移动的风险。除此以外，燃料电池系统使用说明书中应规定固定上述部件的适当措施。

4.4.4 燃料电池发电系统的活动部件在设计、制造和布置时应避免出现危险，无法避免时，应使用防护罩或保护装置防止可能导致事故发生的接触风险。

4.4.5 燃料电池发电系统的各种部件及其连接件在正常使用过程中应能避免可能导致危害其安全性能的失稳、变形、断裂或磨损。

4.4.6 在设计、制造和/或装配燃料电池发电系统时，应避免由于制造、运行或维护燃料电池发电系统的过程中释放的各种气体、液体、粉尘或蒸气造成的各种风险。

4.4.7 所有部件的安装或附装均应牢固，并配有刚性支撑架。如果应用需要，可使用防震支架。

4.4.8 根据4.9.1中的安全与可靠性分析的规定，应对所有安全关闭系统部件（上述部件出现故障时可能导致危险事故发生）的预期使用效果进行确认、验证或单独试验。

4.4.9 接触或靠近高温设备外壳、操作杆、把手或旋钮外表面而导致的损害风险：

a) 制造商应采取措施消除因接触或靠近燃料电池发电系统高温设备外壳、操作杆、把手、旋钮外表面而导致的损害风险。

若燃料电池发电系统外壳、操作杆、把手、旋钮或类似部件外表面在系统运行时可以与未配备个人防护装备的用户接触，则制造商应根据表1对上述部件外表面的温度进行限制或安装防护罩或保护装置以防止可能导致事故的接触风险。

**表1 允许表面温度**

| 部件 | 升温值/℃ |
|---|---|
| 外壳（正常使用中的操作杆除外） | 60 |
| 在正常使用过程中仅短时间握持的操作杆、把手、旋钮和类似部件的外表面： | |
| 金属材质 | 35 |
| 陶瓷材质 | 45 |
| 铸模材料（塑料）、橡胶或木质材料 | 60 |

最高表面温升是未配备个人防护装备的操作人员在操作过程中可接触的上述部件外表面温度高于环境温度的最大值。最高表面温升数值参照IEC 60335-1中表3规定。

b) 在5.13b)试验条件下，与固定式燃料电池发电系统相邻的墙壁、地板和天花板的温度不得超过环境温度50 ℃以上。

4.4.10 燃料电池发电系统的设计和制造，应将其经空气传播的噪音降低至与相关国家和地区空气噪声传播规范与标准相符的等级。

4.4.11 燃料电池发电系统在正常稳定运行条件下排入大气的排放物中，CO的体积浓度不得超过$300\times10^{-6}$，排气样本中的CO浓度应经数值校正到零过量空气的状态。

4.4.12 当管道内含有爆炸性、可燃性或有毒流体时，在设计过程中应采取适当的预防措施并在取样点与出口处进行标识。

4.4.13 置于燃料电池发电系统内的部件和材料的最高温度不得超过其额定温度。

4.4.14 制造商应考虑燃料电池发电系统在物理环境中出现污染物（例如，粉尘、盐类、烟气和腐蚀性气体）的适应性。

4.4.15 燃料电池发电系统外壳的设计应能安全容纳任何预知的危险性液体泄漏（见4.5.2f））。其容纳量应能容纳可能泄漏液体最大体积的110%。

## 4.5 压力设备与管道

### 4.5.1 压力设备

压力容器的制造与标识，如反应器、热交换器、燃气管式加热器和锅炉、电热锅炉、冷却器、贮集器及类似容器和相关减压装置，如减压阀和类似装置，应按照国家和地方相关压力设备规范与标准的规定制造和标识。ISO 16528提供了有关压力容器的标准。

不符合国家和地方相关压力设备规范与标准规定的容器，如各种罐和类似容器，应参照4.3采用适当的材料制造并应满足4.4中的相关要求。上述容器及其相关接头与配件在设计和制造时应具有足够的强度以保证正常工作并防止意外泄漏。

### 4.5.2 管道系统

管道及其相关接头与配件应符合 ISO 15649 标准中相关章节的规定。

内部表压设计为 0 或在 0 kPa～105 kPa 之间的管道系统，若输送的液体为非可燃性、无毒液体且不对人体组织造成损害，且其设计温度范围为 −29 ℃～+186 ℃时，上述管道系统不在 ISO 15649 标准规定的范围内。符合上述条件的管道系统应参照 4.3 采用适当的材料制造并应满足 4.4 中的相关要求。上述管道及其相关接头与配件在设计和制造时应具有足够的强度以保证正常工作并防止意外泄漏。

刚性和柔性管道及其配件的设计和制造应考虑以下因素：

a) 制作材料应符合 4.3 中规定的要求。
b) 应彻底清理管道内表面以去除松散的颗粒并小心去除管道两端的阻碍物和毛刺。
c) 若在燃料电池发电系统启动、停止和使用过程中，输送气态流体的管道内的流体冷凝或沉淀物积聚可能造成水击作用、真空失效、腐蚀或不可控化学反应等因素带来的损坏，制造商应提供在清理、检查和维护管道系统过程中从低位置区排放和清除沉淀物的方法。制造商还应设法确保燃气控制器内不出现沉积物或冷凝积聚物。应安装沉积物收集器或过滤器，或在产品技术说明书中提供足够说明。
d) 制造商应采取措施以防液体燃料控制器内出现沉淀物积聚现象。应安装沉淀物收集器或过滤器，或产品技术说明书中提供足够说明。
e) 用非金属管道输送易燃性气体时，应防止发生过热现象。应根据 4.1.2 中安全与可靠性分析的要求，采取措施以防输送易燃性气体的部件温度超过其设计温度。
f) 液体燃料电池发电系统应有包括收集、循环利用或安全处理释放液体燃料的措施。应采用液滴收集盘、防溢流挡板或双壁管道的设计预防不可控制的泄露。

### 4.5.3 废气排气系统

燃料电池发电系统应配备排放装置以便将燃烧产物从燃气设备中传送到外界。小型燃料电池发电系统(净输出电功率低于 10 kW)安装标准可免除上述要求。制造商应设计和制造符合下列要求的排气管道或在产品技术说明书中提供设计和制造排气管道的说明：

a) 材料应满足 4.3 中规定的要求。排放系统尤其应采用抗冷凝物腐蚀的材料制作。非金属材料应鉴定其耐温、强度和抗冷凝物反应的性能。
b) 燃料电池发电系统的排气系统部件应经久耐用。排放系统部件，包括燃料电池发电系统内的部件，不得发生可导致燃料电池发电系统不安全运行的断裂、分解或损坏。
c) 排气管道应具有适当的支撑并配备防雨盖或其他不限制或阻碍气体流垂直向上排放的部件。
d) 应配备，如排水装置，以防水、冰和其他杂物在排气管内积聚或阻塞排气管道。
e) 排气管道末端应置于室外安全地区，远离用户区、点火源、进风口、楼宇通道和屋檐。
f) 燃料电池发电系统的排气系统应密封，不得有泄漏。
g) 废气出口的法兰盘尺寸应与商用标准直径的排气口连接器配套，或根据制造商的安装说明与管道配套。
h) 若使用检验废气流的压力开关，则应在生产厂内设定，或按照制造商的要求由经授权的工作人员进行现场设定。然后应锁定其调节工具。压力开关应带有明确的标识，给出电器制造商或销售商的部件号或与锁定压力设置相关的文件。
i) 压力开关中与废气冷凝物接触的部件在正常运行温度下应具有抗废气冷凝物腐蚀的性能。
j) 根据 5.14 中的试验，当排气系统处于 116 Pa 的静态压力或 134.5 Pa 的风速压力(风速为

54 km/h)下，燃料电池发电系统能够进行启动且不发生关闭。

k) 当燃料电池发电系统配备排气系统时，排气系统输送的废气的平均温度不得超过制造排气系统所用材料的耐受温度。

#### 4.5.4 输送气体部件

气体通道应具有气密性以便在正常运输、安装和使用条件下气密性都不会受到影响。

### 4.6 防火防爆措施

#### 4.6.1 配备机柜的燃料电池发电系统的防火防爆措施

a) 燃料电池发电系统应一体化组装集成以防止燃料电池发电系统内可燃气体积聚的危险。

b) 稀释区是将正常内部释放物在排放前稀释到低于25%LFL临界值(氢气LFL)的区域。它的边界可通过流体力学分析、示踪气体探测或类似GB 3836.14给出的方法确定)。稀释区内安装的所有装置均应符合e)中规定要求。稀释区容积应符合GB 3836.14标准分级。各种典型气体的临界值(LFL)见IEC 60079-20。

c) 机柜内有可燃气或水蒸气源的隔间定义为燃料室，燃料室的设计要求如下：

——保持气体混合物低于25%LFL临界值(氢气LFL)，稀释区除外；而且

——应将稀释边界范围限定在燃料室内。

d) 维持正常内部释放物低于25%LFL(氢气LFL)的措施，稀释区除外，包括：

1) 正常内部释放物的受控氧化

此氧化作用可通过提供持续可靠的点火过程和可确保释放气体燃烧的氧化剂源或利用催化剂氧化装置来实现。

制造商应确保最大释放量反应时，产生的压力和温度可限制在燃料室内，且部件可以耐受上述条件。

2) 正常内部释放物的空气稀释

此稀释过程可通过安装机械通风装置，用空气将正常释放物的浓度稀释至低于25%LFL(氢气LFL)，稀释区除外。在任何情况下，通风装置的最小通风率均应与5.4试验中规定的最大许可泄漏率相配。

根据IEC 60079-16规定，燃料室的通风装置应设计成相对于燃料电池发电系统内其他隔间及周围环境(引导或排气通风)呈负压运行。可通过测量通风气流的速度或压力，确保通风系统的正常运行。通风设备出现故障时设备应停止运行。

另一种方法，如果有办法在所有使用条件下控制可燃气体浓度低于25%LFL，则燃料室不必配备负压通风装置。稀释区或g)中规定的情况除外。

依靠通风防止可燃气体积聚的燃料室在吹扫时应保证可燃气体浓度低于25%LFL。

注：满足实现上述要求的方法之一是在适当的时间段内配备至少四个空气交换装置以确保得到上述结果。

不符合b)中规定的区域分级的设备，在启动前应进行吹扫作业。若设计证明隔间及相关管道内的气体不具有危险性，则可不进行吹扫作业。所有需要在吹扫作业前启动或实现吹扫作业必须启动的装置均应符合e)中的规定。

e) 在b)中规定的危险分级区域，除采取了d)中1)规定的保护措施的装置外，制造商应通过以下措施确保消除点火源：

——分级区域所安装的电气设备符合IEC 60079-0的规定和IEC 60079系列标准中其他相关部分的规定；

——若安装电阻丝加热器，应遵照GB 19518.1；

——表面温度不得超过可燃气体或蒸气自燃温度的 80%(按℃计)。有关各种可燃性流体的自燃温度请参照 IEC 60079-20;

——根据 GB 5226.1,通过搭接、接地及选择适当的材料等方式消除静电;

——内含可催化可燃性流体和空气反应的材料的设备应能够控制上述反应的传播,以防上述反应从该设备传播到周围可燃性气体。

f) 根据 IEC 60079-2 中的规定,安装有电气设备或机械设备的隔间相对于相邻的其他包含可燃气体或蒸汽的隔间应保持正压,除非此类设备符合 e)中的规定。

g) 燃料电池发电系统应配备被动式、主动式或其二者组合式装置以保持非正常的内部释放物低于 25%LFL(氢气 LFL),稀释区除外。

若容器和管道在设计时已经考虑到预防突发故障和灾难性故障的措施,则不必在故障分析中视此类故障为意外释放(可参见 4.5)。

被动方式包括但不限于采用管道喷口及类似的限流装置,或永久性安装的接头保护装置等机械限制装置将可燃气体或蒸汽的排放速率限制在可预计的最大值内。

主动方式可包括可燃气体或蒸汽流量测定和控制装置,或提供诸如可燃气体传感器等安全装置。此类方式应符合 4.9 中的规定,且当通风装置排气口中任何一种可燃气体浓度超过 25%LFL(氢气 LFL)时应停止燃料电池发电系统的运行。

h) 燃料电池发电系统在设计时应考虑安全排放和废气处理。尤其对于室内安装的,通风装置和废气处理装置应设计成连接至烟道或排气系统。

i) 输送氢气的非金属管道可能会沿其外表面积聚静电电荷,该管道外表面的放电足以点燃周围环境中气体或蒸汽的易燃混合物。当其用于 1 号区或 2 号区(见 GB 3836.14)的位置时,应采取消除静电电荷放电的措施。可通过选用具有足够导电性的管道材料或将气流速度限制在静电电荷难以积聚的数值以下实现。0 号区位置不得使用依靠防护系统(如接地导线或辫线)消除静电电荷放电现象的管道。

注:当非金属管道壁内的金属导线或壁外的辫线与其相连的导体断开时,它们可能会增加静电电荷放电的机率。位于 1 号区和 2 号区的此类导体应采用主动式的机械固定方式。

### 4.6.2 燃烧器内的防火防爆措施

a) 燃料电池发电系统设计,应避免可燃性或爆炸性气体在燃烧器(点火器、主燃烧器、重整部分的辅助燃烧器,尾气燃烧器)内不安全阻塞。

b) 主燃烧器应配备母火或直接点火装置。

c) 直接点火装置应能够自动控制且不得导致燃烧器的损坏,直接点火装置应与主燃烧器端口正确定位。还应提供防止主燃烧器的直接点火装置被错装或倒装的方法。

d) 母火应被自动控制且直接点火装置能够点燃所有引燃燃料。母火应被设计安装在其要引燃的燃烧器的正确的位置。若母火为启动燃烧器的一个组成部分时,仅需要根据本标准对其结构和性能规格进行评估。

e) 自动化电气燃烧器控制系统应符合 4.9.2 中的要求。

f) 主燃烧器或母火火焰或其两者应由火焰探测器监控。若主燃烧器由母火点燃,在向主燃烧器供气前,应检测母火处的火焰状态。配备断续型母火的系统应在主燃烧器火焰形成阶段后监控主燃烧器火焰。

g) 即使供给母火的燃料减少到母火火焰刚好能够激活基本安全控制装置时,受监控的母火火焰也应能有效地点燃主燃烧器的燃料。

h) 若母火的热量输入不超过 0.25 kW,则不必规定火焰形成时间。

i) 若母火的热量输入超过 0.25 kW,或主燃烧器直接点火,则应由制造商确定火焰形成时间以免发生影响用户健康与安全或损坏燃料电池发电系统的危险。(参见 5.11.1 中的延迟点火试验)。

j) 每个母火或主燃烧器点火尝试均应从燃料阀门打开时开始到燃料阀门关闭时结束。其火花应至少持续到点火发生,或持续到火焰形成阶段结束。

k) 母火或主燃烧器直接点火装置最多可尝试三次,且每次使用后应进行吹扫。若第三次尝试点火后仍然没有火焰,则最低限度应应停止再尝试点火。

l) 若火焰无法形成,系统至少应重新进行点火、循环使用或停止。

m) 母火或主燃烧器的火焰故障锁死时间不得超过 3 s。

n) 若出现重新点火情况,根据 5.11.1 规定的试验条件,直接点火装置在火焰信号消失后最长 1 s 的时间内应能够被重新通电。此种情况下,火焰从点火装置开始通电时的形成时间应与点火时间相同。火焰形成时间结束后仍无火焰则至少应停止。

o) 若出现循环使用的情况,根据 5.11.1 规定的试验条件,应在循环使用前中断可燃气体的供应并进行吹扫;点火过程应重新开始。此种情况下,火焰从点火装置开始被通电时的形成时间应与点火时间相同。最多可尝试循环三次,每次使用后应进行吹扫。若第三次尝试点火后仍然没有火焰,则至少应停止。

p) 燃烧器电路应防止主燃烧器关闭后电机、电容或类似设备的反馈电流对燃料阀或点火设备再通电。

q) 出于安全考虑,若主燃烧器启动前或关闭后需要处于钝态,则在启动点火试验前或循环点火试验间隙,应具有自动吹扫燃烧器机壳或充入任何可燃气体混合物的功能,吹扫过程至少应对燃烧室进行四次空气置换。

r) 安装的点火系统部件应能确保点火装置的运行和主燃烧器点火的过程在正常运行时不应受下沉颗粒或冷凝物影响。

s) 当新鲜空气在压力下与供应的燃料混合时,应提供有效的方式阻止空气流进入燃料管道或燃料流入空气源。应对燃料和空气源进行适度控制,在点火前检验空气流并在空气流出现前预防燃料进入每个重整器燃烧室内。若空气风扇出现故障,则关闭燃料供给装置。

t) 若使用燃料和空气控制的机械联动装置,在设计时应能可靠维持正确的燃料/空气比率并能预防意外断裂和松脱。

u) 点火装置关闭后,装置内的危险性气体应被安全密封、吹扫或反应掉。

v) 制造商应为燃料电池发电系统配备足够的措施以防空气进入燃料或易燃性气体管道,或防止燃料或易燃性气体进入空气管道。

w) 根据 5.16.1 中的试验,出口被关闭时的燃料电池发电系统产生的排放物纯取样中 CO 的浓度不得超过 $300\times10^{-6}$。另外,根据 5.16.2 中的试验,当空气供应装置进口关闭时,燃料电池发电系统产生的排放物纯取样中 CO 的体积浓度不得超过 $300\times10^{-6}$。

### 4.6.3 催化型燃料氧化装置(催化型燃烧室)内的防火防爆措施

a) 燃料电池发电系统内输送流体的部件,若其中有专门生产可燃性或爆炸性气体的空间,且用于可控的催化型燃料氧化反应(例如部分催化氧化、催化燃烧等)时,制造商应避免出现不安全的可燃性或爆炸性气体积聚。

b) 出于安全考虑,若启动前或关闭后需要处于钝态,应提供吹扫催化型燃料氧化装置部件的方法。吹扫装置所使用的介质应由制造商规定,例如氮气、空气或蒸汽。吹扫程度应由吹扫介质的流量特征、装置的动态性能与几何结构确定。

c) 若空气与燃料混合,制造商应提供防止气流进入燃料管道或燃料进入空气供应装置的方法。

   1) 富含空气的系统

应对燃料和空气供应进行适当控制,以便在化学反应开始前提供空气,并防止燃料在空气供应装置工作前进入反应器。

2) 富含燃料的系统

应对燃料和空气供应进行适当控制,以便在化学反应开始前提供燃料,并防止空气在燃料供应装置工作前进入反应器。

d) 若使用燃料和空气控制的机械联动装置,则机械连接件在设计时应能可靠维持正确的空燃比,防止出现意外断裂和松脱。

e) 反应初始时间应由系统控制装置的响应时间、安全条件下可允许的最大量可燃性或爆炸性混合气体的积聚时间来确定。混合气体的最大数量应基于燃料填充率、燃料-空气混合物的可燃性、装置的动态性能与几何结构确定。

f) 若催化反应在反应初始时间内没有形成,系统应自动停止燃料供给,或停止富含燃料装置的运行及所有反应物的供应。

g) 应直接或间接监控催化剂的温度。若催化剂的温度或温度变化率超过制造商规定的范围,反应应停止。随后,系统自动停止燃料供给,或停止富含燃料装置的运行及所有反应物的供应。反应故障熄火时间不得超过 3 s。

h) 如果在燃料电池发电系统内部,燃料和空气的混合物有潜在的增多的趋势,随后可能出现反应初始化阶段反应启动失败,或反应停止,或反应速率增加/减少到危险水平的情况,则制造商应确保积聚的最大数量的可燃性混合物在燃烧时产生的压力、温度处于此环境下系统部件的承受范围内。

i) 反应停止后,设备内的危险气体应被安全密封或处理。

j) 当空气和燃料流进入关联的热管理系统部件时,制造商应为燃料电池发电系统配备足够的装置,防止因空气进入燃料管道或燃料进入空气管道而发生危害人身健康或安全的风险。

## 4.7 电气安全

燃料电池发电系统的输出电压不得超过公称 600 V 交流电压或 600 V 直流电压,但当输出电压水平符合使用地区或国家有关电压标准时,可以高于上本条规定。

本标准中的电气术语与定义与 IEC 60950-1:2005 的 1.2 等同。

### 4.7.1 电击与电能危险的保护措施

以下情况与 IEC 60950-1:2005 的相关条款一并适用。

出于维修人员安全考虑,用于关闭电源的所有电气断开装置应使用一套以物理方式锁定断开连杆的方法、以防止在维修完成前发生意外连接。

IEC 60950-1:2005 中 2.10 的规定适用于绝缘间隙、爬电距离和绝缘距离。

IEC 60950-1:2005 第 3 章适用于电线连接和电源。

#### 4.7.1.1 操作人员接触区

本标准规定了预防带电部件发生电击现象的两项要求。

允许操作人员接触:

a) SELV 电路中的裸露部件;

b) 限流电路中的裸露部件;

c) IEC 60950-1:2005 2.1.1.3 规定条件下,ELV 电路中的配线绝缘层。

禁止操作人员接触:

a) ELV 或危险电压电路的裸露部件;

b) 除在以下各款项规定条件外，上述部件的操作绝缘或基本绝缘；

c) 仅用操作绝缘或基本绝缘将未接地导体与 ELV 或危险电压电路中部件隔离开的导电部件。

#### 4.7.1.2 ELV 配线接触

除参照 IEC 60950-1:2005 2.1.1.3 规定外，还应考虑线路和逆变器终端可能出现的最大非同步电压。

#### 4.7.1.3 主电路中电容器的放电

除参照 IEC 60950-1:2005 2.1.1.3 规定外，还应考虑贮存在负载及内部电路中的电容量。

#### 4.7.1.4 应急开关装置

燃料电池发电机应配备一个完整独立的应急开关装置或连接遥控应急开关装置的终端，在任何运行模式下，这个装置或终端能切断对负载继续供电。若该功能依赖于建筑布线内附加的电源断开装置控制，则安装说明应对此予以说明。

若插头可运行相同功能，则插接式燃料电池发电机不必配备应急开关装置。

### 4.7.2 部件

下列规定适用于设备内的电子部件。

电气设备部件应符合本标准规定的要求，或符合相关国家标准的规定。

拟与 SELV 电路和 ELV 电路或带危险电压部件相连接的部件应符合 SELV 电路中的相关要求。此类部件的典型例子是与不同元件(线圈和触点)连接的继电器。

a) 部件的评定与试验

——应对标明符合相关国家标准的部件进行检查以便根据其等级正确使用。作为设备的组成部分，此类部件应通过本标准规定的试验，相关国家标准规定的试验除外。

——应对未标明符合上述相关标准的部件进行检查，以便根据其等级正确使用。作为设备的组成部分，此类部件应通过本标准规定的相关试验并根据设备内出现的情况进行相关部件标准规定的试验。

**注**：通常情况下，应单独进行相关部件标准的应用试验。

——若没有相关的国家标准或用于电路中的部件未按照其规定等级，则上述部件应根据设备内出现的情况进行试验。通常情况下，试验中所需要使用的试验样品数量与相关标准的要求相同。

热控制装置、变压器和连接线路的电容器应符合 IEC 60950-1:2005 中的规定；

b) 用于跨接双重或加强绝缘的部件

——分流电容器

可用以下元件跨接双重绝缘或加强绝缘：

1) 符合 GB/T 14472—1998 第 Y1 款要求的单电容；

2) 符合 GB/T 14472—1998 第 Y2 款要求的单电容；但若电气设备相对于零线或地线的额定电压小于 150 V，或两个电容器串联时，则每台电容器应符合 GB/T 14472—1998 第 Y2 款、第 Y4 款要求；

3) 根据 2)中规定使用的 Y1 电容器或 2Y 型电容器应具有加强绝缘。当两个电容器串联使用时，应根据这对电容器的总工作电压分别进行分级，且两个电容器应具有相同的标称电容值。

——跨接电阻

两个电阻串联使用时，可以跨接双重绝缘或加强绝缘材料。每个电阻在跨电阻两端的总工作电压下的总电阻应符合 IEC 60950-1:2005 中 2.10.3 和 2.10.4 针对基础绝缘或补充绝缘的规定，且与标称电阻值相等。

——可接触部件

当可接触导电部件或电路用双重绝缘或加强绝缘(由符合 IEC 60950-1:2005 中 1.5.7.2 或 1.5.7.3 的组件跨接)与其他部件隔离开时,可接触部件或电路应符合 IEC 60950-1:2005 中 2.4 针对限流电路的要求。上述要求于绝缘电气强度试验后适用。

——未接地配电系统设备中的部件

若设备与未接地的配电系统连接,则连接在线路与接地线之间的部件应能承受因线间电压差。若电容器的额定电压为相电压并且符合 GB/T 14472—1998 第 Y1、Y2 或 Y4 款规定要求则可被应用。

#### 4.7.3 输入电流

电气设备的稳态输入电流不得超过正常负载下设备额定电流的 10%。

注:参见 IEC 60950-1:2005 中 1.4.10 的规定。

在下述条件下,通过测定在正常负载下设备的输入电流检验电气设备是否合格:

——利用外部系统电源控制空转、启动或维持发电系统运行的系统正常负载,应视为连接至系统电源的最大负载;

——当电气设备具有一个以上的额定电压时,应在每个额定电压下测定输入电流。

——当电气设备具有一个或一个以上额定电压范围时,应在每个额定电压范围的两端测定输入电流。当额定电流的单一值被标识出来时(参见 IEC 60950-1:2005 中 1.7.1 规定),输入电流应与在相关电压范围内测定输入电流的较大值进行比较。若电气设备标识了两个额定电流值(两个额定电流值中间用短线分开),输入电流应与在相关电压范围内测定的两个电流值进行比较。

此种情况下,当输入电流在稳定状态时,可记录额定电流值读数。若电气设备在正常运行周期内电流发生变化,则测定的稳态电流值应为在代表性周期内均方根值电流表记录的平均指示值。

#### 4.7.4 绝缘层

IEC 60950-1:2005 中 2.2.3.1、2.2.3.2 和 2.2.3.3 适用。

#### 4.7.5 限流电路与限功率电路

IEC 60950-1:2005 中的 2.4.1、2.4.3 和 2.5 适用。

#### 4.7.6 保护接地规定

以下子条款与 IEC 60950-1:2005 中 2.6 一并适用。

##### 4.7.6.1 保护接地措施

Ⅰ类设备的可接触部件(假设当单层绝缘层出现故障时,电压为危险电压)应牢固连接在设备内的保护接地终端。

上述要求不适用于通过以下方式与危险电压分隔开的可接触部件:

——接地金属部件;

——符合双层绝缘层或增强型绝缘层要求的固体绝缘材料、空气气隙或二者的组合。此种情况包括的有关部件应固定且具有良好的刚性,以便在遵照 IEC 60950-1:2005 中 1.2.10 和 4.2.3 要求的施力过程中保持最小距离。

##### 4.7.6.2 连接情况

对于Ⅰ类 A 型可插式设备,燃料电池发电机应提供足够的接线端、接地插头插座或其他工具,以便在最终完成安装的系统中,通过等势接地连接将燃料电池发电机连接至其他Ⅰ类设备。此要求包括外部蓄电池柜(无论燃料电池发电机的主保护导体是否从电源上断开)。任何特殊的连接指示说明均应在用户说明书中阐明。

### 4.7.7 交流和直流电源绝缘措施

以下内容与IEC 60950-1:2005中与绝缘相关的规定一并适用。

#### 4.7.7.1 切断装置

应提供切断装置以便具有维修资质的工作人员,在维修时将燃料电池发电机从交流电源上断开。其绝缘装置可置于维修人员接触区或设备外部。

#### 4.7.7.2 三相设备

对于三相燃料电池发电机,其切断装置应同时将所有相线从电源上断开。

若切断中线,应同时切断所有相线。

#### 4.7.7.3 切断开关

若切断装置为内置于电气设备内的开关,则应根据IEC 60950-1:2005中1.7.8的规定对切断装置的"接通"和"切断"位置进行标识。

若切断装置的操作方式为垂直方向操作,而非旋转式或水平方向操作,则操作过程中的"向上"位置应置于切断装置的"接通"位置上。

#### 4.7.7.4 多电源连接

当永久性连接装置从一个以上的外部电源接收到电能时,在每个断路装置上应有显著的标识以详细说明从该装置上除去所有电能的操作方法。

#### 4.7.7.5 未接地导体

对于内部和外部直流电源设备来说,切断装置或绝缘装置应打开所有直流电源设备的未接地导体。

### 4.7.8 过流和接地故障保护

以下内容与IEC 60950-1:2005中2.7.3、2.7.4、2.7.5和2.7.6一并适用。

#### 4.7.8.1 概述

应对输入和输出电路中出现的过流、短路和接地故障采取保护措施以作为设备的完整组成部分或作为建筑安装的一部分。

#### 4.7.8.2 蓄电池电路保护

当燃料电池发电系统内安装直流电源时,应在可能导致短路故障的部件(例如,电容器、半导电体或类似部件)前面的直流连接装置之间采用直流电源保护装置。

当直流电源安装在燃料电池发电系统外部时,应在使用说明手册中指出过流保护装置的等级,并应考虑连接在燃料电池发电系统和直流电源之间导体的电流额定值。

#### 4.7.8.3 保护装置的等级

内置式过流保护装置的额定值应能够在IEC 60950-1:2005中5.3.1规定的条件下起到保护作用。

### 4.8 电磁兼容性(EMC)

燃料电池发电系统不得在其预期使用位置处,产生超过规定水平的电磁干扰。除此以外,电气设备应对电磁干扰具有足够的抵抗能力以便在其工作环境中正确运行。燃料电池发电系统应符合以下标准:GB 17625.1、GB 17625.2、GB/Z 17625.6、GB/Z 17625.3、GB/T 17799.1、GB/T 17799.2、GB 17799.3 和 GB 17799.4。

### 4.9 控制系统与保护部件

#### 4.9.1 一般要求

4.9.1.1 4.1.1 规定的安全和可靠性分析应成为设置安全电路保护参数的依据。

4.9.1.2 燃料电池发电系统在设计时应满足以下要求:系统部件的单一故障不会升级为危险情况。防止故障升级的方法包括但不限于:

——燃料电池发电系统内的保护装置(例如联锁防护装置和脱扣装置);

——电路的保护性联锁功能;

——使用被证明可行的技术和部件;

——提供部分或完整的冗余装置或使保护性措施多样化;且

——提供功能性试验。

电气、电子和可编程控制器的设计指南参见 GB/T 20438 或 GB/T 21109.1。

#### 4.9.2 控制系统

应设计和制造燃料电池发电系统的自动化电气和电子控制装置,而且它们应是安全与可靠的。民用、商用和轻工业用燃料电池发电系统应符合 GB 14536.1。

燃烧器自动电子控制系统应符合 GB 14536.6。

催化型氧化反应器的自动电气控制系统应符合 GB 14536.6 中相关要求规定。

人工控制装置应有明确标识,且其设计样式可防止意外调节与启动。

以下要求同样适用。

##### 4.9.2.1 启动

仅当所有防护装置均已到位且起作用时,燃料电池发电系统的运行才能开始。

为保证以后进行正确启动,可采用适当的联锁装置。

燃料电池设备停止后,在自动模式下,若设备满足安全条件,则其自动化功能可使设备重新启动。通过人为驱动控制系统也应能够重新启动燃料电池发电系统,但应确保该重新启动操作不具有危险性。

在自动循环模式下正常程序所引起的燃料电池发电系统的重新启动不属于上述重新启动。

##### 4.9.2.2 关闭系统

根据 4.1.1 规定的可靠性评定和燃料电池发电系统的功能性要求,系统应提供以下关闭功能。

——安全关闭

安全关闭是指当限流器运行,或系统被切断,或探测到系统内部故障时,对于富含空气的设备切断其主燃料流;对于富含燃料的设备同时切断空气流和主燃料流。

——受控关闭

受控关闭是指由于控制设备(如调温器)的控制回路启动进行关闭。其结果是:对于富含空气的设备切断其主燃料流;对于富含燃料的设备,同时切断空气流和主燃料流。系统返回至起始状态。

#### 4.9.2.2.1 安全关闭

a) 概述

安全关闭应构成燃料电池发电系统的一部分，为了避免实际的或迫近的危险（该危险无法被控制装置更正），它应具备下列功能：

——在不产生新的危险情况下阻止危险发生；

——在必要情况下，触发或允许触发某些防护措施；

——在所有模式下能超越其他所有的功能与操作；

——防止系统（通过复位键）重新启动；

——装配重新启动锁定装置，且只有在重新启动锁定装置被专门复位后，新的启动命令在正常运行条件下才能生效。

b) 紧急停止

若根据 4.1.2 中的安全和可靠性分析要求，采用手动安全关闭装置（例如紧急停机装置），则其应按 GB 16754 的规定配备清楚可见、易于辨别并能迅速接触的诸如按钮等控制部件。

c) 控制系统发生故障时的控制功能

若控制系统逻辑发生故障或控制系统硬件发生故障或受到损坏，则：

——在停机命令发出后，燃料电池发电系统不得阻止停机；

——活动部件的自动或手动停止不得受到妨碍；

——保护装置应保持完整的效力；

——燃料电池发电系统不应发生意外重启。

当保护装置或互锁装置导致燃料电池发电系统发生安全关闭时，应将上述状态信号发送到控制系统的逻辑装置。关闭功能的复位不得导致任何危险情况。危险情况下可安全运行的控制或监控系统可呈带电状态，以便提供系统信息。

#### 4.9.2.2.2 受控关机

能够被安全控制或不会立即带来危险的非正常状态可通过受控关机加以改正。受控关机可去除电气设备的所有电源或为燃料电池发电系统执行装置保留电源供应。

#### 4.9.2.3 许可制度

应根据 4.1.1 中的安全和可靠性分析要求执行许可制度。“许可制度”的定义是在进行下一步操作时必须满足逻辑程序内设定的条件。

#### 4.9.2.4 混合式装置

如果燃料电池发电系统设计为与其他设备共同运行，则燃料电池发电系统的停止控制装置，包括紧急停止装置，应当提供信号接口等方法，当后续操作可能导致危险时，协调上下游设备的关闭操作。

#### 4.9.2.5 操作模式

a) 应有两种基本操作模式：“接通”和“断开”。

在“接通”模式下，燃料电池发电系统部件应呈运行状态，且根据需要提供电力输出。以下情况也应视为“接通”模式：

——待机状态（零净功率输出）；

——自动启动能力（为发电系统执行装置保留电源供应）

在“断开”模式下，应切断燃料电池发电系统的所有电源，设备应处于静止状态，或者仅向燃料电池发电系统供应部分电力防止系统部件受损，且设备应处于静止状态。

b) 应具有两种主要过渡形式："启动"和"关闭"。

"启动"应是接受外部信号后开始从"断开"模式过渡到"接通"模式。"关闭"是自动从"接通"模式过渡到"断开"模式。"关闭"可由外部信号启动，或由燃料电池发电系统控制器根据超限情况发送的内部信号启动。

c) 可根据其是否必要而提供第二种操作模式和过渡过程，以便允许不同功率的输出率或对系统进行调节、维护或检查活动。

d) 模式的选择

若燃料电池发电系统的设计和制造允许其使用几种具有不同安全等级（例如允许进行调节、维护和检查等）的控制或操作模式，则应具有模式选择功能，且模式选择器的每个位置都是安全的。选择器的每个位置应对应单一的操作或控制模式且应配备重新启动锁定装置。在正常操作条件下，新的启动命令只有在重新启动锁定装置复位后才能生效。通过任何安全方法（例如，定位操作手柄、键锁或软件命令）均可实现模式选择功能，模式选择应防止系统意外变为可能导致危险状况的其他模式。选择器在设计时应限制用户使用某些燃料电池发电系统操作模式（例如某种数控功能的访问代码等）。

所选择的操作模式应优先于其他控制系统运行，但不能超越安全关闭命令。

#### 4.9.2.6 遥控系统

可遥控操作的燃料电池发电系统应具有一个贴有操作标识的就地操作开关或其他方法将燃料电池发电系统与遥控信号断开，以便于就地操作人员利用这些信号对系统进行检查或维护。遥控系统应：

a) 仅当遥控不会导致不安全状况时方能在燃料电池发电系统上使用；

b) 不得优先于就地设置的各种保护性安全控制措施。

### 4.9.3 保护性部件

a) 恰当的保护设备与组件由以下部件构成：

——保护装置；

——在合适的位置有足够的监控设备诸如指示器和/或报警器等，它们能够自动或手动操作，以保持燃料电池发电系统在允许限度内。

b) 保护装置应：

——其设计和安装应可靠、适用，安装地点应满足维护和试验要求；

——保护功能应独立于其他可能具有的各种功能；

——为获得适当且可靠的保护，应遵照相应的设计原则。该设计原则尤其应包括安全失效保护模式、冗余设计、多样化设计和自我诊断功能等。

c) 在设计阶段，应通过采用集成的测量、调节和控制装置（例如，过流切断开关、温度限制器、压差开关、流量计、延时继电器、过速监控器和/或类似的监控装置）来防止设备出现危险性过载。

d) 具有测量功能的保护装置的设计和安装应符合以下要求：能够处理可预见的操作需求和特殊条件下的使用。在必要时，应能够检查读数的精确度和装置的可维修性。此类装置应具有一个安全因子，以确保报警门槛离注册限值有足够余量，特别要考虑装置安装的使用条件和测量系统中可能出现的偏差。

e) 根据 GB/T 14536.7 规定，应提供诸如压力开关等限压装置。

f) 根据 GB 14536.10 规定，温度监控装置应具有足够的安全响应时间，并与测量功能保持一致。

g) 涉及安全的气体传感器应遵照 GB 20936.4，并应根据 IEC 61779-6 规定进行选择、安装、校对、使用和维护。

h) 在制造阶段已经设置好或调节好的所有燃料电池发电系统部件，若不需用户或安装人员对其进行操作,则应采取适当的保护措施。

i) 操作杆和其他控制和设定装置应做出明确标识并详细说明预防操作错误的方法。其设计应能阻止意外操作发生。

### 4.10 气动和液压驱动设备

应根据 ISO 4414 和 ISO 4413 对燃料电池发电系统的气动设备和液压驱动设备进行设计。

### 4.11 阀门

#### 4.11.1 关闭阀

关闭阀应符合以下要求:

a) 所有可能发生流动受限或流体流动堵塞的设备和系统,均应配备关闭阀,以便在关闭、试验、维护、失常或紧急情况下使用;

b) 关闭阀应根据阀门的工作压力、温度和流体特征进行分级;

c) 安装在关闭阀上的调节器应具有耐热性,可以承受从阀体传导来的热量;

d) 电子式、液压式或气动式操作的各种类型的关闭阀,应能在驱动能量消失时移动至失效保护位置。

#### 4.11.2 燃料供应阀

燃料供应阀应符合以下要求:

a) 向燃料电池发电系统供应的所有燃料,至少应通过两道串联的自动阀门,每道阀门既具有操作阀的功能,又具有安全截止阀的功能。

b) 直接向燃烧设备(例如启动燃烧器或重整器启动燃烧器)供应的所有燃料至少应通过两道串联的自动阀门,每道阀门既具有操作阀的功能,又具有安全截止阀的功能。此类阀门可以包括在单一控制装置内,也可以不包括在单一控制装置内。

c) 电气操作的燃料供应阀应符合 IEC 60730-2-17 或 IEC 60730-2-19 规定的要求。

d) 当从燃料电池发电系统设备的排出气体中回收燃气时,在根据 4.1.1 安全可靠性分析证明安全的前提下,可不必使用关闭阀。

### 4.12 旋转设备

#### 4.12.1 一般要求

旋转设备应符合以下要求:

a) 旋转设备的设计应满足正常运行条件下压力、温度和流体要求。

b) 应对流体进口与出口管道采取适当的保护措施,以防止因振动而受到损坏。

c) 轴密封件应该与所泵送的流体,以及预期在正常、非正常运行条件和正常及紧急关闭条件下的操作温度和压力相适应。

d) 轴密封件设计应能避免出现危险性流体泄漏。若轴密封件出现危险性流体泄漏,则制造商应提供必要的抑制危险性流体的措施或稀释方法以避免对人身健康和安全造成的危害。

e) 电机、轴承和密封件应适于预期工况。

#### 4.12.2 压缩机

4.12.2.1 封装式压缩机应符合以下标准之一:ISO 5388:1981、ISO 10439:2002、ISO 10442:2002、ISO 13707:2000、ISO 10440-1:2000、ISO 10440-2:2001 或 ISO 13631:2002。

4.12.2.2 除非安全可靠性分析认为没必要配备，以下装置应与压缩机或压缩机系统一并提供：

a) 泄压装置，用于将压缩气缸和不同压力段相关管道各时段的压力限制在最大运行压力之内；

b) 针对排放压力过高和吸入压力过低的自动关闭控制装置；

c) 若压缩机在停止运行后需要重新启动，收集、循环利用排出的燃气和/或安全排放的卸载装置；

d) 入口管道至压缩机吸入管道之间的隔振装置；

e) 避免入口处出现过压的限压装置。

4.12.2.3 因容量小或排放压力过低而不属于4.12.2.1规定标准范围内的压缩机仅需符合4.12.2.2的规定即可。

应根据ISO 12499的规定对封装式低排放压力压缩机（风扇和鼓风机）采取防护措施。

### 4.12.3 泵

4.12.3.1 用于工艺液体的封装式电力泵应符合ISO 13709或ISO 14847中的规定。泵水用封装式电力泵应符合GB 4706.71中的规定。

4.12.3.2 电力泵或电力泵系统应配备以下装置：

a) 将泵的入口压力和出口压力限制在管道设计压力以下的泄压装置。若电力泵的关闭压头小于管道的压力等级，则可不必配备安全阀。

b) 控制排放压力过高的自动关闭装置。

c) 泵的吸入管道与排放管道应采取适当的保护措施以防因振动而造成损坏。

4.12.3.3 因容量小或排放压力过低而不属于4.12.3.1规定标准范围内的泵仅需符合4.12.3.2的规定即可。

## 4.13 机柜

4.13.1 燃料电池发电系统机柜应具有足够的强度、刚性、耐用性、耐腐蚀性及其他物理性能，以在存储、运输、安装及最终使用地区的工作环境条件下，支撑和保护所有燃料电池发电系统部件和管道。

4.13.2 根据GB 4208规定，拟用于室内或室外不受气候影响条件下的燃料电池发电系统机柜的设计和试验应符合最小IP22的绝缘等级。

4.13.3 拟用于受气候影响的室外环境的燃料电池发电系统，应根据GB 4208进行模拟淋雨试验，并保证启动和操作正常，同时不可有损坏或部件功能故障导致的危险情况发生。

4.13.4 根据预期应用，通风口的设计应考虑到在正常运行情况下不会被尘埃、雪花或植物堵塞。

4.13.5 用于制造燃料电池发电系统机柜的所有部件，包括接头、排气口和柜门垫片，应能承受在整个燃料电池发电系统使用寿命中可预见的物理、化学和热状态。

4.13.6 在正常维修过程中需要拆下的检修窗、进出口盖或绝缘层，应设计成能够重复拆下和更换，且不发生损坏或降低保温值。

4.13.7 若在正常维修过程中需要拆下的检修窗、进出口盖或绝缘层，如果更互换可能导致不安全状况，则不得对此类配件进行更换。

4.13.8 禁止用户或未经培训的人员进入被保护设备的检修窗、进出口盖或门，应保持在规定位置，并且需要使用专用工具，如钥匙或类似机械方法开启。这些要求也包括安装在住宅的的装置的所有的检修窗、进出口或门。

4.13.9 对在制造阶段设定或调整的，且无需用户和安装人员操作的燃料电池发电系统的所有部件，均应采取适当的保护措施。

4.13.10 燃料电池发电系统应有收集液体、经管道排放至外部、或重新导入到燃料电池发电系统的相关工艺的方法。

4.13.11 若工作人员能够完全进入机柜，则该机柜应视为限定空间且应在产品技术说明书内提供明确说明。

### 4.14 隔热材料

燃料电池发电系统所使用的隔热系统应保证：

——在系统所处的大气环境和温度下，与被隔热的金属及隔热系统本身各部件化学兼容；

——保护隔热系统不受预计的热与机械损害(包括受到大气环境损害)；

——通过限制发热物体的表面温度，以防点燃其周围的可燃材料达到防火安全；

——未来对管道、配件等进行维修的可接触性。

安装在燃料电池发电系统部件上的隔热材料和其内部连接件或胶粘件应满足：

——用机械或粘合方式固定其位置时，防止预计载荷与维修作业造成错位或损坏；

——可承受正常运行过程中所有的气流速度、温度和各种流体。

若有必要，避免危害健康与安全的情况出现，制造商应在维护手册中规定隔热系统的检验与安全要求。

### 4.15 公用设施

a) 燃料电池发电系统的设计和安装应满足以下条件：在失去供应物质的情况下(例如电力、给水、冷却水和气源的中断)，燃料电池发电系统仍能够安全关闭而不产生以下后果：

1) 产生危及人身健康或安全的危险；

2) 系统出现永久性变形或损坏。

b) 若燃料电池发电系统运行时需要水，应根据国家和地方相关水管装置规范与标准规定连接到现场供水源、或自带水源，或在系统运行期间能证实可生产、提供足够数量的水。

c) 应采取措施防止水蒸汽回流进入燃料电池发电系统的水处理系统。采用适当的止回阀或同等装置可达到上述目的。

### 4.16 安装与维护

#### 4.16.1 安装

制造商应针对燃料电池发电系统的正确安装、调节、操作与维护给予说明。

燃料电池发电系统应在设计时最大程度地减小某些部件在装配或重新装配时因为误操作可能产生的危险，或者在这些部件和/或其外壳上给出危险信息。危险信息应粘贴在活动部件和/或其外壳上以说明活动部件的运行方向从而避免造成危险。同时还应在产品说明书中提供详细信息。

由于错误连接可导致危险，因此应在设计时尽可能减少不正确的连接方式，如果做不到这一点，则应在管道、电缆和/或连接块上给出连接信息。

若燃料电池发电系统需要水才能运行，应根据国家和地方相关水管装置规范与标准规定连接到现场供水源、或自带水源，或在系统运行期间能证实可生产、提供足够供水。

#### 4.16.2 维护

a) 系统的调节、润滑与维护点应位于可造成工作人员人身伤害或健康受损的区域以外。或在7.4.5中的产品维护手册中提供必要的避免危及人身安全或健康的维护说明。

b) 当燃料电池发电系统处于停止状态时，应能够对其进行调节、维护、修理、清理和维修作业。如果在燃料电池发电系统运行过程中需要进行调节、维护、修理、清理和维修作业，燃料电池发电系统在设计时应保证进行上述作业时不会发生人身伤害。

c) 需经常进行更换的自动化燃料电池发电系统部件应能够进行拆卸和更换而不会造成人身伤

害。产品技术说明书应说明操作人员使用必要的技术工具(例如专用工具、测定仪表等)能够进行上述各种作业。

d) 当燃料电池发电系统出于保护人身健康的目的,提供安全指示或图示时,应采用能够抵御使用环境影响的永久性措施进行显示。

## 5 型式试验

### 5.1 一般要求

用来检测设计是否符合本标准,检测的样本应该是燃料电池发电系统的代表性产品。

每个新设计都必须进行型式试验。已经提前检测过的、构成本系统的部件在其额定和规定要求范围内使用时不需要重新进行试验。例如,已经根据 IEC 62282-2 检定过的燃料电池堆不需要进行本节要求的过电位或过压试验。

已经被批准的固定式燃料电池发电系统,其型式试验应根据相应的国家和国际规则准备型式试验的基础数据。

型式试验应在模拟所设计的燃料电池实际使用的环境下进行,以获得所需的操作条件。尤其应为型式试验的试验环境提供由所设计的燃料电池发电系统的适用要求界定的界面/接口(参见图 1)。建议型式试验应按照下述的顺序运行。在异常条件下进行的型式试验可能是破坏性试验。

#### 5.1.1 试验的工作参数

5.1.1.1 除非本标准中另有关于具体试验条件的规定,并且对试验结果具有重要的影响,否则型式试验应在制造商规定的以下工作规范范围内的最坏条件下进行:

——电源电压;

——电源频率;

——工作温度;

——设备的物理位置和活动部件的位置;

——工作模式;

——恒温器调节、调节设备或操作人员接触区内的类似控制装置,包括:

a) 不使用工具进行的调整;或者

b) 使用专门为操作人员提供的诸如钥匙或专用工具之类的方法进行的调整。

5.1.1.2 除非具体条款中另有说明,否则应按照下面列出的最大不确定性来进行测量:

a) 大气压(bar 或者 Pa) ±0.005 bar;

b) 燃烧室和试验烟道压力 ±5%全刻度或者 0,5 mbar(mbar 或者 hPa);

c) 气体压力(bar,Pa) ±2%全刻度;

d) 水侧压力损失(bar,mbar,Pa) ±5%;

e) 耗水率(l/h,$m^3$/h) ±2%;

f) 耗气率($m^3$/h(n)) ±2%;

g) 空气消耗率($m^3$/h(n)) ±2%;

h) 时间(h)

——点火定时 ±0.2 s;

——所有定时 ±0.1%;

i) 辅助电能/性能 kW·h 或者 kW ±2%;

j) 温度:℃或者 K;

——环境温度 ±1 K;

——水温度　　±2 K；

——燃烧生成物温度　　±5 K；

——燃气温度　　±1 K，在 $T<100$ ℃；

读数的±1%，单位℃：在 $100\leqslant T<300$ ℃；

读数的±5%，单位℃：在 $T\geqslant 300$ ℃；

——表面温度　　±5 K；

k) 烟道损失计算中的 CO，$CO_2$ 和 $O_2$：读数的±6%；

l) 气体的热值(kW·h/$m^3$(n))　　±1%；

m) 气体密度，(kg/$m^3$(n))　　±0.5%；

n) 质量(kg)　　±0.05%；

o) 扭矩(N·m)　　±10%；

p) 力(N)　　±10%；

q) 电流(A)　　±1%；

r) 电压(V)　　±1%；

s) 电功率(W,kW)　　±2%

要根据预期的最大数值来选择测量仪器的满量程。

应采用精度能保证测量误差不超过相对每小时流量的2%的方法测量泄漏率。

测量的不确定度与独立测量的点数有关。对于需要多个独立测量组合的测量(例如效率测量)，各独立测量的不确定性较低则可限制总的不确定性。

5.1.1.3　正常工作电压

参见 IEC 60950-1:2005 中 1.4.8 测定工作电压。

## 5.2　试验燃料

5.2.1　使用天然气的燃料电池发电系统，鉴于气体的组分和供应压力受商用天然气(期望压力在最大和最小之间)影响，因此需做专门试验。如果所使用的国家另有要求，该试验还应采用限定的气体进行。

5.2.2　使用液化石油气的燃料电池发电系统，鉴于气体的组分和供应压力受商用天然气(期望压力在最大和最小之间)影响，因此需做专门试验。如果所使用的国家另有要求，该试验还应采用限定的气体进行。

5.2.3　使用其他各种类型燃料的燃料电池发电系统(参见 5.1)，其试验，应采用组分和供应参数有代表性的燃料进行。

## 5.3　基础试验安排

试验进行时，整个燃料电池发电系统，包括空气过滤器，启动装置，通风或排气系统以及所有的现场提供的设备，均应根据制造商的说明进行安装和操作。

除非另有说明，否则燃料电池发电系统应该在以下条件下运行：

a) 在 5.2 规定的入口供给压力下；

b) 在制造商规定的额定电压和频率的±5%范围内，以及额定输出功率的±10%范围内；

c) 在额定条件下运转时在额定燃料消耗量的±5%范围内，以及制造商规定的±10%范围内；

d) 在不会影响试验结果的环境温度和压力条件下。

除非另有规定，否则应在燃料电池发电系统部件处于平衡温度时开始进行试验。

## 5.4　泄漏试验

本章节的步骤应进行两次，分别在 5.6～5.16 规定的所有非破坏性试验之前和之后进行。

### 5.4.1 气体泄漏试验

燃料电池发电系统的所有包含可燃气体混合物的部分，在进行试验时表面泄漏量不得超过低的规定限值。当以代用气体或蒸汽(如，少量工作气体、干净的干空气或者制造商制定的惰性气体)试验时，其组分应与预计的运行和停机时的一致。

在进行该试验之前，应确定哪些输送可燃气体的部件需要承受与燃料电池发电系统正常运转过程中相同的内部压力。此类部件将组成一个独立的试验段，然后应分别加压，必要情况下应采用适当方法将其与燃料电池发电系统的其他部分隔开。

应根据IEC 62282-2对燃料电池模块进行试验。由于IEC 62282-2泄漏试验不涉及无阳极/阴极密封以及于自燃温度以上运行的燃料电池模块，因此对这类电池模块应按照以下要求对其密封容器进行试验。

应在试验段的入口处连接一个能够为气体介质提供所需试验压力的、合适的加压系统以及一个能够测量泄漏率的、精度为2%的合适的流量测量装置。流量测量装置应位于加压系统和待加压试验段之间。应通过合适的方法对试验段出口进行密封。使所有功能部件处于开启位置，以在试验段段的所有部件上均保持所要求的试验压力。

气体介质应逐渐进入试验段以便试验段在大约1 min内逐渐得到不低于最大工作压力1.1倍的压力。该压力应保持至少30 min，或者根据容量确定的，流量测量装置能够发现任何泄漏的合适时间。

可接受的泄漏率应为各测量区域的泄漏率总和，它应当不会导致某个区域的燃料浓度超过其燃烧下限(LFL)的25%。

若采用机械通风补偿燃料泄漏，则容许泄漏率可通过式(1)确定：

$$L=0.01\times(V/R) \qquad (1)$$

式中：

$L$——每个部件或者所有部件的指标泄漏率，单位为立方米每小时($m^3/h$)。

$$R=\sqrt{TGSG/FGSG} \qquad (2)$$

式中：

$TGSG$——试验气体比重；

$FGSG$——燃料气体比重。

或者

$$R=\mu_{test}/\mu_{fuel} \qquad (3)$$

式中：

$\mu_{test}$——试验气体的绝对黏度；

$\mu_{fuel}$——燃料气体的绝对黏度。

注：应报告导致产生低容许泄漏率的$R$值。

$V$ ——最低通风率，单位为立方米空气量每小时($m^3/h$)。

当使用低于100%易燃的燃料气体时要用到的校正系数。

$$L=0.01\times(V/R)\times(1/C) \qquad (4)$$

式中：

$C$——易燃物的浓度。

### 5.4.2 液体泄漏试验

该试验方法是用来评价内部容纳可燃和/或危险液体(如液态燃料，有毒制冷剂)的试验段。

所指定的试验流体应为液体。若制造商认为用指定的液体进行试验不切实际，则可选择水作为试验液体。若可能会因冷冻造成损坏，或者水会对管线系统造成不利影响，则可采用另外的无毒液体。若该液体可燃，则其燃点至少应为 50 ℃，并应考虑试验环境。

金属区：金属部件制成的试验段在任何一点的静水试验压力均应符合以下要求：

a） 不低于最高工作压力的 1.1 倍；

b） 当设计温度高于试验温度时，应根据式(5)计算最低试验压力($S_T/S$ 值不超过 6.5 的除外)。

$$P_T = 1.1 \times (P \times S_T)/S \quad \cdots\cdots(5)$$

式中：

$P_T$ ——最低试验表压；

$P$ ——内部最高工作表压；

$S_T$ ——根据 ISO 15649 确定的试验温度下的应力值；

$S$ ——根据 ISO 15649 确定的设计温度下的应力值。

非金属区：由非金属部件制成的试验段，在任何一点的静水试验压力应符合以下要求：

a） 不低于最高工作压力的 1.1 倍，且不得超过系统中额定压力最低的部件的最大额定压力的 1.1 倍；

b） 当设计温度高于试验温度时，最低试验压力应根据上面给出的公式进行计算。

式中：

$S_T$ ——根据 ISO 15649 确定的试验温度下的应力值；

$S$ ——根据 ISO 15649 确定的设计温度下的应力值。

注 1：如果在试验压力下导致公称应力或纵向应力超过强度屈服点，则应将该试验压力降至在高温下不会超出屈服强度的最大压力。

注 2：在静水压试验之前，可在大于 170 kPa 的表压下利用合适的试验流体进行一次初步试验，以找到主要的泄漏点。

注 3：当连接到容器的管线的试验压力与容器的试验压力相同或者低于容器的试验压力时，该管线可以在管线的试验压力下与容器一起进行试验。

注 4：当连接到容器的管线的试验压力高于容器的试验压力、并且认为不可能将管线与容器隔离开时，只要制造商同意并且容器的试验压力不低于根据上述公式计算出的管线试验压力的 77%时，管线和容器可以在容器的试验压力下一起进行试验。

输送液体部分的所有外部表面应外露以方便泄漏检查。若某些部件看不见，则应采取措施将泄漏捕捉并追溯到一个可视点。若泄漏不能追溯，则应由制造商制定出其他泄漏检查方法。

在进行该试验之前，应确定哪些输送可燃气体的部件需要承受与燃料电池发电系统正常运转过程中相同的内部压力。此类部件应构成一个独立的试验段，然后分别加压，必要情况下应采用合适的方法将其与燃料电池发电系统的其他部分隔开。

试验仪器应充满液体介质并连接到一个合适的液压系统，包括能够保持所需试验压力的压力测量装置。在液体填充过程中，应注意排除试验段的空气。

应逐渐增加试验压力以达到均匀的表压。该压力应保持至少 30 min，必要时可以更长以完成泄漏检查。同时还应检查系统的所有外表面是否有任何泄漏迹象。如果使用泄漏跟踪系统，则试验压力应保持至少 3 h。

不允许有液体泄漏。任何可见的渗漏证据均可作为试验失败的理由。

## 5.5 强度试验

输送可燃气体混合物的燃料电池发电系统的所有部分，以及输送液体的燃料电池发电系统的所有部分，均应根据以下要求进行强度试验。

a） 在国家压力标准范围内的部分应根据这些标准进行试验。

b） 燃料电池模块应根据 IEC 62282-2 的规定进行或者已经进行试验。

c） 所有其他部分应根据以下要求进行试验。

### 5.5.1 气体部分

输送可燃气体(包括接头和连接处)的部件应能够承受以下压力且不出现破裂、断裂、变形或者其他物理损坏。

a) 对于承受 3.4 kPa 的最大工作压力的试验区,应施加五倍于其最大允许工作压力的内部静态压力。

b) 对于承受 3.4 kPa～11 kPa 之间的最大工作压力的试验段,应施加 17 kPa 的内部静态压力。

c) 对于承受大于 11 kPa 的最大工作压力、但不超过国家压力标准范围的最低压力值的试验段,应施加不低于最大允许工作压力 1.5 倍的试验压力。

在进行该试验之前,应确定哪些输送可燃气体的部件需要承受与燃料电池发电系统正常运转过程中相同的内部压力。此类部件应构成一个独立的试验区,分别加压,必要情况下应采用合适的方法将其与燃料电池发电系统的其他部分隔开。任何无危险的液体,如水,均可以作为试验介质。

试验段应充满液体介质并连接到一个合适的液压系统,包括能够保持所需试验压力的一个压力测量装置。在液体填充过程中,应注意排放试验段内的空气。

若液体不能作为试验介质,则可使用清洁干燥的空气或者诸如氮气或者氦气之类的任何惰性气体,来代替液体介质。应在试验区的入口处连接一个能够为气体介质提供所需试验压力的、合适的加压系统以及一个能够指示所需试验压力的压力测量装置。该压力测量装置应位于加压系统和待加压试验区之间。应通过合适的方法对试验段出口进行密封。

当使用液体介质时,应逐渐增加试验压力;或者当使用气体介质时,气体介质应逐渐进入试验段,以便试验段在大约 1 min 内达到上述规定的均匀表压。该压力应保持至少 1 min,在此压力保持过程中,不得发生破裂、断裂、变形或者其他物理损坏。

### 5.5.2 液体部分

输送液体的部件,应能够承受下面注明的内部静态压力,且不出现破裂、断裂、变形或者其他物理损坏。

金属区:由金属部件构成的试验段,其任何一点的静水试验压力应符合以下要求:

a) 不低于最高允许工作压力的 1.5 倍。

b) 当设计温度高于试验温度时,最低试验压力应根据以下公式进行计算($S_T/S$ 值不超过 6.5 的除外)。

$$P_T = 1.5 \times (P \times S_T)/S \qquad (6)$$

式中:

$P_T$ ——试验表压的最低压力;

$P$ ——内部最高工作表压的压力;

$S_T$ ——根据 ISO 15649 确定的试验温度下的应力值;

$S$ ——根据 ISO 15649 确定的设计温度下的应力值。

非金属区:由非金属部件构成的试验段,其任何一点的静水试验压力应符合以下要求:

a) 不低于最高允许工作压力的 1.5 倍,但不得超过系统中最低额定部件的最大额定压力的 1.5 倍。

b) 当设计温度高于试验温度时,最低试验压力应根据上面给出的公式进行计算。

式中:

$S_T$ ——根据 ISO 15649 标准确定的试验温度下的应力值;

$S$ ——根据 ISO 15649 标准确定的设计温度下的应力值。

**注 1**:在试验压力下导致公称应力或纵向应力超过强度屈服点,则应将该试验压力降到在高温下不会超出屈服强度的最大压力。

注 2:在静水压试验之前,应在大于 170 kPa 的表压下利用合适的试验流体进行一次初步试验,以找到主要的泄漏点。

注 3:当连接到容器的管线的试验压力与容器的试验压力相同或者低于容器的试验压力时,该管线可以在管线的试验压力下与容器一起进行试验。

注 4:当连接到容器的管线的试验压力高于容器的试验压力、并且认为不可能将管线与容器隔离开时,只要制造商同意并且容器的试验压力不低于根据上述公式计算出的管线试验压力的 77%时,管线和容器可以在容器的试验压力下一起进行试验。

在进行该试验之前,应确定哪些输送液体的部件需要承受与燃料电池发电系统正常运转过程中相同的内部压力。此类部件应构成一个独立的试验段,然后应分别加压,必要情况下应采用合适方法将其与燃料电池发电系统的其他部分隔开。任何无危险的液体,诸如水,均可以作为试验介质。

试验段应充满液体介质并连接到一个合适的液压系统,包括能够保持所需试验压力的一个压力测量装置。应小心排空试验段的空气。

应逐渐增加气体压力以达到不超过最大允许工作压力 1.5 倍的均匀表压。该压力应保持至少 1 min,且在此压力保持过程中不得发生破裂、断裂、变形或者其他物理损坏。

## 5.6 正常运转型式试验

根据 IEC 62282-3-2 规定的步骤验证铭牌上的数值。

## 5.7 电气过载试验

燃料电池发电系统应能够承受电气过载。在制造商允许输出电流高于额定公称电流,且能工作一段时间的情况下,燃料电池发电系统应先在额定电流下达到热稳定,然后将输出电流增加到制造商允许的数值并在制造商规定时间内保持不变。

该系统不应有起火、震动、破裂、断裂、永久变形或者其他物理损坏的危险。

若制造商不允许较高的电流,则可以不进行该试验。

## 5.8 电介质要求和模拟的异常情况

### 5.8.1 接地泄漏

燃料电池发电系统直流部分的泄漏电流应符合 IEC 60950-1:2005 中 5.1 的要求。

### 5.8.2 介电强度

固体电介质应符合 IEC 60950-1:2005 中 5.2 的要求。固体绝缘应预热到相当于正常运行的温度(除该温度升高不能真正影响击穿电压外)。

注:本试验不包括液体电介质,例如制冷剂使用的那些电介质。

本试验可隔离燃料电池堆。

### 5.8.3 异常情况

IEC 60950-1:2005 中的以下子条款适用。

过载和异常工作的防护: 5.3.1

电动机: 5.3.2

变压器: 5.3.3

功能绝缘: 5.3.4

机电元件: 5.3.5

模拟故障：　　　　　　　　5.3.6
自动设备：　　　　　　　　5.3.7
合格判据：　　　　　　　　5.3.8

## 5.9 停机参数

每种异常情况均应使用模拟试验处理或者制造商提供的支持性证据来检验是否符合本子条款，无论采用哪种方式均应证实能出现所需要的功能。

针对4.1.1所描述的安全与可靠性分析引起的任何重要异常情况，应提供燃料电池发电系统的相关系统的自动停机方法。

## 5.10 燃烧器工作特性试验

本子条款的步骤适用于配有任何燃料器或者燃烧加热装置的燃料电池发电系统，例如重整器区段的启动燃烧器，并且应针对在以下条件，在燃烧器热态和冷态的情况下进行该试验。

a) 在试验压力下并使用5.2规定的试验气体。
b) 如果与5.10a)规定的压力不同，按制造商规定的最高和最低燃料供应压力。
c) 于额定点火器输入电压的85%和110%下工作时，并在该范围内提供电压变化保护时，该系统应在规定限值范围内进行试验。除此以外，应根据5.9对电压变化保护进行验证。

### 5.10.1 一般测试

在燃料抵达燃烧器的入口后，自动点火系统应立即启动燃烧器进行点火。燃烧器的气体燃料被“打开”或“关闭”时，提供的连续母火不得熄灭。该要求不适用于燃烧器的燃料“关闭”时的临时性或间歇式母火。

在该试验过程中，应对以下内容进行确认：

a) 该燃烧器内的燃料能够有效点燃且没有点火延迟、逆燃、异常噪音或者设备损坏的情况；
b) 该燃烧器熄灭时，无逆燃与异常噪音发生；
c) 该燃烧器的火焰不在燃烧室外部发生闪燃；
d) 该燃烧器不沉渗碳；
e) 在燃烧器的主要空气进口处没有气体泄漏或者回流。

### 5.10.2 极限测试

该试验应在不改变燃烧器和点火喷嘴的调整值的情况下进行；燃料入口处的压力降低至正常压力的70%。在这些条件下，检查燃烧器是否安全工作，CO的排放量是否处于4.4.11要求的水平之下。

## 5.11 燃烧器和催化氧化反应器的自动控制

本条款的步骤中所有组件都要首先进行可控氧化反应，例如燃烧(重整器的启动燃烧器)、部分催化氧化和催化燃烧。

制造商可以选择在燃料电池发电系统组件而不是整个装置上进行燃烧试验(5.11.1.3～5.11.1.7)，但前提是该组件包括可能影响试验结果的所有部件(例如点火器和主燃烧器，如果适用，还有燃烧室专用的燃烧/排风扇)。

### 5.11.1 燃烧器的自动点火控制

燃料电池发电系统的燃烧器的自动点燃控制应根据以下试验进行测试。

#### 5.11.1.1 有效点火

在燃料抵达主燃烧器的入口后，点火器应立即点燃主燃烧器内的燃料。在燃料电池发电系统保持在额定电压的情况下，点火器应被启动并能够目测点火。火焰不得在燃料电池发电系统外部发生闪燃，也不得损坏燃料电池发电系统。应进行足够次数的点火尝试，且应在每次试验中，燃料抵达主燃烧器入口之后能立即点火。

#### 5.11.1.2 点火-电压变化

a) 欠电压

当提供铭牌电压85%范围内的电压变化保护时，燃料电池发电系统的电压应调整到铭牌电压或者规定电压的85%。此种条件下，点火器应在主火焰形成阶段点燃主燃烧器内的燃料。应测量CO的排放量以确认其是否符合4.4.11的要求。火焰不得在燃料电池发电系统外部发生闪燃，并且不得对燃料电池发电系统造成任何损坏。应进行足够次数点火尝试，并且每次均应在规定时间内点火。

b) 过电压

当提供铭牌电压110%范围内的电压变化保护时，燃料电池发电系统的电压应调整到铭牌电压或者规定电压的110%。此种条件下，点火器应在主火焰形成阶段点燃主燃烧器内的燃料。应测量CO的排放量以确认其是否符合4.4.11的要求。火焰不得在燃料电池发电系统外部发生闪燃，并且不得对燃料电池发电系统造成任何损坏。应进行足够次数点火尝试，并且每次均应在规定时间内点火。

#### 5.11.1.3 火焰形成时间

当燃料电池发电系统根据5.3的规定进行工作时，应检查火焰形成时间。从主要燃料流启动到相应的点火装置工作或者燃烧器出现火苗证据之间的时间不得超过4.6.2规定的火焰形成时间。

#### 5.11.1.4 火焰中断熄灭时间

燃料电池发电系统应该在其额定的燃料消耗率下工作，直至达到热平衡。火焰中断熄灭时间起始于人为切断燃料造成的母火(如果安装)或主燃烧器熄灭时刻，终止于燃料恢复供应后由安全设备停止反应时刻。该安全装置应在4.6.2规定的火焰中断熄灭时间内切断所有燃料安全截止阀。在燃烧器燃烧的情况下，通过断开火焰检测器来模拟火焰熄灭，要测量该瞬间以及火焰监控装置有效切断燃料供应瞬态之间的时间。为达到本试验之目的，应使用制造商规定的最大火焰中断熄灭时间来进行控制。

#### 5.11.1.5 再循环/再点火

利用再循环点火系统，将燃料电池发电系统调整到其额定燃料消耗率来检测循环时间。循环时间是切断燃料供应随之火焰熄灭和点火器再激活之间的时间。当再次点火时，应确认火焰熄灭后，点火器能够在火焰形成时间内有效地再次点燃燃料。

火焰不得在燃料电池发电系统外部发生闪燃，并且不得对燃料电池发电系统造成任何损坏。在燃烧器燃烧的情况下，通过断开火焰检测器来模拟火焰熄灭。

应对火焰熄灭到火焰探测器开始切断燃料流之间的时间、以及从燃料流停止到点火器重新通电之间的时间进行观测。为达到本试验之目的，应使用制造商规定的最大火焰中断熄灭时间和最小循环时间。

#### 5.11.1.6 减小母火

当提供引燃火焰时，其应能够在引燃燃料供应量减少到仅够保持安全截止阀打开或者刚刚超出火焰熄灭点时(两者中代表较高引燃燃料速率的数值)启动燃烧器内燃料的安全点燃。火焰不得在燃料电池发电系统外部发生闪燃，并且不得对燃料电池发电系统造成任何损坏。

为达到本试验之目的，应使用制造商规定的最大火焰中断熄灭时间来进行控制。

应在冷启动和到达平衡的条件下，切断燃料电池发电系统后进行试验。

#### 5.11.1.7 延迟点火

对于通过电子点火器来点燃主燃烧器的燃料电池发电系统，燃料的延迟点燃不会造成燃料电池发电系统外，火焰的逆燃以及对燃料电池发电系统和相连通风系统的任何损害。为达到本试验之目的，应使用制造商规定的自动燃料点火系统点燃阶段的最大点火时间进行控制。对于有些系统，在测试点火时段结束前关闭点火器时，该试验应使用制造商规定的最大点燃激活时间来进行控制。

在燃料电池发电系统处于室温的情况下，应在正常热输入速率条件下让燃料电池发电系统进行工作，同时点火装置暂时以变化的时间间隔停火，该时间间隔不超过制造商规定的点火阶段的最大点火时间或者起燃激活阶段的最大起燃时间(选二者之中较短者)。对于多次起燃系统，在点火阶段每次打火时均应在变化的时间间隔进行点火尝试，任何时候点火装置在整个工作过程中均处于已启动状态直至熄火。应在每次打火时观察主燃烧器的引燃。火焰不得在燃料电池发电系统外部发生闪燃，并且不得对燃料电池发电系统造成任何损坏。延迟点火试验也用来确认制造商提供的火焰形成阶段。

#### 5.11.1.8 点火系统部件的温度试验

应在每个点火系统部件上正确连接热电偶或者等效的温度测量装置。燃料电池发电系统应在额定的燃料消耗率下工作，直至达到平衡条件。应测取各部件的温度。所测取的温度不应超过部件的表列温度。

#### 5.11.1.9 预吹扫

该试验适用于需要根据(4.6.2q))进行吹扫的系统。

根据制造商选择的选项，确定预吹扫量或者预吹扫时间的方法如下。

a) 预吹扫容积

  1) 该速率在燃烧产物排放管道的出口处，于室温下进行测量(测量的是公称流量)。

  2) 燃料电池发电系统处于环境温度下且没有运行。在实际的预吹扫条件下为风扇提供电力。

  3) 流量测量误差不得超过5%，且应修正到标准条件。

  4) 制造商指明燃烧回路的容量。

b) 预吹扫时间

  1) 燃料电池发电系统处于环境温度下且没有运行。

  2) 测定风扇启动到点火装置通电之间的时间。

检查确认是否满足4.6.3的要求。

### 5.11.2 催化氧化反应器的自动控制

a) 燃料流启动到出现确认点火之间的时间不得超过4.6.3规定的反应点火时间。

试验方法：燃料电池发电系统应根据制造商的规定进行操作，直至获得点火反应的条件。然后，应进行富空气运行下供应燃料或者富过量燃料运行下供应空气的操作。系统的响应时间应自此时计起，并在反应器监控装置发出制造商规定的信号，表明反应过程已经成功启动截至。反应启动时间不得超过4.6.3规定的数值。

b) 在反应停止或者反应速率降低或者升高到不安全水平的情况下，主安全控制装置应在4.6.3规定的反应熄火中断时间内切断富空气运转的燃料安全截止阀、或者富燃料运转的空气安全截止阀(并随后切断燃料安全截止阀)。

试验方法:燃料电池发电系统应根据5.3的规定进行工作,直至达到平衡条件。然后应切断富空气运转的燃料供应,或者富燃料运转的空气供应。在催化反应器点燃的情况下,通过断开反应温度监控装置来模拟反应熄火。此时刻和系统控制装置切断富空气运转的燃料供应或者切断富燃料运转的空气供应时刻之间的时间不得超过4.6.3中规定的反应熄火中断时间。

### 5.12 排气温度试验

当燃料电池发电系统装有通风系统时(参见4.12),该通风系统所输送的排放气体的最高温度不得超过构成该通风系统的材料可承受的温度。

试验方法:排气温度应使用热电偶或者类似的装置进行测量。应量取足够点数的温度值,在考虑到通风系统的尺寸以及对称性的基础上,确定排气管线中的最大温度。

燃料电池发电系统应根据5.3的相应要求进行安装和操作。当达到平衡条件时,应根据以上描述测量排放气体的最高温度。所获得的温度不得超过构成该通风系统的材料可承受的温度。

### 5.13 表面和部件的温度

a) 燃料电池发电系统应根据5.3的相应要求进行安装和操作。当达到平衡条件时,应使用合适的温度测量装置对温度进行测量。

燃料电池发电系统工作时,进行常规和日常工作的人员可能接触到的任何表面的最高温度不得超过4.4.9规定的限值。

任何其他可能暴露于可燃气体或者蒸汽中的表面的最高温度应满足4.6.1e)规定的要求。

系统部件的最高温度不得超过部件的额定温度。

b) 墙壁、地面和天花板的温度

本试验仅适用于拟安装在易燃表面上或其附近的固定发电系统。

应将燃料电池发电系统放置在木质的试验台上。

制造商应规定出燃料电池发电系统和试验台的后面墙壁、侧面墙壁、天花板(以及门面板)之间的距离。

燃料电池发电系统放置在具有以下规格的试验台上:

——试验台使用20 mm厚的涂有暗黑色漆的胶合板制成。

——利用热电偶来确定温升。

——用来测量墙壁表面、天花板以及试验角落地板上温升的热电偶连接到涂成黑色的小铜盘或黄铜盘的背面。铜盘的前面应与试验台平齐。

燃料电池发电系统的安装位置应尽可能使热电偶测量到最高温度。

燃料电池发电系统应于最大功率输出下运行。在达到平衡温度后,应测量试验台的温度,以确认是否满足4.4.9b)的要求。

### 5.14 抗风试验

抗风试验仅用于室外安装或者具有与室外连通的水平空气入口和排气口的燃料电池发电系统。

#### 5.14.1 对于风向垂直于墙壁的风源的标定步骤

风源的标定布置应包括垂直于试验墙壁中心的风源的中心,在该试验墙壁上通风端子周围有四个孔,根据制造商的安装说明,该通风端子安装在试验墙的中心(参见附录C中的图C.1)。这些孔应共用通道,以获得一个单独的平均静态压力读数。让风源对准墙壁,由布置在燃料电池发电系统燃烧空气开口处的压力表测量平均静态压力读数,作为利用以下关系标定风源的基础。

表 2 风的标定

| 公称值<br>km/h | 平均静态压力<br>Pa |
|---|---|
| 16 | 10 |
| 54 | 116 |

除此以外，在 54 km/h 标定的风源在 305 mm 的距离处，垂直于试验墙壁对准这些孔的方向，不得产生超过 12 Pa(16 km/h)的动压力。

### 5.14.2 在有风条件下对室外燃料电池发电系统的运转进行验证

本条款的步骤仅适用于拟安装在室外的燃料电池发电系统或者拟安装在室外的燃料电池发电系统部件。

拟安装在室外的燃料电池发电系统机柜，或者拟安装在室外的燃料电池发电系统部件的外壳，应根据以下方法进行并且通过抗风试验。

试验方法：燃料电池发电系统应正常启动和运转，且在暴露于公称风速不小于 54 km/h 时，任何部件不得损坏或者故障，也不得造成危险或者不安全情况。

利用具有足够功率的风扇/鼓风机，在试验机构认为最关键的位置、朝向燃料电池发电系统外表面施加一个速度不小于 54 km/h 的风力。风扇/鼓风机的位置应能够产生一个覆盖整个外表面投影面积的、以规定速度平行吹向燃料电池发电系统的均匀的风力。该风速在距离燃料电池发电系统的迎风表面 50 cm 的一个垂直表面上测量。

当燃料电池发电系统承受公称速度为 16 km/h 的风力时，母火(如果提供的话)应能够被点燃。

当燃料电池发电系统承受公称速度为 54 km/h 的风力时，燃烧器气体应没有过多延迟地从点火装置引燃，并且燃烧器和引燃火焰不会熄灭。如果提供了母火，该母火应能够单独工作，也能够与燃烧器同时工作。

根据评定组织的要求，可在朝向其他风向的规定和未规定风速的风力进行附加试验。

### 5.14.3 通过外墙进行水平通风的室内燃料电池发电系统工作的验证

试验方法：这些试验应该在正常入口试验压力下进行。

a) 当在垂直于墙壁以外的风向下进行试验时，燃料电池发电系统应符合 4.5.3j)的要求，除非风源产生的风力具有 54 km/h 的速度(134.5 Pa 自由流动速度压力)，该数值在风向平行于墙壁时，利用皮托管在垂直于墙壁的一个平面上的平分通风系统的三个位置进行测量。这三个位置与通风系统边缘的水平和垂直距离均应为 305 mm。请见附录 D。

   在对平行于墙壁的风源进行标定后，应将风源或者试验墙进行旋转，使风向指向试验机构确定的其他角度。

b) 对于垂直于墙壁的风向，可以使用以下任一种试验方法：

   1) 以下试验方法应该在规定的最大通风长度下进行，仅将通风端子从水平通风管上拆除(若使用通风端子)。在距离水平通风管 305 mm 的出口处在通风管上安装一个压电环(见附录 E 中的图 E.1)。将该压电环连接到一个可以直接读取 1.24 Pa 以下压力值的压差计。压力计基准压力接头应延长至燃料电池燃烧空气供应口附近的一个点。

   启动燃料电池发电系统并运转，在通风管的端部安装一个节流阀施加阻尼，直至压电环的压力达到 116 Pa。然后，停止燃料电池发电系统的运转。启动对燃料电池发电系统的燃气供应。仍然保留节流阀，冷启动燃料电池发电系统。在上述条件下，燃料电池发电系统不得停机。在达到稳定条件后，重新调节节流阀以保持 116 Pa 的压力。在上述条件下运转时，燃料电池发电系统至少在 10 min 内不得停机。在保持 116 Pa 的通风压力的情况下，应利用自动控制装置打开和关闭燃料电池发电系统，燃料电池发电系统应能够在没有过多延迟的情况下启动。

2) 在规定的最大通风管长度下，应使用以下试验方法。风源产生的风应具有根据 5.14.1 标定的 54 km/h 的公称速度。

燃料电池发电系统在承受 54 km/h 的风力时应能够启动并且能够持续运转。

#### 5.14.4 在风中 CO 的排放量-室内装置

对于安装在室内并且使用墙外空气通风的燃料电池发电系统，当在空气通风入口端子处施加 0 km/h～54 km/h 的风力时，应对 CO 的排放量进行检测。风可以从相对通风端子的任何平行方向施加。通风系统吸入口曝露于 54 km/h 的风速中(134.5 Pa 自由流动速度压头，该数值在风向平行于墙壁时，利用皮托管在垂直于墙壁的一个平面上的平分通风空气吸入系统的三个位置进行测量。这三个位置与通风空气吸入系统边缘的水平和垂直距离均应为 305 mm)，燃料电池发电系统应该在标称输入下运转，直至达到恒定的排气温度。在施加该风速范围的风力过程中，应测量 CO 的排放量以确认是否满足 4.4.11 的要求。

在对平行于墙壁的风源进行标定后，应将风源或者试验墙进行旋转，使风向指向合格评定组织确定的其他角度。

对于风向垂直于墙壁的风力，燃料电池发电系统应运转直至达到恒定的排气温度。可以使用 5.14.3b)中规定的任一种试验方法。

当使用 5.14.3b)1)的试验方法时，通风压力应在 0 Pa～116 Pa 范围内变化。在施加该范围内的通风压力的过程中，应选取足够数量的废气样品并进行分析以确定 CO 的浓度是否符合 4.4.11 的要求。

当使用 5.14.3b)2)的试验方法时，风源产生的风在根据 5.14.1 标定的、0 km/h～54 km/h 的标称速度之间变化。通风压力应在 0 Pa～116 Pa 范围内变化。在施加该风速范围内的风力的过程中，应选取足够数量的废气样品并进行分析以确定 CO 的浓度是否符合 4.4.11 的要求。

#### 5.14.5 在风中 CO 的排放量-室外装置

对于安装在室外的燃料电池发电系统，当该装置曝露于 0 km/h～54 km/h 的风力中时，应对 CO 的排放量进行检测。使用功率足够大的鼓风机产生的风来制造速度不大于 54 km/h 的风力，朝向燃料电池发电系统外表面、施加在合格评定组织认为最危险的点上。该鼓风机的位置应能够产生一个覆盖整个外表面迎风面积的、以规定速度平行吹向燃料电池发电系统的均匀的风力，该风速在距离燃料电池发电系统的迎风表面 0.5 m 的一个垂直表面上测量。

燃料电池发电系统应于标称输入运转直至达到恒定的排气温度。在施加该风速范围内的风力过程中，应测量 CO 的排放量。

### 5.15 淋雨试验

淋雨试验仅适用于室外装置。应根据 IEC 60529 并依照厂商声明的 IP 等级运行淋雨试验。

### 5.16 CO 的排放量

根据 5.16.1、5.16.2 以及 5.16.3 中的试验，排放至室内或者室外的纯排放物中 CO 的排放量不得超过 $300\times10^{-6}$(体积浓度)。

#### 5.16.1 阻塞的排气口

将燃料电池发电系统排气口阻塞至一定程度、包括完全关闭时检测 CO 的排放量。燃料电池发电系统应于标称燃料输入速率条件下至少运转 15 min。当燃料电池发电系统的控制装置在排气口堵塞的情况下，自动切断主燃料供应时，应将排气口的堵塞面积逐渐降至控制装置可保持主燃料供应打开位置时的最低点。

### 5.16.2 阻塞的空气供应

a) 燃料电池发电系统于常温下且空气供应管道完全阻塞时，应将空气供应管道逐渐打开，直至确定燃烧器能够点火。在这种阻塞情况下，一旦达到热平衡，即测量 CO 的排放量。

b) 燃料电池发电系统应于标称热态输入下至少运转 15 min。当进气口管道逐渐堵住时，测量 CO 的排放量。

### 5.16.3 电压变化

该试验在依靠机械风扇提供空气流的燃料电池发电系统上进行。燃料电池发电系统应于稳态下运转。然后进行以下试验。

应通过降低风扇电机的电压或者调节风扇电机的 VFD 设定值(若配备)，将风扇的转速逐渐降低至 85%。所测量的燃烧产物的 CO 浓度不得超过 5.16 的要求。

### 5.17 泄漏试验(重复)

燃料电池发电系统应在与 5.4 规定的相同试验条件下重新进行泄漏试验。

## 6 例行试验

所有产品均应进行例行试验。例行试验应在模拟燃料电池发电系统所设计的应用环境下进行，以获得所需的运行状态。特别是，例行试验的试验环境应提供一个接口，该接口应在根据燃料电池发电装置的设计应用所限定的边界上。建议应按照以下顺序进行例行试验。

若例行试验直接与燃料电池系统的初始启动和调节步骤一起进行，则应将燃料电池系统连接到调节设备并使其处于制造商规定的运转条件下。

所有的燃料电池发电系统均应进行如下例行试验：

气体泄漏试验：气体泄漏试验应根据 5.4 的要求进行，也可以进行下述压力下降试验。

对含有可燃气体的燃料电池系统，或者对系统中有可燃气体流动的部件，应利用合适的干燥气体(例如空气或者氮气)加压至规定压力，然后进行密封并保持 10 min 以上。利用式(7)，根据这段时间前后的压力差值计算出的泄漏不得超过规定数值。

$$L_1 = V \times t_0 / P_0 \times [(P_1 + P_{a1})/(t_0 + t_1 - 15) + (P_2 + P_{a2})/(t_0 + t_2 - 15)] \times 60/T \quad \cdots\cdots(7)$$

式中：

$L_1$ ——燃料电池系统的气体泄漏量，单位为立方米每小时($m^3/h$)；

$V$ ——加压范围内的内部空间容积，单位为立方米($m^3$)(除内部结构体积之外的气体体积)；

$t_0$ ——参考温度，288.15 K(15 ℃)；

$t_1$ ——测量开始时的内部空间温度，单位为摄氏度(℃)；

$t_2$ ——测量结束时的内部空间温度，单位为摄氏度(℃)；

$P_0$ ——参考压力，101.325 kPa(1 atm)；

$P_1$ ——测量开始时的压力，单位为千帕(kPa)；

$P_2$ ——测量结束时的压力，单位为千帕(kPa)；

$P_{a1}$ ——测量开始时的大气压力，单位为千帕(kPa)；

$P_{a2}$ ——测量结束时的大气压力，单位为千帕(kPa)；

$T$ ——测量时间,单位为分钟(min)。

正常运转试验:参见 5.6。

介质强度试验:参见 5.8。

制冷剂泄漏试验(仅针对液态制冷剂):参见 5.4.2。

以下试验应在取样方案的基础上进行:

——燃烧器运转试验;

——CO 排放试验。

## 7 标识、标签和包装

### 7.1 一般要求

燃料电池发电系统应根据 ISO 3864-2:2004 中的相应条款进行标识。

### 7.2 燃料电池发电系统的标识

每个燃料电池发电系统都应配备有数据铭牌或相邻标签的组合,保证易读以方便将系统安装至正常位置。

标识中应清楚地说明使用限制,尤其应说明燃料电池发电系统必须安装在具有足够通风条件的区域。

铭牌/标签应包括以下内容:

a) 制造商的名称(带商标)与地址;

b) 制造商的型号或者商品名称;

c) 燃料电池发电系统的序列号和生产年份;

d) 燃料电池的类型;

e) 电输入,若适用(电压/电流类型/频率/相/功率消耗);

f) 电力输出(电压/电流类型/频率/相/额定功率/功率因数)单位:kVA;

g) 燃料电池发电系统所使用的燃料类型;

h) 燃料供应压力范围;

i) 额定功率(kW)下的燃料消耗;

j) 燃料电池发电系统预期工作的环境温度范围(最低和最高),单位℃;

k) 室外或室内使用;

l) 加热电路(若适用):额定热输出(kW),最大流量、压力、温度;

m) 若与电网连接(仅输出或输入)则应标识与电网并联单向;

n) 提醒工作人员潜在人身伤害或设备损坏的警示标志,以及安装操作指示;

o) 对应本国际标准的编号;

p) 检测对本标准符合性的组织机构代码。

若燃料电池发电系统根据 GB 3836.14 评定为危险区域类别,则应对其进行相应标识。

### 7.3 部件的标识

应对用户所用的所有部件进行标识,以便与用户手册中的燃料电池发电系统图纸进行核对。

警示标志应放置在合适的位置,对电气危险、排放阀、高热部件和机械危害进行"警示"标识。要优先选择使用 ISO 3864-2:2004 中给出的标准符号。

人机界面中使用的控制装置、视觉指示器以及显示器(尤其是那些与安全有关的),必须将其功能清楚地标识在旁边或者相邻的地方。要优先选择使用 IEC 60417 和 ISO 7000 中给出的标准符号。

### 7.4 技术资料

#### 7.4.1 总则

制造商应随每个燃料电池发电系统提供燃料电池发电系统安全安装、操作和维护保养所必须的资料，并应特别提醒注意其使用限制方面的内容。这些信息应以技术文件、示意图、图表、表格以及说明书等形式、并应以合适的数据媒介和语言提供。

部分技术内容可仅提供给有资质的人员，此种情况下制造商应规定资质人员的标准。

随燃料电池发电系统提供的资料应包括：

——关于设备、安装、装配以及与电源连接方面的清楚及全面的描述；

——电力供应的要求；

——根据4.2要求的物理环境和操作条件(燃料和水供应特性等)；

——电路图；

——有关以下方面的内容(若使用)：

a) 装卸、运输和存储；

b) 软件程序；

c) 操作顺序；

d) 检验频率；

e) 功能测试的频率和方法；

f) 防护装置和电路的调整、保养以及维修方面的指南；

g) 部件表以及推荐的备件清单；

——关于防护设施、连锁功能以及潜在危险情况所用防护设施的联锁方面的描述；

——关于安全防护以及有必要暂停安全防护时所提供的措施说明(例如，手动编程、程序验证)。

#### 7.4.2 安装手册

安装手册应为安装人员提供燃料电池发电系统安装准备工作的所有内容。

尤其应提供接线图或表格。该线路图或者表格应给出所有外部连接(例如，电力供应、燃料供应、水供应、控制信号、排气孔、通风接口等)的全部信息。

这些安全说明应给出关于燃料电池发电系统基础的位置和设计、通风要求、气候危害防护、相对基底标高的推荐高度、安全防护罩、与可燃材料的可接受距离、绿地、人行道、公用道路、道路、铁路铁轨以及车辆碰撞防护等方面的指南。

除了上述以外，安装手册还应规定出：

——制造商或者经销商的名称和地址，以及燃料电池发电系统的型号；

——燃料供应的最低和最高压力以及确定这些压力的方法；

——空气供应、通风和排气口周围的足够空间；

——维护保养以及正确操作所需的足够空间；

——可燃材料所需的足够空间；

——如有要求时，必须在燃料控制的上游提供一个沉淀物收集器或者过滤器；

——如有要求时，延长停机期间的特别说明。

#### 7.4.3 用户信息手册

对要安装在住宅区使用的燃料电池发电系统，该系统的供应商应向住宅所有人提供用户信息手册，报告进行相应的维护保养的信息(例如，进口商的地址、维修厂家，等等)。

用户信息手册应为打印出的、经过排版和格式整理的文件，以提供简单易行的步骤。应使用图解来标识燃料电池的部件、尺寸和间隙，装配好的部件，以及为了更清楚说明所需的连接点。还应使用图解来标识出可用部件的位置并说明进行维修作业的正确方法。

对引号中给出的文本，应在用户信息手册中原文体现。

用户信息手册应贴在燃料电池上并装在袋内，或者用燃料电池上的卡子别住，或者装在信封中，标记说明：

a） 请安装人员将其贴在燃料电池上或其附近，和/或

b） 请消费者保留该手册，以期未来参考之用。每个用户信息手册应分为相应章或节，并应包括目录表以及清楚的页码。

用户信息手册应包括以下相应的安全信息：

a） 封面

封面应仅为用户提供最重要的安全说明。封面或如果没有封面时手册的第一页上应具有如图 2 到图 4 所述的用线框框住的下述安全注意事项：

警告：

火灾或爆炸危险

如果不正确遵守安全警告，可能会导致严重的人身伤害、人员死亡或者财产损失。

——不要在本产品或任何其他用具附近存放或者使用汽油或者其他可燃气体。

——如果闻到气体气味应该：

不要试图点燃任何用具。

不要触碰任何电气开关；不要在该区域内使用任何电话。

立即离开该区域。

立即打电话给您的气体供应商。按照气体供应商的指导行事。

如果联系不到您的气体供应商，请打电话给消防部门。

——必须由有资质的安装人员、维修机构或者气体供应商进行安装和维修。

**图 2　有气味燃气系统的安全注意事项**

警告：

火灾或爆炸危险

如果不正确遵守安全警告，可能会导致严重的人身伤害、人员死亡或者财产损失。

——不要在本产品或任何其他用具附近存放或者使用汽油或者其他可燃气体。

——必须由有资质的安装人员、维修机构或者气体供应商进行安装和维修。

**图 3　无气味气体燃料系统的安全注意事项**

警告：

火灾或爆炸危险

如果不正确遵守安全警告，可能会导致严重的人身伤害、人员死亡或者财产损失。

——不要在本产品或任何其他用具附近存放或者使用汽油或者其他可燃气体和液体(除了燃料电池发电系统所使用的相关液体燃料)。

——如果发现液体渗漏应该：

不要试图点燃任何用具。

不要触碰任何电气开关；不要使用该区域内的任何电话。

立即离开该区域。

立即打电话给您的燃料供应商。按照燃料供应商的指导行事。

如果联系不到您的燃料供应商，请打电话给消防部门。

——必须由有资质的安装人员、维修机构或者燃料供应商进行安装和维修。

**图 4　液体燃料系统的安全注意事项**

封面应包含提醒用户必须阅读手册中所有说明并且必须保存所有手册以备将来参考的语句。

b)　安全章节

在手册的前面部分应包括一个安全章节，为燃料电池的用户提供潜在危险的清单以及某一特定燃料电池的与安全有关的说明。安全章节中至少应包括关于以下内容的说明，并提供在本手册中的相关章节号或者页码。

1)　关于燃料电池周围区域必须保持清洁，没有可燃材料、汽油以及其他可燃气体和液体的指导说明。

2)　当需要空气进行燃烧或通风时，应提供关于不要堵塞或阻隔燃料电池上空气孔、与燃料电池安全区域连通的空气孔以及燃料电池周围提供的用来锁住和排放所需空气的空间的指导说明。

3)　关于燃料电池启动和停止的指导说明。这些指导说明应利用插图说明所有用户接口部件的位置。

4)　提供以下语句：“如果任何部件浸在水中，不要使用该燃料电池。经水浸泡损坏的燃料电池具有潜在的危险。如果试图使用这种燃料电池可能会导致火灾或者爆炸。”应联系具有资质的服务机构对该燃料电池进行维修或者更换所有被泡湿的气体控制、控制系统部件、电气部件。

5)　关于过滤器更换或吹扫频次、更换过滤器尺寸和型号的规格说明。这些指导说明应包括过滤器拆卸和更换的说明，并利用图解说明过滤器拆卸和更换指导说明中所涉及到的制造商所提供的所有部件的位置。

6)　必要部件定期吹扫的推荐方法。

7)　关于检测燃料电池安装的指导说明，以确定：

i)　4.5.2 和 4.5.3 中述及的零部件的任何吸入口和排放口畅通无阻；

ii)　燃料电池的物理支撑结构完好无损，在底座周围没有沉降裂纹、间隙等，以在支撑结构和底座之间安装密封件；

iii) 没有燃料电池变质的明显迹象。

8) 该手册指出有用户进行的7.4.3b)7)中的检测的必要性以及最小频次,还应规定由有资质的维修机构进行的燃料电池的定期检验。

c) 正文中的安全信息

正文中的安全说明应参照并包括封面的安全注意事项以及手册的安全章节中的内容。手册中描述的潜在危险情况要求利用另加安全预防性语句进行说明。

### 7.4.4 操作手册

操作手册应详细说明该燃料电池发电系统的调节和使用的正确步骤。要特别注意所提供的安全措施以及预期的不正确操作方法。

该操作手册应包括与燃料电池发电系统的使用相关的危害的章节。

如果设备的操作可以编成程序,应提供关于编程方法、所需要的设备、程序验证和附加安全措施(若需要)方面的详细信息。

指导说明应提供关于燃料电池发电系统的空传噪声释放的信息(实际值或者基于相同燃料电池发电系统测量值确定的数值)。

在燃料电池发电系统可能被非专业人员操作的情况下,使用说明以及上述关键要求的措词和版面编排,应考虑这种操作人员的普通教育水平和理解能力。

### 7.4.5 维护保养手册

维护保养手册应详细说明调整、检修、预防检验以及维修的正确步骤。有关维护保养/检修记录的推荐格式应作为维护保养手册的组成部分。如果提供正确操作的验证方法(例如软件测试程序),还应详细说明这些方法如何使用。

该手册至少应包含关于以下内容的有明确定义、简单易懂、完整充分的说明。

——燃料电池发电系统的启动和停止说明。可使用图解说明相关部件的位置。

——关于过滤器更换或吹扫次数、更换过滤器尺寸和型号的说明书。该说明书应包括过滤器拆卸和更换的指导说明,并利用图解说明制造商在说明书中提到的所有部件的位置。

——对于任何在停机后可能保留残余电压/能量的电气部件,应提供指导说明警示用户小心这些电气部件以及如何将电压/能量正确释放到安全等级。

——必备部件定期吹扫的推荐方法。

——关于活动部件润滑的指导说明,包括润滑剂的型号、等级和数量。

——检测燃料电池发电系统安装的指导说明以确定:

- 零部件的任何吸入口和排放口均畅通无阻;
- 燃料电池发电系统或其支撑结构(如底座、支架、箱体等)无物理损坏的明显迹象。

——通风系统、气体探测以及相关功能部件的定期检测。

——更换部件清单,包括订购备品备件的信息。

——关于燃料电池周围区域必须保持清洁,没有可燃材料,汽油以及其他可燃气体和液体的指导说明。

——还应包括以下语句:若任何部件浸在水中,则不要使用该燃料电池发电系统。立即给具有资质的维修人员打电话,对该燃料电池发电系统进行检验,并更换所有被泡湿的功能部件。

——如使用,还应提供有关中和冷凝物的说明和一览表。

该维护保养手册还应提供在燃料电池发电系统部件上进行的所有定期和常规维护保养活动的详细清单,并指出这些检查的必要性以及最低频次。该维护保养手册应规定出必须由有资质的维修人员进行的燃料电池发电系统的定期检验。

# 附　录　A
## （资料性附录）
## 本标准讨论的重要危险、危险情况及事件

表 A.1 给出了本标准中讨论的重要危险因素、危险情况及事件，包括相关的章节号。

**表 A.1　危险情况及事件**

| 重要危险因素、危险情况及事件 | 章节号 |
|---|---|
| □**由于以下原因造成的机械危险：** | |
| □形状（尖锐表面） | 4.4 |
| □相对位置（倾翻/碰撞危险） | 4.4 |
| □质量和稳定性（元件的势能可能会使元件在重力的作用下发生移动） | 4.4 |
| □质量和速度（元件在受控或非受控运动中产生的动能） | 4.4,4.12 |
| □机械强度不足（材料或几何尺寸不符合规范） | 4.4,4.5,4.13 |
| □压力下的流体（压力过大，流体在压力下的喷射，真空） | 4.4,4.5 |
| □**由于以下原因造成的电气危险：** | |
| □人与带电部件的接触（直接接触） | 4.7 |
| □人员与故障条件下会带电的部件接触（间接接触） | 4.7 |
| □在高电压下接近带电部件 | 4.7 |
| □静电现象 | 4.6,4.7 |
| □电磁现象 | 4.8 |
| □由于短路、过载造成的热/化学作用 | 4.7 |
| □熔融颗粒的喷射 | 4.7 |
| □**由于以下原因造成的热危险：** | |
| □人员与高温表面的接触 | 4.4 |
| □高温流体的释放 | 4.5 |
| □热疲劳 | 4.3,4.5 |
| □设备温度过高导致不安全运转 | 4.9 |
| □**材料和物质产生的危险：** | |
| □由于接触、吸入流体、气体、烟雾、烟气以及粉尘造成的危害 | 4.4 |
| □由于可燃流体泄露造成的火灾或者爆炸危害 | 4.6 |
| □内部可燃混合物聚集造成的火灾或者爆炸危害 | 4.6 |
| □由于材料变质（例如腐蚀）或者累积（例如结垢）造成的危险情况 | 4.3 |
| □窒息 | 4.4 |
| □活性物质（自燃性） | 4.4 |
| □**由故障造成的危害：** | |
| □由故障或者软件或者控制逻辑不适宜造成的不安全运转 | 4.9 |

表 A.1（续）

| 重要危险因素、危险情况及事件 | 章节号 |
| --- | --- |
| □因控制电路或防护/安全部件故障造成的不安全运转 | 4.9 |
| □因停电造成的不安全运转 | 4.9 |
| **□因忽略人机工程理论原则而导致的危害：** | |
| □因涉及不当、手动控制位置或者标识不当造成的危害 | 4.9 |
| □因涉及不当或者图像显示装置和警告标志位置不当造成的危害 | 4.9 |
| □噪声 | 4.4 |
| **□因错误的人为干预造成的危害：** | |
| □因偏离正确操作造成的危害 | 4.9,7.4 |
| □因制造/装配/安装失误造成的危害 | 4.4,7.4 |
| □因维护失误造成的危害 | 7.4 |
| □故意破坏行为 | |
| **□环境危害：** | |
| □在极热/极冷环境下的不安全运转 | 4.13 |
| □雨，洪水 | 4.13 |
| □风 | 4.13 |
| □地震 | 4.4 |
| □外部火灾 | |
| □烟雾 | |
| □雪，冰负载 | 4.13 |
| □害虫攻击 | |
| **□污染：** | |
| □大气污染 | 4.4 |
| □水污染 | 4.4,4.5 |
| □土壤污染 | 4.4 |
| | |
| | |

# 附 录 B
（资料性附录）
氢环境下渗碳和材料的兼容性

## B.1 渗碳

在蒸汽重整炉中，常规渗碳是高温合金很常见的问题。它是由碳的内部迁移造成的，碳的来源是烃裂解，导致金属基质内碳化物的形成。该过程在高温下进行，通常在800 ℃以上，从而导致韧性的下降。

通常，一种合金的渗碳作用导致常温下韧性降低。碳的获得将增大金属的体积以及膨胀系数，导致很强的内部应力，引起设备的过早毁损。毁损通常由蠕变断裂和低循环疲劳导致。如果渗碳作用足够严重，它还会影响高温蠕变和断裂特性。各种合金似乎在这方面的耐受性各有差异。

一般情况下，渗碳速率随以下因素发生变化：

a) 温度——温度每升高55 ℃，该速率增加一倍。

b) 反应动力受气体中的$CO/CO_2$的比率以及温度控制。

c) 强烈渗碳条件为中等温度下（通常450 ℃～850 ℃）$CO/CH_4/H_2$——与较低的蒸汽/碳比率，以及带有缺陷的氧化物层。

d) 镍和硅的含量——含量值较高比较有利。

e) 保护性和再生性氧化物膜——合金中的Cr、Si和Al元素是有利的。

这些规则是一般性的，由于金属反应的不规则性，这些规则不一定在所有材料/环境的综合情况下都正确。

## B.2 氢环境下的材料兼容性

对内部盛有气态氢或者含氢流体的部件，以及用来密封或者连同上述相同介质的所有部件，在工作条件下应具有足够的氢化学和物理反应抵抗力。

### B.2.1 金属和金属材料

本标准的使用者应该明白，暴露在氢环境中的工程材料，其对氢致腐蚀的敏感性可能会通过不同的机制，诸如氢脆和氢侵蚀而提高。

氢脆定义为由于原子氢的渗透而造成金属韧性或延展性下降的过程。

氢脆已经被划分为两种类型。第一种，被称为内部氢脆，在氢通过材料处理技术进入金属基质并使金属中的氢过饱和。第二种类型，为环境氢脆，由固态金属从服役环境中吸收的氢造成。

金属中溶解的原子氢与金属的内部缺陷相互作用，通常加强裂纹扩展的敏感性，从而降低金属的基本性能，诸如延性和断裂韧性。重要材料和环境变数也同时都对金属内的氢致断裂有影响。在第二阶段材料的微观结构也是一个重要的考虑因素，由于化学成分以及处理工艺的变化，这种因素可能存在，也可能不存在，会影响金属的断裂抗性。第二阶段，奥氏体不锈钢中的铁素体也可能会对材料中的各向异性产生特定的导向作用。通常可以对金属进行处理，使其具有较宽的强度范围。众所周知，当合金的强度增加时，材料的氢致断裂抗力加强。

影响氢致断裂的环境变量包括氢的压力、温度、化学环境以及应变速率。通常情况下，当氢的压力上升时，氢致断裂的敏感性增加。温度的影响却并没有规律。有些金属，诸如奥氏体不锈钢呈现局部最大氢致断裂敏感性，是温度的函数。虽然还不是很清楚，但是混合有氢气的痕量气体也会影响氢致断裂。举例说明,水分对铝合金是有害的,因为湿式氧化会产生高逸性氢,但是在某些钢材中,水分可通过产生表面膜作为氢吸收的动态障碍来提高氢致开裂的抗力。在氢存在时,通常会观察到所谓的反向应变率效应;换言之,在高应变速率下,金属的氢致开裂敏感性会降低。

当温度接近环境温度时,这种现象可通过体心立方晶格结构影响金属,例如铁素体钢。在没有残余应力或者外部载荷的情况下,环境氢脆以各种形式体现,诸如起泡、内部裂纹、形成氢化物、以及韧性降低等。当拉伸应力或者应力-强度因子超出某一特定限值时,原子氢和金属反应导致亚临界裂纹扩展,从而产生断裂。

氢脆可以在高温热处理过程中以及电镀过程中、与维护保养化学物质接触时、发生腐蚀反应时、阴极保护、以及在高压高温氢中工作时发生。

当温度超过 473 ℃,许多低合金结构钢可能会发生氢侵蚀。这是由钢中扩散氢和碳化物颗粒发生化学反应造成的一种不可逆的钢材微观结构退化现象,导致成核作用和沿晶界的甲烷起泡的长大和合并,形成裂缝。

氢化物脆化发生在诸如钛和锆等金属中,是在结构中形成热力稳定和相对较脆氢化物相的一个过程。

覆层焊以及异质材料间的焊缝通常用到高合金材料。在超过 250 ℃的工作条件下,氢在高合金焊缝和非合金/低合金母材之间的熔合线中扩散。在停机过程中,材料温度下降。氢的溶解度和扩散率的下降会导致焊缝开裂。

以下是控制氢脆风险的一些通用建议:

——通过控制化学成分(例如使用碳化物稳定剂)、微观结构(例如使用奥氏体不锈钢)、以及机械性能(例如限制硬度,最好低于 225 HV,通过热处理将残余应力降至最低)等来选择具有较低氢脆敏感性的原材料。使用 ISO 11114-4 中规定的试验方法来选择具有氢脆抗力的金属材料。API 出版物 941 给出各种类型的钢材的限制条件为氢压力和温度的函数。有些常用金属的氢脆敏感性在 ISO/TR 15916 中列出。

——应用于氢环境中的覆层焊缝以及异质材料之间的焊缝应定期进行超声波检测,并在设备非受控条件下停机、设备可能迅速冷却之后进行超声波检测。

——尽可能降低所施加应力的水平,尽可能少地暴露在疲劳环境下。

——在对部件进行电镀时,控制阳极/阴极的表面积和效率,以正确控制所施加电流的密度。大电流密度会加剧氢的释放。

——在非阴极碱性溶液和受抑制的酸性溶液中清洗金属。

——对硬度为 40 HRC 或者更高的材料使用擦洗剂。

——必要时,利用过程控制检查,来减轻制造过程中的氢脆风险。

**B.2.2 聚合物,合成橡胶以及其他非金属材料**

大部分聚合物可认为适合于气态氢环境。应适当注意氢气在这些材料中的扩散比在金属中容易得多。聚四氟乙烯(PTFE 或称特氟隆®)以及聚氯三氟乙烯(PCTFE or Kel-F®)通常适用于氢环境。其他材料的适用性应进行验证。可以在 ISO/TR 15916 以及 NASA 国家航空和航天管理局文件 NSS 1740.16 中找到指导说明。关于密封垫、隔膜以及其他非金属部件也可以参考 ANSI/AGA 3.1—1995。

关于氢致腐蚀和控制技术方面的进一步指南可以在以下标准和组织中找到。

美国材料试验协会标准

ASTM B577-93 1993 年 4 月 01 日　探测铜的氢脆敏感度的标准试验方法

ASTM B839-94 1994 年 11 月 01 日　金属镀覆的外螺纹制品、紧固件和棒的残余脆性的标准试验方法、倾斜楔入法

ASTM B849-94 1994 年 11 月 01 日　钢铁预处理减小氢脆变危险的标准规范

ASTM B850-98 1998 年 11 月 01 日　对钢铁镀层后处理以减小氢脆变危险的标准规范

ASTM E1681-99 1999 年 4 月 10 日　恒定载荷下金属材料环境促使裂纹的阈应力强度系数测定标准试验方法

ASTM F1459-93 1993 年 11 月 01 日　测定金属材料对气体氢脆灵敏度的方法

ASTM F1624-00 2000 年 8 月 01 日　用增长载荷技术测量钢中氢脆性的标准试验方法

ASTM F1940-01 2000 年 11 月 01 日　电镀或涂层防护的紧固件防氢脆工艺控制检验试验方法

ASTM F2078-01 2000 年 11 月 01 日　氢脆试验的相关标准术语

ASTM F326-96 1996 年 11 月 01 日　镀镉工艺用电子氢脆试验方法

ASTM F519-97 1997 年 11 月 01 日　电镀处理和飞机保养用化学药品的机械氢脆试验方法

ASTM G129-00 2000 年 8 月 01 日　评定金属材料对电磁促成裂纹的灵敏性的慢应变速率试验的标准规程

ASTM G142-98 1998 年 11 月 01 日　测定金属在氢气中(包括高压、高温或高压高温条件下)脆性敏感度的标准试验方法

ASTM G146-01 2001 年 2 月 01 日　高压、高温精炼氢设备中使用的不锈合金/钢双层板材非连接性评定标准做法

ASTM G148-97 1997 年 11 月 01 日　用电化学技术评价金属中氢吸取、渗透和转移惯例

国家腐蚀工程师协会标准

NACE TM0177-96 1996 年 12 月 23 日　金属材料在硫化氢($H_2S$)环境下的抗硫化应力开裂能力的试验室试验

NACE TM0284-96 1996 年 3 月 30 日　标准试验方法　管线和压力容器用钢抗氢致开裂能力的评价

美国石油学会标准

API RP 941 1997 年 1 月 01 日　炼油与石化高温临氢选材方法

API 934 2000 年 12 月 01 日　高温高压临氢 2-1/4Cr-1Mo & 3Cr-1Mo 钢大壁厚压力容器的材料及制造要求

美国焊接学会标准

ANSI/AWS A4.3-93 1993 年 1 月 01 日　测定马氏体、贝氏体和铁素体钢电弧焊接金属中可扩散氢含量的标准方法

ANSI/AGA NGV3.1-1995　天然气机动车辆的燃料系统部件

美国机械工程协会标准

ASME 锅炉和压力容器规范

ASME/ANSI B31.3　化工与石油炼油管线

ASME/ANSI B31.1　动力管线

汽车工程师学会标准

SAE/AMS 2451/4 1998 年 7 月 01 日　电刷镀　镉　腐蚀防护　低氢脆

SAE/AMS 2759/9 1996 年 11 月 01 日　钢质部件的氢脆释放(烘焙)

SAE/USCAR 5 1998 年 11 月 01 日　避免钢的氢脆

国际标准组织标准

ISO 2626:1973

铜-氢脆测试

ISO 3690:2000

焊接及相关工艺　铁素体钢电弧焊接金属中氢含量的测定焊接及相关工艺　铁素体钢电弧

焊接金属中氢含量的测定

ISO 7539-6:1989

金属和合金的腐蚀　应力腐蚀试验　第6部分:恒定载荷和恒定位移试验用预裂纹试样的制备和使用

ISO 9587:1999

金属和其他无机覆层　减少氢脆风险的铁或钢的预处理

ISO 9588:1999

金属和其他无机涂层　为减轻氢脆危险的铁和钢的后包覆处理

ISO 11114-4:2004

移动气瓶-气瓶和瓶阀材料与盛装气体的相容性　第4部分:选择耐氢脆的金属材料的试验方法

ISO 15330:1999

紧固件-氢脆性检测的预荷载试验 平行承载表面法

ISO 15724:2001

金属和其他无机涂层　钢中可扩散氢的电化学测量　电极法

欧洲标准

BS 7886 1997年1月01日　用电化学技术对氢在金属中吸收和传输的测定和氢渗透的测量方法

DIN 8572-1 1981年3月01日　在焊缝金属中扩散氢的确定　手工电弧焊

DIN 8572-2 1981年3月01日　在焊缝金属中扩散氢的确定　埋弧焊

# 附　录　C
（规范性附录）
# 试　验　墙

尺寸单位为毫米

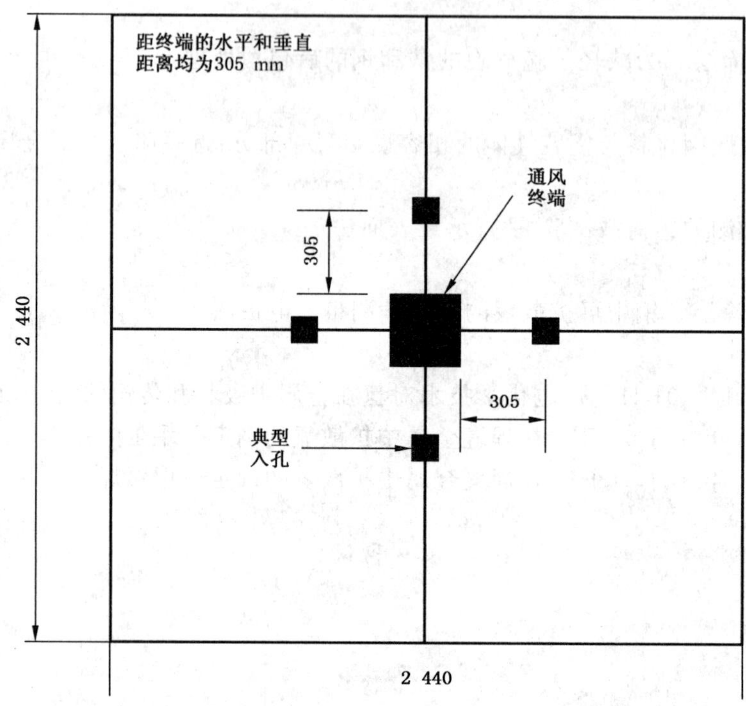


**图 C.1　带静态压力入孔和通风终端位置的试验墙**

图 C.1 中示出给定静态压力入口位于水平和垂直方向距通风终端边缘 305 mm(1 英尺)的位置。通风终端位于试验墙的中心并且符合制造商的安装说明。

# 附 录 D
# （规范性附录）
# 通风试验墙

尺寸单位为毫米

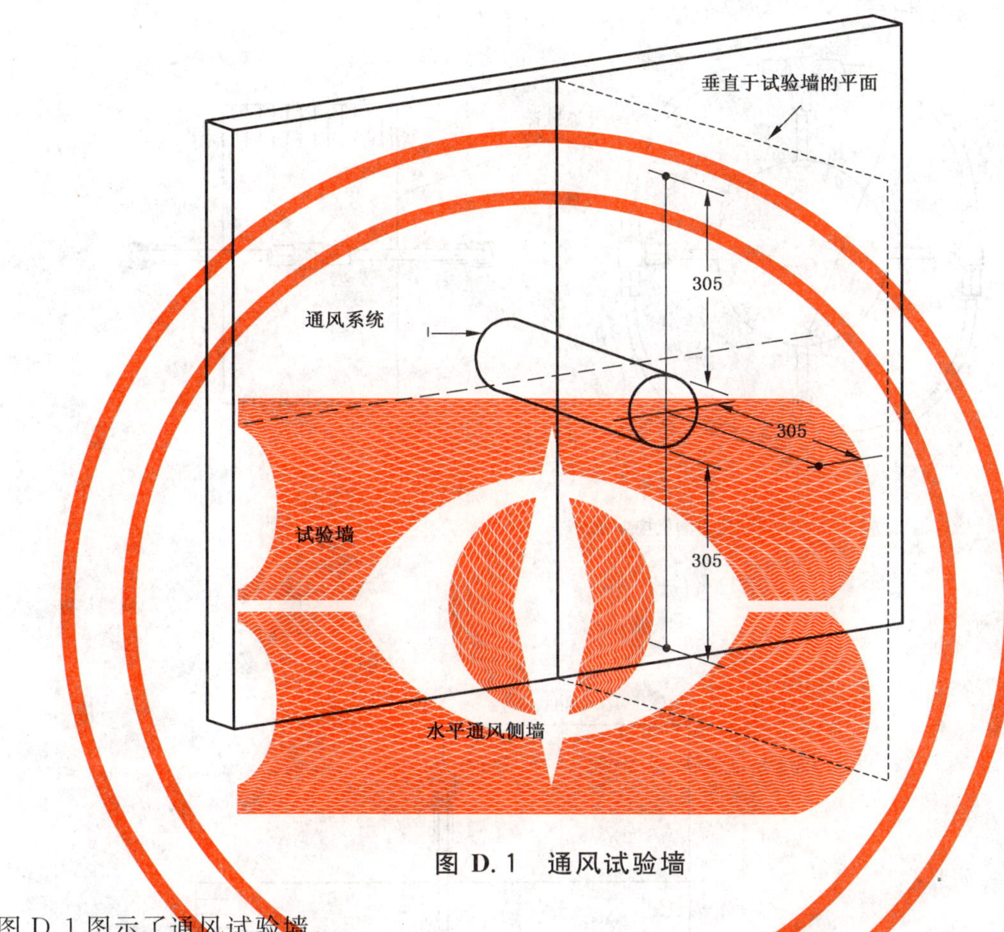


图 D.1 通风试验墙

图 D.1 图示了通风试验墙。

# 附 录 E
## （规范性附录）
## 压电环和典型结构详图

尺寸单位为毫米

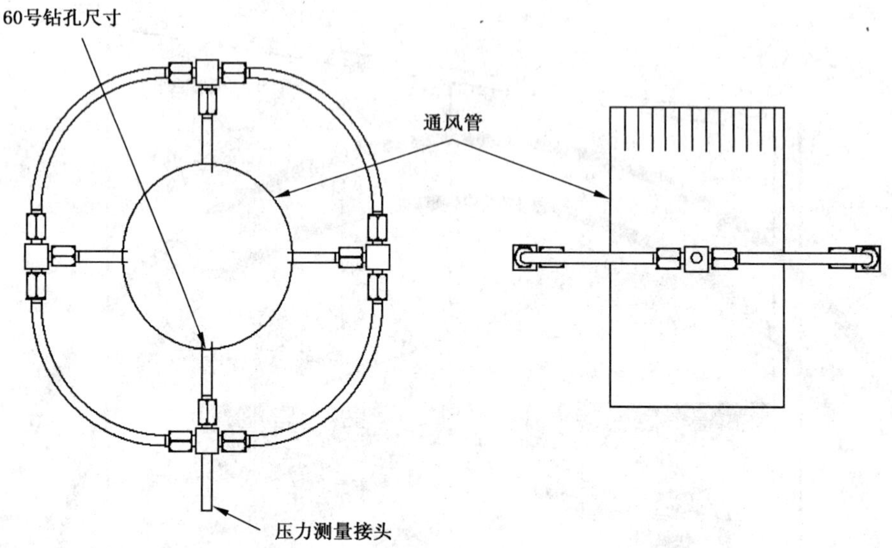


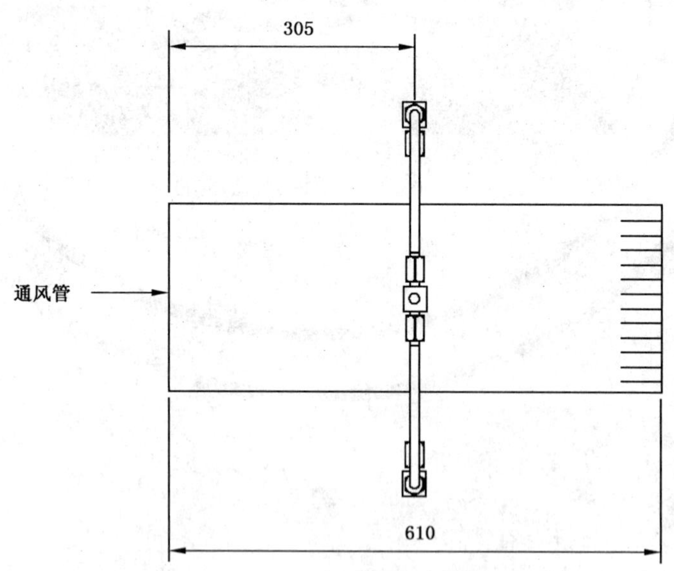


图 E.1 压电环和典型结构详图

ICS 27.070
K 82

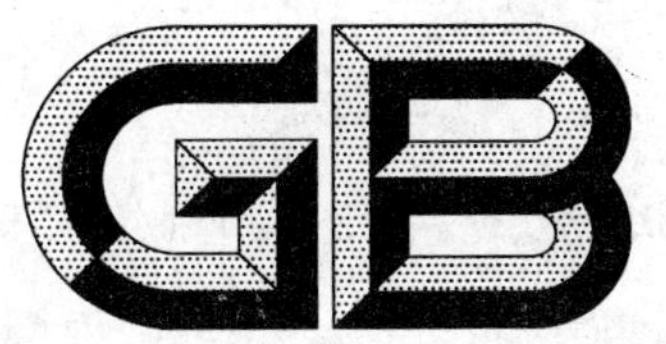

# 中华人民共和国国家标准

GB/T 27748.3—2011/IEC 62282-3-3:2007

# 固定式燃料电池发电系统 第3部分:安装

## Stationary fuel cell power system—Part 3:Installation

(IEC 62282-3-3:2007,IDT)

2011-12-30 发布 2012-05-01 实施

中华人民共和国国家质量监督检验检疫总局
中国国家标准化管理委员会 发布

# 前　言

GB/T 27748《固定式燃料电池发电系统》共分为3个部分：

——第1部分：安全；

——第2部分：性能试验方法；

——第3部分：安装。

本部分为GB/T 27748的第3部分。

本部分按照GB/T 1.1—2009给出的规则起草。

本标准等同采用IEC 62282-3-3:2007《燃料电池技术　第3-3部分：固定式燃料电池发电系统　安装》。

为便于使用，本部分做了下列编辑性修改：

——删除国际标准的前言；

——本部分"规范性引用文件"中的引用标准，凡是有与IEC(或ISO)对应国家标准的均用国家标准代替；

——增加了引用标准GB/T 20042.1。

本部分由中国电器工业协会提出。

本部分由全国燃料电池标准化技术委员会(SAC/TC 342)归口。

本部分起草单位：机械工业北京电工技术经济研究所、中国科学院大连化学物理研究所、深圳华测检测技术股份有限公司、上海攀业氢能源科技有限公司、上海神力科技有限公司、新源动力股份有限公司等。

本部分主要起草人：卢琛钰、侯明、郭冰、董辉、郭丽平、张若谷、李波、徐洪峰、李晶晶、张黛、张延飞等。

# 固定式燃料电池发电系统
# 第3部分:安装

## 1 范围

GB/T 27748的本部分规定了固定式燃料电池发电系统,在符合GB/T 27748.1—2011《固定式燃料电池发电系统　安全》的条件下,进行室内和室外安装的最低安全要求,并且适用用于下述系统的安装:

——直接或通过转换开关电气联接至主设备;

——独立配电系统;

——可提供交流电或直流电的装置;

——有或无回收热量的装置。

本部分不适用于:

——燃料供应和/或燃料贮存系统;

——联接至电网的联接器;

——便携式燃料电池发电系统;

——驱动式燃料电池发电系统;

——辅助动力装置电力单元(APU)应用设备。

典型的固定式燃料电池发电系统见图1。

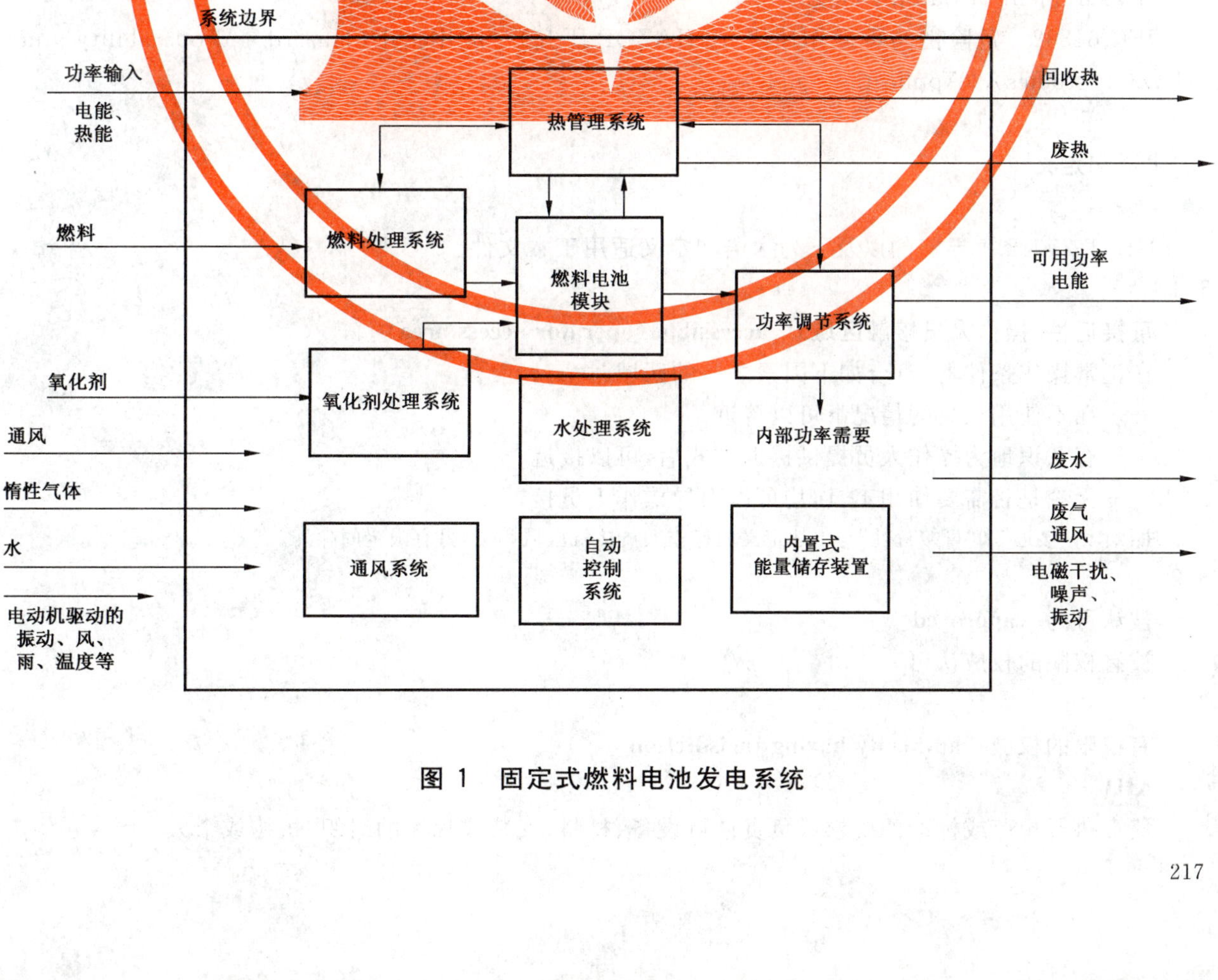

图1　固定式燃料电池发电系统

燃料电池发电系统分为两类:

——小型系统;

——大型系统。

定义见第3章。

## 2 规范性引用文件

下列文件对于本文件的应用是必不可少的。凡是注日期的引用文件,仅注日期的版本适用于本文件。凡是不注日期的引用文件,其最新版本(包括所有的修改单)适用于本文件。

GB 3836.14 爆炸性气体环境用电气设备 第14部分:危险场所分类(GB 3836.14—2000,IEC 60079-10:1995,IDT)

GB/T 5464 建筑材料不燃性试验方法(GB/T 5464—2010,ISO 1182:2002,IDT)

GB/T 16856(所有部分) 机械安全 风险评价(GB/T 16856—2008,ISO 14121:2007,IDT)

GB/T 20042.1 质子交换膜燃料电池 术语

GB/T 21109.3 过程工业领域安全仪表系统的功能安全 第3部分:确定要求的安全完整性等级的指南(GB/T 21109.3—2007,IEC 61511-3:2003,IDT)

GB/T 27748.1—2011 固定式燃料电池发电系统 第1部分:安全(IEC 62282-3-1:2007,IDT)

GB 20936.4 可燃性气体探测用电气设备 第4部分:显示气体体积含量至100%的Ⅱ类探测器的性能要求(GB 20936.4—2008,IEC 61779-4:1998,IDT)

IEC 61779-6 可燃性气体的检测和测量用电气设备 第6部分:可燃性气体检测和测量设备的选择、安装、使用和维护导则(Electrical apparatus for the detection and measurement of flammable gases—Part 6: Guide for the selection,installation,use and maintenance of apparatus for the detection and measurement of flammable gases)

IEC 61882 危险性与可操作性研究(HAZOP研究) 应用指南(Hazard and operability studies (HAZOP studies)—Application guide)

## 3 术语和定义

GB/T 20042.1界定的以及下列术语和定义适用于本文件。

3.1

**可接近性(操作人员接触区域) accessible (operator access area)**

在正常操作条件下,符合如下因素之一的区域:

——在不使用工具的情况下可以接近;

——有意识地为操作人员提供接近方式后,可以接近;

——无论是否需要使用工具,均可以引导操作人员接近。

注:术语“接近”和“可接近性”与上述定义的操作人员接触区域相关,另有限定的除外。

3.2

**被认可的 approved**

被有权限的权威认可。

3.3

**有权限的权威 authority having jurisdiction**

**AHJ**

负责执行规范或标准的要求或负责认可设备、材料、安装或程序的组织、机构或个人。

3.4

**排放气　exhaust**

从燃料电池发电系统中排出并不再使用的气体。

3.5

**排气系统　exhaust system**

将气体从发电系统内部传输至排放点的气体传输系统。

3.6

**防火　fire prevention**

直接用于避免发生火险的措施。

3.7

**消防　fire protection**

控制火势或灭火的方法。

3.8

**火险评估　fire risk evaluation**

为了确保适用的防火和消防能达到对人员和有形财产进行保护的目的，而对设备的结构特点和运行程序进行详细的工程考察。

3.9

**强制通风　forced ventilation**

通过电扇、吹风机或其他机械手段造成空气或气体流动，进而推动或促使气流通过通风系统。

3.10

**室内安装　indoor installation**

燃料电池发电系统完全被墙体、屋顶和地板包围和封闭。

3.11

**安装　installation**

——将燃料电池发电系统作为单元设置或组装的地点；

——安装燃料电池发电系统的行为。

3.12

**大型燃料电池发电系统　large fuel cell power system**

净电力输出大于 10 kW 的燃料电池发电系统。

3.13

**可燃下限　lower flammable limit**

**LFL**

空气中可燃气体/蒸汽引起着火的最低浓度。

3.14

**自然通风　natural ventilation**

通过通风口、房间或空间内外的压力或气体密度差造成空气或气体流动。

3.15

**不燃物　non-combustible**

根据 GB/T 5464 或等价方法，不能支持燃烧的物质。

3.16

**外部或室外安装　outside or outdoor installation**

非室内安装的发电系统安装。在符合当地或国家法规的情况下，带局部屋顶和/或墙体的露天结构也可以视为室外安装。

3.17

**便携式燃料电池发电系统　portable fuel cell power system**

在运行时可移动，不被紧固或用其他方法固定在某特定地方的燃料电池发电系统。

3.18

**屋顶安装　rooftop installation**

发电系统安装在建筑物屋顶。

3.19

**房间通风　room ventilation**

用空气对房间内进行冷却、加热、补充和安全通风。

注：空气可以从室内或室外取得。

3.20

**应　shall**

表示强制性要求。

3.21

**宜　should**

表示建议或只建议不要求。

3.22

**小型燃料电池发电系统　small fuel cell power system**

净电力输出不大于10 kW的燃料电池发电系统。

3.23

**固定(式)　stationary**

持久性联接并且固定在位置上。

## 4　通用安全要求和策略

本部分的通用安全策略与GB/T 27748.1—2011一致。

本部分仅限于可导致人身伤害和对燃料电池发电系统设备或者外部设施产生损害的情况。

基于燃料的数量和其他燃料电池发电系统内部储存的能量(比如，易燃材料、加压介质、电能和机械能等)，需要减少潜在危险。燃料电池发电系统安装通用安全策略的制定应按以下条款顺序：

——避免释放易燃和/或有毒气体，以及气体、液体和固体污染物；

——在上述能量和气体释放的同时，消除燃料电池发电系统外部和相关安装的危险；

——关于其他危险，提供适当的安全标识。

使用上述方法，尤其应该关注以下方面：

——机械危险：锋利的表面、绊倒的危险、物体的移动和不稳、材料强度、加压的液体和气体；

——电气危险：身体与带电部件接触、短路、高压；

——热危险：热表面、高温气体或液体的释放、热疲劳；

——着火和爆炸危险：可燃气体或液体在正常或非正常运行条件下可能产生爆炸的混合、故障条件下可能产生爆炸的混合；

——故障危险：由于软件、控制电路、保护/保险组件的错误，或不正确的生产或误操作造成的相关设备安装中的不安全操作；

——材料和物质危险：材料的磨损、腐蚀和脆化、毒物的释放、窒息危险(比如用惰性吹扫用气体代替氧气)；

——废弃物处置的危险：有毒材料的处置和再生利用、易燃气体和液体的处置；

——环境危险:在冷/热环境中、雨、洪水、风、地震、外部着火、烟雾条件下的危险操作。

对大型发电系统,安装过程的准备工作要能保证:

——识别所有与燃料电池发电系统安装相关的可预见的危险、危险情况和事件;

——对每种危险发生的风险均应进行评估或者对该危险出现概率和它的可预见的严重程度进行综合分析。其指导性文件可以 GB/T 16856、IEC 61882 或 GB/T 21109.3 为基础是合适的或等同使用;

——每种风险的可能性和严重性都已尽可能减到最小;

——对不能消除的风险已采取了必要的保护措施(提供警告和安全装置)。

应该对没有进行评价和第三方认证的安全切断系统进行安全分析,如与经认可的燃料电池发电系统连接的辅助设备和连接装置。

## 5 选址考虑因素

### 5.1 通用选址

燃料电池发电系统应符合 GB/T 27748.1—2011 的要求。

燃料电池发电系统以及相关的设备、元器件和控制器的选址和安装应符合制造商的规程并满足如下要求:

——安装与加固应稳固,不易被移动、摇晃或错位;

——选址要考虑必要的安全因素,使系统和设备免受风和地震的影响。应保护系统免受雨、雪、冰、水和低温的影响,除非系统和安装设备就是针对这些条件而设计的;

——大型发电设备的安装选址位置及现场应该受到保护,非授权的人不得接近。应该提供消防通道;

——系统应该位于 GB 3836.14 中定义的潜在的危险性环境之外,除非列出并被认可的特殊安装;

——发电系统和设备都不影响建筑物的出口;

——发电系统、燃料电池发电系统的组件以及它们各自的通风孔或排气装置末端应该与门、窗、室外的通风口和其他进入建筑物的通道处分开,以防止废气传入建筑物;

——指向人行道或其他步行街的排气装置的出口不能排放危险性废物;

——选择场地应该利于服务、维护并有紧急通道;

——选择场地应该远离易燃材料、堆积较高的贮存物品和其他显露有火险的物品。距离和空旷程度应该依据制造商的安装说明书确定;

——选择场地应该避免设备受到来自移动的交通工具和设备的物理伤害;

——并联的发电系统应该保证发生火灾或其中一个系统失效不会引起邻近发电系统出现安全隐患;

——经工程分析显示本章中的规定要求对达到一个相同的安全等级是非必要时,可由 AHJ 许可其他被认可的备选方案;

——废弃液体要按照 AHJ 的要求进行处理。

### 5.2 室外安装

5.2.1 燃料电池发电系统的进气口应置于不使设备受到废弃物、气体和污染物损害的位置。燃料电池发电系统的进气口应当保持畅通,不能被固体、灰尘、水、冰或者雪影响通风能力。

5.2.2 燃料电池发电系统的进气和排气不能影响步行道或者其他行人。

5.2.3 燃料处理区域的排气口或者带有安全阀出口的燃料电池发电系统中包含有燃料处理组件的区域,其安置方式应不影响建筑物的采暖、通风、空调进风口、窗户、门和其他建筑物开口。

5.2.4 燃料处理出口周围区域，或燃料处理相关组件的隔离区，以及安全阀出口附近区域，要根据GB 3836.14进行评估。

5.2.5 安全屏障、栅栏、景观美化和其他围栏不能影响燃料电池发电系统及其部件的空气进入和废物的排出。

### 5.3 室内安装

#### 5.3.1 大型燃料电池发电系统

室内大型燃料电池发电系统和相关的辅助系统应该安装在满足适用的国家标准要求的建筑内。

#### 5.3.2 小型燃料电池发电系统

小型燃料电池发电系统不要求有防火隔舱。

### 5.4 屋顶安装

5.4.1 燃料电池发电系统和组件在屋顶安装应符合5.2的要求。

5.4.2 燃料电池发电系统和其组件底下及水平面以下30 cm应该是不可燃的，或者经过测试或确认对屋顶提供合适的防火等级。燃料电池发电系统符合GB/T 27748.1—2011中5.13b)的情况例外。

## 6 通风和排气

### 6.1 总则

6.1.1 所有室内燃料电池发电系统的安装都要有如下所述的通风和排气系统。

6.1.2 室内装置的通风系统应该设计成可以在燃料电池发电系统所在建筑物的室内提供负压或者自然压力。

6.1.3 通风和排气系统的进口和出口应该满足5.2.1、5.2.2和5.2.3的要求。

### 6.2 通风

供给燃料电池所在房间的空气(无论是来自附近的设施、相邻的房间或户外)可以用通风的空气或处理过的空气或两者均有。可以用强制通风系统或自然通风系统，但要符合制造商的安装说明书。

如果在正常运行条件下出于安全考虑需要强制通风，则应该提供一个控制联锁装置，在用第4章中提到的安全分析得出通风失效的情况时，该装置可发出警告或关闭燃料电池发电系统。

### 6.3 排气系统

6.3.1 大型燃料电池发电系统应该有一个专门的排气系统直通户外。

6.3.2 小型燃料电池发电系统可以直接排气到所在的工作间里，只要工作间：

a) 独立于建筑物之外，或者与建筑物有连接但没有直接的通道通往建筑物所在区域。

b) 有一个联锁的通风系统来保证在任何环境下有足够的通风量，并防止：

   1) 空气中CO的浓度超过$300\times10^{-6}$；

   2) 相应的LFL超过25%；

   3) 氧的浓度低于18%。

### 6.4 吹扫和排气程序

6.4.1 压力瓶、管道、压力调整器、安全阀和其他可能的易燃气体排放至建筑物外部时应符合5.2.3的规定。对于小型燃料电池发电系统允许在室内进行吹扫，只要保证室内的相关 LFL 不超过 25%，并且室内空气中 CO 浓度不超过 $300\times10^{-6}$。

6.4.2 通风孔应设计成能防止水或者其他外部物体的进入。

## 7 防火和气体探测

### 7.1 防火和探测

#### 7.1.1 现场防火

7.1.1.1 如果大型燃料电池发电系统的安装现场没有消防栓，那么该系统的保护应通过火险评估。小型燃料电池发电系统免除该项要求。

7.1.1.2 建筑物内燃料电池发电系统保护应符合 7.1.2 的要求。

#### 7.1.2 可燃性气体探测(只针对室内安装)

7.1.2.1 可燃气体探测系统应该安装在燃料电池发电系统场地内，或者排气系统内，或者在该系统所在的房间内。室内气体探测系统的位置应该选在当可燃气体出现时能最先提供预警的地方。

气体探测器的位置要遵循 IEC 61779-6 的要求。

对气体传感器的要求应遵循 GB 20936.4 的规定。

小型燃料电池发电系统可以不要求安装可燃气体探测系统，只要：

——为燃料气体加味，或者

——以无味气体为燃料，如氢气，应储存于有限容积气瓶中，且气瓶符合储存在室内而不需要特别通风的相关国家标准。

7.1.2.2 可燃气体探测系统应该遵守以下准则：

a) 可燃气体探测系统应该设定在 25%可燃下限(LFL)时报警，并且在 60%LFL 时能联锁关闭燃料电池发电系统的燃料供应。

b) LFL 应采用气体或气体混合物的最低可燃下限。

7.1.2.3 对所有室内或者独立封闭的气体压缩机应该提供满足 7.1.2.2 要求的可燃气体探测器。对独立封闭的气体压缩机，如提供的室内通风可保证可燃气体的浓度低于 25%LFL，上述要求可以例外。

7.1.2.4 如果气体没有加味，比如氢气，从室外通过管道进入室内或者设备安装地，燃料电池发电系统安装的房间或者区域应安装符合 7.1.2.1 要求的可燃气体探测系统。可燃气体探测系统应该根据 7.1.2.2 报警或者关闭系统。

### 7.2 防火和应急方案

安装大型燃料电池发电系统时应该提供一个书面的防火和应急方案。对小型燃料电池发电系统则不作要求。

## 8 现场端口连接

### 8.1 总则

场地端口与燃料电池发电系统之间的所有连接件，包括管道、电路、断开和导管，应该遵守相关的国家标准。

### 8.2 燃料供应的连接-总则

燃料供应系统和相关的燃料管道(包括必要的组件和连接件)下端与固定式燃料电池发电系统连接的安装和位置应该满足本条款。

### 8.3 燃料关闭和管道

8.3.1 可接近的手动关闭阀应位于燃料电池发电系统上游 1.8 m 之内,除非该发电系统安装在封闭的防火房间内,在这种情况下,关闭阀应该位于室外。

8.3.2 用于维护的第二关闭阀应该位于房间内。如果不能提供第二关闭阀,室外的关闭阀应该可锁定。

8.3.3 管道、阀、调整器或其他设备应该位于免受物理伤害的地方。

8.3.4 对以无味气体做燃料的发电系统进行室内安装时,与气体探测器联锁的自动关闭阀应该安装于建筑物外,同时符合第 7 章的要求。可燃气体探测系统应该设定成在 25%LFL 时报警,在 60%LFL 时联锁关闭燃料电池发电系统的燃料供应。

### 8.4 与辅助介质供应装置的连接和介质处置

不同的燃料电池发电系统需要一些辅助介质的供应和处置以使其正常运行,比如正常操作、安全、启动或关闭程序、吹扫和免受内部损害。水、氮、二氧化碳和氢是燃料电池发电系统典型的辅助介质。由于这些介质的储存不属于本部分的范畴,所以只定义界面。

#### 8.4.1 可燃性辅助气体

每个可燃气体系统都应有备用安全系统。备用安全系统由燃料电池发电系统供给管路上的自动控制系统控制的快速关闭阀和手动第二阀组成。

#### 8.4.2 非可燃或惰性辅助气体

连接遵守相关国家标准。

#### 8.4.3 水

自来水、循环水的连接遵守相关国家标准。

#### 8.4.4 废水处置

连接遵守相关国家标准。

#### 8.4.5 排出管

连接遵守相关国家标准(对小型燃料电池发电系统不是必须的)。

## 9 环境要求

正常运行、非正常运行和错误模式下运行时的排放物、污染物和其他环境影响的定义见 GB/T 27748.1—2011。

安装和最初试车时的要求:

在安装和最初试车时,下列各项不能超过相关国家标准的限值:

——噪音;

——有毒和/或有污染的排放物；
——建筑垃圾；
——辅助材料；
——粘合剂烧除时产生的气体。

如果相关国家法规有要求，燃料电池发电系统在安装和试车时要有适当的设备来减少排放。

## 10 验收试验

### 10.1 气体泄漏

只有现场安装的管道需要做气体泄漏试验。气体泄漏试验应依据相关的国家标准。

### 10.2 现场关闭装置

以下所需的关闭阀的功能应经过验证。
——6.2(强制通风)；
——6.3(强制排放)；
——7.1.2.1 和 7.1.2.4(可燃性传感器)；
——8.3.4(无味气体关闭阀)。

## 11 维护试验

应按制造商的说明书和国家法规制定正常定期检查用现场安装部件的维护测试程序。

## 12 文件

### 12.1 标识和说明

用户界面标识：当用户界面位于燃料电池发电系统上游或者在连接到该系统的外部设备上时，操作设备应该至少用当地语言清楚地标明。应急设备应该根据有关法规说明。本部分中的所有燃料管道应该根据相关国家标准标注和识别。

本部分涉及的燃料管道都应该根据相关国家标准进行标识。

### 12.2 安装检验清单

12.2.1 文件包或安装手册中应该有安装检验清单。安装检验清单应该由所有者或者设备操作者保管。

12.2.2 安装清单应该包括以下信息：
——安装者公司的名称；
——安装者的名称；
——安装的日期；
——燃料电池发电系统安装的位置。

12.2.3 安装清单应该包括安装者确认安装合适的签名，包括：
——按照 8.2 的燃料供应连接要求；
——按照 10.1 的气体泄漏测试要求；
——按照 8.4 的辅助设备连接；

——按照6.2的通风连接、建造和通风联锁；
——按照6.3的排气连接、建造和排气联锁；
——按照国家法规的电路连接和接地；
——按照7.1.2的可燃气体探测器；
——按照6.4的过程吹洗和通风。

## 12.3 安装手册

安装手册应该符合GB/T 27748.1—2011，安装手册应该和燃料电池发电系统一起提供，由当地通用语言书写或者由包括当地通用语言的几种语言书写。安装手册应该由所有者或者设施的操作者保管。

## 12.4 用户信息手册

用户信息手册应该符合GB/T 27748.1—2011，用户信息手册应该和燃料电池发电系统一起提供，由当地通用语言书写或者由包括当地通用语言的几种语言书写。用户信息手册应该由所有者或者设施的操作者保管。

## 12.5 维护手册

12.5.1 维护手册应该符合GB/T 27748.1—2011，维护手册应该和燃料电池发电系统一起提供，由当地通用语言书写或者由包括当地通用语言的几种语言书写。维护手册应该由所有者或者设施的操作者保管。

12.5.2 维护手册应该增加维护信息，尤其是现场特殊设备。

ICS 29.035.01
K 15

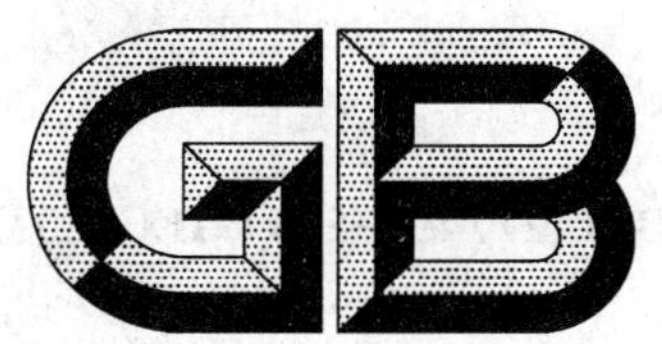

# 中华人民共和国国家标准

GB/T 27749—2011/IEC 60370:1971

# 绝缘漆耐热性试验规程　电气强度法

**Test procedure for thermal endurance of insulating varnishes—Electric strength method**

(IEC 60370:1971,IDT)

2011-12-30 发布　　　　2012-05-01 实施

中华人民共和国国家质量监督检验检疫总局
中国国家标准化管理委员会　发布

# 前 言

本标准按照 GB/T 1.1—2009 给出的规则起草。

本标准采用翻译法等同采用 IEC 60370:1971《绝缘漆耐热性试验规程　电气强度法》。

为便于使用,本标准做了下列编辑性修改:

a) 删除了国际标准的前言和引言;

b) 在第 2 章“规范性引用文件”中,将 IEC 60370:1971 所引用标准转化成相应的国家标准。

请注意本文件的某些内容可能涉及专利。本文件的发布机构不承担识别这些专利的责任。

本标准由中国电器工业协会提出。

本标准由全国绝缘材料标准化技术委员会(SAC/TC 51)归口。

本标准起草单位:苏州巨峰电气绝缘系统股份有限公司、浙江荣泰科技企业有限公司、桂林电器科学研究院。

本标准主要起草人:张波、夏宇、曹万荣。

# 绝缘漆耐热性试验规程　电气强度法

## 1　范围

本标准规定了确定电气绝缘漆耐热性的一种方法。该方法是通过测量涂覆在玻璃布上的绝缘漆热老化前后的电气强度来确定其耐热性。

本标准用来评估温度指数,以便于确定电气绝缘漆在电气系统中的适用性。

## 2　规范性引用文件

下列文件对于本文件的应用是必不可少的。凡是注日期的引用文件,仅注日期的版本适用于本文件。凡是不注日期的引用文件,其最新版本(包括所有的修改单)适用于本文件。

GB/T 1408.1—2006　绝缘材料电气强度试验方法　第1部分:工频下试验(IEC 60243-1:1998,IDT)

GB/T 10580—2003　固体绝缘材料在试验前和试验时采用的标准条件(IEC 60212:1971,IDT)

GB/T 11026.1—2003　电气绝缘材料　耐热性　第1部分:老化程序和试验结果的评定(IEC 60216-1:2001,IDT)

GB/T 11026.3—2006　电气绝缘材料　耐热性　第3部分:计算耐热特征参数的规程(IEC 60216-3:2002,IDT)

GB/T 11026.4—1999　确定电气绝缘材料耐热性的导则　第4部分:老化烘箱　单室烘箱(IEC 60216-4-1:1990,IDT)

## 3　概述

3.1　本标准用于确定涂覆在玻璃布上的漆经高温老化后电气强度的保持率。在评价绝缘漆在电气设备的适用性时,其物理和化学性能诸如硬度、粘结强度、耐溶剂性和热塑流动性是同等重要的,但这些性能的评定不在本试验方法范围内,应用其他试验方法分别评定。

影响电气绝缘漆寿命的一个主要因子是热劣化,由于热劣化使漆变脆,各种运行状况如潮气和振动均会引起电气设备的破坏,一种绝缘漆只有当它保持完整的物理和电气性能时才能有效地保护电气设备。

漆的热劣化导致其性能的变化,这些变化可能包括有质量损失、气孔、开裂、变脆和其他机械性能的丧失。漆的热劣化还通过电气强度的下降来检查。因此,本试验方法采用电气强度作为失效判断标准。

电气绝缘漆在使用中由于振动和热膨胀而经受弯曲,据此,功能性试验将包括绝缘的弯曲和延伸。

3.2　本标准推荐两种方法:

方法Ⅰ——设计成使漆样的外表面经受约2%的延伸的曲面电极系统。这是模拟漆在使用中可能会经受到的弯曲。

方法Ⅱ——平板电极系统。此方法仅仅是说明热劣化的影响,试样不受如方法Ⅰ中的弯曲,在确定热老化过程中所显出的电气弱点时,没有附加的机械延伸的影响。

两种方法的试验结果说明老化后是否弯曲对电气强度有本质的影响。

3.3　本标准中试样按指定的周期在高温烘箱中老化,然后从烘箱中取出,冷却后进行电气强度试验,每一温度点下的热寿命由电气强度下降到某一预定值所需要的老化时间来确定。此预定值的选择基于漆在拟定用途中的某些功能特性，然后从老化温度与热寿命的关系曲线中确定相对耐热性。

## 4 试样

### 4.1 试样准备

4.1.1 玻璃布片应从连续编织的玻璃布上切取。玻璃布的厚度为 0.1 mm～0.8 mm，每单位面积质量为 90 g/m$^2$～140 g/m$^2$、每厘米经线 20～60 根，纬线 16～24 根。如果无法获得上述特定经、纬线数的玻璃布，试验时应采用经、纬数标准的玻璃布。

4.1.2 曲面电极尺寸的设计是使 0.1 mm 厚的玻璃布涂成总厚度为 0.175 mm～0.185 mm 的试样外表面经受约 2%的延伸，值得注意的是较大厚度会使延伸增加，从而显著影响老化结果。

4.1.3 玻璃布应经热处理去除处理剂。推荐热处理过程为 250 ℃下 24 h，400 ℃下 24 h，特别注意：加热超过 450 ℃会损伤玻璃布。

4.1.4 每块玻璃布的尺寸为 15 cm×30 cm，平行于布的经线方向为 30 cm。每块玻璃布应固定在一合适的试样框架上。这种框架可以用 1 m 长直径为 1.7 mm 的耐腐蚀导线弯成的矩形，内部尺寸为 15 cm×30 cm，导线的两端在一个弯角处重叠 5 cm 并扎在一起。

4.1.5 每个老化温度需要 12 个或 12 个以上的试样。应采用适当的架子使试样框架以最小为 2.5 cm 间隔垂直地悬挂在烘箱中。

### 4.2 浸漆

把固定好的玻璃布片浸在漆中制备试样。应在室内，最好在(23±2)℃及(50±5)%相对湿度下制备。

通过试浸调节漆的黏度，使二次或多次涂覆后玻璃布上总的厚度增加为(0.08±0.005)mm。玻璃布片应以长度方向浸入漆中 30 cm 直至气泡消灭，以 10 cm/min 的速度缓慢均匀地取出，然后滴干 0.5 h。试样后来的每次浸漆时应把方向颠倒过来，以得到更为均匀的涂层。每次浸漆后试样应以与该次浸漆同样垂直的状态，按漆的制造单位规定的温度与时间烘焙。

### 4.3 测量仪器

厚度测量应采用螺旋千分尺，上下表面的直径为 6 mm～8 mm，并具有能控制两表面间力的机构，通常该力应为 10 N。

取 5 次测量的平均值作为试样厚度。

千分尺应定期校正，其精度应在 3 μm 之内。

## 5 试验设备

### 5.1 方法Ⅰ——曲面电极试验装置

此装置应按图 1 所标明的尺寸。电极应用抛光黄铜制成，上电极(可动电极)质量应为 1.8 kg，上电极或下电极能充分移动以保证试样与两电极之间紧密的接触。为此，在下电极下放一块柔软的橡皮垫。

### 5.2 方法Ⅱ——平板电极试验装置

电极是由直径为 6 mm 的一对圆柱形黄铜棒做成，其边缘倒成半径为 1.0 mm 的圆角，电极表面应光滑、平整且平行，两电极彼此应精确对齐，上电极(可动电极)总的质量是(50±2)g，采用任何一种符合这些要求的固定装置及导向装置均可。

### 5.3 电气强度试验设备

电气强度试验设备应符合 GB/T 1408.1—2006 的要求。

### 5.4 老化烘箱

老化烘箱应符合 GB/T 11026.4—1999 的要求。

## 6 老化温度和时间

试样应在不少于三个的温度点下老化。老化温度应包括足够的温度范围以便于确定相对耐热性，各老化温度点之间至少相差 20 ℃，最低的老化温度点的选择应使该老化温度点下的寿命不低于 5 000 h。热寿命低于 100 h 的老化温度不应采用。

为减少在外推温度指数时的误差，最低老化温度的选择原则为确定温度指数而进行的外推不大于 25 ℃。

参考 GB/T 11026.1—2003 中 5.5“暴露温度和时间”。

## 7 试验程序

### 7.1 厚度测量

老化之前每个试样测量五个点的厚度，取其平均值作为平均初始厚度，采用 4.3 描述的仪器沿试样中心平行于 30 cm 长度方向测量。

### 7.2 初始电气强度测量

从每组试样中取一块试样在(23±2)℃、(50±5)%相对湿度下处理至少 4 h，按 GB/T 1408.1—2006 中 10.1 采用短时试验进行电气强度试验，升压速率应采用 0.5 kV/s。离试样一端 4 cm 开始，间隔为 4.5 cm 进行六次电气强度测量，在方法Ⅰ中，试样应使经线受弯曲的方式装入曲面电极中，两种方法电极都应小心轻放防止损伤试样。

### 7.3 老化和试样检测

五个试样用铝箔或其他耐久的符号作上标记，装在 4.1 所述的试样框架上，然后把安好试样框架的装置投入老化烘箱，所处的位置应离烘箱壁至少 10 cm，试样应平行于空气流动的方向。当老化时间达到在选定老化温度点下估计热寿命的 25%、50%、100%这三个时间时各取出一个试样，试样取出后应放在(23±2)℃、(50±5)%相对湿度下处理至少 4 h，然后按方法Ⅰ或方法Ⅱ进行电气强度试验。

在达到估计热寿命 50%的时间时，把另五个作好标记的试样投入烘箱，同样，在达到热寿命 75%的时间时把剩余的试样投入烘箱，将每一试样的平均电气强度作为纵坐标，相应的老化时间作为横坐标画在适当的坐标纸上，如果寿命估计低了，留在烘箱内的首批投入的一组试样中的一个应在估计热寿命的 150%时取出并进行试验。这样，根据已获得的老化试样的数据选择一定的时间间隔取出各个剩余试样，以便作出电气强度与暴露时间的曲线。

如有必要，在作出的点之间或这些点之外可以补充，这样的程序保证有足够的试样来完成整个老化过程。老化应连续进行，直到击穿电压达到规定终点电压的 2/3 或老化时间不少于 6 000 h 为止，如果在某一老化温度点下，估计热寿命大于 5 000 h，时间的上限应适当延长。

## 8 计算

### 8.1 电气强度终点值

除非另有规定，推荐终点值为 12 MV/m 作为标准，这个终点值的选择是任意的，此值是根据实际使用寿命的经验而定。如 7.3 所说明的希望试验连续进行到选定的终点值以下，以便终点确定得校准。

作出每一温度点的平均电气强度与以小时为单位的老化时间的关系曲线，还应标明 95%的置信界限，从此曲线上确定相应于 12 MV/m(以初始厚度为基础)的老化小时数，称此为热寿命。

当供需双方同意时，也可以采用其他终点值，例如未老化的平均初始电气强度的百分数。

### 8.2 相对热寿命

按照 GB/T 11026.3—2006 所建议的以时间对数为纵坐标，绝对温度的倒数为横坐标，在坐标纸上画出每个温度点下以小时为单位的热寿命。

多数情况下该图十分接近于一条直线，用回归分析画出直线，表示材料的热寿命与温度的函数关系。

对应于电气强度为 12 MV/m(以初始平均厚度为基础)的老化小时数，从这条曲线上确定热寿命。

## 9 报告

本试验的结果报告应包括下列内容：

a) 漆的品种、型号、制造单位、物理性能等；

b) 所用玻璃布每单位面积的质量、结构(每厘米的经纬数)以及厚度；

c) 试验中所用的电极系统(方法Ⅰ和方法Ⅱ)；

d) 如果有的话，注明试样的特殊处理达到要求所需要的浸渍次数；

e) 制备试样所用的固化温度和时间；

f) 试样做初始电气强度试验时的平均厚度；

g) 平均初始电气强度；

h) 每个老化周期的平均电气强度；

i) 平均电气强度和可靠性为 95%的置信界限与暴露小时数的函数关系图，并说明在曲线上相应于 12 MV/m 时的终点小时数，如果选用其他的终点值，应与相应的热寿命一起表示出来；

j) 时间对数与绝对温度倒数的相对热寿命函数关系图；

k) 按 GB/T 11026 确定终点标准及温度指数。

单位为毫米

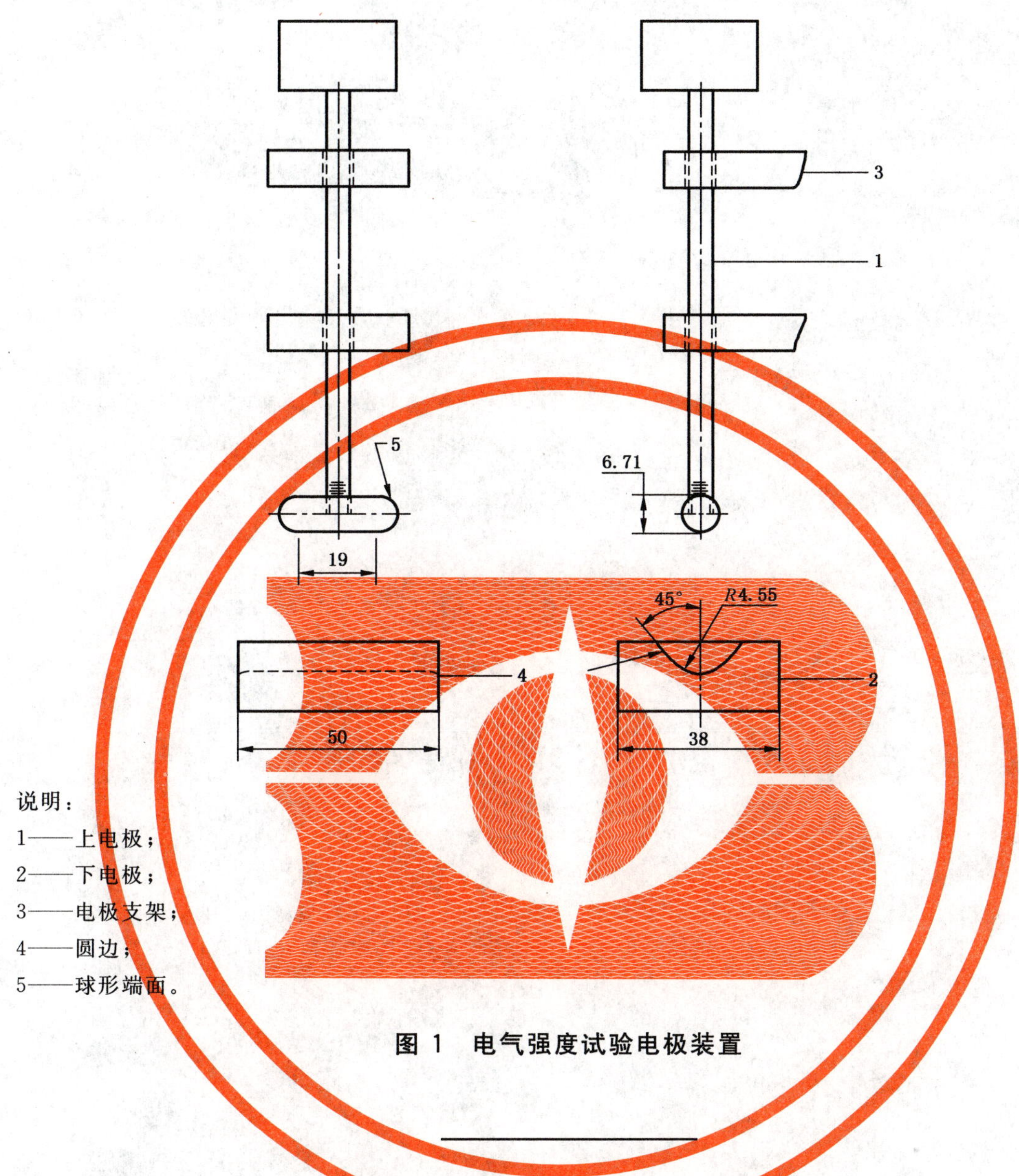


说明:

1——上电极;

2——下电极;

3——电极支架;

4——圆边;

5——球形端面。

图1 电气强度试验电极装置

ICS 29.040.01
K 15

# 中华人民共和国国家标准

GB/T 27750—2011/IEC 61039:2008

# 绝缘液体的分类

Classification of insulating liquids

(IEC 61039:2008,IDT)

2011-12-30 发布 2012-05-01 实施

中华人民共和国国家质量监督检验检疫总局
中国国家标准化管理委员会 发布

# 前　言

本标准按照GB/T 1.1—2009给出的规则起草。

本标准使用翻译法等同采用IEC 61039:2008《绝缘液体的分类》。

与本标准中规范性引用的国际文件有一致性对应关系的我国文件如下：

——GB/T 3536—2008　石油产品闪点和燃点的测定　克利夫兰开口杯法(ISO 2592:2000，MOD)。

本标准与IEC 61039:2008比较仅在编辑格式上做了少量调整：

1）　删除了IEC 61039:2008的前言的内容；

2）　在“规范性引用文件”中，将引用的ISO标准改为已等同采标转化的国家标准代替；

3）　将没有真正规范性引用的文件列入“参考文献”。

本标准由中国电器工业协会提出。

本标准由全国绝缘材料标准化技术委员会(SAC/TC 51)归口。

本标准起草单位：桂林电器科学研究院。

本标准主要起草人：阎雪梅、马林泉、宋玉侠、张波、李卫。

# 绝缘液体的分类

## 1 范围

本标准规定了依据 ISO 8681:1986 和 GB/T 7631.1—2008 归属于 L 类(润滑剂、工业用油和相关产品)N 组(绝缘液体)的产品的详细分类,所涉及的产品种类包括由石油精炼衍生的产品、合成化学产品及合成酯、天然酯。

本标准适用于 N 组(绝缘液体)产品。

## 2 规范性引用文件

下列文件对于本文件的应用是必不可少的。凡是注日期的引用文件,仅注日期的版本适用于本文件。凡是不注日期的引用文件,其最新版本(包括所有的修改单)适用于本文件。

GB/T 7631.1—2008 润滑剂、工业用油和有关产品(L 类)的分类 第 1 部分:总分组(ISO 6743-99:2002,IDT)

ISO 2592:2000 石油产品闪点和燃点的测定 克利夫兰开口杯法(Determination of flash and fire points—Cleveland open cup method)

ISO 8681:1986 石油产品及润滑剂 分类法 分类定义(Petroleum products and lubricants—Method of classification—Definition of classes)

OECD 301:1992 OECD[1] 化学品试验导则—可生物降解性(OECD guideline for testing of chemicals—Ready biodegradability)

ASTM D240-02 用弹式量热器测定液体烃类燃料燃烧热的标准试验方法(Standard test method for heat of combustion of liquid hydrocarbon fuels by bomb calorimeter)

## 3 ISO 分类系统

ISO 8681:1986 列出了适用于石油产品、润滑剂及相关产品的分类系统的主要原则。

ISO 8681:1986 规定尽可能选择应用领域作为石油产品、润滑剂及相关产品分类的主要原则。还规定以产品类型为基础进行分类。例如燃料,首先按照类型,其次按照最终用途进行分类。

ISO 的这种分类原则是基于一个由表示石油产品主要类别的字母和数字组成的代码。

完整的命名由下列各部分组成:

——国际标准化组织的缩写“ISO”;

——石油产品或相关产品的类别,用一个字母表示(见表 1)。该字母应清晰地与其他符号相区别;

——品种,用一组字母(1~4 个)表示,其中第 1 个字母总是用来识别其所归属的组类,其余字母按相关标准中有关产品的特定类别的适当解释予以规定其意义;

——(可选)数字,它可附加于一个完整的名称之后,其意义将以相关标准中有关产品的特定类别的适当解释予以规定。

1) OECD:经济合作与发展组织。

依据 ISO 8681:1986,代码应当按下述一般形式表示:

ISO——类别——品种——(最终的)数字

或以简略形式表示:

类别——品种——(最终的)数字

## 4 绝缘液体的分类

依据 ISO 8681:1986,产品分类命名如下:

——ISO 的缩写;

——用表 1 中定义的字母表示石油及其相关产品的类别;

——用 4.2 中说明的 4 个字母表示品种;

——由 7 个数字组成的识别码(见 4.3)。

### 4.1 类别

石油产品或相关产品的类别用具有表 1 所述含义的一个字母表示。

**表 1 石油产品或相关产品的类别**

| 类　别 | 名　称 |
|---|---|
| F | 燃料 |
| S | 溶剂和化工原材料 |
| L | 润滑剂、工业用油和相关产品 |
| W | 蜡 |
| B | 沥青 |

依据 ISO 8681:1986,绝缘液体属于 L 类“润滑剂、工业用油和相关产品”。

### 4.2 品种

品种按一组 4 个字母予以识别,具体含义如下:

第一个字母

第一个字母,识别绝缘液体的组别,为 N:电气绝缘(表 1,GB/T 7631.1—2008)。

第二个字母

第二个字母,识别主要应用领域如下:

——C 表示用于电容器;

——T 表示用于变压器和开关;

——S 表示用于－10 ℃运行的设备开关;

——Y 表示用于电缆。

注:为了表示绝缘液体的着火特性,同时希望得益于 CENELEC[2] 的 CT14 所得的经验,添加了下列参数以及燃点和低热值。这些参数的分类采用与 IEC 61100:1992 相同的分类标准。

第三个字母

第三个字母,识别有无抗氧化添加剂存在,含义如下:

——U 无添加剂;

2) CENELEC:欧洲电工标准化技术委员会。

——T　有微量添加剂(<0.08%)；

——I　有添加剂(>0.08%)。

第四个字母

第四个字母，识别燃点(燃点：ISO 2592:2000)如下：

——O　燃点≤300 ℃；

——K　燃点>300 ℃；

——L　液体燃点无法测定。

注：为使用宾斯基·马丁(闭口杯)法测定闪点，IEC/TC 10 通常采纳 ISO 2719:2002。若用该方法测得的闪点值<250 ℃，则该产品被分为“O”类；若闪点值>250 ℃，则该产品被分为“K”类；若无法测定闪点，则该产品被分为“L”类。

## 4.3 识别码

为了完善命名，添加了 7 个数字，具体含义如下：

前三个数字

前三个数字对应于 IEC 相关标准顺序号的后三个数字，若无 IEC 相关标准，则用数字 000 代替。

第四个数字

第四个数字识别 IEC 相关标准的篇号，若没有相关标准的篇号则用数字 0 代替。

第五个数字

第五个数字识别低热值(ASTM D240-02)如下：

——1　低热值≥42 MJ/kg；

——2　低热值 32 MJ/kg～42 MJ/kg；

——3　低热值<32 MJ/kg。

第六个数字

第六个数字识别最低冷起动温度(LCSET)如下：

——0　LCSET 无规定；

——1　LCSET≥0 ℃；

——2　0 ℃>LCSET≥−10 ℃；

——3　−10 ℃>LCSET≥−30 ℃；

——4　−30 ℃>LCSET≥−40 ℃。

第七个数字

第七个数字依据 OECD 301:1992 方法 C 或 F 识别绝缘液体的可生物降解性，含义如下：

——0　液体不可生物降解(分解的 ThOD[3)] ≤20%)；

——1　液体可轻微生物降解(40%≥分解的 ThOD>20%)；

——2　液体可较好地生物降解(70%≥分解的 ThOD>40%)；

——3　液体可完全生物降解(分解的 ThOD>70%)。

表 2 给出了一些不同绝缘液体分类的实例。

---

3)　ThOD：理论需氧量。

**表 2 不同绝缘液体的分类实例**

| 类别 | 品种 | 绝缘液体分类 | | | | | 注释/实例 |
|---|---|---|---|---|---|---|---|
| | | IEC 标准编号 | IEC 分类（篇号） | 低热值（ASTM D240-02） | LCSET/℃ | 可生物降解性 | |
| L | NTUO | 296 | — | 43 MJ/kg | -7 | 轻微 | 用于变压器的燃点为 200 ℃、低热值为 43 MJ/kg、无抗氧剂、LCSET 为-7 ℃的矿物绝缘油<br>L-NTUO-2960121 |
| L | NTTK | 296 | — | 43 MJ/kg | | 轻微 | 用于变压器的燃点为 350 ℃、低热值为 43 MJ/kg、含微量抗氧剂、LCSET 为-7 ℃的矿物绝缘油<br>L-NTTK-2960121 |
| L | NTIO | 296 | — | 43 MJ/kg | -7 | 轻微 | 用于变压器的燃点为 200 ℃、低热值为 43 MJ/kg、含抗氧剂、LCSET 为-7 ℃的矿物绝缘油<br>L-NTIO-2960121 |
| L | NSIO | 296 | — | 43 MJ/kg | -30 | 轻微 | 用于低温运行的设备开关的燃点为 200 ℃、低热值为 43 MJ/kg，含抗氧剂、LCSET 为-30 ℃的矿物绝缘油<br>L-NSIO-2960131 |
| L | NYUO | 867 | 1 | 43 MJ/kg | — | 轻微 | IEC 60867 第 1 篇，烷基苯<br>L-NYUO-8671101 |
| L | NCUO | 867 | 2 | 43 MJ/kg | — | 轻微 | IEC 60867 第 2 篇，烷基二苯基乙烷<br>L-NCUO-86721101 |
| L | NCUO | 867 | 3 | 43 MJ/kg | — | 轻微 | IEC 60867 第 3 篇，烷基萘<br>L-NCUO-86731101 |
| L | NTUK | 836 | — | ＜32 MJ/kg | ≤-40 | 无 | IEC 60836，硅液体<br>L-NTUK-8360300 |

## 5 概略图

图 1 概述如何构成某一绝缘液体的分类代码。

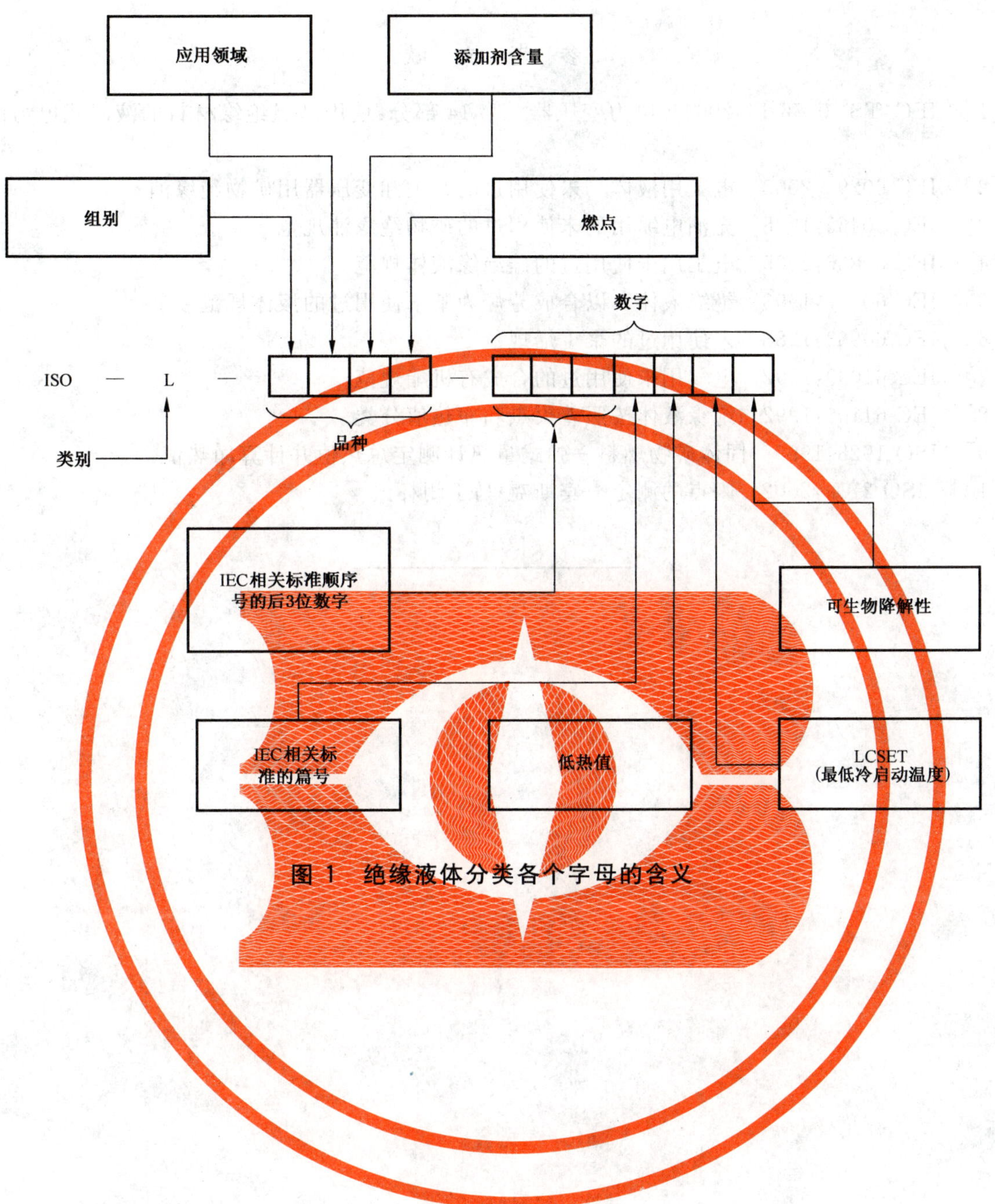


图 1 绝缘液体分类各个字母的含义

## 参 考 文 献

[1] IEC/TS 60076-14:2004 电力变压器 第14部分:使用高温绝缘材料的液浸式电力的设计与应用
[2] IEC 60296:2003 电工用液体 未使用过的开关和变压器用矿物绝缘油
[3] IEC 60465:1988 充油电缆用的未使用过的矿物绝缘油规范
[4] IEC 60836:2005 电工用未使用过的硅绝缘液体规范
[5] IEC 60867:1993 绝缘液体 以合成芳烃为基未使用过的液体规范
[6] IEC 60963:1988 未使用过的聚丁烯规范
[7] IEC 61099:1992 电气用未使用过的合成有机酯规范
[8] IEC 61100:1992 绝缘液体按照着火点和净热值分类
[9] ISO 1928:1995 固体矿物燃料—弹式量热计测定总热值并计算净热值
[10] ISO 2719:2002 闪点的测定—宾斯克-马丁闭杯法

ICS 29.120.99
K 14

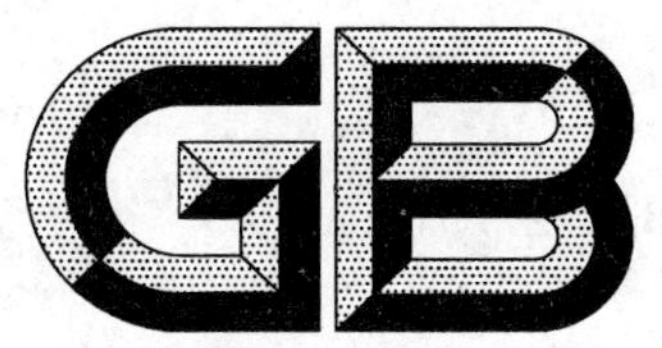

# 中华人民共和国国家标准

GB/T 27751—2011

# 银镍石墨电触头技术条件

Specification for AgNiC contact

2011-12-30 发布　　2012-05-01 实施

中华人民共和国国家质量监督检验检疫总局
中国国家标准化管理委员会　发布

# 前　言

本标准按照 GB/T 1.1—2009 给出的规则起草。

本标准由中国电器工业协会提出。

本标准由全国电工合金标准化技术委员会(SAC/TC 228)归口。

本标准起草单位:福达合金股份有限公司、温州宏丰电工合金有限公司、桂林电器科学研究院、中希合金有限公司、佛山通宝精密合金股份有限公司、桂林金格电工电子材料科技有限公司、温州聚星银触点有限公司。

本标准主要起草人:郑元龙、柏小平、吴新合、张晓辉、陈晓、陈名勇、谢永忠、马大号、崔得锋、詹亚萍。

# 银镍石墨电触头技术条件

## 1 范围

本标准规定了粉末冶金法和固相烧结法银镍石墨片状电触头的要求、试验方法、检验规则、标志、包装、运输和贮存。

本标准适用于粉末冶金法和固相烧结法生产的银镍石墨片状电触头(以下简称电触头)的检验和验收。该产品主要应用于断路器中。

## 2 规范性引用文件

下列文件对于本文件的应用是必不可少的。凡是注日期的引用文件,仅注日期的版本适用于本文件。凡是不注日期的引用文件,其最新版本(包括所有的修改单)适用于本文件。

GB/T 2828.1—2003 计数抽样检验程序 第1部分:按接收质量限(AQL)检索的逐批检验抽样计划

GB/T 5586 电触头材料基本性能试验方法

GB/T 5587—2003 银基电触头基本形状、尺寸、符号及标注

GB/T 26871 电触头材料金相试验方法

GB/T 26872 电触头材料金相图谱

JB/T 4107.4—1999 电触头材料化学分析方法 银钨中银含量的测定(碘量法)

JB/T 4107.5—1999 电触头材料化学分析方法 银镍中镍含量的测定(ETDA 容量法)

JB/T 4107.7—1999 电触头材料化学分析方法 银石墨中碳含量的测定(气体容量法测定碳量)

## 3 要求

### 3.1 尺寸、公差及其标注

电触头的尺寸、公差及其标注应符合 GB/T 5587—2003 中 3.1 和第 4 章的要求。如有特殊要求,则由供需双方商定。

### 3.2 表面质量

3.2.1 电触头表面应无裂纹、鼓泡、分层、缺边、掉角;边缘不应有超过 0.10 mm 高的毛刺。

3.2.2 电触头表面不应有长度大于 0.20 mm 的锈斑。

### 3.3 符号、化学成分及力学物理性能

电触头符号、化学成分及力学物理性能应符合表 1 要求。

表 1 银镍石墨片状电触头符号、化学成分及力学物理性能

| 产品名称 | 符号 | 化学成分,质量分数% | | | 力学物理性能 | | |
|---|---|---|---|---|---|---|---|
| | | Ni | C | Ag | 密度 g/cm$^3$ ≥ | 硬度(HB) ≥ | 电阻率 μΩ·cm ≤ |
| 银镍(25)石墨(2) | AgNi(25)C(2) | 26.5±1.5 | 2.0±0.5 | 余量 | 9.10 | 60 | 3.5 |
| 银镍(30)石墨(3) | AgNi(30)C(3) | 31±1 | 2.5±0.5 | 余量 | 8.90 | 60 | 3.7 |

### 3.4 金相组织

电触头产品的金相组织在试样磨片的整个观察面上,不应有长度等于及大于 125 μm 颗粒的聚集物或其他夹杂物;不应有等于及大于 55 μm 的气孔;聚集物或夹杂物的长度小于 125 μm 而大于75 μm,气孔长度小于 55 μm 而大于或等于 30 μm 时,在任意 4 mm$^2$ 的观察面共计不应超过三处。典型缺陷的金相照片图例见 GB/T 26872。

## 4 试验方法

### 4.1 尺寸及其公差

电触头产品尺寸、毛刺用读数精度 0.02 mm 游标卡尺或读数精度 0.01 mm 的千分尺检测,或用其他同等精度的仪器或工具检测。

### 4.2 表面质量

4.2.1 电触头产品表面裂纹、鼓泡、分层、缺边、掉角用目测,或借助于(5～10)倍工具放大镜观察。

4.2.2 电触头表面锈斑用 10 倍工具显微镜观察。

### 4.3 力学物理性能

密度、硬度、电阻率按 GB/T 5586 测定。

### 4.4 化学成分

4.4.1 银成分分析参照 JB/T 4107.4—1999 的规定进行。

4.4.2 镍成分分析按 JB/T 4107.5—1999 规定进行。

4.4.3 石墨成分分析按 JB/T 4107.7—1999 规定进行。

### 4.5 金相组织

金相组织按 GB/T 26871 的规定观测。

## 5 检验规则

### 5.1 组批

同一批配料按相同工艺连续生产的产品为一批。

### 5.2 抽样及合格判定

5.2.1 外观每批100%检测，按件判定。

5.2.2 尺寸检测按GB/T 2828.1—2003以二次正常检查抽样方案，Ⅱ级一般检查水平进行抽样，其接收质量限为4.0。

5.2.3 密度、硬度检查按GB/T 2828.1—2003以二次正常抽样方案，S-3特殊检查水平进行抽样，其接收质量限为2.5。

5.2.4 化学成分、电阻率及金相组织检查按GB/T 2828.1—2003以二次正常抽样方案，S-2特殊检查水平进行抽样，其接收质量限为10。

5.2.5 化学成分分析，每份分析量应不少于5 g，若抽取触头试样单个质量不足5 g时，则可增加抽取触头个数。

### 5.3 检验顺序

采用合适的检验顺序，密度、硬度、金相组织和化学成分的检测可在抽取的同一样品上进行。

## 6 标志、包装、运输、贮存

### 6.1 标志

6.1.1 产品应附有产品合格证及检验单，并盖有检查员及质量检查部门印鉴。

6.1.2 产品合格证应标明：

a) 电触头产品名称(或符号)或尺寸规格及批号；
b) 电触头数量(或净重)；
c) 检验日期；
d) 制造商名称及地址；
e) 检验员代号和检验部门印鉴；
f) 产品执行标准的编号。

### 6.2 包装

6.2.1 电触头产品应按同一批相同规格的产品用塑料袋双层封装或用塑料袋封装后再盒装。

6.2.2 用塑料袋或盒装的电触头产品发运时应装于包装箱内，并用松软的材料填实，每箱净重不超过15 kg。

6.2.3 在包装箱内应附有装箱单，装箱单应包含：

a) 袋(盒)的总数；
b) 各种型号或尺寸规格电触头的袋(盒)数；
c) 电触头净重；
d) 包装日期；
e) 包装者印鉴。

6.2.4 包装箱外应标明：

a) 制造厂名称；
b) 电触头产品名称或代表符号；
c) 毛重及净重；
d) 防潮、防震标志。

6.3 运输

运输过程中应防止碰撞和擦伤。

6.4 贮存

产品应保存于干燥、无腐蚀气氛的场所。

ICS 27.120.30
F 46

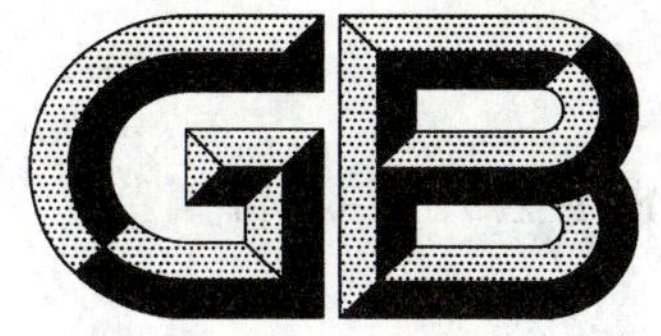

# 中华人民共和国国家标准

GB/T 27752—2011

# 铀、钚和重铬酸钾标准溶液浓度的确认

**Validation of the strength of uranium reference solution, plutonium reference solution and potassium dichromate reference solution**

(ISO 10980:1995, Validation of the strength of reference solutions used for measuring concentrations, MOD)

2011-12-30 发布 2012-05-01 实施

中华人民共和国国家质量监督检验检疫总局
中国国家标准化管理委员会 发布

# 前　言

本标准按照 GB/T 1.1—2009 给出的规则起草。

本标准使用重新起草法修改采用 ISO 10980:1995《测量浓度用标准溶液浓度的确认》(英文版)。

本标准与 ISO 10980:1995 相比存在技术性差异,这些差异涉及的条款已通过在其外侧页边空白位置的垂直单线(|)进行了标示,附录 I 中给出了相应的技术性差异及其原因的一览表。

本标准与 ISO 10980:1995 相比,主要技术性差异如下:

——标准名称改为“铀、钚和重铬酸钾标准溶液浓度的确认”;

——附录 A 中铀金属标准物质改为八氧化三铀标准物质,并修改了对应的制备程序;

——附录 B 中钚金属标准物质改为二氧化钚钚含量标准物质,并修改了对应的制备程序;

——数值示例的地方重新进行了计算,例如标准正文(本标准)中 4.3.5、5.4、附录 E、附录 F 和附录 G。

本标准由中国核工业集团公司提出。

本标准由全国核能标准化技术委员会(SAC/TC 58)归口。

本标准起草单位:核工业标准化研究所。

本标准主要起草人:郭建新、连哲莉。

# 铀、钚和重铬酸钾标准溶液浓度的确认

## 1 范围

本标准规定了铀、钚和重铬酸钾标准溶液的制备程序以及确认其浓度的程序。

本标准适用于铀、钚和重铬酸钾标准溶液的制备与浓度的确认，其他物质标准溶液的制备和浓度的确认也可参照使用。

## 2 规范性引用文件

下列文件对于本文件的应用是必不可少的，凡是注日期的引用文件，仅注日期的版本适用于本文件。凡是不注日期的引用文件，其最新版本(包括所有的修改单)适用于本文件。

ISO 7097-1 核燃料技术 溶液、六氟化铀和固体中铀的测定 第一部分：铁(Ⅱ)还原/重铬酸钾氧化滴定法(Nuclear fuel technology—Determination of uranium in solutions, uranium hexafluoride and solids—Part 1: Iron(Ⅱ) reduction/potassium dichromate oxidation titrimetric method)

ISO 8298 核燃料技术 铈(Ⅳ)氧化铁(Ⅱ)还原后重铬酸钾安培法滴定法测定硝酸溶液中毫克量级的钚(Nuclear fuel technology—Determination of milligram amounts of plutonium in nitric acid solutions—Potentiometric titration with potassium dichromate after oxidation by Ce(Ⅳ) and reduction by Fe(Ⅱ))

## 3 原理

独立地制备铀、钚和重铬酸钾标准溶液。用有证标准物质或高纯物质制备铀、钚和重铬酸钾标准溶液：准确称量这些物质，完全溶解，准确称量获得的溶液，根据称量数据和标准物质的已知成分计算溶液的浓度。

借助分析方法对这些溶液进行相互间比较即可检查所制备溶液浓度的准确度，以便使计算所得的溶液浓度与重复测量的平均值两者之间的相对偏差小于一定的限值。根据制备溶液时所用标准物质的级别，标准溶液可以分为两种等级：

——一级标准溶液；

——二级标准溶液。

## 4 一级标准溶液

### 4.1 概述

制备铀、钚和重铬酸钾一级标准溶液的程序分别见附录A、附录B和附录C。一级标准溶液可用于标定或确认二级标准溶液的浓度。

### 4.2 确认程序的目的

确认程序的目的是确保在使用有证标准物质制备溶液的过程中不发生异常的误差。当制备了某一级标准溶液时，通过标准物质质量与溶液质量计算获得的结果称为计算浓度；使用另一个一级标准溶液滴定此标准溶液，结果称为滴定结果；比较计算结果与滴定结果的一致性来确认此标准溶液的浓度。

利用重铬酸钾溶液确认铀溶液，或用铀溶液确认重铬酸钾溶液；

利用重铬酸钾溶液确认钚溶液，或用钚溶液确认重铬酸钾溶液。

确认所用的分析方法应是实验室所用方法中的最精确的方法之一，例如，对铀采用 ISO 7097-1 方法，对钚采用 ISO 8298 的方法，前提条件是进行确认的实验室测定铀时，能达到 0.1％或者更好的重复性相对标准偏差，且偏差优于 0.05％；测定钚时，能达到 0.2％或者更好的重复性相对标准偏差，且偏差优于 0.1％。

### 4.3 一级标准溶液浓度的确认

#### 4.3.1 确认程序的原理

通过称量和稀释制备滴定溶液 T(例如重铬酸钾)，它的计算浓度记为 $T_C$。

为了检查溶液 T 的浓度，要制备一个一级标准溶液(铀或者钚)，设为 A，记 $A_c$ 为这个溶液的计算浓度。

用 T 作为滴定溶液，选择一种可靠的分析方法，并用此方法测定 A 溶液 $n$ 次。称 $A_m$ 为测量结果的平均值，$A_m$ 和 $A_c$ 之间的相对偏差 Δ 由式(1)计算：

$$\Delta = \frac{A_m - A_c}{A_c} \qquad \cdots\cdots(1)$$

式中：

Δ ——$A_m$ 和 $A_c$ 之间的相对偏差；

$A_m$——$n$ 次测量结果的平均值；

$A_c$ ——A 溶液的计算浓度。

即使溶液 T 的真实浓度等于计算值 $T_C$，由于测量和制备标准溶液 A 时的误差，Δ 的值一般不为零。只要 Δ 的绝对值不超过某个阈值，溶液 T 仍然是可接受的。这个阈值的大小与测量的次数 $n$ 和随后分析中所要求的置信度有关。

确定测量次数 $n$ 后，计算出受给定误差影响的接受溶液的概率和溶液 T 浓度的置信区间。如果 $|\Delta|$ 小于所选的阈值，则可认为不仅浓度 $A_c$ 和 $T_C$，而且该分析方法都具有预期的准确度。

反之，如果 $|\Delta|$ 超出所选的阈值，这可归因于其中一个溶液的浓度出现不可接受的误差，或者是分析方法出现较大的偏差。

#### 4.3.2 选择需要进行的测量次数

##### 4.3.2.1 制备和测量的不确定度

4.3.1 中所述操作受到下列不确定度的影响：

1） 证书中和制备中的不确定度所致的浓度 $T_c$ 的相对不确定度 $\sigma_T/T_C$；

2） 证书中和制备中的不确定度所致的浓度 $A_c$ 的相对不确定度 $\sigma_A/A_c$；

3） $n$ 次测量中的相对不确定度 $\sigma_m/A_c$。

应尽可能准确地知道或者估算出这些不确定度，例如通过方差分析或者是不确定度传递。

当选定 $n$ 后，制备和测量的不确定度导致的合成不确定度 $\sigma_\Delta$ 由式(2)计算：

$$\sigma_\Delta = \sqrt{\left(\frac{\sigma_T}{T_C}\right)^2 + \left(\frac{\sigma_A}{A_c}\right)^2 + \frac{1}{n}\left(\frac{\sigma_m}{A_c}\right)^2} \qquad \cdots\cdots(2)$$

式中：

$\sigma_\Delta$ ——制备和测量中的合成不确定度；

$T_C$——T 溶液的计算浓度；

$A_c$——A 溶液的计算浓度；

$\sigma_m$——$n$ 次测量中的标准不确定度；

$\sigma_T$——T 溶液制备中的标准不确定度；

$\sigma_A$——A 溶液制备中的标准不确定度。

注：附录 E 中有式(2)的推导。

如果 T 的真实浓度和 $T_C$ 相等，并且分析方法没有偏差，那么 $\Delta$ 的可能值将是以平均值为零、合成不确定度为 $\sigma_\Delta$ 的高斯分布。

另一方面，如果 T 的真实浓度和 $T_C$ 存在一定的偏差，$\Delta$ 值的分布函数以该偏差值为中心。(参见图 D.2)

#### 4.3.2.2 测量次数的选择

假报警的风险 $\alpha$ 和未检测的风险 $\beta$ 参见附录 D。

根据图 D.2，假报警的风险 $\alpha$ 和未检测的风险 $\beta$，向相反的方向变化。这两种风险也都取决于测量的次数 $n$。

式(3)给出了在选定的风险值 $\alpha$ 和 $\beta$ 的条件下，为检测 $\Delta_0$ 的真误差要求完成的测量次数 $n$：

$$n=\frac{(\sigma_m/A_c)^2}{[\Delta_0^2/(L_\alpha+L_\beta)^2]-(\sigma_T/T_C)^2-(\sigma_A/A_c)^2} \qquad (3)$$

式中：

$\Delta_0$——选定的风险值 $\alpha$ 和 $\beta$ 的条件下，预先给出的浓度 $T_C$ 的相对误差；

$L_\alpha$——假报警的风险 $\alpha$ 的函数；

$L_\beta$——未检测的风险 $\beta$ 的函数。

表 1 中给出了作为风险 $\alpha$ 和 $\beta$ 的函数的 $L_\alpha$ 和 $L_\beta$ 的数值。

用式(3)算出的 $n$ 的值要化整至临近的最大整数。

如果这个值不合理(太高)，就有必要特别是通过增加 $\Delta_0$ 和 $\beta$ 来改变对不同参数的选择。可以使用效率和样本量曲线(参见附录 F)来选择合适的值。附录 E 给出了一个具体数值的示例。

**表 1　$\alpha$ 和 $\beta$ 的函数的 $L_\alpha$ 和 $L_\beta$**

| 风险 $\alpha$ 或 $\beta$<br>% | $L_\beta$ | $L_\alpha$ |
|---|---|---|
| 0.003 | 4.00 | 3.90 |
| 0.050 | 3.30 | 3.46 |
| 0.100 | 3.09 | 3.30 |
| 1.000 | 2.33 | 2.58 |
| 5.000 | 1.65 | 1.96 |
| 10.000 | 1.28 | 1.65 |
| 25.000 | 0.67 | 1.15 |
| 50.000 | 0.00 | 0.67 |

#### 4.3.2.3 说明

鉴于次数 $n$ 必须是正值，所以，只有在式(4)成立时才能应用式(3)：

$$\Delta_0 > \Delta_{\min} = (L_\alpha + L_\beta)\sqrt{\left(\frac{\sigma_T}{T_C}\right)^2 + \left(\frac{\sigma_A}{A_c}\right)^2} \qquad \cdots\cdots(4)$$

式中：

$\Delta_{\min}$——选定的风险值 $\alpha$ 和 $\beta$ 的条件下，可检测到的最小相对误差。

对于一个给定假报警风险 $\alpha$，只有当滴定溶液的相对误差 $\Delta_0$ 大于 $\Delta_{\min}$ 时，才有可能检测到该相对误差 $\Delta_0$，且其概率至少等于(100－$\beta$)。$\Delta_{\min}$ 的计算示例参见附录 E。

### 4.3.3 确认程序

由式(3)计算出 $n$ 之后，用式(2)计算 $\sigma_\Delta$。在给定风险 $\alpha$ 和 $\beta$ 的情况下，可以检测到的实际误差 $\Delta_0$ 等于：

$$\Delta_0 = (L_\alpha + L_\beta)\sigma_\Delta \qquad \cdots\cdots(5)$$

在未检测风险 $\beta=100\%$ 的情况下，$L_\beta$ 等于零且 $\Delta_0$ 有一个极限值：

$$\lim|\Delta| = L_\alpha\sigma_\Delta \qquad \cdots\cdots(6)$$

式中：

$\lim|\Delta|$——未检测风险 $\beta$ 为 100%的情况下，$\Delta_0$ 的极限值。

以 $\lim|\Delta|$ 作为确认 $\Delta$ 是否可接受的阈值。

利用式(1)为每个滴定溶液计算出 $n$ 次测量的平均偏差 $\Delta$。如果 $\Delta$ 的绝对值小于或者等于 $L_\alpha\sigma_\Delta$，则可以接受滴定溶液，但仍存风险 $\beta$，实际上有一个溶液其偏差至少等于 $\Delta_0$。如果 $|\Delta|$ 大于 $L_\alpha\sigma_\Delta$，则要舍弃该溶液，而且此舍弃不当的风险等于 $\alpha$。

### 4.3.4 标准溶液的浓度

如果接受溶液 T，则在(100－$\alpha$)置信水平下，它的浓度由式(7)计算：

$$T_C(1 \pm L_\alpha\sigma_T/T_C) \qquad \cdots\cdots(7)$$

### 4.3.5 示例

本例取自附录 E 和 F。如果接受附录 A 和附录 C 中所用的数值，且分析方法呈现 $3.00\times10^{-4}$ 的标准不确定度，则：

$\sigma_m/A_c = 3.00\times10^{-4}$

$\sigma_A/A_c = 2.02\times10^{-4}$(铀)

$\sigma_T/T_C = 1.14\times10^{-4}$(重铬酸钾)

如果完成五次测量，可以计算出 $\sigma_\Delta = 2.68\times10^{-4}$。

当选择不当舍弃的风险 $\alpha$ 为 5%时，根据式(6)计算出舍弃限值：$\lim|\Delta| = 1.96\times2.68\times10^{-4} = 5.25\times10^{-4}$。

如果相对偏差大于舍弃限值，$|\Delta| = \dfrac{|A_m - A_c|}{A_c} > 0.053\%$，则应舍弃受试溶液，并需制备新的溶液。在这些条件下，其风险是 100 次中有 5 次舍弃了实际上正确的溶液。

如果偏差 $\Delta$ 小于 0.053%，该溶液可被接受，且其浓度的置信区间对于重铬酸钾溶液是 $T_c(1\pm2.23\times10^{-4})$，对于铀溶液 $A_c(1\pm3.96\times10^{-4})$，取决于需要确认哪个溶液。

在上面的示例中，存在未检测的风险 $\beta$ 为 10%，即虽然这些溶液的浓度由于制备方面的差错实际上包括了一个大于或等于 $\Delta_0$ 的误差：$\Delta_0 = (L_\alpha + L_\beta)\sigma_\Delta = (1.96+1.28)\times2.68\times10^{-4} = 8.68\times10^{-4}$，仍接受了这些浓度是正确的。如果制备误差为 0.11%，则 $\beta$ 降至 1%($L_\beta = 2.33$)。

### 4.3.6 说明

在两种被比较的溶液都需要确认的情况下：

——获得的相对偏差小于极限值，则可确认这两种溶液和分析方法都是正确的；

——获得的相对偏差大于极限值，则应制备可用来与前两种标准溶液中的一种进行比较的第三种标准溶液(综合试验可以消除所有不确定的方面。如果偏差仍然太大，可能是分析方法出现了偏差，应在继续进行试验之前予以消除)。

## 5 二级标准溶液

### 5.1 概述

按下列要求制备二级标准溶液：

——利用具有有证二级标准物质来制备；

——利用高纯物质来制备。

### 5.2 由二级标准物质制备的溶液的确认

在这种情况下，确认程序与推荐用于一级标准溶液的程序(见4.3)是相同的。实测浓度和计算值之间允许的差大于在一级标准溶液情况下的差。确认该溶液可接受意味着将采用按照二级标准物质证书计算的浓度和不确定度。

### 5.3 由高纯物质制备的溶液的标定

在确定不存在可能干扰标定方法的杂质后，借助一级标准溶液标定该溶液。除了与二级标准溶液自身有关的可能干扰外，还应考虑方法的可能偏差。

铀(或者钚)的二级标准溶液的标准不确定度按式(8)计算：

$$\frac{\sigma_e}{A_m}=\sqrt{\frac{1}{n}\left(\frac{\sigma_m}{A_m}\right)^2+\left(\frac{\sigma_T}{T_C}\right)^2+\sigma_b^2} \qquad (8)$$

重铬酸钾二级标准溶液的标准不确定度按式(9)计算：

$$\frac{\sigma_e}{T_m}=\sqrt{\frac{1}{n}\left(\frac{\sigma_m}{T_m}\right)^2+\left(\frac{\sigma_A}{A_c}\right)^2+\sigma_b^2} \qquad (9)$$

式中：

$\sigma_b$ ——校正或者检测所用方法的标准不确定度；

$\sigma_e$ ——溶液实测浓度的标准不确定度；

$T_m$——测量重铬酸钾二级标准溶液 $n$ 次结果的平均值。

注：在检查所用标准物质的不确定度限值范围内，最佳情况下能够检验不存在系统误差。

### 5.4 数值的示例

假设已经证实不存在系统误差，并借助经认证的标准不确定度为0.025%的标准溶液和已知标准不确定度为0.010%的重铬酸钾溶液进行滴定试验，重复若干次，在这种情况下，$\sigma_b=2.69\times10^{-4}$。

利用一级重铬酸钾溶液标定铀溶液，假设标准不确定度取附录C和附录E中的值：

$\sigma_T/T_C=1.14\times10^{-4}$(重铬酸钾)

$\sigma_m/A_m=3.00\times10^{-4}$

$\sigma_b=2.69\times10^{-4}$

如果 $n=5$，那么 $\sigma_e/A_m=3.21\times10^{-4}$，且该溶液浓度落在 $A_m(1\pm6.3\times10^{-4})$ 的范围内的概率为95%。

利用一级铀溶液标定重铬酸钾溶液，假设标准不确定度取附录A和附录E中的值：

$\sigma_A/A_c=2.02\times10^{-4}$(铀)

$\sigma_m/T_m=3.00\times10^{-4}$

$\sigma_b=2.69\times10^{-4}$

如果 $n=5$，那么 $\sigma_e/T_m=3.62\times10^{-4}$，且该溶液浓度落在 $T_m(1\pm7.1\times10^{-4})$ 的范围内的概率为 95％。

## 5.5 借助两种标准溶液进行标定和确认

### 5.5.1 测量

采用以下两种独立的方法测量溶液：

a) 方法(1)，借助于标准溶液 $S_1$，通过制备或者滴定知道其浓度为 $S_1$，并按标准不确定度 $\sigma_{s1}$ 估计其不确定度。完成 $n_1$ 次以标准不确定度 $\sigma_1$ 为特征的测量，$A_1$ 为这些结果的平均值。

b) 方法(2)，借助于标准溶液 $S_2$，通过制备或者滴定知道其浓度为 $S_2$，并按标准不确定度 $\sigma_{s2}$ 估计其不确定度。完成 $n_2$ 次以标准不确定度 $\sigma_2$ 为特征的测量，$A_2$ 为这些结果的平均值。

检测到的相对偏差见式(10)和式(11)。

$$\Delta=\frac{A_1-A_2}{A_2} \qquad \cdots\cdots(10)$$

式中：

$A_1$——采用方法 1 测量 $n_1$ 次的结果的平均值；

$\Delta$——两种方法测量结果之间的相对偏差；

$A_2$——采用方法 2 测量 $n_2$ 次的结果的平均值。

$$\sigma_\Delta=\sqrt{\left(\frac{\sigma_{s_1}}{S_1}\right)^2+\left(\frac{\sigma_{s_2}}{S_2}\right)^2+\frac{1}{n_1}\left(\frac{\sigma_1}{A_1}\right)^2+\frac{1}{n_2}\left(\frac{\sigma_2}{A_2}\right)^2} \qquad \cdots\cdots(11)$$

式中：

$\sigma_\Delta$——总的不确定度；

$\sigma_{s_1}$——标准溶液 $S_1$ 的浓度的不确定度；

$\sigma_{s_2}$——标准溶液 $S_2$ 的浓度的不确定度；

$S_2$——标准溶液 $S_2$ 的浓度；

$S_1$——标准溶液 $S_1$ 的浓度；

$\sigma_1$——方法 1 的标准不确定度；

$n_1$——采用方法 1 测量的次数；

$\sigma_2$——方法 2 的标准不确定度；

$n_2$——采用方法 2 测量的次数。

如果 $\Delta$ 是可接受的，则选择 $A_1$ 和 $A_2$ 的加权平均作为浓度 A 的最佳估计值。

### 5.5.2 测量次数的选择

按照式(12)选择 $n_1$ 和 $n_2$，使测量总次数最小时，$\Delta$ 方差的随机部分最小化：

$$n_2=n_1[(\sigma_2/A_2)/(\sigma_1/A_1)] \qquad \cdots\cdots(12)$$

对于固定的 $\alpha$(不当舍弃 $\Delta_0=0$)和固定的 $\beta$(当真实 $\Delta$ 取值 $\Delta_0=0$ 时，接受这一相等的概率)，按式(13)计算 $n_1$：

$$n_1=\frac{(\sigma_1/A_1)[(\sigma_1/A_1)+(\sigma_2/A_2)]}{[\Delta_0/(L_\alpha+L_\beta)]^2-(\sigma_{s_1}/S_1)^2-(\sigma_{s_2}/S_2)^2} \qquad \cdots\cdots(13)$$

可选择的 $\Delta_0$ 的最小值是：

$$\Delta_{\min}=(L_{\alpha}+L_{\beta})\sqrt{(\sigma_{s_1}/S_1)^2+(\sigma_{s_2}/S_2)^2} \quad \cdots\cdots(14)$$

### 5.5.3 最佳估计的置信限

一旦选定 $n_1$ 和 $n_2$，可接受差的限值可根据式(11)和式(6)计算。

1） 如果 $|\Delta|$ 高于 $L_{\alpha}\sigma_{\Delta}$，则可否定 $A_1$ 和 $A_2$ 相等，并有作出不当舍弃的风险 $\alpha$，在此种情况下，可对以下各项提出疑问：

——$S_1$ 溶液的制备；

——$S_2$ 溶液的制备；

——方法(1)；

——方法(2)；

——制备的二级标准溶液含有对其中一种或另一种方法干扰的元素。

2） 如果 $|\Delta|$ 低于 $L_{\alpha}\sigma_{\Delta}$，则可认为 $A_1$ 和 $A_2$ 无显著差异。采用 $A_1$ 和 $A_2$ 的加权平均作为浓度 $A$ 的最佳估计值：

$$A=\frac{A_1\Big/\left(\frac{\sigma_{A_1}}{A_1}\right)^2+A_2\Big/\left(\frac{\sigma_{A_2}}{A_2}\right)^2}{1\Big/\left(\frac{\sigma_{A_1}}{A_1}\right)^2+1\Big/\left(\frac{\sigma_{A_2}}{A_2}\right)^2} \quad \cdots\cdots(15)$$

其中：

$$(\sigma_{A_1}/A_1)^2=(\sigma_{S_1}/S_1)^2+(\sigma_1/A_1)^2/n_1 \quad \cdots\cdots(16)$$

$$(\sigma_{A_2}/A_2)^2=(\sigma_{S_2}/S_2)^2+(\sigma_2/A_2)^2/n_2 \quad \cdots\cdots(17)$$

最佳估计的置信限是：

$$A(1\pm L_{\alpha}\sigma/A) \quad \cdots\cdots(18)$$

$$\sigma/A=\frac{1}{\sqrt{1/(\sigma_{A_1}/A_1)^2+1/(\sigma_{A_2}/A_2)^2}} \quad \cdots\cdots(19)$$

附录 G 给出了数值的示例。

## 6 结果报告

书面报告应包括这些确认的结果。附录 H 给出了一份适用于用一种标准溶液进行滴定从而确认另一种标准溶液的报告的示例。

# 附 录 A
（规范性附录）
一级铀标准溶液的制备

## A.1 范围

本附录规定了一级铀标准溶液的制备，可用于：

——检验一级重铬酸钾标准溶液制备的有效性；

——标定或检查利用滴定法进行铀和钚含量分析时所用的二级重铬酸钾标准溶液；

——标定利用同位素稀释分析法进行铀分析时所用的同位素稀释剂溶液。

## A.2 标准物质和试剂

除非另有说明，应使用确认为优级纯的试剂，分析用水为蒸馏水或去离子水。

**A.2.1** 有证八氧化三铀标准物质，不确定度不大于0.021%，例如，八氧化三铀成分分析标准物质GBW 04201或八氧化三铀中铀和杂质元素成分分析标准物质GBW 04205。

**A.2.2** 浓硝酸。

**A.2.3** 硝酸溶液，$c(HNO_3)=3$ mol/L。

**A.2.4** 氢氟酸。

## A.3 仪器与设备

**A.3.1** 天平，分度值为0.000 01 g。

**A.3.2** 天平，分度值为0.000 1 g。

**A.3.3** 铂金坩埚，30 mL。

**A.3.4** 马弗炉，最高温度1 200 ℃。

## A.4 制备程序

### A.4.1 灼烧

取一定量八氧化三铀(A.2.1)于铂金坩埚中，置于875 ℃±25 ℃马弗炉中灼烧4 h，取出，在空气中稍冷后移入硅胶干燥器中，冷却至室温。

### A.4.2 称量

校验事先检定过的天平，准确称量八氧化三铀到溶解烧瓶(或烧杯)中，八氧化三铀质量$m_0$应大于1 g，进行空气浮力校正，称准至±0.05 mg或更好。

### A.4.3 溶解

加10mL水润湿，加入足够量的浓硝酸(A.2.2)(例如每1 g铀加20 mL)和1滴氢氟酸(A.2.4)，盖上玻璃表面皿，放置到沸水浴中保持平稳反应至溶解完全，冷却。

冷却后，用硝酸溶液(A.2.3)稀释，完全转移至称重过的容量瓶中，添加至预期的量。

准确称量并记录制得的标准溶液净质量 $M_1$，称准至万分之一，例如称 50 g，称准至±5 mg 或更好。

小心密封并摇动，以使均匀。

### A.4.4 可能的稀释

用称量滴定管(或其他可行工具)定量转移上述制备的标准溶液(A.4.3)(质量为 $m_1$)至一个事先称重过的容量瓶中。准确的测定 $m_1$，称准至万分之一，例如称 5 g，称准至±0.5 mg 或更好。

加入预期量的硝酸溶液(A.2.3)。

准确的再次称量稀释后的溶液的净质量 $M_2$，称准至万分之一，例如称 50 g，称准至±5 mg 或更好。

加入预期量的硝酸溶液(A.2.3)。

小心密封并摇动以使均匀。

## A.5 使用

当需要时，按准确称量的程序取出标准溶液。应尽可能在溶液制备完成后立即使用，且应将样品保存在密封的烧瓶中并准确称量。

在溶液保存了较长时间的情况下，应检查密封容量瓶中的溶液质量的稳定性。如果在存放期间出现任何显著的变化，则视此溶液失效。

## A.6 溶液浓度

标准溶液铀浓度 $A_c$(质量分数)，由式(A.1)计算：

$$\left.\begin{aligned} A_c &= \frac{3M_A}{M_0}(m_0P_0/M_1)(m_1/M_2) \\ A_c &= m_0R/M_1(m_1/M_2) \end{aligned}\right\} \qquad \text{(A.1)}$$

或以每克摩尔数表示：

$$\left.\begin{aligned} A_c &= (3/M_0)(m_0P_0/M_1)(m_1/M_2) \\ A_c &= \frac{1}{M_A}m_0R/M_1(m_1/M_2) \end{aligned}\right\} \qquad \text{(A.2)}$$

其中：

$M_A$ ——铀的摩尔质量，单位为克每摩尔(g/mol)；

$M_0$ ——八氧化三铀的摩尔质量，单位为克每摩尔(g/mol)；

$m_0$ ——称取的八氧化三铀标准物质的质量，单位为克(g)；

$P_0$ ——八氧化三铀标准物质中八氧化三铀的质量分数，以百分数表示；

$M_1$ ——标准溶液的质量，单位为克(g)；

$m_1$ ——转移到称过重量的容量瓶中的标准溶液的质量，单位为克(g)；

$R$ ——八氧化三铀标准物质中铀的质量分数，以百分数表示；

$M_2$ ——稀释后溶液的质量，单位为克(g)。

标准溶液铀浓度的标准不确定度 $\sigma_A$ 由式(A.3)计算：

$$\sigma_A = A_c\sqrt{\frac{\sigma_{P_0}^2}{P_0^2}+\frac{\sigma_{m_0}^2}{m_0^2}+\frac{\sigma_{M_1}^2}{M_1^2}+\frac{\sigma_{m_1}^2}{m_1^2}+\frac{\sigma_{M_2}^2}{M_2^2}+\frac{\sigma_{M_0}^2}{M_0^2}} \qquad \text{(A.3)}$$

在扩展因子为 2 时，标准溶液的铀浓度表示为 $A_c \pm 2\sigma_A$。

## A.7 示例

$P_0 = 99.945\%$　　$\sigma_{P_0} = 0.020\%$　　$\sigma_{P_0}/P_0 = 2.0 \times 10^{-4}$

$m_0 = 1.000\,0$ g　　$\sigma_{m_0} = 0.02$ mg

$M_1 = 80.000\,0$ g　　$\sigma_{M_1} = 0.15$ mg

$m_1 = 20.000$ g　　$\sigma_{m_1} = 0.15$ mg

$M_2 = 500.000$ g　　$\sigma_{M_2} = 1$ mg

注：八氧化三铀的摩尔质量的不确定度 $\sigma_{M_0}/M_0$ 可忽略。

$$(\sigma_A/A_c)^2 = (2.0 \times 10^{-4})^2 + (0.2 \times 10^{-4}/1.000\,0)^2 + (1.5 \times 10^{-4}/80.000\,0)^2 + (1.5 \times 10^{-4}/20.000)^2 + (10^{-3}/500.000)^2$$

$$\sigma_A/A_c = 2.02 \times 10^{-4}$$

在扩展因子为 2 时，标准溶液的浓度（质量分数）为 $A_c = (4.237\,7 \pm 0.001\,7) \times 10^{-4}$。

## 附 录 B
（规范性附录）
一级钚标准溶液的制备

### B.1 范围

本附录规定了一级钚标准溶液的制备，可用于：

——标定钚同位素稀释分析中所用的稀释剂溶液；

——刻度钚含量的分析仪器；

——检验一级重铬酸钾标准溶液制备的有效性。

### B.2 试剂

除非另有说明，应使用确认为优级纯的试剂，分析用水为蒸馏水或去离子水。

**B.2.1** 二氧化钚钚含量标准物质，不确定度不大于0.04%，例如，二氧化钚钚含量标准物质GBW 04245（此标准物质具有较高的$\alpha$放射性和毒性，使用时应在手套箱中进行，使用者应完全了解其危险性并熟悉有关安全注意事项，制备钚标准溶液的实验室应满足有关安全要求）。

**B.2.2** 混合酸溶液，$HNO_3$(11 mol/L)＋HF(0.08 mol/L)。

**B.2.3** 硝酸溶液，$c(HNO_3)$＝3 mol/L。

### B.3 仪器与设备

**B.3.1** 分析天平，分度值0.000 01 g。

**B.3.2** 分析天平，分度值0.000 1 g。

**B.3.3** 二氧化钚溶液储存用聚四氟乙烯瓶，可密封并经过密封性考验（长期存放时使用）。

### B.4 制备程序

#### B.4.1 称量二氧化钚

在备有厚壁手套、干燥且有一定负压的手套箱内用剪刀小心裁开外包装物塑料袋，将石英分装瓶外壁封蜡清除干净后，拧开分装瓶外盖，用带有聚四氟乙烯套的镊子小心启开内盖，使用分析天平（B.3.1）称量二氧化钚标准物质。记$m_0$为二氧化钚的质量，称准至±0.02 mg或更好。

#### B.4.2 溶解二氧化钚

完全溶解已称重的二氧化钚钚含量标准物质。

推荐溶解方法：加入适量混合酸溶液（B.2.2），在160 ℃～180 ℃条件下密封加压溶解48 h（每隔15 min平摇一次样品，保证样品受热均匀并完全溶解），冷却，将溶液转入二氧化钚溶液用聚四氟乙烯瓶（B.3.3）。

用硝酸溶液（B.2.3）稀释到预期的量。

小心密封并摇动以使均匀。

#### B.4.3 可能的稀释

将部分标准溶液转移到一个称重过的聚四氟乙烯储存瓶(或容量瓶)中。准确的称量被转移部分的净质量 $m_1$,准至万分之一。

加入预期量的硝酸溶液(B.2.3)。

再次准确的称量;记 $M_2$ 为稀释后溶液的净质量,称准至万分之一。

小心密封并摇动以使均匀。

#### B.4.4 使用

当需要时,应按准确称量程序取出标准溶液试样。

在标准溶液保存了较长时间的情况下,应检查整个密封聚四氟乙烯瓶质量的稳定性。如果在存放期间质量出现了任何显著的变化,视此溶液失效。

### B.5 溶液浓度

此标准溶液钚浓度 $A_c$(质量分数),由式(B.1)计算:

$$A_c = R(m_0/M_1)(m_1/M_2) \quad \cdots\cdots\cdots\cdots(\text{B.1})$$

或以每克摩尔数表示:

$$A_c = (1/M_A)R(m_0/M_1)(m_1/M_2) \quad \cdots\cdots\cdots\cdots(\text{B.2})$$

其中:

$R$ ——二氧化钚钚含量标准物质中钚的质量分数,以百分数表示,并作修正以考虑钚同位素衰变成铀和镅这一因素;

$m_0$ ——准确称量的二氧化钚钚含量标准物质的质量,单位为克(g);

$M_1$ ——标准溶液的质量,单位为克(g);

$m_1$ ——被转移部分的质量,单位为克(g);

$M_2$ ——稀释后溶液的质量,单位为克(g);

$M_A$ ——证书上给出的钚的摩尔质量,单位为克每摩尔(g/mol)。

标准溶液钚浓度的标准不确定度由式(B.3)计算:

$$\sigma_A = A_c\sqrt{\frac{\sigma_R^2}{R^2}+\frac{\sigma_{m_0}^2}{m_0^2}+\frac{\sigma_{M_1}^2}{M_1^2}+\frac{\sigma_{m_1}^2}{m_1^2}+\frac{\sigma_{M_2}^2}{M_2^2}} \quad \cdots\cdots\cdots\cdots(\text{B.3})$$

在扩展因子为 2 时,标准溶液的钚浓度表示为 $A_c \pm 2\sigma_A$。

**示例:**

考虑制备 80 g 钚标准溶液备用:

$R=88.058\%$　　$\sigma_R=4.0\times10^{-4}$(假设已对钚同位素衰变成铀和镅的因素进行了修正)

$m_0=300$ mg　　$\sigma_{m_0}=0.02$ mg　　$\sigma_{m_0}/m_0=6.67\times10^{-5}$

$M_1=80.000\ 0$ g　　$\sigma_{M_1}=0.15$ mg

$$(\sigma_A/A_c)^2 = (4.0\times10^{-4}/88.058\%)^2+(6.67\times10^{-5})^2+(1.5\times10^{-4}/80.000\ 0)^2$$

$$\sigma_A/A_c = 4.59\times10^{-4}$$

在扩展因子为 2 时,该标准溶液的浓度(质量分数)为 $A_c=(3.302\ 1\pm0.002\ 9)\times10^{-3}$。

此时,可考虑稀释该标准溶液,以制备可用于标定同位素稀释分析中所用示踪剂的标准溶液:

$m_1=2.000$ g　　$\sigma_{m_1}=0.10$ mg

$M_2 = 2\ 000.00$ g $\qquad \sigma_{M_2} = 0.10$ g

$$(\sigma_A'/A_c')^2 = (4.0\times10^{-4}/88.058\%)^2 + (6.67\times10^{-5})^2 + (1.5\times10^{-4}/80.000\ 0) + (10^{-4}/2)^2 + (0.10/2\ 000.00)^2$$

$$\sigma_A'/A_c' = 4.64\times10^{-4}$$

在扩展因子为 2 时，稀释后标准溶液的浓度(质量分数)为 $A_c' = (3.302\ 1\pm0.002\ 9)\times10^{-6}$。

# 附　录　C
（规范性附录）
一级重铬酸钾标准溶液的制备

## C.1　范围

本附录规定了一级重铬酸钾标准溶液的制备，可用于：

——确认一级铀标准溶液和一级钚标准溶液制备的有效性；

——确认可用来标定同位素稀释分析用稀释剂溶液；

——标定或确认铀和钚二级标准溶液。

## C.2　标准物质和试剂

除非另有说明，应使用确认为优级纯的试剂，分析用水为蒸馏水或去离子水。

**C.2.1**　有证重铬酸钾标准物质，不确定度不大于0.01%，例如重铬酸钾标准物质，GBW 06105。

**C.2.2**　硫酸溶液，$c(H_2SO_4)=0.05$ mol/L。

## C.3　仪器与设备

**C.3.1**　天平，分度值为0.000 01 g。

**C.3.2**　天平，分度值为0.000 1 g。

**C.3.3**　烘箱，最高温度300 ℃。

## C.4　制备程序

### C.4.1　干燥

在使用前将重铬酸钾标准物质按照证书的要求干燥至恒重，然后在称量前始终保存在干燥器中。

### C.4.2　称量

校验事先检查过的天平，在一个称量瓶中，准确称量预期量溶液所需的重铬酸钾（C.2.1）（欲配制一升0.017 mol/L的溶液约需5克重铬酸钾）。重铬酸钾的净质量$m_0$（对密度为2.676 g/cm$^3$的重铬酸钾而言，空气浮力相对校正系数大约为$3\times10^{-4}$）进行空气浮力校正，称准至十万分之一。

### C.4.3　溶解

小心的将称取的重铬酸钾转移至溶解烧瓶（烧杯）中。

加入大约总预期量一半的硫酸。用手摇动直到完全溶解。

完全转移到已称重的标准溶液储存瓶或容量瓶中，添加硫酸溶液（C.2.2）至预期的量。

准确称量标准溶液的净质量$M_1$，准至万分之一，例如50 g溶液，称准至0.5 mg。

小心密封并摇动以使均匀。

### C.4.4 可能的稀释

如果需要进一步稀释，按如下进行。

用一个称重滴定管(或其他可行工具)，定量的将一定量的标准溶液(见C.3.2)$m_1$ 转移到一个事先称重过的容量瓶中，称准至万分之一。

加入预期量的硫酸溶液(C.2.2)。再次尽可能准确的称量并记下净质量($M_2$)。

小心密封并摇动以使均匀。

## C.5 使用

为了保持溶液浓度的准确性，应使用称量滴管移取该溶液。如果该容量瓶在使用前保存了一段时间，应检查该密封容量瓶的总体质量的稳定性。如果在保存期间质量有了任何显著的变化，视此溶液失效。

## C.6 溶液浓度

此标准溶液重铬酸钾浓度(质量分数)$T_C$，由式(C.1)计算：

$$T_C = R(m_0/M_1)(m_1/M_2) \qquad \text{(C.1)}$$

或以每克摩尔数表示：

$$T_C = R(m_0/M_1)(m_1/M_2)/M_0 \qquad \text{(C.2)}$$

其中：

$R$ ——重铬酸钾标准物质中重铬酸钾的质量分数，以百分数表示；

$m_0$ ——重铬酸钾标准物质的质量，单位为克(g)；

$M_1$ ——标准溶液的质量，单位为克(g)；

$m_1$ ——被转移到称重过烧瓶中的标准溶液的质量，单位为克(g)；

$M_2$ ——稀释后溶液的质量，单位为克(g)；

$M_0$ ——重铬酸钾的摩尔质量，为294.184 6 g/mol。

**注**：如果没有进行稀释，那么 $m_1/M_2=1$。

标准溶液重铬酸钾浓度的标准不确定度 $\sigma_T$ 由式(C.3)计算：

$$\sigma_T = T_c\sqrt{\frac{\sigma_R^2}{R^2}+\frac{\sigma_{m_0}^2}{m_0^2}+\frac{\sigma_{M_1}^2}{M_1^2}+\frac{\sigma_{m_1}^2}{m_1^2}+\frac{\sigma_{M_2}^2}{M_2^2}} \qquad \text{(C.3)}$$

在扩展因子为2时，标准溶液重铬酸钾的浓度表示为 $T_c \pm 2\sigma_T$。

**示例**：

$R=99.987\%$ $\qquad \sigma_R=10^{-4}$

$m_0=2.000\ 0\ \text{g}$ $\qquad \sigma_{m_0}=0.1\ \text{mg}$

$M_1=5\ 000.0\ \text{g}$ $\qquad \sigma_{M_1}=100\ \text{mg}$

$\frac{m_1}{M_2}=1$(没稀释的情况下)

$$\frac{\sigma_T^2}{T_C^2} = \left(\frac{10^{-4}}{0.999\ 87}\right)^2 + \left(\frac{10^{-4}}{2.000\ 0}\right)^2 + \left(\frac{10^{-1}}{5\times10^3}\right)^2$$

$$=1.29\times10^{-8}$$

$\sigma_T/T_C=1.14\times10^{-4}$

在扩展因子为2时，标准溶液重铬酸钾的浓度(质量分数)为 $T_C=(3.999\ 5\pm0.000\ 9)\times10^{-4}$。

# 附　录　D
（资料性附录）
# 假报警风险 $\alpha$ 和未检测风险 $\beta$

## D.1　假报警风险

为了检验滴定溶液 T，将偏差 $\Delta$ 的绝对值与某个阈值比较，阈值与 $\sigma_\Delta$ 成正比关系，也就是呈 $L_\alpha\sigma_\Delta$ 的形式（见图 D.1）。

当 $|\Delta|>L_\alpha\sigma_\Delta$ 时，该溶液将被丢弃。

即使该溶液是合适的，在任何 $L_\alpha$ 值小于 3 的情况下也能发生丢弃。这种不当丢弃的概率由图 D.1 中阴影部分表示。如果我们称 $\alpha$ 为不当丢弃的总概率，那么 $\alpha$ 是第一种风险，也即假报警风险。

这一风险是预先选定的，一般等于 5％或 10％。

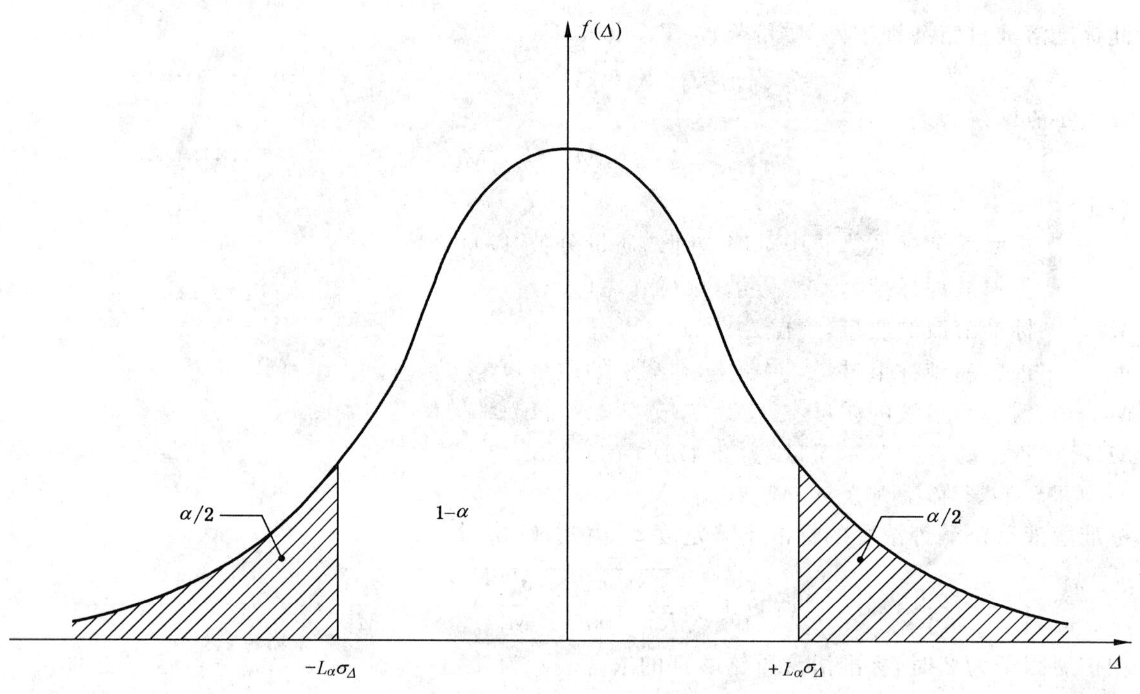


图 D.1　假报警风险

## D.2　$\beta$ 未检测风险

如果溶液 T 的浓度实际上是不正确的，例如大于 $T_C$，那么 $\Delta$ 的值按平均来说将高于正确的溶液所对应的值；也就是说不正确溶液的分布曲线在正确溶液的分布曲线的右边。如图 D.2 所示，这两条曲线相互交叉。$\Delta$ 的绝对值仍小于 $L_\alpha\sigma_\Delta$，这个不正确的溶液将被接受的概率为 $\beta$。

如果误差的唯一来源是溶液 T 的制备，那么 $\Delta$ 等于这一分布的平均值 $\Delta_0$。它就是浓度 $T_c$ 的相对误差，并有未被检测到概率 $\beta$。这个误差越大，接受不正确溶液的风险就越小。通常预先指定误差值 $\Delta_0$，它未被检测到的情况有一个给定的概率 $\beta$。例如，可以确定的是等于 $10^{-3}$（0.1％）的误差 $\Delta_0$ 有可能在十次中有一次未被检测到($\beta=10\%$)。换句话说,对应的检测出的概率是 $100-\beta=90\%$。

**注:** $(100-\beta)$通常被称作测试的效率或能力。

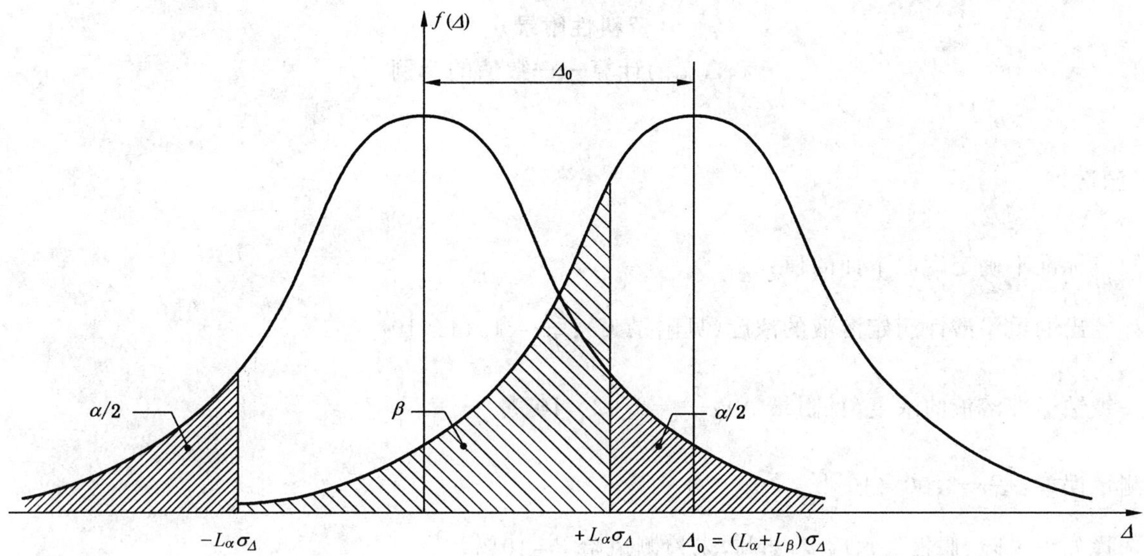


**图 D.2 未检测风险**

# 附 录 E
## （资料性附录）
## $n$和$\Delta_{min}$的计算——数值的示例

### E.1 源数据

假设标准不确定度取下面的值：

计算出的重铬酸钾滴定溶液的浓度(见附录 C)：$\frac{\sigma_T}{T_C}=1.14\times10^{-4}$

一级铀标准溶液的浓度(见附录 A)：$\frac{\sigma_A}{A_c}=2.02\times10^{-4}$

测量误差：$\frac{\sigma_m}{A_c}=3.00\times10^{-4}$

选择如下风险：假报警风险 $\alpha=5\%$，未检测风险 $\beta=10\%$。

### E.2 $\Delta_{min}$的计算

$$\Delta_{min}=(L_\alpha+L_\beta)\sqrt{\left(\frac{\sigma_T}{T_C}\right)^2+\left(\frac{\sigma_A}{A_c}\right)^2} \qquad \text{(E.1)}$$

[见式(4)]

按 E.1 中给出的数值，只有大于

$$\begin{aligned}\Delta_{min}&=(1.96+1.28)\sqrt{(1.14)^2+(2.02)^2}\times10^{-4}\\&=7.5\times10^{-4}\end{aligned}$$

的误差才能被检测到，其概率至少等于$(100-\beta)=90\%$。

### E.3 $n$的计算

为了检测出误差$\Delta_0=0.10\%$需要进行测量的次数 $n$ 根据式(E.2)计算：

$$n=\frac{(\sigma_m/A_c)^2}{[\Delta_0^2/(L_\alpha+L_\beta)^2]-(\sigma_T/T_C)^2-(\sigma_A/A_c)^2} \qquad \text{(E.2)}$$

[见式(3)]

因此，以同样的值代入：

$$n=\frac{(3.00)^2}{[100/(1.96+1.28)^2]-(1.14)^2-(2.02)^2}=2.17$$

这个数化整得 $n=3$。

如果误差按 0.15%而不是 0.10%，具有某一浓度的 10 份溶液中保留一份是可以接受的，那么测量次数 $n$ 变为：

$$n=\frac{(3.00)^2}{[225/(1.96+1.28)^2]-(1.14)^2-(2.02)^2}=0.56$$

化整得 $n=1$。

## E.4 $\sigma_\Delta$等式的推导[式(2)]

设 $\Delta$ 为实测浓度 $A_m$ 和计算浓度 $A_c$ 之间的相对偏差[见式(1)]:

$$\Delta=\frac{A_m-A_c}{A_c}$$

$$=\frac{A_m}{A_c}-1 \qquad \text{(E.3)}$$

被分析物(铀或钚)的标准溶液 A 的实测浓度是通过利用标准滴定剂 T 滴定质量为 $M_A$ 的溶液 A 来获得的。设 $M_T$ 为所需滴定剂的质量:

$$A_m=\frac{M_T}{M_A}T_C \qquad \text{(E.4)}$$

从而

$$\left(\frac{\sigma_{A_m}}{A_m}\right)^2=\left(\frac{\sigma_{T_C}}{T_C}\right)^2+\left[\frac{\sigma_{(M_T/M_A)}}{(M_T/M_A)}\right]^2$$

系统部分　随机部分$(\sigma_m/A_m)^2$

对于 $n$ 次滴定的平均值:

$$\left(\frac{\sigma_{A_m}}{A_m}\right)^2=\frac{1}{n}\left(\frac{\sigma_m}{A_m}\right)^2+\left(\frac{\sigma_{T_C}}{T_C}\right)^2 \qquad \text{(E.5)}$$

由式(E.3):

$$\Delta'=\Delta+1=A_m/A_c$$

$$\left(\frac{\sigma_{\Delta'}}{\Delta'}\right)^2=\left(\frac{\sigma_{A_m}}{A_m}\right)^2+\left(\frac{\sigma_{A_c}}{A_c}\right)^2$$

由式(E.5),与1相比可以忽略 $\Delta\sim10^{-3}$(因此 $\Delta'\sim1$)

$$(\sigma_{\Delta'})^2=\frac{1}{n}\left(\frac{\sigma_m}{A_m}\right)^2+\left(\frac{\sigma_{T_C}}{T_C}\right)^2+\left(\frac{\sigma_{A_c}}{A_c}\right)^2 \qquad \text{(E.6)}$$

[见式(2)]

# 附　录　F
（资料性附录）
# 效率和样本量曲线

附录 E 表明对$(\beta,\Delta_0)$的选择是相当重要的。

当选择 $n$ 时，绘出针对每一个 $n$ 值给出作为待检测误差 $\Delta_0$ 的函数的测试效率或效率$(100-\beta)$的曲线将是有用的。这些曲线称为“效率曲线”。或是针对某一给定目标检测概率$(100-\beta)$，绘出一条能显示作为 $\Delta_0$ 的函数的待分析的样品的数量 $n$ 的曲线也将是有用的。这样的曲线称为“样本量曲线”。

这些曲线可以利用式(F.1)[与式(5)等价]逐点绘出：

$$\Delta_0=(L_\alpha+L_\beta)\sigma_\Delta \tag{F.1}$$

其中，$L_\alpha$和 $L_\beta$根据选定的风险 $\alpha$ 和 $\beta$ 从表 1 读出；$\sigma_\Delta$(标准不确定度)由式(F.2)给出，该式和式(2)等价：

$$\sigma_\Delta=\sqrt{\left(\frac{\sigma_T}{T_c}\right)^2+\left(\frac{\sigma_A}{A_c}\right)^2+\frac{1}{n}\left(\frac{\sigma_m}{A_c}\right)^2} \tag{F.2}$$

在假报警风险为 $\alpha$ 和未检测风险为 $\beta$ 的情况下，为了检测真误差 $\Delta_0$ 所要完成的测量次数 $n$ 可根据式(F.3)计算，该式和式(3)等价：

$$n=\frac{(\sigma_m/A_c)^2}{[\Delta_0^2/(L_\alpha+L_\beta)^2]-(\sigma_T/T_c)^2-(\sigma_A/A_c)^2} \tag{F.3}$$

对于给定的风险 $\alpha$ 和 $\beta$，次数 $n$ 可以写成两个参数 $R$ 和 $E_0$ 的简单函数：

$$R^2=(\sigma_m/A_c)^2/S^2 \tag{F.4}$$

$$E_0=\Delta_0/S \tag{F.5}$$

其中：

$$S^2=(\sigma_T/T_C)^2+(\sigma_A/A_c)^2 \tag{F.6}$$

$R^2$是测试方法随机误差的方差$(\sigma_m/A_c)^2$ 与标准溶液浓度计算值不确定度的总方差$[(\sigma_T/T_c)^2+(\sigma_A/A_c)^2]$之间的比值；

$E_0$是待检测的真误差 $\Delta_0$ 与标准不确定度 $S$ 的比值。

式(F.3)可以改写成 $E_0$ 和 $L_\beta$成函数关系的形式：

$$L_\beta=\frac{E_0}{[1+(n/R^2)^{-1}]^{1/2}}-L_\alpha \tag{F.7}$$

式(F.7)可以用来计算 $L_\beta$，从中可以导出$(100-\beta)$以编制“效率表”(表 F.3～表 F.5)，这些表将有助于针对选定的 $\alpha$ 和 $n/R^2$ 的值来绘出“效率曲线”(图 F.1～图 F.3)。

式(F.3)也可以改写成下面的这种常规参数 $n/R^2$ 和 $E_0$ 之间的等式：

$$\frac{n}{R^2}=\frac{1}{E_0^2(L_\alpha+L_\beta)^{-2}-1} \tag{F.8}$$

针对固定的风险 $\alpha$ 和 $\beta$ 值，可按式(F.8)逐点计算“归一化样本量表”表 F.6、表 F.7、表 F.8，根据这些样本量表便可画出“归一化样本量曲线”图 F.4、图 F.5 和图 F.6。

示例考虑如下情况，其中：

$$\sigma_T/T_C=1.14\times10^{-4}$$

$$\sigma_A/A_c=2.02\times10^{-4}$$

$$\sigma_m/A_c=3.00\times10^{-4}$$

$$S^2=(1.14\times10^{-4})^2+(2.02\times10^{-4})^2$$

$$R^2 = \frac{(3.00\times10^{-4})^2}{(1.14\times10^{-4})^2+(2.02\times10^{-4})^2} = 1.67$$

选 $\alpha=5\%(L_\alpha=1.96)$；

$\beta=5\%\ (L_\beta=1.64)$。

根据表 F.7，为了在风险 $\alpha=\beta=5\%$ 的情况下检测等于 3.8 的标准误差 $E_0$，必须完成归一化测量次数 $n/R^2$（其值等于 8.76）。在上述风险情况下可以检测出的真误差 $\Delta_0$ 是：

$$\Delta_0 = E_0\times S = 3.8\times2.32\times10^{-4} = 0.088\times10^{-2}$$

要完成的实际测量次数应超过

$$n = 8.76\times R^2 = 14.62$$

换句话说，至少需要 15 次测量。

表 F.1 列出了为增加待检测的误差 $\Delta_0$ 的数值，对样本量 $n$ 所作的推导结果。

**表 F.1 样本量表的示例（$\alpha=\beta=5\%$）**

| $E_0$ | $\Delta_0=E_0\times S$ (×100) | $n/R^2$ | $n$ 计算值 | $n$ 化整值 |
|---|---|---|---|---|
| 3.8 | 0.088 | 9.25 | 15.45 | 16 |
| 4.0 | 0.093 | 4.33 | 7.23 | 8 |
| 4.4 | 0.102 | 2.04 | 3.41 | 4 |
| 4.8 | 0.111 | 1.29 | 2.15 | 3 |
| 5.0 | 0.116 | 1.08 | 1.80 | 2 |
| 5.2 | 0.121 | 0.93 | 1.55 | 2 |

反之，可以从图 F.4 得出，当完成固定的测量次数 $n$ 并接受假报警风险 $\alpha$ 为 1% 时，检测概率 $100-\beta$ 是如何随着误差 $\Delta_0$ 的大小而变化的。例如，如果完成了五次测量：

$$n/R^2 = 2.99。$$

相对 $n/R^2=2.99$ 和不同的检测概率读出 $E_0$，并计算 $\Delta_0=E_0\times S=E_0\times2.32\times10^{-4}$。这样就可以建立效率表 F.2。

**表 F.2 效率表的示例（$n=5$，$\alpha=1\%$）**

| $100-\beta$ % | $E_0$ | $\Delta_0=E_0\times S$ (×100) |
|---|---|---|
| 50.0 | 2.97 | 0.069 |
| 75.0 | 3.75 | 0.087 |
| 90.0 | 4.46 | 0.103 |

表 F.2（续）

| 100－β<br>% | $E_0$ | $\Delta_0=E_0\times S$<br>(×100) |
|---|---|---|
| 95.0 | 4.89 | 0.113 |
| 99.0 | 5.67 | 0.132 |
| 99.9 | 6.55 | 0.152 |
| 99.995 | 6.79 | 0.158 |

**表 F.3　相对于假报警风险 $\alpha=1\%$ 和 $L_\alpha=2.58$ 的效率表**

| $E_0$ | $n/R^2$ | | | | | | | | |
|---|---|---|---|---|---|---|---|---|---|
| | 0.1 | 0.2 | 0.4 | 0.9 | 1.2 | 2.0 | 4.0 | 10.0 | 50.0 |
| 2.0 | | | | | | | | | |
| 2.2 | | | | | | | | | |
| 2.4 | | | | | | | | | |
| 2.6 | | | | | | | | | |
| 2.8 | | | | | | | | 53.6 | 57.6 |
| 3.0 | | | | | | | 54.1 | 61.0 | 65.2 |
| 3.2 | | | | | | 51.3 | 61.1 | 68.1 | 72.2 |
| 3.4 | | | | | | 57.8 | 67.8 | 74.6 | 78.4 |
| 3.6 | | | | | 53.1 | 64.0 | 73.9 | 80.3 | 83.7 |
| 3.8 | | | | 51.4 | 59.0 | 69.9 | 79.3 | 85.1 | 88.1 |
| 4.0 | | | | 56.9 | 64.6 | 75.3 | 84.1 | 89.1 | 91.6 |
| 4.2 | | | | 62.2 | 69.9 | 80.2 | 88.0 | 92.3 | 94.2 |
| 4.4 | | | | 67.3 | 74.8 | 84.4 | 91.2 | 94.7 | 96.2 |
| 4.6 | | | | 72.1 | 79.3 | 88.0 | 93.7 | 96.4 | 97.6 |
| 4.8 | | | | 76.5 | 83.3 | 90.9 | 95.6 | 97.7 | 98.5 |
| 5.0 | | | 53.7 | 80.5 | 86.7 | 93.3 | 97.0 | 98.5 | 99.1 |
| 5.2 | | | 57.9 | 84.1 | 89.6 | 95.2 | 98.1 | 99.1 | 99.5 |
| 5.4 | | | 62.0 | 87.2 | 92.0 | 96.6 | 98.8 | 99.5 | 99.7 |
| 5.6 | | | 66.0 | 89.9 | 94.0 | 97.7 | 99.2 | 99.7 | 99.8 |
| 5.8 | | | 69.8 | 92.1 | 95.5 | 98.4 | 99.5 | 99.8 | 99.9 |
| 6.0 | | | 73.5 | 93.9 | 96.8 | 99.0 | 99.7 | 99.9 | 100.0 |
| 6.2 | | | 76.8 | 95.4 | 97.7 | 99.3 | 99.8 | 100.0 | 100.0 |
| 6.4 | | 51.3 | 80.0 | 96.6 | 98.4 | 99.6 | 99.9 | 100.0 | 100.0 |
| 6.6 | | 54.6 | 82.8 | 97.5 | 98.9 | 99.7 | 100.0 | 100.0 | 100.0 |
| 6.8 | | 57.8 | 85.4 | 98.2 | 99.3 | 99.8 | 100.0 | 100.0 | 100.0 |
| 7.0 | | 60.9 | 87.7 | 98.7 | 99.5 | 99.9 | 100.0 | 100.0 | 100.0 |
| 7.2 | | 64.0 | 89.7 | 99.1 | 99.7 | 99.9 | 100.0 | 100.0 | 100.0 |
| 7.4 | | 67.0 | 91.5 | 99.4 | 99.8 | 100.0 | 100.0 | 100.0 | 100.0 |
| 7.6 | | 69.9 | 93.1 | 99.6 | 99.9 | 100.0 | 100.0 | 100.0 | 100.0 |
| 7.8 | | 72.7 | 94.4 | 99.7 | 99.9 | 100.0 | 100.0 | 100.0 | 100.0 |
| 8.0 | | 75.3 | 95.5 | 99.8 | 100.0 | 100.0 | 100.0 | 100.0 | 100.0 |

**注：**这些数值是与根据下式导出的 $L_\beta$ 值相对应的检测概率(100－β)(以百分数表示)：

$$L_\beta=\frac{E_0}{(1+R^2/n)^{0.5}}-L_\alpha$$

其中：$E_0=\dfrac{\Delta_0}{S}$，$R^2=\dfrac{(\sigma_m/A_c)^2}{S^2}$，以及 $S^2=(\sigma_T/T_C)^2+(\sigma_A/A_c)^2$。

表 F.4　相对于假报警风险 $\alpha=5\%$ 和 $L_\alpha=1.96$ 的效率表

| $E_0$ | $n/R^2$ | | | | | | | | |
|---|---|---|---|---|---|---|---|---|---|
| | 0.1 | 0.2 | 0.4 | 0.9 | 1.2 | 2.0 | 4.0 | 10.0 | 50.0 |
| 2.0 | | | | | | | | | 50.8 |
| 2.2 | | | | | | | 50.3 | 55.5 | 58.8 |
| 2.4 | | | | | | | 57.4 | 62.9 | 66.1 |
| 2.6 | | | | | | 56.5 | 64.3 | 69.8 | 73.0 |
| 2.8 | | | | | | 62.8 | 70.7 | 76.1 | 79.2 |
| 3.0 | | | | | | 68.8 | 76.5 | 81.6 | 84.4 |
| 3.2 | | | | | | 74.3 | 81.6 | 86.2 | 88.6 |
| 3.4 | | | | 64.8 | 70.9 | 79.3 | 86.0 | 90.0 | 92.0 |
| 3.6 | | | | 69.8 | 75.7 | 83.6 | 89.6 | 92.9 | 94.5 |
| 3.8 | | | 52.8 | 74.4 | 80.1 | 87.3 | 89.6 | 95.2 | 96.4 |
| 4.0 | | | 57.1 | 78.6 | 84.0 | 90.4 | 92.5 | 96.8 | 97.7 |
| 4.2 | | | 61.2 | 82.4 | 87.3 | 92.9 | 94.7 | 97.9 | 98.6 |
| 4.4 | | | 65.2 | 85.7 | 90.1 | 94.8 | 96.3 | 98.7 | 99.2 |
| 4.6 | | | 69.1 | 88.6 | 92.4 | 96.3 | 97.6 | 99.2 | 99.5 |
| 4.8 | | | 72.8 | 91.0 | 94.3 | 97.5 | 98.4 | 99.5 | 99.7 |
| 5.0 | | 53.2 | 76.2 | 93.0 | 95.8 | 98.3 | 99.0 | 99.7 | 99.9 |
| 5.2 | | 56.5 | 79.4 | 94.7 | 97.0 | 98.9 | 99.4 | 99.9 | 99.9 |
| 5.4 | | 59.7 | 82.3 | 96.0 | 97.8 | 99.3 | 99.6 | 99.9 | 100.0 |
| 5.6 | | 62.8 | 84.9 | 97.1 | 98.5 | 99.5 | 99.8 | 100.0 | 100.0 |
| 5.8 | | 65.8 | 87.3 | 97.9 | 99.0 | 99.7 | 99.9 | 100.0 | 100.0 |
| 6.0 | | 68.8 | 89.4 | 98.5 | 99.3 | 99.8 | 99.9 | 100.0 | 100.0 |
| 6.2 | | 71.6 | 91.2 | 98.9 | 99.5 | 99.9 | 100.0 | 100.0 | 100.0 |
| 6.4 | | 74.3 | 92.8 | 99.3 | 99.7 | 99.9 | 100.0 | 100.0 | 100.0 |
| 6.6 | 51.2 | 76.8 | 94.1 | 99.5 | 99.8 | 100.0 | 100.0 | 100.0 | 100.0 |
| 6.8 | 53.6 | 79.3 | 95.3 | 99.7 | 99.9 | 100.0 | 100.0 | 100.0 | 100.0 |
| 7.0 | 56.0 | 81.5 | 96.2 | 99.8 | 99.9 | 100.0 | 100.0 | 100.0 | 100.0 |
| 7.2 | 58.3 | 83.6 | 97.0 | 99.9 | 100.0 | 100.0 | 100.0 | 100.0 | 100.0 |
| 7.4 | 60.7 | 85.5 | 97.7 | 99.9 | 100.0 | 100.0 | 100.0 | 100.0 | 100.0 |
| 7.6 | 63.0 | 87.3 | 98.2 | 99.9 | 100.0 | 100.0 | 100.0 | 100.0 | 100.0 |
| 7.8 | 65.2 | 88.9 | 98.6 | 100.0 | 100.0 | 100.0 | 100.0 | 100.0 | 100.0 |
| 8.0 | 67.4 | 90.4 | 99.0 | 100.0 | 100.0 | 100.0 | 100.0 | 100.0 | 100.0 |

**注**：这些数值是与根据下式导出的 $L_\beta$ 值相对应的检测概率$(100-\beta)$(以百分数表示)：

$$L_\beta=\frac{E_0}{(1+R^2/n)^{0.5}}-L_\alpha$$

其中：$E_0=\dfrac{\Delta_0}{S}$，$R^2=\dfrac{(\sigma_m/A_c)^2}{S^2}$，以及 $S^2=(\sigma_T/T_C)^2+(\sigma_A/A_c)^2$。

**表 F.5　相对于假报警风险 $\alpha$=10%和 $L_{\alpha}$=1.65 的效率表**

| $E_0$ | $n/R^2$ | | | | | | | | |
|---|---|---|---|---|---|---|---|---|---|
| | 0.1 | 0.2 | 0.4 | 0.9 | 1.2 | 2.0 | 4.0 | 10.0 | 50.0 |
| 2.0 | | | | | | | 55.5 | 60.1 | 62.9 |
| 2.2 | | | | | | 55.8 | 62.5 | 67.3 | 70.1 |
| 2.4 | | | | | | 62.1 | 69.0 | 73.8 | 76.6 |
| 2.6 | | | | | | 68.2 | 75.0 | 79.6 | 82.2 |
| 2.8 | | | | | | 73.8 | 80.3 | 84.6 | 86.9 |
| 3.0 | | | | | | 78.8 | 84.9 | 88.7 | 90.6 |
| 3.2 | | | | | | 83.2 | 88.7 | 91.9 | 93.5 |
| 3.4 | | | 56.6 | 75.5 | 80.5 | 87.0 | 91.8 | 94.4 | 95.7 |
| 3.6 | | | 60.8 | 79.6 | 84.3 | 90.1 | 94.1 | 96.2 | 97.2 |
| 3.8 | | | 64.8 | 83.3 | 87.6 | 92.7 | 96.0 | 97.5 | 98.2 |
| 4.0 | | | 68.7 | 86.5 | 90.4 | 94.7 | 97.3 | 98.5 | 98.9 |
| 4.2 | | 52.6 | 72.4 | 89.2 | 92.6 | 96.2 | 98.2 | 99.1 | 99.4 |
| 4.4 | | 55.8 | 75.8 | 91.6 | 94.5 | 97.4 | 98.9 | 99.4 | 99.6 |
| 4.6 | | 59.0 | 79.0 | 93.5 | 95.9 | 98.2 | 99.3 | 99.7 | 99.8 |
| 4.8 | | 62.1 | 82.0 | 95.1 | 97.1 | 98.8 | 99.6 | 99.8 | 99.9 |
| 5.0 | | 65.2 | 84.7 | 96.3 | 97.9 | 99.2 | 99.8 | 99.9 | 99.9 |
| 5.2 | | 68.2 | 87.0 | 97.3 | 98.6 | 99.5 | 99.9 | 99.9 | 100.0 |
| 5.4 | | 71.0 | 89.2 | 98.0 | 99.0 | 99.7 | 99.9 | 100.0 | 100.0 |
| 5.6 | 51.5 | 73.8 | 91.0 | 98.6 | 99.3 | 99.8 | 100.0 | 100.0 | 100.0 |
| 5.8 | 53.9 | 76.3 | 92.6 | 99.0 | 99.6 | 99.9 | 100.0 | 100.0 | 100.0 |
| 6.0 | 56.3 | 78.8 | 94.0 | 99.3 | 99.7 | 99.9 | 100.0 | 100.0 | 100.0 |
| 6.2 | 58.7 | 81.1 | 95.2 | 99.5 | 99.8 | 100.0 | 100.0 | 100.0 | 100.0 |
| 6.4 | 61.0 | 83.2 | 96.1 | 99.7 | 99.9 | 100.0 | 100.0 | 100.0 | 100.0 |
| 6.6 | 63.3 | 85.2 | 97.0 | 99.8 | 99.9 | 100.0 | 100.0 | 100.0 | 100.0 |
| 6.8 | 65.5 | 87.0 | 97.6 | 99.9 | 100.0 | 100.0 | 100.0 | 100.0 | 100.0 |
| 7.0 | 67.7 | 88.6 | 98.2 | 99.9 | 100.0 | 100.0 | 100.0 | 100.0 | 100.0 |
| 7.2 | 69.9 | 90.1 | 98.6 | 99.9 | 100.0 | 100.0 | 100.0 | 100.0 | 100.0 |
| 7.4 | 71.9 | 91.5 | 98.9 | 100.0 | 100.0 | 100.0 | 100.0 | 100.0 | 100.0 |
| 7.6 | 73.9 | 92.7 | 99.2 | 100.0 | 100.0 | 100.0 | 100.0 | 100.0 | 100.0 |
| 7.8 | 75.8 | 93.7 | 99.4 | 100.0 | 100.0 | 100.0 | 100.0 | 100.0 | 100.0 |
| 8.0 | 77.7 | 94.7 | 99.6 | 100.0 | 100.0 | 100.0 | 100.0 | 100.0 | 100.0 |

**注**：这些数值是与根据下式导出的 $L_{\beta}$ 值相对应的检测概率(100−$\beta$)(以百分数表示)：

$$L_{\beta}=\frac{E_0}{(1+R^2/n)^{0.5}}-L_{\alpha}$$

其中：$E_0=\frac{\Delta_0}{S}$，$R^2=\frac{(\sigma_m/A_c)^2}{S^2}$，以及 $S^2=(\sigma_T/T_C)^2+(\sigma_A/A_c)^2$。

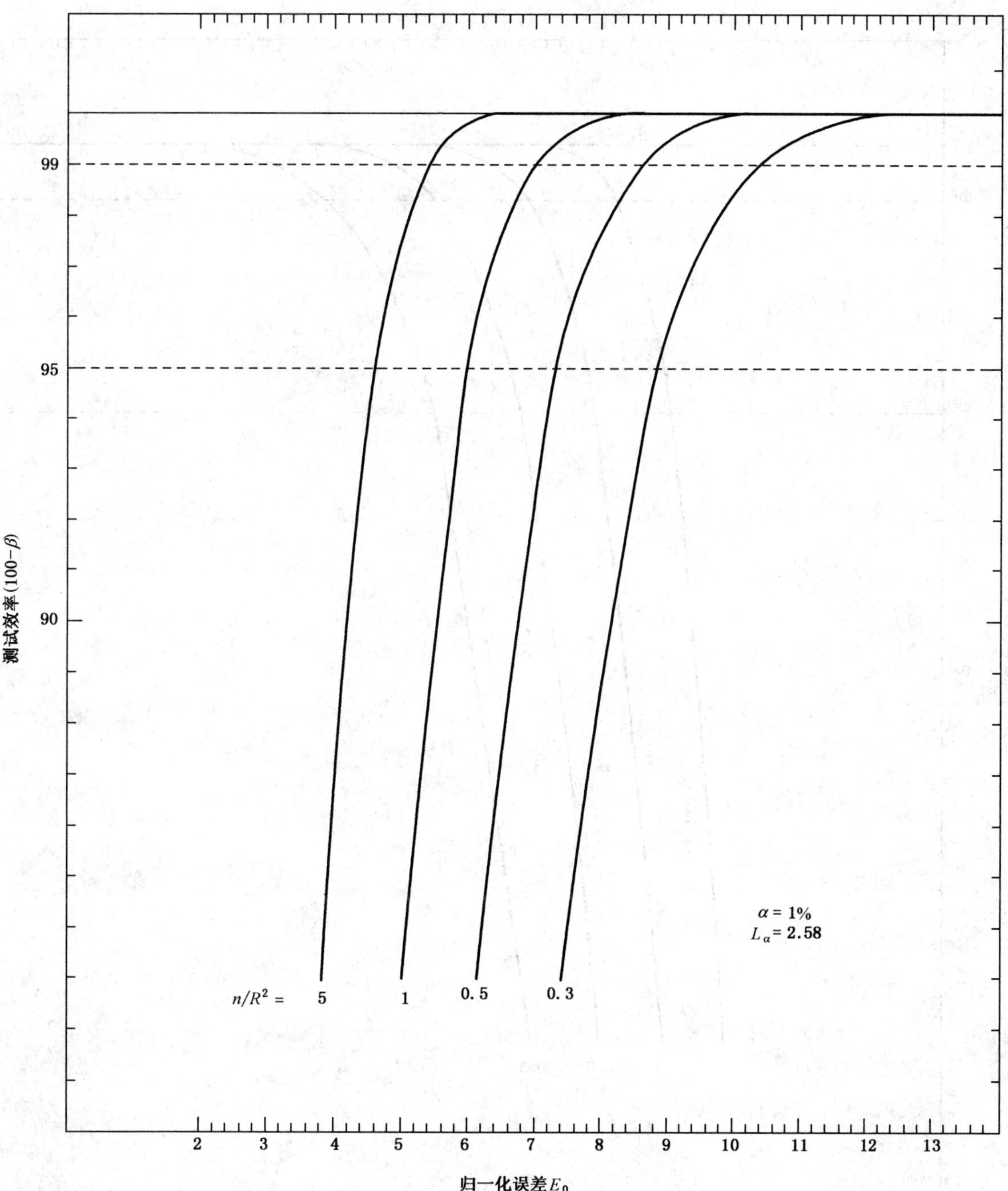


$L_{\beta}=\frac{E_0}{(1+R^2/n)^{0.5}}-L_{\alpha}$

$E_0=\frac{\Delta_0}{S}, R^2=\frac{(\sigma_m/A_c)^2}{S}$,

其中：$S^2=(\sigma_T/T_C)^2+(\sigma_A/A_c)^2$。

**图 F.1 相对于假报警风险 $\alpha=1\%$ 和归一化样本量 $\frac{n}{R^2}$ 的效率曲线**

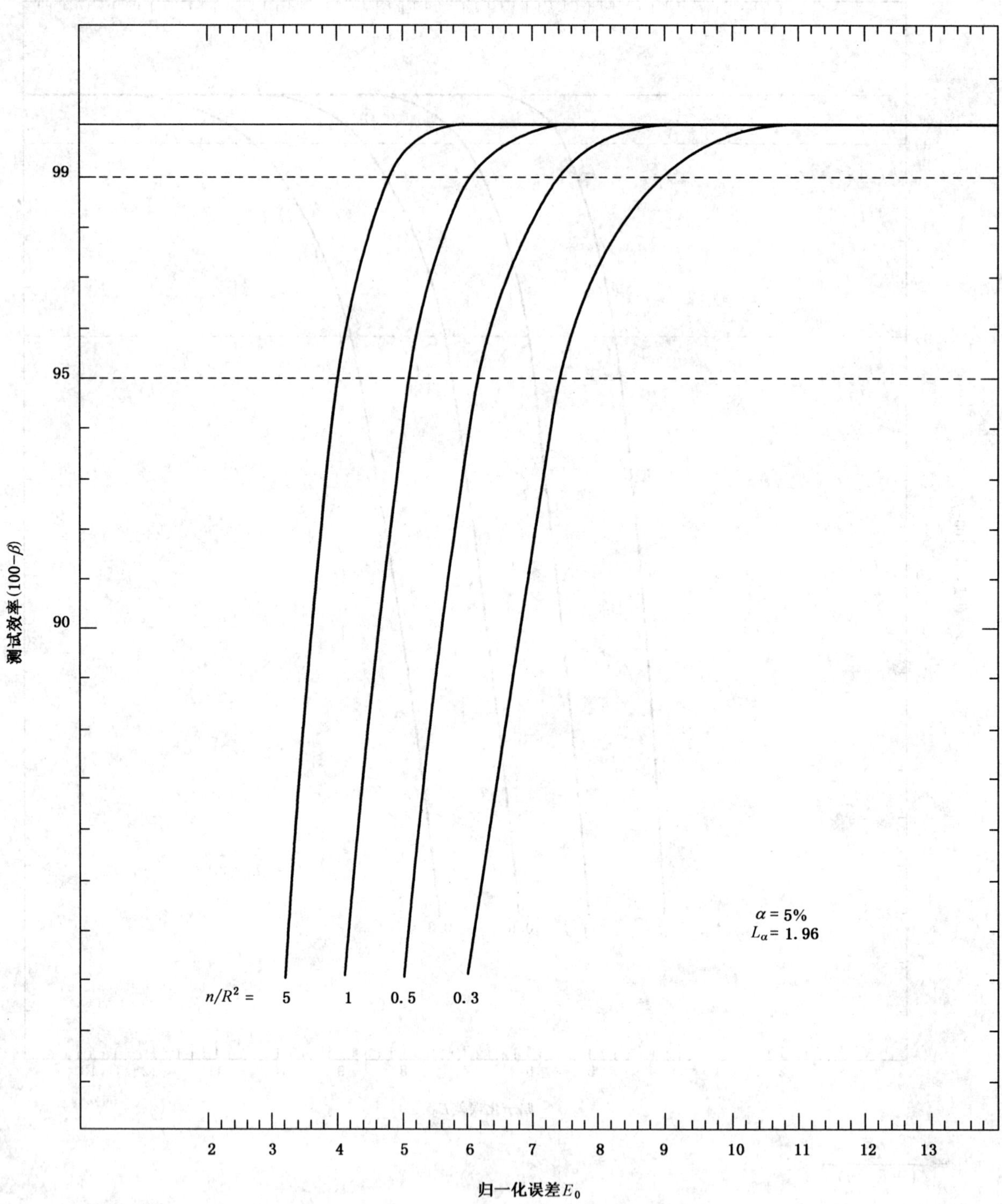


$$L_\beta=\frac{E_0}{(1+R^2/n)^{0.5}}-L_\alpha$$

$E_0=\frac{\Delta_0}{S}$，$R^2=\frac{(\sigma_m/A_c)^2}{S}$，其中：$S^2=(\sigma_T/T_C)^2+(\sigma_A/A_c)^2$。

图 F.2　相对于假报警风险 $\alpha=5\%$ 和归一化样本量 $\frac{n}{R^2}$ 的效率曲线

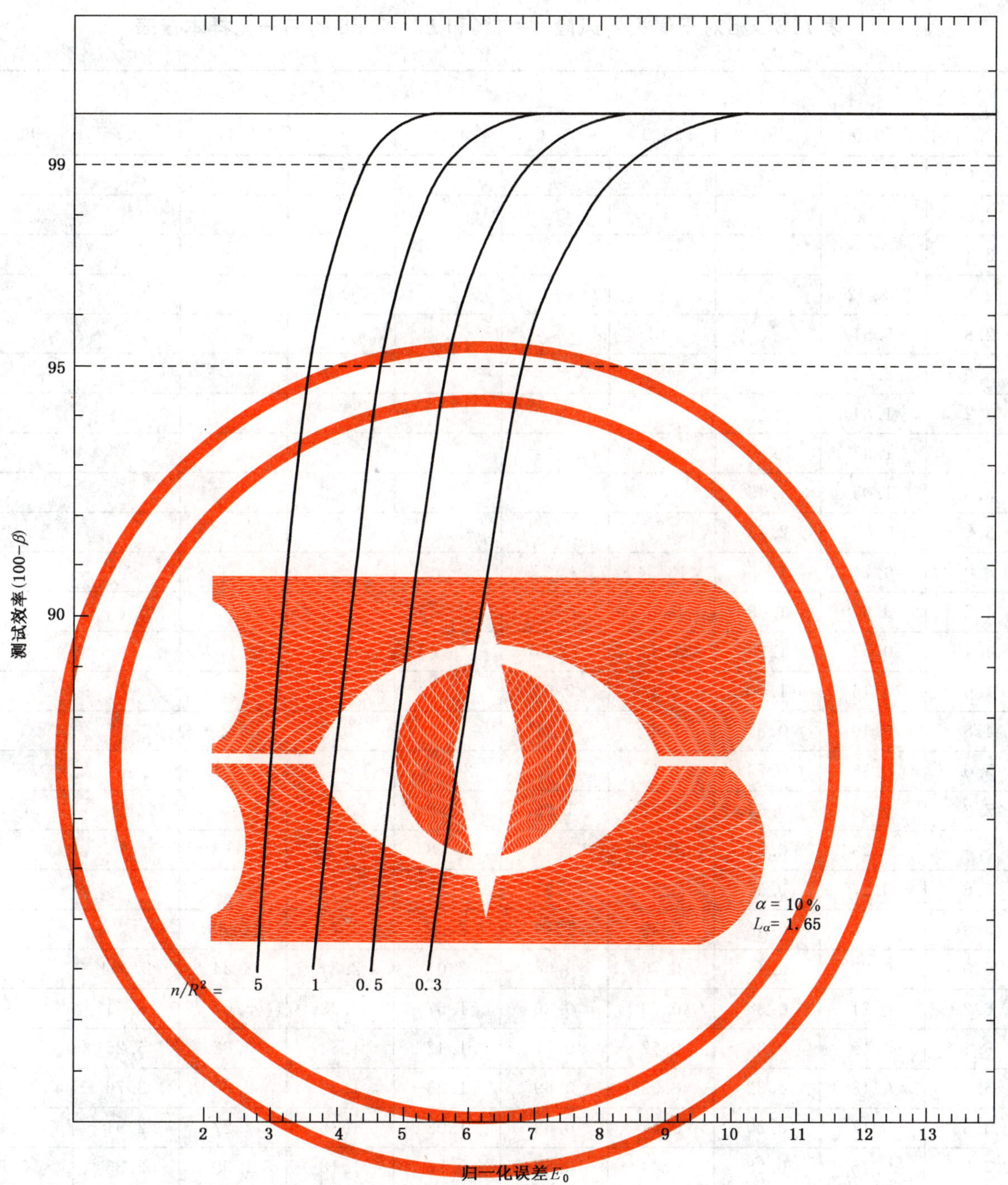


$$L_\beta=\frac{E_0}{(1+R^2/n)^{0.5}}-L_\alpha$$

$E_0=\frac{\Delta_0}{S}$,$R^2=\frac{(\sigma_m/A_c)^2}{S}$,其中:$S^2=(\sigma_T/T_C)^2+(\sigma_A/A_c)^2$。

**图 F.3　相对于假报警风险 $\alpha=10\%$ 和归一化样本量 $\frac{n}{R^2}$ 的效率曲线**

表 F.6　相对于假报警风险 $\alpha=1\%$ 和 $L_\alpha=2.58$ 的归一化样本量表

| $E_0$ | 100—$\beta$ | | | | | | | | |
|---|---|---|---|---|---|---|---|---|---|
| | 50.0 | 75.0 | 90.0 | 95.0 | 99.0 | 99.5 | 99.9 | 99.95 | 99.995 |
| 2.0 | | | | | | | | | |
| 2.2 | | | | | | | | | |
| 2.4 | | | | | | | | | |
| 2.6 | 53.42 | | | | | | | | |
| 2.8 | 5.51 | | | | | | | | |
| 3.0 | 2.81 | | | | | | | | |
| 3.2 | 1.84 | | | | | | | | |
| 3.4 | 1.35 | 10.66 | | | | | | | |
| 3.6 | 1.05 | 4.42 | | | | | | | |
| 3.8 | 0.85 | 2.73 | | | | | | | |
| 4.0 | 0.71 | 1.95 | 13.34 | | | | | | |
| 4.2 | 0.60 | 1.49 | 5.40 | | | | | | |
| 4.4 | 0.52 | 1.20 | 3.33 | 11.55 | | | | | |
| 4.6 | 0.46 | 1.00 | 2.37 | 5.33 | | | | | |
| 4.8 | 0.40 | 0.85 | 1.82 | 3.41 | | | | | |
| 5.0 | 0.36 | 0.73 | 1.47 | 2.48 | 24.76 | | | | |
| 5.2 | 0.33 | 0.64 | 1.22 | 1.93 | 7.98 | 53.42 | | | |
| 5.4 | 0.29 | 0.57 | 1.04 | 1.57 | 4.68 | 10.14 | | | |
| 5.6 | 0.27 | 0.51 | 0.90 | 1.32 | 3.28 | 5.51 | | | |
| 5.8 | 0.25 | 0.46 | 0.79 | 1.13 | 2.50 | 3.74 | 20.89 | | |
| 6.0 | 0.23 | 0.42 | 0.70 | 0.98 | 2.01 | 2.81 | 8.24 | 21.64 | |
| 6.2 | 0.21 | 0.38 | 0.63 | 0.86 | 1.67 | 2.23 | 5.07 | 8.54 | |
| 6.4 | 0.19 | 0.35 | 0.57 | 0.77 | 1.42 | 1.84 | 3.62 | 5.25 | |
| 6.6 | 0.18 | 0.32 | 0.52 | 0.69 | 1.23 | 1.56 | 2.80 | 3.76 | 24.06 |
| 6.8 | 0.17 | 0.30 | 0.47 | 0.63 | 1.08 | 1.35 | 2.27 | 2.91 | 9.47 |
| 7.0 | 0.16 | 0.28 | 0.44 | 0.57 | 0.96 | 1.18 | 1.90 | 2.36 | 5.83 |
| 7.2 | 0.15 | 0.26 | 0.40 | 0.52 | 0.86 | 1.05 | 1.63 | 1.97 | 4.17 |
| 7.4 | 0.14 | 0.24 | 0.37 | 0.48 | 0.78 | 0.94 | 1.42 | 1.69 | 3.23 |
| 7.6 | 0.13 | 0.22 | 0.35 | 0.45 | 0.71 | 0.85 | 1.25 | 1.47 | 2.62 |
| 7.8 | 0.12 | 0.21 | 0.32 | 0.41 | 0.65 | 0.77 | 1.12 | 1.30 | 2.20 |
| 8.0 | 0.12 | 0.20 | 0.30 | 0.39 | 0.60 | 0.71 | 1.01 | 1.16 | 1.89 |
| $E_0$ | 0.00 | 0.68 | 1.28 | 1.64 | 2.33 | 2.58 | 3.09 | 3.29 | 3.89 |
| | $L_\beta$ | | | | | | | | |

注：$\dfrac{n}{R^2}=\dfrac{1}{E_0^2(L_\alpha+L_\beta)^{-2}-1}$

$E_0=\dfrac{\Delta_0}{S}$，$R^2=\dfrac{(\sigma_m/A_c)^2}{S^2}$，其中：$S^2=(\sigma_T/T_C)^2+(\sigma_A/A_c)^2$。

**表 F.7　相对于假报警风险 $\alpha$=5%和 $L_{\alpha}$=1.96 的归一化样本量表**

| $E_0$ | $100-\beta$ | | | | | | | | |
|---|---|---|---|---|---|---|---|---|---|
| | 50.0 | 75.0 | 90.0 | 95.0 | 99.0 | 99.5 | 99.9 | 99.95 | 99.995 |
| 2.0 | 24.25 | | | | | | | | |
| 2.2 | 3.85 | | | | | | | | |
| 2.4 | 2.00 | | | | | | | | |
| 2.6 | 1.32 | | | | | | | | |
| 2.8 | 0.96 | 7.74 | | | | | | | |
| 3.0 | 0.74 | 3.38 | | | | | | | |
| 3.2 | 0.60 | 2.11 | | | | | | | |
| 3.4 | 0.50 | 1.50 | 10.02 | | | | | | |
| 3.6 | 0.42 | 1.15 | 4.29 | | | | | | |
| 3.8 | 0.36 | 93 | 2.67 | 9.25 | | | | | |
| 4.0 | 0.32 | 0.77 | 1.91 | 4.33 | | | | | |
| 4.2 | 0.28 | 0.65 | 1.47 | 2.80 | | | | | |
| 4.4 | 0.25 | 0.56 | 1.19 | 2.04 | 18.55 | | | | |
| 4.6 | 0.22 | 0.49 | 0.99 | 1.59 | 6.58 | 35.19 | | | |
| 4.8 | 0.20 | 0.43 | 0.84 | 1.29 | 3.93 | 8.35 | | | |
| 5.0 | 0.18 | 0.38 | 0.73 | 1.08 | 2.77 | 4.65 | | | |
| 5.2 | 0.17 | 0.35 | 0.64 | 0.93 | 2.12 | 3.18 | 16.59 | | |
| 5.4 | 0.15 | 0.31 | 0.56 | 0.80 | 1.70 | 2.40 | 6.97 | 17.25 | |
| 5.6 | 0.14 | 0.28 | 0.50 | 0.71 | 1.41 | 1.91 | 4.35 | 7.26 | |
| 5.8 | 0.13 | 0.26 | 0.45 | 0.63 | 1.20 | 1.57 | 3.13 | 4.54 | |
| 6.0 | 0.12 | 0.24 | 0.41 | 0.56 | 1.04 | 1.33 | 2.43 | 3.27 | 19.39 |
| 6.2 | 0.11 | 0.22 | 0.38 | 0.51 | 0.92 | 1.15 | 1.97 | 2.53 | 8.14 |
| 6.4 | 0.10 | 0.20 | 0.35 | 0.46 | 0.81 | 1.01 | 1.65 | 2.06 | 5.09 |
| 6.6 | 0.10 | 0.19 | 0.32 | 0.43 | 0.73 | 0.90 | 1.41 | 1.72 | 3.67 |
| 6.8 | 0.09 | 0.18 | 0.29 | 0.39 | 0.66 | 0.80 | 1.23 | 1.48 | 2.85 |
| 7.0 | 0.09 | 0.17 | 0.27 | 0.36 | 0.60 | 0.72 | 1.09 | 1.29 | 2.32 |
| 7.2 | 0.08 | 0.15 | 0.25 | 0.33 | 0.55 | 0.66 | 0.97 | 1.14 | 1.94 |
| 7.4 | 0.08 | 0.15 | 0.24 | 0.31 | 0.50 | 0.60 | 0.87 | 1.01 | 1.67 |
| 7.6 | 0.07 | 0.14 | 0.22 | 0.29 | 0.47 | 0.55 | 0.79 | 0.91 | 1.46 |
| 7.8 | 0.07 | 0.13 | 0.21 | 0.27 | 0.43 | 0.51 | 0.72 | 0.83 | 1.29 |
| 8.0 | 0.06 | 0.12 | 0.20 | 0.25 | 0.40 | 0.47 | 0.66 | 0.76 | 1.15 |
| $E_0$ | 0.00 | 0.68 | 1.28 | 1.64 | 2.33 | 2.58 | 3.09 | 3.29 | 3.89 |
| | $L_{\beta}$ | | | | | | | | |

**注**：$\dfrac{n}{R^2}=\dfrac{1}{E_0^2(L_{\alpha}+L_{\beta})^{-2}-1}$

$E_0=\dfrac{\Delta_0}{S}$，$R^2=\dfrac{(\sigma_m/A_c)^2}{S^2}$，其中：$S^2=(\sigma_T/T_C)^2+(\sigma_A/A_c)^2$。

表 F.8 相对于假报警风险 $\alpha$=10%和 $L_\alpha$=1.65 的归一化样本量表

| $E_0$ | 100−$\beta$ | | | | | | | | |
|---|---|---|---|---|---|---|---|---|---|
| | 50.0 | 75.0 | 90.0 | 95.0 | 99.0 | 99.5 | 99.9 | 99.95 | 99.995 |
| 2.0 | 2.09 | | | | | | | | |
| 2.2 | 1.27 | | | | | | | | |
| 2.4 | 0.89 | 14.25 | | | | | | | |
| 2.6 | 0.67 | 3.91 | | | | | | | |
| 2.8 | 0.53 | 2.19 | | | | | | | |
| 3.0 | 0.43 | 1.49 | 19.80 | | | | | | |
| 3.2 | 0.36 | 1.11 | 5.12 | | | | | | |
| 3.4 | 0.31 | 0.87 | 2.86 | 14.71 | | | | | |
| 3.6 | 0.26 | 0.71 | 1.95 | 5.07 | | | | | |
| 3.8 | 0.23 | 0.59 | 1.46 | 2.99 | | | | | |
| 4.0 | 0.20 | 0.51 | 1.15 | 2.09 | 68.22 | | | | |
| 4.2 | 0.18 | 0.44 | 0.94 | 1.59 | 8.43 | | | | |
| 4.4 | 0.16 | 0.39 | 0.79 | 1.27 | 4.39 | 11.55 | | | |
| 4.6 | 0.15 | 0.34 | 0.68 | 1.05 | 2.92 | 5.33 | | | |
| 4.8 | 0.13 | 0.30 | 0.59 | 0.89 | 2.17 | 3.41 | 36.18 | | |
| 5.0 | 0.12 | 0.27 | 0.52 | 0.76 | 1.71 | 2.48 | 8.69 | 37.71 | |
| 5.2 | 0.11 | 0.25 | 0.46 | 0.67 | 1.40 | 1.93 | 4.85 | 9.07 | |
| 5.4 | 0.10 | 0.23 | 0.42 | 0.59 | 1.18 | 1.57 | 3.33 | 5.07 | |
| 5.6 | 0.09 | 0.21 | 0.38 | 0.53 | 1.01 | 1.32 | 2.51 | 3.48 | 43.00 |
| 5.8 | 0.09 | 0.19 | 0.34 | 0.47 | 0.88 | 1.13 | 2.00 | 2.62 | 10.24 |
| 6.0 | 0.08 | 0.18 | 0.31 | 0.43 | 0.78 | 0.98 | 1.65 | 2.09 | 5.73 |
| 6.2 | 0.08 | 0.16 | 0.29 | 0.39 | 0.70 | 0.86 | 1.40 | 1.73 | 3.93 |
| 6.4 | 0.07 | 0.15 | 0.26 | 0.36 | 0.63 | 0.77 | 1.21 | 1.47 | 2.97 |
| 6.6 | 0.07 | 0.14 | 0.24 | 0.33 | 0.57 | 0.69 | 1.06 | 1.27 | 2.37 |
| 6.8 | 0.06 | 0.13 | 0.23 | 0.31 | 0.52 | 0.63 | 0.94 | 1.11 | 1.97 |
| 7.0 | 0.06 | 0.12 | 0.21 | 0.28 | 0.47 | 0.57 | 0.84 | 0.99 | 1.67 |
| 7.2 | 0.06 | 0.12 | 0.20 | 0.26 | 0.44 | 0.52 | 0.76 | 0.89 | 1.45 |
| 7.4 | 0.05 | 0.11 | 0.19 | 0.25 | 0.40 | 0.48 | 0.69 | 0.80 | 1.27 |
| 7.6 | 0.05 | 0.10 | 0.17 | 0.23 | 0.38 | 0.45 | 0.63 | 0.73 | 1.13 |
| 7.8 | 0.05 | 0.10 | 0.16 | 0.22 | 0.35 | 0.41 | 0.58 | 0.67 | 1.02 |
| 8.0 | 0.04 | 0.09 | 0.15 | 0.20 | 0.33 | 0.39 | 0.54 | 0.61 | 0.92 |
| $E_0$ | 0.00 | 0.68 | 1.28 | 1.64 | 2.33 | 2.58 | 3.09 | 3.29 | 3.89 |
| | $L_\beta$ | | | | | | | | |

注：$\frac{n}{R^2}=\frac{1}{E_0^2(L_\alpha+L_\beta)^{-2}-1}$

$E_0=\frac{\Delta_0}{S}$，$R^2=\frac{(\sigma_m/A_c)^2}{S^2}$，其中：$S^2=(\sigma_T/T_C)^2+(\sigma_A/A_c)^2$。

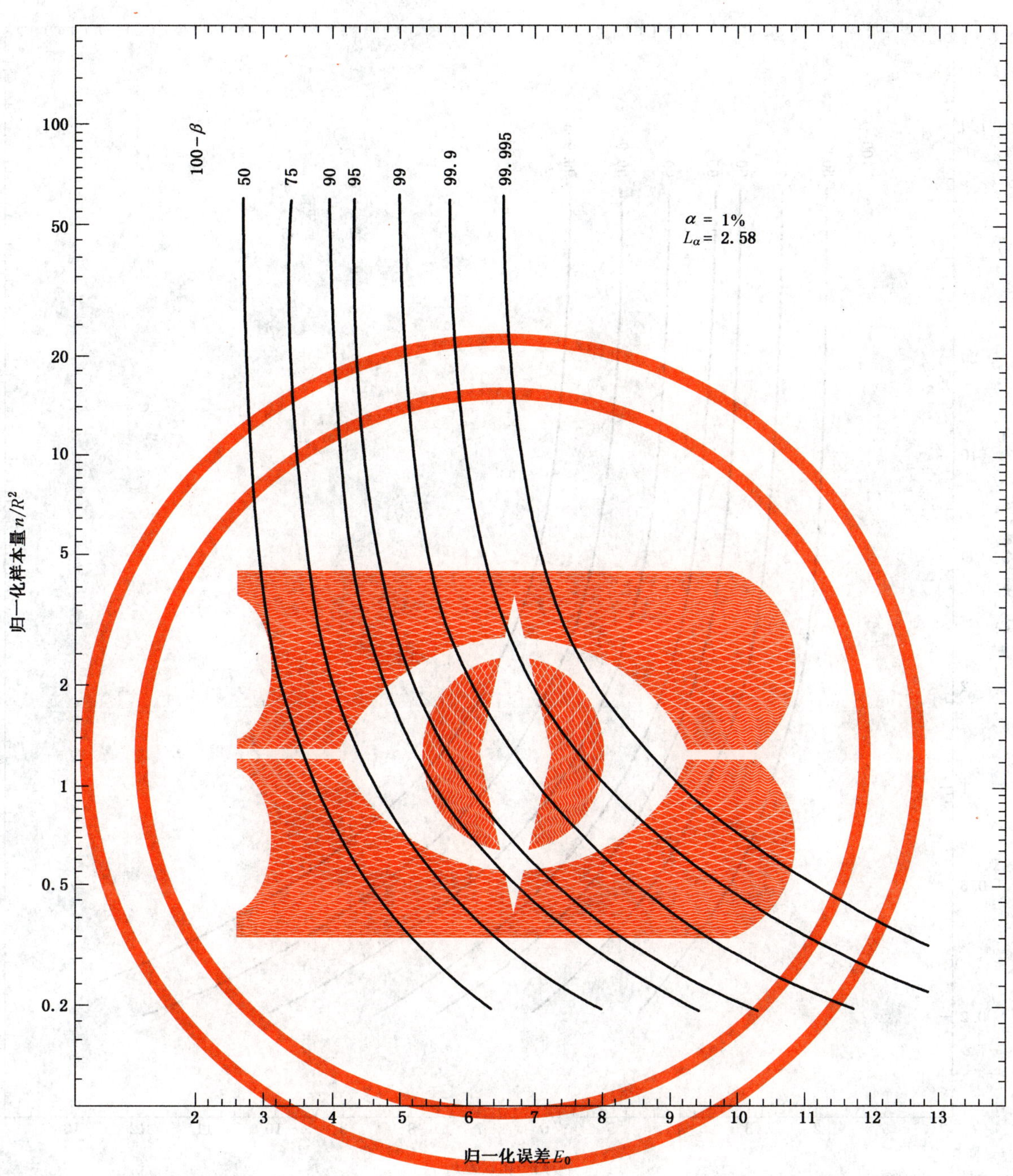


$$\frac{n}{R^2}=\frac{1}{E_0^2(L_\alpha+L_\beta)^{-2}-1}$$

$E_0=\dfrac{\Delta_0}{S}$，$R^2=\dfrac{(\sigma_m/A_c)^2}{S^2}$，其中：$S^2=(\sigma_T/T_C)^2+(\sigma_A/A_c)^2$。

**图 F.4　相对于假报警风险 $\alpha$=1%(和选定检测概率 100−$\beta$，以百分数表示)的归一化样本量曲线**

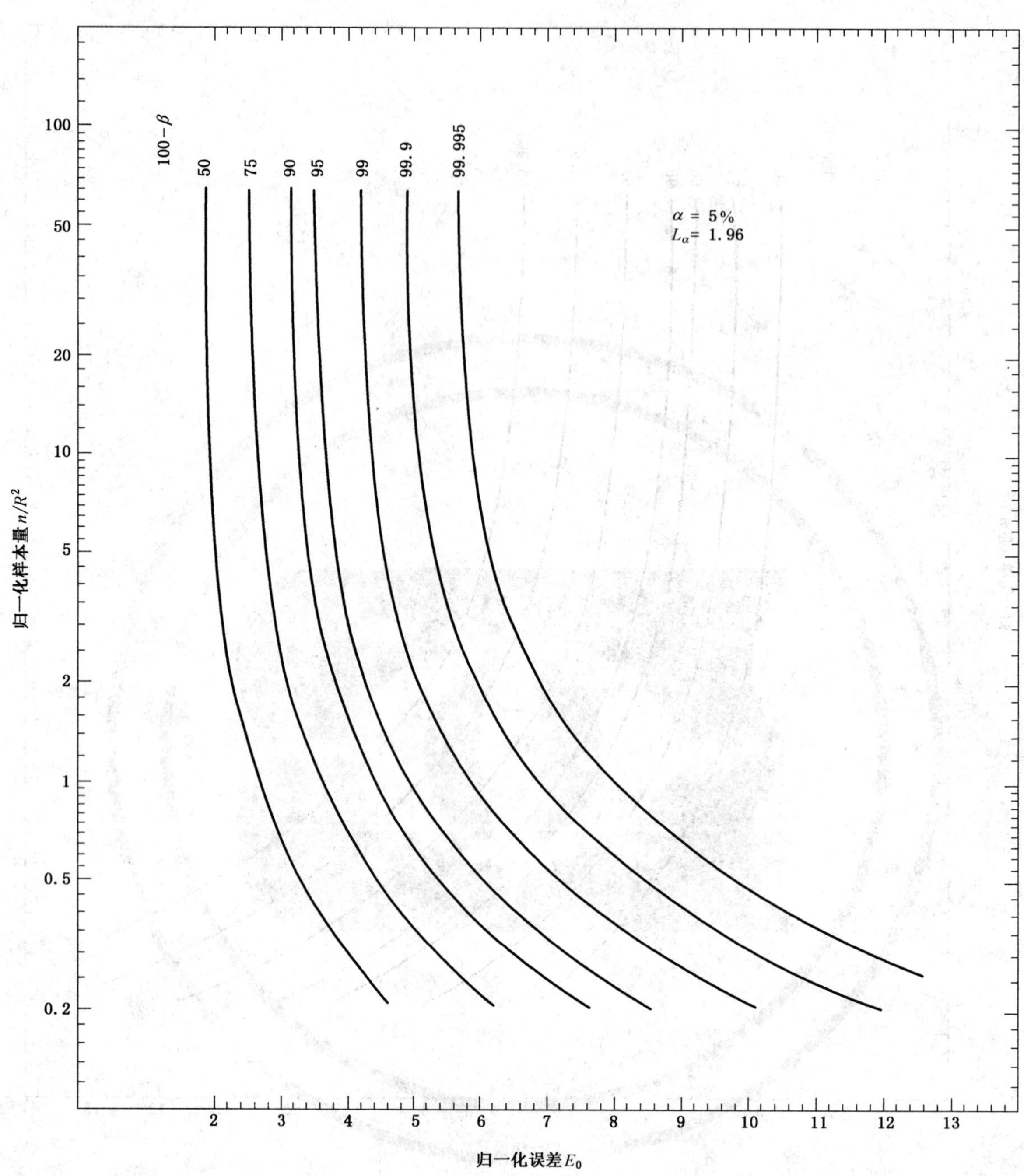


$$\frac{n}{R^2}=\frac{1}{E_0^2(L_\alpha+L_\beta)^{-2}-1}$$

$E_0=\dfrac{\Delta_0}{S}$，$R^2=\dfrac{(\sigma_m/A_c)^2}{S^2}$，其中：$S^2=(\sigma_T/T_C)^2+(\sigma_A/A_c)^2$。

**图 F.5　相对于假报警风险 $\alpha$=5%(和选定的检测概率 100−$\beta$，以百分数表示)的归一化样本量曲线**

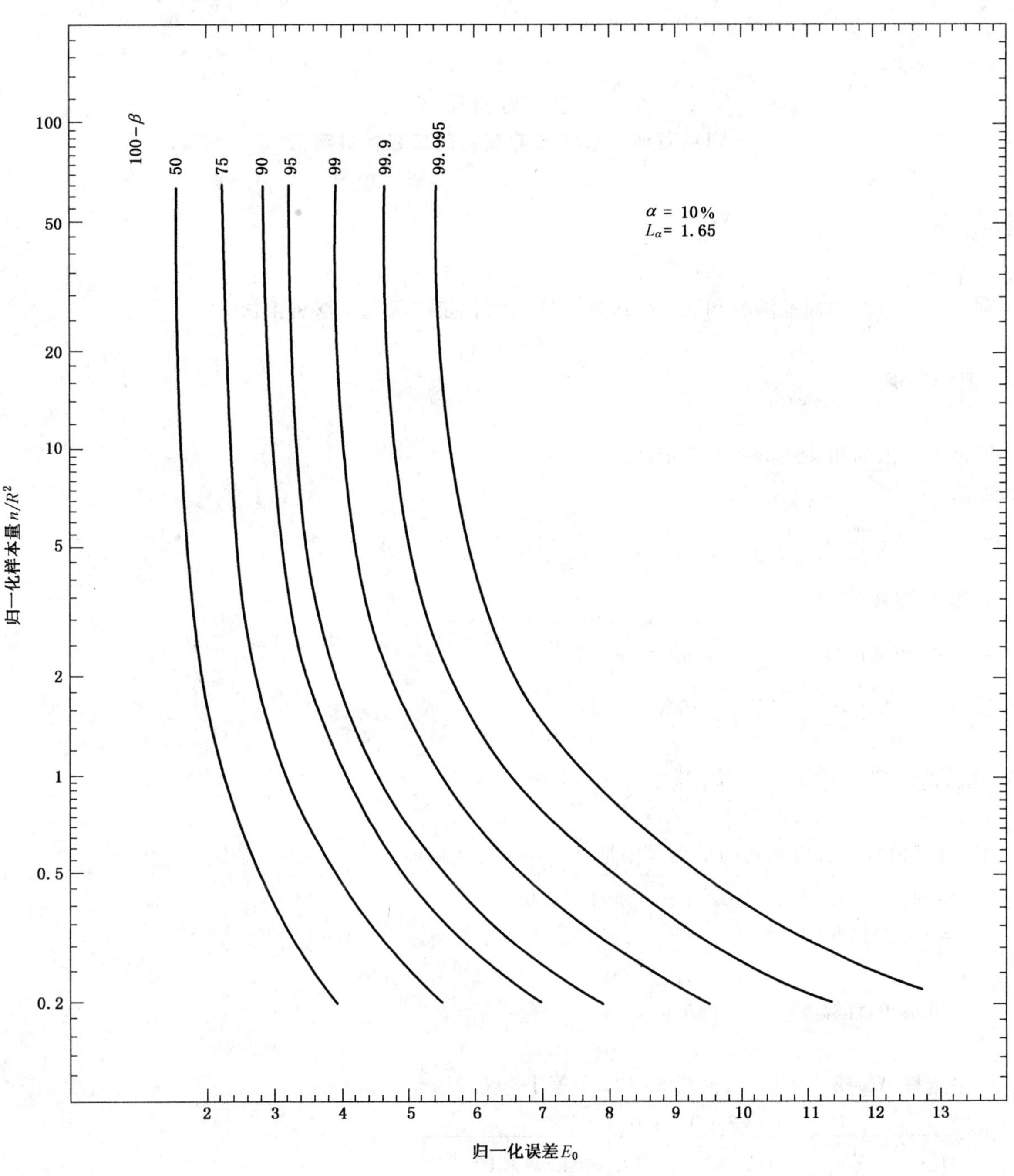


$$\frac{n}{R^2}=\frac{1}{E_0^2(L_\alpha+L_\beta)^{-2}-1}$$

$E_0=\frac{\Delta_0}{S}$，$R^2=\frac{(\sigma_m/A_c)^2}{S^2}$，其中：$S^2=(\sigma_T/T_C)^2+(\sigma_A/A_c)^2$。

图 F.6 相对于假报警风险 $\boldsymbol{\alpha}=10\%$（和选定的检测概率 $100-\boldsymbol{\beta}$，以百分数表示）的归一化样本量曲线

# 附　录　G
（资料性附录）
# 利用两种一级标准溶液标定二级标准溶液

## G.1　示例

利用一个一级铀标准溶液和一个一级钚标准溶液标定二级重铬酸钾溶液。

## G.2　原始数据

假设下列值为相关的标准不确定度：

方法1：测铀

$\frac{\sigma_1}{A_1}=3.00\times10^{-4}$　　$\frac{\sigma_{S_1}}{S_1}=2.02\times10^{-4}$

方法2：测钚

$\frac{\sigma_2}{A_2}=6.00\times10^{-4}$　　$\frac{\sigma_{S_2}}{S_2}=4.59\times10^{-4}$

选择风险水平，$\alpha=5\%$和$\beta=10\%$。

## G.3　$\Delta_{min}$的计算

根据式(14)，能够检测到的最小误差是

$$\Delta_{min}=(1.96+1.28)\sqrt{(2.02)^2+(4.59)^2}\times10^{-4}$$
$$=1.62\times10^{-3}$$

## G.4　$n_1$和$n_2$的计算

如果选择$\Delta_0=2.0\times10^{-3}$，根据式(13)$n_1$等于

$$n_1=\frac{(3.00)\times(3.00+6.00)\times10^{-8}}{\left(\frac{2.0\times10^{-3}}{1.96+1.28}\right)^2-(2.02\times10^{-4})^2-(4.59\times10^{-4})^2}$$
$$=2.06$$

利用式(12)计算$n_2$

$$n_2=n_1(\sigma_2/A_2)/(\sigma_1/A_1)$$
$$=2.06\times6.00/3.00$$
$$=4.12$$

因此，应选择$n_1=3$和$n_2=5$。

## G.5　可接受限值

可接受限值利用式(6)和式(11)来计算。

在上述条件下，$|\Delta|$的可接受限值是：

$$\lim|\Delta| = 1.96\sqrt{(2.02)^2 + (4.59)^2 + \frac{1}{3}(3)^2 + \frac{1}{5}(6)^2} \times 10^{-4}$$
$$= 1.165 \times 10^{-3}$$

## G.6 浓度的最佳估计

如果实测差$\Delta$小于限值$\lim|\Delta|$，那么该溶液的可接受浓度 A 可以根据式(16)、式(17)和式(15)计算：

$$(\sigma_{A_1}/A_1)^2 = (2.02 \times 10^{-4})^2 + \frac{1}{3}(3.00 \times 10^{-4})^2 = 7.08 \times 10^{-8}$$

$$(\sigma_{A_2}/A_2)^2 = (4.59 \times 10^{-4})^2 + \frac{1}{5}(6.00 \times 10^{-4})^2 = 28.27 \times 10^{-8}$$

$$A = \frac{\dfrac{A_1}{7.08 \times 10^{-8}} + \dfrac{A_2}{28.27 \times 10^{-8}}}{\dfrac{1}{7.08 \times 10^{-8}} + \dfrac{1}{28.27 \times 10^{-8}}}$$

因此可取$A = \frac{4}{5}A_1 + \frac{1}{5}A_2$。

## G.7 标准误差和置信限

根据式(19)，相对标准误差等于

$$\frac{\sigma}{A} = \frac{1}{\sqrt{\dfrac{1}{7.08 \times 10^{-8}} + \dfrac{1}{28.27 \times 10^{-8}}}}$$
$$= 2.38 \times 10^{-4}$$

因此，根据式(18)，考虑了其置信限的可采用浓度$A$是：

$$A = \frac{4A_1 + A_2}{5} \times (1 \pm 4.76 \times 10^{-4})$$

在这种情况下：

——即使方法间有效偏差为$2.15 \times 10^{-3}$，还会存在5%的风险$\beta$认可$A_1 = A_2$；

——即使方法间有效偏差为$1.93 \times 10^{-3}$，还会存在10%的风险$\beta$认可$A_1 = A_2$。

# 附　录　H
（资料性附录）
## 通过滴定另一个标准溶液来确认标准溶液浓度的方案

**H.1**　测量或计算下列标准不确定度。

计算出的滴定剂溶液的浓度 $T$　　$100\times\sigma_T/T_C=$________

计算出的标准溶液的浓度 $A$　　$100\times\sigma_A/A_c=$________

测量的重复性 $A_m$　　$100\times\sigma_m/A_c=$________

**H.2**　选择预期的风险概率。

假报警　　$\alpha$,%=________

未检测　　$\beta$,%=________

**H.3**　从表1中查出选定的系数值。

$L_\alpha=$________

$L_\beta=$________

**H.4**　利用式(4)计算能被检测的最小偏差。　　$\Delta_{min}=$________

**H.5**　考虑上述风险来选择待检测偏差 $\Delta_0$ 的值，使 $\Delta_0>\Delta_{min}$。　　$\Delta_0$,%=________

**H.6**　利用式(3)和H.1到H.5中确定的值来计算所需的测量次数。　　$n=$________

**H.7**　利用滴定剂溶液T来滴定标准溶液A $n$ 次。

**H.8**　用式(1)计算测量平均值与计算浓度之间的偏差。

$\Delta=$________

**H.9**　使用H.1中确定的标准不确定度和H.3中确定的系数 $L_\alpha$ 并利用式(2)和式(6)来计算可接受偏差。

$L_\alpha\sigma_\Delta=$________

**H.10**　如果Δ大于H.9中确定的限值，丢弃该溶液，反之则接受。

**H.11**　记录决定。

接受________

丢弃________

**H.12**　如果接受该试验溶液，则由于同样原因已经证实：包括溶液制备误差和滴定方法的偏差在内的该分析误差的总和小于或等于 $\Delta_0$，其概率为。　　$100-\beta=$________

**H.13**　当试验溶液是滴定剂溶液T时，如果它是可接受的，则其浓度的置信限可根据式(7)计算。

$T_C\pm L_\alpha\sigma_T=$________

**H.14**　当试验溶液是标准溶液A时，如果它是可接受的，则其浓度的置信限为：

$A_c\pm L_\alpha\sigma_A=$________

# 附 录 I
# （资料性附录）
# 本标准与 ISO 10980:1995 的差异

本标准章条编号与 ISO 10980:1995 章条编号对照见表 I.1。

**表 I.1 本标准章条编号与 ISO 10980:1995 章条编号对照**

| 本标准本标准章条编号 | ISO 10980:1995 | 是否修改 |
|---|---|---|
| 1 | 1 | 部分技术修改 |
| 2 | — | — |
| 3 | 2 | 部分技术修改 |
| 4 | 3 | 部分技术修改 |
| 5 | 4 | 部分技术修改 |
| 6 | 5 | 无 |
| 附录 A | 附录 A | 部分技术修改 |
| 附录 B | 附录 B | 部分技术修改 |
| 附录 C | 附录 C | 部分技术修改 |
| 附录 D | 附录 D | 无 |
| 附录 E | 附录 E | 部分技术修改 |
| 附录 F | 附录 F | 部分技术修改 |
| 附录 G | 附录 G | 部分技术修改 |
| 附录 H | 附录 H | 无 |
| 附录 I | — | — |

本标准与 ISO 10980:1995 的技术性差异及其原因见表 I.2。

**表 I.2 本标准与 ISO 10980:1995 的技术性差异及其原因**

| 本标准章条编号 | 技术性差异 | 原因 |
|---|---|---|
| 标准名称 | 改为“铀、钚和重铬酸钾标准溶液浓度的确认” | 具体针对这三种标准溶液，更加准确 |
| 4.3.5 | 示例 | 按照本标准附录 A 和附录 C 的值计算 |
| 5.4 | 示例 | 按照本标准附录 A 和附录 C 的值计算 |
| 附录 A | 铀金属标准物质改为八氧化三铀标准物质，并修改了对应的制备程序 | 采用国内实际使用的标准物质，制备程序及计算 |
| 附录 B | 钚金属标准物质改为二氧化钚钚含量标准物质，并修改了对应的制备程序 | 采用国内实际使用的标准物质，制备程序及计算 |
| 附录 C | 标准物质改用国内的重铬酸钾标准物质，并修改了对应的制备程序 | 采用国内实际使用的标准物质，制备程序及计算 |

表 I.2（续）

| 本标准章条编号 | 技术性差异 | 原因 |
| --- | --- | --- |
| 附录 E | 计算的示例 | 按照本标准附录 A 和附录 C 的值计算 |
| 附录 F | 计算的示例 | 按照本标准附录 A 和附录 C 的值计算 |
| 附录 G | 计算的示例 | 按照本标准附录 A、附录 B 和附录 C 的值计算 |

ICS 27.070
K 82

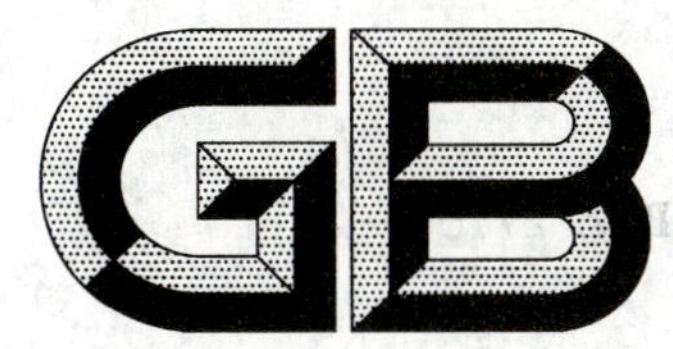

# 中华人民共和国国家标准化指导性技术文件

GB/Z 27753—2011

# 质子交换膜燃料电池膜电极工况适应性测试方法

## Test method for adaptability to operating conditions of membrane electrode assembly used in PEM fuel cells

2011-12-30 发布　　2012-05-01 实施

中华人民共和国国家质量监督检验检疫总局
中国国家标准化管理委员会　发布

# 前　言

本指导性技术文件按照GB/T 1.1—2009给出的规则起草。

本指导性技术文件由中国电器工业协会提出。

本指导性技术文件由全国燃料电池标准化技术委员会(SAC/TC 342)归口。

本指导性技术文件起草单位:武汉理工大学、武汉理工新能源有限公司、机械工业北京电工技术经济研究所、中科院大连化学物理研究所、清华大学、同济大学、上海神力科技有限公司、新源动力股份有限公司。

本指导性技术文件主要起草人:李赏、唐建均、李静、王雅东、宛朝辉、潘牧、卢琛钰、李晶晶、侯明、衣宝廉、裴普成、侯永平、张若谷、侯中军。

# 质子交换膜燃料电池膜电极工况适应性测试方法

## 1 范围

本指导性技术文件规定了质子交换膜燃料电池(PEMFC)膜电极(MEA)典型汽车运行工况测试方法的术语和定义、边界条件、测试环境条件、测试准备、质子交换膜燃料电池膜电极工况适应性测试实验及试验报告。

本指导性技术文件适用于符合被检测方提出的性能要求的膜电极，采用活性面积为 5 cm×5 cm 的单电池进行测试，用来评价膜电极(MEA)对燃料电池典型工况的适应性，但不考虑加速测试寿命和实际寿命的对应关系。

## 2 规范性引用文件

下列文件对于本文件的应用是必不可少的。凡是注日期的引用文件，仅注日期的版本适用于本文件。凡是不注日期的引用文件，其最新版本(包括所有的修改单)适用于本文件。

GB 3095—1996 环境空气质量标准

GB/T 20042.1 质子交换膜燃料电池 术语

GB/T 20042.5—2009 质子交换膜燃料电池 第5部分:膜电极测试方法

GB/T 24548—2009 燃料电池电动汽车 术语

## 3 术语和定义

GB/T 20042.1、GB/T 24548—2009 界定的以及下列术语和定义适用于本指导性技术文件。

3.1

**工况 operating condition**

燃料电池的工作状态，本文件的工作状态相应于汽车的工作状态。

3.2

**典型工况 typical condition**

燃料电池运行时主要存在的工作状态，包括开路工况、额定工况、怠速工况和过载工况等。

3.3

**开路工况 open circuit condition**

燃料电池不加负载时的工作状态。

3.4

**额定工况 rated condition**

送检方规定的燃料电池能够长时间持续工作的工作状态。

3.5

**额定功率 rated power**

燃料电池在额定工况条件下的净输出功率。

3.6

**怠速工况　idle condition**

燃料电池处于工作状态,但燃料电池系统净输出功率为零的状态,也就是仅给自身供电而不对系统外供电的工作状态。

3.7

**过载工况　overload condition**

送检方规定的燃料电池的净输出功率大于额定功率时的工作状态。

3.8

**怠速-额定循环工况　idle-rated cycle condition**

燃料电池在怠速工况和额定工况之间交替循环运行。

3.9

**怠速-过载循环工况　idle-overloading cycle condition**

燃料电池在怠速工况和过载工况之间交替循环运行。

3.10

**开路-怠速循环工况　open circuit-idle cycle condition**

燃料电池在开路工况和怠速工况之间交替循环运行。

3.11

**组合循环工况　combined cycle condition**

将燃料电池各典型工况按照对燃料电池性能影响的比重组合为一个循环谱图,以检测燃料电池的性能。

注:在测试中各典型工况既可以用功率和电流表示,也可以用电压表示,本指导性技术文件推荐用电压表示。

## 4　边界条件

### 4.1　样品的边界条件

本指导性技术文件不考虑下列因素的影响:

——燃料电池性能;

——双极板的耐久性;

——流场板的性能。

### 4.2　测试的边界条件

本指导性技术文件不考虑下列因素的影响:

——杂质气体;

——低温启动(小于 0 ℃);

——控制微扰;

——工作环境的振动;

——突发事件。

## 5　测试环境条件

本指导性技术文件的测试环境条件为:

——海拔:<1 000 m;

——温度:15 ℃～30 ℃;

——测试气体：

- 燃料：电解水生成的无 CO、$SO_2$、HS 等杂质的氢气；
- 氧化剂：经过干燥处理的无油空气，或纯度≥99.9%的压缩氧气。

——大气环境质量：二氧化硫、氮氧化物的浓度应等于或高于 GB 3095—1996 所定义的日平均三级标准。碳氧化物、碳氢化物和水蒸气的浓度应等于或高于以下要求：$CO_2$ 浓度≤$0.5\times10^{-6}$、CO 浓度≤$1.0\times10^{-6}$、碳氢化合物浓度≤$0.5\times10^{-6}$、水蒸气浓度≤$1\times10^{-6}$；

——加湿水：去离子水的电导率应小于 0.25 μS/cm。

## 6 测试准备

### 6.1 测试仪器和设备

#### 6.1.1 集流板（也作为端板）

集流板采用镀金不锈钢板。

#### 6.1.2 流场板

流场板为采用带有电脑刻绘的蛇形流场的纯石墨板。

#### 6.1.3 燃料电池耐久性测试平台

采用 GB/T 20042.5—2009 的测试平台。电流调节精度为≤0.1 A；调节时间≤100 ms；电压调节精度为≤0.01 V；电压表量程≥2 V。并可以恒电流或/和恒电压方式放电，放电电流、电压、时间按程序可以自动控制，电压调节速率可人为设定。

### 6.2 测试取样

测试取样的要求如下：

a） 测试样品 MEA：为由质子交换膜（Membrane）、催化剂层（Catalyst layer）和气体扩散层（GDL）组成的五合一结构。

b） 样品尺寸：为使测试结果具有代表性，活性面积为 5 cm×5 cm 并对样品有效面积之外的四周进行密封处理。

c） 测试试样应无油污、无折皱，也不应该有缺陷和破损。

d） 样品数量 5 个，以满足 3 次有效试验的要求。

### 6.3 其他要求

测试准备的其他要求参见附录 A。

## 7 质子交换膜燃料电池膜电极工况适应性测试试验

### 7.1 总则

本指导性技术文件的质子交换膜燃料电池膜电极工况适应性测试试验包括单一工况及组合循环工况的适应性测试。

### 7.2 测试条件设定

根据送检方的要求确定工况适应性测试项目。

测试条件根据送检方要求可以设定功率，电流或电压。本指导性技术文件推荐在工况适应性测试试验中燃料电池的运行状态均用电压控制。在测试中，由送检方提供测试样品的各工况操作条件或各工况输出参数和极化曲线，检测方根据送检方要求及提供的数据制定测试方案。

### 7.3 燃料电池组装

将送测样品与相应规格的流场板、集流板及端板等组装为单电池，组装应满足如下条件：

a) 气体扩散层与双极板之间的接触电阻最小。

注：可提前进行流场板与气体扩散材料接触电阻测试，获得二者之间最小接触电阻所需夹紧力，并根据如下公式进行满足上述要求的组装力的计算：

$$T = F \times K_b \times D_b / N_b$$

式中：$T$ ——夹紧扭矩，单位为牛米(Nm)；

$F$ ——夹紧力(Clamping Force)，单位为牛(N)；

$K_b$——摩擦系数(对于螺栓为 0.20，对经过润滑处理的螺栓为 0.17)；

$D_b$——螺栓直径，单位为米(m)；

$N_b$——螺栓数量。

b) 扩散层厚度方向的压缩应力不破坏膜电极及气体扩散介质的微观结构。

### 7.4 燃料电池试漏

7.4.1 堵住燃料电池阴极的入口、出口以及阳极的出口，向阳极的入口通入送检方规定的最高工作压力的测试气体(如空气或氮气)，保持此压力时间≥5 min。如果气体压力降≥5 kPa，则认为该单电池阳极存在外漏。检查并确定漏气部位，进行相应处理；同理，堵住燃料电池阳极的入口、出口以及阴极的出口，向阴极的入口通入送检方规定的最高工作压力的测试气体(如空气或氮气)，保持此压力时间≥5 min。如果气体压力降≥5 kPa，则认为该单电池阴极存在外漏。检查并确定漏气部位，进行相应处理。

7.4.2 如果没有检测到外漏，按照 7.4.1 中相近的方法，堵住阳极的出口及阴极的入口，向阳极的入口通入送检方规定的最高工作压力的测试气体(如空气或氮气)，保持此压力时间≥10 min，如果气体压力降≥2 kPa，则膜电极出现串气，送检样品不能进行工况性在线加速测试。

### 7.5 单电池活化

7.5.1 将单电池安装到燃料电池测试平台上。

7.5.2 以反应气体为活化介质，按膜电极(MEA)送检方要求控制操作工况，活化条件由送检方提出，包括加湿度、气体的过量系数、电池温度、背压保持恒定值以及燃料电池运行的电流密度和燃料电池运行时间，对单电池进行活化处理。当电池在同一电流密度下电压稳定在同一值时，电池活化完成。

### 7.6 开路工况试验

7.6.1 用活化好的单电池测定极化曲线、催化剂的电化学活性面积和氢渗透率。测试方法参见 GB/T 20042.5—2009。

7.6.2 将单电池在开路状态保持 80 h 后进行测试。测试条件由送检方提出，包括加湿度、气体的过量系数、电池温度、背压保持恒定值等。

7.6.3 每 8 h 测定一次单电池的极化曲线、催化剂的电化学活性面积和氢渗透率，并计算每次循环后极化曲线测试结果中电流密度为 600 mA/cm$^2$ 时的电压降、催化剂的电化学活性面积的减少量和氢渗透率的增加量。

7.6.4 计算 600 mA/cm$^2$ 时每小时的电压衰减率、电化学活性面积损失率和氢渗透增加率。

## 7.7 怠速工况试验

7.7.1 用活化好的单电池测定极化曲线、催化剂的电化学活性面积和氢渗透率。

7.7.2 将单电池在怠速工况保持 80 h 后进行测试。加载条件根据送检方要求可以设定功率、电流或电压。测试条件由送检方提出，包括加湿度、气体的过量系数、电池温度、背压保持恒定值、加载速率等。

7.7.3 每 8 h 测定一次单电池的极化曲线、催化剂的电化学活性面积和氢渗透率，并计算每次循环后极化曲线测试结果中电流密度为 600 $mA/cm^2$ 时的电压降、催化剂电化学活性面积的减少量和氢渗透率的增加量。

7.7.4 计算 600 $mA/cm^2$ 时每小时的电压衰减率、电化学活性面积损失率和氢渗透增加率。

## 7.8 过载工况试验

7.8.1 用活化好的单电池测定极化曲线、催化剂的电化学活性面积和氢渗透率。

7.8.2 将单电池在过载工况保持 80 h 后进行测试。加载条件根据送检方要求可以设定功率、电流或电压。测试条件由送检方提出，包括加湿度、气体的过量系数、电池温度、背压保持恒定值、加载速率等。

7.8.3 每 8 h 测定一次单电池的极化曲线、催化剂的电化学活性面积和氢渗透率，并计算每次循环后极化曲线测试结果中电流密度为 600 $mA/cm^2$ 时的电压降、催化剂电化学活性面积的减少量和氢渗透率的增加量。

7.8.4 计算 600 $mA/cm^2$ 时每小时的电压衰减率、电化学活性面积损失率和氢渗透增加率。

## 7.9 怠速-额定循环工况试验

7.9.1 用活化好的单电池测定极化曲线、催化剂的电化学活性面积和氢渗透率。

7.9.2 将单电池在怠速工况和额定工况之间循环变化，每一工况保持 2 min，加载条件根据送检方要求可以设定功率、电流或电压。测试条件由送检方提出，包括加湿度、气体的过量系数、电池温度、背压保持恒定值、加载速率等。

7.9.3 分别在怠速工况-额定工况循环 0 次、120 次、240 次、360 次、480 次、600 次、720 次、840 次、960 次、1 080 次和 1 200 次后测定单电池的极化曲线、催化剂的电化学活性面积和氢渗透率，并计算每次循环后极化曲线测试结果中电流密度为 600 $mA/cm^2$ 时的电压降、催化剂电化学活性面积的减少量和氢渗透率的增加量。

7.9.4 计算每个循环 600 $mA/cm^2$ 时的电压衰减率、电化学活性面积损失率和氢渗透增加率。

## 7.10 怠速-过载循环工况试验

7.10.1 用活化好的单电池测定极化曲线、催化剂的电化学活性面积和氢渗透率。

7.10.2 将单电池在怠速工况和过载工况之间循环变化，每一工况保持 2 min，加载条件根据送检方要求可以设定功率、电流或电压。测试条件由送检方提出，包括加湿度、气体的过量系数、电池温度、背压保持恒定值、加载速率等。

7.10.3 分别在怠速工况-过载工况循环 0 次、120 次、240 次、360 次、480 次、600 次、720 次、840 次、960 次、1 080 次和 1 200 次后测定单电池的极化曲线、催化剂的电化学活性面积和氢渗透率，并计算每次循环后极化曲线测试结果中电流密度为 600 $mA/cm^2$ 时的电压降、催化剂电化学活性面积的减少量和氢渗透率的增加量。

7.10.4 计算每个循环 600 $mA/cm^2$ 时的电压衰减率、电化学活性面积损失率和氢渗透增加率。

## 7.11 开路-怠速循环工况试验

7.11.1 用活化好的单电池测定极化曲线、催化剂的电化学活性面积和氢渗透率。

7.11.2 将单电池在开路工况和怠速工况之间循环变化，每一工况保持 2 min，加载条件根据送检方要求可以设定功率、电流或电压。测试条件由送检方提出，包括加湿度、气体的过量系数、电池温度、背压保持恒定值、加载速率等。

7.11.3 分别在开路工况-怠速工况循环 0 次、120 次、240 次、360 次、480 次、600 次、720 次、840 次、960 次、1 080 次和 1 200 次后测定单电池的极化曲线、催化剂的电化学活性面积和氢渗透率，并计算每次循环后极化曲线测试结果中电流密度为 600 $mA/cm^2$ 时的电压降、催化剂电化学活性面积的减少量和氢渗透率的增加量。

7.11.4 计算每个循环 600 $mA/cm^2$ 时的电压衰减率、电化学活性面积损失率和氢渗透增加率。

## 7.12 组合循环工况试验

7.12.1 用活化好的单电池测定极化曲线、催化剂的电化学活性面积和氢渗透率。

7.12.2 将单电池按表 1 所示进行组合循环工况测试，加载条件根据送检方要求可以设定功率、电流或电压。测试条件由送检方提出，包括加湿度、气体的过量系数、电池温度、背压保持恒定值、加载速率等。

**表 1 组合循环工况试验**

| 工况号 | 工况名称 | 稳定时间/min |
|---|---|---|
| 1 | 开路工况 | 10 |
| 2 | 怠速工况 | 30 |
| 3 | 额定工况 | 50 |
| 4 | 过载工况 | 10 |
| 5 | 怠速-额定循环工况 | 160(循环 40 次，怠速和额定各保持 2 min) |
| 6 | 怠速-过载循环工况 | 20(循环 5 次，怠速和过载各保持 2 min) |
| 7 | 开路-怠速循环工况 | 40(循环 10 次，开路和怠速各保持 2 min) |

7.12.3 每测完一个循环后应测定单电池的极化曲线、催化剂的有效活性面积和氢渗透率，并计算每次循环后极化曲线测试结果中电流密度为 600 $mA/cm^2$ 时的电压降、催化剂电化学活性面积的减少量和氢渗透率的增加量。

7.12.4 当电池性能低于下面任何一项或循环次数达到 40 次时，停止循环测试：氢渗透率 $\geqslant$20 $mA/cm^2$，电化学活性面积小于 15 $m^2/g$，600 $mA/cm^2$ 的电压损失$\geqslant$30 mV。

7.12.5 给出最终结果：平均每循环 600 $mA/cm^2$ 时电压衰减率、电化学活性面积损失率和氢渗透增加率，并注明总循环次数。

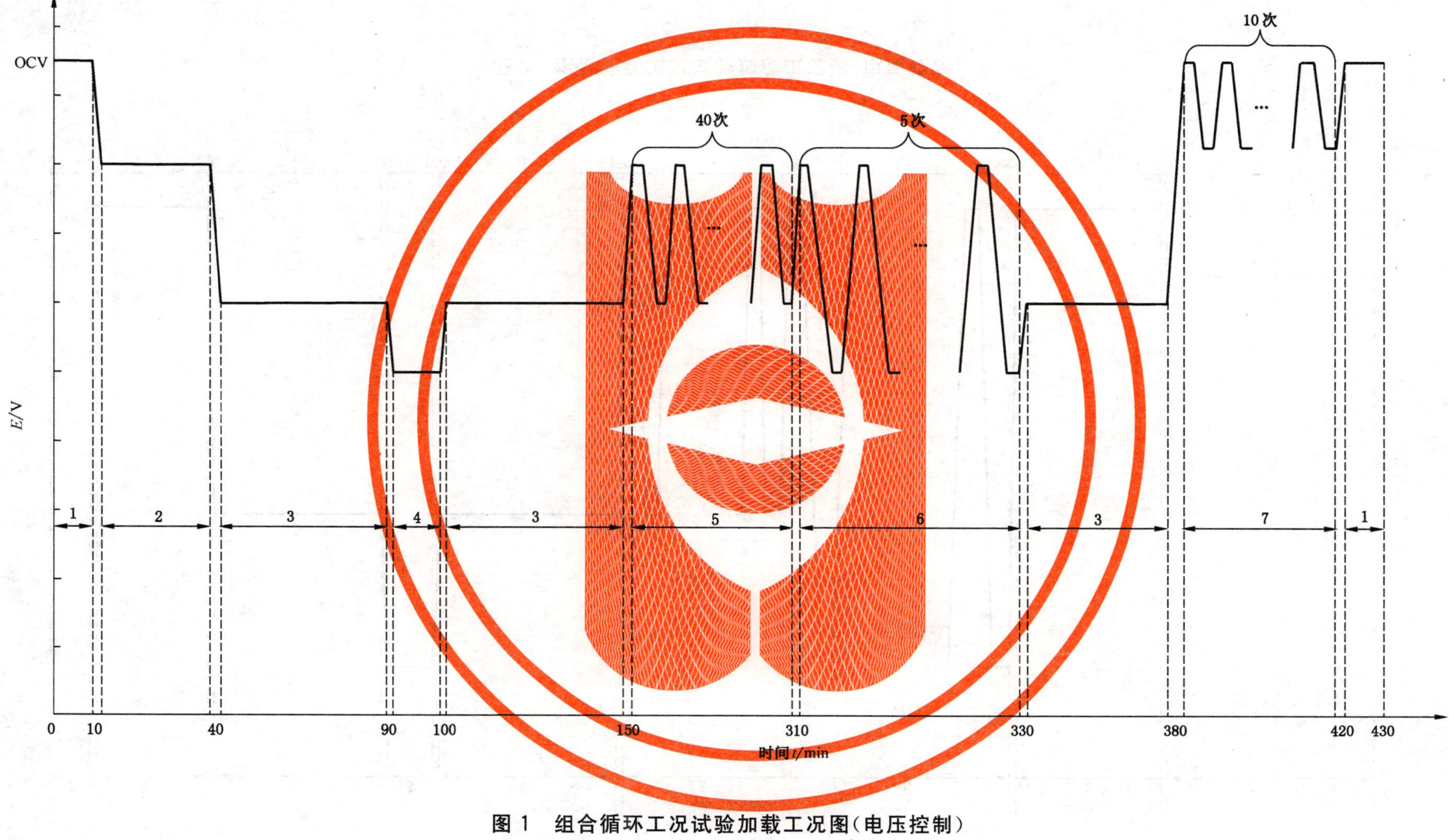


图1 组合循环工况试验加载工况图(电压控制)

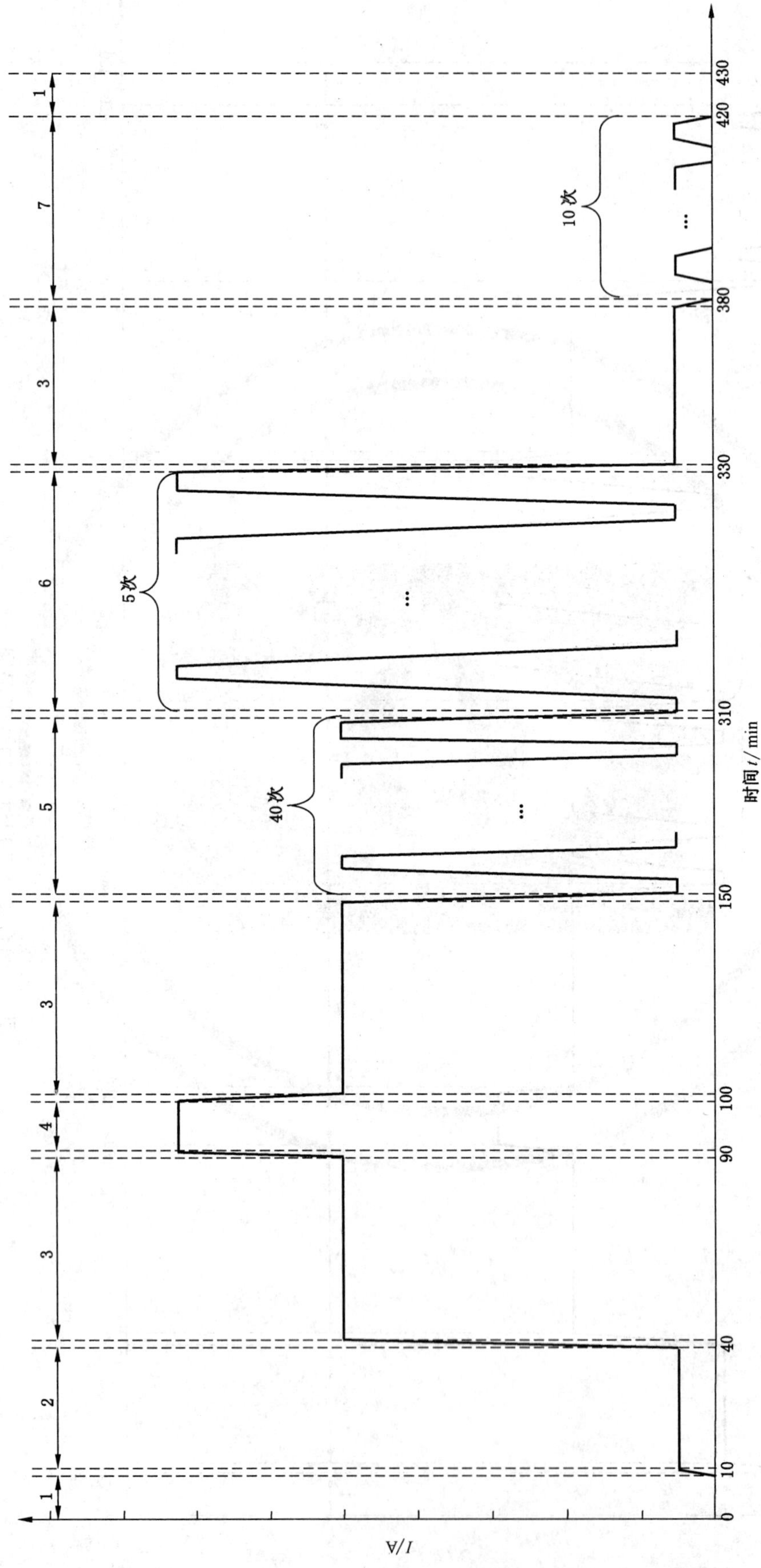


图2 组合循环工况试验加载工况图(电流控制)

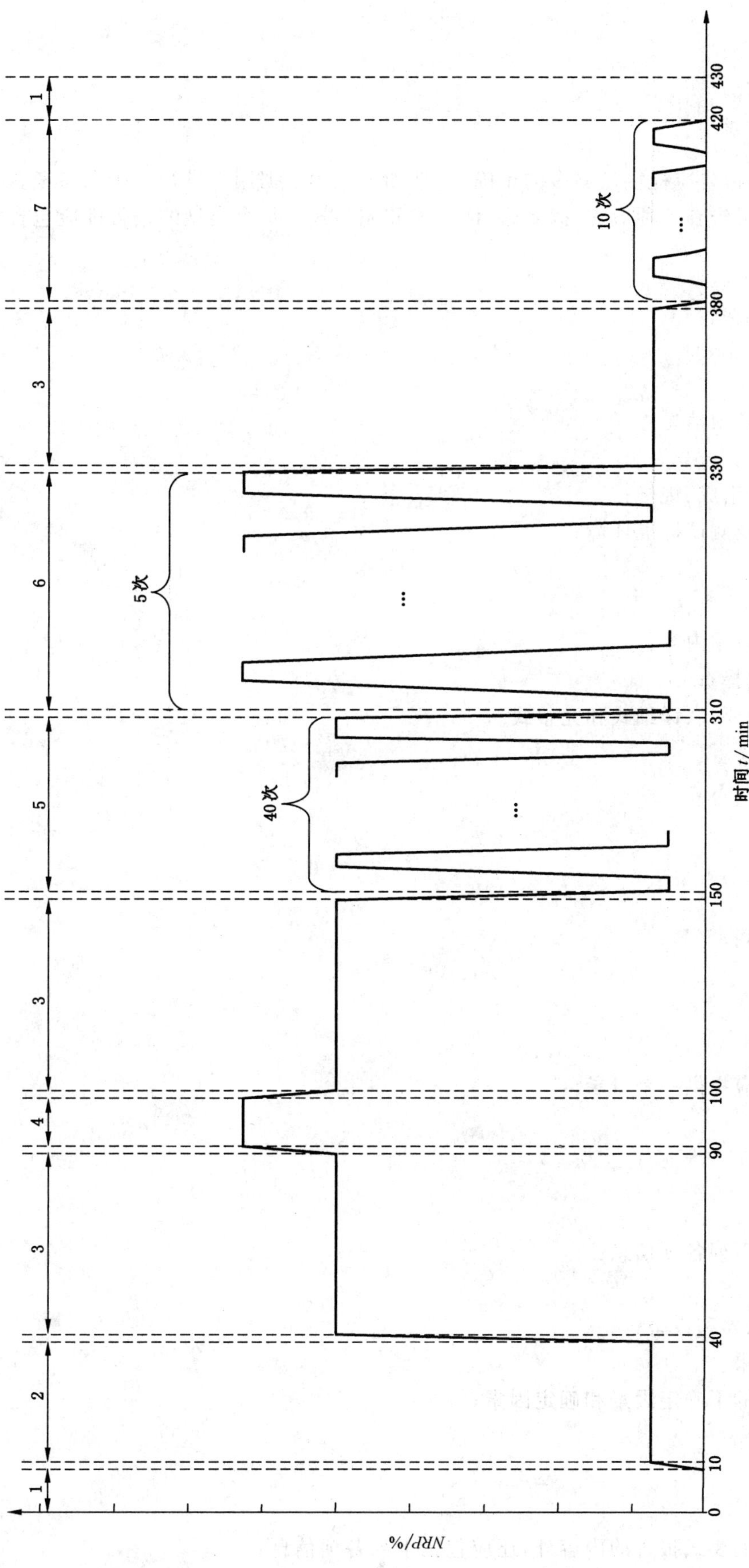


图3 组合循环工况试验加载工况图(功率控制)

## 8 试验报告

### 8.1 概述

根据所做试验，试验报告应提供足够多的正确、清晰和客观的数据用来进行分析和参考。报告应包含各章中所有的数据。报告有三种形式，摘要式、详细式和完整式。每个类型的报告都应包含相同的标题页和内容目录。

### 8.2 测试报告内容

#### 8.2.1 标题页

标题页应介绍下列各项信息：

——国家标准代号；

——样品名称、材料组成、规格；

——试样状态调节及测试标准环境；

——试验机型号；

——试验日期、人员。

标题页应包括下列各项内容：

——报告编号(可选择)；

——报告的类型(摘要式、详细式和完整式)；

——报告的作者；

——试验者；

——报告日期；

——试验的场所；

——试验的名称；

——试验日期和时间；

——试验申请单位。

#### 8.2.2 内容目录

每种类型的报告都应提供一个目录。

#### 8.2.3 测试报告形式

##### 8.2.3.1 摘要式报告

摘要式报告应包括下列各项信息：

——试验的目的；

——试验的种类，仪器和设备；

——所有的试验结果；

——每个试验结果的不确定因素和确定因素；

——摘要性结论。

##### 8.2.3.2 详细式报告

详细式报告除包含摘要式报告的内容外，还应包括下列各项信息：

——试验操作方式和试验流程图；

——仪器和设备的安排、布置和操作条件的描述；
——仪器设备校准情况；
——用图或表的形式说明试验结果；
——试验结果的讨论分析。

8.2.3.3 **完整式报告**

完整式报告除了包含详细内容，还应有原始数据的副本，此外还应包括下列各项信息：
——试验进行时间；
——用于试验的测量设备的精度；
——试验的环境条件；
——试验者的姓名和资格；
——完整和详细的不确定度分析。

# 附 录 A
（资料性附录）
# 测 试 准 备

## A.1 概述

本指导性技术文件描述在进行测试之前应该考虑的典型项目。对于每项试验来说，应选择高精度的检测仪器及设备，以便将不确定因素减到最少。应准备一个书面的测试计划，下列各项应该列入测试计划：

a） 目的；

b） 测试规范；

c） 测试人员资格；

d） 质量保证标准（符合 ISO 9000 和相关标准）；

e） 结果不确定度（符合 IEC/ISO 检测值不确定度的表述指南）；

f） 对测量仪器及设备的要求；

g） 测试参数范围的估计；

h） 数据采集计划（符合 A.2 的要求）；

i） 必要时，列出以氢气作为燃料的最低安全要求事项（由最终产品制造者提供说明文件）。

## A.2 数据采集和记录

为满足目标误差要求，数据采集系统和数据记录设备应满足采集频次与采集速度的需要，其性能应优于性能试验设备。

ICS 97.160
W 09

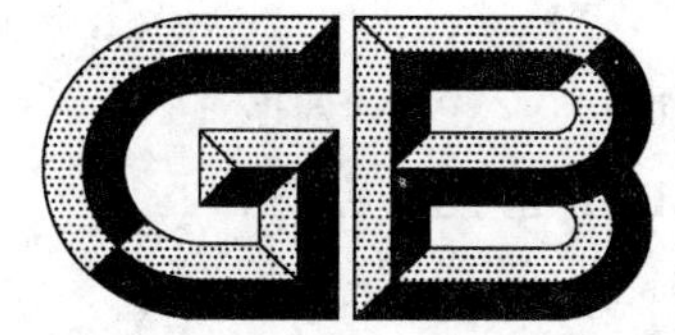

# 中华人民共和国国家标准

GB/T 27754—2011

# 家用纺织品　毛巾中水萃取物限定

**Home textiles—The limited of water extraction material within towel**

2011-12-30 发布　　2012-08-01 实施

中华人民共和国国家质量监督检验检疫总局
中国国家标准化管理委员会　发布

# 前 言

本标准按照GB/T 1.1—2009给出的规则起草。

本标准由中国纺织工业协会提出。

本标准由全国家用纺织品标准化技术委员会归口。

本标准起草单位:江苏省纺织产品质量监督检验研究院、山东金号织业有限公司、福建龙岩喜鹊纺织有限公司、孚日集团股份有限公司。

本标准主要起草人:李辉、王强、顾丽娜、门雅静、唐祖根。

# 家用纺织品　毛巾中水萃取物限定

## 1　范围

本标准规定了毛巾产品中水萃取物质的要求、抽样、检验方法、检验规则及标志。

本标准适用于洗浴用的毛巾类产品，如：浴巾、面巾、方巾等。

## 2　规范性引用文件

下列文件对于本文件的应用是必不可少的。凡是注日期的引用文件，仅注日期的版本适用于本文件。凡是不注日期的引用文件，其最新版本（包括所有的修改单）适用于本文件。

GB/T 5711　纺织品　色牢度试验　耐干洗色牢度

GB/T 8629　纺织品　试验用家庭洗涤和干燥程序

GB/T 18414.1　纺织品　含氯苯酚的测定　第1部分：气相色谱-质谱法

## 3　术语和定义

下列术语和定义适用于本文件。

3.1

**透明度　extract transparency**

液体的澄清程度，与液体中悬浮物和胶体颗粒的多少有关。

## 4　要求

4.1　毛巾中水萃取物限定见表1。

**表1　毛巾中水萃取物限定**

| 项目 | | 单位 | 限量 |
|---|---|---|---|
| 五氯苯酚（CAS 编号 87-86-5） | | mg/kg | ≤5.0 |
| 萃取液 | 液沾色 | 级 | ≥3 |
| | 透明度 | mm | ≥200 |

4.2　如产品标志注明需洗涤后使用，则萃取液制取用洗涤后的样品，洗涤方法按6.5进行。

## 5　抽样

从产品中随机抽取有代表性的样本，样品数量应满足全部试验的要求。

## 6 检测方法

### 6.1 五氯苯酚的测定

五氯苯酚按 GB/T 18414.1 检测。

### 6.2 萃取液制取

6.2.1 三级水，水温 20 ℃～25 ℃，浴比 50∶1。

6.2.2 将整条毛巾按入水中使其充分湿润，浸泡 5 min，用手在水中轻轻揉搓毛巾 10 次，拧干取出。

6.2.3 萃取液用于检测液沾色和透明度。

### 6.3 萃取液液沾色

按 GB/T 5711(6.5)评定。

### 6.4 萃取液透明度检测

6.4.1 透明度计，环境照度不低于 800 lx。

6.4.2 将萃取液充分摇匀，倒入清洁的透明度计，液体高度不小于 250 mm，静置 1 min。

6.4.3 从透明度计筒口观察筒内底部的双十字线，如看不清楚则从下部缓慢放出萃取液，直至刚能看清双十字线，停止放液。

6.4.4 从透明度计侧面观察筒内液面底部在筒壁上的刻度数，此数即为透明度。

### 6.5 洗涤方法

按 GB/T 8629 执行，采用仿手洗程序，不加洗涤剂，不进行干燥程序。

## 7 检验规则

如果样品的测试结果全部符合表 1 的要求，则判定样品的水萃取物限定合格，否则不合格。

## 8 标志

如果产品需洗涤后使用，则应在产品的明显位置标志“需洗涤后使用”字样。

ICS 13.310
A 90

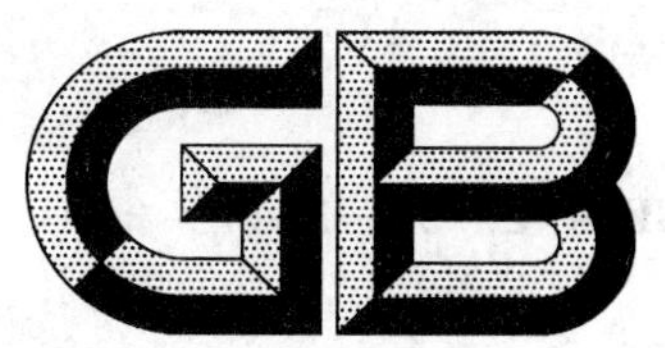

# 中华人民共和国国家标准

GB/T 27755—2011

# 光学水印防伪技术条件

Technical requirements of optical watermark anti-counterfeit

2011-12-30 发布　　2012-05-01 实施

中华人民共和国国家质量监督检验检疫总局
中国国家标准化管理委员会　发布

# 前　言

本标准按照 GB/T 1.1—2009 给出的规则起草。

本标准由全国防伪标准化技术委员会(SAC/TC 218)归口。

本标准起草单位:中国防伪行业协会、北京益高亚太信息技术有限公司、深圳市三森科技有限公司、北京舜天龙兴信息技术有限公司、深圳九星印刷包装集团有限公司。

本标准主要起草人:陈锡蓉、解鹏、刘显章、姜时中、吴伟军、曾侃、刘文恒、闫鹏。

# 光学水印防伪技术条件

## 1 范围

本标准规定了光学水印的术语和定义、分类、要求、试验方法、测试报告及等级评定格式。

本标准适用于采用光学水印技术的防伪系统。

## 2 规范性引用文件

下列文件对于本文件的应用是必不可少的。凡是注日期的引用文件,仅注日期的版本适用于本文件。凡是不注日期的引用文件,其最新版本(包括所有的修改单)适用于本文件。

GB/T 19425—2003 防伪技术产品通用技术条件

## 3 术语和定义

GB/T 19425—2003 界定的以及下列术语和定义适用于本文件。

3.1

**光学水印 optical watermark**

图案中编码的隐藏信息。可以使用光学水印解码系统进行计算机处理识读光学水印中的隐藏信息,或者通过光学水印解码片目视完成隐藏信息的解码和识别。

3.2

**光学水印解码片 optical watermark decoder**

依照光学水印编码制作的,带有特定光栅条纹的透明薄片。将其放在包含光学水印的图案上,通过目视能够观察到特定的隐藏信息。

3.3

**动态光学水印 dynamic optical watermark**

通过一套特定的光学水印编码算法,在给定的原始图案中编码和隐藏可变个性化信息的自动化处理技术。例如根据有价单证的唯一序列号自动生成其对应的光学水印。

3.4

**防复制光学水印 anti-copy optical watermark**

使用复印机或者扫描仪采样后,在与原光学水印同等分辨率输出设备条件下输出,无法被解码和识别的光学水印。

3.5

**编码光学水印 encoding optical watermark**

光学水印中包含的隐藏信息为特定的编码图案,在 600 dpi 分辨率下可实现每平方厘米不少于 10 Bytes 的信息容量,且需要使用解码软件识读。

3.6

**非线性解码片 nonlinear decoder**

用于解码的光栅条纹不是直线的光学水印解码片,在使用时需要准确的定位。

3.7

**印鉴光学水印　optical watermark stamp**

将光学水印与印鉴图案相结合，以防止印鉴被伪造或复制。

3.8

**光学水印防伪系统　optical watermark anti-counterfeit system**

由光学水印编码生成软件、光学水印打印控制软件、光学水印解码识别软件、相关硬件设备以及光学水印解码片构成的应用系统，实现在电子文档中自动添加光学水印、控制打印输出到物理介质、重新读取和识别光学水印中隐藏信息的防伪功能。

## 4　分类

### 4.1　光学水印的分类

光学水印的分类见表1。

表1　光学水印分类表

| 序　号 | 分 类 方 式 | 类 别 名 称 |
|---|---|---|
| 1 | 按隐藏信息的识别方式分类 | 可目视识别光学水印 |
| | | 软件识别光学水印 |
| 2 | 按隐藏信息的防复制能力分类 | 可复制光学水印 |
| | | 防复制光学水印 |
| 3 | 按光学水印编码算法分类 | 线性光学水印 |
| | | 非线性光学水印 |

### 4.2　光学水印防伪系统的(性能)分级

#### 4.2.1　构成

光学水印防伪系统的防伪性能主要由光学水印的编码生成软件、光学水印打印控制软件、光学水印解码识别软件的性能决定。

#### 4.2.2　(性能)分级

根据软件所提供的防伪功能进行以下性能分级，A级为最高级：

a)　光学水印编码生成软件的性能分为A、B、C、D四级；

b)　光学水印打印控制软件的性能分为A、B、C、D四级；

c)　光学水印防伪系统(性能)分级为A、B、C、D四级。

## 5　要求

### 5.1　光学水印防伪系统的工作原理

光学水印防伪系统的工作原理见图1。

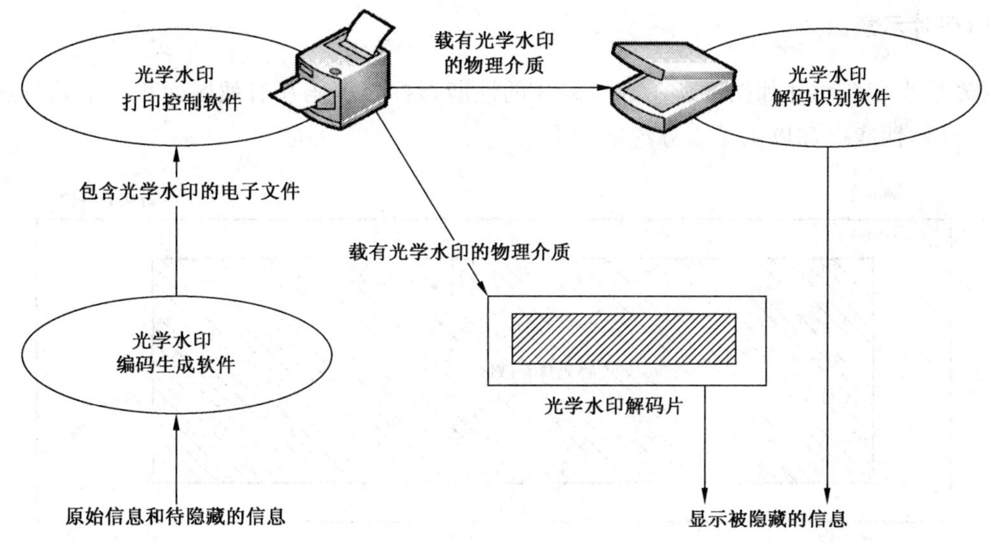


图 1 光学水印防伪系统工作流程示意图

## 5.2 硬件环境要求

### 5.2.1 计算机硬件设备

5.2.1.1 CPU 浮点运算能力≥600 Mflops。

5.2.1.2 硬盘可用容量≥20 Gb。

5.2.1.3 内存可用容量≥512 Mb。

### 5.2.2 输出设备

5.2.2.1 可复制水印：各种类打印机和印刷机。

5.2.2.2 防复制水印：有效分辨率≥600 dpi 的各种类打印机和印刷机。

### 5.2.3 输出介质

5.2.3.1 可复制水印：满足输出光学水印设备要求的各种类介质。

5.2.3.2 防复制水印：能够实现有效分辨率≥600 dpi 成像，并满足输出光学水印设备要求的各种类介质。

### 5.2.4 输入设备（用于识别光学水印的图像采集设备）

5.2.4.1 可复制水印：有效分辨率≥600 dpi 的各种类扫描仪和数码摄像设备。

5.2.4.2 防复制水印：有效分辨率≥1 200 dpi 的各种类扫描仪和数码摄像设备。

### 5.2.5 光学水印解码片

#### 5.2.5.1 原理

光学水印解码片通常是在基质材料上印刷、打印、蚀刻或覆盖出透明与不透明相间隔的光栅条纹作为光学解码图案，然后裁切、覆膜或封装成型。

5.2.5.2 解码片示意图

常见的光学水印解码片如图2所示。解码片的性能指标以解码片有效区面积和解码片透光率为依据进行考核(具体性能指标以供需双方约定为准)。

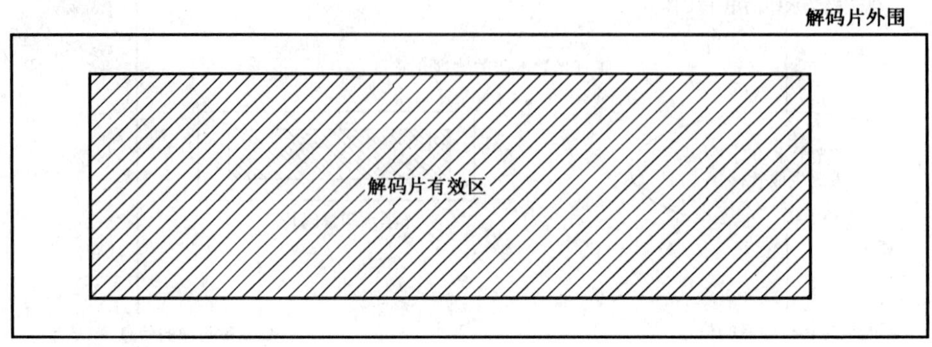


图2 解码片示意图

5.2.5.3 解码片要求

在光学水印解码片和光学水印编码匹配的条件下,光学水印解码片覆盖在载有可目视识别的光学水印物理介质适当位置上,可清晰地观察到隐藏的信息;或快速上下、左右移动光学水印解码片,可清晰地观察到闪动的隐藏信息。

5.3 光学水印防伪系统软件要求

5.3.1 光学水印编码生成软件分级要求

光学水印编码生成软件在原始信息中根据需要编码和隐藏特定信息,生成相应类别的光学水印。其分级见表2。

表2 光学水印编码生成软件的分级

| 序号 | 项　目 | 要　求 | | | |
|---|---|---|---|---|---|
| | | A级 | B级 | C级 | D级 |
| 1 | 防复制光学水印 | √ | √ | √ | √ |
| 2 | 非线性光学水印 | √ | √ | √ | √ |
| 3 | 动态光学水印 | √ | √ | √ | × |
| 4 | 编码光学水印 | √ | √ | × | × |
| 5 | 印鉴光学水印 | √ | × | × | × |
| 注:表中符号"√"表示提供此功能,"×"表示不提供此功能。 | | | | | |

5.3.2 光学水印打印控制软件分级要求

光学水印打印控制软件与本地或远程打印设备之间建立安全的数据连接,传输光学水印打印数据,并监控打印设备的工作状态。光学水印打印控制软件的分级见表3。

表 3 光学水印打印控制软件的分级

| 序号 | 项目 | 要求 | | | |
|---|---|---|---|---|---|
| | | A 级 | B 级 | C 级 | D 级 |
| 1 | 控制打印份数 | √ | √ | √ | √ |
| 2 | 监控打印机状态 | √ | √ | √ | √ |
| 3 | 全内存处理[a] | √ | √ | √ | × |
| 4 | 打印设备限制[b] | √ | √ | × | × |
| 5 | 网络安全传输[c] | √ | × | × | × |
| 注：表中符号"√"表示提供此功能，"×"表示不提供此功能。 | | | | | |

[a] 全内存处理是指光学水印打印数据的处理完全在内存中操作，避免因使用硬盘缓存数据而导致防伪信息失密的功能。

[b] 打印设备限制是指避免将打印数据发送到文件打印机、虚拟打印机、共享打印机等不安全打印设备而导致防伪信息失密的功能。

[c] 网络安全传输是指将打印数据加密后通过网络发送到远端的打印机或打印机控制程序，避免打印数据被网络监听或非法截获的功能。

### 5.3.3 光学水印解码识别软件分级要求

光学水印解码识别软件对采集到的数字化光学水印图像进行处理，解码、识别和显示水印中隐藏信息。光学水印解码识别软件的分级见表 4。

表 4 光学水印解码识别软件的分级

| 序号 | 项目 | 要求 | | |
|---|---|---|---|---|
| | | A 级 | B 级 | C 级 |
| 1 | 可目视识别光学水印的识别 | √ | √ | √ |
| 2 | 印鉴光学水印的识别 | √ | √ | × |
| 3 | 编码光学水印的识别 | √ | × | × |
| 注：表中符号"√"表示提供此功能，"×"表示不提供此功能。 | | | | |

### 5.3.4 光学水印防伪系统分级要求

光学水印防伪系统分级见表 5。

表 5 光学水印防伪系统分级

| 序号 | 项目 | 要求 | | | |
|---|---|---|---|---|---|
| | | A 级 | B 级 | C 级 | D 级 |
| 1 | 光学水印编码生成软件 | A 级 | ≥B 级 | ≥C 级 | ≥D 级 |
| 2 | 光学水印打印控制软件 | A 级 | ≥B 级 | ≥C 级 | ≥D 级 |
| 3 | 光学水印解码识别软件 | A 级 | ≥B 级 | ≥C 级 | |

## 6 光学水印防伪系统试验方法

### 6.1 试验准备

#### 6.1.1 硬件环境

按照5.2的要求准备计算机硬件环境。

#### 6.1.2 系统软件

在计算机硬件设备中安装光学水印的编码生成软件(参照5.3.1)、光学水印打印控制软件(参照5.3.2)、光学水印解码识别软件(参照5.3.3)。

### 6.2 试验方法

光学水印防伪系统特性的试验方法见表6。

表6 光学水印防伪系统特性试验方法

| 序号 | 项目 | 验证方法 |
|---|---|---|
| 1 | 光学水印解码片 | 将光学水印解码片覆盖在载有可目视识别光学水印的物理介质上,在有效区完全覆盖光学水印图案的位置上,可清晰地观察到正确的隐藏信息;或者将光学水印解码片紧贴在载有可目视识别光学水印的物理介质上左右或上下快速移动,可清晰地观察到正确的隐藏信息随着解码片的移动而闪动 |
| 2 | 防复制光学水印 | 将载有光学水印的物理介质复印或者扫描后再次打印,光学水印的隐藏信息无法清晰识别 |
| 3 | 非线性光学水印 | 使用10倍放大镜查看与可目视识别光学水印相匹配的光学水印解码片,可以看到解码片有效区内的光栅条纹不是直线,使用此解码片按照定位要求覆盖可清晰识别隐藏信息 |
| 4 | 动态光学水印 | 光学水印防伪系统输出的光学水印中的隐藏信息可以与输入的可变信息保持一致 |
| 5 | 编码光学水印 | 将编码光学水印图案采集为1 200 dpi分辨率的无损电子文件,载入光学水印解码识别软件后能够正确显示隐藏信息,直接使用光学水印解码片目视隐藏信息不可识别,隐藏信息的容量不少于10 Bytes/cm$^2$ |
| 6 | 印鉴光学水印 | 载有印鉴光学水印的打印介质可正确识别出隐藏信息,并且与原始物理印章加盖后的图案相似度≥98%。印鉴的形状类型至少包括圆形、椭圆形、矩形和菱形 |
| 7 | 控制打印份数 | 通过修改打印机或打印驱动程序的参数,无法获得超过发送打印指令时指定的打印份数 |
| 8 | 监控打印机状态 | 在光学水印防伪系统中,可以查看到打印机出现脱机、卡纸、缺墨等异常状态 |
| 9 | 全内存处理 | 在光学水印防伪系统中,不应出现包含光学水印打印数据的临时性或永久性文件 |

表 6（续）

| 序　　号 | 项　　目 | 验 证 方 法 |
|---|---|---|
| 10 | 打印设备限制 | 执行打印操作时，无法选择文件打印机、虚拟打印机和共享打印机 |
| 11 | 网络安全传输 | 在连接打印机或打印机控制程序的网络中，无法监听或截获可用于复制、修改或伪造的打印数据 |
| 12 | 可目视识别光学水印的识别 | 将光学水印图案采集为 1 200 dpi 分辨率的无损电子文件，载入光学水印解码识别软件后能够正确显示隐藏信息 |
| 13 | 印鉴光学水印的识别 | 将印鉴防伪水印图案采集为 1 200 dpi 分辨率的无损电子文件，载入光学水印解码识别软件后能够正确显示隐藏信息。印鉴的类型至少包括圆形、椭圆形、矩形和菱形 |
| 14 | 编码光学水印的识别 | 将编码光学水印图案采集为 1 200 dpi 分辨率的无损电子文件，载入光学水印解码识别软件后能够正确显示隐藏信息 |

## 7 测试报告及等级评定格式

### 7.1 测试报告基本情况

测试报告包含以下内容：

送检项目：光学水印防伪系统＿＿＿＿＿＿＿＿＿＿＿＿＿＿＿＿

送检单位：＿＿＿＿＿＿＿＿＿＿＿＿＿＿＿＿＿＿＿＿＿＿＿＿

送检类型：（光学水印编码生成软件、光学水印打印控制软件、光学水印解码识别软件）

品牌或商标：＿＿＿＿＿＿＿＿＿＿＿＿＿＿＿＿＿＿＿＿＿＿＿

产　　地：＿＿＿＿＿＿＿＿＿＿＿＿＿＿＿＿＿＿＿＿＿＿＿＿

型号或版本号：＿＿＿＿＿＿＿＿＿＿＿＿＿＿＿＿＿＿＿＿＿＿

光学水印应用类型：（文件、单证、票据、证卡、包装、印鉴图案）

光学解码片的规格：（制造材料、尺寸规格）＿＿＿＿＿＿＿＿＿

测试生成光学水印的计算机配置：（CPU、内存、硬盘）＿＿＿＿

测试识别光学水印的计算机配置：（CPU、内存、硬盘）＿＿＿＿

测试光学水印输出的设备：＿＿＿＿＿＿＿＿＿＿＿＿＿＿＿＿＿

测试光学水印识别的图像采集设备：＿＿＿＿＿＿＿＿＿＿＿＿＿

测试光学水印特性指标时提供光学水印防伪系统的单位：＿＿＿＿

＿＿＿＿＿＿＿＿＿＿＿＿＿＿＿＿＿＿＿＿＿＿＿＿＿＿＿＿＿＿

### 7.2 测试报告及等级评定

测试报告及等级评定参见附录 A。

# 附 录 A
# （资料性附录）
# 光学水印防伪系统测试报告及等级评定

## A.1 测试报告基本情况

送检项目：光学水印防伪系统

送检单位：

送检类型：□编码生成软件 □打印控制软件 □解码识别软件

品牌或商标：

产　　地：

型号或版本号：

光学水印应用类型：（文件、单证、票据、证卡、包装、印鉴图案）

光学解码片的规格：（制造材料、尺寸规格）

测试生成光学水印的计算机配置：（CPU、内存、硬盘）

测试识别光学水印的计算机配置：（CPU、内存、硬盘）

测试光学水印输出的设备：

测试光学水印识别的图像采集设备：

测试光学水印特性指标时提供光学水印防伪系统的单位：

## A.2 光学水印防伪系统软件测试报告及等级评定

A.2.1 光学水印编码生成软件性能指标等级评定见表A.1。

**表A.1 光学水印编码生成软件性能指标评级**

| 序　号 | 测试内容 | 测试结果 |
|---|---|---|
| 1 | 防复制光学水印 | |
| 2 | 非线性光学水印 | |
| 3 | 动态光学水印 | |
| 4 | 编码光学水印 | |
| 5 | 印鉴光学水印 | |

光学水印编码生成软件的等级评定为：＿＿＿＿＿＿＿＿。

A.2.2　光学水印打印控制软件性能指标等级评定见表 A.2。

**表 A.2　光学水印打印控制软件性能指标评级**

| 序　　号 | 测 试 内 容 | 测 试 结 果 |
|---|---|---|
| 1 | 控制打印份数 | |
| 2 | 监控打印机状态 | |
| 3 | 全内存处理 | |
| 4 | 打印设备限制 | |
| 5 | 网络安全传输 | |

光学水印打印控制软件的等级评定为：____________________。

A.2.3　光学水印解码识别软件性能指标等级评定见表 A.3。

**表 A.3　光学水印解码识别软件性能指标评级**

| 序　　号 | 测 试 内 容 | 测 试 结 果 |
|---|---|---|
| 1 | 可目视识别光学水印的识别 | |
| 2 | 印鉴光学水印的识别 | |
| 3 | 编码光学水印的识别 | |

光学水印解码识别软件的等级评定为：____________________。

A.2.4　光学水印防伪系统等级评定依照 5.3.4 表 5 执行，其系统等级评定为：____________。

ICS 71.040.01
N 53

# 中华人民共和国国家标准

GB/T 27756—2011

# pH值测定用玻璃电极

## Glass electrodes for the measurement of pH value

2011-12-30 发布　　2012-05-01 实施

中华人民共和国国家质量监督检验检疫总局
中国国家标准化管理委员会　发布

# 前　言

本标准按照 GB/T 1.1—2009 给出的规则起草。

请注意本文件的某些内容可能涉及专利。本文件的发布机构不承担识别这些专利的责任。

本标准由中国机械工业联合会提出。

本标准由全国工业过程测量和控制标准化技术委员会分析仪器分技术委员会(SAC/TC 124/SC 6)归口。

本标准起草单位:上海精密科学仪器有限公司、上海市计量测试技术研究院、华东师范大学、上海雷磁仪器厂浦东联营厂。

本标准主要起草人:吴建忠、王巧梅、金春法、王震涛、何品刚、何海东。

# pH值测定用玻璃电极

## 1 范围

本标准规定了玻璃电极的分类、要求、试验方法、检验规则、标志、包装、运输、贮存。

本标准适用于检测水溶液中pH值的玻璃电极(以下简称电极)。

## 2 规范性引用文件

下列文件对于本文件的应用是必不可少的。凡是注日期的引用文件,仅注日期的版本适用于本文件。凡是不注日期的引用文件,其最新版本(包括所有的修改单)适用于本文件。

GB/T 191—2008 包装储运图示标志(ISO 780:1997,MOD)

GB/T 2829—2002 周期检验计数抽样程序及表(适用于对过程稳定性的检验)

GB/T 11606—2007 分析仪器环境试验方法

GB/T 27501—2011 pH值测定用缓冲溶液的制备方法

## 3 分类

### 3.1 使用场所

按使用场所分:

a) 实验室型;

b) 在线型。

### 3.2 被测溶液温度

按被测水溶液的温度范围分为:

a) 常温:5 ℃~60 ℃;

b) 高温:40 ℃~95 ℃。

### 3.3 电极的零点pH

按与仪器匹配的零点pH分为:

a) pH7型;

b) pH2型。

## 4 要求

### 4.1 电极正常工作条件

电极在下列条件下应能正常工作:

a) 环境温度:5 ℃~40 ℃;

b) 相对湿度:≤90%。

## 4.2 电极的百分理论斜率(PTS)

电极在(3～10)pH 范围内的百分理论斜率(PTS)应不小于 98。

## 4.3 电极的零点 pH 值

电极的零点 pH 值应符合下列要求：

a) pH7 型:7±1;

b) pH2 型:2±1。

## 4.4 电极的内阻

电极的内阻应符合下列要求：

a) 常温型:≤250 MΩ;

b) 高温型:≤300 MΩ。

## 4.5 电极的碱误差

电极的碱误差应符合下列要求：

a) 常温型:≤15 mV;

b) 高温型:≤20 mV。

## 4.6 电极的实用响应时间

电极的实用响应时间不大于 2 min。

## 4.7 实验室型电极的重复性

实验室型电极的重复性不大于 0.01pH。

## 4.8 在线型电极的稳定性

在线型电极的稳定性不超过±0.07pH/24 h。

## 4.9 电极的绝缘电阻

电极的绝缘电阻不小于 $5\times10^{11}$ Ω。

## 4.10 电极敏感膜的单点压力

球泡型电极的敏感膜应能承受 1 kg 的平面单点压力而不损坏。

## 4.11 电极的外观

电极的外观应符合下列要求：

a) 电极应粘结牢固,完整光洁,无气泡、裂纹。

b) 电极的导线不应有烫伤;芯线、屏蔽线与电极插头应接触良好、无松动现象。

c) 电极的标志应符合 7.1 的要求。

## 4.12 电极的运输、运输贮存基本环境适应性

电极经包装后,应符合 GB/T 11606—2007 中的相关要求,其中：

a) 低温贮存:−15 ℃±2 ℃;

b) 高温贮存：55 ℃±2 ℃；

c) 交变湿热：温度 55℃，相对湿度 95%；

d) 碰撞：加速度 100 $m/s^2$，脉冲持续时间 16 ms，频率 60 次/min～100 次/min，次数(1 000±10)次；

e) 跌落：自由跌落高度 250 mm。

电极经以上试验后应满足 4.2～4.9、4.11 的要求。

## 5 试验方法

### 5.1 试验条件

电极的试验条件与设备、溶液要求：

a) 在 GB/T 11606—2007 规定的参比条件下进行试验；

b) 电极应预先在去离子水中浸泡 8 h(或按制造厂规定)；

c) 溶液温度除标准中另有规定外，常温型为(25±0.2)℃，高温型为(60±0.2)℃；

d) pH 计或离子计，其分辨率不低于 0.1 mV、输入阻抗不小于 $1\times10^{12}$ Ω；

e) 除试验方法中另有规定外，均在仪器的示值变化每分钟不超过 0.5 mV 时读数；

f) 电阻：100(1±2%)MΩ；

g) 高阻计：量程 $1\times10^{14}$ Ω 以上，其示值误差不大于 20%；

h) 台秤：最大秤量为 5 kg；

i) 秒表：分辨率优于 0.1 s；

j) 试验用标准缓冲溶液按 GB/T 27501—2011 制备。

### 5.2 电极的百分理论斜率(PTS)

将被测电极和参比电极(以下简称电极对)的引线分别与 pH 计(或离子计)的测量端和参比端连接，将电极对依次浸入标准缓冲溶液 B4 和 B9，测得其相对应的电极电位 $E_{B4}$ 和 $E_{B9}$，按式(1)计算电极的百分理论斜率(PTS)。

$$\mathrm{PTS}=\frac{100(E_{B4}-E_{B9})}{K(\mathrm{pH}_{B9}-\mathrm{pH}_{B4})} \qquad \cdots\cdots(1)$$

式中：

$E_{B4}$ ——电极对在标准缓冲溶液 B4 中测得的电位，单位为毫伏(mV)；

$E_{B9}$ ——电极对在标准缓冲溶液 B9 中测得的电位，单位为毫伏(mV)；

$K$ ——理论斜率因数，25 ℃时为 59.157 mV/pH，60 ℃时为 66.102 mV/pH；

$\mathrm{pH}_{B9}$——标准缓冲溶液 B9 在规定温度时的 pH 值，25 ℃时为 9.182pH，60 ℃时为 8.968pH；

$\mathrm{pH}_{B4}$——标准缓冲溶液 B4 在规定温度时的 pH 值，25 ℃时为 4.003pH，60 ℃时为 4.087pH。

### 5.3 电极的零点 pH 值

用 5.2 的电极电位 $E_{B4}$ 等参数值，按式(2)计算电极的零点 pH 值($\mathrm{pH}_z$)。

$$\mathrm{pH}_z=\mathrm{pH}_{B4}+\frac{100E_{B4}}{K\cdot\mathrm{PTS}} \qquad \cdots\cdots(2)$$

### 5.4 电极的内阻

在 5.2 测得电极电位 $E_{B4}$ 后，将 100 MΩ 的电阻 $R_s$ 与电极对 $R_e$ 并联(见图 1)，测得电极电位 $E_2$，按式(3)计算电极的内阻 $R_e$。

$$R_e = \frac{E_{B4} - E_2}{E_2} \times R_s \quad \cdots\cdots(3)$$

式中：

$E_2$——电极对并联电阻 $R_s$ 后测得的电位，单位为毫伏（mV）。

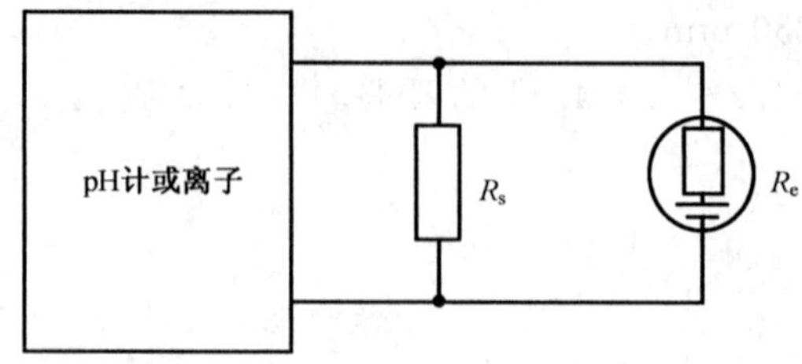


**图 1 电极内阻试验接线图**

## 5.5 电极的碱误差

将电极对依次浸入标准缓冲溶液 B9 和 B12，测得其相应的电极电位 $E_{B9}$ 和 $E_{B12}$，按式(4)计算电极的碱误差 $\delta_E$。

$$\delta_E = K(pH_{B12} - pH_{B9}) - (E_{B9} - E_{B12}) \quad \cdots\cdots(4)$$

式中：

$pH_{B12}$——标准缓冲溶液 B12 在规定温度时的 pH 值，25 ℃时为 12.460pH，60 ℃时为 11.426pH；

$E_{B12}$ ——电极对在标准缓冲溶液 B12 中测得的电位，单位为毫伏（mV）。

## 5.6 电极的实用响应时间

将电极对浸入标准缓冲溶液 B4 中的同时，用秒表开始计时，每 10 s 读数一次，当仪器显示值每分钟变化不超过 0.5 mV 时，停止计时，记录下来的这段时间减去 1 min 即为电极的实用响应时间。

## 5.7 实验室型电极的重复性

将电极对依次浸入 B4、B6、B9 三种标准缓冲溶液，在每种标准缓冲溶液中重复测量六次，每次测量时间间隔为 1 min，电极对浸入标准缓冲溶液 2 min 读数，更换标准溶液时应清洗电极对。

对每种标准缓冲溶液的每组记录值，按式(5)计算标准偏差 $S_i$，然后按式(6)计算三种标准缓冲溶液标准偏差的平均值 $\overline{S}$，即为电极的重复性。

$$S_i = \frac{\sqrt{\frac{\sum_{j=1}^{6}(E_{ij} - \overline{E_i})^2}{5}}}{K} \quad \cdots\cdots(5)$$

式中：

$S_i$ ——第 $i$ 组的标准偏差，pH；

$E_{ij}$——第 $i$ 组的第 $j$ 次测量值，单位为毫伏（mV）；

$\overline{E_i}$ ——第 $i$ 组测量值的平均值，单位为毫伏（mV）。

$$\overline{S} = \frac{\sum_{i=1}^{3} S_i}{3} \quad \cdots\cdots(6)$$

## 5.8 在线型电极的稳定性

将电极对浸入标准缓冲溶液 B4 中 30 min 后读取电位值 $E_0$，以后每隔 1 h 记录一次，经 24 h 运行后,取与 $E_0$ 偏离最大的读数 $E_{max}$,按式(7)计算漂移量 $M$ 即为电极的稳定性。

$$M = \frac{E_{max} - E_0}{K} \quad \cdots\cdots (7)$$

式中:

$M$ ——最大漂移量,pH;

$E_{max}$ ——与 $E_0$ 偏离最大的读数,单位为毫伏(mV);

$E_0$ ——电极对在标准缓冲溶液 B4 中的第一次读数,单位为毫伏(mV)。

### 5.9 电极的绝缘电阻

先将电极插头、玻壳进行清洁干燥处理,用 5.1 规定的高阻计对电极插头的两端进行测量,其测量值即为电极的绝缘电阻。

### 5.10 电极敏感膜的单点压力

在台秤秤盘中心放一块光洁的有机玻璃板,调节台秤示值为零。手持球泡型电极使其垂直与有机玻璃板接触,并缓慢地下压,使膜受力,至台秤指示为 1 kg 时,缓缓地抬起电极检查敏感膜。

### 5.11 电极的外观

凭目视和手感在灯光下检验。

### 5.12 电极的运输、运输贮存基本环境适应性

将电极按 7.2 要求包装后,进行运输、运输贮存基本环境适应性试验。

a) 低温试验按 GB/T 11606—2007 中第 15 章规定的方法进行;

b) 高温试验按 GB/T 11606—2007 中第 16 章规定的方法进行;

c) 交变湿热试验按 GB/T 11606—2007 中第 8 章规定的方法进行;

d) 碰撞试验按 GB/T 11606—2007 中第 18 章规定的方法进行;

e) 自由跌落试验按 GB/T 11606—2007 中第 17 章规定的方法进行。

## 6 检验规则

### 6.1 检验分类

检验分出厂检验和型式检验。

### 6.2 出厂检验

6.2.1 每支电极须经检验部门检验合格后,并附有产品合格证方能出厂。

6.2.2 出厂检验项目为 4.2、4.3、4.6、4.9、4.11,不允许有不合格项出现。

6.2.3 若入库超过六个月再出厂,则必须重新进行出厂检验。

### 6.3 型式检验

6.3.1 在下列情况之一时,进行型式检验:

a) 电极设计定型时;

b) 当电极生产中断一年以上又恢复生产时;

c) 当电极的设计、工艺和材料有较大改变时;

d) 出厂检验结果与上次型式检验有较大差异时;

e) 正常生产,每年进行一次的周期性检验。

6.3.2 型式检验的电极样本必须从出厂检验合格的批中随机抽取,若发现电极玻壳冷爆,允许重新抽取样本替换一次。

6.3.3 型式检验的方法采用GB/T 2829—2002周期检验一次抽样方案。其检验分组、检验项目、不合格质量水平(RQL)、判别水平(DL)及抽样方案($n$/Ac,Re)应符合表1的规定。批质量以不合格品百分数表示。

表1 型式检验

| 序号 | 检验分类 | 检验项目 | 要求章条 | 试验方法章条 | 不合格质量水平(RQL) | 判别水平(DL) | 抽样方案($n$/Ac,Re) |
|---|---|---|---|---|---|---|---|
| 1 | A | 电极的百分理论斜率(PTS) | 4.2 | 5.2 | 25 | Ⅱ | 6/(0 1) |
| 2 | | 电极的零点pH值 | 4.3 | 5.3 | | | |
| 3 | | 电极的实用响应时间 | 4.6 | 5.6 | | | |
| 4 | | 电极的绝缘电阻 | 4.9 | 5.9 | | | |
| 5 | | 电极的外观 | 4.11 | 5.11 | | | |
| 6 | B | 电极的内阻 | 4.4 | 5.4 | 50 | Ⅱ | 6/(1 2) |
| 7 | | 电极的碱误差 | 4.5 | 5.5 | | | |
| 8 | | 实验室型电极的重复性 | 4.7 | 5.7 | | | |
| 9 | | 在线型电极的稳定性 | 4.8 | 5.8 | | | |
| 10 | | 电极敏感膜的单点压力 | 4.10 | 5.10 | | | |
| 11 | | 电极的运输、运输贮存基本环境适应性 | 4.12 | 5.12 | | | |

6.3.4 型式检验不合格,应分析原因,找出问题并落实措施,重新进行型式检验。若型式检验再次不合格,则应停产整顿,产品停止出厂检验,待解决问题,经型式检验合格后,方可恢复出厂检验。

6.3.5 若型式检验合格,经出厂检验合格的批,可以出厂或入库。

## 7 标志、包装、运输、贮存

### 7.1 标志

#### 7.1.1 产品标志

电极标志应包括以下内容:

a) 电极的型号及名称;

b) 制造厂或供应商的名称、商标;

c) 生产日期和出厂编号;

d) 生产地址:如果标有相同识别标志(型号)的电极是在一个以上的生产地制造的,则对每一个生产地制造的电极,其标志应能识别出其生产地址;

注:生产地址的标志可以采用代码,而且不必标在电极的外部。

e) 法律法规和相关标准涉及的与安全有关的标志。

7.1.2 包装标志

电极的包装标志应包括以下内容：

a) 电极型号及名称、制造标准编号、商标；

b) 制造厂或供应商的名称及详细地址；

c) 易碎物品、怕雨、温度极限、堆码质量极限、堆码层数极限等包装、储运图示标志的尺寸和颜色应符合 GB/T 191—2008；

d) 收、发货方名称及详细地址。

## 7.2 包装

电极应包装在具有防震措施的包装盒内，盒内附有使用说明书、产品合格证，然后再装入具有防震、防潮的外包装箱内。

## 7.3 运输

电极在运输时，应防止雨、雪淋袭，暴晒，腐蚀性物质侵袭和强烈的冲击震动。

## 7.4 贮存

电极应贮存在环境温度(0～45)℃，相对湿度不大于 85％的库房中，库房中不得有腐蚀性气体。

---

ICS 71.040.01
N 53

# 中华人民共和国国家标准

GB/T 27757—2011

# pH值测定用参比电极

## Reference electrodes for the measurement of pH value

2011-12-30 发布　　　　2012-05-01 实施

中华人民共和国国家质量监督检验检疫总局
中国国家标准化管理委员会　发布

# 前　言

本标准按 GB/T 1.1—2009 给出的规则起草。

请注意本文件的某些内容可能涉及专利。本文件的发布机构不承担识别这些专利的责任。

本标准由中国机械工业联合会提出。

本标准由全国工业过程测量和控制标准化技术委员会分析仪器分技术委员会(SAC/TC 124/SC 6)归口。

本标准起草单位:上海精密科学仪器有限公司、上海市计量测试技术研究院、华东师范大学、上海雷磁仪器厂浦东联营厂。

本标准主要起草人:吴建忠、王巧梅、金春法、王震涛、何品刚、何海东。

# pH值测定用参比电极

## 1 范围

本标准规定了pH值测定用参比电极的分类、要求、试验方法、检验规则、标志、包装、运输、贮存等。

本标准适用于汞/氯化亚汞、银/氯化银为内电极材料的一般型饱和氯化钾的参比电极,其他参比电极参照执行(以下简称电极)。

## 2 规范性引用文件

下列文件对于本文件的应用是必不可少的。凡是注日期的引用文件,仅注日期的版本适用于本文件。凡是不注日期的引用文件,其最新版本(包括所有的修改单)适用于本文件。

GB/T 191—2008 包装储运图示标志(ISO 780:1997,MOD)

GB/T 2828.1—2003 计数抽样检验程序 第1部分:按接收质量限(AQL)检索的逐批检验抽样计划(ISO 2859-1:1999,IDT)

GB/T 2829—2002 周期检验计数抽样程序及表(适用于对过程稳定性的检验)

GB/T 11606—2007 分析仪器环境试验方法

## 3 分类

按使用场所分:

a) 实验室型;

b) 在线型。

## 4 要求

### 4.1 电极正常工作条件

电极在下列条件下应能正常工作:

a) 环境温度:5 ℃～40 ℃;

b) 相对湿度:≤90%;

c) 被测溶液温度:0 ℃～70 ℃;

d) 对液络部无严重腐蚀和玷污的水溶液。

### 4.2 电极的电位偏差

电极的电位偏差应不超过±3 mV。

### 4.3 电极的稳定性

电极的稳定性应符合下列要求:

a) 实验室型:±2 mV/7 h;

b) 在线型:±3 mV/24 h。

### 4.4 电极的内阻

在室温下电极的内阻应不大于 $1\times10^4$ Ω。

### 4.5 电极的液接界流速

在常压下电极的液接界流速由制造厂规定。

### 4.6 电极的外观

电极的外观应符合下列要求：

a) 电极应粘结牢固，完整光洁，无气泡、裂纹；

b) 电极的导线不应有烫伤，芯线、屏蔽线与电极插头应接触良好、无松动现象；

c) 电极的标志应符合 7.1 的要求。

### 4.7 电极的运输、运输贮存基本环境适应性

电极经包装后，应符合 GB/T 11606—2007 中的相关要求，其中：

a) 低温：−15 ℃±2 ℃；

b) 高温：55 ℃±2 ℃；

c) 交变湿热：温度 40 ℃±2 ℃，相对湿度 95%±3%，试验持续时间 8 h；

d) 碰撞：加速度 100 $m/s^2$，脉冲持续时间 16 ms，碰撞频率 60 次/min～100 次/min，碰撞次数 (1 000±10)次；

e) 自由跌落：跌落高度 250 mm。

电极经上述试验后应满足 4.2～4.6 的要求。

## 5 试验方法

### 5.1 试验条件

电极的试验条件、设备与溶液要求：

a) 在 GB/T 11606—2007 规定的参比条件下进行试验；

b) 电极应预先在饱和氯化钾溶液中浸泡 2 h；

c) pH 计或离子计：分辨率不低于 0.1 mV，输入阻抗不小于 $1\times10^{12}$ Ω；

d) 电导率仪：精度不低于 2.0 级；

e) 银丝：$\Phi$1 mm×150 mm；

f) 比对用的电极：与被测电极一致的标准参比电极；

g) 溶液温度除标准中另有规定外，一般为 25 ℃±0.2 ℃；

h) 秒表：分辨率优于 0.1 s；

i) 饱和氯化钾溶液：用分析纯的氯化钾试剂和去离子水或蒸馏水制备。

### 5.2 电极的电位偏差

将电极和比对电极组成电极对(以下简称电极对)，其引线分别与 pH 计(或离子计)的测量端和参比端连接，将电极对浸在饱和氯化钾溶液中，用仪器测量电极对的电位偏差值。

### 5.3 电极的稳定性

将电极对浸泡在饱和氯化钾溶液中，10 min 后记录电位值 $E_0$，以后每隔 1 h 记录一次，经 24 h 运行后，取与 $E_0$ 偏离最大的读数 $E_{max}$，按式(1)计算电极的稳定性 $M$。

$$M = E_{max} - E_0 \quad \cdots\cdots (1)$$

式中：

$M$——最大漂移量，单位为毫伏(mV)；

$E_{max}$——电极对在饱和氯化钾溶液中与 $E_0$ 偏离最大的读数，单位为毫伏(mV)；

$E_0$——电极对在饱和氯化钾溶液中 10 min 的读数，单位为毫伏(mV)。

### 5.4 电极的内阻

将电极和银丝浸入饱和氯化钾溶液中，溶液的液面应超过电极的液接界，用电导率仪进行测量，电导率仪上的“常数”键置于 1.00，温度设置为“不补偿”状态。电极插头和银丝分别与电导率仪的两输入端连接，测得电导率示值，计算其倒数，即为电极的内阻。

### 5.5 电极的液接界流速

将电极垂直悬置，用饱和氯化钾溶液将内部溶液加至一定高度作一标志，24 h 后用注射器将内部溶液补至原高度，计算补液量与时间的关系。

### 5.6 电极的外观

凭目视和手感在灯光下检验。

### 5.7 电极的运输、运输贮存基本环境适应性

将电极按 7.2 要求包装后，进行运输、运输贮存基本环境条件试验。

a) 低温试验按 GB/T 11606—2007 中第 15 章规定的方法进行；

b) 高温试验按 GB/T 11606—2007 中第 16 章规定的方法进行；

c) 交变湿热试验按 GB/T 11606—2007 中第 8 章规定的方法进行；

d) 碰撞试验按 GB/T 11606—2007 中第 18 章规定的方法进行；

e) 自由跌落试验按 GB/T 11606—2007 中第 17 章规定的方法进行。

## 6 检验规则

### 6.1 检验分类

检验分出厂检验和型式检验。

### 6.2 出厂检验

6.2.1 每支电极须经检验部门检验合格后，并附有产品合格证方能出厂。

6.2.2 出厂检验按表 1 进行。“全数”检验项目不允许有不合格项出现；“抽样”检验项目按 GB/T 2828.1—2002 规定的方法进行。

**表 1 出厂检验**

| 序号 | 检验项目 | 要求章条 | 试验方法章条 | 检验方法 | 检查水平 IL | 合格质量水平 AQL | 抽样方案 |
|---|---|---|---|---|---|---|---|
| 1 | 电极的电位偏差 | 4.2 | 5.2 | 全数 | — | — | — |
| 2 | 电极的外观 | 4.6 | 5.6 | | | | |

表 1（续）

| 序号 | 检验项目 | 要求章条 | 试验方法章条 | 检验方法 | 检查水平 IL | 合格质量水平 AQL | 抽样方案 |
|---|---|---|---|---|---|---|---|
| 3 | 电极的稳定性 | 4.3 | 5.3 | 抽样 | Ⅰ | 2.5 | 二次 |
| 4 | 电极的内阻 | 4.4 | 5.4 | | | | |
| 5 | 电极的液接界流速 | 4.5 | 5.5 | | | | |

6.2.3 出厂抽样检验不合格的批，应退回车间进行100％挑剔和返工，挑剔后可再次提交验收，对再次提交批应采用相应的加严检验(或正常检验)抽样方案，若再次提交批仍不合格，则不得再次提交验收。此时应分析原因，提出改进措施和处理该批次产品的办法。

6.2.4 若入库超过六个月再出厂，则必须重新进行出厂检验。

### 6.3 型式检验

#### 6.3.1 型式检验要求

在下列情况之一时，进行型式检验：

a) 电极设计定型时；
b) 当电极生产中断一年以上又恢复生产时；
c) 当电极的设计、工艺和材料有重大改变时；
d) 出厂检验结果与上次型式检验有较大差异时；
e) 正常生产，每年进行一次的周期性检验。

#### 6.3.2 样本要求

型式检验的电极必须在出厂检验合格的批中随机抽取，若发现电极玻壳冷爆，允许替换一次。在进行型式检验前应对所有样本单位按出厂检验项目进行检验。

#### 6.3.3 检验方法

型式检验采用GB/T 2829—2002周期检验一次抽样方案。其检验分组、检验项目、不合格质量水平(RQL)、判别水平(DL)及抽样方案($n$/Ac,Re)应符合表2的规定。批质量以不合格品百分数表示。

表 2 型式检验

| 序号 | 检验分类 | 检验项目 | 要求章条 | 试验方法章条 | 不合格质量水平(RQL) | 判别水平(DL) | 抽样方案($n$/Ac,Re) |
|---|---|---|---|---|---|---|---|
| 1 | A | 电极的电位偏差 | 4.2 | 5.2 | 25 | Ⅱ | 6/(0 1) |
| 2 | | 电极的稳定性 | 4.3 | 5.3 | | | |
| 3 | | 电极的外观 | 4.6 | 5.6 | | | |
| 4 | B | 电极的内阻 | 4.4 | 5.4 | 50 | Ⅱ | 6/(1 2) |
| 5 | | 电极的液接界流速 | 4.5 | 5.5 | | | |
| 6 | | 电极运输、运输贮存基本环境适应性 | 4.7 | 5.7 | | | |

#### 6.3.4 不合格处理方法

型式检验不合格，应分析原因，找出问题并落实措施，重新进行型式检验。若型式检验再次不合格，则应停产整顿，产品停止出厂检验，待解决问题，经型式检验合格后，方可恢复出厂检验。

#### 6.3.5 合格处理方法

若型式检验合格，经出厂检验合格的批，作为合格产品可以出厂或入库。

## 7 标志、包装、运输、贮存

### 7.1 标志

#### 7.1.1 产品标志

电极标志应包括以下内容：

a) 电极的型号及名称；

b) 制造厂或供应商的名称、商标；

c) 生产日期和出厂编号；

d) 生产地点：如果标有相同识别标志（型号）的电极是在一个以上的生产地点制造的，则对每一个生产地点制造的电极，其标志应能识别出其生产地点；

注：生产地点的标志可以采用代码，而且不必标在电极的外部。

e) 法律法规和相关标准涉及的与安全有关的标志。

#### 7.1.2 包装标志

电极包装标志应包括以下内容：

a) 电极型号及名称、制造标准编号、商标；

b) 制造厂或供应商的名称及详细地址；

c) 易碎物品、怕雨、温度极限、堆码质量极限、堆码层数极限等包装、储运图示标志的尺寸和颜色应符合 GB/T 191—2008；

d) 收、发货方名称及详细地址。

### 7.2 包装

电极应包装在具有防震措施的包装盒内，盒内附有使用说明书、产品合格证，然后再装入具有防震、防潮的外包装箱内。

### 7.3 运输

电极在运输时，应防止雨、雪淋袭，暴晒，腐蚀性物质侵袭和强烈的冲击震动。

### 7.4 贮存

电极应贮存在环境温度 0 ℃～45 ℃，相对湿度不大于 85％的库房中，库房中不得有腐蚀性气体。

ICS 25.040.40
N 10

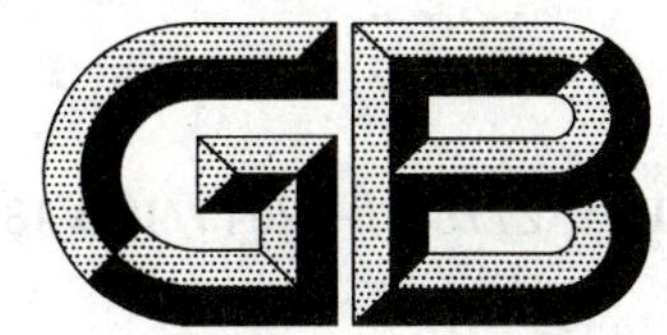


# 中华人民共和国国家标准

GB/T 27758.1—2011/ISO 18435-1:2009

# 工业自动化系统与集成 诊断、能力评估以及维护应用集成 第1部分:综述与通用要求

Industrial automation systems and integration—Diagnostics, capability assessment and maintenance applications integration—Part 1: Overview and general requirements

(ISO 18435-1:2009, IDT)

2011-12-30 发布 2012-05-01 实施

中华人民共和国国家质量监督检验检疫总局
中国国家标准化管理委员会 发布

# 前　言

GB/T 27758《工业自动化系统与集成　诊断、能力评估和维护应用集成》拟分部分发布。目前计划发布如下部分：

——第1部分：综述与通用要求；

——第2部分：应用领域矩阵元素描述与定义；

——第3部分：应用集成描述方法。

本部分为GB/T 27758的第1部分。

本部分按照GB/T 1.1—2009给出的规则起草。

本部分使用翻译法等同采用ISO 18435-1:2009《工业自动化系统与集成　诊断、能力评估和维护应用集成　第1部分：综述与通用要求》。

与本部分中规范性引用的国际文件有一致性对应关系的我国文件如下：

GB/T 20720.1—2006　企业控制系统集成　第1部分：模型和术语(IEC 62264-1:2003,IDT)

GB/T 20720.2—2006　企业控制系统集成　第2部分：对象模型属性(IEC 62264-2:2004,IDT)

本部分做了下列编辑性修改：

——在GB/T 27758.1的标准文本中用“GB/T 27758的本部分”代替“ISO 18435的本部分”一词；

——按照我国国家标准制定要求重新起草了前言；

——将本部分中出现的已转化为国家标准的国际标准编号改为国家标准编号，未转化的国际标准保留。

本部分由中国机械工业联合会提出。

本部分由全国自动化系统与集成标准化技术委员会(SAC/TC 159)归口。

本部分负责起草单位：北京机械工业自动化研究所。

本部分参加起草单位：清华大学。

本部分主要起草人：黎晓东、杨书评、黄双喜、高雪芹。

# 引　言

## 0.1　综述

GB/T 27758定义了一套集成方法，用于诊断、能力评估和维护应用与生产、控制以及其他制造业务的应用进行集成。

GB/T 27758描述应用集成模型以及通用的应用互操作性需求。这些应用集成模型旨在：

a）为制造资产，例如设备、自动化设备和软件单元，提供诊断、能力评估和维护应用的集成参考架构；

b）使诊断、能力评估和维护应用与其他应用的集成成为可能；

c）为处理资产管理生命周期提供一个系统的视图。

应用集成模型旨在引领工业规范或者标准进行诊断、能力评估和维护应用与生产和控制应用的集成。这些集成模型定义了一些元素和规则，帮助识别和选择在互操作性模板中描述的接口。这些互操作性模板用于引用基于国际标准的互操作性专规（profile），这些国际标准适用于集成企业中不同层次的功能和资源的应用。

GB/T 27758的目标用户是工业自动化应用的开发者，特别是设计、实现、部署、启用和操作集成了诊断、能力评估、控制、生产和维护应用的系统的那些人。

## 0.2　资产运行以及维护周期管理集成框架

GB/T 27758重点是描述制造资产和资源需要满足的集成需求，以支持制造系统生命周期内的运行和维护阶段（如图1所示）。

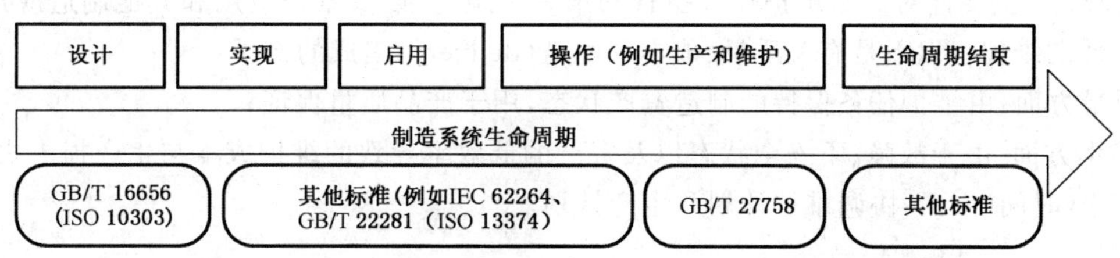


图1　GB/T 27758在制造系统生命周期中的概貌

在图2中，框架显示了诊断和维护相关的活动。图中用椭圆标示出这些活动的几种组合，这些组合提供了有效的机制，可针对制造操作的各种变化采用相适应的维护策略。这些变化包括产品需求的变化、操作状态和环境的变化以及在生命周期内不断改进的制造资产。

例如，图中的第一个活动组合是维护任务执行的运行阶段，包括维修任务计划，涉及资产检查、监测和诊断，以及根据需要产生的处理或修理，以评价维护结果作为结束。这些活动主要涉及可控制的常规维护任务。

图中的第二个活动组合关注维护策略计划，涉及到选择对于每个资产而言比较合适的维护方法，例如停机故障维修（BM）、基于时间的维修（CTM）以及基于状态的维修（CBM）。可以基于诊断、能力评估和维护历史改进维护策略。

第三个活动组合,包括了以维护策略计划输入作为驱动的制造资产设计改进。设计改进推动着维护策略计划。这第三个组合的目的是希望通过资产改善将维护费用最小化,或者是减少维护工作和时间。

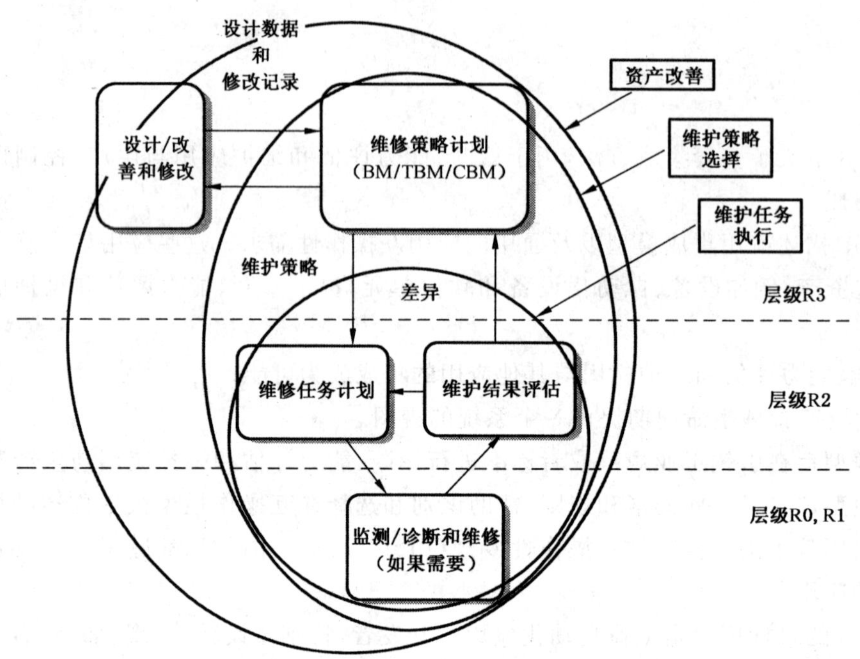


图 2 制造资产维护管理框架

虽然可以认为基于状态的维护(CBM)是一种先进的策略,但是 CBM 也不总是最有效的方法。机器或者组件的故障并不很致命,停机故障维护(BM)方法比较合适。而机器或者组件的剩余寿命可以推测时,基于时间的维护(TBM)方法更为合适。

GB/T 27758 主要针对的是维护任务执行的第一个组合,以及维护应用和其他制造应用的集成,尤其是基于条件的维护。以下是有关质量、成本和配送(delivery)集成的例子:

a) 质量方面:由维护任务保持的制造资产状态,用于产品质量保证;

b) 成本方面:由于故障、不安全状态以及资产的低效率导致的维护成本与生产损失之间的取舍;

c) 配送(时间)方面:协调维护计划和生产计划。

## 0.3 方法

GB/T 27758 采用其他标准(例如 IEC 62264、GB/T 19659(ISO 15745)和 GB/T 22281(ISO 13374))中的定义和概念描述一些功能和接口,这些功能和接口采集生产过程、设备、操作人员、物料和其他制造资产信息,并且将信息传递给不同的诊断和维护子系统,从而执行资产管理。这些信息交换由一套架构(schema)表示,架构描述了传递的信息,以及那些所需互操作性接口的使用信息。

特别指出,本标准主要参考了以下标准的概念和定义:GB/T 19659(ISO 15745)、GB/T 22281(ISO 13374)、IEC 61499、GB/T 15969(IEC 61131)、IEC 62264、GB/T 21207(IEC 61915)、ISO/IEC 15459-1、MIMOSA OSA CBM 以及 MIMOSAOSA-EAI。

## 0.4 预期效益

在制造企业中,一个适当的集成化资产管理系统可以提供关键的信息,用于提高已部署制造资产的生产率。有效并及时的资产维护可以理想地使这些资产提供生产系统所需要的服务。

过去,众多工业自动化系统和控制设备提供的关于过程、设备、操作者与物料的信息,在制造过程中并没有得到充分利用。而现在,随着设备中数字信号处理应用不断增多,这些可用信息可以得到与制造过程更加适应的有效分析,并且用于诊断、能力评估、控制和维护应用中。另外,在不增加制造系统传感器的情况下,一些信息还可以通过系统中已有的接口提取出来。这种得到提高的信息存取能力,需要用标准的形式表述给其他的分析工具,这些工具通过明确定义的接口诊断生产过程、物料和设备问题。

本标准还可以获得如下的效益:

a) 通过参考预定义的诊断和维护应用互操作性专规,可以支持终端用户规划或采购开放、集成和安全的系统。

b) 通过使用基于 GB/T 27758 的通用工具,系统集成人员减少开发诊断和维护解决方案的时间。

c) 通过使用基于 GB/T 27758 的通用工具,诊断和维护产品或服务的提供商可以提供和开发新的产品。

d) 因为获取关键信息更加方便,系统的安全管理方面可以得到很大的提高。

通过应用的实施和能力目标以及通过业务需求,如成本、安全和环境相容性等,集成提高了系统实现过程优化的可能性。

在需要将所需的状态检测、维护计划和资产管理系统与其他制造应用集成的时候,应用集成模型和互操作性架构(schema),可以给设备和现场设备提供商、系统集成商与应用程序设计人员一种方式,去评估诊断和维护组件的适用性。

## 0.5 与 GB/T 27758(ISO 18435)其他部分的联系

表 1 简要地描述了 GB/T 27758(ISO 18435)的各部分,并见图 3 的图解说明。

在图 3 中,GB/T 27758(ISO 18435)各部分的聚焦点如虚线区域所示,虚线区域界定了 UML 类图的特定部分,这些 UML 类图表示了单个应用或者应用之间的集成模型。

**表 1 GB/T 27758(ISO 18435)概述**

| 部分 | 描　　述 |
|---|---|
| GB/T 27758.1 | 集成方法、应用集成模型元素、这些元素之间的关系以及在选定的工业应用场景中的通用需求描述的综述 |
| ISO 18435-2[a] | 描述了应用领域矩阵元素与应用关系矩阵元素,这些元素代表了应用到应用之间的集成需求 |
| ISO 18435-3[a] | 用互操作性规范模板方式描述应用集成方法 |
| [a] 起草中。 | |

GB/T 27758 的本部分,提供了描述制造应用集成需求方法的元素与规则的综述。这些元素包括了集成不同制造应用时需用的关键因素,以及这些关键因素之间的关系。这些规则包括了支持一个应用内部以及不同应用之间互操作性的信息交换。

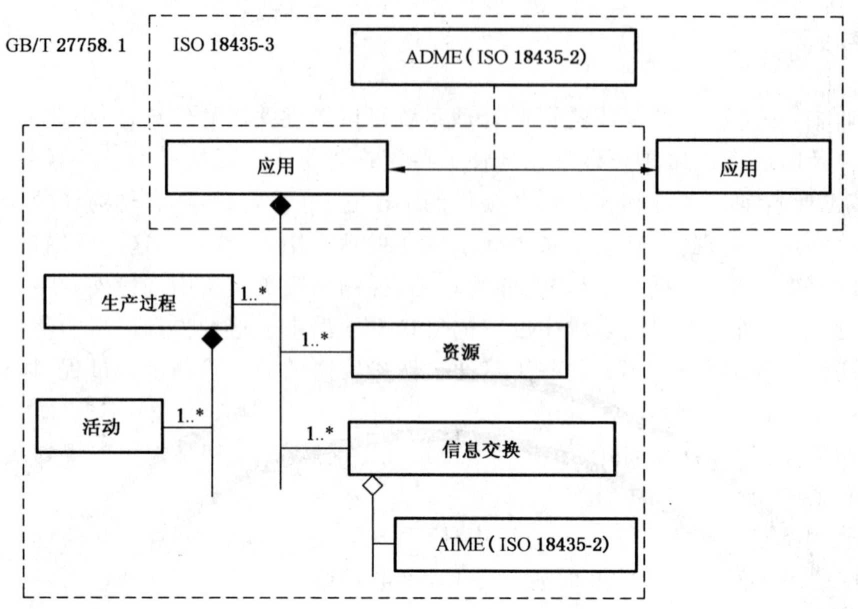


**图 3 GB/T 27758(ISO 18435)内部关系**

ISO 18435-2 将会给出一些详细定义,包括应用交互矩阵元素(AIME)和应用领域矩阵元素(ADME)的架构以及它们之间的关系。还特别表述了从一组 AIMEs 中构造出一个 ADME 的步骤。

ISO 18435-3 将会定义一个推荐的方法,用于描述制造企业内部两个或更多的制造业领域的互操作性以及集成需求。主要集中于生产运行与维护领域。

# 工业自动化系统与集成 诊断、能力评估以及维护应用集成 第1部分:综述与通用要求

## 1 范围

GB/T 27758 的本部分定义了一个集成建模方法,并给出该方法如何在诊断、能力评估、预测和维护应用与生产和控制应用的集成中使用。与其他应用的集成,例如,安全等不在 GB/T 27758 的范围之内。

注 1: GB/T 27758 的其他部分将在应用领域集成图表里定义活动领域矩阵元素,以及不同应用之间的详细集成方法。

注 2: 在很多应用中,安全被认为是一个很重要的因素,但是 GB/T 27758 不做描述。

## 2 规范性引用文件

下列文件对于本文件的应用是必不可少的。凡是注日期的引用文件,仅注日期的版本适用于本文件。凡是不注日期的引用文件,其最新版本(包括所有的修改单)适用于本文件。

IEC 62264-1 企业控制系统集成 第 1 部分:模型和术语(Enterprise-control system integration—Part 1:Models and terminology)

IEC 62264-2 企业控制系统集成 第 2 部分:对象模型属性(Enterprise-control system integration—Part 2:Object model attributes)

IEC 62264-3 企业控制系统集成 第 3 部分:制造作业管理的活动模型(Enterprise-control system integration—Part 3:Activity models of manufacturing operations management)

## 3 术语和定义

下列术语和定义适用于本文件。

3.1

**活动 activity**

一套由行动者执行的动作。

注:一个活动也可以由行动者的代理执行。

3.2

**应用 application**

一组有序的过程,它由一组资源执行,并通过一系列交互进行协调,旨在完成一个定义的目标。

3.3

**行为 behavior**

一个组件(component)的可见行为,通过它对环境的影响以及/或者通过它的可测量属性获得。

3.4

**能力评估 capability assessment**

评估制造资产给系统提供资源的生产能力和容量。

3.5

**组件　component**

〈资源〉系统的部分,扮演特定的角色,在执行任务的时候提供系统的部分或者所有功能。

3.6

**控制应用　control application**

制造应用类型,监控制造资产的可用性以及标示它的状态,并给其他的应用提供这些信息以便完成生产目标。

3.7

**诊断应用　diagnostics application**

制造应用类型,监控和检查制造资产的连续可用性,并且向其他制造应用通知这种可用性的任何状态或者约束。

3.8

**数据历史　data historian**

系统收集操作信息的能力。

3.9

**集成　integration**

系统状态或者活动,以实现某个特定的状态,在该状态下,系统的组件被组织起来一起合作、协调和互操作,当需要时,还可交换"项目",以执行某个系统任务。

3.10

**相互作用　interaction**

涉及多种资源、为完成系统功能的某个特定部分的事务处理。

示例:例子包括协调、协作、合作、不知情的辅助、知情情况下的不干涉,甚至竞争。

3.11

**接口　interface**

服务或者相关服务机制的集合,通过逻辑或物理接入点,由某个资源提供,以转移或者交换信息、物料、能量以及其他一些制造因素。

注:GB/T 18714.2—2002,8.4,定义"接口"为"某个包含其互操作子集以及一套约束条件的对象的动作的抽象"。

3.12

**互操作性　interoperability**

两个或者更多实体为了执行各自的任务而通过每个实体的接口,按照一组规则和机制交换项目(item)的能力。

注1:实体的例子包括设备、器材、机器、人员、工艺、应用程序、软件单元、系统以及企业。

注2:项目的例子包括信息、物料、能量、控制、资产以及意见。

3.13

**维护应用　maintenance application**

制造应用类型,管理制造资产的重构、搬迁、更换或者维修,并且将这些活动通知其他的制造应用。

3.14

**制造应用　manufacturing application**

制造过程、相关资源以及在产品制造中或服务提供中涉及到的信息交换等的集合。

3.15

**制造资产　manufacturing asset**

在制造过程中实际的(物理的)、唯一标识的、具有一定角色的系统。

3.16

**制造过程　manufacturing process**

制造业过程的集合,涉及到物料、信息、能量、控制或者制造领域中其他元素流和/或转换。

3.17

**制造资源　manufacturing resource**

物理或逻辑实体,使制造过程得以进行。

注:制造资源包括(但不局限于)制造资产,例如,器材、机械、软件、自动化单元、控制设备、仪表、模具以及其他资源,例如,操作员、物料、燃料以及物理工厂(资源部署于其中)。

3.18

**路径　path**

建立于不同功能单元之间的关联,以实现传递信息。

3.19

**过程　process**

在一组状态下实施或执行的一套活动、事件或者任务的时间或逻辑顺序。

3.20

**生产分段　production segment**

过程分段和产品分段的序列。

注:参见IEC 63364-2。

3.21

**资源　resource**

用于完成某个任务的实体。

3.22

**角色　role**

一系列特征的集合,区别某个资源的能力以展示一系列要求的动作。

3.23

**系统　system**

资源的集合,它们共同完成某个工艺过程的一个或者多个功能。

3.24

**任务　task**

动作的集合,以完成一系列功能。

3.25

**交易　transaction**

在某个接口某个实体的交换,使用资源定义好的服务。

## 4　缩略语

下列缩略语适用于本文件。

ADID:应用领域集成图表(Application Domain Integration Diagram)

ADME:应用领域矩阵元素(Application Domain Matrix Element)

AIME:应用交互矩阵元素(Application Interaction Matrix Element)

AIRD:应用集成关系图表(Application Integration Relationship Diagram)

ERP:企业资源计划(Enterprise Resource Planning)

UID:唯一标识(用于某个资产的整个生命周期)[Unique ID (of asset for its entire lifetime)]

UML:统一建模语言(Unified Modelling Language)

XML:可扩展标记语言(eXtensible Mark-up Language)

## 5 应用的集成与互操作性

### 5.1 应用集成的需求

对应用集成的需求可以描述如下:

a) 通用的互操作性模板,该模板可枚举应用资源的接口以及这些接口的约束;

b) 用于集成目标应用的特定的互操作性专规。

如图 4 中的用例图所示,GB/T 27758 描述的集成模型所处理的制造应用,居于单一领域或者不同领域中。领域间集成涉及到至少两个应用,每个都居于不同的领域中。领域内集成涉及两个或者更多居于同一个领域内的应用。

不管是领域内还是领域间的情况,应用的集成需求都应该包括支持这些应用互操作性的规则。GB/T 27758 定义了一个描述方法,以互操作性专规和模板的形式来获取两种情况下的集成需求。

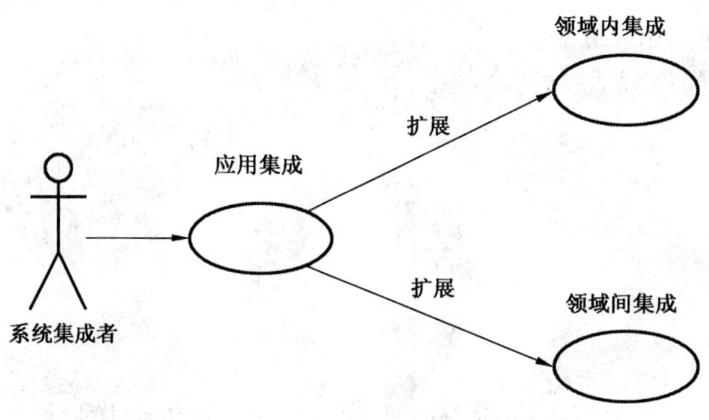


图 4 应用集成需求

### 5.2 集成模型的需求

用于应用集成的集成模型应该描述以下内容:

a) 待集成的一套应用,包括这些特定目标应用的不同特征;

b) 一套领域(domains),这些领域由制造企业的应用领域集成图表内的这些应用组成;

c) 一套互操作性接口,由应用资源提供,并用于应用之间的信息交换。

### 5.3 互操作性和集成的标准

以下情况下,应该考虑两个或者更多实体的互操作:

a) 当实体交换信息的时候;

b) 当交换信息要符合一套规则和机制的时候;

c) 当实体对信息有共同解读的时候。

以下情况下,两个或更多的实体需要考虑集成:

——当每个实体都有不同的结构、行为或者边界的时候;

——当某个行为需要由集成的实体而非单个实体来完成的时候;

——当需要实体间协调、协作和互操作来执行任务的时候。

注:实体可以是应用、资源或者过程。

这些规则将在 5.5 和 5.6 进一步阐述。

## 5.4 应用领域

### 5.4.1 综述

在一个企业里，每个制造应用都会使用特定角色的资源执行特定的作业以完成企业的任务。应用会通过使用资源提供的接口开始与其他应用交换信息。

企业中应用可以按照下面这些来区分：过程、过程中的活动序列、活动中计划和执行的任务，或者执行任务时特定的功能和所需的资源。

如在 IEC 62264 中定义的那样，企业中的应用应该按照处于同时运行的应用层次结构（hierarchy）中的某一层来区分。层次结构中的每个层由所执行的功能类型、执行任务所涉及的资源类型、执行的活动和过程类型、这些功能（functions）产生与使用的信息类型以及与层次结构中其他层交换的信息结构来确定。

在每个层之内，被分类的一个或者多个应用提供相同的通用类型功能，可以形成一个独特的应用系列。在 GB/T 27758 里，每个独特的功能系列应该称为制造应用领域。每个应用领域在建模的时候，应该包含一个或者多个应用，这些应用可以满足特定领域内相关的一系列互操作需求。

当在某个领域中的每个集成应用可以满足该领域特定的一套互操作性需求时，该领域应该被称为一个集成领域。

### 5.4.2 应用领域的分类

在 GB/T 27758 中，应用领域的分类枚举如下，并且应该使用应用领域集成图表（ADID）表示，如图 5 所示。

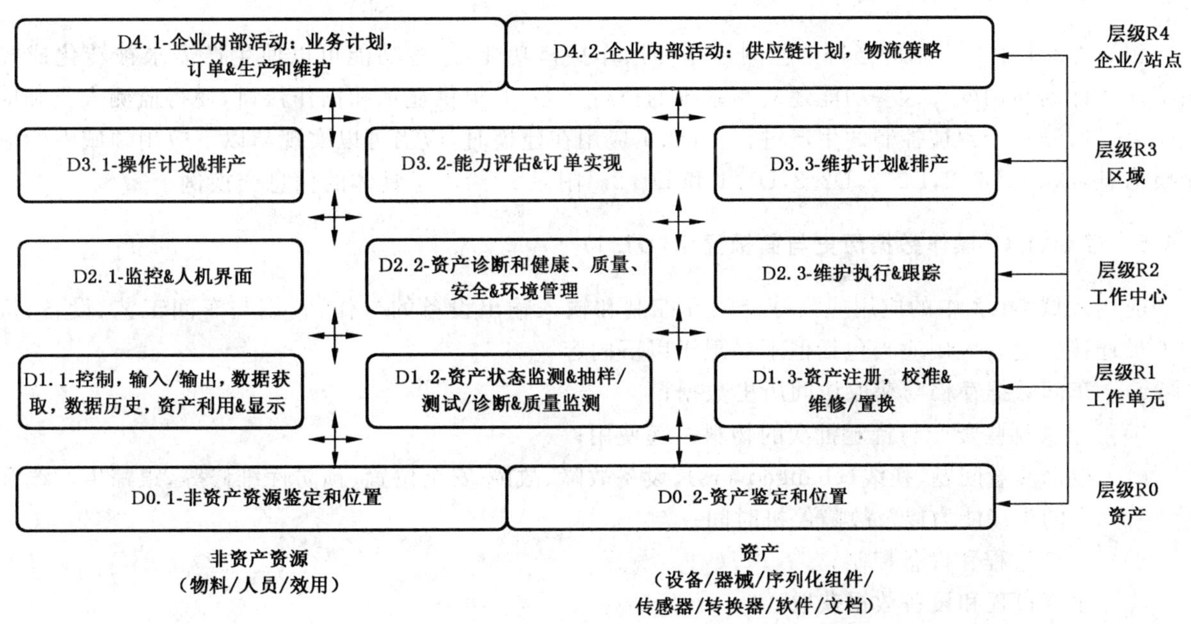


注 1：该图只是包括了那些与操作和维护集成密切相关的领域，例如生产控制、维护和能力管理。

注 2：两层级之间或者横跨层级的箭头，表明传递可以发生在任意两个层级间或者任意两个列之间（例如 D1.1 可以与 D3.2 通讯）。

注 3：领域跟引用层级有关联。一些实现可以有所有的参考领域，一些可以少一些。建议的做法是，任何的实现都映射回这些应用参考领域。图中的任何应用领域可以与其他任何一个应用领域交互。一个实现定义好接口，该接口通过引用的应用领域相关的应用暴露出来。

图 5 应用领域集成图（ADID）

IEC 62264 中定义了一个企业层次结构中 R3 层的一些应用领域：

a） 在应用领域 D3.1、D2.1 和 D1.1 中的生产和控制应用
   1） D3.1：操作计划与调度；
   2） D2.1：监测控制与 HMI（人机界面）；
   3） D1.1：控制、I/O、操作数据历史与面板显示。
b） 在应用领域 D3.2、D2.2 和 D1.2 中的能力评估、诊断和预测应用
   1） D3.2：能力评估与决策支持；
   2） D2.2：资产预测和健康、产品质量、安全和环境管理；
   3） D1.2：资产应用、状态监测与质量监测。
c） 在应用领域 D3.3、D2.3 和 D1.3 中的维护、配置和维修应用
   1） D3.3：维护计划与调度；
   2） D2.3：维护作业指令（work order）管理与跟踪；
   3） D1.3：资产配置、校准、维修与置换。

示例：应用领域 D1.2 可以被认为是一个单一应用，监测制造资产的状态、执行诊断任务以确定该资产是否还能够执行任务。被分配去执行应用的作业的资源，需要支持所需求的互操作性接口，以实现作为一个集成系统运行。

### 5.4.3 操作计划与调度（D3.1）

在领域 D3.1 中的应用应该符合生产操作计划与调度，生产操作计划与调度基于应用领域 D4.1 和 D4.2 中业务应用发布的生产承诺。D3.1 应用在建模时，应当可以实现与在以下应用领域中的应用交换信息：D2.1，D3.2，D3.3 和 D2.2。附录 A 给出了具体的信息交换例子。

### 5.4.4 监测控制与 HMI（D2.1）

领域 D2.1 中的应用应当符合监测控制和操作接口功能，这些功能可以使生产需求被转化成控制系统任务计划与调度。这些功能还监测系统的执行状态，并提供显示和操作接口，使得监测人员和应用程序可以监测和干预被控制的生产过程。D2.1 应用在建模时，应当可以实现与以下应用领域中的应用交换信息：D3.1，D3.2，D2.2，D2.3，D1.1 和 D1.2。附录 A 给出了具体的信息交换例子。

### 5.4.5 控制、I/O、操作数据历史与面板显示（D1.1）

应用领域 D1.1 中的应用应当符合闭环控制和输入输出设备的操作，它们与车间工艺、设备、机械和人员连接。这些应用应当包括但不局限于以下内容：

a） 车间数据存档与获取访问历史数据；
b） 记录哪些资产与特定批次的物料一起使用；
c） 根据质量问题、换线（changeovers）、设备故障、故障-安全位置、预防性维修等，跟踪生产线和资产的生产能力以及故障停机时间；
d） 生产过程和设备控制；
e） 生产过程和设备数据获取。

D1.1 应用在建模时，应当可以实现与以下应用领域中的应用交换信息：D2.1，D2.2，D1.2，D1.3，D0.1 和 D0.2。附录 A 给出了具体的信息交换例子。

注：通过改变资产的控制和配置，满足于新的约束（例如，能量、寿命和吞吐量等），资产的利用率可提高或者改变。面板显示允许操作人员观察设备的操作状态，并且给控制工程师提供改变资产操作性能的能力。

### 5.4.6 能力评估与决策支持（D3.2）

应用领域 D3.2 中的应用应当符合企业内部当前和将来的制造操作能力的评估。这些应用应当包

括但不局限于以下内容：

a) 预测一个特定生产部门基于预计生产水平的能力；

b) 为整个生产设备或生产线预计成功的概率和影响测评(环境、安全和财务)，这些预测是基于未来需求与监测约束的；

c) 推荐资源投入(commitments)，以支持基于其他信息的制造业务，例如：

1) 随时间推移的产品输出与质量水平；

2) 直接/间接成本、废料输出、环境风险、安全风险、不可预测的故障停机风险；

3) 转换和季节性因素。

D3.2 应用在建模时，应当可以实现与以下应用领域中的应用交换信息：D3.1，D3.3，D4.1，D4.2，D2.1，D2.2 和 D2.3。附录 A 给出了具体的信息交换例子。

### 5.4.7 资产诊断和健康、产品质量、安全和环境管理(D2.2)

应用领域 D2.2 中的应用应当符合评价资产剩余寿命的资产诊断和资产健康评估，并且由这些评估得出下一次重要维修的时间。这些应用应当包括但不局限于以下内容：

a) 使用其他智能代理[例如 GB/T 22281(ISO 13374)代理]的预测，基于对不正常状态[例如 GB/T 22281(ISO 13374)健康评估功能]的诊断，确定某资产的当前健康状况；

b) 合成复杂的数据和事件(警报和操作变动等)，开发操作和维护建议，以及安排修改；

c) 以某个相关的概率预报某资产的未来健康等级与诊断故障；

d) 评估资产健康状态对产品的质量、安全水平和环境柔度的影响。

D2.2 应用在建模时，应当可以实现与以下应用领域中的应用交换信息：D3.1，D3.2，D3.3，D4.1，D4.2，D2.1 和 D2.3。附录 A 给出了具体的信息交换例子。

### 5.4.8 资产利用、状态监测与质量监测(D1.2)

应用领域 D1.2 中的应用应当符合资产状态监测和诊断，这些可以获取并转换车间数据[例如 GB/T 22281(ISO 13374)数据采集块]成具体的描述(特征)。这些应用应当包括但不局限于以下内容：

a) 利用信号处理算法抽取具体的描述符[例如 GB/T 22281(ISO 13374)数据监测块]；

b) 将这些描述符与预定的基准线值或者状态监测限定值进行对比，以触发特定的列举状态(例如水平低、水平正常、水平高、“预警”、“警报”)指标输出；

c) 根据已定义的状态监测限定值或者基准线[例如 GB/T 22281(ISO 13374)状态检测块]产生状态监测警报；

d) 根据操作情景产生资产利用评估，受当前操作状态或者操作环境的影响；

e) 进行设备和加工机械抽样和测试，类似于实验室信息管理系统的操作；

f) 执行嵌入式的诊断应用，如果检测到资产中有不正常状态则返回错误代码。

D1.2 应用在建模时，应当可以实现与以下应用领域中的应用交换信息：D1.1，D1.3，D2.1，D2.2，D2.3，D0.1 和 D0.2。附录 A 给出了具体的信息交换例子。

### 5.4.9 维护计划与调度(D3.3)

应用领域 3.3 中的应用应当符合维护操作计划与调度，这些计划和调度是基于应用领域 D3.1 的应用发布的生产承诺(commitments)。D3.3 应用随后会给应用领域 D2.3 的应用生成详细的维护计划。

D3.3 应用在建模时，应当可以实现与在以下应用领域中的应用之间交换信息：D3.2，D3.1，D2.1，D2.2，D2.3，D4.1 和 D4.2。附录 A 给出了具体的信息交换例子。

### 5.4.10 维护作业指令管理与跟踪(D2.3)

应用领域 D2.3 中的应用应当符合维护作业执行和作业指令跟踪应用。这些应用接收维护操作调度和基于状态的维护作业请求,创建作业指令并跟踪它们的整个生命周期。

D2.3 应用在建模时,应当可以实现与以下应用领域中的应用交换信息:D2.2,D2.1,D3.2,D3.3,D1.2 和 D1.3。附录 A 给出了具体的信息交换例子。

### 5.4.11 资产配置、标定、维修与置换(D1.3)

应用领域 D1.3 中的应用应当符合系列化资产组件的配置,包括资产组件跟踪。这些应用应当包括但不局限于以下内容:

a) 直接管理或者通过便携式现场测试仪器管理所有系列化组件(包括现场设备和仪器)的资产生命周期使用、标定、维修和置换活动;

b) 控制和记录这些活动,以响应作业指令请求;

c) 检测不正常的状态概况,并给其他的资产管理应用提供示值(indication)。

D1.3 应用在建模时,应当可以实现与以下应用领域中的应用交换信息:D0.1,D0.2,D1.2,D1.1,D2.1,D2.2 和 D2.3。附录 A 给出了具体的信息交换例子。

### 5.4.12 企业内部与企业间的活动(D4.1 和 D4.2)

应用领域 D4.1 中的应用在建模时候,应当符合业务计划、人力资源、订单和产量。应用领域 D4.2 建模时应当符合特定的应用,该应用可以协助供应商和采购商的供应链管理功能,以及协助企业进行业务计划、财务管理、顾客关系管理和物流应用。

注:第 4 层级的应用有时候被称为企业资源计划(ERP)系统。这些应用旨在通过企业的组织和地区之间更好地信息共享和交流,以帮助企业进行更好地管理。

D4 应用在建模时,应当可以实现与以下应用领域中的应用交换信息:D3.1,D3.2 和 D3.3。附录 A 给出了具体的信息交换例子。

### 5.4.13 资源注册服务(D0.1 和 D0.2)

与应用领域 A0 相关的应用应当符合以下的标识和定位:

a) 资产资源,包括但不局限于:器材、机械、设备、仪器、工具、软件单元、容器、网络、建筑(facilities)以及其他一些可重用的资产;

b) 非资产资源,包括但不局限于:原材料、燃料、试剂、催化剂、润滑剂、包装、处理液和其他一些消费品资产。

这些应用也应该包含但不局限于以下内容:

——协调跨多个且地理位置分散站点的类似资产基础的生命周期管理,以挖掘出在各个独立站点发展来的知识和方法;

——通过使用规范通用的资源标识符(例如 ISO/IEC 15459)以及从部署到处理对资源进行跟踪,支持跨多企业的通用资产注册方案。

在 GB/T 27758 中,将使用唯一定义标识符(UID)来区分不同的资产。

注:UID 的定义、UID 分配给资产的方法和手段,以及识别资产 UID 的方法和手段,这些都不在 GB/T 27758 的讨论范围之内;但是,这些定义、方法和手段都应该是基于非专有、公开可用的技术规范。

附录 B 描述了组织与使用 UID 集合的一个方法,该 UID 集合表示了一组正进行诊断、维护的制造资产以及相关的资产管理应用。

### 5.5 单一应用内部的集成

#### 5.5.1 应用互操作性模型

如 GB/T 19659(ISO 15745)中的定义,应用中关键的互操作性元素包含过程、资源以及信息交换(见图 6)。

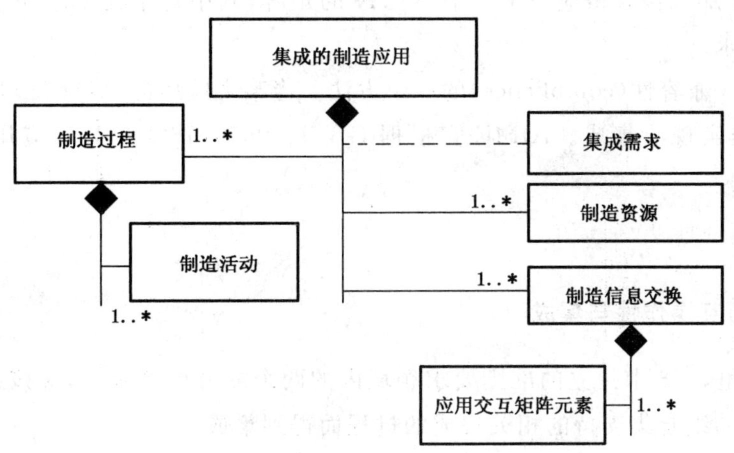


注:该图中的表现没有排除过程中的过程或者应用中的应用。

图 6 应用集成关系图(AIRD)

应用内部的集成,将按照过程和资源的集成来描述。制造应用中的每个制造过程建模成一套活动,其中,每个活动将会采用一套制造资源,每个资源将会以一个特定角色参与到组成过程的活动中。每个资源在给定的活动中扮演其角色时,应该提供一套互操作性接口以支持信息交换。为了支持制造应用中所有制造过程的信息交换,系统中的每一个制造资源应当提供符合交互过程的一套特定接口。

这些互操作性元素及其之间的关系在应用集成关系图(AIRD)中进行阐述。

在 GB/T 27758 中,重点集中在图 6 中"集成需求"关联类的信息交换需求。"集成需求"关联类应当包括一些条件,这些条件确定制造资源提供的接口能否支持需要的信息交换。

在图 6 中,每个制造过程将会与一套制造资源相关联,这些资源在制造过程完成后可被消耗或者可以复用。在每个制造过程从开始到结束的过程中,一系列的信息交换应该与那些制造资源相关联。这一系列信息交换进行建模时,应当将资源作为信息制造者和信息消费者,并且信息交换是通过合适的配置接口得以进行。

#### 5.5.2 应用中的资源互操作性和集成

使用 5.3 建立的准则,两个或者更多的应用资源之间进行互操作,以通过每个相互作用资源的接口执行各自的任务。资源之间的每个信息交换,可能与配置和部署在每个参与资源中的某种接口有关。

使用 5.3 建立的准则,与每个过程有关的两个或者更多的资源,根据应用的需要集成起来形成一个架构、行为或者边界。

注 1:典型的接口类型有用于采集物理信号的传感器接口、用于操作命令和显示的人机界面、设备的网络接口等。为了支持所要求的交换,每个接口支持一套要求的服务,其中每个服务可以提供一定等级和特定质量的服务。

注 2:支持资源互操作的接口,其配置可以支持信息流特征,例如,数量、质量、源、目标和信息交换率。资源之间的信息流涉及数据类型、方法、结构、交换序列以及交换计时,这些内容由一套软件和硬件接口处理。

注 3:每个信息流可以建模成一个详细的 UML 顺序图,该图显示了涉及的资源、资源间交换的信息以及每个交换的时间相关属性(例如启动、排序、同步化、完成)。

注 4:集成的过程由资源的组合动作实现,由信息交换的命令和计时进行协调。

### 5.5.3 应用中的过程互操作性与集成

在 GB/T 27758 中,5.3 中建立的准则要求应用中的两个或者更多过程,能够通过这些过程的互操作和使用相关集成的资源来实现集成。

需要用来支持应用中过程间信息交换的所有接口应当以该应用的资源-资源表格来表述。如果应用中的资源总数为 $N$,那么该表格应该是一个 $N \times N$ 的矩阵,其中每个元素应该枚举应用中任意两个资源间的信息交换需求。

AIME 是保证 5.3 兼容性(compliance)的一个方法。当某个应用的 AIMEs 可以完全指定时,那么就应该认为这些过程实现了集成。AIME 宜根据 GB/T 19659(ISO 15745)应用互操作性专规进行定义。

## 5.6 领域内的集成

### 5.6.1 领域内应用的互操作性与集成

在 GB/T 27758 里,5.3 中建立的准则要求领域内的两个或者更多应用,应该通过这些应用的互操作和使用由集成资源的组合集支持的相关集成的过程而得到集成。

这些集成资源的子集应当提供以下类型的互操作信息交换接口:

a) 与过程相关的资源;

b) 与应用相关的过程;

c) 与领域相关的应用。

某集成应用接口的满集(full set),可能会与另一个集成应用的接口集不同。但是,某个特定领域里的任意两个应用应当支持一个接口类型通用集,以支持它们之间的信息交换。在某个特定领域里,对应于某个集成应用的 AIME 集,可能也会跟另一个集成应用的 AIMEs 集有部分不同。

需要用来支持领域内应用之间信息交换的所有接口,应当用该领域的应用-应用表格进行描述。如果领域的应用总数是 $K$,那么表格应该表述成一个 $K \times K$ 矩阵,其中每个元素将会枚举领域中任意两个应用之间的信息交换需求。

ADME 是保证 5.2 兼容性(compliance)的一个方法。当某个领域的 ADMEs 可以完全指定时,那么将认为这些应用实现了集成。ADME 应当用 GB/T 19659(ISO 15745)的应用互操作性专规进行定义。

### 5.6.2 矩阵元素概述

GB/T 27758 中,只考虑下列应用的 ADMEs:维护和维修领域、控制和生产领域、诊断和能力评估领域。

ISO 18435-2 将会提供 AIME(应用交互矩阵元素)与 ADME(应用领域矩阵元素)的详细定义。每个元素将枚举互作用的两个实体之间的信息交换(见图 7)。

**注 1**:任意两个集成应用的 ADME,会与一套 AIMEs 相关联,这些 AIMEs 关联到属于不同应用的资源。

**注 2**:支持一个应用的资源之间 AIME 的接口,也可以支持其他不同应用的资源之间的 AIMEs。

实体间的信息交换将会用路径描述方法进行描述。一套路径描述应该用 AIME 或者 ADME 进行表述。这个描述方法区别于源实体、目标实体,或者其他的交换属性,例如:

a) 交换频率与时延。

b) 交换临界。

c) 交换的类型。

d) 交换的任何约束，例如：

1) 异步；

2) 同步；

3) 阻塞。

e) 接口类型。

ADME 属性的例子包括：

——源应用名称；

——源应用标识符；

——目标应用名称；

——目标应用标识符；

——应用注册权限；

——应用消息描述；

——应用信息标识符；

——应用领域名称；

——应用领域标识符。

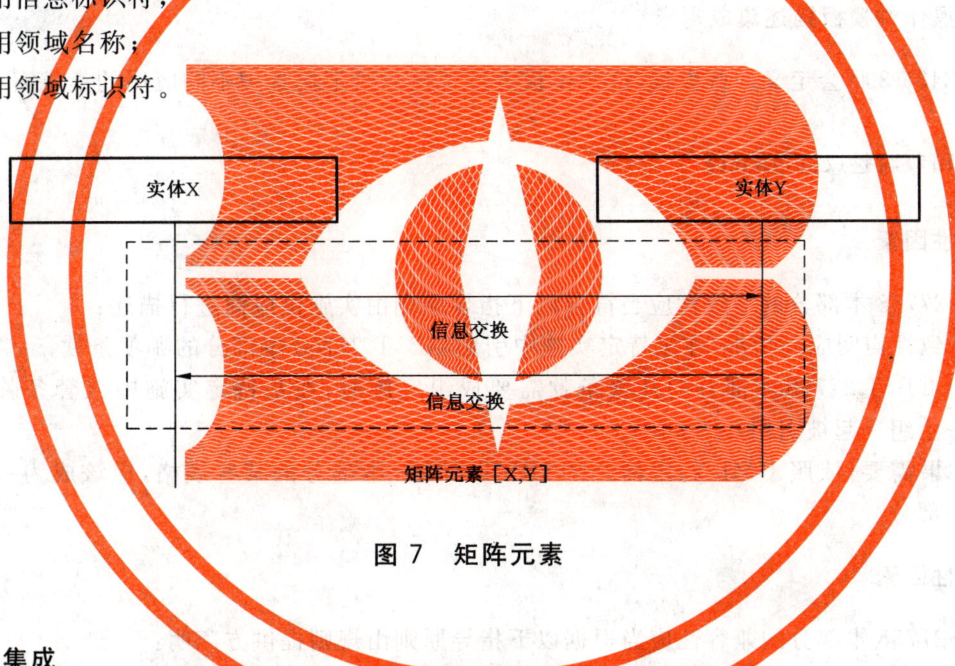


图 7 矩阵元素

## 6 领域间的集成

### 6.1 不同领域之间应用的互操作性与集成

不同领域里两个应用之间的信息交换将用 ADME 表述。根据 ADID，这些应用可能在企业层次结构相同层级的不同领域，或者是在层次结构不同层级的不同领域。

不同领域中两个应用的 ADME 结构，与同一领域内两个应用之间的 ADME 类似。如果某个领域内的应用数量为 $L$，另一个领域内应用数量为 $M$，一个有 $L \times M$ 个元素的完整矩阵将会包含一系列 ADMEs，它们描述了应用的互操作性需求。

### 6.2 同一层次结构中相同层级不同领域之间的应用

当不同领域的两个应用处于企业应用层次结构相同层次内时，描述了互操作性需求的一套 ADMEs 将涉及到资源类型，这些资源类型拥有类似的信息处理能力。与不同领域相关联的资源之间的信息交换形成 AIME，它们横跨应用、延伸到不同的领域。

驻留在不同领域中的应用集成，应该用跨越领域间的 ADMEs 进行描述。支持 AIMEs 和 ADMEs 的互操作性接口在相同层级的领域里应该是通用的。

### 6.3 同一层次结构不同层级不同领域之间的应用

当不同领域的应用处于企业层次结构中不同层级时，描述互操作性需求的 ADME 集将会涉及到不同类型的资源，这些资源拥有不同的信息处理能力。这些处于不同层级上、与不同领域相关联的资源，它们之间的信息交换将会形成 AIME 和 ADME，这些 AIME 和 ADME 需要一套互操作性接口以驱动不同层级上的资源在完成组合任务时进行合作、协作与协调。

### 6.4 跨应用场景的集成需求

ISO 18435-3 将会提供不同行业的几种应用场景。这些场景阐述了不同应用领域之间级别内和级别间的相互作用。

这些场景并不是全面的，只是提供了例子，说明如何使用 ADID、AIRD、AIME、ADME 的定义和 GB/T 15969(IEC 61131)的互操作性专规定义，以描述集成需求。

### 6.5 以互操作性模板描述集成需求

ISO 18435-3 将会定义一些模板，这些模板表述了任意给定场景中不同应用的集成需求。

## 7 一致性和兼容性(compliance)

### 7.1 一致性因素

GB/T 27758 本部分的一致性应当符合以下指导原则由实施供应商进行描述：

a) 一致性声明应当指出，在某特定实施中引用 GB/T 27758 本部分的哪项条款；

b) 当 GB/T 27758 本部分的几项条款需要成组实施时，在某特定实施中该套条款就应当作为一个组一起被引用；

c) 如果需要，依照 UML 约定构建的 GB/T 27758 本部分的某些表格，应该成为一致性声明的一部分。

### 7.2 兼容性因素

GB/T 27758 本部分的兼容性应当根据以下指导原则由规则提供方声明：

a) 兼容性声明的目的应该是指出，在某特定规则(specification)中引用了 GB/T 27758 本部分的哪项条款；

b) 当 GB/T 27758 本部分的几项条款需要作为一组被引用时，在某特定规则中这套条款就应当作为一组一起被引用；

c) 如果需要，依据 UML 约定构建的 GB/T 27758 本部分的某些表格，应该成为兼容性声明的一部分。

# 附 录 A
## （资料性附录）
## 应用领域矩阵

### A.1 概述与属性

按照 GB/T 27758 本部分描述的集成模型，应用领域内部的应用集成应该按照一套 ADME 进行建模。

也应当考虑可以在不同应用领域的应用之间进行信息交换，这些领域可能处于应用层次结构中的不同层级。

尤其可以把两个应用之间的一套信息交换表现成一个 ADME。将一套 ADME 用于描述不同领域的几个应用间的集成，以实现某个特定的工业应用场景。

图 5 中的 13 个应用领域类别可以形成一个通用的 13×13 矩阵，其中，行和列对应应用领域，表格中的条目对应不同领域间的矩阵元素，如表 A.1 所示。

**表 A.1 应用领域矩阵**

| | | 结束（列） | | | | | | | | | | | | |
|---|---|---|---|---|---|---|---|---|---|---|---|---|---|---|
| | | D0.1 | D0.2 | D1.1 | D1.2 | D1.3 | D2.1 | D2.2 | D2.3 | D3.1 | D3.2 | D3.3 | D4.1 | D4.2 |
| 开始（行） | D0.1 | | | | | | | | | | | | | |
| | D0.2 | | | | | | | | | | | | | |
| | D1.1 | | | | | | | | | | | | | |
| | D1.2 | | | | | | | | | | | | | |
| | D1.3 | | | | | | | | | | | | | |
| | D2.1 | | | | | | | | | | | | | |
| | D2.2 | | | | | | | | | | | | | |
| | D2.3 | | | | | | | | | | | | | |
| | D3.1 | | | | | | | | | | | | | |
| | D3.2 | | | | | | | | | | | | | |
| | D3.3 | | | | | | | | | | | | | |
| | D4.1 | | | | | | | | | | | | | |
| | D4.2 | | | | | | | | | | | | | |

例如，指定“从 D2.2 到 D3.2”的矩阵元素表示领域 D2.2 中的应用与领域 D3.2 中的应用之间的信息交换。

### A.2 领域间交换的信息条目举例

表 A.2～表 A.11 显示了企业内由领域层级组织的与 ADID 符合 ADME 组。领域标识符遵循图 5 的表示方法。每个例子都包含了常驻于领域内的应用之间交换的一套信息条目。

**表 A.2 层级 D0.1 和层级 1,2,3 领域之间交换的事项**

| | | 结束 | |
|---|---|---|---|
| | | D0.1 | D1.1,D1.2,D1.3,D2.1,D2.2,D2.3,D3.1,D3.2,D3.3 |
| 开始 | D0.1 | — | 非资产资源(物料、人员、公共设施)的统一登记 |
| | D1.1,D1.2,D1.3,D2.1,D2.2,D2.3,D3.1,D3.2,D3.3 | 非资产资源、资源、人员的注册更新 | — |

**表 A.3 层级 D0.2 和层级 1,2,3 领域之间交换的事项**

| | | 结束 | |
|---|---|---|---|
| | | D0.2 | D1.1,D1.2,D1.3,D2.1,D2.2,D2.3,D3.1,D3.2,D3.3 |
| 开始 | D0.2 | — | 资产的统一注册(设备、器材、系列化的组件) |
| | D1.1,D1.2,D1.3,D2.1,D2.2,D2.3,D3.1,D3.2,D3.3 | 资产注册更新(设备、器材、系列化的组件) | — |

**表 A.4 层级 1 领域之间交换的事项**

| | | 结束 | | |
|---|---|---|---|---|
| | | D1.1 | D1.2 | D1.3 |
| 开始 | D1.1 | — | ——数字化传感器输出数据,包含时间戳和质量;<br>——测试输出;<br>——操作事件 | ——期望校准,配置数据,以监测或存档;<br>——需要的仪表和现场设备警报/时间,以监测或存档;<br>——资产利用信息 |
| | D1.2 | 期望传感器检测位置和检测频率、供回顾用的测试、按照给定频率监测的操作事件 | — | 基于正常和非正常校准档案的非正常状态检测数据 |
| | D1.3 | ——校准/配置数据;<br>——仪器和现场设备警报/事件数据 | ——校准/配置数据;<br>——仪器和现场设备警报/事件数据 | — |

**表 A.5 从层级 1 中的领域到层级 2 的领域之间交换的事项**

| | | 结束 | | |
|---|---|---|---|---|
| | | D2.1 | D2.2 | D2.3 |
| 开始 | D1.1 | 数字化传感器输出数据,包含时间戳和质量(推式或者拉式) | ——操作数据历史;<br>——操作警报和事件;<br>——资产利用信息 | 用于触发预防性维护的操作数据(推式) |
| | D1.2 | ——状态检测非正常事件;<br>——状态检测数据 | ——非正常状态监测;<br>——诊断码;<br>——测试结果 | 用于触发预防性维护的简单诊断数据代码(推式) |
| | D1.3 | ——校准数据;<br>——现场设备事件和警报 | 重构报告,用于对特定资产进行评估调整剩余使用寿命计算 | ——基于状态的维护(CBM)请求工作;<br>——预防性维护(PM)工作状态 |

**表 A.6 从层级 2 的领域到层级 2 的领域之间交换的事项**

| | | 结束 | | |
|---|---|---|---|---|
| | | D1.1 | D1.2 | D1.3 |
| 开始 | D2.1 | ——监督控制指令;<br>——I/O 指令 | 所需的状态检测数据和非正常事件 | 人工请求,给另外的产品配方改变配置 |
| | D2.2 | ——所需的操作数据(推式或拉式);<br>——所需的操作警报和事件(推式或拉式) | ——非正常状态概况(profiles);<br>——状态检测位置和频率 | 给将要制造的不同等级产品的重新校准请求 |
| | D2.3 | 需要的操作数据,和触发预防性维护的推频 | 所需的诊断数据,以及用于触发预防性维护的推频 | ——CBM 工作请求/工单跟踪数据;<br>——进行校准/配置的 PM 工作请求 |

**表 A.7 层级 2 的领域之间交换的事项**

| | | 结束 | | |
|---|---|---|---|---|
| | | D2.1 | D2.2 | D2.3 |
| 开始 | D2.1 | — | 根据资产、资产警报/事件的操作人员调整 | 基于状态的操作(CBO)咨询 |
| | D2.2 | 基于状态的操作(CBO)咨询 | — | 基于状态的维修(CBM)工单请求 |
| | D2.3 | ——CBO 作业请求跟踪数据;<br>——资产维护作业历史;<br>——资产预计划工单 | ——CBM 作业请求跟踪数据;<br>——资产维护作业历史;<br>——资产预计划工单 | — |

**表 A.8 从层级 2 的领域到层级 3 的领域之间交换的事项**

<table>
<tr><td colspan="2"></td><td colspan="3">结束</td></tr>
<tr><td colspan="2"></td><td>D3.1</td><td>D3.2</td><td>D3.3</td></tr>
<tr><td rowspan="3">开始</td><td>D2.1</td><td>当前产品输出</td><td>——操作数据历史;<br>——操作警报和事件;<br>——资产利用信息</td><td>操作(operational)数据(推式的)以触发预防性维护</td></tr>
<tr><td>D2.2</td><td>——状态监测异常事件;<br>——状态监测数据</td><td>资产能力预测(实时的产出和质量)和影响(直接成本,燃料成本、资产剩余使用寿命、下一次重要维修的时间等),置信水平 $X$、时间间隔 $Y$ 和操作环境 $Z$</td><td>简单诊断数据标准(推式)以触发预防性维护</td></tr>
<tr><td>D2.3</td><td>——校准数据;<br>——现场设备事件和警报</td><td>重构报告以对特定资产评估调整剩余使用寿命计算</td><td>维护工单完成</td></tr>
</table>

**表 A.9 从层级 3 的领域到层级 2 领域之间交换的事项**

<table>
<tr><td colspan="2"></td><td colspan="3">结束</td></tr>
<tr><td colspan="2"></td><td>D2.1</td><td>D2.2</td><td>D2.3</td></tr>
<tr><td rowspan="3">开始</td><td>D3.1</td><td>详细的操作计划</td><td>期望的状态监测数据和异常事件</td><td>针对不同产品配方更改配置</td></tr>
<tr><td>D3.2</td><td>——期望的操作数据(拉式或者推式);<br>——期望的操作警报和事件(拉式或者推式)</td><td>假设资产需求(产出和质量),和预定的约束(最大废料、最大直接成本、最大环境风险、最大安全风险、最大意外停机风险等),时间间隔 $Y$,操作环境 $Z$</td><td>针对将要制造的不同等级产品的重新校准</td></tr>
<tr><td>D3.3</td><td>期望的操作数据和推频,以触发预防性维修</td><td>期望的诊断数据和推频以触发预防性维护</td><td>详细的维护计划</td></tr>
</table>

**表 A.10 层级 3 的领域之间交换的事项**

<table>
<tr><td colspan="2"></td><td colspan="3">结束</td></tr>
<tr><td colspan="2"></td><td>D3.1</td><td>D3.2</td><td>D3.3</td></tr>
<tr><td rowspan="3">开始</td><td>D3.1</td><td>—</td><td>操作计划</td><td>基于状态的操作(CBO)咨询</td></tr>
<tr><td>D3.2</td><td>修订后的操作承诺</td><td>—</td><td>修订后的维修承诺</td></tr>
<tr><td>D3.3</td><td>——CBO 作业请求跟踪数据;<br>——资产维护作业历史;<br>——资产预计划工单</td><td>维护计划</td><td>—</td></tr>
</table>

**表 A.11　层级 3 的领域和层级 4 的领域之间交换的事项**

| | | 结束 | |
|---|---|---|---|
| | | D3.2 | D4.1 |
| 开始 | D3.2 | — | ——生产能力预测(实时产出和质量),影响(直接成本、资产维护剩余寿命、下一次重大维修的时间等),置信水平 $X$,时间间隔 $Y$,操作环境 $Z$;<br>——生产订单状态(实时的产出和质量)以及直接成本和燃料成本 |
| | D4.1 | ——假设产品需求(产出和质量)以及期望的约束(最大废料、最大直接成本、最大环境风险、最大安全风险、最大意外停机风险等),时间间隔 $Y$,操作环境 $Z$;<br>——生产订单提交要求;<br>——生产订单状态请求 | — |

# 附　录　B
（资料性附录）
# 协调的资产注册服务

## B.1　资产生命周期管理

协调的资产生命周期管理方法会考虑到所有的资产类别、资产生命周期中的所有阶段，以及在资产管理过程中涉及到的所有利益相关者。这种方法的好处是众所周知的，并且反映了重要的过程改进，这些改进可以通过在企业站点之内每个独立的资产管理活动中应用合适的信息技术而获得。

这种方法还可以扩展以覆盖多种站点，这种情况下，在单个站点发展出来的知识和方法会被扩展以改善整个企业组织。某个协调的多址方式的额外好处取决于选择的解决方案，该方案可以保证整个组织和供应链合作者的最好实践，而不在于仅仅提高某个特定工厂或者功能活动。企业范围的分析和规划，关键技术选择和有效的项目管理成为协调共同需求必不可少的因素。

需要的协调性在以下的资产生命周期的例子中得到说明：

a）在工艺设计工程中指定某个必须的资产，提供给采购一份详细的资产描述；确定资产及其在工艺中的角色；

b）企业的某个业务系统发布资产的采购订单；指定该资产的供应商，确认运送安排以及目的地；

c）资产到达之后，接收业务系统获取新资产的记录，指定一个系列码并将其录入到业务系统中，并将相关的资产标签贴好；

d）有形资产被转移到资产存储系统以备后用；

e）有形资产在每个工单都被检索，以作新的安装或者维修；

f）在部署过程中，资产的品牌、模型和系列号都会被输送到资产数据管理系统中，同时被输送的信息还有该资产服务的物理地址、该资产实施部署的负责人以及资产开始服务的时间；

g）资产数据管理系统通过使用指定的系列号，验证有关部署资产和购买资产的信息；同时，涉及到资产系列号的工单标识为已完成；

h）在服务过程中，资产的状态由一个控制或者诊断系统进行监测，这些系统会在监测到异常状态或者将要停机状态时，产生一个警告或者警报并输送到维护系统中；

i）如果需要，根据资产的序列号产生维护工单，并执行恰当的维修或者置换工作，以使资产回到服务的状态；当完成一个置换工作时，新和旧的资产系列号都会被标注；

j）将拿到维修店进行维修或者翻新的资产放回到资产存储系统中以备后用；

k）将到达使用周期的资产报废，并且在资产数据管理系统中将其系列号依此标注。

在资产整个生命周期中的不同阶段，资产具有一个唯一且确定的引用名称，不同的业务系统和车间系统均使用这一名称，以便跟踪该资产及其能力，实现指定的角色。

## B.2　资产识别和跟踪

为了建立一个协调的资产跟踪服务，在其设计、实现和操作过程中，应该考虑以下的因素：

a）一套标准的分类法或者本体，以便在工业应用中分出资产的类别以及角色，同时还要有一个相关的术语和定义词典；

b）一套信息模型，该模型支持有多个物理站点的多个企业进行通用资产注册，企业的某个资产在整个生命周期中可被定位。例如，可以根据 ISO/IEC 15459 对资产进行唯一标识，因而资产标签：

1） 应当包含一个企业标识符，该标识符由公认的发证机构代码(Issuing Agency Code，IAC)指定，且该代码依照ISO/IEC 15459分配并注册；

2） 应当在某个企业标识符、产品或者零部件号码中对某一单独个体进行唯一标识。

注：建议信息模型应该包含元数据类别，并且这些类别可以扩展以支持以下的鉴定信息类别：

——企业类别、规则、分类法；

——平台和站点类别、规则、分类法；

——平台和站点片段类别、规则、分类法；

——序列化的组件资产类别、规则、分类法；

——序列化的组件数据类别、规则；

——测量位置类别、规则、分类法；

——工程单位类别、规则。

## 参 考 文 献

[1] GB/T 18714.2—2002 信息技术 开放分布式处理 参考模型 第2部分:基本概念(ISO/IEC 10746-2:1996,IDT)

[2] ISO 13374-1 Condition monitoring and diagnostics of machines—Data processing, communication and presentation—Part 1:General guidelines

[3] ISO/IEC 15459-1 Information technology—Unique identifiers—Part 1:Unique identifiers for transport units

[4] ISO 15745-1 Industrial automation systems and integration—Open systems application integration framework—Part 1:Generic reference description

[5] ISO 18435-2[1)] Industrial automation systems and integration—Diagnostics, capability assessment and maintenance applications integration—Part 2: Descriptions and definitions of application domain matrix elements

[6] ISO 18435-3[2)] Industrial automation systems and integration—Diagnostics, capability assessment and maintenance applications integration—Part 3:Applications integration description method

[7] IEC 61131 (all parts) Programmable controllers

[8] IEC 61499 (all parts) Function blocks

[9] IEC 61915 Low-voltage switchgear and controlgear—Device profiles for networked industrial devices

[10] MIMOSA OSA-CBM Open Systems Architecture for Condition-Based Maintenance

[11] MIMOSA OSA-EAI Open Systems Architecture for Enterprise Application Integration

[12] OMG UML V1.4 Unified Modelling Language Specification (Version 1.4, September 2001)

1) 起草中。

2) 起草中。

ICS 17.120.10
N 12

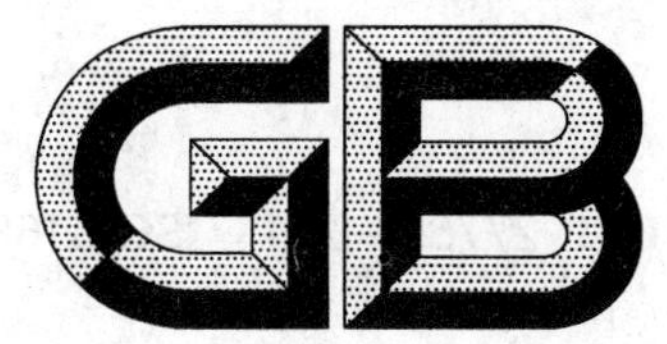

# 中华人民共和国国家标准

GB/T 27759—2011/ISO 5168:2005

# 流体流量测量　不确定度评定程序

**Measurement of fluid flow—Procedures for the evaluation of uncertainties**

(ISO 5168:2005,IDT)

2011-12-30 发布　　2012-05-01 实施

中华人民共和国国家质量监督检验检疫总局
中国国家标准化管理委员会　发布

# 前　言

本标准按照 GB/T 1.1—2009 给出的规则起草。

本标准使用翻译法等同采用 ISO 5168:2005《流体流量测量　不确定度评定程序》(英文版)。

本标准做了如下编辑性修改:

——为与 JJF 1059—1999《测量不确定度评定与表示》的符号一致,相对标准不确定度的符号用"$u_{rel}$"代替"$u^*$",相对扩展不确定度的符号用"$U_{rel}$"代替"$U^*$";

——删除了原国际标准中未在标准中规范性引用的规范性引用文件 ISO 9300,并将其列入了参考文献;

——重新编排了参考文献的顺序。

本标准由中国机械工业联合会提出。

本标准由全国工业过程测量和控制标准化技术委员会(SAC/TC 124)归口。

本标准起草单位:上海工业自动化仪表研究院、海军航空仪器计量站、上海仪器仪表自控系统检验测试所、上海市计量测试技术研究院、余姚市银环流量仪表有限公司、天信仪表集团有限公司、海盐美捷测试仪器有限公司、中环天仪股份有限公司、丹东贝特自动化工程仪表有限公司、上海西派埃仪表成套有限公司。

本标准主要起草人:郭爱华、邓江生、顾顺凤、张进明、朱家顺、叶朋、郁伟、张亮、朱晓光、王继忠。

# 流体流量测量　不确定度评定程序

## 1　范围

本标准确定并描述了评定流体流量或总量测量不确定度的基本原则和程序。

附录A给出了计算不确定度的步骤。

本标准适用于评定流体流量或总量测量的不确定度。

## 2　规范性引用文件

下列文件对于本文件的应用是必不可少的。凡是注日期的引用文件，仅注日期的版本适用于本文件。凡是不注日期的引用文件，其最新版本(包括所有的修改单)适用于本文件。

ISO 测量不确定度表示指南(GUM),1995(ISO Guide to the expression of uncertainty in measurement (GUM),1995)

国际计量学基本和通用术语(VIM),1993(International vocabulary of basic and general terms in metrology (VIM),1993)

## 3　术语和定义

ISO 测量不确定度表示指南(GUM,1995)和国际计量学基本和通用术语(VIM,1993)界定的以及下列术语和定义适用于本文件。

3.1

**不确定度　uncertainty**

与测量结果有关，表征合理赋予被测量的值的离散度的参数。

注：不确定度用绝对值表示，无正、负号。

3.2

**标准不确定度　standard uncertainty**

$u(x)$

以标准偏差表示的测量结果的不确定度。

3.3

**相对标准不确定度　relative uncertainty**

$u_{rel}(x)$

标准不确定度除以最佳估计值。

注1：$u_{rel}(x)=u(x)/x$。

注2：$u_{rel}(x)$可以用百分数或百万分率表示。

注3：相对不确定度有时指无量纲不确定度。

注4：在多数情况下，最佳估计值是相关不确定度区间的算术平均值。

3.4

**合成标准不确定度　combined standard uncertainty**

$u_c(y)$

从若干其他量的值中取得的测量结果的标准不确定度。它等于各项之和的正平方根，这些项为其他量的方差或协方差，根据测量结果随这些量的变化而变化的程度予以加权。

3.5

**相对合成标准不确定度　relative combined uncertainty**

$u_{crel}(y)$

合成标准不确定度除以最佳估计值。

注1：$u_{crel}(y)$可以用百分数或百万分率表示。

注2：$u_{crel}(y)=u_c(y)/y$。

注3：相对合成不确定度有时指无量纲合成不确定度。

注4：在多数情况下，最佳估计值是相关不确定度区间的算术平均值。

3.6

**扩展不确定度　expanded uncertainty**

$U$

确定测量结果区间的量，合理赋予被测量之值的大部分可望含于此区间。

注1：该部分可看作为该区间的覆盖概率或置信水平。

注2：$U=ku_c(y)$。

3.7

**相对扩展不确定度　relative expanded uncertainty**

$U_{rel}$

扩展不确定度除以最佳估计值。

注1：$U_{rel}$可以用百分数或百万分率表示。

注2：$U_{rel}=ku_{rel}(y)$。

注3：相对扩展不确定度有时指无量纲扩展不确定度。

注4：在多数情况下，最佳估计值是相关不确定度区间的算术平均值。

3.8

**包含因子　coverage factor**

$k$

为求得扩展不确定度，作为合成标准不确定度的乘数的数值因子。

注：包含因子通常在2～3范围内。

3.9

**A类评定　type A evaluation**

通过统计分析一系列观测值来评定不确定度的方法。

3.10

**B类评定　type B evaluation**

并非通过统计分析一系列观测值来评定不确定度的方法。

3.11

**灵敏度系数　sensitivity coefficient**

$c_i$

输出量估计值$y$的变化除以对应的输入量估计值$x_i$的变化。

3.12

**相对灵敏度系数　relative sensitivity coefficient**

$c_i^*$

输出量估计值$y$的相对变化除以对应的输入量估计值$x_i$的相对变化。

## 4 符号和缩略语

### 4.1 符号

| | |
|---|---|
| $a_i$ | 与输入量估计值 $x_i$有关的不确定度置信区间的估计半宽，其定义见附录B |
| $A_t$ | 喉部面积 |
| $b_i$ | 与垂直面 $i$ 有关的宽度 |
| $b_i'$ | 附录B中定义的不对称不确定度分布的上限 |
| $c_i$ | 灵敏度系数，用于同输入量估计值 $x_i$ 中的不确定度相乘，得出输入量变化对输出量估计值 $y$ 的不确定度的影响 |
| $c_i^*$ | 相对灵敏度系数，用于同输入量估计值 $x_i$ 中的相对不确定度相乘，得出输入量相对变化对输出量估计值 $y$ 的相对不确定度的影响 |
| $C_c$ | 校准系数 |
| $C$ | 流出系数 |
| $C_V$ | 变化系数 |
| $d_i$ | 与垂直面 $i$ 有关的深度 |
| $d_o$ | 节流孔径 |
| $d_{o,0}$ | 温度为 $T_{0,x}$时测得的节流孔径 |
| $d_p$ | 管径 |
| $d_{p,0}$ | 温度为 $T_{0,x}$时测得的管径 |
| $\bar{E}$ | 平均仪表误差，用百分数表示 |
| $E_j$ | 第 $j$ 次仪表误差，用百分数表示 |
| $f$ | 被测量的估计值 $y$ 与输入量的估计值 $x_i$之间的函数关系，$y$ 取决于 $x_i$ |
| $\dfrac{\partial f}{\partial x_i}$ | 被测量与输入量之间的函数关系 $f$ 关于输入量 $x_i$的偏导数 |
| $F$ | 流量因子，等于$\dfrac{q}{\sqrt{\Delta p_r}}$ |
| $F_{exp}$ | 新设计的流量因子 |
| $F_{Redp}$ | $(19\ 000 \cdot \beta/Re_{dp})^{0.8}$ |
| $F_{ref}$ | 参比流量因子 |
| $F_s$ | 表示有限数量垂直面的离散和与整个横截面上连续函数的积分之间关系的因子，假定为1 |
| $k$ | 用于计算扩展不确定度 $U$ 的包含因子 |
| $k_t$ | 来自表格的包含因子，见D.12 |
| $K$ | 仪表系数 |
| $\bar{K}$ | 平均仪表系数 |
| $K_j$ | 第 $j$ 个 $K$ 系数 |
| $l_b$ | 堰顶宽度 |
| $l_h$ | 测得的水头 |
| $l_1$ | 上游取压口至上游端面的距离 |
| $L_1$ | $l_1$ 除以管径 $d_p$ |
| $l_2'$ | 下游取压口至下游端面的距离 |

| | |
|---|---|
| $L_2'$ | $l_2'$除以管径 $d_p$ |
| $m$ | 一组数据中的特定项 |
| $m'$ | 汇总数据组数 |
| $m''$ | 垂直面数量 |
| $M_2'$ | $2L_2'/(1-\beta)$ |
| $n$ | 重复读数或观察次数 |
| $n'$ | $l_h$ 的指数,通常矩形堰为 1.5,V 型槽为 2.5 |
| $n''$ | 在一个垂直面上测量速度时所选取的不同深度的数量 |
| $N$ | 与被测量相关的输入量估计值 $x_i$的数量 |
| $p_0$ | 上游压力 |
| $\Delta p_{mt}$ | 孔板流量计前后的压差 |
| $\Delta p_r$ | 散热器前后的压差 |
| $P(a_i)$ | 输入量估计值 $x_i$等于 $a_i$的概率 |
| $q$ | 体积流量 |
| $q_{ma}$ | 质量流量 |
| $Q$ | 工况条件下的流量,以立方米每秒表示 |
| $R$ | 通用气体常数 |
| $Re_{dp}$ | 与 $d_p$ 有关的雷诺数,以 $Vd_p\rho/\mu$ 表示 |
| $s_{mt,po}$ | 孔板流量计读数的汇总实验标准偏差 |
| $s_{pe}$ | 大、小样本数据一起使用的标准偏差 |
| $s_{po}$ | 几组数据汇合而成的标准偏差 |
| $s_{r,po}$ | 散热器读数的汇总实验标准偏差 |
| $s(x)$ | $n$ 次重复观测确定的随机变量 $x$ 的实验标准偏差 |
| $s(\bar{x})$ | 算术平均值 $\bar{x}$ 的实验标准偏差 |
| $t$ | $t$ 统计值(学生统计值) |
| $T_0$ | 上游绝对温度 |
| $T_{0,x}$ | 测量 $x$ 时的温度 |
| $T_{op}$ | 工作温度 |
| $u_{c,corr}(y)$ | 多个仪表相关元件的合成不确定度 |
| $u_{c,uncorr}(y)$ | 多个仪表不相关元件的合成不确定度 |
| $u_{rel,cal}$ | 各方面因素造成的仪表校准不确定度,以前称为系统误差或偏差 |
| $u_{rel,cri}$ | 流速计的响应可变所引起的垂直面 $i$ 特定深度处点速度的相对不确定度 |
| $u_{rel,d}$ | 流出系数的相对标准不确定度 |
| $u_{rel,ei}$ | 流速波动(脉动)所引起的垂直面 $i$ 特定深度处点速度的相对不确定度 |
| $u_{rel,lb}$ | 堰顶宽度测量的相对标准不确定度 |
| $u_{rel,lh}$ | 水头测量的相对标准不确定度 |
| $u_{rel,m''}$ | 垂直面数量有限所引起的相对不确定度 |
| $u_{rel,pi}$ | 在垂直面 $i$ 上测量流速时,深度数量有限所引起的平均速度 $V_i$的相对不确定度 |
| $u_{rel},(Q)$ | 流量的合成相对标准不确定度 |
| $u_{sm}$ | 单个经验值的标准不确定度 |
| $u_{(xi,corr)}$ | 单个仪表不确定度的相关分量 |
| $u_{(xi,uncorr)}$ | 单个仪表中不确定度的不相关分量 |

$u(x_i)$ 与输入量估计值 $x_i$ 有关的标准不确定度
$u_c(y)$ 与输出量估计值 $y$ 有关的合成标准不确定度
$u_{rel,}(x_i)$ 与输入量估计值 $x_i$ 有关的相对标准不确定度
$u_{rel,c}(y)$ 与输出量估计值 $y$ 有关的合成相对标准不确定度
$U_{rel}(y)$ 与输出量估计值 $y$ 有关的相对扩展不确定度
$U(y)$ 与输出量估计值 $y$ 有关的扩展不确定度
$U_{CMC}$ 校准装置的合成不确定度
$U_{AS\text{-}overall\text{-}E}$ 仪表误差的 A 类不确定度
$U_{AS\text{-}overall\text{-}K}$ $K$ 因子的 A 类不确定度
$V$ 管道内的平均速度
$V_i$ 与垂直面 $i$ 有关的平均速度
$x_i$ 输入量 $X_i$ 的估计值
$x_m$ 随机变量 $x$ 的第 $m$ 次观测值
$x_0$ 温度为 $T_{0,t}$ 时的尺寸
$\bar{x}$ 随机变量 $x$ 的 $n$ 次重复观测值 $x_m$ 的算术平均值
$y$ 被测量 $Y$ 的估计值
$\Delta x_i$ 用于确定灵敏度系数值的 $x_i$ 的增量
$\Delta y$ 确定灵敏度系数值时得到的 $y$ 的增量
$Z_n$ Grubbs 检验法的离散值统计量
$\beta$ 孔板直径比，等于 $d_o/d_p$
$\varphi_{cf}$ 临界流函数
$\boldsymbol{\Phi}_F$ 新型设计相比旧设计的 $F$ 因数之比
$\lambda$ 膨胀系数
$\mu$ 流体黏度
$\rho$ 流体密度
$\nu$ 自由度
$\nu_{eff}$ 有效自由度
$\nu_{po}$ 与汇总标准偏差有关的自由度

## 4.2 下角标

c 合成的
corr 相关的
do 节流孔直径
dp 管道有效直径
ex 外部的
$i$ 第 $i$ 次输入量的
$j$ 第 $j$ 组的
$k=2$ 包含因子等于 2 获得的
$m$ 第 $m$ 次观测的
$n$ 第 $n$ 次观测的
$N$ 第 $N$ 次输入的
nom 公称值

| | |
|---|---|
| op | 工作温度 |
| pe | 来自以往经验的 |
| po | 汇总的 |
| sm | 基于单次测量的 |
| t | 容差区间 |
| uncorr | 不相关的 |
| $x$ | $x$ 的 |
| $\bar{x}$ | $x$ 平均值的 |
| 95 | 置信水平为 95% |

## 5 测量过程中不确定度的评定

评定不确定度的第 1 步是确定测量过程。对于流量测量，通常需要综合多个输入量的值以取得输出量的值。确定测量过程时应列出所有相关输入量。

附录 E 列出了多种类型的不确定度来源。这个分类有助于确定测量过程中的所有不确定度来源。以下章节假定这些不确定度的来源是不相关的；相关的不确定度来源需采取不同方法的处理(见附录 F)。

鉴于流量会随时间而变化并且校准也会随时间而变化，还应考虑进行测量的时间。

如果流量测量过程中输入量 $X_1$、$X_2$、…$X_N$ 和输出量 $Y$ 之间的函数关系由公式(1)表示：

$$Y=f(X_1,X_2,\cdots,X_N) \qquad \cdots\cdots(1)$$

那么，可用输入量的估计值 $x_1,x_2,\cdots x_N$ 由公式(1)求得 $Y$ 的估计值 $y$，如公式(2)所示：

$$y=f(x_1,x_2,\cdots x_N) \qquad \cdots\cdots(2)$$

如果输入量 $X_i$ 是不相关的，那么，根据公式(3)计算和合成每一种作用因素的不确定度，可以求得测量过程的总不确定度：

$$u_c(y)=\sqrt{\sum_{i=1}^{N}[c_i u(x_i)]^2} \qquad \cdots\cdots(3)$$

则即使某些输入量是相关的，只要知道它们相互依赖程度小，也可应用公式(3)；GB/T 2624.1—2006[1] 提供了类似的例子。

不确定度的各个独立分量 $u(x_i)$ 采用下述方法之一进行评定：

——A 类评定：采用统计方法对一系列读数进行计算，见第 6 章；

——B 类评定：采用其他方法(例如，工程判断法)进行计算，见第 7 章。

有时，将不确定度来源分为"随机的"或"系统的"，这种分类法与 A 类评定、B 类评定的关系见附录 I。

灵敏度系数 $c_i$ 提供了每个输入的不确定度和最终输出的不确定度之间的关系。各灵敏度系数 $c_i$ 的计算方法详见第 8 章。

## 6 不确定度 A 类评定

### 6.1 总则

不确定度 A 类评定是采用统计方法对一系列测量结果进行评定。

虽然不确定度的随机分量不能通过修正加以消除，但与之相关的不确定度会随着测量次数的增加而逐步减小。在进行一系列测量时，应该意识到测量的目的是确定测量过程中的随机波动，数据采集的时标应反映波动的预期时标。对于波动超过数分钟的过程，以毫秒级的时间间隔采集读数不能充分反映波动的特性。

在许多测量场合，进行大量的测量是不现实的。这时，该不确定度分量只能在先前对类似条件下取得的大量读数进行 A 类评定的基础上加以确定。由于“先前的测量是在完全相似的条件下进行”的假设总会存在某些不确定度，所以在做出这样的评定时应特别谨慎(见附录 D)。

计算平均值和单一值不确定度的方法可反映出取几个读数的平均值得出的不确定度较低[式(4)～式(8)]，详见 D.4～D.6。

## 6.2 计算步骤

下列公式的详细说明可参见附录 D。

被测量 $x_i$ 的标准不确定度，用测量样本 $x_{i,m}$，按公式(4)～公式(8)进行计算。

a) 按公式(4)计算测量的平均值，见 D.1：

$$\bar{x}_i = \frac{1}{n}\sum_{m=1}^{n} x_{i,m} \quad \cdots\cdots(4)$$

b) 按公式(5)计算样本的标准偏差，见 D.2：

$$s(x_i) = \sqrt{\frac{1}{(n-1)}\sum_{m=1}^{n}(x_{i,m} - \bar{x}_i)^2} \quad \cdots\cdots(5)$$

单个样本的标准不确定度等于其标准偏差，见公式(6)：

$$u(x_i) = s(x_i) \quad \cdots\cdots(6)$$

c) 按公式(7)计算平均值的标准偏差，见 D.4：

$$s(\bar{x}_i) = \frac{s(x_i)}{\sqrt{n}} \quad \cdots\cdots(7)$$

平均值的标准不确定度由公式(8)给出：

$$u(\bar{x}_i) = s(\bar{x}_i) \quad \cdots\cdots(8)$$

取多个读数的平均值是减小读数受随机变化影响造成的不确定度的关键。公式(7)的出处见 Dietrich[9]。

注：这里给出的是一种简化方法。当公式(1)确定的函数关系高度非线性且不确定度很大时，可采用 GUM(1995)中 4.1.4 所述更为严密的方法。

# 7 不确定度 B 类评定

## 7.1 总则

B 类不确定度评定采用非统计方法分析一系列观察值。

如 D.9 所述，不确定度 A 类评定产生带宽为 1 个标准偏差的区间，被测量的值有 68% 的概率处于此区间内。B 类评定时，必须确保达到类似的置信水平，以便使采用不同方法取得的不确定度能够进行比对和合成。

B 类评定不一定以正态分布为主，规定的限值范围可反映置信水平的变化。虽然仪表分辨率不确定度限定的数值范围的置信水平为 100%，但该数值范围将以 95% 而不是更高或更低的数字表示，因此，校准证书给出涡轮流量计的仪表系数的置信水平为 95%。各种常用分布的标准不确定度的计算公式见 7.3～7.8。

## 7.2 计算方法

B 类不确定度评定需要了解与不确定度相关的概率分布。7.3～7.8 给出了最常用的概率分布。分布形态见附录 B。

## 7.3 矩形概率分布

典型的矩形概率分布包括：

——两次校准之间仪表最大漂移；

——受仪表显示器分辨率限制产生的误差；

——制造商的允许偏差极限。

当被测值在 $x_i-a_i$ 和 $x_i+a_i$ 区间时，被测值 $x_i$ 的标准不确定度按公式(9)计算：

$$u(x_i)=\frac{a_i}{\sqrt{3}} \qquad \cdots\cdots(9)$$

公式(9)的出处见 Dietrich[9]。

## 7.4 正态概率分布

典型例子有列出置信水平或包含因子及扩展不确定度的校准证书。此处的标准不确定度按公式(10)计算：

$$u(x_i)=\frac{U}{k} \qquad \cdots\cdots(10)$$

式中：

$U$——扩展不确定度；

$k$——引用的包含因子，见附录C。

当引用的扩展不确定度中应用到包含因子时，应注意确保用适当的 $k$ 值再现潜在的标准不确定度。但是，如果未给出包含因子或引用的置信水平为95%，则 $k$ 值应取2。

## 7.5 三角形概率分布

某些不确定度只是给出一个最大范围，并假设所有量值都在这一范围内。因此，往往认为量值的分布是两头少，中间多。在这种情况下，矩形分布的假设就过于保守，可采用公式(11)给出的三角形分布，作为介于正态分布和矩形分布假设之间的折中方案。

$$u(x_i)=\frac{a_i}{\sqrt{6}} \qquad \cdots\cdots(11)$$

## 7.6 双峰概率分布

当误差始终为极值时，可应用双峰概率分布，标准不确定度按公式(12)计算：

$$u(x_i)=a_i \qquad \cdots\cdots(12)$$

此类分布的例子在流量测量中很少见。

## 7.7 概率分布的确定

确定了不确定度信息来源后，如校准证书或制造商的允许偏差，概率分布的选择就很明确了。但当信息未完全确定时，例如在评估校准条件和使用条件存在差异的影响时，概率分布的选择需要仪表工程师做出专业判断。

## 7.8 不对称概率分布

上述概率分布均为对称分布，但在有些情况下，输入量 $X_i$ 的上限值和下限值相对于其最佳估计值 $x_i$ 是不对称的。在缺少概率分布信息的情况下，GUM 推荐假设其为整个范围等于从上限值到下限值范围的矩形分布。标准不确定度按公式(13)计算：

$$u(x_i)=\frac{a_i+b'_i}{\sqrt{12}} \qquad \cdots\cdots(13)$$

式中，$(x_i-a_i)<X_i<(x_i+b'_i)$。

更为稳妥的方法是选取基于两个不对称界限中较大一个的矩形分布。

$$u(x_i)=\frac{a_i}{\sqrt{3}}\text{和}\frac{b'_i}{\sqrt{3}}\text{中较大值} \qquad \cdots\cdots(14)$$

若不确定度的不对称部分占总不确定度的比例很大，可考虑采用其他替代方法，如蒙特卡罗分析法；见附录K。

常见的不对称分布例子是由于机械条件变化，例如涡轮流量计轴承摩擦力增加或孔板边缘腐蚀引起的仪表漂移。

## 8 灵敏度系数

### 8.1 总则

在考虑不确定度的合成方法之前，必须意识到，仅考虑输入量中不确定度分量的大小是不够的，还必须考虑每个输入量对最终结果的影响。例如，在不知道直径或热膨胀对流量测量的影响时，直径中50 μm的不确定度或热膨胀系数中5%的不确定度对于用孔板测量流量而言是毫无意义的。因此，引入了输出量对输入量的灵敏度的概念，即灵敏度系数，有时称为“影响系数”。

每个输入量的灵敏度系数按下列方法之一取得：

——分析法；

——数值法。

### 8.2 分析法

当函数关系用公式(1)表示时，灵敏度系数定义为输出量 $y$ 相对于输入量 $x_i$ 的变化率，其值可按公式(15)用偏微分法计算：

$$c_i=\frac{\partial y}{\partial x_i} \qquad \cdots\cdots(15)$$

当使用无量纲不确定度(例如，百分比不确定度)时，还应按公式(16)计算无量纲灵敏度系数：

$$c_i^*=\frac{\partial y}{\partial x_i}\frac{x_i}{y_i} \qquad \cdots\cdots(16)$$

在某些特殊情况下，例如通过校准试验简化输入量和输出量之间的函数关系，$c_i$ 或 $c_i^*$ 的值可以是一致的。附录G中的例1给出了校准喷嘴的例子。

### 8.3 数值法

若无数学关系可用，或函数关系复杂，可采用数值法，通过计算输入变量 $x_i$ 的微小变化对输出值 $y$ 的影响，方便地求得灵敏度系数。

首先用 $x_i$ 计算 $y$，然后用 $(x_i+\Delta x_i)$ 重新计算 $y$。其中，$\Delta x_i$ 是 $x_i$ 的小增量。重新计算的结果可表示为 $y+\Delta y$，$\Delta y$ 是由 $\Delta x_i$ 引起的 $y$ 的增量。

然后按公式(17)计算灵敏度系数：

$$c_i\approx\frac{\Delta y}{\Delta x_i} \qquad \cdots\cdots(17)$$

按公式(18)计算无量纲或相对灵敏度系数：

$$c_i^* \approx \frac{\Delta y}{\Delta x_i}\frac{x_i}{y} \quad \cdots\cdots(18)$$

表1显示了如何建立一个典型的数据表来计算 $y=f(x_1,x_2,\cdots,x_N)$ 的任何函数的灵敏度系数。

**表1 计算灵敏度系数用数据表**

| 灵敏度系数 | 增量 | $x_1$ | $x_2$ | $\cdots$ | $x_i$ | $x_N$ | $y$ | $c$ | $c^*$ |
|---|---|---|---|---|---|---|---|---|---|
| — | — | $x_1$ | $x_2$ | $\cdots$ | $x_i$ | $x_N$ | $y=f(x_1,x_2,\cdots,x_N)=y_{\text{nom}}$ | — | — |
| $c_1$ | $\Delta x_1 \approx 10^{-6}\times x_1$ | $x_1+\Delta x_1$ | $x_2$ | $\cdots$ | $x_i$ | $x_N$ | $y_i=f(x_1+\Delta x_1,x_2,\cdots,x_N)$ | $\frac{(y_1-y_{\text{nom}})}{\Delta x_1}$ | $c_1\times\frac{x_1}{y_{\text{nom}}}$ |

分析法是计算公称值 $x_i$ 时 $y$ 相对于 $x_i$ 的斜率，而数值法是计算 $x_i\sim(x_i+\Delta x_i)$ 区间内的平均斜率。因此，使用的增量 $\Delta x_i$ 应尽量小且不能大于参数 $x_i$ 的不确定度。然而，如果增量太小从而导致计算结果 $y$ 的变化与计算器或数据表的分辨率相当，就会使问题更加复杂。在这种情况下，$c_i$ 的计算会不稳定。该问题可这样来解决，首先设定 $\Delta x_i$ 等于 $x_i$ 的不确定度，然后逐步减小 $\Delta x_i$，直到 $c_i$ 以适当的允差与原先的计算结果保持一致。此叠代过程可由计算机电子数据表自动完成。

## 9 不确定度的合成

一旦通过A类评定或B类评定确定了各个输入变量的标准不确定度及其相关灵敏度系数后，就能按公式(19)确定输出量的合成不确定度：

$$u_c(y)=\sqrt{\sum_{i=1}^{N}[c_i u(x_i)]^2} \quad \cdots\cdots(19)$$

在使用了相对不确定度进行计算时，也应使用相对灵敏度系数，按公式(20)计算合成不确定度：

$$u_{\text{crel}}(y)=\sqrt{\sum_{i=1}^{N}[c_i^* u_{\text{rel}}(x_i)]^2} \quad \cdots\cdots(20)$$

公式(19)和公式(20)假设各个输入量是不相关的；相关输入变量的处理方法在附录F中介绍。当使用同一台仪表进行多次测量或对照同一台基准对多台仪器进行校准时就具有相关性。

通常，选择绝对不确定度或相对不确定度是无关紧要的。但是，一旦做出选择，就应注意使所有不确定度用同样的术语表示。如果以相对不确定度表示，那么，零点可变的测量会带来很多问题。例如，直径500 mm的不确定度为1 mm，用相对不确定度表示为0.2%，如果用英寸表示则为直径19.69 in的不确定度为0.039 4 in，而相对不确定度不变。然而，如果温度为20 ℃的不确定度为0.5 ℃，相对不确定度为2.5%，但是用华氏温度表示时，温度为68 °F，不确定度为0.9 °F，相对不确定度为1.3%。在这种情况下，就不能使用相对不确定度而应使用绝对不确定度。相对不确定度只能用于计算最终结果的测量。

## 10 计算结果的表示

### 10.1 扩展不确定度

公式(19)和公式(20)中，总不确定度是将每个输入源的标准不确定度在测量结果不确定度中所占的份额相加得出的。因此，由此产生的合成不确定度是一个标准不确定度；参见图1可知，当有效系数

$k$ 为 1 时，由标准不确定度限定的带宽将只有 68%的置信水平。因此，真值处于该带宽内的概率为 2/3，处于该带宽外的概率为 1/3。从工程学来说，这样的概率毫无价值，而正常的要求是提供的不确定度应具有 90%或 95%的置信水平，在一些特殊情况下，可能会要求达到 99%或更高。为了获得所需置信水平，应按公式(21)计算扩展不确定度 $U$：

$$U = ku_{c}(y) \tag{21}$$

若要用到相对不确定度，按公式(22)计算相对扩展不确定度：

$$U_{rel} = ku_{crel}(y) \tag{22}$$

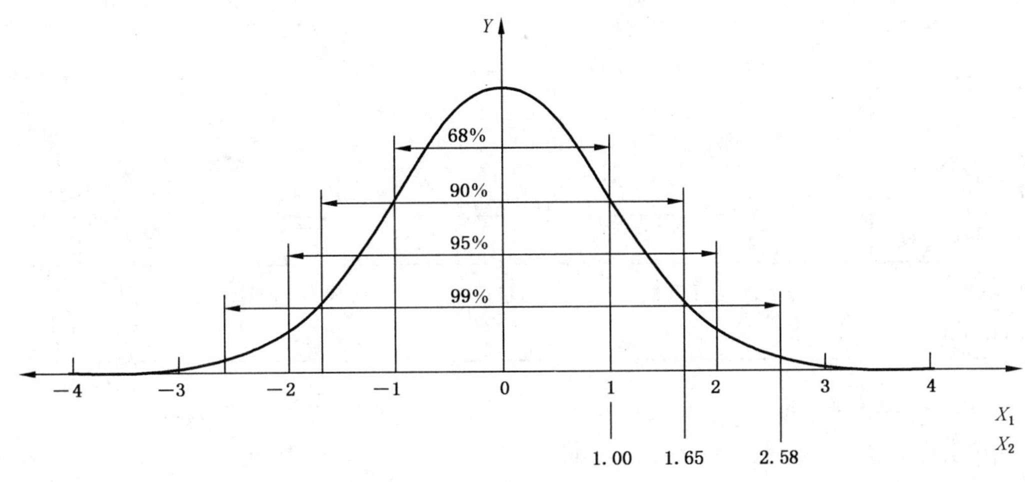


说明：

$X_1$——标准偏差；

$X_2$——包含因子；

$Y$——读数在带宽中的百分比。

**图 1 正态(或高斯)分布下不同置信水平的包含因子**

建议在大多数应用场合，采用包含因子 $k=2$，以达到约为 95%的置信水平；包含因子根据应用要求而定。各置信水平对应的 $k$ 值见表 2。

**表 2 正态(或高斯)分布下不同置信水平的包含因子**

| 置信水平/% | 68.27 | 90.00 | 95.00 | 95.45 | 99.00 | 99.73 |
|---|---|---|---|---|---|---|
| 包含因子 $k$ | 1.000 | 1.645 | 1.960 | 2.000 | 2.576 | 3.000 |

如果不确定度中随机影响的份额相比于其他影响显得较大并且读数很少，上述方法提供的是最佳包含因子。这时，应采用附录 C 中规定的程序来评估实际包含因子。下述判据可用来确定是否应用附录 C 中规定的程序。

通常，如果仅用 A 类评定法评定不确定度，并且 A 类标准不确定度小于合成标准不确定度的一半，只要 A 类评定时的观测次数大于 2，就不需要采用附录 C 中规定的方法确定包含因子的数值。

与扩展不确定度相关的不确定度可使用下角标表示。

例如，$U_{95}$ 或 $U_{k=2}$。

## 10.2 不确定度一览表

不确定度评定报告应包含(或引用)不确定度一览表，至少应包括表 3 中所列出的信息。

表 3 不确定度一览表

| 符号 | 不确定度来源 | 输入量的不确定度 | 概率分布 | 包含因子[见公式(9)～公式(14)] | 标准不确定度 $u(x_i)$ | 灵敏度系数 $c_i$ | 对总不确定度的贡献 $[c_iu(x_i)]^2$ |
|---|---|---|---|---|---|---|---|
| $u(x_1)$ | 例如，校准 | 5 | 正态 | 2 | 2.5 | 0.5 | 1.56 |
| $u(x_2)$ | 例如，输出分辨率 | 1 | 矩形 | $\sqrt{3}$ | 0.58 | 2.0 | 1.35 |
| … | | | | | | | |
| $u(x_i)$ | | | | | | | |
| $u(x_N)$ | | | | | | | |
| $u_c$ | 合成不确定度 | — | — | — | $u_c(y)=\sqrt{\sum}$ | ←[a] | $=\sum[c_iu(x_i)]^2$ |
| $U$ | 扩展不确定度 | $=ku_c(y)$ | ←[a] | $k$ | ↵[a] | — | — |

[a] 表格最后两行里的箭头表示这几行里最终扩展不确定度的计算过程是从右至左，而其上方几行里的计算过程是从左至右。

表 3 以绝对不确定度表示，每个输入和对应的标准不确定度都以输入参数的单位表示。此表也可以用相对不确定度表示，所有输入和得出的标准不确定度以百分数或百万分率表示。这样输入都是标准不确定度，标有“输入量的不确定度”、“概率分布”和“包含因子”的栏目可以省略。

如果计算合成不确定度的目的在于确定测试结果是否达到规定的不确定度水平，并且分析表明将超过该不确定度水平，则一览表可用于确定不确定度主要来源，指出问题所在之处。

计算出置信水平至少为 95%的扩展不确定度后，测量结果应按如下方式陈述：

——“测量结果为__________[数值]”；

——“测量结果的不确定度为__________[数值](以绝对值或相对值表示应酌情而定)”；

——“报告中的不确定度是标准不确定度乘以包含因子 $k=2$，置信水平约为 95%”。

如果是按附录 C 的程序计算，应该用实际包含因子值取代 $k=2$。如果置信水平大于 95%，应采用相应的 $k$ 因子和置信水平。

在不确定度分析结果报告中，应陈述清楚报告中的不确定度究竟是单个值的不确定度、规定数量值的平均值的不确定度，还是规定数量值的曲线拟合的不确定度。

# 附 录 A
# （规范性附录）
# 不确定度计算步骤

## A.1 绝对和相对不确定度

为避免混淆，应决定是采用绝对不确定度评定还是相对不确定度评定（例如百万分率或百分率）。在决定时，应关注第9章中有关零点可变参数的说明。

## A.2 数学关系

按公式(1)确定输入量和输出量的数学关系：

$$Y = f(X_1, X_2, \cdots, X_N)$$

注：本附录中提到的公式编号和标准正文中的公式编号一致。

## A.3 标准不确定度

### A.3.1 总则

确定每个输入量中不确定度的来源（参见附录E）。评定每个不确定度来源的标准不确定度。每个分量的计算方法取决于不确定度评定类别和相关概率分布。通常可采用下述方法之一计算标准不确定度。

### A.3.2 A类评定——重复测量平均值的标准偏差

$$u(\bar{x}_i) = s(\bar{x}_i)$$

见公式(8)。

### A.3.3 B类评定——基于主观评估和经验

#### A.3.3.1 矩形概率分布

$$u(x_i) = \frac{a_i}{\sqrt{3}}$$

见图B.1和公式(9)。

#### A.3.3.2 正态概率分布

$$u(x_i) = \frac{U}{k}$$

见图B.2和公式(10)。

## A.4 灵敏度系数

### A.4.1 总则

灵敏度系数既能用分析法又能用数值法计算，既可以有量纲，也可以无量纲。选用有量纲灵敏度系数或无量纲灵敏度系数取决于A.1中的选择。

### A.4.2 有量纲

$$c_i = \frac{\partial y}{\partial x_i} \approx \frac{\Delta y}{\Delta x_i}$$

见公式(15)和公式(17)。

### A.4.3 无量纲

$$c_i^* = \frac{\partial y}{\partial x_i}\frac{x_i}{y} \approx \frac{\Delta y}{\Delta x_i}\frac{x_i}{y}$$

见公式(16)和公式(18)。

## A.5 合成不确定度

### A.5.1 总则

确认输入量是否相关。如果输入量是不相关的,按A.5.2或A.5.3计算合成标准不确定度。如果输入量是相关的,按附录F计算合成标准不确定度。

### A.5.2 有量纲

$$u_c(y) = \sqrt{\sum_{i=1}^{N}[c_i u(x_i)]^2}$$

见公式(19)。

### A.5.3 无量纲

$$u_{crel}(y) = \sqrt{\sum_{i=1}^{N}[c_i^* u_{rel}(x_i)]^2}$$

见公式(20)。

## A.6 不可靠输入量

如果使用不可靠输入量(例如,小样本),应采用附录C的程序取得A.7中计算扩展不确定度用的包含因子。

## A.7 扩展不确定度

计算扩展不确定度。

$$U = ku_c(y)$$

见公式(21);或

$$U_{rel} = ku_{crel}(y)$$

见公式(22)。

## A.8 计算结果的表示

按附录A计算的结果应按第10章所述列入报告。

# 附 录 B
## （规范性附录）
## 概 率 分 布

图 B.1～图 B.5 所示为各种类型的概率分布。

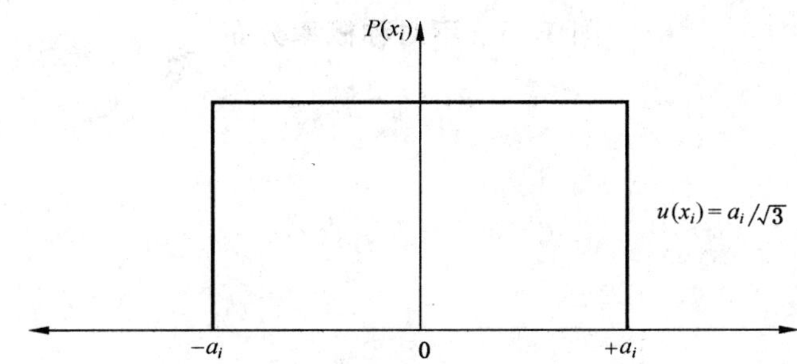


**图 B.1 矩形概率分布**

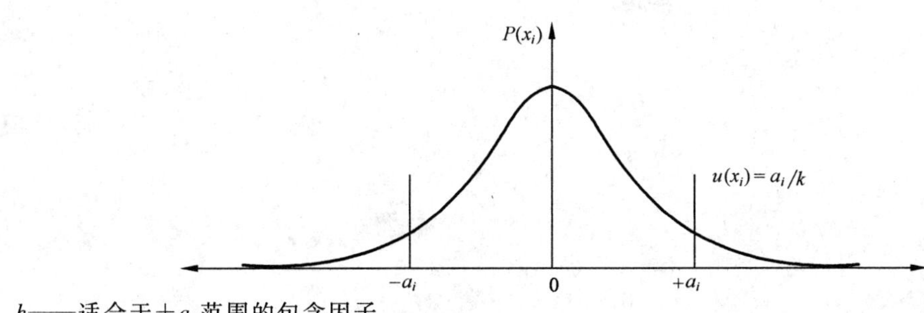


$k$——适合于$\pm a_i$范围的包含因子。

**图 B.2 正态概率分布**

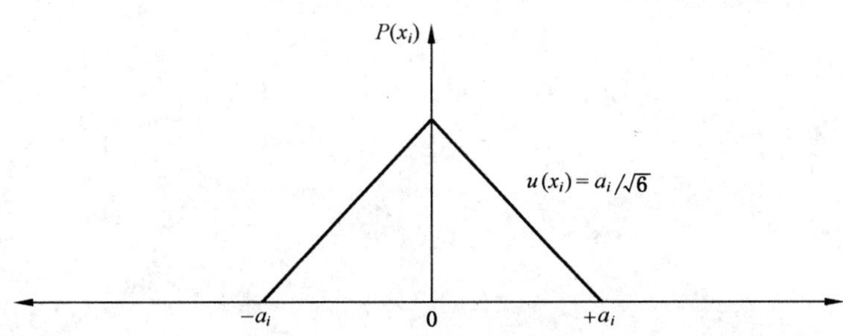


**图 B.3 三角形概率分布**

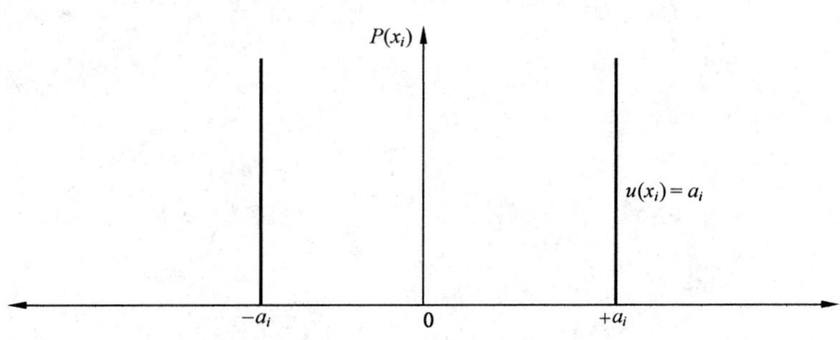


**图 B.4 双峰概率分布**

**图 B.5 不对称概率分布**

# 附 录 C
（规范性附录）
# 包含因子

有关本主题的详细论述见 GUM (1995)的附录 G。

理论上讲，不确定度评定以可靠的 B 类评定和采用大量观测值的 A 类评定为基础，若取包含因子 $k=2$，意味着扩展不确定度的置信水平接近 95%。然而，当这两种假设都不成立时，就要按以下四个步骤确定修正的包含因子和扩展不确定度。

a) 计算输出值 $y$、合成标准不确定度 $u_c(y)$ 和各个不确定度分量 $u_i(y)=c_i u(x_i)$。

b) 根据 Welch-Satterthwaite 公式(C.1)计算合成标准不确定度的有效自由度 $\nu_{eff}$：

$$\nu_{eff}=\frac{u_c^4(y)}{\sum_{i=1}^{N}\frac{u_i^4(y)}{\nu_i}} \qquad \cdots\cdots (C.1)$$

其中，A 类评定的自由度等于观测次数减去 1，见公式(C.2)：

$$\nu_i=n-1 \qquad \cdots\cdots (C.2)$$

B 类评定的自由度按公式(C.3)计算：

$$\nu_i\approx\frac{1}{2}\left[\frac{\Delta u_i(y)}{u_i(y)}\right]^{-2} \qquad \cdots\cdots (C.3)$$

其中，$u_i(y)$ 的相对不确定度为 $\Delta u_i(y)/u_i(y)$。其值是根据可用信息，经过科学判断，主观估计的。

然而，当 B 类评定使用上限和下限并且量值在此范围外的概率可忽略时，自由度为无穷大，见公式(C.4)：

$$\nu_i\to\infty \qquad \cdots\cdots (C.4)$$

c) 得出 $\nu_{eff}$ 值后，按表 C.1 确定学生分布 $t$ 值。引用数值的置信水平约为 95%。通常使用 95.45%，以确保包含因子 $k=2$ 适用于 $\nu_{eff}\to\infty$。

**表 C.1 学生分布 $t$，双侧试验，置信水平 95.45%[a,b]**

| $\nu_{eff}$ | 1 | 2 | 3 | 4 | 5 | 6 | 7 | 8 | 10 | 12 | 14 | 16 |
|---|---|---|---|---|---|---|---|---|---|---|---|---|
| $t_{95}$ | 13.97 | 4.53 | 3.31 | 2.87 | 2.65 | 2.52 | 2.43 | 2.37 | 2.28 | 2.23 | 2.20 | 2.17 |
| $\nu_{eff}$ | 18 | 20 | 25 | 30 | 35 | 40 | 45 | 50 | 60 | 80 | 100 | ∞ |
| $t_{95}$ | 2.15 | 2.13 | 2.11 | 2.09 | 2.07 | 2.06 | 2.06 | 2.05 | 2.04 | 2.03 | 2.02 | 2.00 |

a 在表中所示数值之间作线性内插可取得具有足够准确度的其他自由度的 $t$ 值。

b 从 Dietrich[9] 等给出的统计表中可取得其他置信水平的 $t$ 值。

d) 按公式(C.5)计算扩展不确定度：

$$U_{95}=k_{95}u_c(y)=t_{95}u_c(y) \qquad \cdots\cdots (C.5)$$

**注**：对于任何 $\nu_{eff}$ 小于∞，如果假设 $k=2$，总会低估 $U_{95}$；对于 $\nu_{eff}=10$，低估达到 14%。

# 附　录　D
(资料性附录)
用于不确定度 A 类评定的基本统计概念

## D.1　一组数据的平均值,$\bar{x}$

一组数据的样本平均值 $\bar{x}$ 指样本中所有数值的算术平均值,按公式(D.1)计算:

$$\bar{x}=\frac{1}{n}(x_1+x_2+x_3+\cdots\cdots+x_n)=\frac{1}{n}\sum_{m=1}^{n}x_m \qquad \text{(D.1)}$$

式中:

$x_m$ ——第 $m$ 个样本值;

$n$ ——样本值数量。

## D.2　一组数据的实验标准偏差,$s$

实验数据样本中,各数值之间总会有变化。通常,对提取样本的全部数据的可变性进行评估更有意义。这种评估利用样本数据的标准偏差 $s$ 进行。标准偏差按公式(D.2)计算:

$$s(x)=\sqrt{\frac{1}{n-1}\sum_{m=1}^{n}(x_m-\bar{x})^2} \qquad \text{(D.2)}$$

在使用计算器或数据表计算 $s(x)$ 时应谨慎,因为它们在计算过程中有时会用 $n$ 代替式中的 $n-1$,并把样本当作全部数据来处理。这样计算出的标准偏差会偏小。样本数据越多($n\geqslant 200$),则这种偏离越小(<0.25%)。

在很多统计应用中,需要标准偏差的平方,即方差,一般用符号 $s^2$ 表示,不采用特定符号。

有时,可采用变化系数 $C_V$,以平均值的比例来表示可变性。变化系数 $C_V$ 按公式(D.3)计算:

$$C_V=\frac{s}{\bar{x}} \qquad \text{(D.3)}$$

注:偏差系数可用纯数,百分数或百万分率表示。

$C_V$ 仅用于有真正零点的测量,对于零点可变的测量 $C_V$ 无意义。

## D.3　与样本方差或标准偏差有关的自由度,$\nu$

自由度 $\nu$ 指给定限制条件下独立观测的次数。在计算标准偏差时,这个限制条件是偏差之和为零(如同平均值的偏差)。因此,第一个 $n-1$ 次的偏差可以为任意值,但最后一个偏差肯定是使偏差之和为零的数值。因此,有 $n-1$ 次独立观测,所以有 $n-1$ 次自由度。

## D.4　基于样本标准偏差的样本平均值的标准不确定度,$u_{\bar{x}}$

样本平均值 $\bar{x}$ 仅提供了全部数据平均值的一个估计值,如果换一个样本,将得到另一估计值。显然,数据的可变性越大,平均真值的不确定度就越大,使用的数值越多,平均值的估计值就越好。样本平均值不确定度的量度称为平均值的标准不确定度,按公式(D.4)计算:

$$u_{\bar{x}}=\frac{s}{\sqrt{n}} \qquad \text{(D.4)}$$

公式(D.4)的出处见 Dietrich[9]。

### D.5 基于经验标准偏差的样本平均值的标准不确定度，$u_{\bar{x}}$

经常有这样的情况，数据样本小，而以往的大量试验数据中有许多有关可变性的信息可供使用。在这种情况下，允许在大数据组的标准偏差 $s_{pe}$ 的基础上取得样本平均值的标准不确定度。平均值 $\bar{x}$ 和观测次数 $n$ 仍为目前样本的值，但自由度 $\nu$ 与标准偏差 $s_{pe}$ 有关。从 D.10 可以看出，这对于选取包含因子十分重要。因此，$u_{\bar{x}}$ 应按公式(D.5)计算：

$$u_{\bar{x}} = \frac{s_{pe}}{\sqrt{n}} \qquad \cdots\cdots(\text{D.5})$$

### D.6 基于以往经验的单个值的标准不确定度，$u_{sm}$

采用根据以往数据得出的标准偏差就可以评估单次测量的不确定度；这对于不可能进行重复测量的贸易交接计量等流量测量特别重要。这时，平均值 $\bar{x}$ 为单次测量值，观测次数 $n=1$；然而，自由度 $\nu$ 仍与标准偏差 $s_{pe}$ 有关。因此，$u_{sm}$ 按公式(D.6)计算：

$$u_{sm} = s_{pe} \qquad \cdots\cdots(\text{D.6})$$

由于单次读数的标准不确定度是两次读数平均值的标准不确定度的 $\sqrt{2}$ 倍或比两次读数平均值的标准不确定度大 41%，是三次读数平均值的标准不确定度的 $\sqrt{3}$ 倍或比三次读数平均值的标准不确定度大 73%，因此，比较公式(D.7)和公式(D.6)就能很容易地看出取两个或者更多个读数的平均值的价值。如果可以，应尽量取多个读数的平均值而非单个读数。

### D.7 多组数据的汇总标准偏差，$s_{po}$

从以往测量中获得的数据并不总是来自一次连续测量，也可以从不同时间和略有不同的试验条件下取得的多组数据中抽取。如果试验条件的差异并不影响可变性，就能以更大的自由度合成来自不同组的数据，取得汇总标准偏差。应注意被汇总的是标准偏差(或方差)而不是数据本身。合成各组数据平均值的可变性可更好地评估测量技术的可变性，而各组数据平均值之间的偏差是没有意义的。汇总标准偏差 $s_{po}$ 按公式(D.7)计算：

$$s_{po} = \sqrt{\sum_{j=1}^{m'} \nu_j s_j^2 \Big/ \sum_{j=1}^{m'} \nu_j} \qquad \cdots\cdots(\text{D.7})$$

式中：

$s_j$ ——第 $j$ 组数据的标准偏差；

$\nu_j$ ——与 $s_j$ 有关的自由度；

$m'$ ——被汇总的数据组数量。

因此，$s_{po}$ 是从被汇总数据组的标准偏差 $s_j^2$ 的加权平均值求得的，加权因子为每个数据组的自由度 $\nu_j$。

样本平均值的标准不确定度按公式(D.8)计算：

$$u_{\bar{x}} = \frac{s_{po}}{\sqrt{n}} \qquad \cdots\cdots(\text{D.8})$$

单个值的标准不确定度按公式(D.9)计算：

$$u_{sm} = s_{po} \qquad \cdots\cdots(\text{D.9})$$

## D.8 与汇总标准偏差相关的自由度，$\nu_{po}$

与任何一个标准偏差相比，汇总标准偏差能更好地评估整体标准偏差，因为汇总标准偏差有更多与其相关的自由度。按公式(D.10)将各标准偏差的相关自由度相加，可方便地计算出合成自由度：

$$\nu_{po}=\sum_{j=1}^{m'}\nu_j \qquad \text{(D.10)}$$

## D.9 基于样本标准偏差的样本平均值的扩展不确定度，$U_{\bar{x}}$

尽管平均值的标准不确定度提供了一个可能包含平均值的带宽，但由于范围较窄，平均值很有可能位于带宽外。在以自由度为2的标准偏差确定标准不确定度的情况下，平均值位于标准不确定度所确定的带宽外的几率为42%，即使自由度为100，平均值位于带宽以外的几率仍为32%。因此，有必要扩展带宽，以此提供一个较高的置信水平使得真平均值处于扩展带宽以内。通过计算带宽可给出90%、95%或99%的置信水平，但在测量不确定度分析中，通常选取置信水平为95%。按公式(D.11)，将标准不确定度乘以包含因子$k$，可以算出扩展不确定度：

$$U_{\bar{x}}=ku_{\bar{x}} \qquad \text{(D.11)}$$

如果标准不确定度是以当前数据样本$\nu=n-1$的标准偏差为基础，则包含因子的值取决于与标准不确定度相关的自由度。表C.1给出了取值范围。严格来讲，该表中的数值对应的置信水平为95.45%，当$\nu\to\infty$时，为使包含因子$k=2$，都是优先选取95.45%的置信水平而不选择95%。

## D.10 基于经验标准偏差的样本平均值的扩展不确定度，$U_{\bar{x}}$

当标准不确定度是从基于以往经验的标准偏差中取得时，不管是从单组数据中取得还是汇总多组数据取得，扩展不确定度方程同样适用。但包含因子应根据与经验标准偏差相关的自由度进行选取。

## D.11 单个值的扩展不确定度，$U_{sm}$

扩展不确定度方程同样适用于单个值，包含因子也应根据与经验标准偏差相关的自由度进行选取。

## D.12 各次测量的允许区间

对于给定的置信水平，平均值的扩展不确定度可确定一个范围，预期被测变量的真平均值就在此范围内。然而，被测变量的单个测量值会位于一个相当宽的范围内，因此往往有必要确定一个包含给定比例数值的范围。对于一个已知的标准偏差，正态分布所限定的范围包含给定比例的读数。但当样本有限时，标准偏差本身就取决于不确定度，因此就要对包含所需百分比读数的区间设定置信界限。置信界限由允许区间提供。

允许区间按公式(D.12)确定：

$$\bar{x}\pm k_t s \qquad \text{(D.12)}$$

式中，

$\bar{x}$ ——样本平均值；

$s$ ——样本标准偏差；

$k_t$ ——取自表D.1。

应注意，表 D.1 中 $k_t$ 的值对应于不同样本大小 $n$，而不是对应于与标准偏差相关的自由度。表 D.1 中的数值以假定样本取自正态分布或高斯分布为依据确定的。

**表 D.1　允许区间（$k_t$ 值）[2]**

| 样本大小 | 置信水平 | | | | | |
|---|---|---|---|---|---|---|
| | 95% | | | 99% | | |
| | 项目处于允许区间内的百分数 | | | 项目处于允许区间内的百分数 | | |
| | 90% | 95% | 99% | 90% | 95% | 99% |
| 3 | 8.38 | 9.92 | 12.86 | 18.93 | 22.40 | 29.06 |
| 4 | 5.37 | 6.37 | 8.30 | 9.40 | 11.15 | 14.53 |
| 5 | 4.28 | 5.08 | 6.63 | 6.61 | 7.85 | 10.26 |
| 6 | 3.71 | 4.41 | 5.78 | 5.34 | 6.35 | 8.30 |
| 7 | 3.31 | 4.01 | 5.25 | 4.61 | 5.49 | 7.19 |
| 8 | 3.14 | 3.73 | 4.89 | 4.15 | 4.94 | 6.47 |
| 9 | 2.97 | 3.53 | 4.63 | 3.82 | 4.55 | 5.97 |
| 10 | 2.84 | 3.38 | 4.43 | 3.58 | 4.27 | 5.59 |
| 12 | 2.66 | 3.16 | 4.15 | 3.25 | 3.87 | 5.08 |
| 14 | 2.53 | 3.01 | 3.96 | 3.03 | 3.61 | 4.74 |
| 16 | 2.44 | 2.90 | 3.81 | 2.87 | 3.42 | 4.49 |
| 18 | 2.37 | 2.82 | 3.70 | 2.75 | 3.28 | 4.31 |
| 20 | 2.31 | 2.75 | 3.62 | 2.66 | 3.17 | 4.16 |
| 30 | 2.14 | 2.55 | 3.35 | 2.39 | 2.84 | 3.73 |
| 40 | 2.05 | 2.45 | 3.21 | 2.25 | 2.68 | 3.52 |
| 50 | 2.00 | 2.38 | 3.13 | 2.16 | 2.58 | 3.39 |

## D.13　找出离散值

在进行一组测量时，有时会发现其中有一个数值和其他值相比显得过大或过小，这时会将其视作粗大误差剔除掉。出现离散值显然是有原因的，但往往原因不明显，使得测量人员不得不自己去判断，它究竟是一个错误值还是同一分布中的一个极值。

极值会影响一组数据的平均值和标准偏差，若在分析时剔除极值，则这些数值更加符合正态分布。但由于极值也有可能是有效数值，因此不能轻易剔除。

已有多种统计检验方法可协助分析离散值的重要性，有些检验针对单个离散值，有些则针对分布于范围同一侧或两侧的多个离散值。Grubbs 检验法就是其中的一种，以整组数据的标准偏差同离散值和平均值的距离进行比较。

假定一组数据（$x_1, x_2, \cdots x_n$）的平均值为 $\bar{x}$，标准偏差为 $s$，读数 $x_m$ 疑为离散值。Grubbs 检验法的

统计量 $Z_n$ 按公式(D.13)计算:

$$Z_n = \frac{|x_m - \bar{x}|}{s} \qquad \text{(D.13)}$$

将 $Z_n$ 与表 D.2 中相应置信水平和样本数下的数值进行比对。若 $Z_n$ 不在表中数值的范围内,则测量值 $x_m$ 可被视为该置信水平下的离散值。

尽管 Grubbs 检验法可通过数据采集系统自动标记出离散值,但剔除数据仍需经过判断,不能光凭统计结果作出决定。

**表 D.2 基于平均偏差和标准偏差的 Grubbs 离散值检验法**

| 观察次数 | 置信水平 | |
|---|---|---|
| | 95% | 99% |
| 4 | 1.48 | 1.50 |
| 5 | 1.71 | 1.76 |
| 6 | 1.89 | 1.97 |
| 7 | 2.02 | 2.14 |
| 8 | 2.13 | 2.27 |
| 9 | 2.21 | 2.39 |
| 10 | 2.29 | 2.48 |
| 12 | 2.41 | 2.64 |
| 14 | 2.51 | 2.76 |
| 16 | 2.59 | 2.85 |
| 18 | 2.65 | 2.93 |
| 20 | 2.71 | 3.00 |
| 30 | 2.91 | 3.24 |
| 40 | 3.04 | 3.38 |
| 50 | 3.13 | 3.48 |
| 100 | 3.38 | 3.75 |

## D.14 评估实例

### D.14.1 平均值、方差、标准偏差、自由度和变化系数

#### D.14.1.1 总则

甲苯是石化厂使用的原材料,其流量用涡轮计测量。为了减小流量测量中的 A 类不确定度,每个用于控制的读数都应从五个单独的数据中得出。表 D.3 给出一组典型的数据,计算其平均值、方差、标准偏差、自由度和变化系数。

**表 D.3 典型流量读数**

| 读数编号 | 1 | 2 | 3 | 4 | 5 |
|---|---|---|---|---|---|
| 流量 L/s | 122.7 | 123.2 | 122.3 | 122.8 | 123.0 |

**D.14.1.2 平均值**

平均值计算如下，单位为升每秒，以 L/s 表示：

$$\bar{x}=\frac{1}{n}\sum_{m=1}^{n}x_m$$
$$=(122.7+123.2+122.3+122.8+123.0)/5$$
$$=122.8$$

**D.14.1.3 方差**

方差计算如下，以$(\mathrm{L/s})^2$ 表示：

$$s^2=\frac{1}{(n-1)}\sum_{m=1}^{n}(x_m-\bar{x})^2$$
$$=\frac{[(122.7-122.8)^2+\cdots+(123.0-122.8)^2]}{(5-1)}$$
$$=0.115\ 0$$

**D.14.1.4 标准偏差**

标准偏差计算如下，以 L/s 表示：

$$s=\sqrt{s^2}$$
$$=\sqrt{0.115\ 0}$$
$$=0.339$$

**D.14.1.5 自由度**

自由度计算如下：

$$\nu=n-1$$
$$=5-1$$
$$=4$$

**D.14.1.6 变化系数**

变化系数计算如下：

$$C_{\mathrm{V}}=\frac{s}{x}$$
$$=0.399/122.8$$
$$=0.002\ 76$$

**D.14.2 采用样本标准偏差的平均值的标准不确定度和扩展不确定度**

**D.14.2.1 总则**

使用 D.14.1 例子的数据，计算平均值的标准不确定度和置信水平为 95％的扩展不确定度。

### D.14.2.2 平均值的标准不确定度

平均值的标准不确定度计算如下，以 L/s 表示：

$$u_{\bar{x}} = \frac{s}{\sqrt{n}}$$

$$= \frac{0.339}{\sqrt{5}}$$

$$= 0.152$$

### D.14.2.3 置信水平为 95%的平均值的扩展不确定度

自由度为 4，从表 C.1 查得包含因子 $k=2.87$，因此，扩展不确定度计算如下，以 L/s 表示：

$$U_{\bar{x}} = k u_{\bar{x}}$$

$$= 2.87 \times 0.152$$

$$= 0.436$$

### D.14.3 单个值的标准不确定度和扩展不确定度

### D.14.3.1 总则

假设 D.14.1 例子中的流量控制是基于单个流量读数，计算标准不确定度和置信水平为 95%的扩展不确定度。

D.14.1 例子中的数据提供了流量变化的重要信息。从这些数据中得出的标准偏差可用于计算单个读数的不确定度。

### D.14.3.2 标准不确定度

标准不确定度计算如下，以 L/s 表示：

$$u_{\mathrm{sm}} = s_{\mathrm{ex}}$$

$$= 0.339$$

### D.14.3.3 扩展不确定度

扩展不确定度的计算基于标准不确定度，由于它是从一组五个数据中得出的，与其相关的自由度为 4，$k$ 仍等于 2.87（见表 C.1）。因此，可以如下计算扩展不确定度：

$$U_{\mathrm{sm}} = k u_{\mathrm{sm}}$$

$$= 2.87 \times 0.339$$

$$= 0.973$$

可以看出，这些数值远大于五个读数平均值的不确定度，这也证明了采用单次测量所带来的后果。

### D.14.4 多组数据的汇总标准偏差

### D.14.4.1 总则

为了更好地评定由于 A 类不确定度所引起的流量的可变性，工程师查阅过去的流量记录并且确认六组从类似流量下取得的数据。表 D.4 所示为该六组数据，并列出了每组数据的平均值、每组数据平均值的标准偏差和与每个标准偏差相关的自由度。利用所有的这些数据计算汇总标准偏差和与其相关的自由度。

**表 D.4　D.14.4 示例用流量数据**

| 每天每组数据的流量[a] | | | | | | | |
|---|---|---|---|---|---|---|---|
| 组 | 统计参数 | 天 | | | | | |
| | | 1 | 2 | 3 | 4 | 5 | 6 |
| 1 | — | 120.2 | 123.0 | 124.3 | 127.3 | 118.3 | 122.7 |
| 2 | — | 120.8 | 122.6 | 124.9 | 126.7 | 118.5 | 123.1 |
| 3 | — | 121.0 | 122.7 | 124.9 | 127.2 | 118.2 | 123.0 |
| 4 | — | 121.1 | 122.9 | 125.1 | 126.5 | 118.6 | 122.7 |
| 5 | — | 120.4 | 122.4 | 124.5 | — | 118.8 | 122.2 |
| 6 | — | — | — | — | — | 118.3 | 122.4 |
| 7 | — | — | — | — | — | 119.1 | — |
| — | — | — | — | — | — | — | |
| — | $\bar{x}$[a] | 120.70 | 122.72 | 124.74 | 126.93 | 118.54 | 122.68 |
| — | $s$[a] | 0.387 | 0.239 | 0.329 | 0.386 | 0.321 | 0.343 |
| — | $\nu$ | 4 | 4 | 4 | 3 | 6 | 5 |

[a] 流量以 L/s 表示。

**D.14.4.2　汇总标准偏差**

汇总标准偏差计算如下，以 L/s 表示：

$$s_{po}=\sqrt{\sum_{j=1}^{m'}\nu_j s_j^2\Big/\sum_{j=1}^{m'}\nu_j}$$
$$=\sqrt{\frac{4\times0.387^2+4\times0.239^2+\cdots\cdots+6\times0.321^2+5\times0.343^2}{4+4+4+3+6+5}}$$
$$=0.335$$

**D.14.4.3　汇总自由度**

汇总自由度计算如下：

$$\nu_{po}=\sum_{j=1}^{m'}\nu_j$$
$$=4+4+4+3+6+5$$
$$=26$$

尽管本例汇总的以往数据对标准偏差几乎没有影响，但却大大增加了与汇总标准偏差相关的自由度。其好处如 D.14.5 的例子所示。

**D.14.5　基于经验数据标准偏差的样本平均值的扩展不确定度**

**D.14.5.1　总则**

使用 D.14.4 例子中所汇总的数据，重新计算五个读数的平均值的标准不确定度和扩展不确定度。

**D.14.5.2　标准不确定度**

用于计算标准不确定度的标准偏差是一个汇总值，但是用于获取平均值的样本仍为 5 个值，标准不确定度计算公式中的除数仍为$\sqrt{5}$，因此公式变为：

$$u_{\bar{x}}=\frac{s_{\mathrm{pe}}}{\sqrt{n}}$$

$$=\frac{s_{\mathrm{po}}}{\sqrt{n}}$$

$$=\frac{0.335}{\sqrt{5}}$$

$$=0.150$$

本例中，汇总标准偏差很接近原样本值，汇总处理对标准不确定度没有太大影响。

### D.14.5.3 扩展不确定度

从表C.1选取包含因子计算扩展不确定度时，应注意与标准不确定度相关的自由度现在与汇总标准偏差相关。因此，自由度为26，选取包含因子 $k=2.11$，不确定度计算如下，以L/s表示：

$U_{\bar{x}}=ku_{\bar{x}}=2.11\times 0.150=0.317$

该值远小于D.14.2例子中仅使用原始样本数据计算得出的0.436，这说明通过汇总以往数据可得到更好的可变性估计值，本例中是增大了与汇总标准偏差相关的自由度。

### D.14.6 单个值的允许区间

威士忌酒瓶标记的最小容量为700 mL。考虑到灌装过程存在变化，灌装厂经理必须将平均灌注容积设定为大于700 mL，使出现缺量瓶的概率减至最低。随机选取10瓶测量酒容量，得出标准偏差为4 mL，则灌装厂经理应设定多大的平均注入量才能有95%的把握使得99.5%的酒瓶可满足最低要求？

由于可假设为对称分布，那么99.5%瓶满足最低量要求就意味着0.5%低于最低量要求，99%位于允许区间内，0.5%超出区间上限。根据置信水平为95%且99%瓶位于允许区间内，从表D.1选取 $k_t=4.43$。

因此该区间为±4.43×4 mL=±17.72 mL。

为使区间的下限为700 mL，平均值须设定为717.72 mL。

灌装厂经理认识到该平均值意味着几乎每一瓶都损失威士忌，他希望控制损失。他所能接受的平均值为705 mL，同时，他想将置信水平提高到99%，使99.5%瓶都能符合最低量要求。在试图减小灌装过程中的不确定度时，以30瓶为样本，他应寻求多大的标准偏差？

对于置信水平为99%，让99%瓶位于区间内(0.5%低于下限)，且样本大小为30，表D.1给出 $k_t=3.73$。因此，允许区间为±5 mL时，样本的标准偏差应减小到5 mL除以3.73，即1.34 mL。

### D.14.7 剔除离散值

用文丘里流量计测量冷却塔的水流量。需要评定日均消耗量，以下是20天内收集的数据。

**表D.5 D.14.7示例的体积数据**

| 天 | 1 | 2 | 3 | 4 | 5 |
|---|---|---|---|---|---|
| 体积/m³ | 7.80 | 7.66 | 7.87 | 8.02 | 8.01 |
| 天 | 6 | 7 | 8 | 9 | 10 |
| 体积/m³ | 8.80 | 7.18 | 7.81 | 7.99 | 7.69 |
| 天 | 11 | 12 | 13 | 14 | 15 |
| 体积/m³ | 7.74 | 7.60 | 7.58 | 7.70 | 7.73 |
| 天 | 16 | 17 | 18 | 19 | 20 |
| 体积/m³ | 7.54 | 7.76 | 7.78 | 7.86 | 7.79 |

按公式(D.1)和公式(D.2)计算得出平均值为 7.76 $m^3$,标准偏差为 0.202 $m^3$。由于是 20 个读数的平均值,平均值的标准不确定度计算如下,以立方米表示:

$$u_{\bar{x}}=\frac{s}{\sqrt{n}}=\frac{0.202}{\sqrt{20}}=0.045$$

20 个数值,自由度为 19,从表 C.1(用内插法)得出包含因子为 2.14,扩展不确定度计算如下,以立方米表示:

$$U_{\bar{x}}=ku_{\bar{x}}=2.14\times0.045=0.096$$

然而,第 7 天记录的数值 7.18 远小于其他数值,用 Grubbs 检验法按离散值进行检验。

$$Z_n=\frac{|x_m-\bar{x}|}{s}=\frac{|7.18-7.76|}{0.202}=2.87$$

由于 $Z_n$ 值超过了表中(表 D.2)20 个观测值的 95%置信水平的数值,因此置信水平为 95%时,7.18可被视为离散值。但是,$Z_n$ 值并未超过表中置信水平为 99%时的数值,所以在高置信水平时不可视为离散值。检查工厂记录表明,第 7 天的原料浓度有问题,可能影响了冷却要求。因此,可以将此偏低的值剔除。

剔除了离散值后,重新计算平均值和标准偏差,其结果分别为 7.79 $m^3$ 和 0.153 $m^3$。现有 19 个观测值,因此平均值的标准不确定度计算如下,以立方米表示:

$$u_{\bar{x}}=\frac{s}{\sqrt{n}}=\frac{0.153}{\sqrt{19}}=0.035$$

由表 C.1 查得,19 个观测值,自由度为 18,包含因子为 2.15,因此置信水平为 95%时,平均值的扩展不确定度计算如下,以立方米表示:

$$U_{\bar{x}}=ku_{\bar{x}}=2.15\times0.035=0.075$$

# 附　录　E
（资料性附录）
测量不确定度的来源

## E.1　不确定度来源的分类

测量过程中的不确定度来源可分为以下几类：

a)　校准不确定度；

b)　数据采集不确定度；

c)　数据处理不确定度；

d)　测量方法引起的不确定度；

e)　其他。

注：虽然对不确定度进行分类常常是有用的，但对于正确分析不确定度而言，不是必需的。

## E.2　校准不确定度

每台测量仪表都会引入不确定度。校准的主要目的在于将测量不确定度减小到可接受的程度。通过校准，用标准仪表较小的合成不确定度来替换被校准仪表大的不确定度，将测量仪表与标准表进行比对，就可以达到此目的。

校准也可用于提供对已知参比标准和(或)物理常数的溯源性。在一些国家，校准试验室是分等级的，其中，国家标准实验室位于最高层，它为所有标准实验室提供最终比对。每一级均可追溯到其上一级，即它的校准不确定度是上一级实验室的不确定度加上其仪器的不确定度和使用不确定度。就这样，每一级都在测量过程中增加不确定度。因此，当要查证某一级的不确定度时，就必须在恰当的层级进入校准链。因此，若要求总不确定度为 0.5%，使用不确定度和仪器不确定度为 0.4%，应选校准不确定度为 0.3%的等级进入校准链，以此产生的合成不确定度以百分数表示为$\sqrt{0.4^2+0.3^2}$，即所需的 0.5%。

## E.3　数据采集不确定度

数据采集系统的不确定度来自于信号调制、传感器、记录装置等。对整个系统进行校准是减小这些不确定度影响的最好方法。通过对比已知输入值和测量结果，可获得数据采集不确定度的评估值。然而，并非总是能采用这种方法。这时，必须评定不确定度的每一个分量再加以合成来预测总不确定度。

## E.4　数据处理不确定度

这类不确定度主要来自于曲线拟合和计算分辨率，后者一般可忽略不计。曲线拟合可用于处理例如仪表系数等的非线性。虽然对校准数据进行回归分析获得的方程最适合这些数据，但曲线的分布表明，数据多了，得到的方程会略有不同，这与取得的数值多了，数据的平均值会改变一样。因此，正如取一组数据的平均值那样，回归方程中的每个系数都会有与其相关的不确定度。由数据拟合直线或曲线产生的不确定度，其评定方法的详细介绍分别参见 ISO/TR 7066-1[7] 和 ISO 7066-2[8]。

由于曲线必须以多个读数为依据，因此，仪表的性能特性(例如，不重复性)都包含在曲线拟合不确定度中。此外，对校准试验进行周密的设计，可以使回差等不确定度来源也被包含在内。

## E.5 测量方法引起的不确定度

测量方法引起的不确定度指源自测量过程中固有的技术或方法的附加不确定度。这些不确定度来源可显著影响最终结果的不确定度。在现代测量系统中，它们的影响比校准、数据采集和数据处理所带来的影响更为明显。常见例子如下：

a） 计算中假定或常数的不确定度。例如，常数 $\pi$ 可取 3.14 或 3.141 592 6，重力加速度 $g$ 可取 9.81 $m/s^2$，在特定场合也可使用国际大地测量学和地球物理学联合会提供的方程进行计算。

b） 安装仪表引起的侵入扰动影响所产生的不确定度。例如，皮托管会导致阻塞并增大被测流速。

c） 将速度剖面上的离散点测量转换成测点平均流速时引起的空间或剖面不确定度。

d） 环境对测量传感器影响，例如，传导、对流和辐射。在处理非常热或非常冷的流体时，热传递效应对测温探头的影响尤其重要。

e） 测量过程中的不稳定性、不重复性和回差所引起的不确定度。

f） 连续多次校准之间，仪表漂移所引起的不确定度。

g） 对电子元件的电干扰。例如，磁场、电场和交流尖峰脉冲。

h） 校准条件和使用条件之间的差异。在试验室室温条件下校准的仪表用在环境温度变化范围宽的场合或用于处理高温或低温流体的过程装置时，其不确定度会增加。上游管件配置也会对一些流量计产生显著的影响。

# 附　录　F
（资料性附录）
## 相关输入变量

在列出所有不确定度来源时，如有可能，应定义这些来源，以便不同来源的不确定度彼此独立。那么就认为各输入变量及其相关不确定度互不相关。当各输入变量或这些变量的不确定度彼此不独立时，就认为它们是相关的。相关可以是正相关或负相关，可以是100%相关或部分相关。

使用同一仪表进行多次测量或者使用同一参比标准器校准仪表就发生相关。后一种情况是流量测量实验室常见做法，将多个流量计串联用同一参比标准器进行校准，然后在使用时并联计量较大流量。外部影响，如压力、温度、湿度等作用于测量系统中的一些仪表也形成相关。

正相关情况下，总不确定度将增加，因为，这时“不确定度分布在允许的范围内”的假设不再成立，于是采用和的平方根法取得最合理的值。而合成值必须反映这样一个事实，即各不确定度是相互关联的，对任何一种测量的作用都是相同的。例如，对管道直径和孔板节流孔进行温度修正，两者的修正量是相等的。

当用同一台仪表进行两次测量，并将两次测量的差值或比值作为最终测量结果时会产生负相关。前一种情况下，两个读数的静差为零不影响最终结果；而在后一种情况下，校准线的斜率有误将不会影响比值。由此可见，负相关能减小不确定度。

相关不确定度，尤其是部分相关不确定度的处理非常复杂；GUM(1995)的5.2中有详细介绍。GUM描述的方法，其数学计算复杂，对于大部分实际应用，可采用下述较为简单的方法来评定相关要素的重要性，以此来决定是否需要采用复杂的GUM技术。

分析的最佳方法是重新确定数学关系来消除相关性。例如，前面提到，对管道和孔板节流孔进行热膨胀修正时，修正的不确定度通过温度的不确定度成为正相关，如果它们的材料相同，则修正的不确定度通过热膨胀系数也成为正相关。通过重新确定数学关系，按参比温度下的尺寸、工作温度和热膨胀系数，引入节流孔径和管径的计算方程，相关变量被当作独立变量引入分析，它们对不确定度的贡献通过第8章灵敏度系数分析给予充分说明。附录G的G.3示例3说明了孔板的计算过程。通过重新确定被测量来消除相关变量，使之成为负相关；附录G的G.2示例2说明了整个过程，该例子中需要用到流量比。

评定正相关不确定度的另一方法是假设全部为100%相关，因此[见GUM(1995)的5.2]，合成不确定度 $u_c$ 按公式(F.1)计算：

$$u_c = c_1 u(x_1) + c_2 u(x_2) + \cdots\cdots c_N u(x_N) \qquad \text{(F.1)}$$

或者，按公式(F.2)计算相对合成不确定度：

$$u_{crel} = c_1^* u_{rel}(x_1) + c_2^* u_{rel}(x_2) + \cdots\cdots c_N^* u_{rel}(x_N) \qquad \text{(F.2)}$$

分析法将不确定度来源分为相关来源和不相关来源，然后进行平行分析，对于相关来源，线性叠加加权因子，对于不相关来源采用和的平方根法。最后，用平方和开方法将所有相关不确定度和不相关不确定度进行相加，得出总的不确定度。该方法会高估只是部分相关的不确定度的影响，因此，不确定度评定遵循“宁大勿小”的原则。

在处理负相关时，应记住，100%负相关导致该来源在分析时被剔除，从而对总不确定度没有任何影响。“宁大勿小”原则要求将部分负相关视为不相关处理，在分析时予以保留。

若无法采用重新确定数学关系的方法，应对潜在相关来源和不相关来源的影响进行比较，以确定是否值得更加详细地分析相关影响。

# 附　录　G
（资料性附录）
# 示　　例

## G.1　示例1:在校准装置上用临界流喷嘴测量空气质量流量

### G.1.1　数学模型

质量流量按公式(G.1)计算：

$$q_{ma}=A_t C\varphi_{cf}p_0\sqrt{\frac{1}{RT_0}} \qquad \text{( G.1 )}$$

式中：

$q_{ma}$——质量流量；

$A_t$——喉部面积；

$C$——流出系数；

$\varphi_{cf}$——临界流函数；

$p_0$——上游滞止压力；

$R$——通用气体常数；

$T_0$——上游滞止绝对温度。

由于喷嘴是用空气和参比标准器校准的，该公式简化为公式(G.2)：

$$q_{ma}=C_c p_0\sqrt{\frac{1}{T_0}} \qquad \text{( G.2 )}$$

式中：

$C_c$——校准系数。

### G.1.2　Contributory 方差

将公式(19)代入公式(G.2)，得出公式(G.3)：

$$u_c^2(q_{ma})=c_{C_c}^2u^2(C_c)+c_{p_0}^2u^2(p_0)+c_{T_0}^2u^2(T_0) \qquad \text{( G.3 )}$$

公式(G.4)中的灵敏度系数可通过公式(G.2)求导数得出：

$$c_{C_c}=p_0\sqrt{\frac{1}{T_0}}, c_{p_0}=C_c\sqrt{\frac{1}{T_0}} \text{ 和 } c_{T_0}=-1/2C_c p_0 T_0^{-3/2} \qquad \text{( G.4 )}$$

因此，公式(G.3)可改写成公式(G.5)：

$$u_c^2(q_{ma})=\frac{p_0^2}{T_0}u^2(C_c)+\frac{C_c{}^2}{T_0}u^2(p_0)+\frac{C_c^2p_0^2}{4T_0^3}u^2(T_0) \qquad \text{( G.5 )}$$

除以 $q_{ma}{}^2$ 得出公式(G.6)：

$$\frac{u_c^2(q_{ma})}{q_{ma}^2}=\frac{u^2(C_c)}{C_c{}^2}+\frac{u^2(p_0)}{p_0^2}+\frac{u^2(T_0)}{4T_0^2} \qquad \text{( G.6 )}$$

因此，各个相对灵敏度系数 $c^*$ 如公式(G.7)所示：

$$c_{\varphi_C}^*=1, c_{p_0}^*=1, \text{和 } c_{T_0}^*=-1/2 \qquad \text{( G.7 )}$$

#### G.1.2.1　校准系数中的不确定度，$\varphi_C$

校准证书给出校准系数 $C_c$ 的扩展不确定度 $U(C_c)=0.25\%$，置信水平为95%（或包含因子 $k=2$），因此,用 $k=2$ 复原标准不确定度。校准试验是在外部的试验室进行的。校准试验中所使用的仪器由独立试验室提供,因此与喷嘴使用时所用的仪器不相关。但是,如果校准试验采用了仪表正常工作压力或温度,则必须考虑它们的相关性。

### G.1.2.2 上游压力 $p_0$ 测量的不确定度

测量上游压力的压力表,合格标准为满量程读数的 0.5%。压力表的满量程读数为 2 MPa(20 bar),而正常运行时管道压力为 1.5 MPa(15 bar)。由于不对压力表的读数进行校准修正,只要读数全部在规定极限内,那么最大不确定度为 2 MPa(20 bar)的 0.5%,即 0.010 MPa(0.1 bar)。由于对校准值在合格范围内的分布一无所知,故采取谨慎的做法,假设所有值的可能性是相等的,即矩形分布。因此,标准不确定度为 0.010 MPa 除以$\sqrt{3}$,即 0.005 8 MPa(0.058 bar)。在使用中,仪表的读数是由一个分辨率为 1/1 024 的 10 位计算机数据采集卡完成的。采集卡的满量程被设定为压力表的满量程读数[2 MPa(20 bar)],因此采集卡的 1 位代表 2 MPa(20 bar)除以 1 024,即 0.002 MPa(0.02 bar)。因此,扩展不确定度为 0.001 MPa(0.01 bar),并且,由于数字值代表该范围内所有数值的概率相等,因此假设其为矩形分布,则标准不确定度为 0.001 MPa(0.01 bar)除以$\sqrt{3}$,即 0.000 58 MPa(0.005 8 bar)。用求积法将其与校准不确定度相加,求出总的标准不确定度。因此,以压力单位的平方表示的 $u^2(p_0)$ 等于$(0.005\ 8^2+0.000\ 58^2)\text{MPa}^2[(0.058^2+0.005\ 8^2)\text{bar}^2]$,$u(p_0)$等于 0.005 8MPa(0.058 bar)。工作压力为 1.5 MPa(15 bar)时,压力测量的总相对不确定度为 0.005 8/1.5(以 MPa 表示)[0.058/15(以 bar 表示)],即 0.39%。

$$u(p_0)=\sqrt{(0.005\ 8^2+0.000\ 58^2)}=0.005\ 8\ \text{MPa} \qquad \text{(G.8)}$$
$$=\sqrt{(0.058^2+0.005\ 8^2)}=0.058\ \text{bar}$$

### G.1.2.3 上游温度 $T_0$ 测量的不确定度

上游温度用置信水平为95%时标称不确定度为 1 K 的 J 型热电偶进行测量。该不确定度为扩展不确定度,由于置信水平定为 95%,在推导标准不确定度时,假设 $k=2$。因此,标准不确定度为 1 K 除以 2,即 0.5 K。温度读数的标度分格为 0.1 K,扩展不确定度为 0.05 K。它是一个矩形分布,标准不确定度为 0.05 K 除以$\sqrt{3}$,即 0.029 K。使用热电偶测量流动气体温度及其测量流动气体平均温度的精确度都会带来附加不确定度。该热电偶按 GB/T 21188[3] 的建议安装,因此可压缩流体影响小。当气体温度为 313 K,接近周围环境温度时,热电偶的传导效应也小。因此,假设扩展不确定度为 0.1 K,并且认定其为矩形分布,则标准不确定度为 0.1 K 除以$\sqrt{3}$,即 0.058 K。不同来源的标准不确定度是相互独立的,可以按公式(G.9)积分求和,得出温度测量的总标准不确定度。$u^2(T_0)$以开尔文平方表示,$u(T_0)$以开尔文表示:

$$u(T_0)=\sqrt{(0.5^2+0.028^2+0.058^2)} \qquad \text{(G.9)}$$
$$=0.5$$

工作温度为 313 K 时,相对标准不确定度 $u_{\text{rel}}(T_0)$(以开尔文表示)等于 0.5 除以 313,即 0.16%。

### G.1.2.4 合成不确定度

总不确定度如表 G.1 所示。

表 G.1　不确定度预算

| 符号 | 不确定度来源 | 相对扩展不确定度 $U_{rel}(x_i)$ | 概率分布 | 包含因子 | 相对灵敏度系数 $c_i^*$ | 相对标准不确定度 $u_{rel}(x_i)$ % | 对总不确定度的贡献 $[c_i u(x_i)]^2$ $10^{-4}$ |
|---|---|---|---|---|---|---|---|
| $u_{rel}(\varphi_c)$ | 校准 | 0.25 | 正态分布 | 2.00 | 1.00 | 0.13 | 0.02 |
| $u_{rel}(p_0)$ | 压力 | 0.67 | 矩形分布 | 1.73 | 1.00 | 0.39 | 0.15 |
| $u_{rel}(T_0)$ | 温度 | 0.28 | 矩形分布 | 1.73 | 0.50 | 0.16 | 0.01 |
| | | | | 乘数 | | | 0.18 |
| | 合成值 | 0.84 | ← | 2.00 | ← | 0.42 | ↵ |

因此,合成标准不确定度 $u_{crel}$ 为 0.42%,总的扩展不确定度 $U_{rel,95}=0.84\%$。从表 G.1 中可看出,流量的总不确定度主要来自于测量上游压力的不确定度。通常,当一个不确定度的贡献因子$[c_i u(x_i)]$小于最大贡献因子的 20%时,该较小的来源可以忽略。在表 G.1 的最后一列,贡献因子用$[c_i u(x_i)]^2$表示,因此,只有仅是最大贡献因子的$(0.2)^2$ 或 4%的贡献因子才可忽略。基于这一点,尽管温度测量的贡献因子较小,只有压力贡献因子的 7%,也不能忽略。

## G.2　示例 2:对比同一台流量计测量的两个流量

### G.2.1　总则

在很多工程中,感兴趣的并不是流量的真值而是对同一流量计测得的两个流量值进行对比。对比的不确定度与被测流量中的许多不确定度无关。本示例说明了对这种对比的分析。

汽车引擎散热器制造商用一台孔板流量计比较冷却液流过新设计散热器和参考散热器的流量。

### G.2.2　数学模型

散热器的流量性能以流量因子 $F$ 表示,按公式(G.10)确定:

$$F=\frac{q}{\sqrt{\Delta p_r}} \qquad \text{(G.10)}$$

式中:

$q$ ——冷却液的体积流量;

$\Delta p_r$——散热器两端的压差。

在新型散热器的开发中,感兴趣的是新设计散热器的流量因子 $F_{exp}$ 和参考散热器流量因子 $F_{ref}$ 之比 $\Phi_F$。因此,被测量按公式(G.11)计算:

$$\Phi_F=\frac{F_{exp}}{F_{ref}} \text{ 或 } \Phi_F=\frac{(q_{exp}/\sqrt{\Delta p_{r,exp}})}{(q_{ref}/\sqrt{\Delta p_{r,ref}})}=\frac{q_{exp}\times\sqrt{\Delta p_{r,ref}}}{q_{ref}\times\sqrt{\Delta p_{r,exp}}} \qquad \text{(G.11)}$$

其中,下角标“exp”和“ref”分别代表试验散热器和参考散热器。

流量 $q$ 用孔板测量,因此,$q$ 按公式(G.12)计算:

$$q=\left(\frac{C}{\sqrt{1-\beta^4}}\right)\left(\frac{\pi d_o^2}{4}\right)\sqrt{\frac{2\Delta p_{mt}}{\rho}} \qquad \text{(G.12)}$$

式中：

$C$ ——流出系数；

$d_o$ ——节流孔直径；

$\beta$ ——$d_o$与管道直径 $d_p$ 的比值；

$\rho$ ——流体密度；

$\Delta p_{mt}$——孔板前后压差。

将公式(G.12)代入公式(G.11)得公式(G.13)：

$$\Phi_F=\frac{\sqrt{\Delta p_{r,ref}}\times\left(\frac{C_{exp}}{\sqrt{1-\beta^4}}\right)\times\left(\frac{\pi d_o^{\ 2}}{4}\right)\times\sqrt{\frac{2\Delta p_{mt,exp}}{\rho_{exp}}}}{\sqrt{\Delta p_{r,exp}}\left(\frac{C_{ref}}{\sqrt{1-\beta^4}}\right)\left(\frac{\pi d_o^{\ 2}}{4}\right)\sqrt{\frac{2\Delta p_{mt,ref}}{\rho_{ref}}}} \qquad \text{(G.13)}$$

因为孔板的尺寸为常数，可抵消包含 $d_o$ 和 $\beta$ 的项，得公式(G.14)：

$$\Phi_F=\frac{\sqrt{\Delta p_{r,ref}}\times C_{exp}\times\sqrt{\rho_{ref}\Delta p_{mt,exp}}}{\sqrt{\Delta p_{r,exp}}\times C_{ref}\times\sqrt{\rho_{exp}\Delta p_{mt,ref}}} \qquad \text{(G.14)}$$

因此，被测量 $\Phi_F$ 与流量计的尺寸及尺寸的任何不确定度都不相关。同样，任何由于取压口位置或节流孔边缘锐度变化引起的 $C$ 的不确定度是固定的，不影响被测量 $\Phi_F$。$C$ 只取决于雷诺数，如果试验时的流量是相同的，则 $C_{exp}$ 等于 $C_{ref}$，因为 $C$ 与雷诺数的依赖关系非常弱。因此，公式(G.14)简化为公式(G.15)：

$$\Phi_F=\sqrt{\frac{\Delta p_{r,ref}\times\rho_{ref}\times\Delta p_{mt,exp}}{\Delta p_{r,exp}\times\rho_{exp}\times\Delta p_{mt,ref}}} \qquad \text{(G.15)}$$

### G.2.3 Contributory 方差

将公式(G.15)代入公式(19)，得公式(G.16)：

$$u_c^2(\Phi_F)=c_{\rho,exp}^2\times u^2(\rho_{exp})+c_{\Delta p,mt,exp}^2\times u^2(\Delta p_{mt,exp})+c_{\Delta p,r,ref}^2\times u^2(\Delta p_{r,ref})+$$
$$c_{\Delta p,r,exp}^2\times u^2(\Delta p_{r,exp})+c_{\rho,ref}^2\times u^2(\rho_{ref})+c_{\Delta p,mt,ref}^2\times u^2(\Delta p_{mt,ref}) \qquad \text{(G.16)}$$

相对灵敏度系数可通过对公式(G.16)进行偏微分得出公式(G.17)后求得：

$$\frac{u_c^2(\Phi_F)}{\Phi_F^2}=1/4\,\frac{u^2(\rho_{exp})}{\rho_{exp}^2}+1/4\,\frac{u^2(\Delta p_{mt,exp})}{\Delta p_{mt,exp}^2}+1/4\,\frac{u^2(\Delta p_{r,ref})}{\Delta p_{r,ref}^2}+$$
$$1/4\,\frac{u^2(\Delta p_{r,exp})}{\Delta p_{r,exp}^2}+1/4\,\frac{u^2\rho_{ref}}{\rho_{ref}^2}+1/4\,\frac{u^2(\Delta p_{mt,ref})}{\Delta p_{mt,ref}^2} \qquad \text{(G.17)}$$

然后，可按公式(G.18)确定相对灵敏度系数：

$$c_{\rho_{ref}}^*=c_{\Delta p_{mt,exp}}^*=c_{\Delta p_{r,ref}}^*=0.5;c_{\rho_{exp}}^*=c_{\Delta p_{mt,ref}}^*=c_{\Delta p_{r,exp}}^*=-0.5 \qquad \text{(G.18)}$$

### G.2.4 密度测量的不确定度

密度取决于冷却液(水和乙二醇的混合物)的成分和温度。每次试验时，从试验装置中取样，以液体比重计四次读数的平均值作为密度评估值。在参考散热器的试验中，平均密度为 1.070 kg/m³，在新设计散热器的试验中，平均密度为 1.065 kg/m³。这些值的不确定度可从每组 4 个读数的标准偏差中获得，但根据以往大量试验汇总的实验标准偏差确定不确定度更为准确。利用以往 5 次试验，获得每组 4 个读数共 10 组数据的汇总标准偏差，其值为 1.60 kg/m³。然后按公式(G.19)计算四个读数平均值的标准不确定度，以 kg/m³ 表示：

$$u(\rho_{mt})=s(\rho_{mt})=1.60/\sqrt{4}=0.80 \qquad \text{(G.19)}$$

液体比重计的标称“不确定度”为 1 kg/m³，将其作为正态分布($k=2$)的扩展不确定度，得出标准不确定度为 1 kg/m³ 除以 2,即 0.5 kg/m³。在两次密度测量之间,该不确定度是相关的。由于使用的是密度比,如同 G.2.3 中计算出的相对灵敏度系数的符号所显示的,这些密度是负相关。

尽管校准液体比重计的不确定度只有在密度事实上相等时才能完全抵消,但倾向于约去。在参考散热器的试验中,由液体比重计校准引起的密度测量的相对不确定度 $u^*(\rho_{exp})_{calib}$ 等于 0.5 kg/m³ 除以 1.070 kg/m³,或 0.046 7%。在新设计散热器的试验中,由液体比重计校准引起的密度测量的相对不确定度 $u^*(\rho_{exp})_{calib}$ 等于 0.5 kg/m³ 除以 1.065 kg/m³,或 0.046 9%。将这些数值及 G.2.3 中计算得出的相对灵敏度系数代入公式(F.2),可按公式(G.20)计算由校准造成的两个密度之间的相关性所引起的合成不确定度:

$$\begin{aligned} u_{crel} &= c_1^* u_{rel}(x_1) + c_2^* u_{rel}(x_2) + \cdots\cdots + c_N^* u_{rel}(x_N) \\ &= 0.5 \times 0.000\ 469 - 0.5 \times 0.000\ 467 \\ &= 0.000\ 001 \text{ 或 } 0.000\ 1\% \end{aligned} \quad \cdots\cdots\cdots\cdots(\text{G.20})$$

这证实本例中的密度几乎相等,剩余校准不确定度可以忽略。

使用液体比重计多个读数的标准偏差来获得密度,无需考虑液体比重计读数分辨率的影响。该不确定度来源已经作为所获得数值分布的贡献因子,再做考虑的话将导致其被重复计算。

两个密度的百分比不确定度各为 0.8%,除以 1.070,即 0.75%。

### G.2.5 压力计读数中的不确定度

试验装置中的所有压力用 U 形管玻璃水银压力计进行测量。由于这些压力仅用于计算压力比,可直接使用压力计的读数,无需转换压力单位。在每种情况中,取四个读数,计算平均值,获得的数值如表 G.2 所示。

**表 G.2 压力计读数**

| 压力计位置 | 平均值<br>mmHg | 标准偏差<br>mmHg |
|---|---|---|
| (参考散热器用)孔板两侧 | 264 | 1.7 |
| (试验散热器用)孔板两侧 | 249 | 1.9 |
| 参考散热器两端 | 637 | 2.8 |
| 试验散热器两端 | 632 | 2.6 |
| **注:**“mmHg”不是我国法定计量单位,本例中直接引用 ISO 5168:2005(英文版)。 | | |

和密度测量一样,不确定度可从多组读数中取得,也可以通过汇总以往试验数据获得。此外,还有第三种选择,那就是汇总两组孔板读数的实验标准偏差,取得压差范围内的标准偏差,并以同样方法汇总较大压差的散热器读数。汇总标准偏差 $s_{po}$ 按公式(G.21)计算:

$$s_{po} = \sqrt{\frac{\sum s_j^2 \nu_j}{\sum \nu_j}} \quad \cdots\cdots\cdots\cdots(\text{G.21})$$

式中:

$s_j$——第 $j$ 组的标准偏差;

$\nu_j$——第 $j$ 组的标准偏差的自由度值,等于第 $j$ 组的读数总数减去 1。

因此,孔板读数的汇总实验标准偏差 $s_{mt,po}$ 按公式(G.22)计算,以毫米汞柱表示:

$$s_{mt,po} = \sqrt{\frac{[(4-1) \times 1.7^2 + (4-1) \times 1.9^2]}{[(4-1) + (4-1)]}} = 1.8 \cdots\cdots\cdots\cdots(\text{G.22})$$

散热器读数的汇总实验标准偏差 $s_{r,po}$ 按公式(G.23)计算,以毫米汞柱表示:

$$s_{r,po}=\sqrt{\frac{[(4-1)\times 2.8^2+(4-1)\times 2.6^2]}{[(4-1)+(4-1)]}}=2.7 \quad\quad (G.23)$$

由于每组读数的平均值是用四个重复读数算出的，因此孔板读数平均值的标准不确定度为1.8除以$\sqrt{4}$，即0.9 mmHg，散热器读数平均值的标准不确定度为2.7除以$\sqrt{4}$，即1.35 mmHg。

和压力计读数一样，压力计刻度的分辨率已被采用多个读数所覆盖，不再考虑该不确定度来源可避免重复计算。压力计标尺的缺陷会带来附加不确定度，但与读数分布的标准不确定度相比，应该很小，根据G.1.2.4所述，可以忽略。

### G.2.6 流量比 $\Phi_F$ 中的合成不确定度

被测变量 $\Phi_F$ 的合成不确定度可从表G.3列出的不确定度中求得。

**表G.3 流量比 $\Phi_F$ 的不确定度预算**

| 来源 | 单位 | 数值 | 标准不确定度 | 相对标准不确定度 $U_{rel}(x_i)$ % | 相对灵敏度系数 $c_i^*$ | 对总不确定度的贡献 $[c_i u(x_i)]^2$ $10^{-4}$ |
|---|---|---|---|---|---|---|
| 密度(参考) | kg/m³ | 1 070 | 0.8 | 0.074 8 | 0.5 | 0.001 4 |
| 密度(试验) | kg/m³ | 1 065 | 0.8 | 0.075 1 | −0.5 | 0.001 4 |
| 散热器的 $\Delta p$ (参考) | mmHg | 637 | 1.35 | 0.211 9 | 0.5 | 0.011 2 |
| 散热器的 $\Delta p$ (试验) | mmHg | 632 | 1.35 | 0.213 6 | −0.5 | 0.011 4 |
| 孔板的 $\Delta p$ (参考) | mmHg | 264 | 0.9 | 0.340 9 | −0.5 | 0.029 1 |
| 孔板的 $\Delta p$ (试验) | mmHg | 249 | 0.9 | 0.361 4 | 0.5 | 0.032 7 |
| 合成相对标准不确定度，以百分数表示 | | | $\sqrt{\sum[c_x^* u_{rel}(x)]^2}$ | 0.295 2 | $\sum[c_x^* u_{rel}(x)]^2$ | 0.087 2 |

表G.3表明，密度测量对总不确定度的贡献很小，可以忽略。而各个压差的贡献几乎相等，都应予以考虑。

为获得置信水平为95%的扩展不确定度，必须评定标准不确定度的自由度，按公式(C.1)，Welch-Satterthwaite公式计算。

两个密度值的不确定度是从汇总实验标准偏差中取得的，汇总实验标准偏差从10组数据，每组4个读数的样本中求得。每组的自由度为3，因此，汇总标准偏差的自由度为3×10=30。

四个压差值的不确定度是从汇总标准偏差中取得的，汇总标准偏差从2组数据，每组4个读数的样本中求得。每组的自由度为3，因此，两个汇总标准偏差的自由度各为3×2=6。

公式(C.1)的应用见表G.4。

**表G.4 合成标准不确定度中有效自由度的计算**

| 来源 | 自由度 $\nu_x$ | 相对标准不确定度 $U_{rel}(x_i)$ % | 相对灵敏度系数 $c_i^*$ | 对不确定度的贡献 $c_i^* u_{rel}(x_i)$ | $\frac{[c_i^* u_{rel}(x_i)]^4}{\nu_i}$ $10^{-8}$ |
|---|---|---|---|---|---|
| 密度(参考) | 30 | 0.074 8 | 0.5 | 0.037 4 | $0.652\times10^{-7}$ |
| 密度(试验) | 30 | 0.075 1 | −0.5 | −0.037 6 | $0.663\times10^{-7}$ |

表 G.4（续）

| 来源 | 自由度 $\nu_x$ | 相对标准不确定度 $U_{rel}(x_i)$ % | 相对灵敏度系数 $c_i^*$ | 对不确定度的贡献 $c_i^* u_{rel}(x_i)$ | $\frac{[c_i^* u_{rel}(x_i)]^4}{\nu_i}$ $10^{-8}$ |
|---|---|---|---|---|---|
| 散热器的 $\Delta p$(参考) | 6 | 0.211 9 | 0.5 | 0.211 9 | $0.210\times10^{-4}$ |
| 散热器的 $\Delta p$(试验) | 6 | 0.213 6 | −0.5 | −0.213 6 | $0.217\times10^{-4}$ |
| 孔板的 $\Delta p$(参考) | 6 | 0.340 9 | −0.5 | −0.175 05 | $0.141\times10^{-3}$ |
| 孔板的 $\Delta p$(试验) | 6 | 0.361 4 | 0.5 | 0.180 7 | $0.178\times10^{-3}$ |
| $\sum\frac{[c_i^* u_{rel}(x_i)]^4}{\nu_i}$ | | | | | 0.000 361 |
| 相对合成标准不确定度 | | | | | 0.295 2% |
| 合成有效自由度 | | | | | 21 |

自由度为21，表C.1给出置信水平为95%的包含因子为2.13，因而，流量比的扩展不确定度 $U_{95}$ 等于2.13乘以0.295%，即0.63%。如果压力计读数的实验数据没有汇总，表G.4中每个压差的自由度为3，分析该表得出的总有效自由度为10。由此给出置信水平为95%的包含因子为 $k=2.28$，流量比的扩展不确定度 $U_{95}$ 等于2.28乘以0.295%，即0.67%。

## G.3 示例3：用孔板测量流量的不确定度的计算

### G.3.1 总则

孔板按GB/T 2624.2—2006[5]的规定制造，其尺寸由工厂检验部门在20 ℃下进行测量。装置采用 $D$ 和 $D/2$ 取压口，用于测量过程温度为170 ℃的工业液体的流量。

GB/T 2624.1—2006给出的实用计算方法与本标准给出的方法完全一致，例如在应用公式(3)计算关键参数之前评估二阶效应和相关性问题。然而，这里将按一种更为严密的方法来说明相关性处理等问题。这种方法超出了大多数孔板实际应用的需要。大多数实际应用适合采用GB/T 2624.1—2006的方法。

### G.3.2 数学模型

数学模型见公式(G.24)：

$$q_{ma}=\frac{C}{\sqrt{1-\beta^4}}\frac{\pi d_o^2}{4}\sqrt{2\rho\Delta p_{mt}} \quad\cdots\cdots(G.24)$$

$C$ 按公式(G.25)，Reader-Harris/Gallagher(1998)公式[10]计算：

$$C=0.596\,1+0.026\,1\beta^2-0.216\beta^8+0.000\,521\times\left(\frac{10^6\beta}{Re_{dp}}\right)^{0.7}+\cdots$$

$$\cdots+(0.018\,8+0.006\,3F_{Redp})\beta^{3.5}\left(\frac{10^6}{Re_{dp}}\right)^{0.3}+\cdots \quad\cdots\cdots(G.25)$$

$$\cdots+(0.043+0.080e^{-10L_1}-0.123e^{-7L_1})\cdot(1-0.11F_{Redp})\cdot\left(\frac{\beta^4}{1-\beta^4}\right)-0.031(M_2'-0.8M_2'^{1.1})\beta^{1.3}$$

式中：

$\beta$ ——孔板直径比，$\beta=d_o/d_p$；

$d_o$ ——孔板节流孔直径；

$d_p$ ——管道直径；

$\rho$ ——流体密度；

$\Delta p_{mt}$ ——孔板两侧压差；

$Re_{dp}$ ——与 $d_p$ 有关的雷诺数，$Re_{dp}=Vd_p\rho/\mu$；

$V$ ——管道内平均流速；

$\mu$ ——流体黏度；

$L_1$ ——上游取压口至上游端面距离 $l_1$ 除以管道直径 $d_p$；

注 1：由于仪表按照 GB/T 2624.2 的要求设计和安装，因此 $L_1$ 可等于 1，分析时可降低它与 $l_1$ 的依赖关系（GB/T 2624.2—2006 中 5.3.2.1）[2]；

$L_2'$ ——下游取压口至下游端面距离 $l_2'$ 除以管道直径 $d_p$；

注 2：由于仪表按照 GB/T 2624.2 的要求设计和安装，因此 $L_2'$ 可等于 0.47，分析时可降低它与 $l_2'$ 的依赖关系（GB/T 2624.2—2006 中 5.3.2.1）[2]；

$M_2'=2L_2'/(1-\beta)$；

$F_{Redp}=(19\,000\times\beta/Re_{dp})^{0.8}$。

由于测量孔板和管道尺寸时的温度不同于工作条件下的温度，应考虑孔板和管道的膨胀。所有部件都由硬铝制造，膨胀系数 $\lambda=27\times10^{-6}$/℃。典型的线性尺寸 $x$ 按公式(G.26)计算：

$$x=x_0[1+\lambda(T_{op}-T_{0,x})] \qquad \text{(G.26)}$$

式中：

$x_0$ ——温度为 $T_{0,x}$ 时的尺寸；

$T_{op}$ ——工作温度。

所有与长度有关的参数，例如 $\beta$ 和 $M_2'$，都可以按它们在温度为 $T_{0,x}$ 时的尺寸和膨胀系数编入模型。例如，公式(G.24)中的 $\beta$ 用公式(G.27)的表达式替代：

$$\beta=\{d_{o,0}[1+\lambda_{do}(T_{op}-T_{0,x,do})]\}/\{d_{p,0}[1+\lambda_{dp}(T_{op}-T_{0,x,dp})]\} \qquad \text{(G.27)}$$

这样，可排除所有与温度有关的相关性，但也使公式(G.25)变得更加复杂。

## G.3.3 Contributory 方差

从公式(G.24)和公式(G.25)中可清楚地看出，被测流量取决于多次测量，形式相当复杂。基本测量分为两类：流量计基本几何尺寸的测量和工作条件的测量。对于孔板的所有测量而言，第一类测量的不确定度是固定的，而第二类测量的不确定度各不相同。

$q_{ma}$ 和输入变量的函数关系对于分析法来说过于复杂，计算灵敏度系数是唯一实用的数学方法。尽管如此，公式(19)可以以公式(G.28)的形式加以应用：

$$u_c^2(q_{ma})=c_1^2u^2(1)+c_2^2u^2(2)+\cdots\cdots+c_n^2u^2(n) \qquad \text{(G.28)}$$

式中：

$c_i$ ——输入变量 $i$ 的灵敏度系数；

$u(i)$ ——输入变量 $i$ 的不确定度。

$n$ 个输入变量及其公称值如下所示：

——$d_{o,0}$　　60 mm；

——$d_{p,0}$　　100 mm；

——$T_{0,x}$　　20 ℃；

——$T_{op}$　　(实际工作温度)；

——$T_{op\ nominal}$　　170 ℃；

——$\Delta p$　　5 500 Pa；

——$\lambda$　　$27\times10^{-6}$/℃；

——$\rho$　　$937.5\times[1-0.006\ 0\times(T_{op}-T_{op\ nominal})]$kg/m³；

——$\mu$　　$604.0\times[1-0.014\ 1\times(T_{op}-T_{op\ nominal})]\times10^{-6}$ Pa·s。

可以看出，有几个变量($d_o$、$d_p$、$\rho$、$\mu$)与温度有关，这些值的不确定度来自于确定过程温度的不确定度，它们都是相关的。这就使得总不确定度的计算变得十分复杂，但这可以通过对每个温度相关性进行编码，制成灵敏度计算数据表，予以简化。这样，就能将雷诺数等的变化所造成的温度对系数 $C$ 的二阶效应考虑在内。

Reader-Harris/Gallagher(1998)公式适用于已有数据，易于受某些不确定度的影响；因而需要基本 $C$ 值的灵敏度系数。

表 G.5 列出了灵敏度分析结果。

**表 G.5　灵敏度系数的计算**

| 参数 | 增量 | 参数 | | | | | | | | | | | |
|---|---|---|---|---|---|---|---|---|---|---|---|---|---|
| | | $d_{p,0}$ m | $d_{o,0}$ m | $T_{0,x}$ ℃ | $T_{op}$ ℃ | $\rho$ kg/m³ | $\Delta p$ Pa | $\lambda\times10^6$ /℃ | $\mu\times10^6$ Pa·s | $C$ — | $q_{ma}$ kg/s | $c$ | $c^*$ |
| | | 增量 | | | | | | | | | | | |
| | | 0.100 0 | 0.060 0 | 20.0 | 170.0 | 937.5 | 5 500 | 27.0 | 604.0 | 0.600 | 5.994 0 | — | — |
| $d_{p,0}$ | 0.000 1 | **0.100 1** | 0.060 0 | 20.0 | 170.0 | 937.5 | 5 500 | 27.0 | 604.0 | 0.600 | 5.992 0 | −20.59 | −0.344 |
| $d_{o,0}$ | 0.000 1 | 0.100 0 | **0.060 1** | 20.0 | 170.0 | 937.5 | 5 500 | 27.0 | 604.0 | 0.600 | 6.017 6 | 235.3 | 2.352 |
| $T_{0,x}$ | 0.2 | 0.100 0 | 0.060 0 | **20.2** | 170.0 | 937.5 | 5 500 | 27.0 | 604.0 | 0.600 | 5.994 0 | 0.000 3[a] | −0.001[a] |
| $T_{op}$ | 0.2 | 0.100 0 | 0.060 0 | 20.0 | **170.2** | 937.5 | 5 500 | 27.0 | 604.0 | 0.600 | 5.990 4 | −0.0181 | −0.514 |
| $\rho$ | 1 | 0.100 0 | 0.060 0 | 20.0 | 170.0 | **938.5** | 5 500 | 27.0 | 604.0 | 0.600 | 5.997 2 | 0.003 2 | 0.500 |
| $\Delta p$ | 5 | 0.100 0 | 0.060 0 | 20.0 | 170.0 | 937.5 | **5 505** | 27.0 | 604.0 | 0.600 | 5.996 8 | 0.000 5 | 0.500 |
| $\lambda$ | 1 | 0.100 0 | 0.060 0 | 20.0 | 170.0 | 937.5 | 5 500 | **28.0** | 604.0 | 0.600 | 5.995 8 | 1 795.6 | 0.008 |
| $\mu$ | 1 | 0.100 0 | 0.060 0 | 20.0 | 170.0 | 937.5 | 5 500 | 27.0 | **605.0** | 0.600 | 5.994 1 | 49.98 | 0.005 |
| $C$ | 0.001 | 0.100 0 | 0.060 0 | 20.0 | 170.0 | 937.5 | 5 500 | 27.0 | 604.0 | **0.601** | 6.004 0 | 9.990 | 1.000 |

[a] 此行中，由 $q_{ma}$ 变化所引起的 $c$ 和 $c^*$ 值很小，因此不能反应在表格中。

### G.3.4　管道直径 $d_{p,0}$ 测量的不确定度

用内径千分尺测量管道 4 个直径，将 4 个测量值的平均值作为 $d_p$ 值。千分尺校准的扩展不确定度($k=2$)为 0.01 mm，标准不确定度为 0.005 mm。千分尺的分辨率为 0.01 mm，可视为所有数值概率相等的矩形分布($k=\sqrt{3}=1.73$)；因此，标准不确定度为 0.01 mm 除以 2 再除以$\sqrt{3}$，即 0.002 9 mm。千分尺的使用带来另一个不确定度，估计是一个范围为 0.04 mm 的矩形分布($k=1.73$)，得出标准不确定度为 0.011 5 mm。由于连续读数的不确定度是不相关的，因此使用 4 个测量值的平均值将减小千分尺的分辨率和使用所带来的不确定度。但是，求平均值对校准引起的不确定度没有影响，校准不确定度与所有读数相关，对所有读数的影响是相等的。因此，在与校准不确定度积分求和之前，对分辨率和使用的不确定度进行积分求和，再除以$\sqrt{n}=\sqrt{4}=2$。

所以，单个读数的合成标准不相关不确定度（以毫米表示）由公式（G.29）给出：

$$u(d_{\mathrm{p,o}})_{\mathrm{sm}}=\sqrt{(0.002\,9^2+0.011\,5^2)}$$
$$=0.011\,9 \qquad \cdots\cdots(\mathrm{G.29})$$

4个测量值的平均值的合成标准不相关不确定度为0.011 9除以 $n$ 的平方根，$n=4$，即0.005 9 mm。

直径测量的总合成标准不确定度（以毫米表示），由公式（G.30）给出：

$$u(d_{\mathrm{p,o}})=\sqrt{(0.005\,9^2+0.005^2)}$$
$$=0.007\,8 \qquad \cdots\cdots(\mathrm{G.30})$$

扩展不确定度（$k=2$）为0.015 5 mm。公称值 $d_{\mathrm{p}}=100$ mm，则相对不确定度为0.016%。

### G.3.5 节流孔直径 $d_{\mathrm{o,0}}$ 测量的不确定度

孔板的节流孔直径用小尺寸千分尺按相同步骤进行测量。分析过程与 $d_{\mathrm{p}}$ 的分析相同，得出的扩展不确定度（$k=2$）为0.015 5mm。公称值 $d_{\mathrm{o}}=60$ mm，则相对不确定度为0.026%。

### G.3.6 温度 $T_{0,\mathrm{x}}$ 的不确定度

工厂检验部门将温度保持在20 ℃±2 ℃。将其看作矩形分布，得出标准不确定度为2 ℃除以$\sqrt{3}$，即1.15 ℃。灵敏度系数为0.001的情况下，无需对温度计的校准等做进一步分析。

### G.3.7 流体温度 $T_{\mathrm{op}}$ 的不确定度

流体温度用铂电阻温度计进行测量，其额定校准不确定度为0.2 ℃（$k=2$），标准不确定度为0.1 ℃。显示装置的分格值为0.2 ℃，标准不确定度为0.058 ℃。根据温度计是安装在一个状态良好的套管内，但套管对流体的热传导性低，影响温度计的使用不确定度，假设不确定度为1 ℃。将其看作矩形分布，标准不确定度为0.58 ℃。流量根据单次温度测量结果进行计算，则温度的合成不确定度（以摄氏度表示）按公式（G.31）计算：

$$u(T_{\mathrm{op}})=\sqrt{(0.1^2+0.058^2+0.58^2)^2}=0.59 \qquad \cdots\cdots(\mathrm{G.31})$$

由此得出扩展不确定度为1.18 ℃（$k=2$）。

### G.3.8 密度 $\rho$ 的不确定度

在表示流体密度与温度关系的方程中代入数据，扩展不确定度为2%（$k=2$），因而标准不确定度为1%，即9.4 kg/m³。流体温度测量的不确定度所引起的使用不确定度已经在 $T_{\mathrm{op}}$ 不确定度影响的分析中予以考虑，无需再作考虑。

### G.3.9 压差 $\Delta p$ 的不确定度

使用校准不确定度为0.5%（$k=2$）的差压变送器测量孔板上、下游的压差，标准不确定度为0.25%，即13.75 Pa。显示器的分辨率为10 Pa，标准不确定度为2.9 Pa。考虑到工作环境等因素，假设读数的使用不确定度为1%，并视其为矩形分布，则标准不确定度（以百分数表示）为1除以$\sqrt{3}$，或读数的0.58%，即31.75 Pa。由于流量是从单次压差读数求出的，压差的合成不确定度（以帕斯卡表示）按公式（G.32）计算：

$$u(\Delta p)=\sqrt{(13.75^2+2.9^2+31.75^2)^2}=35 \qquad \cdots\cdots(\mathrm{G.32})$$

因此，扩展不确定度（$k=2$）为70 Pa，即1.27%。

### G.3.10 热膨胀系数 $\lambda$ 的不确定度

热膨胀系数的引用不确定度为5%，并假设此范围内所有值出现的概率是相等的，得出标准不确定

度为 2.89%，即 $7.8\times10^{-7}$/℃。

### G.3.11 流体黏度 $\mu$ 的不确定度

在表示流体黏度与温度关系的方程中代入数据，扩展不确定度为 3%($k=2$)，因而标准不确定度为 1.5%，即 $9.1\times10^{-6}$ Pa·s。流体温度测量的不确定度所引起的使用不确定度已在 $T_{op}$ 不确定度影响的分析(G.3.7)中予以考虑，无需再作考虑。

### G.3.12 Reader-Harris/Gallagher(1998)方程中的不确定度

在 Reader-Harris/Gallagher 方程(1998)中代入数据，扩展不确定度为 0.5%($k=2$)，标准不确定度为 0.25%。流出系数的公称值为 0.6，绝对标准不确定度为 0.001 5。

### G.3.13 流量的合成不确定度

尽管表 G.5 已经计算出相对灵敏度系数，因为温度输入的零点是可变的，所以不适合使用相对值。因此，总合成不确定度按表 G.6 确定的绝对项进行计算。

表 G.6 孔板不确定度预算

| 不确定度来源 | 单位 | 公称值 | 标准不确定度 $u(x_i)$ | 灵敏度系数 $c_i$ | 对总不确定度的贡献 $[c_iu(x_i)]^2$ |
|---|---|---|---|---|---|
| 管道直径，$d_p$ | m | 0.1 | 0.000 008 | −20.59 | $27.1\times10^{-9}$ |
| 节流孔径，$d_o$ | m | 0.06 | 0.000 008 | 235.3 | $3.54\times10^{-6}$ |
| 检验温度，$T_{0,x}$ | ℃ | 20 | 1.15 | −0.000 3 | $0.119\times10^{-6}$ |
| 流体温度，$T_{op}$ | ℃ | 170 | 0.59 | −0.018 1 | 0.000 114 |
| 流体密度，$\rho$ | kg/m³ | 937.5 | 9.4 | 0.003 2 | 0.000 905 |
| 压差，$\Delta p$ | Pa | 5 500 | 35 | 0.000 5 | 0.000 306 |
| 热膨胀系数，$\lambda$ | 1/℃ | $27\times10^{-6}$ | $0.78\times10^{-6}$ | 1 795.6 | $1.96\times10^{-6}$ |
| 流体黏度，$\mu$ | Pa·s | $604\times10^{-6}$ | $9.1\times10^{-6}$ | 49.98 | $0.207\times10^{-6}$ |
| 流出系数，$C$ | — | 0.6 | 0.001 5 | 9.990 | 0.000 225 |
| — | — | $u(q_{ma})$ | 0.039 4 | $\sum[c_iu(x_i)]^2$ | 0.001 55 |

因此，流量 $u(q_{ma})$ 的标准不确定度为 0.039 4 kg/s，扩展不确定度($k=2$)$U_{95}(q_{ma})$ 为 0.078 9 kg/s。流量的最佳期望值为 5.994 kg/s，相对扩展不确定度为 1.31%。从表 G.6 可以看出，流量不确定度的主要贡献因子仅限于：流体温度、流体密度、压差和 Reader-Harris/Gallagher(1998)公式的基本相关性。

## G.4 示例 4——用流速计按速度面积法测量流量的不确定度计算

### G.4.1 数学模型

这种测量方法被称为流速计测量法，把流道横截面分成 $m''$ 个垂直面，测量与每个垂直面 $i$ 相关的宽度、深度和平均流速。每个垂直面的平均流速 $V_i$ 是根据垂直面多个深度上测量的点速度计算出的。流量按公式(G.33)计算：

$$Q=F_s\sum b_id_iV_i \qquad (G.33)$$

式中：

$Q$——流量，$m^3/s$；

$F_s$——有限个垂直面的离散和与横截面上连续函数的积分之间关系的因子，假定为1；

$b_i$——与垂直面 $i$ 有关的宽度；

$d_i$——与垂直面 $i$ 有关的深度；

$V_i$——与垂直面 $i$ 有关的平均流速。

### G.4.2 Contributory 方差

测量的相对合成标准不确定度按公式(G.34)[4]计算：

$$u_{\mathrm{rel}}(Q)^2=u_{\mathrm{rel},m''}{}^2+u_{\mathrm{rel,cal}}{}^2+\sum_{i=1}^{m''}\left[(b_id_iV_i)^2(u_{\mathrm{rel,bi}}{}^2+u_{\mathrm{rel,di}}{}^2+u_{\mathrm{rel,Vi}}{}^2)\right]/\left[\sum_{i=1}^{m''}(b_id_iV_i)\right]^2 \qquad \text{(G.34)}$$

式中：

$u_{\mathrm{rel}}(Q)$——流量测量的相对合成标准不确定度；

$u_{\mathrm{rel,bi}}$，$u_{\mathrm{rel,di}}$，$u_{\mathrm{rel,Vi}}$——在垂直面 $i$ 测量的宽度、深度和平均速度的相对标准不确定度；

$u_{\mathrm{rel,cal}}$——流速计、宽度测量仪和回声测深仪的校准误差所引起的相对不确定度，等于 $\sqrt{u_{\mathrm{rel,cm}}{}^2+u_{\mathrm{rel,bm}}{}^2+u_{\mathrm{rel,ds}}{}^2}$。此表达式的估计实际值可取1%；

$u_{\mathrm{rel,cm}}$——流速计校准的相对不确定度；

$u_{\mathrm{rel,bm}}$——宽度测量仪校准的相对不确定度；

$u_{\mathrm{rel,ds}}$——回声测深仪校准的相对不确定度；

$u_{\mathrm{rel,m''}}$——垂直面数量有限所引起的相对不确定度；

$m''$——垂直面的数量。

垂直面 $i$ 处的平均流速 $V_i$ 是垂直面多个深度的流速测量值的平均值。$V_i$ 的不确定度按公式(G.35)计算：

$$u_{\mathrm{rel}}(V_i)^2=u_{\mathrm{rel},pi}{}^2+(1/n'')(u_{\mathrm{rel},cri}{}^2+u_{\mathrm{rel},ei}{}^2) \qquad \text{(G.35)}$$

式中：

$u_{\mathrm{rel},pi}$——由于垂直面 $i$ 处测量流速的深度点数量有限所引起的平均流速 $V_i$ 的相对不确定度；

$n''$——垂直面上测量流速的深度点的数量；

$u_{\mathrm{rel},cri}$——流速计响应性变化所引起的垂直面 $i$ 特定深度处的流速的相对不确定度；

$u_{\mathrm{rel},ei}$——流体流速波动(脉动)所引起的垂直面 $i$ 特定深度处的流速的相对不确定度。

将公式(G.34)和公式(G.35)合成得出公式(G.36)：

$$u_{\mathrm{rel}}(Q)^2=u_{\mathrm{rel},m''}{}^2+u_{\mathrm{rel,cal}}{}^2+\sum_{i=1}^{m''}\left\{(b_id_iV_i)^2\left[u_{\mathrm{rel,b}i}{}^2+u_{\mathrm{rel,d}i}{}^2+u_{\mathrm{rel,p}i}{}^2+\left(\frac{1}{n''}\right)(u_{\mathrm{rel,cr}i}{}^2+u_{\mathrm{rel,e}i}{}^2)\right]\right\}/\left[\sum_{i=1}^{m''}(b_id_iV_i)\right]^2 \qquad \text{(G.36)}$$

如果测量垂直面的选取，使各节段的流速($b_id_iV_i$)近似相等，并且如果各个垂直面的分量不确定度彼此相等，则公式(G.36)可简化为公式(G.37)：

$$u_{\mathrm{rel}}(Q)=\left\{u_{\mathrm{rel},m''}{}^2+u_{\mathrm{rel,cal}}{}^2+\left(\frac{1}{m''}\right)\left[u_{\mathrm{rel,b}}{}^2+u_{\mathrm{rel,d}}{}^2+u_{\mathrm{rel,p}}{}^2+\left(\frac{1}{n''}\right)(u_{\mathrm{rel,cr}}{}^2+u_{\mathrm{rel,e}}{}^2)\right]\right\}^{1/2} \qquad \text{(G.37)}$$

计算流速计测量的不确定度应符合下列要求：

——测量中所使用的垂直面数量：20；

——垂直面上测量点的数量(0.2和0.8)：2。

各分量不确定度(以百分数表示)可从 ISO 748:1997[4] 的表 E.1～表 E.6 中取得,如下所示:

——$u_{m''}$ 2.5%(表 E.6);

——$u_{cal}$ 1.0%(见前述);

——$u_b$ 0.5%(表 E.1);

——$u_d$ 0.5%(表 E.2);

——$u_p$ 3.5%(表 E.4);

——$u_{cr}$ 1.0%(表 E.5);

——$u_e$ 2.5%(深度为 0.2)(表 E.3);

——$u_e$ 2.5%(深度为 0.8)(表 E.3)。

注:ISO 748 中置信水平为 95%的分量不确定度值,已经减半并且以一个标准偏差表示。

ISO 748:1997 的附录 E 引用的分量不确定度是以以往的测量和校准数据为基础的,因此,整个不确定度计算变为 B 类不确定度评定。

### G.4.3 合成不确定度

合成不确定度可按公式(G.37)计算,得出公式(G.38):

$$u_{rel}(Q)=\left\{u_{rel,m''}{}^2+u_{rel,cal}{}^2+\left(\frac{1}{m''}\right)\left[u_{rel,b}{}^2+u_{rel,d}{}^2+u_{rel,p}{}^2+\left(\frac{1}{n''}\right)(u_{rel,cr}{}^2+u_{rel,e}{}^2)\right]\right\}^{1/2}$$

$$=\{2.5^2+1.0^2+(1/20)[0.5^2+0.5^2+3.5^2+(1/2)(1.0^2+2.5^2)]\}^{1/2}\%$$

$$=2.84\% \qquad \text{(G.38)}$$

置信水平为 95%的扩展不确定度 $U_{95}$,按公式(G.39)计算,包含因子 $k=2$:

$$U_{rel,95}(Q)=ku_{rel}(Q) \qquad \text{(G.39)}$$

$$=2\times 2.84\%$$

$$=5.68\%$$

因此,$U_{rel,95}(Q)\approx 6\%$。

如果被测流量的最佳估计值$\{Q\}$以 $m^3/s$ 表示,那么测量结果表示如下:

$Q=\{Q\}m^3/s\pm 0.06\{Q\}m^3/s$(扩展不确定度,包含因子 $k=2$,置信水平接近 95%)。

## G.5 示例 5——使用堰和测流槽测量流量的不确定度计算

### G.5.1 数学模型

流体流过堰或测流槽的流量按公式(G.40)计算:

$$Q=C\times l_b\times l_h^{n'} \qquad \text{(G.40)}$$

式中:

$C$——流出系数;

$l_b$——堰顶的宽度;

$l_h$——测出的水头;

$n'$——$l_h$ 的指数,通常矩形堰为 1.5,V 型槽为 2.5。

关于不同形式的堰和测流槽,ISO 系列标准有详细论述。

### G.5.2 Contributory 方差

将公式(G.40)代入公式(19),得出单次流量测量的合成相对(百分数)标准不确定度,对公式(G.40)进行偏微分,得出灵敏度系数,形成公式(G.41):

$$u_{rel}(Q)=(u_{rel,d}{}^2+u_{rel,lb}{}^2+n'^2u_{rel,lh}{}^2+u_{rel,cal}{}^2)^{1/2} \qquad \text{(G.41)}$$

式中：

$u_{rel}(Q)$——流量的合成相对标准不确定度；

$u_{rel,d}$ ——流出系数的相对标准不确定度；

$u_{rel,lb}$ ——堰顶宽度测量的相对标准不确定度；

$u_{rel,lh}$ ——水头测量的相对标准不确定度；

$u_{rel,cal}$ ——各种来源的仪表校准不确定度，以前称为系数误差或系统偏差。

假定指数 $n'$ 与不确定度无关。

用户可通过反复观察堰顶宽度与水头进行不确定度 A 类评定。另外，ISO 的堰和测流槽标准给出了流出系数不确定度以及堰顶宽度和水头测量不确定度的推荐值(B 类评定)。不确定度值宜包含仪表校准误差的允许量，在公式(G.41)中用 $u_{rel,cal}$ 表示。这些值在每次观察中保持为常量，并且重复观察取平均值不能使其减小。

使用薄板堰测量流出流量，其相对标准不确定度的典型值如下(ISO 1438-1[5])：

——$u_{rel,d}$　1.0%；

——$u_{rel,lb}$　0.05%；

——$u_{rel,lh}$　0.5%；

——$u_{rel,cal}$　0.5%。

由于 ISO 1438-1 中各分量不确定度是基于以往测量数据和校准数据，因此整个不确定度计算为 B 类不确定度评定。

因此，合成相对标准不确定度 $u_{rel}(Q)$ 按公式(G.41)计算，以百分数表示：

$$u_{rel}(Q)=[1.0^2+0.05^2+(1.5^2\times0.5^2)+0.5^2]^{1/2}\%$$
$$=1.35\%$$

包含因子 $k=2$，置信水平接近 95% 的扩展不确定度按公式(G.42)计算：

$$U_{rel,95}(Q)=ku_{rel}(Q) \qquad \cdots\cdots(G.42)$$
$$=2\times1.35\%$$
$$=2.70\%$$

如果被测流量 $Q$ 的最佳估计值以 $m^3/s$ 表示，则测量结果表示如下：

$\{Q\}m^3/s\pm0.027\{Q\}m^3/s$(扩展不确定度，包含因子 $k=2$，置信水平接近 95%)。

# 附　录　H
（资料性附录）
# 在标准装置上校准流量计

## H.1　总则

本附录描述了在已知不确定度的标准装置上校准流量计的不确定度评定方法。它也包括对被校准流量计的单次测量值进行不确定度A类评定。

## H.2　标准装置的不确定度

在标准装置上校准流量计时，校准之前，应先确定标准装置的溯源性和合成不确定度。当流量计在校准时每个流量只取一个读数时，还应评估标准装置的重复性。标准装置的合成不确定度 $U_{CMC}$（“校准和测量能力”或“标准装置不确定度”）从影响标准装置的所有不确定度来源中导出，采用的计算方法，应使其能代表流过被校准流量计的流体总量的不确定度。因此，不确定度包括以下组成部分：

a）所使用的参比装置（标准容器、钟罩式标准装置或秤等）的不确定度；

b）参比装置内和被校准流量计周围的温度/压力测量的不确定度，包括用于修正膨胀性和可压缩性的方程的不确定度；

c）采用“静止启停法”时，转换点的不确定度；

d）换向器的不确定度（用于“快速启停法”）；

e）采用称重法时，浮力的不确定度。

f）$U_{CMC}$ 也应反映校准时工作温度和压力的变化，以及推导被校准流量计仪表误差或 $K$ 系数的计算程序所引起的不确定度。

g）在大多数情况下，$U_{CMC}$ 用分数或百分数表示，通常置信水平至少为95%。

## H.3　标准装置的使用

### H.3.1　总则

在使用标准装置校准流量计之前，应清楚校准所要达到的目的，这样才能在校准证书上对所考虑的不确定度进行适当的描述。

a）如果每一次测量的不确定度都要加以说明，那么校准结果中应说明单次测量的合成不确定度（$U_{CS}$）；在按验收条件评定流量计时，也进行说明 $U_{CS}$。

b）如果关注的是流量计在规定时间内的稳定性，应引用平均值的合成不确定度（$U_{CM}$）。

c）如果该流量计将作为参比表校准其他流量计（标准表法），应再次引用合成不确定度（$U_{CM}$）。

d）如果关注的是流量计的重复性，则关注的不确定度是单次测量的A类不确定度（$U_{AS}$）。

### H.3.2　以多个不同流量，每个流量测量 *n* 次的校准

**H.3.2.1**　每个流量下，仪表误差的平均值按公式（H.1）计算：

$$\bar{E} = \sum_{j=1}^{n} E_j / n \qquad \text{（H.1）}$$

式中：

$\overline{E}$ ——仪表误差的平均值，以百分数表示；

$E_j$——第 $j$ 次测量的仪表误差，以百分数表示；

$n$ ——该流量下的测量次数。

平均 $K$ 系数按公式(H.2)计算：

$$\overline{K}=\sum_{j=1}^{n}K_j/n \qquad\text{(H.2)}$$

$\overline{K}$ ——$K$ 系数的平均值；

$K_j$——第 $j$ 次测量的 $K$ 系数；

$n$ ——该流量下的测量次数。

**H.3.2.2** 计算每个流量下，仪表误差或 $K$ 系数的置信水平为 95%的总不确定度。

为了说明绝对不确定度和相对不确定度两种计算过程，公式(H.3)给出了仪表误差(绝对)的计算方法，公式(H.4)给出了 $K$ 系数(相对)的计算方法：

$$U_{\text{AS-overall-E}}=k\sqrt{\frac{\sum_{j=1}^{n}(E_j-\overline{E})^2}{(n-1)}} \qquad\text{(H.3)}$$

式中：

$U_{\text{AS-overall-E}}$——仪表误差的 A 类不确定度；

$\overline{E}$ ——仪表误差的平均值，以百分数表示；

$E_j$ ——第 $j$ 次的仪表误差，以百分数表示；

$n$ ——该流量下的测量次数；

$k$ ——包含因子。

$$U_{\text{rel,AS-overall-K}}=\frac{k}{\overline{K}}\sqrt{\frac{\sum_{j=1}^{n}(K_j-\overline{K})^2}{(n-1)}} \qquad\text{(H.4)}$$

式中：

$U_{\text{rel,AS-overall-K}}$——$K$ 系数的 A 类不确定度；

$\overline{K}$ ——$K$ 系数的平均值；

$K_j$ ——第 $j$ 次测量的 $K$ 系数；

$n$ ——该流量下的测量次数；

$k$ ——包含因子。

如果校准的目的是评定流量计的重复性，结果可以是 $U_{\text{AS-E}}$ 或 $U_{\text{AS-K}}$。

**H.3.2.3** 分别按公式(H.5)或公式(H.6)计算每一流量下仪表误差平均值(绝对)或 $K$ 系数平均值(相对)的 A 类不确定度：

$$U_{\text{AM-E}}=\frac{U_{\text{AS-overall-E}}}{\sqrt{n}} \qquad\text{(H.5)}$$

$$U_{\text{rel,AM-K}}=\frac{U_{\text{rel,AS-overall-K}}}{\sqrt{n}} \qquad\text{(H.6)}$$

**H.3.2.4** 按公式(H.7)(绝对)或公式(H.8)(相对)计算每一流量下单次测量的合成不确定度：

$$U_{\text{CS-E}}=\sqrt{U_{\text{AS-overall-E}}{}^2+U_{\text{CMC}}{}^2} \qquad\text{(H.7)}$$

$$U_{\text{rel,CS-K}}=\sqrt{\left(\frac{U_{\text{AS-overall-K}}}{\overline{K}}\right)^2+U_{\text{rel,CMC}}{}^2}=\sqrt{U_{\text{rel,AS-overall-K}}{}^2+U_{\text{rel,CMC}}{}^2} \qquad\text{(H.8)}$$

**H.3.2.5** 按公式(H.9)(绝对)或公式(H.10)(相对)计算每一流量下平均值的合成不确定度：

$$U_{\text{CM-E}} = \sqrt{U_{\text{AM-E}}^{\ 2} + U_{\text{CMC}}^{\ 2}} \qquad \text{(H.9)}$$

$$U_{\text{rel,CM-K}} = \sqrt{\left(\frac{U_{\text{AM-K}}}{K}\right)^2 + U_{\text{rel,CMC}}^{\ 2}} = \sqrt{U_{\text{rel,AM-K}}^{\ 2} + U_{\text{rel,CMC}}^{\ 2}} \qquad \text{(H.10)}$$

不同的流量算出的不确定度可能是不同的，因此，校准证书上应说明每一个流量下的值。可是，如果只需要单一不确定度，校准证书应说明所获得的最大值。

# 附 录 I
（资料性附录）
# “随机”和“系统”不确定度来源对不确定度的贡献与A类和B类不确定度的关系

与ISO/TR 5168:1998[6]相比，本标准在“随机”和“系统”不确定度分量的概念和术语方面有了重大改变，两者不再是优选分类。主要原因有以下两点：

a) 与GUM(ISO指南 测量不确定度表示方法)一致，因随机或系统原因产生的不确定度分量，评估后的处理方法相同；

b) 这些术语在使用时可能产生歧义或混淆。

下面两段摘自GUM(1995)中附录E的3.6和3.7：

“一个不确定度分量既不是随机的也不是系统的”。其性质取决于对相应量的使用，更确切地说，取决于描述测量的数学模型中出现相应量的背景。因此，当相应的量用在不同的情况下时，“随机”分量可能会变成“系统”分量，反之亦然。

基于上述原因，Recommendation INC-1(1980)[11]未将不确定度分量分成“随机分量”或“系统分量”。事实上，就测量结果合成标准不确定度的计算而言，并非确实需要任何分类方案。但是，由于合适的描述词有时会有助于观点的交流和讨论，因此，Recommendation INC-1(1980)的确提出了一个方案，将两种截然不同的“方法”分类，不确定度分量可分“A类”和“B类”进行评定。

对一个随机变量进行一系列测量时，可根据测量值的平均值评定其值，并可根据测量值的分布评定随机影响造成的不确定度(见第6章)。在这种情况下，“随机”与“A类”相对应。

然而，在某些情况下，随机影响造成的不确定度分量采用“B类”方法评定，相反，系统影响造成的不确定度分量采用了“A类”评定法，例如，中间测量仪表的校准误差。

采用B类评定法评定随机不确定度的例子有：仪表只用三位数字显示测量值，并且只测量一次。因受输出分辨率的限制，会引入随机误差。被测量的真值处于±0.5×(最后一位有效数字的值)范围内的概率相等，在该范围内，数据分布为矩形分布(见7.3)。

采用A类评定法评定系统不确定度的例子有：当测量仪器按某些标准进行校准时，通常在校准过程中要读取一系列读数。由随机影响引起的、与校准有关的随机不确定度分量将使用统计法进行评定(A类评定)。当使用经过校准的测量仪表测量流量或总量时，对流量测量过程中的不确定度的评定包含了校准的不确定度，其中一部分由随机影响引起，将采用A类评定法进行评定。然而，在进行流量测量不确定度评定时，校准误差将以系统误差的形式影响流量测量误差。校准过程中的随机误差的影响将“固化”成系统误差影响。

应采用何种方法来评定各种流量测量不确定度分量，通常是显而易见的，它与术语无关。

# 附　录 J
（资料性附录）
两台或多台流量计并联使用的特殊情况

当两台或多台流量计并联使用时，总的流量值是各台流量计的流量值之和。在这种情况下，总流量的不确定度按本附录所述方法进行评定。

将不确定度来源分为：

——对每台流量计的影响相同，因此，流量计之间是彼此相关的；

——对每台流量计的影响不同，因此，流量计之间是互不相关的。

然后将每个列表中的不确定度进行合成，以此得出流量计之间相关来源的合成不确定度 $u_{c,corr}(y)$ [见公式(J.1)]，和不相关来源的合成不确定度 $u_{c,uncorr}(y)$ [见公式(J.2)]。每台流量计对不确定度的贡献取决于流过该流量计的流量，并且，按绝对不确定度加以考虑将显著简化分析过程。因此，

$$u_{c,corr}(y)=c_1u(x_{1,corr})+c_2u(x_{2,corr})+\cdots+c_Nu(x_{N,corr})=\sum_{i=1}^{N}[c_iu(x_{i,corr})] \quad \cdots\cdots(J.1)$$

公式(J.1)假设100%相关。

$$u_{c,uncorr}(y)=\{[c_1u(x_{1,uncorr})]^2+[c_2u(x_{2,uncorr})]^2+\cdots+[c_Nu(x_{N,uncorr})]^2\}^{1/2} \quad \cdots\cdots(J.2)$$

$$=\left\{\sum_{i=1}^{N}[c_iu(x_{i,uncorr})]^2\right\}^{1/2}$$

如果某一列表中的分量为自相关，则合成的方法应按C.6。合成各合成不确定度，得出总流量的总合成不确定度。

总流量 $Q$ 由下式给出：

$$Q=q_1+q_2+\cdots+q_N$$

公式(J.1)和公式(J.2)中的灵敏度系数 $c_i$ 都等于1。

$$u_c(Q)=[(u_{c,corr})^2+(u_{c,uncorr})^2]^{1/2}=\left\{\left[\sum_{i=1}^{N}u(x_{i,corr})\right]^2+\sum[u(x_{i,uncorr})]^2\right\}^{1/2} \quad \cdots(J.3)$$

在特殊情况下，若绝对不确定度 $u_i$ 都相等，公式(J.3)可简化。然而，由于 $u_i$ 的某些分量与流量成正比，所有流量计的不确定度不可能相等，除非流量计相同并且流过流量计的流量也相等。若能满足这些条件，公式(J.3)简化为公式(J.4)：

$$u_c(Q)=N\left\{[u(x_{i,corr})]^2+\frac{[u(x_{i,uncorr})]^2}{N}\right\}^{1/2} \quad \cdots\cdots(J.4)$$

式中，$u(x_{i,corr})$ 和 $u(x_{i,uncorr})$ 为单台流量计的相关不确定度分量和不相关不确定度分量。

在这种情况下，以并联孔板测量为例，下述不确定度来源对每台流量计的影响是相等的，因而各流量计是彼此相关的：

——流出系数；

——膨胀因子。

如果各台并联流量计的测量不确定度是彼此无关的，下述不确定度来源对每台流量计的影响是不同的，因而是不相关的：

——管道直径；

——节流孔径；

——压差；

——密度；

——计算。

这些测量产生的不确定度对每个系统产生相同的影响，例如，使用同种流量计所带来的不确定度，这些不确定度应列入第一个列表中。

# 附 录 K
（资料性附录）
# 不确定度分析的可选用技术

不确定度分析的数学理论基于这样一种假设：与被测值相比，不确定度较小（接近零点的测量除外）。这个假设对于形成原始理论的标准工作来说无疑是成立的，对于许多工业应用来说也是成立的。但是，并不能说对于所有工业场合都是成立的；在某些工业场合，与被测值相比，不确定度较大，就无法应用此数学理论。在这些情况下，一种被称为蒙特卡洛分析法（Monte Carlo analysis）的技术对于评定合成不确定度有很大使用价值。该方法对流量进行大量计算，每一次计算都对每个输入变量赋予不同的数值。每个输入值都是从该参数的假设分布中随机选取，并以此计算出输出流量的分布。

要取得输出的典型分布，需进行成千上万次计算，只有随着廉价计算能力的出现，蒙特卡洛分析法技术才能实际应用于合成不确定度的评定。GUM 没有专门涉及数值大的不确定度，因此也不探讨蒙特卡洛分析法；但是，面对相对不确定度大的情况，也许能找到相当有价值的方法。

## 参 考 文 献

[1] GB/T 2624.1—2006 用安装在圆形截面管道中的差压装置测量满管流体流量 第1部分:一般原理和要求(ISO 5167-1:2003,IDT)

[2] GB/T 2624.2—2006 用安装在圆形截面管道中的差压装置测量满管流体流量 第2部分:孔板(ISO 5167-2:2003,IDT)

[3] GB/T 21188—2007 用临界流文丘里喷嘴测量气体流量(ISO 9300:2005,IDT)

[4] ISO 748:1997 Liquid flow measurement in open channels—Velocity area methods

[5] ISO 1438-1 Water flow measurement in open channels using weirs and Venturi flumes—Thin plate weirs

[6] ISO/TR 5168:1998 Measurement of Fluid Flow-Evaluation of uncertainties

[7] ISO/TR 7066-1 Assessment of uncertainty in the calibration and use of flow measurement devices—Part 1:Linear calibration relationships

[8] ISO 7066-2 Assessment of uncertainty in the calibration and use of flow measurement devices—Part 2:Non-linear calibration relationships

[9] DIETRICH C F. Uncertainty,calibration and probability. Adam Hilger,London. (1972). ISBN 85274017508

[10] READER-HARRIS M J. AND SATTARY,J. A. The orifice plate discharge coefficient equation - the equation for ISO 5167-1. In Proc. of 14th North Sea Flow Measurement Workshop,Peebles,paper 24,October 1996. East Kilbride,Glasgow:National Engineering Laboratory

[11] Recommendation INC-1:1980 Expression of experimental uncertainties

ICS 19.020
N 04

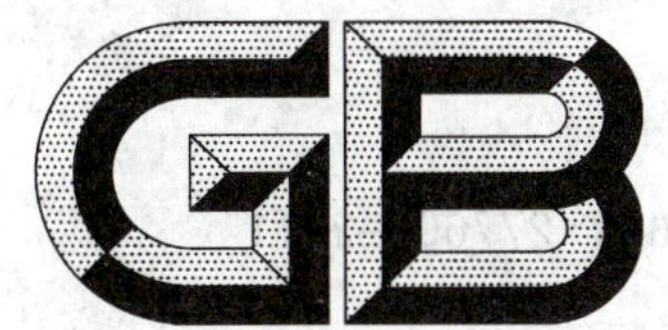

# 中华人民共和国国家标准

GB/T 27760—2011

# 利用Si(111)晶面原子台阶对原子力显微镜亚纳米高度测量进行校准的方法

## Test method for calibrating the *z*-magnification of an atomic force microscope at subnanometer displacement levels using Si (111) monatomic steps

2011-12-30 发布 2012-05-01 实施

中华人民共和国国家质量监督检验检疫总局
中国国家标准化管理委员会 发布

# 前　言

本标准按照 GB/T 1.1—2009 给出的规则起草。

本标准与 ASTM E 2530—2006《利用 Si(111)晶面原子台阶对原子力显微镜亚纳米高度测量进行校准的方法》(英文版)技术内容基本一致。

考虑到我国国情,在采用 ASTM E 2530—2006 时,本标准做了一些修改,有关技术性差异已编入正文中。附录 A(规范性附录)中给出样品制备方法,附录 B(资料性附录)中列出了本标准章条编号与 ASTM E 2530—2006 章条编号的对照一览表,附录 C(资料性附录)中给出了技术性差异及其原因一览表以供参考。

本标准由中国科学院提出。

本标准由全国纳米技术标准化技术委员会(SAC/TC 279)归口。

本标准起草单位:国家纳米科学中心。

本标准主要起草人:朱晓阳、杨延莲、贺蒙、高洁。

# 利用 Si(111)晶面原子台阶对原子力显微镜亚纳米高度测量进行校准的方法

## 1 范围

本标准规定了利用 Si(111)晶面原子台阶高度样品校准原子力显微镜 $z$ 向标度的测量方法。

本标准适用于在大气或真空环境下工作的原子力显微镜,并且其 $z$ 向放大倍率达到最大量级,即 $z$ 向位移在纳米和亚纳米范围内,这是原子力显微镜用于检测半导体表面,光学器件表面和其他高科技元件表面中经常用到的检测范围。

本标准并未指出所有可能的安全问题,在应用本标准之前,使用者有责任采取适当的安全和健康措施,并保证符合国家有关法规规定的条件。

注:本标准中以国际单位制规定的数值作为标准值,括号内插入的数值仅供参考。

## 2 规范性引用文件

下列文件对于本文件的应用是必不可少的。凡是注日期的引用文件,仅注日期的版本适用于本文件。凡是不注日期的引用文件,其最新版本(包括所有的修改单)适用于本文件。

ISO 25178-6:2010 产品几何量技术规范(GPS)表面结构 区域法 第 6 部分:表面结构测量方法分类(Geometrical products specification—Surface texture:Areal—Part 6:Classification of methods for measuring surface texture)

ISO/IEC Guide 98-3:2008 测量不确定度表示指南(Uncertainty of measurement—Part 3:Guide to the expression of uncertainty in measurement)

ISO/TS 21748:2004 测量不确定度评估的重复性、再现性和准确度评估的使用指南(Guidance for the use of repeatability, reproducibility and trueness estimates in measurement uncertainty estimation)

## 3 术语和定义

下列术语和定义适用于本文件。

3.1

**原子力显微术 atomic force microscopy (AFM)**

通过检测探针与样品表面相互作用力(吸引力或排斥力)来获得表面高度进而得到样品表面形貌的检测技术。

3.2

**坐标轴 coordinate axes**

检测表面形貌时使用的坐标系。

注:通常采用直角坐标系,即各轴形成笛卡尔正交系,$x$ 轴方向是样品表面被跟踪的主扫描方向,$y$ 轴方向是在样品表面内与 $x$ 轴垂直的方向,$z$ 轴方向则为垂直表面的方向(从材料表面指向周围介质)。

3.3

**硅(111)样品　Si(111)**

样品表面与(111)晶面的取向相近，表面可能含有生长氧化层或自然氧化层。在适当的制备条件下，该表面含有大量分立的原子台阶，且各台阶间为原子级平整的梯面。

3.4

***x-y* 位移台　*x-y* displacement stage**

在 $x$ 轴和 $y$ 轴定义的平面内，使得探针相对于样品表面移动的一种机械装置。

3.5

**$z$ 向放大倍率(或者 $z$ 向灵敏度，$z$ 向标度)　$z$-magnification**

仪器检测表面轮廓时输出信号相对于 $z$ 方向位移的比例。

## 4　意义和作用

严格采用本标准方法能校准 $z$ 向放大倍率，并实现长度国际单位的溯源。在约 1 nm 的高度范围内，校准后的 $z$ 向放大倍率的不确定度约为 7%(包含因子 $k=2$)。

## 5　校准样品

如 3.3 所定义的物理台阶高度样品，即取向接近 Si(111)晶面的单晶 Si 表面(参见图 1)，含有大量原子台阶，这些原子台阶具有一平均台阶高度校准量值。基于硅体相材料的晶格参数的 X 射线测量值，台阶高度的校准值传统上被规定为 314 pm[1]。最近的分析考虑到其他独立的测试方法，给出当前的参考值 312 pm±12 pm($k=2$)[2-7]。二者间的差别要小于测量亚纳米级表面形貌过程中的其他不确定度来源。将来利用更先进技术进行的测试有可能进一步改变该参考值和减小不确定度。

单位为纳米

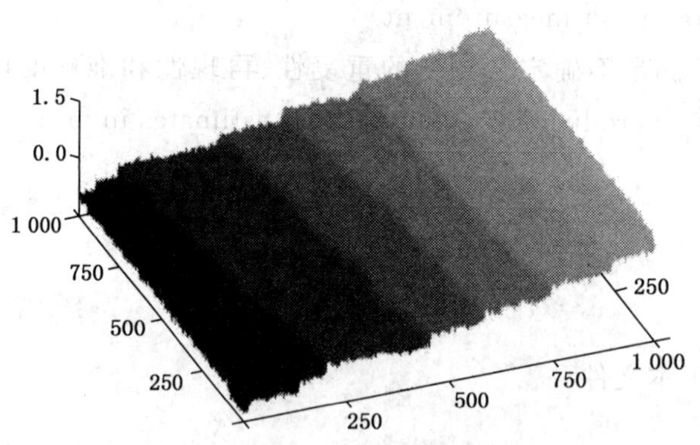


图 1　单原子台阶表面形貌图

## 6　测量仪器和设备

本标准适用于在 3 个坐标轴方向都具有较高分辨率的表面形貌测试仪器，如原子力显微镜仪器，纵向($z$)分辨率必须接近或优于 0.1 nm，足以分辨 0.3 nm 的台阶高度，横向($x$，$y$)分辨率足以清晰地分辨间距 0.3 μm 或者更小的台阶面。

## 7 测量步骤

7.1 根据制造厂商的说明书进行原子力显微镜的安装和初步校准。

7.2 将 Si(111)样品(制备方法见附录 A)安装在样品台上,并使原子台阶边缘尽量与 $x$-$y$ 位移台的 $y$ 轴方向平行。

7.3 测量样品中含有间距分布较为均匀的一系列台阶面的清洁区域,避开样品中表面缺陷附近台阶堆积过密的区域。

7.4 测量含有 5～6 个原子台阶面的区域。

7.5 选取并划出大约 4 个矩形小区域,每个矩形的中心附近应含有 1 个台阶(参见图 2),每一个选区的形貌数据 $z(x, y)$应由含有一组单边台阶的轮廓线 $z(x)$组成。

单位为微米

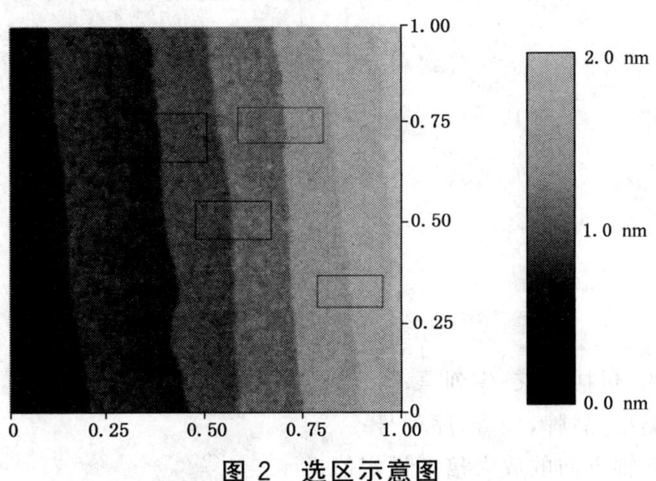


图 2 选区示意图

7.6 对每一条轮廓线,利用单边台阶算法计算出台阶高度值(参见图 3,台阶高度值 $H_{meas}$ 利用 2 条拟合的直线计算),台阶高度值 $H_{meas}$ 由式(1)给出:

$$H_{meas}=(a_1x_T+b_1)-(a_2x_T+b_2) \qquad (1)$$

式中:

$H_{meas}$——台阶高度值,单位为皮米(pm);

$x_T$ ——台阶高度转变区中心位置的 $x$ 坐标;

$a_1,b_1$——上台阶拟合直线对应的参数值;

$a_2,b_2$——下台阶拟合直线对应的参数值。

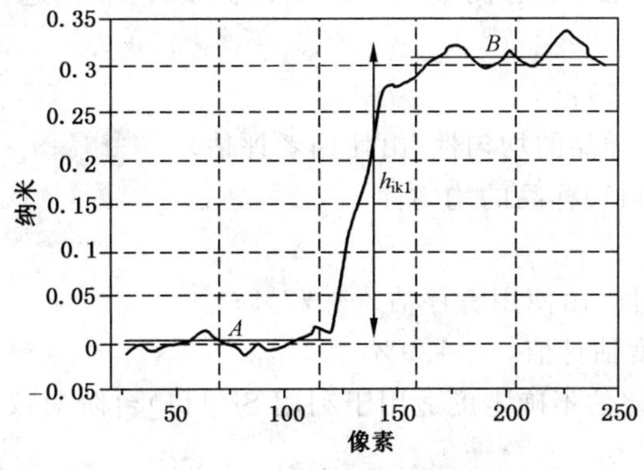


图 3 单边运算法则示例

7.7 如果表面轮廓线有明显的曲率，则 2 条直线应沿着 $x$ 方向具有相等的长度，而且从台阶转变的中心位置向两侧应有相同的间距。

7.8 在每一个选区内，将得到的所有轮廓线的台阶高度值取平均值以得到整个选区的平均台阶高度值。

7.9 将 4 个选区的台阶高度测量结果取平均，得到总台阶高度平均值 $H_{meas}$ 并计算 4 个结果的标准偏差。

7.10 通过校正仪器的增益或压电扫描器灵敏度值，再次校准 $z$ 向标度，校正比例因子为：

$$R = 312/H_{meas} \tag{2}$$

式中：

$R$——校正比例因子。

注：不同仪器会有不同的方式完成这一过程，根据所用仪器设备的特点对数据进行适当处理，在形貌数据中获得尽可能与 $z$ 轴垂直的台阶平面。可能需要几次反复测试方能获得满意的结果。

## 8 测试报告

### 8.1 报告内容

报告应包括以下信息：

——测试日期；

——测量者；

——测量环境温度；

——样本的详细描述，包括厂家、序列号；

——所使用仪器的类型，品牌，型号，序列号；

——仪器沿 3 个坐标轴方向的放大倍率设定值；

——选区测试的总次数及大概位置和尺寸；

——每条轮廓线中的数据点数及每个典型选区的轮廓线个数；

——校准前利用以前确定的放大倍率参数测得的平均值 $H_{meas}$；

——校正比例因子 $312/H_{meas}$；

——测量轮廓线的一个典型图，并在图中标示单边台阶算法中拟合的直线和台阶转变的中心位置；

——不确定度评估，应包含所有的不确定度来源，包括 A 类和 B 类，以及合成不确定度。

### 8.2 不确定度评估实例

8.2.1 用台阶样品校准设备，之后参考测量 NIST[1] 台阶高度样品时，进行扩展不确定度评估所考虑的因素如下：

a) A 类评估(统计性，$k=1$)：

1) 仪器噪声及被测样品的均匀性(由使用者评估)——2%；

2) 仪器噪声及 Si(111)样品的均匀性——2%。

b) B 类评估($k=1$)：

1) $z$ 向标度的非线性(由使用者评估)——2%；

2) Si(111)台阶高度估计值——1.9%。

8.2.2 按 8.2.1 所述的因素评估不确定度适用于利用 Si(111)台阶对仪器进行校准，随后用其测量未

1) 美国国家标准与技术研究院(NIST)是美国重要的国家级研究机构之一，主要提供物理、生物和工程方面的基础和应用研究，以及测量技术和测试方法方面的研究，提供标准、标准参考数据及有关服务。

知样品。如果校准的目的仅仅是确定标定仪器的标度，则 8.2.1 中 a)项的 1)分量可忽略。

8.2.3 将以上数值求方和根即得到在第 4 部分中已经给出的扩展不确定度大概为 7%(包含因子 $k=2$)。

## 9 不确定度

9.1 重新校准后的标度的合成标准不确定度包括 7.9 得到的(A 类)相对标准偏差($1\delta/H_{meas}$)和(B 类)参考值 312 pm 所引起的相对标准不确定度 1.9%，以及其他与特定仪器相联系的、应由使用者评估的不确定度分量，所有分量求方和根即得到合成相对标准不确定度。

9.2 新制备的 Si(111)面应为光滑表面，能获得很好的信噪比(即台阶高度与均方根粗糙度之比)。但是，随着时间的延长，由于空气中的湿气和氧气的存在，Si(111)表面会退化，或探针会磨损，信噪比会降低到不可接受的程度时，就需要更换新的样品或探针。

## 10 其他可能的方法

第 7 部分所描述的步骤不仅限于 Si(111)原子台阶样品，类似的测量步骤也适用于由不同材料制成、具有不同台阶高度的晶格台阶的样品，例如 SiC 台阶[8-9]。仪器的线性也可以用 2 种不同的原子台阶高度样品进行检查。

# 附　录　A
（规范性附录）
# Si(111)晶面原子台阶样品的制备过程

## A.1　概述

Si(111)晶面原子台阶样品可通过至少一种商业来源获取，也可由两种制备方法获得。一种为在超高真空腔内热处理法（参见图A.1），另外一种为湿化学刻蚀法。为进行台阶高度校准，应优先选择前一种方法，因为前者得到的表面质量较好。

单位为微米

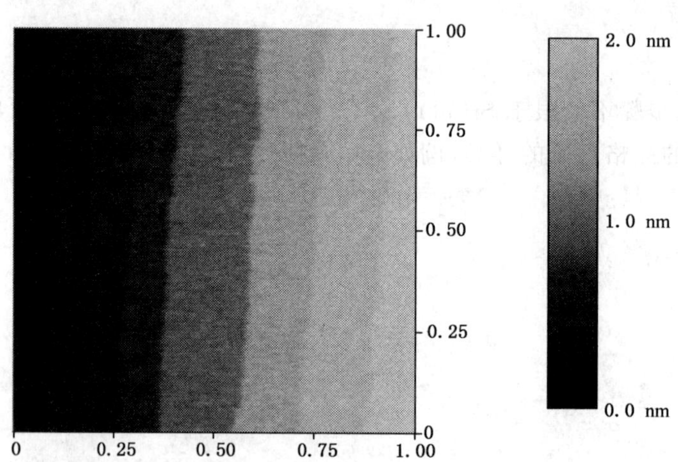


图A.1　热处理法获得的样品表面形貌图

## A.2　平均台阶宽度

平均台阶宽度由硅片偏离(111)晶面的错切角决定，具体关系为：

$$w = 314/\tan\theta \qquad \cdots\cdots(A.1)$$

式中：

$w$——平均台阶宽度，单位是皮米(pm)；

$\theta$——错切角。

## A.3　制备方法一（热处理法）

**A.3.1**　热处理技术可以通过样品自身的电阻加热或者用电子束轰击样品来实现。

**A.3.2**　制备步骤如下：

a)　超声清洗样品。

b)　将样品加热至600 ℃保持10 h以上以脱气。

c)　为避免表面污染，在保持真空小于$10^{-7}$ Pa的条件下，反复快速加热样品，控制样品温度不超过1 200 ℃，直到样品能在1 200 ℃下保持1 min。

d)　将样品快速冷却至900 ℃，之后以1 ℃/min速度冷却到700 ℃。

e)　关掉热源，当温度降至室温时取出样品。

## A.4 制备方法二(湿化学刻蚀法)

**A.4.1** 由于刻蚀机理的限制,湿化学刻蚀法能够得到的最大台阶面为 200 nm(切割角度大约为 0.08°)。

**A.4.2** 在使用化学试剂(尤其是氢氟酸)时需要合适的工具和安全设备。

**A.4.3** 制备步骤如下:

a) 将 98%的 $H_2SO_4$ 和 30%的 $H_2O_2$ 以体积比为 4∶1 混合,用该混合液体在 40 ℃条件下浸泡样品 30 min,除去样品表面的有机残余物。

b) 用超纯水超声清洗样品 10 min,重复两次。

c) 用 2%的 HF 浸泡样品 1 min,除去表面的自然氧化层。

d) 将 $H_2O$、35% HCl、30% $H_2O_2$ 以体积比为 5∶1∶1 混合,用该混合液体在 80 ℃ 条件下浸泡样品 10 min,除去样品表面金属污染物,二次氧化样品表面。

e) 用超纯水超声清洗样品 10 min,并重复两次。

f) 在通有氩气流的 40%的 $NH_4F$ 中进行样品刻蚀,以降低溶液中的溶解氧量。

g) 用超纯水清洗样品 5 s~10 s。

# 附 录 B
## （资料性附录）
## 本标准章条编号与 ASTM E 2530—2006 章条编号对照

表 B.1 给出了本标准章条编号与 ASTM E 2530—2006 章条编号对照一览表。

**表 B.1 本标准章条编号与 ASTM E 2530—2006 章条编号对照**

| 本标准章条编号 | 对应的国外标准章条编号 |
|---|---|
| 1 | 1 |
| — | 1.1 |
| — | 1.2 |
| — | 1.3 |
| — | 1.4 |
| 2 | 2 |
| — | 2.1 |
| 3 | 3 |
| — | 3.1 |
| 3.1 | 3.1.1 |
| 3.2 | 3.1.2 |
| — | 3.1.2.1 |
| 3.3 | 3.1.3 |
| 3.4 | 3.1.4 |
| 3.5 | 3.1.5 |
| 4 | 4 |
| — | 4.1 |
| 5 | 5 |
| — | 5.1 |
| 6 | 6 |
| — | 6.1 |
| 7 | 7 |
| 8 | 8 |
| 8.1 | 8.1 |
| — | 8.1.1 |
| — | 8.1.2 |
| — | 8.1.3 |
| — | 8.1.4 |
| — | 8.1.5 |
| — | 8.1.6 |

**表 B.1（续）**

| 本标准章条编号 | 对应的国外标准章条编号 |
| --- | --- |
| — | 8.1.7 |
| — | 8.1.8 |
| — | 8.1.9 |
| — | 8.1.10 |
| — | 8.1.11 |
| — | 8.1.12 |
| 8.2 | 8.1.13 |
| 8.2.1 | 8.1.13.1,8.1.13.2 |
| 8.2.2 | 8.1.13.3 |
| 8.2.3 | 8.1.13.4 |
| 9 | 9 |
| 10 | 10 |
| — | 10.1 |
| — | 11 |
| — | 11.1 |
| 附录 A | 附录 A |
| 附录 B | — |
| 附录 C | — |
| 参考文献 | 参考文献 |

# 附 录 C
# （资料性附录）
# 本标准与 ASTM E 2530—2006 技术性差异及原因

表 C.1 给出了本标准与 ASTM E 2530—2006 的技术性差异及原因的一览表。

**表 C.1 本标准与 ASTM E 2530—2006 技术性差异及原因**

| 本标准章条编号 | 技术性差异 | 原　因 |
|---|---|---|
| 图 2、图 A.1 | 修改了形貌图的标尺零点位置 | 更适合技术规范 |
| 7.10 的注 | 增加了不同仪器在操作时的数据处理方式 | 使表述更全面 |
| 附录 A | 删除了湿化学刻蚀法制备得到的样品形貌图 | 此方法制备的样品不适合用于仪器校准 |

## 参 考 文 献

[1] CODATA International Recommended Values of Fundamental Physical Constants. http://physics. nist. gov/cuulConstants/index. html

[2] Tsai,V. W., Vorburger, T., Dixson, R., Fu, J., Koning, R., et al. The Study of Silicon Stepped Surfaces as Atomic Force Microscope Calibration Standards with a Calibrated AFM at NIST, in Characterization and Metrology for ULSI Technology:1998 International Conference, D. G. Seiler, A. C. Diebold, W. M. Bullis, T. J. Shaffner, R. McDonald, and E. J. Walters, Eds., AIP Press, 1998: 839-842

[3] Dixson, R. et al. Silicon Single Atom Steps as AFM Height Standards. in Proc. SPIE 4344, Santa Clara, CA, March 2001

[4] Suzuki, M. et al. Standardized Procedure for Calibrating Height Scales in Atomic Force Microscopy on the Order of 1 nm. J. Vac. Sci. & Technol. A, 1996,14(3):1228-1232

[5] Kacker, R.,Datla, R., and Parr, A.. Combined Result and Associated Uncertainty from Inter-laboratory Evaluations Based on the ISO Guide. Metrologia,2002, 39(3):279-293

[6] Fu, J.,Tsai, V. W.,Koning,R,Dixson, R.,and Vorburger, T. V.. Algorithms for Calculating Single Atom Step Heights. Nanotechnology,1999,10:428-433

[7] Ultra Clean Society Standard, Ultra Clean Society, Cosmos Hongo Bldg,4-1-4 Hongo, Bunkyo, Tokyo 113, Japan

[8] Abel, P. B., Powell, J. A., Neudeck,P. G.. Method for the production of nanometer scale step height reference specimens. US Patent 6869480

[9] Powell, J. A., Neudeck, P. G., Trunek, A. J., and Abel, P. B.. Step Structures Produced by Hydrogen Etching of Initially Step-Free (0001) 4H-SiC Mesas,in Materials Science Forum, vol. 483-485,Silicon Carbide and Related Materials 2004, R. Nipoti, A. Poggi, and A. Scorzoni, Eds. Switzerland:Trans Tech Publications,2005:753-756

ICS 19.020
N 04

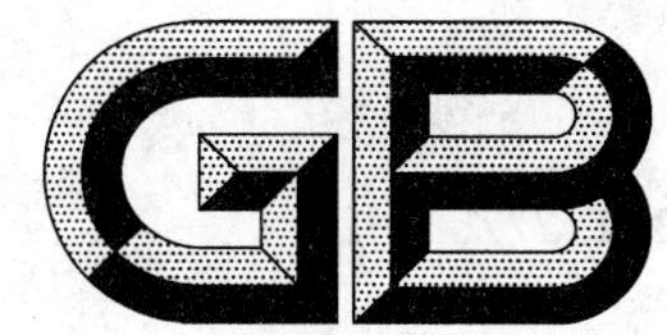

# 中华人民共和国国家标准

GB/T 27761—2011

# 热重分析仪失重和剩余量的试验方法

## Standard test method of mass loss and residue measurement validation of thermogravimetric analyzers

2011-12-30 发布　　2012-05-01 实施

中华人民共和国国家质量监督检验检疫总局
中国国家标准化管理委员会　发布

# 前　言

本标准按照 GB/T 1.1—2009 给出的规则起草。

本标准与 ASTM E 2402—2005《热重分析仪失重和剩余量的试验方法》(英文版)技术内容基本一致。

本标准与 ASTM E 2402—2005 比较，主要修改内容如下：

——重新定义了剩余量术语；

——将原文中 12.6 中符号 $M_0$ 修改为 $X_{max}$，并解释为最大失重标准物质中已知的挥发性物质失重值，以质量分数表示；

——将第 12 章中 12.9 计算示例部分从正文移至附录 A(资料性附录)；

——附录 B(资料性附录)中列出了本标准章条编号与 ASTM E 2402—2005 章条编号的对照一览表。

本标准由中国科学院提出。

本标准由全国纳米技术标准化技术委员会(SAC/TC 279)归口。

本标准负责起草单位：国家纳米科学中心、耐驰科学仪器商贸(上海)有限公司。

本标准主要起草人：朴玲钰、常怀秋、曾智强、高洁、毛立娟。

# 热重分析仪失重和剩余量的试验方法

## 1 范围

本标准规定了通过热重分析仪(TGA)来确认失重和剩余量的程序,并建立起基于失重和剩余量试验的分析方法。

本标准适用于确认热重分析仪性能参数,包括失重和剩余量的重复性(精密度)、检测限、定量限、线性与偏差,技术说明和规章符合性。

本标准不包括与其使用相关的所有安全问题。在使用本标准方法之前,使用者有责任建立适当的安全与健康规范,并确认规范的适用性。

## 2 规范性引用文件

下列文件对于本文件的应用是必不可少的。凡是注日期的引用文件,仅注日期的版本适用于本文件。凡是不注日期的引用文件,其最新版本(包括所有的修改单)适用于本文件。

GB/T 6425 热分析术语

ASTM E 177 在 ASTM 测试方法中术语精密度和偏差的使用(Standard practice for use of the terms precision and bias in ASTM test methods)

ASTM E 473 热分析相关标准术语(Standard terminology relating to thermal analysis and rheology)

ASTM E 1142 与热物理性能相关的标准术语(Standard terminology relating to thermophysical properties)

ASTM E 1582 热重分析法温度校准的标准规范(Standard practice for calibration of temperature scale for thermogravimetry)

ASTM E 1970 热分析数据统计处理的标准规范(Standard practice for statistical treatment of thermoanalytical data)

ASTM E 2040 热重分析仪质量校准的标准测试方法(Standard test method for mass scale calibration of thermogravimetric analyzers)

ASTM E 2161 热分析中与性能验证相关的标准术语(Standard terminology relating to performance validation in thermal analysis)

## 3 术语和定义

GB/T 6425、ASTM E 473、ASTM E 177、ASTM E 1142 和 ASTM E 2161 中界定的以及下列术语和定义适用于本文件。为了便于使用,以下重复列出了其中的一些术语和定义。

3.1

**热重分析 thermogravimetric analysis (TGA)**

在程序控温和一定气氛下,测量试样的质量与温度或时间关系的技术。

3.2

**动态质量变化测量　dynamic mass-change determination**

在程序升、降温和一定气氛下，测量试样质量 $M$ 随温度 $T$ 变化的技术。

3.3

**热重曲线(TG 曲线)　thermogravimetric curve (TG curve)**

由热重法测得的数据以质量(或质量分数)随温度或时间变化的形式表示的曲线。曲线的纵坐标为质量 $m$(或质量分数)，向上表示质量增加，向下表示质量减少；横坐标为温度 $T$ 或时间 $t$，自左向右表示温度升高或时间增长。

3.4

**微商热重曲线　derivative thermogravimetric curve (DTG curve)**

由热天平测得的数据，以质量变化速率与温度或时间的关系图示。当试样质量增加时，DTG 曲线峰向上；质量减小时，峰应向下。

3.5

**热天平　thermobalance**

在程序控温和一定气氛下，连续称量试样质量的仪器，是实施热重法的仪器。

3.6

**程序控温　controlled temperature programme**

按预定的程序进行温度控制。当所测试的温度范围参比物未发生任何转变或反应时，程序温度(program temperature)等于参比坩埚的温度。

3.7

**高挥发性物质　highly volatile matter**

沸点在 200 ℃以下的材料(如水、塑化剂、残余溶剂等)。

3.8

**中挥发性物质　medium volatile matter**

沸点在(200～400)℃范围内的材料(如油、聚合物降解产物)。

3.9

**剩余量　residue**

在挥发性组分挥发以后剩余材料的质量。

3.10

**失重平台　mass loss plateau**

热重曲线上质量相对稳定的区域(即质量对时间的一阶导数最小极值处)。

3.11

**热分析实验数据的质量标志**

3.11.1

**重复性　repeatability**

在相同条件下，对同一被测量进行多次测量所得结果之间的一致性。

3.11.2

**检测限　detection limit**

被分析物可确切检知的最小量。

3.11.3

**定量限　quantitative limit**

可定量的最小量，并具有可接受的准确度和精密度。

3.11.4

**线性 linearity**

满量程输出得到的最优线性曲线上，从输出点到线性曲线的最大偏差，不包括异常值。

3.11.5

**偏差 bias**

被分析物实验值与已知参考值之差。

## 4 符号

下列符号适用于本文件。

Bias：偏差。

DL：失重检测限。

*L*：线性。

QL：失重定量限。

*R*：剩余量。

*r*：失重重复性。

## 5 试验方法概述

5.1 在使用TGA测量时，质量是其主要的变量，温度或时间是其主要的自变量。

5.2 选用已知挥发量的标准物质作分析物，在指定的温度范围内使用热重装置直接测量其失重和剩余量并确认。

5.3 也可以使用特定的试样作为分析物进行失重和剩余量的热重方法确认。

5.4 三个或更多试样(试样的失重名义上可以反映本文件适用范围的最大、中等和最小值)，每个试样至少进行三次实验。不含有分析物的四号空白试样同样进行至少三次实验。

5.4.1 失重、剩余量的线性和偏差通过对三个或多个试样的实验结果进行最佳线性拟合来确定。

5.4.2 失重、剩余量的检测限及定量限通过空白试样测量结果的标准偏差来确定。

5.4.3 失重、剩余量的重复性通过对三个或多个试样进行重复性实验来确定。

5.5 本标准方法依赖于待测组分特定的热稳定性范围。因此，不具有明确热稳定性范围的杂质或其他材料，或其热稳定性与其他组分相同时，将会产生干扰。

## 6 仪器

6.1 热重分析仪(TGA)——本标准方法要求使用的热重分析仪至少需要以下设备。

6.1.1 热天平，包括以下内容。

6.1.1.1 炉子：能够以(5～25)℃/min恒定速率将试样均匀加热到恒定温度400 ℃。

6.1.1.2 温度传感器：用来显示样品/炉子温度，灵敏度为±0.1 ℃。

6.1.1.3 连续记录天平：最小检测质量100 mg，灵敏度±10 μg。

6.1.1.4 可控惰性气氛装置：惰性载气纯度为99.9% 以上、流量为(50～100)mL/min±5 mL/min。

注：避免过快的吹扫速率，否则将会产生湍流效应和温度梯度等干扰。

6.1.2 温度控制器：能够在选定的温度区间内执行特定的温度程序，其温度变化速率为(5～25)℃/min，温度波动在±0.5 ℃/min 以内。

6.1.3 记录装置:能够记录和显示任何试样质量信号、噪声信号随温度及噪声的变化(TGA 曲线)。

6.1.4 容器(坩埚等):不与试样发生反应,且能在直至 450 ℃的温度下保持质量稳定。

6.2 带刻度的微量移液管:容量为(20～40)μL,偏差为±1 μL。

## 7 试剂与材料

7.1 失重标准物质,最好选择在(25～200)℃内失重能够覆盖 2%、50%和 98%的有证标准物质。也可以使用具有其他失重数值的材料,但应给予说明。若在实验进行过程中,试样产生有害气体且从装置中排出,要使用通风设备,确保实验者不暴露在有害气体中。

注:查阅失重标准物质各组分的材料安全数据表(MSDS),以获取更多安全信息。

7.2 纯度高于 99.9%的氮气(或其他惰性载气)。

## 8 仪器校准

8.1 电源开启后,在进行任何实验之前,仪器需平衡至少一个小时。

8.2 按照操作手册中制造商描述的程序对仪器进行清洁和校准。

8.3 如果未事先进行温度和质量校准,则应在与确认实验相同的载气、流量和加热速率(10 ℃/min)条件下,分别根据方法 ASTM E 1582 和 ASTM E 2040 对仪器进行温度和质量校准。

## 9 参数测定

9.1 实验过程对空白试样及至少三个有失重的试样分别进行三次重复测试,失重试样的性能经过确认,至少能够代表最小、中等和最大失重。

注:本标准中的空白试样为空容器。

9.2 每个标准物质/样品至少准备 150 mg,覆盖实验失重范围,失重标称值分别为 2%、50%和 98%。所选试样的质量值应该接近预期的失重范围。其他的失重值和质量范围也可以使用但应给予说明。

9.3 称量空容器的质量(见图 1)。

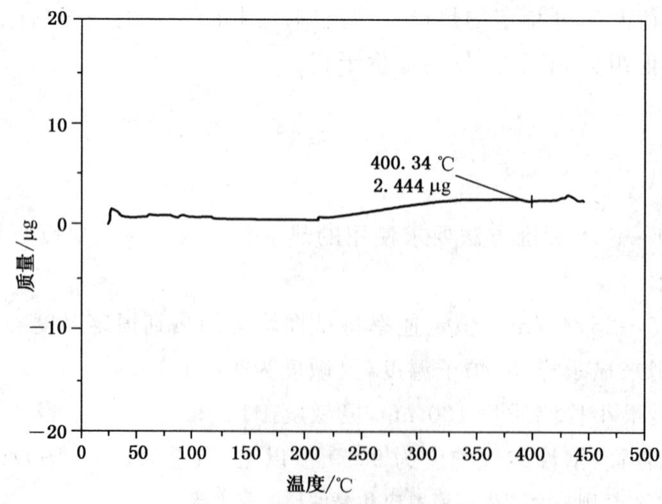


图 1 空容器的失重确认

9.4 使用微型移液管，将最大失重试样（例如，失重 98% 的标准样品/物质）取（20～40）$\mu$L，置于样品容器中。启动仪器，准备进行实验。称量并记录试样的质量 $M_0(1)$。在整个实验过程中，一直用干燥的氮气（或其他惰性载气）以（50～100）mL/min 的流量吹扫样品室。也可以取其他体积量的样品，但应给予说明。

9.5 以 10 ℃/min 的升温速率将试样从 25 ℃加热至 400 ℃，并记录加热曲线。也可以使用其他的加热速率，但应给予说明。

注：较高的升温速率会降低介于高挥发性和中挥发性之间成分的分辨率，从而导致较差的检测限和定量限。

9.6 冷却试样至 25 ℃。此时不需要记录热重曲线。

9.7 在 9.5 中得到的热失重曲线上第一个失重平台前后各选择一点，两点对应的温度分别为 $T_1$ 和 $T_2$。记录这两点的质量分别为 $M_1(1)$ 和 $M_2(1)$（见图 2）。

注 1：微商曲线的波谷对识别 $T_2$ 点很有用，这是介于低温（高挥发性）和高温（中挥发性）失重区域之间的最大分辨率点。

注 2：一般情况下选择 $T_1$ 为室温，$M_1(1)$ 即为 $M_0(1)$。

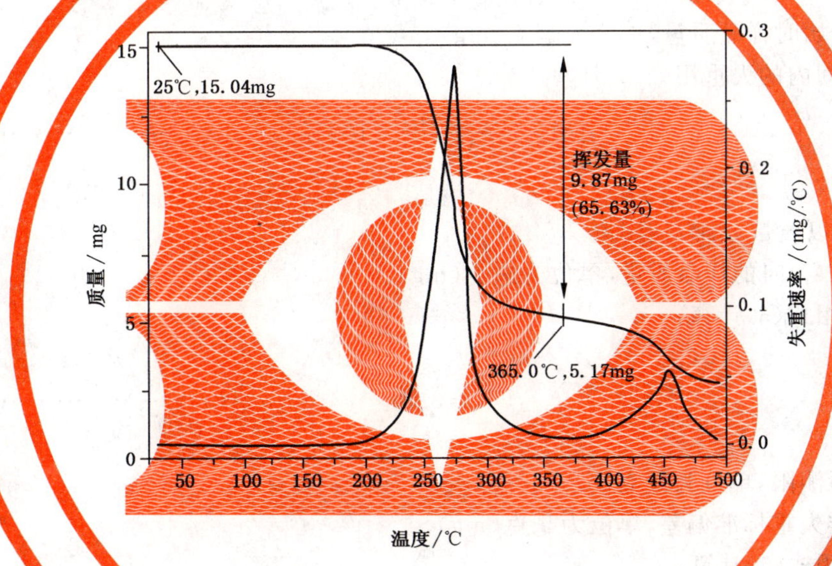


图 2 中等失重试样的失重确认

9.8 根据式(2)确定 $M_1(1)$ 和 $M_2(1)$ 之间的失重 $\Delta M_{max}(1)$。

9.9 对中等、最小失重试样和空白试样重复 9.3～9.8 的步骤，使用由 9.7 确定的相同测试范围（$T_1$ 和 $T_2$），记录失重 $\Delta M_{mid}(1)$、$\Delta M_{min}(1)$，并以毫克(mg)为单位记录空白试样的剩余量 $M_r(1)$。

注：观察和记录 $M_r$ 值的符号。它可能是正值（表观质量增重），也可能为负值（表观质量减少）。

9.10 对最大、中等、最小失重试样和空白试样按照 9.3～9.8 的步骤各重复两次实验，记录失重值为 $\Delta M_{max}(2)$、$\Delta M_{max}(3)$、$\Delta M_{mid}(2)$、$\Delta M_{mid}(3)$、$\Delta M_{min}(2)$、$\Delta M_{min}(3)$、$M_r(2)$ 和 $M_r(3)$。

9.11 依据得到的三次空白试样和失重试样的数据（见 ASTM E 1970），分别计算失重的平均值（$M_r$ 和 $\Delta M$）和标准偏差 $s$。这些值分别记录为 $M_r$，$\Delta M_{max}$，$\Delta M_{mid}$，$\Delta M_{min}$，$s_r$，$s_{max}$，$s_{mid}$，$s_{min}$。

9.12 使用在 9.11 中确定的空白试样失重标准偏差 $s_r$，根据式(3)和式(4)分别确定并给出失重值、失重检测限(DL)及定量限(QL)。

9.13 根据在 9.11 中得到的 $s_{max}$，$s_{mid}$，$s_{min}$，计算失重的合成相对标准偏差（见 ASTM E 1970）。将该数值记作失重重复性 $r$，以质量分数表示。

9.14 以 9.2 中得到的失重值为自变量 $X$、9.11 中得到的失重平均数值为因变量 $Y$ 作图，利用最小二

乘法拟合得到斜率 $m$ 和截距 $b$ 的最佳值(见 ASTM E 1970)。

9.15 根据 9.14 中的数值利用式(5)来计算线性 $L$。

9.16 给出测量偏差 Bias(失重),单位毫克(mg)。测量偏差也可以表示成质量分数,便于使用式(6)与其他的参数进行对比。

## 10 计算

10.1 在进行计算时,保留测试值以及中间运算值的所有有效数字。最后的结果要保留 3 位有效数字。

10.2 剩余量用式(1)计算:

$$R=\frac{M_2}{M_0}\times 100\% \qquad \cdots\cdots(1)$$

式中:

$R$ ——剩余量,以质量分数表示;

$M_2$——高温($T_2$)时的样品质量,单位为毫克(mg);

$M_0$——实验开始时样品质量,单位为毫克(mg)。

10.3 某一温度区间内的失重用式(2)计算:

$$\Delta M=\frac{M_1-M_2}{M_0}\times 100\% \qquad \cdots\cdots(2)$$

式中:

$\Delta M$——失重,以质量分数表示;

$M_1$ ——低温($T_1$)时的样品质量,单位为毫克(mg)。

10.4 失重检测限用式(3)计算:

$$\mathrm{DL}=3.3s_r \qquad \cdots\cdots(3)$$

式中:

DL——失重检测限,单位为毫克(mg);

$s_r$ ——空白样失重标准偏差,单位为毫克(mg)。

10.5 失重定量限用式(4)计算:

$$\mathrm{QL}=10s_r \qquad \cdots\cdots(4)$$

式中:

QL——失重定量限,单位为毫克(mg)。

10.6 线性用式(5)计算:

$$L=\left[\frac{|\mathrm{largest}\delta Y|}{m\times X_{\max}+b}\right]\times 100\% \qquad \cdots\cdots(5)$$

式中:

$L$ ——线性;

$m$ ——斜率(源自 9.14);

$b$ ——截距(源自 9.14),以质量分数表示;

$X_{\max}$ ——最大失重标准物质中已知的挥发性物质失重值,以质量分数表示;

$|\mathrm{largest}\delta Y|$——由最佳线性拟合得到的最大偏差的绝对值。

10.7 剩余量偏差与失重偏差大小相等,符号相反。$M_r$ 为空白试样失重均值。偏差 Bias 可以用式(6),以相对于初始质量的百分数表示。

$$\mathrm{Bias}(失重)=-\frac{M_r}{M_0}\times 100\%$$

$$\text{Bias}(\text{剩余量})=\frac{M_r}{M_0}\times 100\% \qquad \cdots\cdots(6)$$

10.8 失重检测限(DL)和失重定量限(QL)也可以表示为实验开始时试样质量的百分数,用式(7)和式(8)计算。

$$\text{DL}=\frac{3.3s_r}{M_0}\times 100\% \qquad \cdots\cdots(7)$$

$$\text{QL}=\frac{10s_r}{M_0}\times 100\% \qquad \cdots\cdots(8)$$

## 11 报告

11.1 TGA 设备的制造商和型号。

11.2 本方法中所测试的部分或全部性能参数,包括:

11.2.1 范围($\Delta M_{min}$到 $\Delta M_{max}$)。

11.2.2 失重检测限(DL)。

11.2.3 失重定量限(QL)。

11.2.4 线性($L$)。

11.2.5 Bias(失重)和 Bias(剩余量)。

11.2.6 失重重复性($r$)。

11.3 本标准的标准号和年号。

# 附 录 A
（资料性附录）
# 计 算 示 例

## A.1 示例中利用下面所示的数据进行计算

$M_0$ = 40.0 mg

$\Delta M_{max}$ = 99.075%

$\Delta M_{mid}$ = 49.645%

$\Delta M_{min}$ = 2.544%

$M_r$ = 0.012 27 mg ⇒ 0.030 68%

$n_{max}$ = 3

$n_{mid}$ = 3

$n_{min}$ = 3

$n_0$ = 3

$s_{max}$ = 0.032 0%

$s_{mid}$ = 0.261 4%

$s_{min}$ = 0.142 4%

$s_r$ = 0.003 04 mg ⇒ 0.007 60%

$X_{max}$ = 98.76%

$X_{mid}$ = 50.25%

$X_{min}$ = 2.30%

其中：

$n$——重复测量次数；

$X$——失重标准物质中已知的挥发性物质失重值。

## A.2 失重检测限计算示例

DL =3.3×0.003 04 mg =0.010 0 mg
⇒3.3×0.007 60%=0.025 1%

## A.3 失重定量限计算示例

QL =10×0.003 04 mg =0.030 4 mg
⇒10×0.007 60%=0.076 0%

## A.4 重复性计算示例

$$\begin{aligned} r &= [(2\times 0.032\ 0^2+2\times 0.261\ 4^2+2\times 0.142\ 4^2)/(2+2+2)]^{1/2} \\ &= [(0.002\ 048+0.136\ 7+0.040\ 56)/6]^{1/2} \\ &= 0.173\% \end{aligned}$$

## A.5 线性计算示例

### A.5.1 根据最大、中等、低失重待测试样的测量值，确定最佳拟合值(见ASTM E 1970)

$m=1.000\ 771\ 537$

$b=-0.054\ 247\ 100\%$

### A.5.2 根据最佳线性拟合得

$$\delta Y_{max}=\Delta M_{max}-(m\times X_{max}+b)=(99.075-98.782)\%=0.293\%$$

$$\delta Y_{mid}=\Delta M_{mid}-(m\times X_{mid}+b)=(49.645-50.235)\%=-0.590\%$$

$$\delta Y_{min}=\Delta M_{min}-(m\times X_{min}+b)=(2.544-2.248)\%=0.296\%$$

式中：

$X_{max}$——最大失重标准物质中已知的挥发性物质失重值，以质量分数表示；

$X_{mid}$——中等失重标准物质中已知的挥发性物质失重值，以质量分数表示；

$X_{min}$——最小失重标准物质中已知的挥发性物质失重值，以质量分数表示；

$\delta Y_{mid}$——最佳线性拟合得到的最大偏差。

### A.5.3 线性计算得

$$L=\frac{|-0.590|}{98.782}\times 100\%=0.597\%$$

## A.6 偏差计算示例

Bias(失重)= −0.012 27 mg，或−100%×0.012 27 mg/40.0 mg= −0.030 7%

Bias(剩余量)= 0.012 27 mg，或 0.030 7%

# 附 录 B
（资料性附录）
# 本标准章条编号与 ASTM E 2402—2005 章条编号对照

表 B.1 给出了本标准章条编号与 ASTM E 2402—2005 章条编号对照。

**表 B.1 本标准章条编号与 ASTM E 2402—2005 章条编号对照表**

| 本标准章条编号 | 对应的国外标准章条编号 |
| --- | --- |
| 1 | 1 |
| — | 1.1 |
| — | 1.2 |
| — | 1.3 |
| — | 1.4 |
| — | 1.5 |
| 2 | 2 |
| — | 2.1 |
| — | 2.2 |
| 3 | 3 |
| — | 3.1 |
| — | 3.2 |
| 3.1 | 3.2.1 |
| 3.2 | 3.2.2 |
| 3.3 | 3.2.3 |
| 3.4 | 3.2.4 |
| 4 | — |
| 5 | 4 |
| 5.1 | 4.1 |
| 5.2 | 4.2 |
| 5.3 | 4.3 |
| 5.4 | 4.4 |
| 5.4.1 | 4.4.1 |
| 5.4.2 | 4.4.2 |
| 5.4.3 | 4.4.3 |
| — | 5 |
| — | 5.1 |
| — | 5.2 |
| — | 5.3 |

表 B.1（续）

| 本标准章条编号 | 对应的国外标准章条编号 |
| --- | --- |
| — | 5.4 |
| — | 6 |
| 5.5 | 6.1 |
| 6 | 7 |
| 6.1 | 7.1 |
| 6.1.1 | 7.1.1 |
| 6.1.2 | 7.1.2 |
| 6.1.3 | 7.1.3 |
| 6.1.4 | 7.1.4 |
| 6.2 | 7.2 |
| 7 | 8 |
| 7.1 | 8.1 |
| 7.2 | 8.2 |
| — | 9 |
| — | 9.1 |
| — | 9.2 |
| 8 | 10 |
| 8.1 | 10.1 |
| 8.2 | 10.2 |
| 8.3 | 10.3 |
| 9 | 11 |
| 9.1 | 11.1 |
| 9.2 | 11.2 |
| 9.3 | 11.3 |
| 9.4 | 11.4 |
| 9.5 | 11.5 |
| 9.6 | 11.6 |
| 9.7 | 11.7 |
| 9.8 | 11.8 |
| 9.9 | 11.9,11.11 |
| 9.10 | 11.12,11.15 |
| 9.11 | 11.16 |
| 9.12 | 11.17 |
| 9.13 | 11.18 |
| 9.14 | 11.19 |

表 B.1（续）

| 本标准章条编号 | 对应的国外标准章条编号 |
|---|---|
| 9.15 | 11.20 |
| 9.16 | 11.21 |
| 10 | 12 |
| 10.1 | 12.1 |
| 10.2 | 12.2 |
| 10.3 | 12.3 |
| 10.4 | 12.4 |
| 10.5 | 12.5 |
| 10.6 | 12.6 |
| 10.7 | 12.7 |
| 10.8 | 12.8 |
| — | 12.9 |
| — | 12.9.1 |
| — | 12.9.2 |
| — | 12.9.3 |
| — | 12.9.4 |
| — | 12.9.5 |
| — | 12.9.6 |
| 11 | 13 |
| 11.1 | 13.1 |
| 11.2 | 13.2 |
| 11.2.1 | 13.2.1 |
| 11.2.2 | 13.2.2 |
| 11.2.3 | 13.2.3 |
| 11.2.4 | 13.2.4 |
| 11.2.5 | 13.2.5 |
| 11.2.6 | 13.2.6 |
| 11.3 | 13.3 |
| — | 14 |
| — | 14.1 |
| — | 15 |
| — | 15.1 |
| 附录 A | — |
| 附录 B | — |
| 参考文献 | — |

## 参 考 文 献

［1］ United States Food and Drug Administration. Q2B Validation of Analytical Procedures：Methodology. 62 FR27464，1997-05-19

［2］ GB/T 24490—2009 多壁碳纳米管纯度的测量方法

［3］ GB/T 14837—1993 橡胶及橡胶制品组分含量的测定 热重分析法

［4］ GB/T 19469—2004 烟火药剂着火温度的测定 差热-热重分析法

［5］ JB/T 6856—1993 热重差热分析仪

［6］ ISO 11358：1997 Plastics—Thermogravimetry（TG）of polymers—General principles

［7］ ISO 9924-3-2009 Rubber and rubber products—Determination of the composition of vulcanizates and uncured compounds by thermogravimetry—Part 3：Hydrocarbon rubbers，halogenated rubbers and polysilocane rubbers after extraction

ICS 19.020
N 04

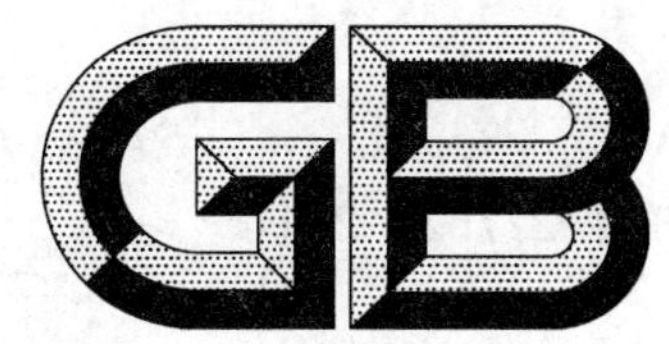

# 中华人民共和国国家标准

GB/T 27762—2011

# 热重分析仪质量示值校准的试验方法

## Standard test method for mass scale calibration of thermogravimetric analyzers

2011-12-30 发布　　2012-05-01 实施

中华人民共和国国家质量监督检验检疫总局
中国国家标准化管理委员会　发布

# 前　言

本标准按照 GB/T 1.1—2009 给出的规则起草。

本标准与 ASTM E 2040—2008《热重分析仪质量示值校准的试验方法》(英文版)技术内容基本一致。

本标准与 ASTM E 2040—2008 相比,主要修改内容如下:

——将第 12 章精密度与偏差部分从正文移至附录 A(资料性附录);

——附录 B(资料性附录)中列出了本标准章条编号与 ASTM E 2040—2008 章条编号的对照一览表。

本标准由中国科学院提出。

本标准由全国纳米技术标准化技术委员会(SAC/TC 279)归口。

本标准起草单位:国家纳米科学中心、耐驰科学仪器商贸(上海)有限公司。

本标准主要起草人:朴玲钰、常怀秋、曾智强、高洁、毛立娟。

# 热重分析仪质量示值校准的试验方法

## 1 范围

本标准规定了热重分析仪质量示值校准的试验方法。

本标准适用于热重分析仪的质量/重量校准或性能确认，且适用于商业和定制设备。

本标准不包括与其使用相关的所有安全问题。在使用本标准方法之前，使用者有责任建立适当的安全与健康规范，并确认规范的适用性。

## 2 规范性引用文件

下列文件对于本文件的应用是必不可少的。凡是注日期的引用文件，仅注日期的版本适用于本文件。凡是不注日期的引用文件，其最新版本(包括所有的修改单)适用于本文件。

GB/T 6425 热分析术语

ASTM E 473 热分析相关标准术语(Standard terminology relating to thermal analysis and rheology)

ASTM E 691 实验室间研究测定试验方法精密度的指导用实施规程(Standard practice for conducting an interlaboratory study to determine the precision of a test method)

ASTM E 1142 与热物理性能相关的标准术语(Standard terminology relating to thermophysical properties)

## 3 术语和定义

GB/T 6425、ASTM E 473 和 ASTM E 1142 中界定的术语和定义适用于本文件。为了便于使用，以下重复列出了其中的一些术语和定义。

3.1

**热重分析 thermogravimetric analysis (TGA)**

在程序控温和一定气氛下，测量试样的质量与温度或时间关系的技术。

3.2

**动态质量变化测量 dynamic mass-change determination**

在程序升、降温和一定气氛下，测量试样质量 $M$ 随温度 $T$ 变化的技术。

3.3

**等温质量变化测量 isothermal mass-change determination**

在恒温 $T$ 和一定气氛下，测量试样质量 $M$ 随时间 $t$ 变化的技术。

3.4

**热重曲线(TG 曲线) thermogravimetric curve (TG curve)**

由热重法测得的数据以质量(或质量分数)随温度或时间变化的形式表示的曲线。曲线的纵坐标为质量 $m$(或质量分数)，向上表示质量增加，向下表示质量减少；横坐标为温度 $T$ 或时间 $t$，自左向右表示温度升高或时间增长。

3.5

**热天平　thermobalance**

在程序控温和一定气氛下，连续称量试样质量的仪器，是实施热重法的仪器。

3.6

**程序控温　controlled temperature programme**

按预定的程序进行温度控制。当所测试的温度范围参比物未发生任何转变或反应时，程序温度(program temperature)等于参比坩埚的温度。

## 4　试验方法概述

4.1　将热重分析仪产生的质量示值与可溯源至国家质量基准的砝码或标准物质的质量进行比较。采用两个校准点的线性相关性来关联由热重分析仪和标准物质产生的质量示值。

4.2　本标准方法校准或证明热重分析仪在室温条件下的一致性。多数热重分析实验都是在升温条件下，或在距室温一定间隔的恒定温度下进行。本标准方法不涉及温度对质量校准的影响。

4.3　在多数热重实验中，质量变化以质量分数形式给出，定义为测试样品的初始质量除以任何时刻测试到的质量，此时假定仪器的示值随质量增加是线性的。在这种情况下，只需与适宜的参考标准进行比较，确认仪器性能即可。

4.4　当记录试样的实际质量时，在需要时用校准因子来修正设备。

## 5　仪器

本标准方法要求使用的热重分析仪至少需要以下设备：

5.1　热天平：包括加热炉，温度传感器，在被校准范围内、具有±1 μg灵敏度的测量试样质量的天平，以及使样品和容器维持在载气流量从(10±5)mL/min到(100±5)mL/min范围内可控气氛中的气源系统。

注：要避免使用过高的流量，因为这可能引入浮力影响和温度梯度产生的噪音。

5.2　温度控制器：控制环境温度的能力为 ±1 ℃。

5.3　数据采集装置：能够记录、存储和显示测量或(和)计算信号。对热重分析而言，输出信号至少包括质量、温度和时间。

5.4　样品容器(坩埚等)：对样品为惰性且保持质量稳定。

## 6　试剂与材料

标准物质的质量应该与分析的工作范围一致。多数情况下，这个质量最大应比待测试样的质量大25%～50%。

## 7　校准程序

7.1　按照仪器操作手册中描述的、热重分析仪制造商推荐的程序对质量示值进行校准。

7.2　按照表征待测试样所需的分析条件准备热重分析仪。

7.2.1　装入空容器并开启载气。将温度设置为室温。

7.2.2　将空容器质量设置为0.00 mg。

7.2.3　打开仪器，将标准物质放入样品容器，在表征待测试样的实验条件下，重新装好设备。

7.2.4 记录仪器测量到的质量 $m_0$，测量值保留所有有效数字。

7.2.5 根据标准物质证书记录标物质量为 $m_s$。

7.2.6 使用式(2)和式(3)计算并记录校准因子(S)值和一致性(C)值。

## 8 计算

8.1 假设测量到的质量 $m_0$ 和参考质量 $m_s$ 之间是线性关系，并由式(1)中的校准因子 $S$ 控制：

$$m_s = m_0 \times S \qquad \cdots\cdots(1)$$

式中：

$m_s$ ——标准物质的标称质量，单位为毫克(mg)；

$m_0$ ——标准物质的测量质量，单位为毫克(mg)；

$S$ ——校准因子。

8.2 使用式(2)并利用7.2.4和7.2.5中记录的质量值计算 $S$。

$$S = m_s / m_0 \qquad \cdots\cdots(2)$$

8.3 使用从式(2)得到的 $S$ 值，用式(3)计算该设备质量范围内的一致性 $C$。

$$C = (1.000\,00 - S) \times 100\% \qquad \cdots\cdots(3)$$

式中：

$C$——设备质量范围内的一致性。

注：一致性通常是非常小的数且以百分数的形式表示。

使用下面的标准，一致性 $C$ 可以作为热重分析仪一个重要的数据进行评估：

8.3.1 如果 $S$ 介于0.999 9和1.000 1之间，则一致性 $C$ 优于0.01%。

8.3.2 如果 $S$ 介于0.999 0和0.999 9之间或者介于1.000 1和1.001 0之间，则一致性 $C$ 优于0.1%。

8.3.3 如果 $S$ 介于0.990 0和0.999 0之间或者介于1.001 0和1.010 0之间，则一致性 $C$ 优于1%。

8.3.4 如果 $S$ 介于0.900 0和0.990 0之间或者介于1.010 0和1.100 0之间，则一致性 $C$ 优于10%。

8.4 记录校准因子 $S$ 值和一致性 $C$ 值。

8.5 使用由式(1)或式(2)计算的 $S$ 值，及测量得到的质量($m_0$)可以计算校准过的质量($m$)。

## 9 报告

报告应包括以下信息：

9.1 基本信息：包括热重分析仪的制造商和设备型号等。

9.2 8.2中计算得到的 $S$ 值，保留到小数点后至少四位。

9.3 8.3中计算得到的 $C$ 值。

9.4 本标准的标准号和年号。

# 附 录 A
（资料性附录）
精密度与偏差

**A.1** 使用同一制造商设备的7家实验室参加了1998年进行的多家实验室比对。使用标准ASTM E 691对结果进行了处理。

**A.2** 精密度

**A.2.1** 校准因子 $S$ 的平均值为0.998 18。

**A.2.2** $S$ 的重复性(同一实验室内)标准偏差为0.000 47。

**A.2.3** 在同一实验室内两次重复性测试的平均值相差若超过95%置信概率下的重复性限 $r$($r$ 等于0.001 3),则认为这两个值可疑。

**A.2.4** $S$ 的复现性(实验室间)标准偏差为0.003 0。

**A.2.5** 在不同实验室间两次复现性测试的平均值相差若超过95%置信概率下的复现性限 $R$($R$ 等于0.008 43),则认为这两个值可疑。

**A.3** 偏差

**A.3.1** 本标准方法中一致性测量是将校准因子 $S$ 与理论值1.000 000 0进行比较,并给出偏差显示。

**A.3.2** 一致性 $C$ 的平均值为0.18%。

**A.3.3** 一致性 $C$ 随设备型号变化很大,但不会超过0.66%。这个值远优于多数热分析实验名义上所要求的一致性1%。

# 附 录 B
（资料性附录）
# 本标准章条编号与 ASTM E 2040—2008 章条编号对照

表 B.1 给出了本标准章条编号与 ASTM E 2040—2008 章条编号对照。

**表 B.1 本标准章条编号与 ASTM E 2040—2008 章条编号对照表**

| 本标准章条编号 | 对应的国外标准章条编号 |
|---|---|
| 1 | 1 |
| — | 1.1 |
| — | 1.2 |
| — | 1.3 |
| — | 1.4 |
| 2 | 2 |
| — | 2.1 |
| 3 | 3 |
| — | 3.1 |
| 4 | 4 |
| 4.1 | 4.1 |
| — | 5 |
| 4.2 | 5.1 |
| 4.3 | 5.2 |
| 4.4 | 5.3 |
| 5 | 6 |
| — | 6.1 |
| 5.1 | 6.1.1 |
| 5.2 | 6.1.2 |
| 5.3 | 6.1.3 |
| 5.4 | 6.1.4 |
| 6 | 7 |
| 7 | 8 |
| 7.1 | 8.1 |
| — | 9 |

表 B.1（续）

| 本标准章条编号 | 对应的国外标准章条编号 |
|---|---|
| 7.2 | 9.1 |
| 7.2.1 | — |
| 7.2.2 | 9.2 |
| 7.2.3 | 9.3 |
| 7.2.4 | 9.4 |
| 7.2.5 | 9.5 |
| 7.2.6 | 9.6 |
| 8 | 10 |
| 8.1 | 10.1 |
| 8.2 | 10.2 |
| 8.3 | 10.3 |
| — | 10.3.1 |
| 8.3.1 | 10.3.1.1 |
| 8.3.2 | 10.3.1.2 |
| 8.3.3 | 10.3.1.3 |
| 8.3.4 | 10.3.1.4 |
| 8.4 | 10.4 |
| 8.5 | 10.5 |
| 9 | 11 |
| — | 11.1 |
| 9.1 | 11.1.1 |
| 9.2 | 11.1.2 |
| 9.3 | 11.1.3 |
| 9.4 | 11.1.4 |
| 附录 A | 12 |
| A.1 | 12.1 |
| A.2 | 12.2 |
| A.2.1 | 12.2.1 |
| A.2.2 | 12.2.2 |
| A.2.3 | 12.2.3 |

**表 B.1（续）**

| 本标准章条编号 | 对应的国外标准章条编号 |
|---|---|
| A.2.4 | 12.2.4 |
| A.2.5 | 12.2.5 |
| A.3 | 12.3 |
| A.3.1 | 12.3.1 |
| A.3.2 | 12.3.2 |
| A.3.3 | 12.3.3 |
| — | 13 |
| 附录 B | — |
| 参考文献 | — |

## 参 考 文 献

[1] GB/T 24490—2009 多壁碳纳米管纯度的测量方法
[2] GB/T 14837—1993 橡胶及橡胶制品组分含量的测定 热重分析法
[3] GB/T 19267.12—2008 刑事技术微量物证的理化检验 第12部分:热分析法
[4] JB/T 6856—1993 热重差热分析仪
[5] ISO 11358:1997 Plastics—Thermogravimetry (TG) of polymers—General principles

ICS 17.140
A 59

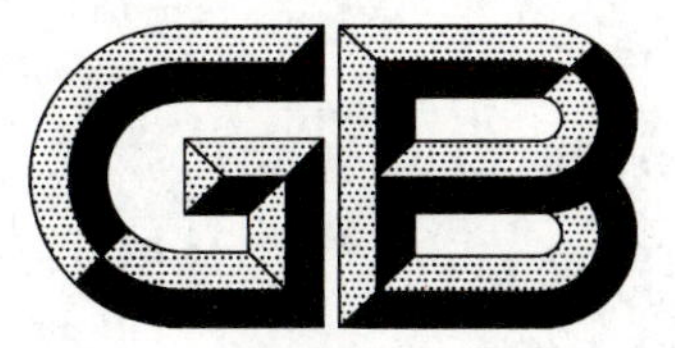

# 中华人民共和国国家标准

GB/T 27763—2011/ISO 14257:2001

# 声学　评价工作间声学性能的空间声场分布曲线的测量方法及参量表述

Acoustics—Measurement and parametric description of spatial sound distribution curves in workrooms for evaluation of their acoustical performance

(ISO 14257:2001,IDT)

2011-12-30 发布　　2012-05-01 实施

中华人民共和国国家质量监督检验检疫总局
中国国家标准化管理委员会　发布

# 前　言

本标准按照 GB/T 1.1—2009 给出的规则起草。

本标准由中国科学院提出。

本标准由全国声学标准化技术委员会(SAC/TC 17)归口。

本标准起草单位:同济大学、中国传媒大学。

本标准主要起草人:盛胜我、莫方朔、孟子厚。

# 引　　言

依据GB/T 17249.1，工作间内的空间声场分布可以用一条曲线来表述。该曲线表征了声压级与离开声源距离之间的函数关系，声源是已知声功率级、稳定发射且为无指向性声辐射的点源。针对所考虑的房间，本标准规定了测定该空间声场分布曲线以及导出两个特征量的方法。这两个特征量为距离加倍时的声压级空间衰减量和声压级逾量。

采用本标准获得的数据可用于以下方面：

——在噪声控制方面的房间声学鉴定；

——确定房间中合适的机器位置和工作位置；

——评价房间中增加吸声的必要性；

——定性评估房间中所装屏障的潜在效果；

——当在房间中的规定位置操作已知发射值的机器时，计算期望的噪声。

# 声学　评价工作间声学性能的空间声场分布曲线的测量方法及参量表述

## 1　范围

本标准规定了一种测量给定工作间空间声场分布曲线的方法。给出了一种方法，用于依据测量数据来确定在噪声控制方面表述工作间声学性能的两个参量：相对于自由场的声压级逾量、距离加倍时的声压级衰减量。

本标准适用于任意形状和任意尺寸的工作间，只要传声器位置的数量满足回归计算的要求。

本标准不适用于有关语言交流或其他心理学方面的声品质评价。

## 2　规范性引用文件

下列文件对于本文件的应用是必不可少的。凡是注日期的引用文件，仅注日期的版本适用于本文件。凡是不注日期的引用文件，其最新版本（包括所有的修改单）适用于本文件。

GB/T 3241　电声学　倍频程和分数倍频程滤波器(GB/T 3241—2010,IEC 61260:1995,MOD)

GB/T 3767—1996　声学　声压法测定噪声源声功率级　反射面上方近似自由场的工程法(eqv ISO 3744:1994)

GB/T 3785.1　电声学　声级计　第1部分：规范(GB/T 3785.1—2010,IEC 61672-1:2002,IDT)[1)]

GB/T 4129　声学　用于声功率级测定的标准声源的性能与校准要求(GB/T 4129—2003,ISO 6926:1999,IDT)

GB/T 6881.1　声学　声压法测定噪声源声功率级　混响室精密法(GB/T 6881.1—2002,idt ISO 3741:1999)

GB/T 6882　声学　声压法测定噪声源声功率级　消声室和半消声室精密法(GB/T 6882—2008,ISO 3745:2003,IDT)

## 3　术语和定义

下列术语和定义适用于本文件。

3.1

**声压级　sound pressure level**

$L_p$

声源辐射声压 $p$ 的平方与基准声压($p_0 = 20\ \mu\text{Pa}$)的平方之比的以10为底的对数乘以10。

注1：声压级单位为分贝，dB。

注2：应标明所用频率计权或频带宽度和时间计权(S、F或I，见GB/T 3785.1)。

3.2

**声功率级　sound power level**

$\boldsymbol{L_W}$

声源辐射声功率与基准声功率($P_0 = 10^{-12}$ W)之比的以10为底的对数乘以10。

1)　IEC 60651和IEC 60804合并的修订版。

注1：声功率级单位为分贝，dB。

注2：应标明所用频率计权或频带宽度。例如，A计权声功率级记作 $L_{WA}$。

3.3

**空间声场分布曲线 spatial sound distribution curve**

表明参考声源辐射的声压级随着离开声源距离的增加而减小的曲线。

注1：曲线与频率密切相关，同时表明房间的声学性能。有时，应同时使用几条空间声场分布曲线来表明房间的声学性能。

对离开声源的一给定距离范围来说，从空间声场分布曲线可以确定两个主要参量：

——距离加倍时的声压级空间衰减量($DL_2$)；

——声压级逾量($DL_f$)。

通常关注三种距离范围：近区、中区和远区。这两个参量($DL_2$ 和 $DL_f$)在评价房间的声品质时是有用的。

注2：改编自 GB/T 17249.1—1998，定义 3.4.11。

3.4

**声场分布值 sound distribution value**

$\boldsymbol{D_j(r)}$

给定离开参考声源的距离，在传声器位置处得到的某一倍频带声压级，与同一倍频带参考声源声功率级之间的差值，以分贝计，即：

$$D_j(r) = L_{pj}(r) - L_{Wj} \quad \cdots\cdots(1)$$

式中：

$L_{Wj}$——测试用参考声源的声功率级，单位为分贝(dB)；

$L_{pj}$——离开声源距离为 $r$ 的测点处的声压级，单位为分贝(dB)；

$j$——倍频带序号。

注：对给定声功率谱的声场分布值可以由式(3)计算得到。

3.5

**距离加倍时的声压级空间衰减量 rate of spatial decay of sound pressure levels per distance doubling**

**$DL_2$**

在给定距离范围内，空间声场分布曲线距离加倍时的声压级降低量，以分贝计。

3.6

**声压级逾量 excess of sound pressure level**

**$DL_f$**

在给定距离范围内，房间的空间声场分布曲线与自由场内空间声场分布曲线之间的平均差值，以分贝计。

注：自由场内空间声场分布曲线随距离加倍而衰减 6 dB。

## 4 室内声场分布

### 4.1 概述

室内声传播和空间声场分布曲线的基本信息，参见 GB/T 17249.1、GB/T 17249.3 和参考文献中的其他文件。

### 4.2 空间声场分布曲线

#### 4.2.1 空间声场分布参考曲线

参考曲线是在没有任何反射表面和散射物体的自由场里得到的空间声场分布曲线。在每个传声器位置，曲线值 $D_{ref}$（单位为分贝）由式(2)确定：

$$D_{ref}(r)=10\ \lg\frac{r_0^2}{4\pi r^2}=20\ \lg\frac{r_0}{r}-11 \qquad \cdots\cdots(2)$$

式中：

$r$ ——测点离开声源的距离，单位为米(m)；

$r_0$ ——参考距离，$r_0=1$ m。

经验表明，如果房间的影响比较小，例如房间非常大并且/或者房间表面吸声很强，则地面反射和声源的指向性会影响测得的声场分布曲线。此时，需要考虑采用附录B所述的方法进行修正。

建议在所有绘制空间声场分布曲线的图中都画出参考曲线(见图1)。

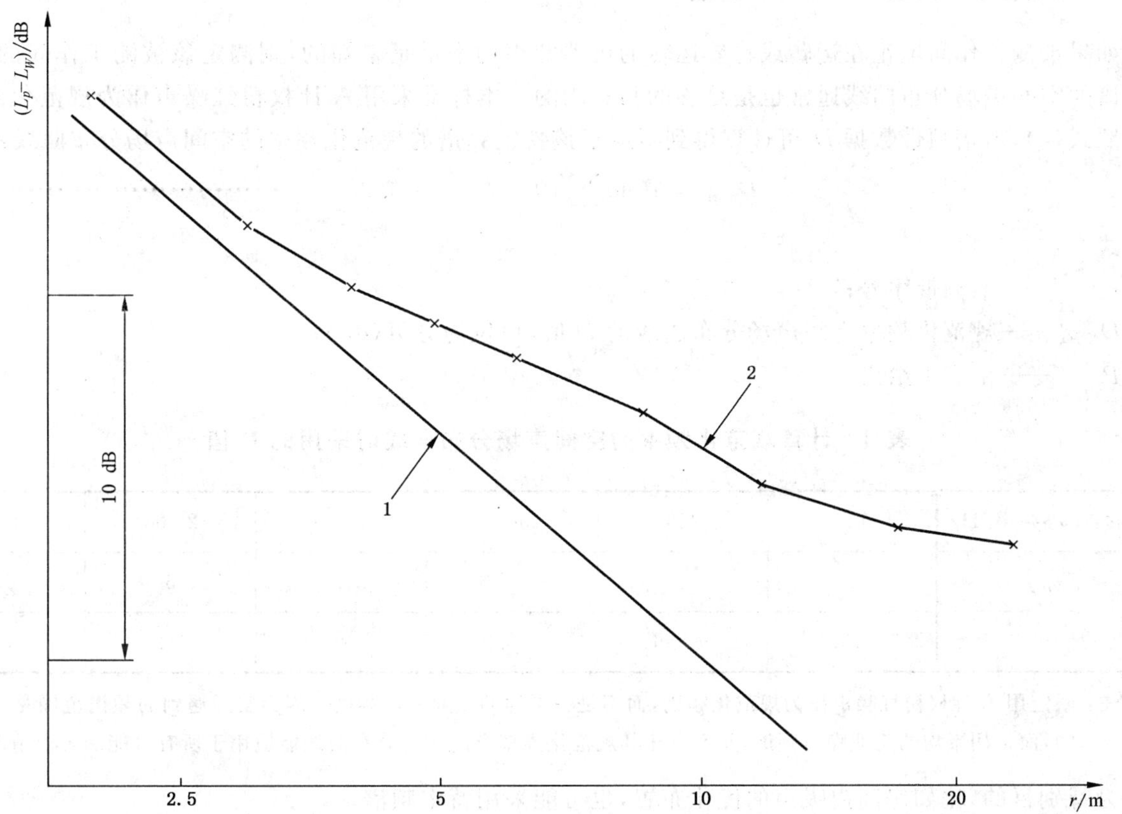


说明：

1——自由场声场分布曲线；

2——空间声场分布曲线；

×——测点；

$r$——接收点离开声源的距离(对数坐标)。

**图1 空间声场分布曲线的表示**

### 4.2.2 分频带和给定频谱的空间声场分布曲线

本标准中空间声场分布曲线采用倍频带测量。

注：用较窄频带(如1/3倍频带)测量时，可能发生干涉效应。干涉效应以复杂的方式影响空间声场分布曲线，以致需要丰富的经验来作修正说明。因此，不建议采用这种测量方式。

在指定路径上，某一倍频带的空间声场分布曲线可由式(1)得到。

第 $j$ 个倍频带的声场分布曲线是声场分布值 $D_j(r)$ 的图形表示，$r$ 取对数刻度(见图1)。

在实际应用中，通常需要给定声功率谱的空间声场分布曲线（例如某特定机器的频谱）。将倍频带数据按照式（3）计算，就能确定该曲线在距离 $r$ 处的 $D$ 值，用 $D_S$（单位为分贝）表示：

$$D_S(r)=10\lg\frac{\sum_j 10^{[D_j(r)+L_{W\mathrm{mach}\,j}]/10}}{\sum_j 10^{L_{W\mathrm{mach}\,j}/10}} \quad\cdots\cdots(3)$$

式中：

$D_j(r)$ ——第 $j$ 个倍频带、位置 $r$ 处的 $D$ 值，单位为分贝（dB）；

$L_{W\mathrm{mach}\,j}$ ——机器在第 $j$ 个倍频带的声功率级的值，单位为分贝（dB）。

### 4.2.3 规范化频率的空间声场分布曲线

如果被测工作间里正在运转或将要运转的机器的声功率谱是未知的，则测定该被测工作间的规范化频谱的空间声场分布曲线通常也是足够的和有用的。本标准采用 A 计权粉红噪声作为规范化频谱，则按照式（4），由倍频带数据 $D_j$ 可计算得到对应于该特定频谱的规范化频率的空间声场分布曲线：

$$D_{\mathrm{Norm}}=10\lg\sum_j 10^{(D_j+P_j)/10}-6.2 \quad\cdots\cdots(4)$$

式中：

$j$ ——倍频带序号；

$D_{\mathrm{Norm}}$ ——规范化频率空间声场分布曲线的 $D$ 值，单位为分贝（dB）；

$P_j$ ——由表 1 给出。

**表 1 计算规范化频率的空间声场分布曲线时采用的 $P_j$ 值**

| 倍频带中心频率/Hz | 125 | 250 | 500 | 1 000 | 2 000 | 4 000 |
|---|---|---|---|---|---|---|
| 下标 $j$ | 1 | 2 | 3 | 4 | 5 | 6 |
| $P_j$/dB | −16.1 | −8.6 | −3.2 | 0 | 1.2 | 1 |

注：限定用 A 计权粉红噪声作为规范化频谱，而不是一平均的工业噪声频谱。因为实际遇到的频谱范围是非常宽的，而采用平均的工业噪声频谱，并不意味其规范化频率空间声场分布曲线能适用于所有可能的工业情况。

为特别目的，比如房间内吸声的优化布置，也可能采用特定频谱。

## 5 空间声场分布曲线的测量

### 5.1 测试用声源的规定

#### 5.1.1 声源性能要求

依据本标准进行测量时，一方面，若要求参考声源符合 GB/T 4129 的规定，则某些要求过于严格；另一方面，本标准对参考声源的另一些特性又有更严格的要求。因此，在附录 A 中说明了本标准对参考声源的具体要求。

#### 5.1.2 声源声功率的校准和检定

声源应按照 GB/T 4129 的要求，在倍频带和 1/3 倍频带进行校准。根据声源在正常使用中的位置，表 2 列出了用于校准声源声功率和指向性的几种声环境。在附录 A 中说明了声源指向性的测量方法。应按倍频带进行检验。检验的时间间隔可依据声源系统的使用情况而定。

**表 2 用于校准声源声功率的几种适用环境**

| 正常使用中声源声学中心离地高度 | 测定声源声功率的适用环境 | 测定声源指向性的适用环境 |
|---|---|---|
| ≤0.5 m | 混响室(参见 GB/T 6881.1)<br>或半消声室(参见 GB/T 6882) | 半消声室(参见 GB/T 6882) |
| >0.5 m | 混响室(参见 GB/T 6881.1)<br>或消声室(参见 GB/T 6882) | 消声室(参见 GB/T 6882) |

如果声源系统使用比较频繁,建议每 3 个月或更短时间按照倍频带测定其声功率级,直到至少获得 6 个独立的测试结果。此后,校准的时间间隔可以长一些。

注:要确定空间声场分布曲线并不一定需要声源声功率级的确切值。例如,当工作间的声学性能(见第 6 章)仅用距离加倍时声压级的空间衰减量(见 3.5)来评估时,就是这种情况。

### 5.1.3 声源位置

在测量空间声场分布曲线时,声源声学中心的位置应:

——或者尽可能地靠近地面;

——或者离地高度超过 0.5 m。

如果声源声学中心的高度不大于 0.5 m,就认为该声源是靠近地面的。

声源的声学中心离开除地面以外的任何墙面和反射物体的距离至少要 3 m。如果受房间空间尺寸的限制而不能满足此要求,则应记录并在报告中说明测试时的实际距离。

### 5.1.4 声功率与背景噪声

声源要有足够的声功率。在空间声场分布曲线将要测试的所有距离以及所有倍频带内,应保证来自该声源的声压级比来自其他声源的背景噪声至少高 10 dB。在某个测点的某一倍频带内,如果正在发声的测试用声源产生的声压级与背景噪声级的差值在 6 dB~10 dB,则应按照 GB/T 3767—1996 的规定进行背景噪声修正。

## 5.2 测试仪器

在每个传声器位置,都应用 IEC 61672-1 要求的 1 级声级计或 1 级积分平均声级计来测量每一倍频带的声压级。传声器应为无指向性(包括任何与之相连的附加设备)。倍频带滤波器应满足 GB/T 3241 的要求。

如果把信号记录下来(例如,采用模拟或数字录音机记录)以进行后期处理,应保证所使用的整套仪器满足上述要求。

## 5.3 测量路径与测点

### 5.3.1 测量路径

测量路径应以声源为起点且与地面平行。测量路径上最后一个测点离开任一墙面或大的反射体的距离最小为 1.5 m。推荐采用更大的距离。

推荐的路径高度是 1.55 m(模拟人的站高)和 1.2 m(模拟人的坐高)。只要与地面保持平行,路径也可以取任何其他的高度,该高度值需记录并在报告中说明。

沿测量路径下面的地面上不能有任何障碍物。如果此条件不能满足,则应对处于测量路径上的障碍物的精确位置进行记录并在报告中说明。

测量路径应是从声源出发的一条无遮挡视线。如果条件允许，沿路径两侧至少 1.5 m 内没有任何大的反射结构。否则，就应另选测量路径或者路径高度值。如果有可能，应沿与之尽量垂直的另一路径进行测量。

### 5.3.2　测点

测点应布置在测量路径上。沿同一条路径传声器位置有很多种布置方式，建议选择以下布置方式中的一种：

——1 m，2 m，3 m，…，10 m，12 m，14 m，…，20 m，24 m，28 m，…，40 m，48 m，56 m，…(同一距离区间里等间距增加，两相邻距离区间对数间距增加)；

——2 m，3 m，4 m，6 m，8 m，12 m，16 m，24 m，32 m，48 m，64 m，…。

在上述布置方案中，测点数量只是最小值。可以布置更多测点。实际应用中，连续记录声压级随距离的变化是最好的可能描述空间声场分布的方法。

在以上两种布置方案里所取的距离，是指传声器离开声源声学中心的距离。如果声源的声学中心在地面上，对 5.3.1 给出的两种传声器高度来说，与上述距离相对应的水平距离列在表 3 中。

**表 3　当声源声学中心位于地面时，与传声器离开声源声学中心距离 *r* 对应的水平距离**

单位为米

| 传声器离开声源声学中心的距离 | 2 | 3 | 4 | 5 | 6 | 7 | 8 | 9 | 10 |
|---|---|---|---|---|---|---|---|---|---|
| 路径高度 1.2 m 时的水平距离 | 1.60 | 2.75 | 3.82 | 4.85 | 5.88 | 6.90 | 7.91 | 8.92 | 9.93 |
| 路径高度 1.55 m 时的水平距离 | 1.26 | 2.57 | 3.69 | 4.75 | 5.80 | 6.83 | 7.85 | 8.87 | 9.88 |
| 注：水平距离应修约到厘米，离开声源声学中心 10 m 后，两种路径高度条件下的水平距离取相同值。 | | | | | | | | | |

注 1：当声源声学中心位于地面时，在第一种建议的测点分布方案里，1 m 的测点是不存在的。

注 2：当房间足够大时，会有多条可选路径。根据测试的目的，下列两条路径是特别关联的：

a)　在房间各不同连续区域内，沿房间纵向轴和横向轴确定若干条空间声场分布曲线(例如当测试的目的是要评价房间每一区域里中区的声学性能时，见第 6 章)。这特别针对某些大工作间的情况，这些大工作间由于建筑空间的变化和/或吸声特性的不同，各区域之间的声学性能是不同的。

b)　沿房间纵向轴和横向轴，各确定一条空间声场分布曲线。这特别针对另一些需要得到房间声学性能的大工作间情况，这些大工作间有均匀的建筑空间和吸声特性。

## 5.4　测量步骤

除测试声源外，应尽可能在所有机器、通风系统、穿过房间的高压管道等关闭的情况下进行测试。

测试用声源应满足 5.1 的要求，且按照 5.1.3 对其声学中心精确定位。

测试房间处于正常使用状态(按照设备类型、体积和在房间中的位置等正常布置；如果在正常使用状态下门窗是关闭的，则测试时也应如此)。

应保证背景噪声满足 5.1.4 的要求，若有必要，要按照 5.1.4 进行背景噪声修正。

在测试用声源发声的条件下，在 5.3 所述测量路径上的各离散测点处，测量从 125 Hz 到 4 000 Hz 共 6 个倍频带的声压级。

通过使用记录设备可以使总的测量时间比较短(以使工作间的活动仅有短暂的中断)。在这种条件下，记录下来的信号应没有经过任何滤波，而每个测点的频谱分析应稍后在实验室完成。要考虑记录设备的动态特性。通常，建议使用标定了分贝刻度量程的前置放大器。

如果有多个测试用声源的位置都满足本标准的要求，且测试的目的是为了评价房间本身的声学性能时（见第6章），声源位置应尽量选择在房间中最闹的机器放置或将要放置的区域内。

注：对某一工作间，测试用声源的类型和声功率的不确定性以及测量路径的位置和方向都会影响上述测量结果。本标准中提出的这些规范，是为确保将测量方法的不确定性控制在可接受的范围内。本标准现在无法提供关于测量方法准确度的定量信息。

但是，如果测试是在可重复的条件下进行的（同一声源，声源高度和方位相同，同一测量路径，路径高度相同，传声器数量和位置相同，同一仪器，同一测试者，不变的声学环境），可预计A计权声级不确定性的最大值为：

$DL_2$——±0.3 dB；

$DL_f$——±2 dB。

### 5.5 测量数据的表达

空间声场分布曲线应绘制在图中，如图1所示。横坐标的距离是指传声器离开声源声学中心的距离。$D$ 值应列表说明，如表4所示。如果要确定一特定声功率谱 S 的空间声场分布曲线（见4.2.2），和/或一规范化频率的空间声场分布曲线（见4.2.3），则对应的 $D$ 值也应绘图，并列表说明。

## 6 所测空间声场分布曲线在评价工作间声学性能时的参量表述

### 6.1 概述

测量空间声场分布曲线的一个主要目的是评价工作间的声学性能。这基于由空间声场分布曲线得出的两个特定参量，即距离加倍时的声压级空间衰减量（见3.5）和相对于自由场的声压级逾量（见3.6）。这两个参量通常在离开声源的3种距离范围内分别确定。

### 6.2 距离范围

在计算空间声场分布曲线和相关的特征参量时，应区分下列距离范围（见图2）：

a) 近区：这个分区的范围从1 m到距离 $d_1$。在这个分区中，空间声场分布曲线主要由来自测试用声源的直达声决定。声源位置如果靠近反射表面或者邻近表面把辐射的声音限制在某个立体角时（如声源放在墙角处或放在房间天花比较低的区域），就会对该范围的声场分布有很大影响。这个分区用来评价小房间的声学性能。

b) 中区：这个分区的范围从距离 $d_1$ 到距离 $d_2$，建议尽可能达到24 m。中区在评价房间的声学性能对人的健康和安全方面的影响尤其重要。

c) 远区：这个分区从距离 $d_2$ 开始。在这个分区中，房间中机器或其他家具的反射和散射表面对声场分布有严重影响。此分区在评价远离声源的工作位置处的声学性能对人的健康和安全方面的影响也很重要。

$d_1$ 和 $d_2$ 的典型值通常分别取为5 m和16 m。如果考虑房间尺寸的影响并且根据测试的目的，也可以采用其他值，但是需要记录并在报告中说明。

距离应从测试用声源的声学中心量起。

### 6.3 确定距离加倍时的声压级空间衰减量，$DL_2$

当距离 $r$ 在范围$[r_n, r_m]$内变化时，对于给定的第 $j$ 个倍频带，可通过第 $i$ 个传声器位置处的 $D$ 值（见4.2.2），由式(5)计算得到距离加倍时的声压级空间衰减量 $DL_2$：

$$DL_2 = -0.3\frac{z\sum_{i=n}^{m}[D_i\lg(r_i/r_0)] - \sum_{i=n}^{m}D_i\sum_{i=n}^{m}\lg(r_i/r_0)}{z\sum_{i=n}^{m}[\lg(r_i/r_0)]^2 - \left[\sum_{i=n}^{m}\lg(r_i/r_0)\right]^2} \quad\cdots\cdots(5)$$

式中：

$z=m-n+1$；

$D_i$——由式(1)确定，如果采用附录B中定义的修正方法，则由式(B.1)确定。

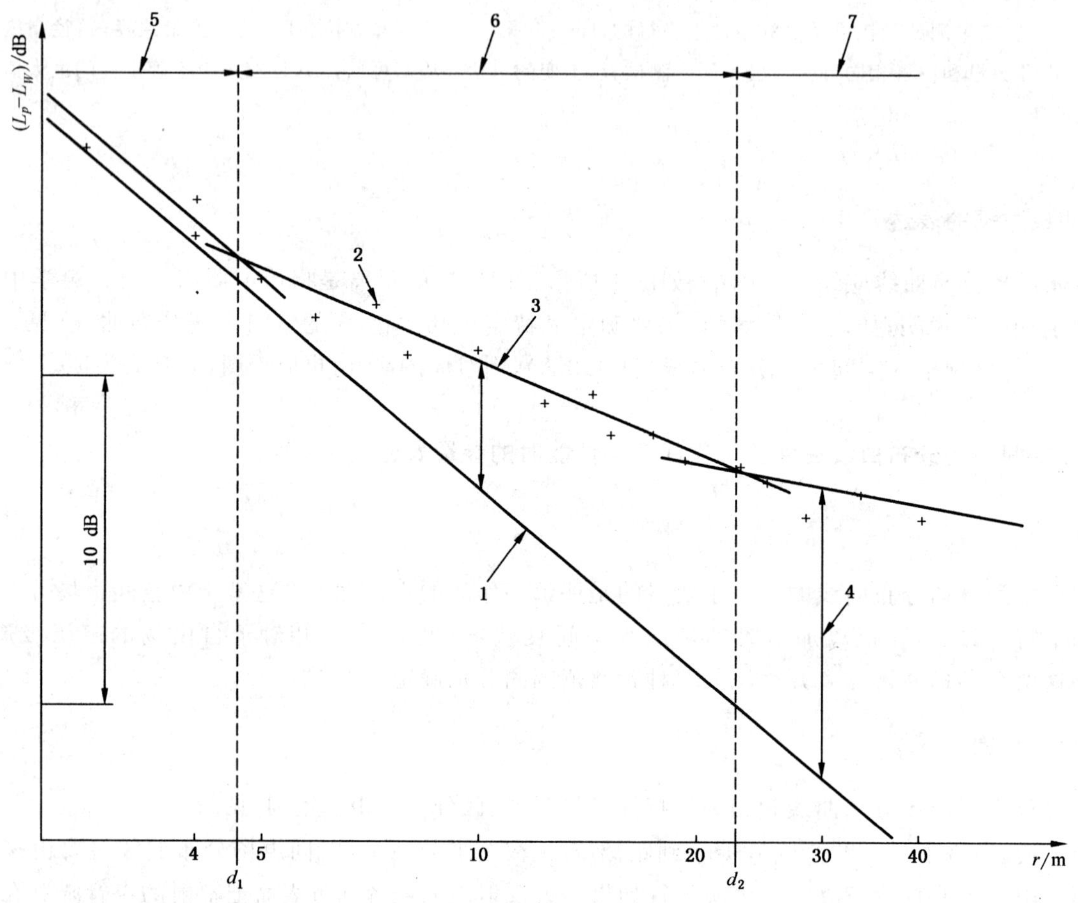


说明：

1——自由场声场分布曲线；

2——测点；

3——中区的拟合线；

4——在特定距离为4 m、10 m和30 m处的1 000 Hz倍频带的声压级逾量；

5——近区；

6——中区；

7——远区；

$r$——离开声源的距离。

**图2 空间声场分布曲线在1 000 Hz倍频带的参量表述示例，参量表述采用由距离 $d_1$ 和 $d_2$ 限定的三条直线(斜率 $DL_2$ 的拟合线)和三个特定距离处的声压级逾量**

如果仅确定倍频带下的 $DL_2$ 值，则不必知道测试用声源的声功率级。但是，声源应满足5.1要求的所有其他规定。

对于4.2.3中定义的规范化频率的频谱来说，在距离范围$[r_n, r_m]$内的距离加倍时的声压级空间衰减量，可以用式(4)中的 $D$ 值代替式(5)中的 $D_i$ 来计算得到。

## 6.4 确定相对于声场分布参考曲线的声压级逾量，$DL_f$

### 6.4.1 概述

在每一段距离范围内，声压级逾量可以通过两种都有实际意义的方法来描述：一种是用平均值，另一种是用特定距离处的值。

声压级逾量应采用符合5.1规定的声源，由测量确定。

### 6.4.2 在距离范围$[r_n,r_m]$内的某一倍频带的声压级逾量值

离开声源一定距离处某一倍频带的相对于自由场(或半自由场)的声压级逾量$DL_f$为：

$$DL_f = D - D_{ref} \quad \cdots\cdots(6)$$

式中：

$D$ ——由式(1)确定，如果按照附录B进行修正过的话，则由式(B.1)确定；

$D_{ref}$ ——由式(2)确定。

在离开声源的距离为$r_n$和$r_m$的两个传声器位置$i=n$和$i=m$限定的距离范围内，由式(6)确定的某一倍频带的$DL_f$在该距离范围内的平均值$DL_f(r_n,r_m)$(单位为分贝)由式(7)计算：

$$DL_f(r_n,r_m) = \frac{\sum_{i=n+1}^{m}\left[(DL_{f\,i} + DL_{f\,i-1})\lg(r_i/r_{i-1})\right]}{2\lg(r_m/r_n)} \quad \cdots\cdots(7)$$

### 6.4.3 在特定距离$r$处某一倍频带的$DL_f$值$DL'_{fr}$

在离开声源为一常规距离$r$处某一倍频带的$DL_f$值$DL'_{fr}$(单位为分贝)，可用来描述每一距离范围内的声场分布曲线，如图2所示。$DL'_{fr}$是在距离$r$处某一倍频带的拟合线与自由场直线之间的差值。根据本标准的目的，对近区来说常规的距离定为4 m，对中区来说常规的距离定为10 m，对远区来说常规的距离定为30 m。$DL'_{fr}$应按式(8)计算：

$$DL'_{fr} = \sum_{i=n}^{m}\frac{D_i}{z} + 20\lg\frac{r}{r_0} + \frac{DL_2(r_n,r_m)}{\lg 2}\left[\sum_{i=n}^{m}\frac{\lg(r_i/r_0)}{z} - \lg\frac{r}{r_0}\right] + 11 \quad \cdots\cdots(8)$$

式中：

$z=m-n+1$；

$r_i$ ——距离范围$[r_n,r_m]$内第$i$个传声器位置离开声源的距离；

$D_i$ ——由式(1)确定，如果采用附录B定义的实验参考曲线，则由式(B.1)确定；

$r_0$ ——参考距离，$r_0=1$ m。

## 6.5 测量数据的计算

由5.5所述方法绘制的空间声场分布曲线，对测量的数据进行计算。

每一测量路径上以及在6.2中所定义的每一距离范围内的$DL_2$、$DL_f$和$DL'_{fr}$的值，应分别采用式(5)、式(7)和式(8)由测量数据得到。

当采用两条相互正交的测量路径时，根据测量的目的，可以分别考虑和计算所得到的两条空间声场分布曲线，也可以把两条曲线合并成一条平均曲线(声级的代数平均)。

至少要确定$DL_2$和$DL_f$在中区的值。如果要进行数据比对，至少要对$d_1=5$ m和$d_2=16$ m的值进行确定。

为了避免$DL_2$、$DL_f$和$DL'_{fr}$在3个区域里的值相互混淆，应采用下列标记：

——$DL_{2,F}(r_n,r_m)$和$DL_{f,F}(r_n,r_m)$分别代表从$r_n$到$r_m$距离范围内的距离加倍时的声压级平均衰减量和声压级的平均逾量，其中$F$为以Hz计的倍频带中心频率值；

——$DL'_{f,F,r}$为特定距离 $r$ 处的声压级逾量，其中 $F$ 为以 Hz 计的倍频带中心频率值。

示例：

$DL_{2,1\,000}$(1,5)是在 1 m 到 5 m 的近区内 1 000 Hz 倍频带的 $DL_2$ 平均值。

$DL_{f,4\,000}$(24,100)是在 24 m 到 100 m 的远区内 4 000 Hz 倍频带的 $DL_f$ 平均值。

$DL'_{f,2\,000,10}$是在特定距离 10 m 处 2 000 Hz 倍频带的声压级逾量。

如果 $DL_2$ 和/或 $DL_f$ 和/或 $DL'_{fr}$ 分别由特定频谱(见 4.2.2)或规范化频谱(见 4.2.3)确定的，则频带下标应替换为 S 或 Norm。

## 7 记录和报告的内容

按本标准进行的测量，应记录并在报告中说明以下内容：

a) 测试用声源的描述，包括它的指向性，声学中心离地的高度；
b) 所用测量仪器的描述；
c) 房间(包括形状、尺寸和布置)的描述，测量路径和测试用声源在房间中位置的精确说明(最好在按比例绘制的房间平面图中注明)；
d) 每条测量路径上的测点数量和位置；
e) 要得到的数据类型的标示；
f) 倍频带空间声场分布曲线；
g) 给定声功率谱的空间声场分布曲线(在这种条件下，此声功率谱应记录在表或图中)；
h) 规范化频率空间声场分布曲线；
i) 按照附录 B 的方法用于修正的实验参考曲线(如果采用了这种修正方法)；
j) 背景噪声级(特别是在远离测试用声源的测点处，如果在一些测点对结果进行了背景噪声修正，则应标明相关的测点和修正的大小)；
k) 测量数据；
l) 在以评价工作间的声学性能为目的的测量中，每条测量路径上以及至少在中区的 $DL_f$(一段距离范围内的值和/或特定距离处的值)和 $DL_2$ 的计算值，所选用的 $d_1$ 和 $d_2$ 的值；
m) 按照本标准进行测定的声明，如果有与本标准的要求不符的地方，则任何相关的差异和所做调整都要记录并在报告中说明；
n) 测量和计算的负责人；
o) 测量的时间和日期。

对于 a)项，测试用声源的指向性不必在报告中说明。

每条测量路径上的空间声场分布曲线应以表格(见表 4)或图形(见图 1)的形式在报告中说明。

**表 4 在报告中以表格形式说明空间声场分布数据的示例**

| 传声器离开声源声学中心的距离/m | 倍频带中心频率/Hz | | | | | | 所用参考曲线(见 4.2.1 和附录 B) |
|---|---|---|---|---|---|---|---|
| | 125 | 250 | 500 | 1 000 | 2 000 | 4 000 | |
| | $(L_p-L_W)$/dB | | | | | | |
| | | | | | | | |
| | | | | | | | |
| | | | | | | | |
| | | | | | | | |
| | | | | | | | |
| | | | | | | | |

# 附 录 A
（资料性附录）
# 测试用声源的性能要求

## A.1 声源的指向性

测试用声源应尽可能无指向性。声源的指向性应在 1/3 倍频带内按下面的方法进行测量，此方法基于 GB/T 19889.3—2005 中的 C.1.3。

测量应在如 5.1.2 中表 2 所规定的一个适当的环境里进行。近似自由场或半自由场，室内或室外条件都是可以接受的，只要来自障碍物和其他表面（不包括近似半自由场的地面）的反射在所测频率范围内所产生的影响小于 0.2 dB。

测试地面上方发声的声源辐射的指向性时，应对所测频带内的每一 1/3 倍频带都采用下面的滑动平均过程：

——把声源安装在自由场内的转台上；

——把传声器安放在离声源声学中心 1.5 m 处；

——以宽频带噪声激发声源并使之缓慢旋转，每转过 1°测量一次声压级，时间计权为 F；

——计算 0°到 360°内的平均声压级，$L_{360}$；

——计算平均声压级 $L_{30,i}$，范围从 0°到 30°、1°到 31°、2°到 32°等；

指向性指数为：

$$\mathrm{DI}_i = L_{30,i} - L_{360} \qquad \text{(A.1)}$$

如果从 100 Hz 到 630 Hz 的各 1/3 倍频带内，DI 值都在±2 dB 之内就可认为是均匀无指向辐射的。从 630 Hz 到 1 000 Hz 的各 1/3 倍频带内，DI 值的范围是从±2 dB 到±8 dB 线性增加的。而从 1 000 Hz 到 5 000 Hz 的各 1/3 倍频带内，则是±8 dB。

对声学中心在地面上的发声声源来说，应把声源安装在反射面上，在一个半球面上进行指向性的测量，既可以采用上述的滑动平均法也可以用离散测点法。

只有当声源的指向性是按 1/3 倍频带、在 100 Hz 到 5 000 Hz 的频率范围内进行测量的，并且声源指向性指数的最大绝对值不超过 8 dB，才能使用该声源。

采用合适的方法（如允许声源旋转）可以确保满足上述标准。如果旋转声源，DI 的任一测量值都应取声源系统至少旋转一次时的平均值。

如果考虑到测试用声源并不是完全无指向性的，在一给定房间中，为提高测试的重复性并且确保可能重复的系列测量之间的结果一致性，应对声源进行标记以便它相对于测量路径的摆放位置能得到控制并保持不变。

## A.2 相邻频带间声功率级的差值

在 100 Hz 到 5 000 Hz 频率范围内，任意相邻两个 1/3 倍频带间的声功率级的差值不得超过 8 dB。

## A.3 总声功率级

对 1/3 倍频带内的总声功率级不作要求。

## A.4 随时间变化的稳定性

应确保声源系统(扬声器系统应包括发声器和功率放大器在内)的声功率是不随时间变化的。当使用的是扬声器系统,建议:

——选用有温度补偿和稳定电压功能的功率放大器;

——选用电阻器设定的以离散步进方式调节音量、或在离散音量处有停止卡口装置的发声器,而不是以连续方式调节音量的发声器;

——检查所用扬声器对温度变化的稳定性。

在重复性条件下测得的声源声功率级的变化量,在 100 Hz 到 160 Hz 的 1/3 倍频带内不得超过±1 dB,在 200 Hz 到 5 000 Hz 的 1/3 倍频带内不得超过±0.5 dB。

在测量空间声场分布曲线将要开始之前和刚结束之后,应检验声功率的短时稳定性,通过测量离开声源 1 m 处的固定点或第一个测点的声压级来检验。只有当每一倍频带内的声级差都不超过±1 dB 时,测量结果才有效。

# 附 录 B
（规范性附录）
# 考虑地面反射和声源指向性影响的实测声场分布曲线修正

经验表明在 $DL_f$ 值比较小的房间内，由于地面反射和声源指向性的影响，位于反射平面上方的自由场内的特定声源实际的声场分布曲线会影响被测工作间的声场分布曲线。

实验参考曲线是在位于反射平面上方、没有任何其他反射或散射物体的自由场内测量的空间声场分布曲线。反射平面应满足 GB/T 3767—1996 附录 A 的要求。应采用评价被测工作间所用的声源进行测量。至少应保证声源的摆放位置、声源和传声器的高度以及传声器离开声源的距离与评价被测工作间时的情况是相同的。

测得的参考曲线可以用来修正工作间内实测的 $D_j$ 值，对 $D_j$ 修正后的值 $D_{corr\,j}$（单位为分贝）由式(B.1)计算：

$$D_{corr\,j}(r)=10\lg\left[10^{D_j(r)/10}-10^{D_{mean,ref\,j}(r)/10}+10^{D_{floor,ref}(r)/10}\right] \qquad (B.1)$$

式中：

$D_j(r)$ ——由式(1)确定；

$D_{mean,ref\,j}(r)$ ——从上面定义的实测参考曲线得到，单位为分贝(dB)；

$D_{floor,ref}(r)$ ——由式(B.2)确定，单位为分贝(dB)。

$$D_{floor,ref}(r)=D_{ref}(r)+10\lg\left(1+\frac{r^2}{r^2+4h_Sh_P}\right) \qquad (B.2)$$

式中：

$D_{ref}(r)$——由式(2)确定；

$h_S$ ——声源的高度；

$h_P$ ——测量路径的高度。

如果声源高度和测量路径高度相等，则式(B.2)可以简化成：

$$D_{floor,ref}(r)=D_{ref}(r)+10\lg\left(1+\frac{r^2}{r^2+4h_S^2}\right) \qquad (B.3)$$

如果声源位于地面上，即 $h_S=0$，则式(B.2)可以简化为：

$$D_{floor,ref}(r)=D_{ref}(r)+3 \qquad (B.4)$$

# 附　录　C
（资料性附录）
# 使用本标准的示例

## C.1　概述

在所选择的例子里：

——测试用声源的声学中心位于地面上；

——声源的实验参考曲线事先已知并用以修正工作间的实测值；

——工作间是新的，在里面将进行的生产并不十分确定，所以特定频谱也未知；

——测量空间声场分布曲线的目的，是为了确定倍频带和以A计权粉红噪声为参考频谱的距离加倍时的空间衰减量和声压级逾量。

## C.2　工作间及所选测量路径的相关数据

如图C.1和表C.1所示。

工作间具有下列特征：

——形状：矩形厅；大型造船车间；

——尺寸：83 m×32 m×11 m；

——墙面性质：见图C.1（特性：棋盘式吸声处理）；

——布置：常规布置的厅。

单位为米

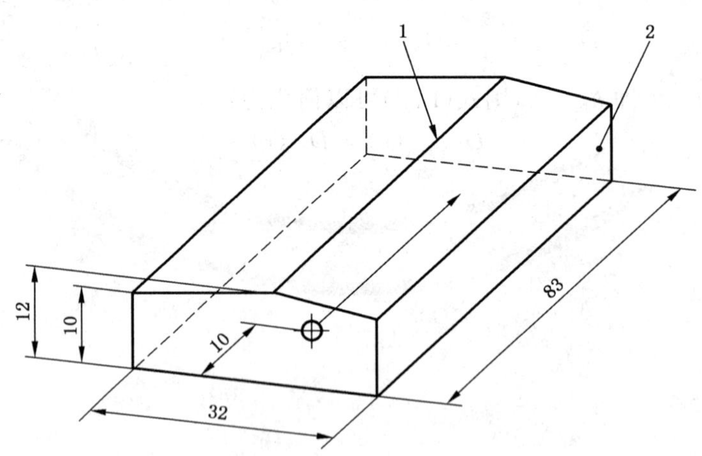


说明：

1——屋顶：纤维水泥和占50％面积的棋盘式交叉布置的吸声板；

2——墙面：金属面板和占50％面积的棋盘式交叉布置的吸声板；

○——声源。

**图C.1　工作间以及房间内声源的位置和测量路径的简图**

表 C.1 测量路径——传声器位置

| 传声器序号 | 1 | 2 | 3 | 4 | 5 | 6 | 7 | 8 | 9 | 10 | 11 |
|---|---|---|---|---|---|---|---|---|---|---|---|
| 传声器离开声源声学中心的距离/m | 2 | 3 | 4 | 5 | 6 | 8 | 12 | 16 | 24 | 32 | 48 |

## C.3 测试用声源

如表 C.2、表 C.3 和图 C.2 所示。

声源具有以下特性：

——型号：XXXX；

——品牌：XXXX；

——最后校准日期：XXXX 年 XX 月。

表 C.2 所用声源的倍频带声功率谱及 A 计权声功率级

| | 倍频带中心频率/Hz | | | | | | A |
|---|---|---|---|---|---|---|---|
| | 125 | 250 | 500 | 1 000 | 2 000 | 4 000 | |
| $L_W$/dB | 97.6 | 98.6 | 102.2 | 110.8 | 111.2 | 107.4 | 115.7 |

声源满足本标准规定的性能要求，即：

——最大指向性指数为 4.4 dB；

——相邻 1/3 倍频带声功率级最大差值为 6.5 dB；

——随时间变化的稳定性符合 A.4 的规定。

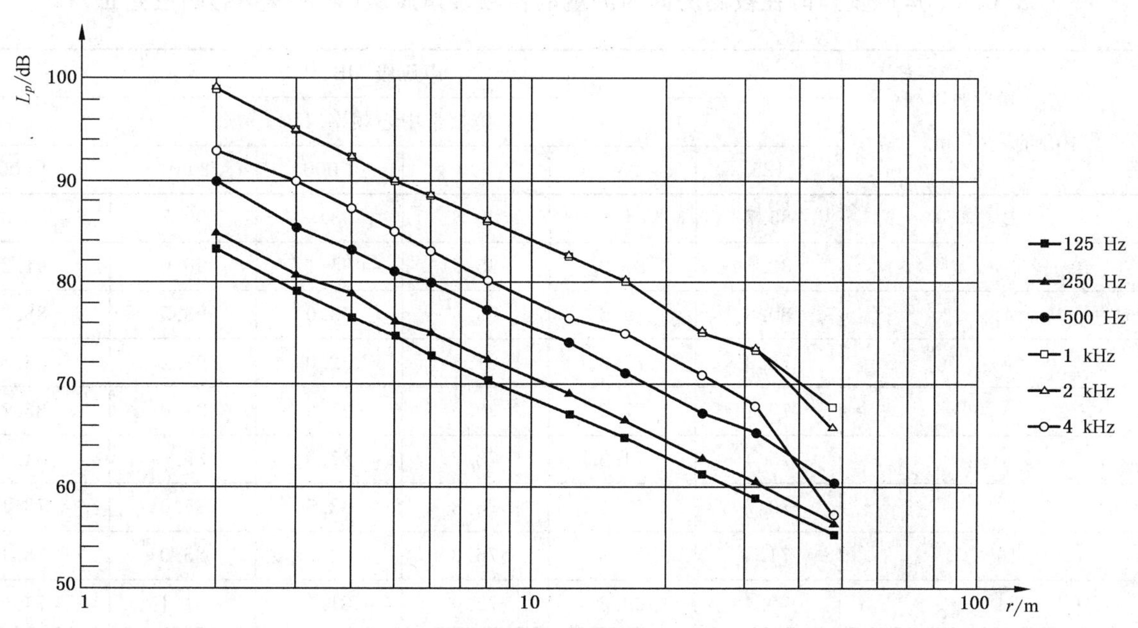


图 C.2 为了用于修正工作间内实测的声场分布值，在位于反射平面上方的自由场内按倍频带实测的声源的空间声场分布实验参考曲线(见附录 B)

表 C.3　测量路径上各传声器位置处的倍频带声压级(在位于反射平面上方的自由场内实测的测试用声源的空间声场分布实验参考曲线上标出的,见附录 B)

| 传声器离开声源声学中心的距离/m | 声压级/dB | | | | | |
|---|---|---|---|---|---|---|
| | 倍频带中心频率/Hz | | | | | |
| | 125 | 250 | 500 | 1 000 | 2 000 | 4 000 |
| 2 | 83.4 | 84.8 | 89.7 | 98.8 | 99.2 | 92.8 |
| 3 | 79.8 | 80.9 | 85.5 | 94.7 | 94.8 | 90.2 |
| 4 | 76.9 | 78.8 | 83.2 | 92.3 | 92.2 | 87.3 |
| 5 | 74.9 | 76.4 | 81.4 | 90.3 | 90.1 | 85.0 |
| 6 | 73.2 | 75.1 | 80.0 | 88.7 | 88.6 | 83.2 |
| 8 | 70.7 | 72.5 | 77.5 | 86.1 | 85.9 | 80.4 |
| 12 | 67.3 | 69.1 | 74.1 | 82.6 | 82.6 | 76.8 |
| 16 | 65.1 | 66.6 | 71.2 | 79.8 | 80.1 | 75.2 |
| 24 | 61.5 | 62.8 | 67.4 | 75.7 | 75.3 | 71.0 |
| 32 | 59.1 | 60.5 | 65.3 | 73.7 | 73.4 | 68.0 |
| 48 | 55.6 | 56.5 | 60.4 | 67.8 | 65.7 | 57.3 |

## C.4　声场分布值和曲线

声场分布值列在表 C.4～表 C.6 中,分布曲线如图 C.3 所示。

表 C.4　声源发声时在被测房间内测量的倍频带声压级(背景噪声影响已修正)

| 传声器离开声源声学中心的距离/m | 声压级/dB | | | | | |
|---|---|---|---|---|---|---|
| | 倍频带中心频率/Hz | | | | | |
| | 125 | 250 | 500 | 1 000 | 2 000 | 4 000 |
| 2 | 85.7 | 84.9 | 89.8 | 98.9 | 99.7 | 93.8 |
| 3 | 82.5 | 81.9 | 85.7 | 95.1 | 96.0 | 91.2 |
| 4 | 80.8 | 79.6 | 83.6 | 93.0 | 93.5 | 88.3 |
| 5 | 78.3 | 77.8 | 81.8 | 92.0 | 92.2 | 86.8 |
| 6 | 77.1 | 77.9 | 80.5 | 91.0 | 91.0 | 85.7 |
| 8 | 75.4 | 74.3 | 78.8 | 87.9 | 89.6 | 84.3 |
| 12 | 73.7 | 72.1 | 76.8 | 83.5 | 85.0 | 78.1 |
| 16 | 71.3 | 70.3 | 76.3 | 83.5 | 85.0 | 78.1 |
| 24 | 70.4 | 69.8 | 72.0 | 81.5 | 81.1 | 74.9 |
| 32 | 67.3 | 65.0 | 70.5 | 77.0 | 79.4 | 72.5 |
| 48 | 65.7 | 63.5 | 69.1 | 75.6 | 76.7 | 70.5 |

**表 C.5 各倍频带的 $D=L_p-L_W$ 值(背景噪声影响已修正)**

| 传声器离开声源声学中心的距离/m | D 值/dB | | | | | |
|---|---|---|---|---|---|---|
| | 倍频带中心频率/Hz | | | | | |
| | 125 | 250 | 500 | 1 000 | 2 000 | 4 000 |
| 2 | −11.9 | −13.7 | −12.4 | −11.9 | −11.5 | −13.6 |
| 3 | −15.1 | −16.7 | −16.5 | −15.7 | −15.2 | −16.2 |
| 4 | −16.8 | −19.0 | −18.6 | −17.8 | −17.7 | −19.1 |
| 5 | −19.3 | −20.8 | −20.4 | −18.8 | −19.0 | −20.6 |
| 6 | −20.5 | −20.7 | −21.7 | −19.8 | −20.2 | −21.7 |
| 8 | −22.2 | −24.3 | −23.4 | −22.9 | −21.6 | −23.1 |
| 12 | −23.9 | −26.5 | −25.4 | −25.0 | −24.6 | −27.0 |
| 16 | −26.3 | −28.3 | −25.9 | −27.3 | −26.2 | −29.3 |
| 24 | −27.2 | −28.8 | −30.2 | −29.3 | −30.1 | −32.5 |
| 32 | −30.3 | −33.6 | −31.7 | −33.8 | −31.8 | −34.9 |
| 48 | −31.9 | −35.1 | −33.1 | −35.2 | −34.5 | −36.9 |

**表 C.6 各倍频带和 A 计权粉红噪声参考频谱的 $D=L_p-L_W$ 值,背景噪声影响已修正并且采用了声源的实验参考曲线(在位于反射平面上方的自由场内实测得到)**

| 传声器离开声源声学中心的距离/m | D 值/dB | | | | | | A 计权粉红噪声参考频谱的 D 值/dB |
|---|---|---|---|---|---|---|---|
| | 倍频带中心频率/Hz | | | | | | |
| | 125 | 250 | 500 | 1 000 | 2 000 | 4 000 | |
| 2 | −11.8 | −13.9 | −13.9 | −13.8 | −13.3 | −13.1 | −13.4 |
| 3 | −14.9 | −16.5 | −17.3 | −16.9 | −16.1 | −16.4 | −16.5 |
| 4 | −16.5 | −19.2 | −19.6 | −19.1 | −18.4 | −19.0 | −18.9 |
| 5 | −19.0 | −20.7 | −21.4 | −19.8 | −19.5 | −20.3 | −20.0 |
| 6 | −20.1 | −20.7 | −22.8 | −20.6 | −20.7 | −21.3 | −21.1 |
| 8 | −21.9 | −24.3 | −24.4 | −23.8 | −21.9 | −22.7 | −22.8 |
| 12 | −23.7 | −26.5 | −26.1 | −25.6 | −25.0 | −26.5 | −25.7 |
| 16 | −26.2 | −28.3 | −26.2 | −27.7 | −26.5 | −29.2 | −27.5 |
| 24 | −27.1 | −28.7 | −30.4 | −29.4 | −30.0 | −32.2 | −30.4 |
| 32 | −30.2 | −33.6 | −32.0 | −34.2 | −31.9 | −34.4 | −33.1 |
| 48 | −31.9 | −35.0 | −33.1 | −34.9 | −34.0 | −35.8 | −34.6 |

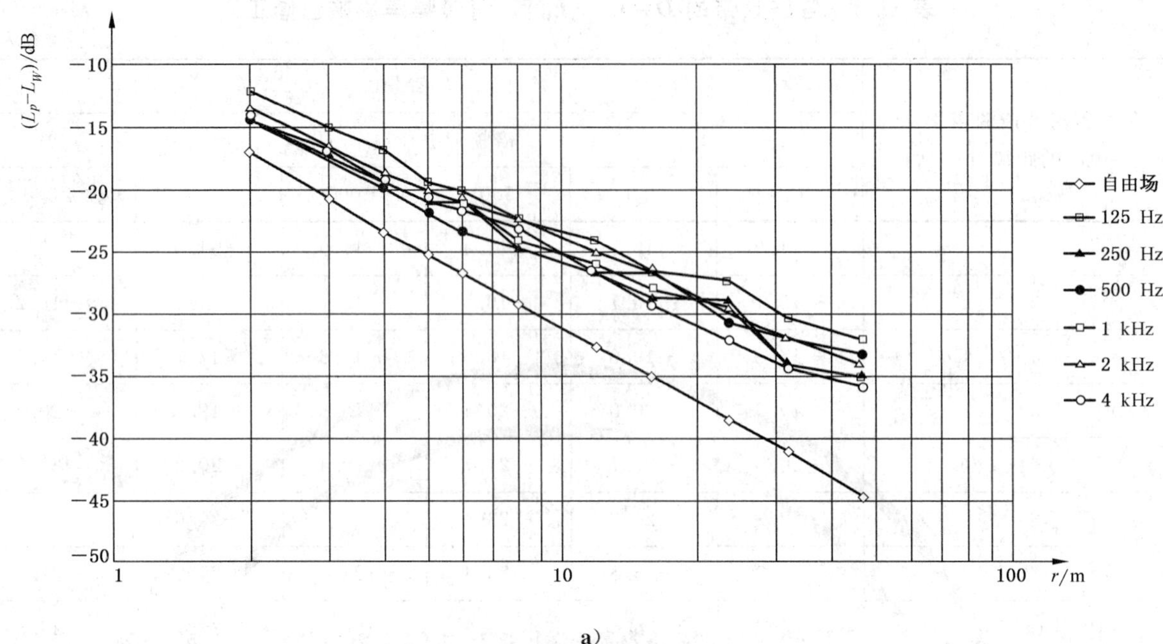


a)

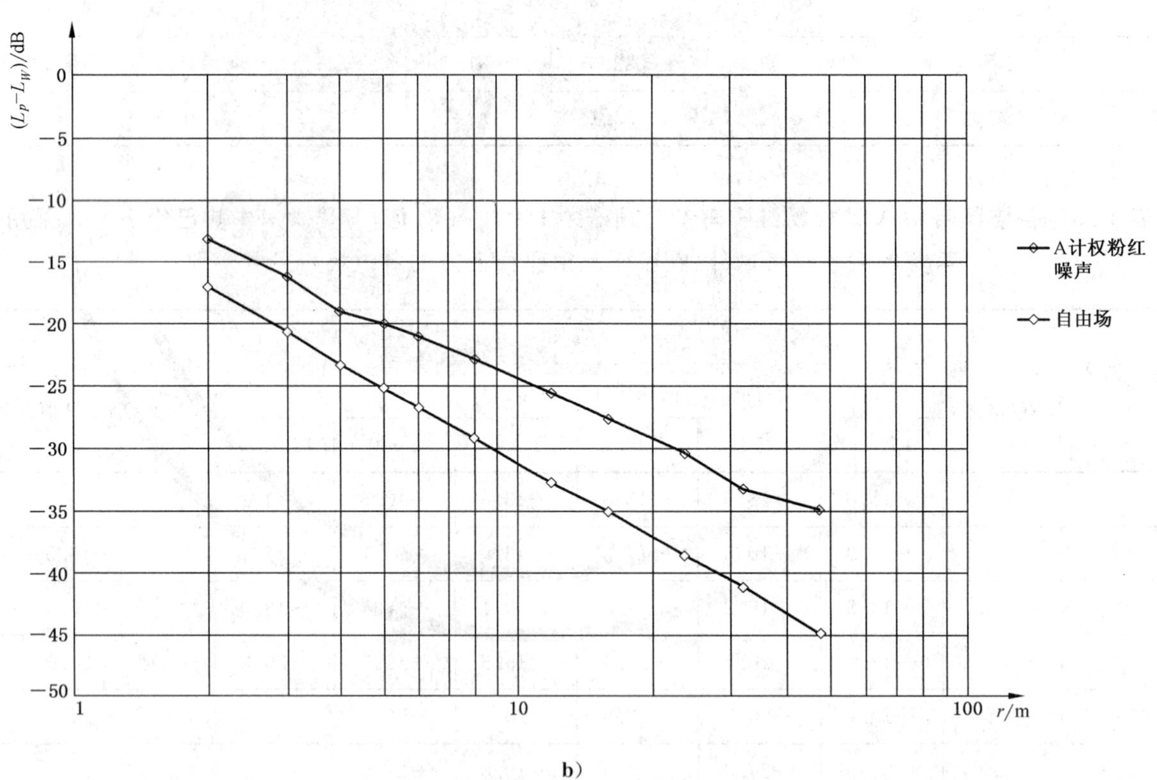


b)

图 C.3 在倍频带和 A 计权粉红噪声参考频谱的 $L_p-L_W$ 声场分布曲线，背景噪声影响已修正并且采用了声源的实验参考曲线(在位于反射平面上方的自由场内实测得到)

## C.5 距离加倍时的声压级空间衰减量

如表 C.7 和表 C.8 所示。

表 C.7 $DL_2$ 值,各距离范围内倍频带的距离加倍时的声压级空间衰减量

| 距离范围 | $DL_2$ 值/dB | | | | | |
|---|---|---|---|---|---|---|
| | 倍频带中心频率/Hz | | | | | |
| | 125 | 250 | 500 | 1 000 | 2 000 | 4 000 |
| 近区:2 m～5 m | 5.2 | 5.2 | 5.7 | 4.6 | 4.8 | 5.5 |
| 中区:5 m～24 m | 3.7 | 4.0 | 3.5 | 4.4 | 4.5 | 5.4 |
| 远区:24 m～48 m | 4.6 | 6.0 | 2.6 | 5.2 | 4.0 | 3.6 |

表 C.8 $DL_2$ 值,各距离范围内 A 计权粉红噪声参考频谱的距离加倍时的声压级空间衰减量

| 距离范围 | A 计权粉红噪声参考频谱的距离加倍时的声压级空间衰减量/dB |
|---|---|
| 近区:2 m～5 m | 5.1 |
| 中区:5 m～24 m | 4.6 |
| 远区:24 m～48 m | 4.1 |

## C.6 声压级逾量

如表 C.9～表 C.12 所示。

表 C.9 $DL_f$ 值,各距离范围内倍频带的声压级逾量

| 距离范围 | $DL_f$ 值/dB | | | | | |
|---|---|---|---|---|---|---|
| | 倍频带中心频率/Hz | | | | | |
| | 125 | 250 | 500 | 1 000 | 2 000 | 4 000 |
| 近区:2 m～5 m | 5.6 | 3.8 | 4.3 | 5.2 | 5.4 | 4.0 |
| 中区:5 m～24 m | 8.1 | 6.3 | 6.9 | 7.3 | 7.8 | 5.6 |
| 远区:24 m～48 m | 11.5 | 8.6 | 9.8 | 8.3 | 9.4 | 6.6 |

表 C.10 $DL_f$ 值,各距离范围内 A 计权粉红噪声参考频谱的声压级逾量

| 距离范围 | A 计权粉红噪声参考频谱的声压级逾量/dB |
|---|---|
| 近区:2 m～5 m | 4.8 |
| 中区:5 m～24 m | 7.0 |
| 远区:24 m～48 m | 8.5 |

**表 C.11 $DL'_{fr}$值,在离开声源的距离为 4 m、10 m 和 30 m 处的倍频带声压级逾量**

| 离开声源的距离/m | $DL'_{fr}$的值/dB | | | | | |
|---|---|---|---|---|---|---|
| | 倍频带中心频率/Hz | | | | | |
| | 125 | 250 | 500 | 1 000 | 2 000 | 4 000 |
| 4 | 6.2 | 4.0 | 4.4 | 5.2 | 5.3 | 3.9 |
| 10 | 7.8 | 5.4 | 6.4 | 6.9 | 7.7 | 5.8 |
| 30 | 10.6 | 7.4 | 9.3 | 7.2 | 9.2 | 6.1 |

**表 C.12 $DL'_{fr}$值,在离开声源的距离为 4 m、10 m 和 30 m 处的 A 计权粉红噪声参考频谱的声压级逾量**

| 离开声源的距离/m | A 计权粉红噪声参考频谱的声压级逾量/dB |
|---|---|
| 4 | 4.8 |
| 10 | 6.8 |
| 30 | 8.0 |

# 参 考 文 献

[1] GB/T 19889.3—2005 声学 建筑和建筑构件隔声测量 第3部分:建筑构件空气声隔声的实验室测量

[2] GB/T 17249.1—1998 声学 低噪声工作场所设计指南 噪声控制规划

[3] GB/T 17249.3 声学 低噪声工作场所设计指南 第3部分:工作间内的声传播和噪声预测

[4] Acoustique Prévisionnelle intérieure—Étude de cas. Note Scientifique et Technique 53 de l'I. N. R. S.,1984

[5] ONDET A. M., SUEUR J. Development and validation of a criterion for assessing the acoustics performance of industrial rooms. Journal of the Acoustical Society of America,1995,97(3)

[6] Arrêté du 30 août 1990 relatif à la correction acoustique des locaux de travail, J. O. de la République Française,27 septembre 1990,11722

[7] PROBST W., NEUGEBAUER G., KURZE U., JOVICIC S., STEPHENSON U. Schallausbreitung in Arbeitsräumen. Schriftenreihe der Bundesanstalt für Arbeitsschutz, Fb 621, Wirtschaftsverlag NW,1990

[8] VDI-Richtlinien 3760. Berechnung und Messung der Schallausbreitung in Arbeitsräumen, 1993

ICS 17.140.01
A 59

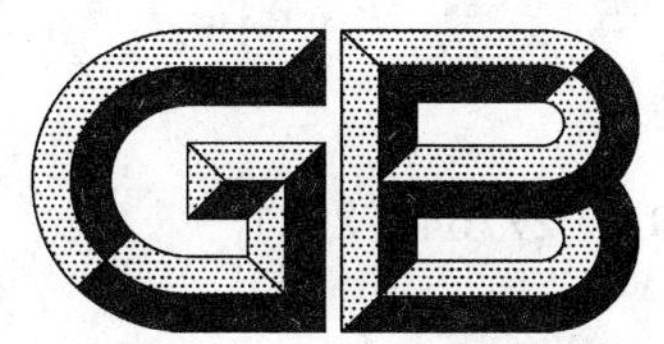

# 中华人民共和国国家标准化指导性技术文件

GB/Z 27764—2011

# 声学 阻抗管中传声损失的测量 传递矩阵法

Acoustics—Determination of sound transmission loss in impedance tubes—Transfer matrix method

2011-12-30 发布　　2012-05-01 实施

中华人民共和国国家质量监督检验检疫总局
中国国家标准化管理委员会　发布

# 前　言

本指导性技术文件按照 GB/T 1.1—2009 给出的规则起草。

本指导性技术文件由中国科学院提出。

本指导性技术文件由全国声学标准化技术委员会(SAC/TC 17)归口。

本指导性技术文件起草单位:中国科学院声学研究所、上海交通大学、南京大学、无锡吉兴汽车声学部件科技有限公司。

本指导性技术文件主要起草人:刘克、朱蓓丽、程建春、朱可达、周启君、陶猛、王金兰。

# 声学　阻抗管中传声损失的测量　传递矩阵法

## 1　范围

本指导性技术文件规定了用传递矩阵法在阻抗管内测量声学材料或声学结构的法向入射隔声量(或称法向入射传声损失)。

本指导性技术文件适用于海绵、棉毡及测试频率处于质量控制区的软质薄板等局部反应声学材料(即材料内部没有与其表面平行的声传播)的法向入射隔声量的测量;适用于研制阶段声学材料隔声性能的对比;由于材料的传声损失与它的物理特性(诸如弹性模量、密度、结构因子等)紧密相关,所以本指导性技术文件规定的测量方法可以应用于有关的基础研究和产品开发。

本指导性技术文件不适用于产品隔声性能的鉴定测试。

本指导性技术文件使用阻抗管、一个或多个传声器及数字采集分析系统。

## 2　规范性引用文件

下列文件对于本文件的应用是必不可少的。凡是注日期的引用文件,仅注日期的版本适用于本文件。凡是不注日期的引用文件,其最新版本(包括所有的修改单)适用于本文件。

GB/T 3947—1996　声学名词术语

GB/T 18696.2—2002　声学　阻抗管中吸声系数和声阻抗的测量　第2部分:传递函数法

## 3　术语和定义

下列术语及定义适用于本文件。

3.1

**法向入射声压透射系数　normal incidence [sound] pressure transmission coefficient**

$\tau_p$

声波法向入射时,经材料或结构透射的声压与入射声压之比。

注:改写 GB/T 3947—1996,术语和定义 12.37。

3.2

**法向入射传声损失　normal incidence [sound] transmission loss**

**TL**

声波法向入射时,材料一面的入射声功率级与另一面的透射声功率级之差。传声损失等于声压透射系数的平方的倒数取以10为底的对数,单位为贝[尔],B。但通常用分贝(dB)为单位。

注:改写 GB/T 3947—1996,术语和定义 12.26。

3.3

**第一基准面　the first reference plane**

用来测定声压透射系数的阻抗管横截面,如果试件表面是平面,则通常就取样品的前表面为第一基准面。

注:改写 GB/T 18696.2—2002,术语和定义 3.3。

3.4

**第二基准面　the second reference plane**

用来测定声压透射系数的阻抗管横截面，如果试件表面是平面，样品厚度为 $t$，则第二基准面通常取在 $x=t$ 处。

注：改写 GB/T 18696.2—2002，术语和定义 3.3。

3.5

**空气中的波数　wave number in the air**

$\boldsymbol{k_0}$

定义为：

$$k_0=\omega/c_0=2\pi f/c_0$$

式中：

$\omega$ ——声波的角频率；

$f$ ——声波频率；

$c_0$ ——空气中声速。

注：改写 GB/T 18696.2—2002，术语和定义 3.6。

3.6

**材料中的波数　wave number in the material**

$\boldsymbol{k}$

材料中的波数一般是复数，定义为：

$$k=k_r-\mathrm{j}k_i$$

式中：

$k_r$ ——$k$ 的实部（$k_r=2\pi/\lambda$），即相位常数；

$\lambda$ ——声波波长；

$k_i$ ——$k$ 的虚部，即衰减常数。

3.7

**复声压　complex sound pressure**

$\boldsymbol{p}$

瞬时声压的傅里叶变换。

[GB/T 18696.2—2002，术语和定义 3.7]

3.8

**互谱　cross spectrum**

$\boldsymbol{S_{ij}}$

两个传声器位置 $i$ 和 $j$ 处复声压 $p_i$ 和 $p_j$ 确定的乘积 $p_j\cdot p_i^*$。

注：* 表示复数共轭。

[GB/T 18696.2—2002，术语和定义 3.8]

3.9

**自谱　autospectrum**

$\boldsymbol{S_{ii}}$

传声器位置 $i$ 处复声压 $p_i$ 确定的乘积 $p_i\cdot p_i^*$。

注：* 表示复数共轭。

[GB/T 18696.2—2002，术语和定义 3.9]

3.10

**传递函数　transfer function**

$\boldsymbol{H}_{ij}$

传声器位置 $i$ 到位置 $j$ 的传递函数，定义为复数比值 $p_j/p_i=S_{ij}/S_{ii}$，或 $S_{jj}/S_{ji}$，或$[(S_{ij}/S_{ii})(S_{jj}/S_{ji})]^{1/2}$。

[GB/T 18696.2—2002，术语和定义 3.10]

3.11

**校准因数　calibration factor**

$\boldsymbol{H}_c$

用于校正两个传声器之间振幅失配和相位失配的因数。

**注：**$H_c$测量及计算见 8.5。

[GB/T 18696.2—2002，术语和定义 3.11]

## 4　原理

测试样品安装在试件安置管中。管中的平面波由激励源产生，信号可以是无规噪声、伪随机序列噪声或线性调频脉冲。在前管中靠近样品的两个位置上测量声压，求得两个传声器信号的声压传递函数；同样，在后管中靠近样品的两个位置上测量声压，求得两个传声器信号的声压传递函数。由传递矩阵法计算试件的法向入射透射系数(见附录 B)、传声损失等相关声学量。

上述这些量都是频率的函数。频率分辨率取决于采样频率和数字采集分析系统的测量记录长度。有效的频率范围与阻抗管的横向尺寸或直径及两个传声器之间的间距有关。用不同的尺寸或直径和间距组合，可得到宽的测量频率范围。

测量可采用以下两种方法之一进行：

a)　四传声器法(采用在固定位置上的 4 个传声器测量)；

b)　单传声器法(采用一个传声器依次在 4 个位置上测量)。

## 5　测试设备

### 5.1　阻抗管的构造

阻抗管分为前管、后管和试件安置管。前管一端接声源，另一端接试件安置管。后管一端接试件安置管，另一端为具有一定吸声性能的封闭端。传声器安装孔有 4 个，前管、后管各两个，沿管壁布置。

阻抗管应平直，其横截面面积应均匀(直径或横截面尺寸的偏差在±0.2%以内)，管壁应表面光滑、刚硬，且足够密实，以便它不被声信号激发起振动，在阻抗管工作频段内不出现共振。对于金属圆管，建议壁厚取为管径的 5%左右。对于矩形管，四角要有足够的刚度，以防侧板变形，建议板厚取为阻抗管横截面尺寸的 10%。水泥制作的管壁可涂刷调匀的粘合剂，以保证气密。木材制作的管壁应采用同样措施。水泥管壁和木质管壁还应外包铁皮或铅皮以增加强度和阻尼。

阻抗管横截面的形状原则上是任意的，建议选用圆形或矩形(最好是方形)的截面。

如果矩形管是由板材制作的，那么必须小心保证没有漏声的孔和缝(可用粘合剂或油漆密封)，阻抗管还应有防止外界噪声和振动传入的隔声隔振处理措施。

整个阻抗管结构与放置阻抗管结构的工作台架之间应有适当的隔振措施(如放置在橡胶垫上)，以避免外界振动对测试的影响。

## 5.2 工作频率范围

工作频率 $f$ 的范围为：

$$f_l < f < f_u \quad \cdots\cdots(1)$$

式中：

$f_l$——阻抗管工作频率下限；

$f_u$——阻抗管工作频率上限。

$f_l$取决于两传声器的间距和分析系统的精度。

$f_u$根据避免出现非平面简正波模式的原则选取。

$f_u$(Hz)的选取条件，对直径为 $d$(m)的圆管是：

$$d < 0.58\lambda_u ; f_u \cdot d < 0.58c_0 \quad \cdots\cdots(2)$$

对长边边长为 $d_1$(m)矩形管是：

$$d_1 < 0.50\lambda_u ; f_u \cdot d_1 < 0.50c_0 \quad \cdots\cdots(3)$$

这里 $c_0$(m/s)是空气中声速，由式(5)给出。

两个传声器之间的间距 $s$(m)应取得满足：

$$f_u \cdot s < 0.4c_0 \quad \cdots\cdots(4)$$

工作频率下限 $f_l$与两个传声器之间的间距和分析系统的准确度有关，但作为一般准则，如式(4)的要求被满足，则传声器间距应大于测试低频相应波长的5%。加大传声器的间距能提高测量的准确度。

若要扩展测试频段，可采用不同间距的传声器组合来达到，注意各段频段连接处需要有一段频率是重叠的。

## 5.3 阻抗管长度

阻抗管应足够长，以便在声源和试件之间产生平面波。

除平面波外，扬声器一般还产生非平面波模式。那些频率低于截止频率的非平面波模式，将在大约三倍管径(圆管)或三倍长边边长(矩形管)的距离内衰减掉。因此建议传声器离声源不要比上述的距离更近，任何情况下，不要小于一倍管径或一倍长边边长为好。

测试样品也会引起声场畸变。根据样品种类，传声器与样品之间的最小间距建议为：

均匀材料平坦表面：管径的1/2或长边边长的1/2；

内含非均匀结构的平坦表面：1倍管径或1倍长边边长；

不对称或粗糙的表面：2倍管径或2倍长边边长。

## 5.4 试件安置管

试件安置管可以是独立可拆卸的，也可与前管和后管一起组成整体，也可以由内外套管组成。

### 5.4.1 做成整体的试件安置管

对于做成整体的阻抗管，建议将安放试件的管子部位上部做成活动盖板，活动盖板与安置管的接触面应仔细磨平，建议使用密封剂(油脂)以免留下漏缝。

### 5.4.2 可拆卸的试件安置管

独立可拆卸的试件安置管是测量时可紧密与前管和后管固定的可拆分件(如图1所示)。试件安置管的长度应足够大，以满足不同厚度材料的测量需要。也可做成几种长度的规格，通过搭配使用得到需要的长度。

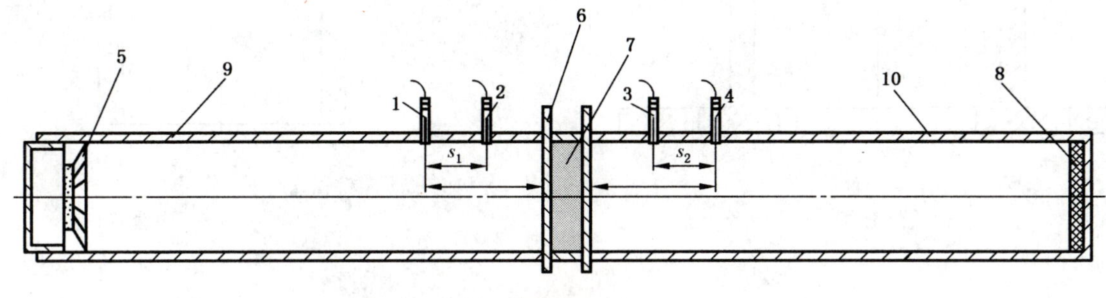


说明：
1——传声器 A；
2——传声器 B；
3——传声器 C；
4——传声器 D；
5——扬声器；
6——试件安置管；
7——试件；
8——吸声材料；
9——前管；
10——后管。

**图 1 测试装置示意图**

试件安置管内尺寸应与前管和后管一致，误差在±0.2%以内。

试件安置管与前管和后管连接部分应密封，以免漏声。

对于矩形管，建议安装试件的部位留有活动盖板以便安装试件。活动盖板与安置管的接触面应仔细磨平，建议使用密封剂(油脂)以免留下漏缝。

对于圆管，建议试件安置管做得从其前端或后端都能到达试件。这样就能核查试件前表面的位置和平整度，以及后表面的位置。

一般说，对于矩形管，建议从侧面把试件安装到管中(不采取把试件轴向推向管中)。这样就能核查试件在管中的装配和位置，核查前表面的位置和平整度，精密地确定基准面到前表面的位置。侧面插入试件还避免了柔软材料受挤压。

试件与安置管的接触应紧密，以免漏声，建议使用密封剂(油脂、医用胶布等)。

### 5.4.3 内外套管的试件安置管

做成内外套管的试件安置管，外套管内径比测试管内径大 10 mm～20mm。外套管与测试管连接处，有一个 5 mm～10 mm 厚的环，用来固定样品。环的内径与测试管内径相同，外径与外套管内径相同，固定于外套管内壁或与外套管做成一个整体。内套管外径比外套管内径略小以便插入外套管，内径与测试管内径相同。样品的直径大于主管内径略小于外套管内径，将样品放置在外套管的固定环上并将内套管插入外套管以固定样品，如图 2 所示。内外套管与主管用法兰盘与测试管连接固定。内外套管的试件安置管，具有较好的密封，使样品容易固定，同时对样品的加工精度要求不高，测试重复性较好。

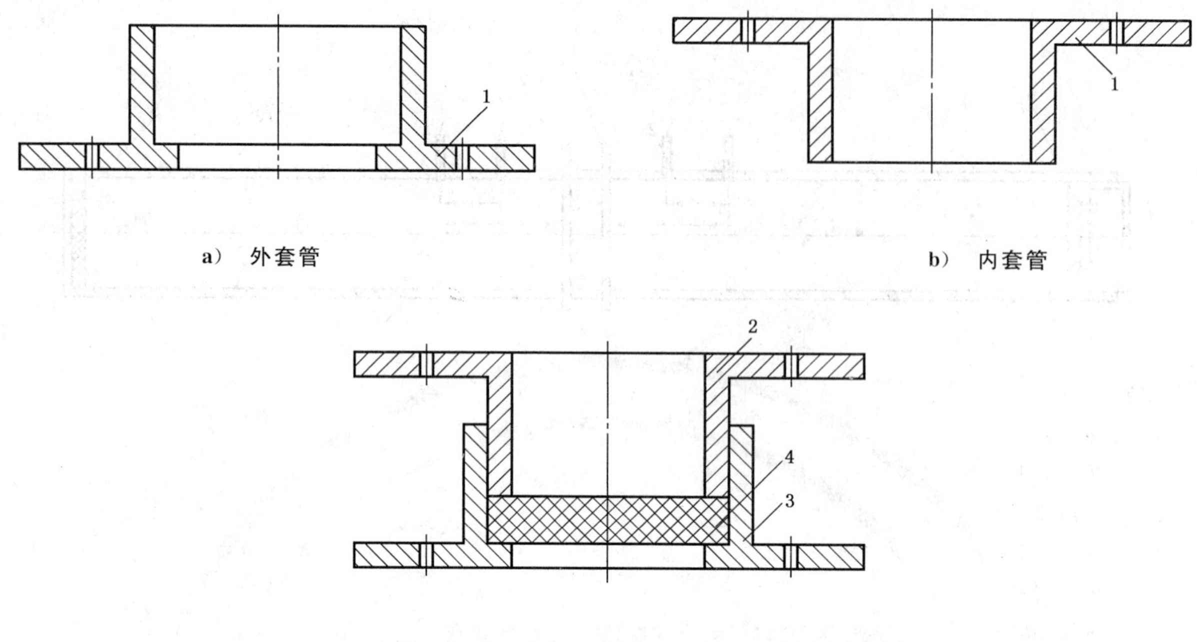


a） 外套管

b） 内套管



c） 内外套管组合

说明：

1——法兰；

2——内套管；

3——外套管；

4——测试样品。

图 2 内外套管试件安置管示例

## 5.5 后管末端吸声材料的设置

后管末端建议放置消声末端，或放置对要测量的频率范围吸声系数至少达到 0.5 的吸声材料，以保证传声器不处于声压节点，得到较高的相干性，见附录 D.3。

## 5.6 传声器

每个测量位置应采用声压型传声器。传声器采用侧壁安装，其安装孔的直径应远小于 $c_0/f_u$。此外，建议传声器直径应小于两个传声器安装孔之间间距的 20%。

## 5.7 传声器安置

当采用侧壁安装的传声器时，每个传声器连同保护罩应紧贴在安装孔内端的定位环上，如图 3 所示。定位环应尽可能薄。传声器与安装孔之间要密封。每个传声器的安装应相同。

当采用一只传声器先后在四个管壁位置上测量时，不用的传声器安装孔须用传声器哑头密封，以避免漏声，且可保持阻抗管内表面光滑。

如采用具有侧向均压孔的传声器，重要的一点是，其均压孔不要在安装时被堵塞。所有传声器的位置准确度应优于±0.2 mm。它们之间的间距 $s_1$、$s_2$（图 1）应记录下来。

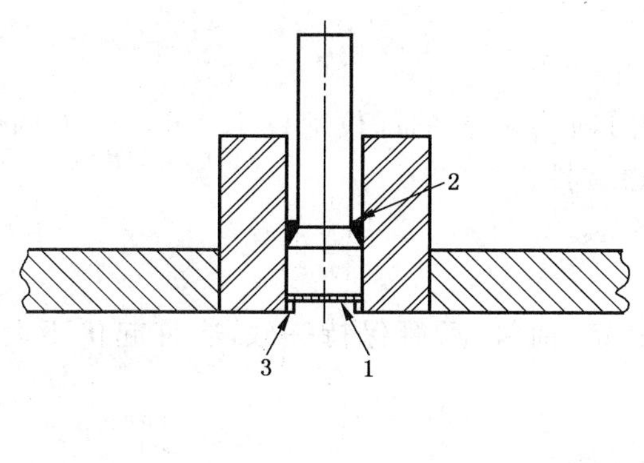


a)

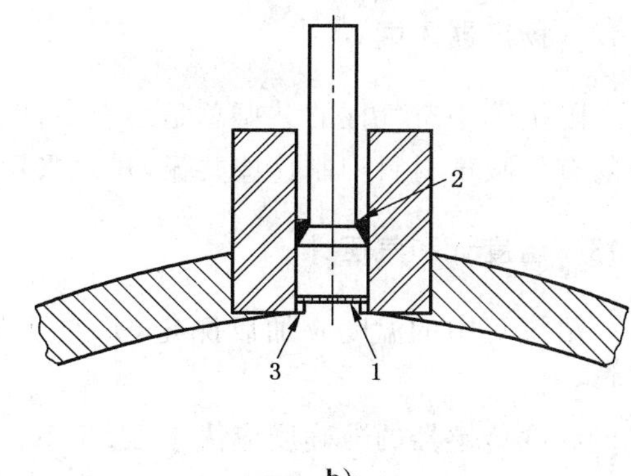


b)

说明：

1——传声器；

2——密封；

3——定位环。

图 3 典型的传声器安装示例

## 5.8 传声器的声中心

关于传声器的声中心的确定，以及如何减小传声器声中心和几何中心不一致所带来的误差见 A.2。

## 5.9 信号处理设备

信号处理设备由一台信号发生器、一台功率放大器和一台四通道快速傅里叶变换(FFT)分析器组成。设备要测定四个传声器位置处的声压，计算各处的傅里叶谱或传递函数。信号发生器应能产生适合分析器的源信号(见 5.11)。

分析器动态范围应大于 65 dB。因信号处理设备的非线性、分辨率、不稳定性和温度敏感性而导致传递函数的估算误差应小于 0.2 dB。

采用单传声器法时，分析器应能由发生器信号和先后测得的两个传声器信号计算传递函数 $H_{ij}$。

## 5.10 扬声器

振膜扬声器(或带有作为阻抗管传输单元的号筒的高频压腔型扬声器)应放在与试件安置管相对的前管的一端。扬声器振膜应至少遮住阻抗管横截面的 2/3。扬声器可以与阻抗管同轴，或者倾斜，或者通过弯头与阻抗管相接。

扬声器应包在有隔声作用的箱中，以避免对传声器产生空气侧向传声。阻抗管和扬声器盆架及扬声器箱之间采用弹性隔振垫(最好在阻抗管和传声器之间也采用)，以避免激发出阻抗管的固体声。

## 5.11 信号发生器

信号发生器应能在测试频率范围内产生具有平直谱密度的平衡信号。它按测试要求产生：无规噪声、伪随机噪声、周期伪随机噪声、线性调频信号中的一个或几个。

在单传声器法的情况下，建议采用确定性信号，周期伪随机序列非常适用这种方法。处理首先要作m-序列相关计算，经过快速哈特曼(Hadamard)变换产生脉冲响应。然后由脉冲响应的傅里叶变换得到频率响应。

为了阻抗管的标定(见附录 A)，离散频率信号的产生和显示是必须的。频率信号的产生和显示的准确度应优于±2%。

### 5.12 扬声器末端

阻抗管中空气柱的共振总是会发生的。应在阻抗管内靠近扬声器的部位铺设 100 mm～200 mm 长的有效吸声材料抑制这些共振，建议采用低密度多孔吸声材料。

### 5.13 温度计和气压计

阻抗管中的温度应加以测定，并在测量过程中保持稳定，前管、后管保持一致，容许起伏不大于 ±1 K。

温度传感器的准确度应优于 ±0.5 K。

大气压也要测定，容许起伏不大于 ±0.5 kPa。

## 6 预备测试

把测试设备按图 4 所示那样组装好，正式使用前应由一系列试验做校验。校验帮助排除误差来源或达到最低要求。校验可分为两类：每次测试前和测试后的校验；定期标定，均按附录 A 进行。无论进行何种校验，测量前扬声器应至少工作 10 min 以使工作状态稳定。

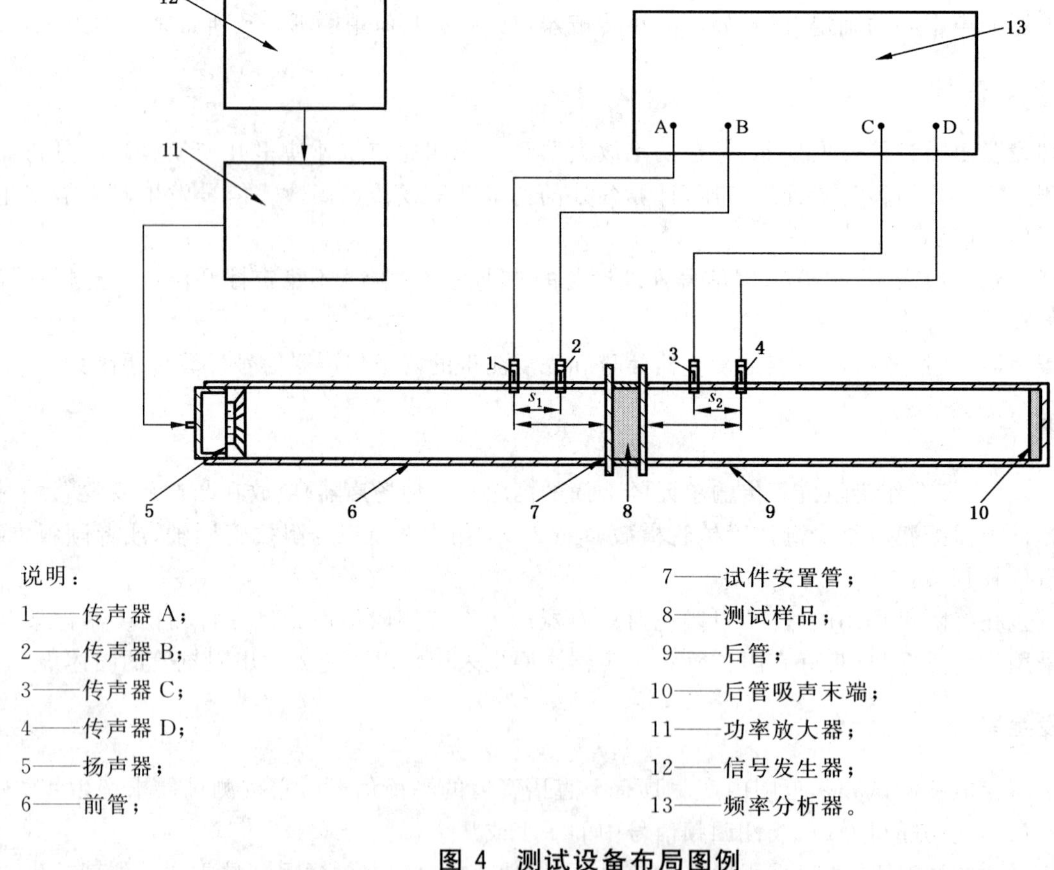


说明：

1——传声器 A；

2——传声器 B；

3——传声器 C；

4——传声器 D；

5——扬声器；

6——前管；

7——试件安置管；

8——测试样品；

9——后管；

10——后管吸声末端；

11——功率放大器；

12——信号发生器；

13——频率分析器。

**图 4 测试设备布局图例**

每次测试前和测试后的校验，涉及到传声器响应的稳定性、温度测量和系统的信噪比检验。定期标定对空阻抗管进行，目的是确定传声器声中心位置和/或阻抗管中的衰减校正量。预备测试将在附录 A 中详细讲述。

## 7 测试样品的安装

样品应大小合适地安装在试件安置管内,不能过分受压,更不能装得太紧而鼓起来。样品四周的缝隙,建议用油脂或黏土加以封堵。如果需要(内外套管的试件安置管除外),可用胶布把样品的整个边缘包起来并涂上油脂,这样可使样品安装得更加牢靠。

扁平样品的前表面应装得与管轴垂直。它们的位置应通过最小容差给以说明:对于有平整表面的样品,应在±0.5 mm 以内。而对于密度低的多孔材料,可采用细而不会振动的丝网制成的大网孔格栅来帮助固定和界定表面。

如样品表面不平整或不规则,那么传声器位置应选得足够远,这样测得的传递函数才在平面声波区域。

如测试结构不均匀,至少应有安装条件相同的两个样品作重复测试。

如测试物品上有规则的横向结构(例如穿孔护面板和共振器等),那么样品的剪裁应沿结构对称线。如测试物品的复合结构单元的大小与阻抗管的横截面不等,那么应对若干个结构的不同位置剪裁下来的样品分别做测量。对横向不均匀的材料(如矿棉产品)也需要对若干个从测试物品的不同部位裁下来的样品分别进行重复测量。

## 8 测试步骤

### 8.1 基准面的认定

样品按第7章要求安装好后,其声学特性测量的第一步是第一、第二基准面($x=0$、$x=t$)的认定。典型情况下,基准面就是试件的表面。但是如果样品的表面不平或有不均匀的横向结构,那么基准面应位于试件表面前的某个距离处。从基准面到最近的传声器的距离应依从5.3的建议。基准面相对于传声器1、4的位置(见图1)应说明,准确度应优于±0.5 mm。

### 8.2 声速、波长的测定

开始测量前,先要测定管中的声速,然后再计算与测量频率相应的波长。

知道了管中空气温度,就可以按式(5)估算声速(单位:m/s):

$$c_0 = 343.2\sqrt{T/293} \qquad \cdots\cdots(5)$$

式中:

$T$——空气温度,单位为开(K)。

波长 $\lambda_0$ 由式(6)得到:

$$\lambda_0 = c_0/f \qquad \cdots\cdots(6)$$

### 8.3 信号幅度的选定

在传声器选定位置上进行测量时,所有测量频率的信号幅度都应至少比背景噪声高10 dB。

由于样品位置处消声端的存在,扬声器的频率响应应予以最好的均衡,以便该位置处测量的声压响应平直。测试期间,任何比最大频率响应低60 dB的成分应滤掉,但因有样品存在,频率响应的均衡还要进行。

### 8.4 平均数的选取

将在传声器位置处测得的信号频谱作平均,噪声引起的随机误差就能得到有效抑制。所需平均数与测试材料和所要求的传递函数估算的准确度有关(参见附录 D.3)。

## 8.5 传声器失配的校正

采用四传声器法,应预先测定校正因数,来校正通道间失配时测得的传递函数。每个通道由传声器、前置放大器和分析器组成。

在单传声器法的情况下,由于只用一个传声器,因此在传递函数的估算中,不需对传声器失配做校正。

用空管(即不安装测试样品)进行校准,校准对所有后续测量都有效,因为校准后传声器状态保持不变。在做校准测量时,暂时用不着的传声器安装孔应适当地予以密封,如塞上传声器哑头,或者让不用的传声器留在原位置。

传声器按布置方式Ⅰ(标准方式见图 5)装好,将测得的传递函数 $H_{ij}^{\mathrm{I}}$ 存储起来。交换两个传声器 A 和 B,如图 6 所示。

在交换传声器时,应保证布置方式Ⅱ的传声器 A 的位置,就是布置方式Ⅰ的传声器 B 的精确位置,反之亦然。交换时不要把传声器接到前置放大器或信号分析器上。

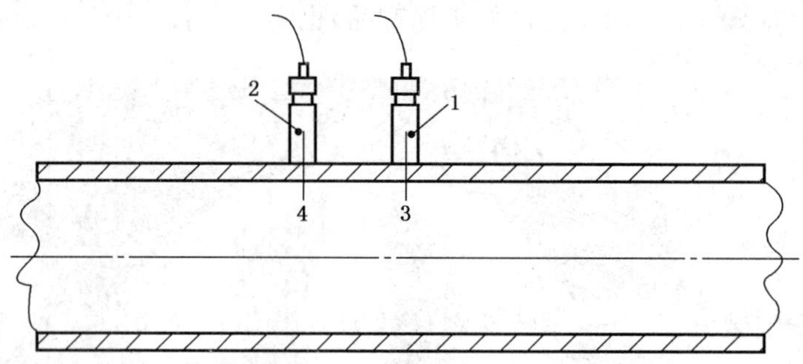


说明:

1——传声器 A;

2——传声器 B;

3——位置;

4——位置。

**图 5 标准布置方式(方式Ⅰ)**

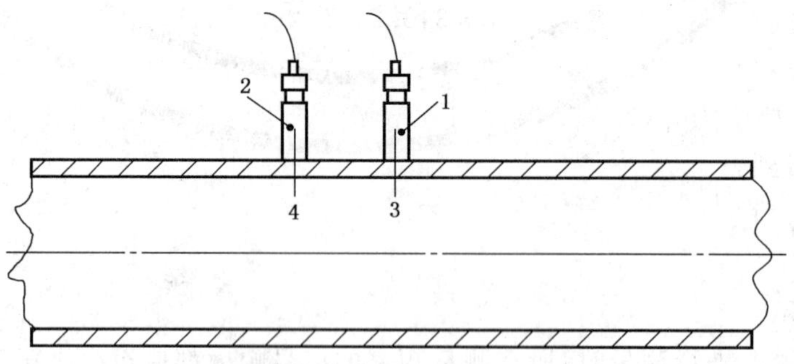


说明:

1——传声器 B;

2——传声器 A;

3——位置;

4——位置。

**图 6 交换传声器后的布置方式(方式Ⅱ)**

测量传递函数 $H_{ij}^{\mathrm{II}}$，用式(7)计算校正因数 $H_c$：

$$H_c=(H_{ij}^{\mathrm{I}}/H_{ij}^{\mathrm{II}})^{1/2}=|H_c|e^{j\phi_c} \quad\cdots\cdots(7)$$

如分析器只能测量一个方向(例如从传声器A到传声器B)的传递函数，那么 $H_c$ 可用式(8)计算：

$$H_c=(H_{ij}^{\mathrm{I}}\times H_{ji}^{\mathrm{II}})^{1/2}=|H_c|e^{j\phi_c} \quad\cdots\cdots(8)$$

为了以后的测试，将传声器重新按布置方式Ⅰ(标准方式)装好。插入测试样品，测定传递函数：

$$\hat{H}_{ij}=|\hat{H}_{ij}|e^{j\hat{\phi}}=\hat{H}_r+j\hat{H}_i \quad\cdots\cdots(9)$$

式中：

$\hat{H}_{ij}$——未做校正的传递函数；

$\hat{\phi}$——未做校正的传递函数的相角；

$\hat{H}_r$——$\hat{H}_{ij}$ 的实部；

$\hat{H}_i$——$\hat{H}_{ij}$ 的虚部。

对传声器响应失配做校正后的传递函数为：

$$H_{ij}=|H_{ij}|e^{j\phi}=\frac{\hat{H}_{ij}}{H_c} \quad\cdots\cdots(10)$$

### 8.6 两个位置之间的传递函数的测定

插入测试样品，按照本指导性技术文件所述的两种方法之一的要求，测量复传递函数。

复传递函数由三种方法定义：

$$H_{1ij}=\frac{S_{ij}}{S_{ii}}=|H_{1ij}|e^{j\phi_1}=H_{1r}+jH_{1i} \quad\cdots\cdots(11)$$

$$H_{2ij}=\frac{S_{ij}}{S_{ii}}=|H_{2ij}|e^{j\phi_2}=H_{2r}+jH_{2i} \quad\cdots\cdots(12)$$

$$H_{3ij}=\frac{S_{ij}}{S_{ii}}=|H_{3ij}|e^{j\phi_3}=H_{3r}+jH_{3i} \quad\cdots\cdots(13)$$

式中：

$H_r$——$H_{ij}$ 的实部；

$H_i$——$H_{ij}$ 的虚部。

式(11)用于输入、输出端噪声可以忽略的情况。式(12)建议用于输入端有噪声的情况。式(13)建议用于输入端和输出端都有噪声的情况。

### 8.7 透射系数的测定

对于几何对称(即两面声学性能相同)的材料，可以采用一次测量，计算法向入射声压透射系数 $\tau_p$。对于几何不对称(即两面的入射、反射系数分别不同)的材料，应该采用两次测量法，计算法向入射声压透射系数 $\tau_p$。$\tau_p$ 的计算公式见附录B。

### 8.8 传声损失的测定

法向入射传声损失(单位：dB)：

$$\mathrm{TL}=20\lg\left|\frac{1}{\tau_p}\right| \quad\cdots\cdots(14)$$

## 9 测量不确定度

测量不确定度目前正在考虑中。

## 10 测试报告

测试报告应包括如下内容：

a） 详细说明测试是根据本指导性技术文件进行的；如不是，则说明差别；

b） 测试实验室的名称和地址；

c） 样品制造商名称说明书；

d） 测试人员或组织的名字和地址；

e） 对样品的描述和有关的声学特性；

1） 结构参数，如：

横向尺寸和总厚度；

表面平整度，如不平整的话，说明凹凸的特征高度；

层数，各层排列和厚度，包括空气层；

样品关于有不均匀横向结构的测试物品的对称线的裁剪位置；

2） 材料参数（尽可能给出），如：

密度，弹性模量，泊松比，测试物品的组分材料；

3） 结构特性，如：

材料层互相连接的方式（粘接，或其他方式）；

f） 样品数量、大小和安装情况，由于安装和密封方式对测试结果影响较大，应详细说明安装和密封方式；

g） 温度和大气压；

h） 测试日期；

i） 测试结果的表和/或图；若同一材料有一个以上的样品作了测试，那么应给出每个样品的结果以及偏差，还要给出平均值；若使用了不同的阻抗管来展宽频率范围，则阻抗管的工作频率范围应重叠约一个倍频程，此时试验结果要分开给出；建议以表和图的形式提出综合和平均后的最后测试结果；

j） 对所用仪器的描述，包括阻抗管和测试方法的细节。

# 附 录 A
## （规范性附录）
## 预备测试

### A.1 测试前和测试后

#### A.1.1 传声器灵敏度校准

每次测试前和测试后，传声器灵敏度应采用在工作频率范围内稳定的声源予以校准，声源声级准确度应优于±0.3 dB。若已知传声器在工作频率范围内有线性的频率响应，那么用单频声源例如活塞发声器就认为足够了。

#### A.1.2 温度测量

每次测试前和测试后，应使用测量准确度优于±0.5 K 的测温器件测量空气温度，并写入测试报告。

#### A.1.3 信噪比

每次测试前，应在每个传声器位置，测定噪声源接通和断开时的声压谱。噪声源声压谱应在全部测试频率上至少比本底噪声高 10 dB。测试结果与此要求不符的频率，应记录在测试报告中。

### A.2 定期校准

#### A.2.1 阻抗管衰减

##### A.2.1.1 阻抗管衰减校正

因黏滞损失和热传导损失，入射声波 $p_I(x)$ 和反射声波 $p_R(x)$ 在传播过程中一般都会衰减。衰减的主要影响是，随着距反射面的距离的增加，声压极小值的幅值单调增大。正常情况下，这不会影响到采用本指导性技术文件的方法测得的结果。然而，当样品表面到近的那个传声器的距离，大于阻抗管直径（圆管）或长边边长（矩形管）3 倍时，则对按本指导性技术文件测定的声学特性作评定时需要进行校正。

衰减常数 $k_i$ 按 A.2.1.2 确定，并进入透射系数的计算。

##### A.2.1.2 阻抗管衰减校正量的确定

分析时，衰减用复波数代替实波数来描述：

$$k = k_r - jk_i, k_r = 2\pi/\lambda_0 \qquad \cdots\cdots( A.1 )$$

式中：

$k_i$——衰减常数。

阻抗管的衰减可由实验很好地加以测定。但现在测定它的可靠方法要求至少有两个声压极小值的数据。假如这点不可能实现，可以采用估算法，见 A.2.1.4。

##### A.2.1.3 两个声压极小值法

计及阻抗管衰减后，声压极小值的幅值 $|p(x_{min,n})|$ 和声压极大值的幅值 $|p(x_{max,n})|$ 分别为：

$$|p(x_{\min,n})| = |p_0| \cdot |e^{k_i x_{\min,n}} - |r| \cdot e^{-k_i x_{\min,n}}| \quad \cdots\cdots(A.2)$$

$$|p(x_{\max,n})| = |p_0| \cdot |e^{k_i x_{\max,n}} - |r| \cdot e^{-k_i x_{\max,n}}| \quad \cdots\cdots(A.3)$$

式中，下标 $n=1,2,3\cdots$ 从基准面右方的第 1 个幅值最大的极小值，和它右方的第 1 个极大值开始起算（见图 A.1）。

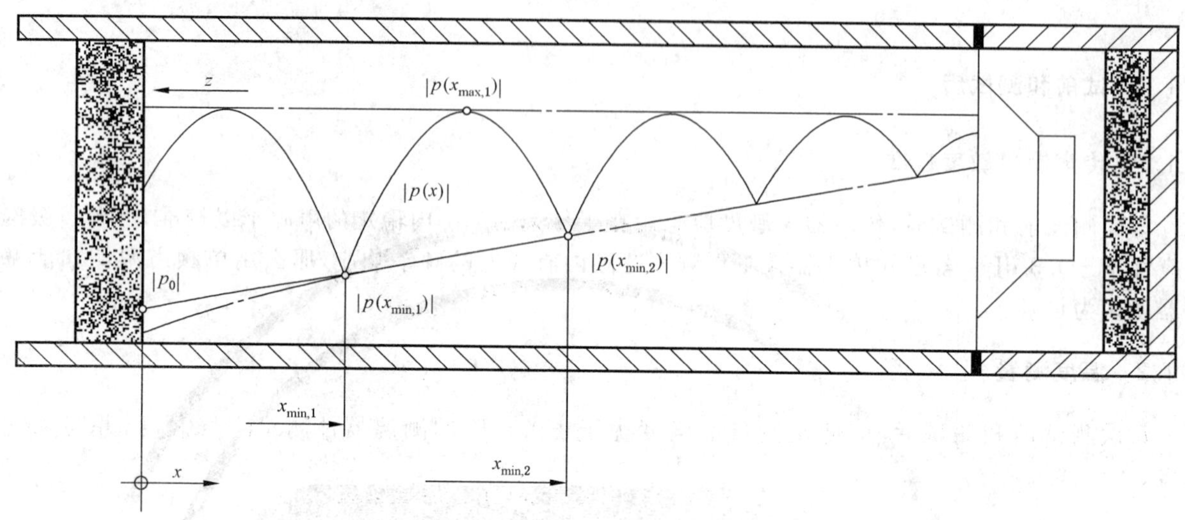


图 A.1　阻抗管误差校正

定义驻波比 $s_n$ 为第 $n$ 个极大值和第 $n$ 个极小值之比，为：

$$S_n = \frac{|p(x_{\max,n})|}{|p(x_{\min,n})|} = \frac{e^{k_i x_{\max,n}} + |r| \cdot e^{-k_i x_{\max,n}}}{e^{k_i x_{\min,n}} + |r| \cdot e^{-k_i x_{\min,n}}} \quad \cdots\cdots(A.4)$$

反射因素幅值成为：

$$|r| = \frac{s_n \cdot e^{k_i x_{\min,n}} - e^{k_i x_{\max,n}}}{s_n \cdot e^{k_i x_{\min,n}} + e^{-k_i x_{\max,n}}} \quad \cdots\cdots(A.5)$$

因为

$$x_{\max,n} = x_{\min,n} + \lambda_0/4 \quad \cdots\cdots(A.6)$$

所以反射因数的幅值的最后形式为：

$$|r| = e^{2k_i x_{\min,n}} \frac{s_n - e^{k_i \lambda_0/4}}{s_n + e^{-k_i \lambda_0/4}} \quad \cdots\cdots(A.7)$$

式中：

$\lambda_0$——声波波长，单位为米(m)。

在 $|r|=1$ 的刚性末端的空管中，有：

$$|p(x_{\min,n})| = 2|p_0| \cdot \sinh(k_i x_{\min,n}) \quad \cdots\cdots(A.8)$$

$$|p(x_{\max,n})| = 2|p_0| \cdot \cosh(k_i x_{\max,n}) \quad \cdots\cdots(A.9)$$

假如声压幅值是在第 $n$ 个和第 $n+1$ 个最小值位置上，以及在它们之间的第 $n$ 个最大值位置上测定的，并且定义 $\Delta_n$ 为：

$$\Delta_n = \frac{|p(x_{\min,n+1})| - |p(x_{\min,n})|}{|p(x_{\max,n})|} \quad \cdots\cdots(A.10)$$

那么就有：

$$\Delta_n = 2\sinh(k_i \lambda_0/4) \quad \cdots\cdots(A.11)$$

因此，误差常数为：

$$k_i = \frac{4}{\lambda_0} \operatorname{arcsinh} \frac{\Delta_n}{2} = \frac{4}{\lambda_0} \ln\left[\frac{\Delta_n}{2} + \sqrt{\frac{\Delta_n^2}{4} + 1}\right] \quad \cdots\cdots(A.12)$$

阻抗管每次调整后,其误差常数 $k_i$ 应根据这些公式重新确定。

### A.2.1.4 估算法

对于调查性测量,并且是在工作频率的低频段进行,如不能足够精确地探测到两个极小值,那么衰减常数可由:

$$k_i = 1.94 \times 10^{-2} \sqrt{f} / c_0 d \qquad \cdots\cdots (A.13)$$

做数值估算。式中 $d$ 单位为 m,是直径(圆管)或 4 倍横截面积(矩形管)与周长之比,$f$(Hz)是工作频率。但是这种估算没有考虑诸如管壁的不密实和管中的物体引起的衰减来源,因此所得的校正量认为是低限。

如不能肯定这种附加的衰减确实存在,则建议先用式(A.12)确定工作频率范围的中频段和高频段的衰减,然后再外推到低频段。

### A.2.2 传声器声中心的确定

由于侧壁安装的传声器的声中心与其几何中心不一致,将引起传声器的错误定位,因而导致声学特性表述的错误,所以应知道真正的声中心。但目前还没有声中心校准方法可用,因此这种误差将认为是本指导性技术文件引入的一项偏差。特别建议,侧壁安装的传声器相对于阻抗管纵轴的取向,在整个测试或一系列测试中保持不变。选用与两个传声器之间的间距相比直径较小的传声器也能减小这种误差。

# 附 录 B
（规范性附录）
# 测量理论

## B.1 总则

传递矩阵反映材料及结构固有物理特性，不随管道末端条件的改变而改变。将管道末端假设为消声端，定义传递矩阵各元素，当末端不是消声终端而是有反射时，传递矩阵不变，由此得到一般情况（末端有反射）下的测量理论。根据这个理论，测量样品前后四个传声器之间的传递函数即可计算样品的透射系数和反射系数。测量装置示意图如图 B.1 所示。

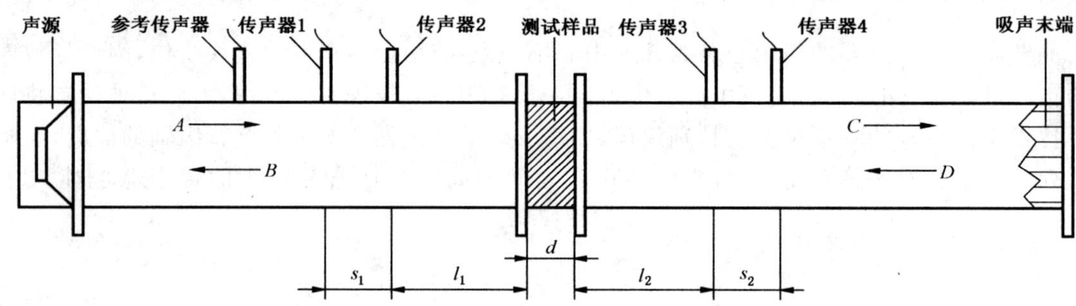


$A$、$B$、$C$ 和 $D$ ——管道内驻波场向左、右传播的平面波；

1、2、3 和 4——分别是测量位置，距离是离样品基准面的距离。

图 B.1 测量装置示意图

## B.2 两次测量法

对于前后两面性质不同的材料，采用两次测量法。传递矩阵涉及声压及质点速度，为得到四个不相关等式，第二次测量时的管道末端阻抗应该与第一次测量时不同，建议分别用末端开、闭两次测量，对应的测量分别用下标 a 和 b 表示。

$$\begin{bmatrix} p_1 \\ u_1 \end{bmatrix}_{x=0} = \begin{bmatrix} T_{11} & T_{12} \\ T_{21} & T_{22} \end{bmatrix} \begin{bmatrix} p_1 \\ u_1 \end{bmatrix}_{x=d} ; \begin{bmatrix} p_2 \\ u_2 \end{bmatrix}_{x=0} = \begin{bmatrix} T_{11} & T_{12} \\ T_{21} & T_{22} \end{bmatrix} \begin{bmatrix} p_2 \\ u_2 \end{bmatrix}_{x=d} \quad \cdots\cdots\cdots\cdots (\text{B.1})$$

在每一次测量时，在管道的截止频率范围内，用双传声器法将测试样品前后的声场分解为左右传播的平面波，见图 B.1。

$$A = \frac{H_{\text{ref},1}\,\mathrm{e}^{-\mathrm{j}kl_1} - H_{\text{ref},2}\,\mathrm{e}^{-\mathrm{j}k(l_1+s_1)}}{2\mathrm{j}\sin ks_1} \quad \cdots\cdots\cdots\cdots (\text{B.2})$$

$$B = \frac{H_{\text{ref},2}\,\mathrm{e}^{+\mathrm{j}k(l_1+s_1)} - H_{\text{ref},1}\,\mathrm{e}^{+\mathrm{j}kl_1}}{2\mathrm{j}\sin ks_1} \quad \cdots\cdots\cdots\cdots (\text{B.3})$$

$$C = \frac{H_{\text{ref},3}\,\mathrm{e}^{+\mathrm{j}k(l_2+s_2)} - H_{\text{ref},4}\,\mathrm{e}^{+\mathrm{j}kl_2}}{2\mathrm{j}\sin ks_2} \quad \cdots\cdots\cdots\cdots (\text{B.4})$$

$$D = \frac{H_{\text{ref},4}\,\mathrm{e}^{-\mathrm{j}kl_2} - H_{\text{ref},3}\,\mathrm{e}^{-\mathrm{j}k(l_2+s_2)}}{2\mathrm{j}\sin ks_2} \quad \cdots\cdots\cdots\cdots (\text{B.5})$$

式中，$s_1$ 为传声器 1、2 的间距，$s_2$ 为传声器 3、4 的间距，$l_1$、$l_2$ 分别为传声器 2、传声器 3 与样品参考面的间距，均为正值；$H_{\mathrm{ref},i}=\dfrac{P_i}{P_{\mathrm{ref}}}$为参考传声器到第 $i$ 个传声器的传递函数，见图 B.1。参考传声器也可以是四个测量传声器中的任意一个，此时有 $H_{\mathrm{ref,ref}}=1$。

在样品两面的声压和粒子速度有下面的关系：

$$\begin{cases}p_0=A+B\\u_0=(A-B)/\rho c\end{cases};\begin{cases}p_d=Ce^{-jkd}+De^{+jkd}\\u_d=(Ce^{-jkd}-De^{+jkd})/\rho c\end{cases}\qquad\text{( B. 6 )}$$

用两次测量的结果计算样品的传递矩阵：

$$T=\begin{bmatrix}\dfrac{p_{0a}u_{db}-p_{0b}u_{da}}{p_{da}u_{db}-p_{db}u_{da}} & \dfrac{p_{0b}p_{da}-p_{0a}p_{db}}{p_{da}u_{db}-p_{db}u_{da}}\\ \dfrac{u_{0a}u_{db}-u_{0b}u_{da}}{p_{da}u_{db}-p_{db}u_{da}} & \dfrac{p_{da}u_{0b}-p_{db}u_{0a}}{p_{da}u_{db}-p_{db}u_{da}}\end{bmatrix}\qquad\text{( B. 7 )}$$

## B.3 一次测量法

对于两面声学性能相同的(几何对称的)样品，存在如下等式：

$$T_{11}=T_{22}\qquad\text{和}\qquad T_{11}T_{22}-T_{12}T_{21}=1\qquad\text{( B. 8 )}$$

传递矩阵的四个元素此时只有两个是独立的，采用一次测量即可得到样品的传声损失。

$$T=\begin{bmatrix}\dfrac{p_du_d+p_0u_0}{p_0u_d+p_du_0} & \dfrac{p_0^2-p_d^2}{p_0u_d+p_du_0}\\ \dfrac{u_0^2-u_d^2}{p_0u_d+p_du_0} & \dfrac{p_du_d+p_0u_0}{p_0u_d+p_du_0}\end{bmatrix}\qquad\text{( B. 9 )}$$

## B.4 样品的声学性能

法向透射系数：

$$\tau_p=\frac{2e^{jkd}}{T_{11}+T_{12}/\rho c+\rho cT_{21}+T_{22}}\qquad\text{( B. 10 )}$$

法向入射传声损失：

$$\mathrm{TL}=20\lg\left|\frac{1}{\tau_p}\right|\qquad\text{( B. 11 )}$$

材料中的复波数：

$$k=k_r-jk_i=\frac{1}{d}\cos^{-1}T_{11}\qquad\text{( B. 12 )}$$

特征阻抗：

$$z=\sqrt{T_{12}/T_{21}}\qquad\text{( B. 13 )}$$

# 附 录 C
（资料性附录）
# 柔性薄片材料测量说明

柔性薄片（或单层薄板）材料在测试时一般采用边缘钳定的安装方法，常常可以观察到它的法向入射隔声量在几百赫兹的低频端出现 V 字形的低谷。这种现象说明样品在此频段正处于由样品的一系列低阶固有频率所引起的共振区，比共振区更低的频段为薄片的刚度控制区，隔声量反而升高；越过共振区则进入质量控制区。在阻抗管中测试小样品的垂直入射隔声量时这 V 形低谷是难以避免的。

建议在测试前先估算一下样品的低频共振区范围。根据弹性振动理论，圆形薄板在均匀分布的谐和振动力的作用下，其边缘固定情况下自由振动的固有频率 $f_{nm}$ 由式(C.1)表示：

$$f_{nm}=\alpha_{nm}\frac{h}{a^2}\sqrt{\frac{E}{\rho(1-\sigma^2)}} \qquad \text{(C.1)}$$

式中：

$h$ ——样品厚度，单位为米(m)；

$a$ ——样品半径，单位为米(m)；

$E$ ——样品材料的杨氏模量，单位为帕(Pa)；

$\rho$ ——密度，单位为千克每立方米($kg/m^3$)；

$\sigma$ ——泊松比；

$\alpha_{nm}$——系数。

在评价柔性薄片样品的法向入射隔声量时，要以进入质量控制区的隔声量为准。

这里没有给出 $\alpha_{nm}$ 的具体数值，也没有给出边缘固定的矩形薄板自由振动的固有频率公式，如需要，可以查阅相关资料。

# 附　录　D
（资料性附录）
误差来源及测量不确定度计算

误差来源可分为两大类：系统误差和随机误差。

## D.1　系统误差

系统误差包括测量和（处理后的）分析中潜在误差，诸如频率混迭、泄漏和前置级误差，还有传声器失配和/或信号长度不够或距离测量不准引起的误差。频率混迭、泄漏和前置级误差，可由熟知的信号采集和处理技术予以减小。传声器声中心和几何中心不重合引起的有偏误差已在 A.2.2 讨论过。

### D.1.1　时间混迭（非周期信号）

对于非周期信号，当每个测试记录的长度，与所研究的系统的脉冲响应相当或稍短时，就会产生时间混迭，从而引起信号处理的交叉干扰误差。

为避免时间混迭，可选取信号长度远大于阻抗管中的声传播时间，即：

$$\tau = 2x_1/c_0 \qquad \text{( D.1 )}$$

式中：

$\tau$ ——采样信号长度，单位为秒（s）；

$x_1$——样品到远的传声器的距离，单位为米（m）；

$c_0$ ——声速，单位为米每秒（m/s）。

### D.1.2　相位失配

采用四传声器方式时，传声器之间的相位失配误差是不可避免的，应予以补偿。这可由校准 8.5 所述的方法之一实现。

### D.1.3　幅度失配

采用四传声器方式时，可能存在传声器灵敏度失配。只要这种误差是常数，那么它一般就不重要，可由 8.5 所述的测量方法基本上得到校正。但是为保证整个测试结果有前后统一的读数，附录 A 规定要分别做声压级测量。

采用四传声器方式时，最好通过校准将传声器信号幅度的读数之差调整在 0.3 dB 之内。

## D.2　随机误差

随机误差通常是处理有限长度的无规噪声信号引起的，但其中也可能有仪器的电噪声，或外来声信号。

适当的平均可以减小随机误差，而采用确定性信号则可使其最小化。在进行传声器信号频谱的集合平均时，带宽和信号长度的选择，在限制每个通道的随机误差方面通常是很有效的。

信号记录长度和带宽的选取，决定无规信号方均根测量值的相对标准偏差。典型的情况是，频带宽度和总平均时间的乘积为 50～100 将能使随机误差保持在较小的数值。

## D.3 传递函数的准确度

测得的传递函数的准确度，是本指导性技术文件特别重要的一点。为使指定频率上传递函数估计值的幅值达到给定的归一化标准误差，所需的平均数的估计值为：

$$n=\frac{1}{2\varepsilon^2}\left[\frac{1}{\gamma^2}-1\right] \quad \cdots\cdots(D.2)$$

式中：

$n$ ——平均数；

$\varepsilon$ ——归一化标准误差；

$\gamma^2$——相干函数。

相干函数由式(D.3)决定：

$$\gamma^2=|S_{12}|^2/(S_{11}S_{22}) \quad \cdots\cdots(D.3)$$

式中：

$S_{12}$——传声器1的信号与传声器2的信号的互谱；

$S_{11}$——传声器1的信号的自谱；

$S_{22}$——传声器2的信号的自谱。

注：相干函数的测定中存在信号记录长度(或者频率分辨率)和管中混响效应引起的偏差。在高反射末端的情况下，在任何一只传声器位置为声压节点所相应的频率上，相干将小于0.5。除此，可以期望传声器信号间的相干将大于0.9。

## D.4 传声损失不确定度计算

传声损失测量不确定度来源于传递函数、间距和温度的测量。温度的测量不确定度对传声损失不确定度影响较小，可不予考虑，只计算传递函数测量和间距测量引入的不确定度对传声损失不确定度的影响。

### D.4.1 间距测量不确定度

间距测量不确定度主要取决于测量分散性的不确定度 $u_1$ 和所用度量尺刻度误差的不确定度 $u_2$，其他温度效应、弹性效应引起的不确定度可以略去。

测量分散性的不确定度由统计方法得到，属于A类评定，采用贝塞尔法；刻度不确定度由所用度量尺的精度得到，属于B类评定。

#### D.4.1.1 间距测量分散性

设对间距进行 $n$ 次测量，得到 $x_1,x_2,\cdots,x_n$。

它的平均值为最佳值：

$$x=\bar{x}=\frac{1}{n}\sum x_i \quad \cdots\cdots(D.4)$$

式中：

$x_i$——第 $i$ 次测量的值。

它的标准差即它的标准不确定度 $u_1$：

$$u_1=s(\bar{x})=\sqrt{\frac{1}{n(n-1)}\sum(x_i-\bar{x})^2} \quad \cdots\cdots(D.5)$$

它的自由度：

$$\nu_1 = n - 1 \qquad \text{(D.6)}$$

**D.4.1.2 度量尺刻度不确定度**

设度量尺精度为 $a$，在此范围内各处出现的机会一般视作相同，故取均匀分布，则：

$$u_2 = a/\sqrt{3} \qquad \text{(D.7)}$$

认为 $u_2$ 是可靠的，即 $\frac{\sigma(u_2)}{u_2}=0$，故其自由度：

$$\nu_2 = \frac{1}{2}\left(\frac{\sigma(u_2)}{u_2}\right)^{-2} = \infty \qquad \text{(D.8)}$$

**D.4.1.3 间距测量不确定度**

因 $u_1$ 于 $u_2$ 无关，故间距测量不确定度：

$$u_s = \sqrt{u_1^2 + u_2^2} \qquad \text{(D.9)}$$

自由度：

$$\nu_s = u_s^4 / \sum \frac{u_i^4}{\nu_i} = \frac{u_s^4 \nu_1}{u_1^4} \qquad \text{(D.10)}$$

**D.4.2 传递函数测量不确定度**

对传递函数 $H_{ij}$ 在等精度(由相同设备、相同人员、相同环境、相同方法所得的各测量值)下独立测得 $H_{ij1}, H_{ij2}, \cdots, H_{ijn}$，则最佳值为平均值：

$$H_{ij} = \sum_k H_{ijk} / n \qquad \text{(D.11)}$$

式中：

$n$ ——平均数；

$H_{ijk}$ ——传声器 $i$ 的信号与传声器 $j$ 的信号的传递函数，第 $k$ 次测量；

$H_{ij}$ ——传声器 $i$ 的信号与传声器 $j$ 的信号的传递函数，平均值。

传递函数平均值实部、虚部不确定度分别为：

$$u[(H_{ij})_R] = \sqrt{\frac{1}{n(n-1)} \sum_k [(H_{ijk})_R - (H_{ij})_R]^2}$$

$$u[(H_{ij})_I] = \sqrt{\frac{1}{n(n-1)} \sum_k [(H_{ijk})_I - (H_{ij})_I]^2} \qquad \text{(D.12)}$$

下标 R、I 分别表示传递函数的实部、虚部。

自由度：$\nu = n - 1$。

**D.4.3 传声损失不确定度**

**D.4.3.1 传声损失标准不确定度**

**D.4.3.1.1 总则**

传声损失为：

$$\mathrm{TL} = 20\lg \frac{1}{|\tau_p|} \qquad \text{(D.13)}$$

其中 $\tau_p$ 为透射系数，可以用传递函数表达为(也可有不同的传递函数表达式，但不确定度的计算原理相同)：

$$\tau_p=\frac{2\mathrm{j}(H_{r3}^{a}H_{r4}^{b}-H_{r3}^{b}H_{r4}^{a})\sin ks_1\exp[\mathrm{j}k(l_1+l_2)]}{[H_{r1}^{a}-H_{r2}^{a}\exp(-\mathrm{j}ks_1)][H_{r4}^{b}-H_{r3}^{b}\exp(-\mathrm{j}ks_2)]-[H_{r1}^{b}-H_{r2}^{b}\exp(-\mathrm{j}ks_1)][H_{r4}^{a}-H_{r3}^{a}\exp(-\mathrm{j}ks_2)]}\quad\cdots\cdots(\text{D.14})$$

式中，$H_{ri}=\dfrac{P_i}{P_{ref}}$为参考传声器到第 $i$ 个传声器的传递函数，上标 a、b 分别代表末端开、闭口测量值。

透射系数的绝对值：

$$|\tau_p|=\frac{2|\sin ks_1|\sqrt{\mathrm{R}_5^2+\mathrm{I}_5^2}}{\sqrt{(\mathrm{R}_1\mathrm{R}_2-\mathrm{I}_1\mathrm{I}_2-\mathrm{R}_3\mathrm{R}_4+\mathrm{I}_3\mathrm{I}_4)^2+(\mathrm{R}_1\mathrm{I}_2+\mathrm{I}_1\mathrm{R}_2-\mathrm{R}_3\mathrm{I}_4-\mathrm{I}_3\mathrm{R}_4)^2}}\quad\cdots\cdots(\text{D.15})$$

式中：

$\mathrm{R}_1=(H_{r1}^{a})_{\mathrm{R}}-(H_{r2}^{a})_{\mathrm{R}}\cos ks_1-(H_{r2}^{a})_{\mathrm{I}}\sin ks_1$

$\mathrm{I}_1=(H_{r1}^{a})_{\mathrm{I}}-(H_{r2}^{a})_{\mathrm{I}}\cos ks_1+(H_{r2}^{a})_{\mathrm{R}}\sin ks_1$

$\mathrm{R}_2=(H_{r4}^{b})_{\mathrm{R}}-(H_{r3}^{b})_{\mathrm{R}}\cos ks_2-(H_{r3}^{b})_{\mathrm{I}}\sin ks_2$

$\mathrm{I}_2=(H_{r4}^{b})_{\mathrm{I}}-(H_{r3}^{b})_{\mathrm{I}}\cos ks_2+(H_{r3}^{b})_{\mathrm{R}}\sin ks_2$

$\mathrm{R}_3=(H_{r1}^{b})_{\mathrm{R}}-(H_{r2}^{b})_{\mathrm{R}}\cos ks_1-(H_{r2}^{b})_{\mathrm{I}}\sin ks_1$

$\mathrm{I}_3=(H_{r1}^{b})_{\mathrm{I}}-(H_{r2}^{b})_{\mathrm{I}}\cos ks_1+(H_{r2}^{b})_{\mathrm{R}}\sin ks_1$

$\mathrm{R}_4=(H_{r4}^{a})_{\mathrm{R}}-(H_{r3}^{a})_{\mathrm{R}}\cos ks_2-(H_{r3}^{a})_{\mathrm{I}}\sin ks_2$

$\mathrm{I}_4=(H_{r4}^{a})_{\mathrm{I}}-(H_{r3}^{a})_{\mathrm{I}}\cos ks_2+(H_{r3}^{a})_{\mathrm{R}}\sin ks$

$\mathrm{R}_5=(H_{r3}^{a})_{\mathrm{R}}(H_{r4}^{b})_{\mathrm{R}}-(H_{r3}^{a})_{\mathrm{I}}(H_{r4}^{b})_{\mathrm{I}}-(H_{r3}^{b})_{\mathrm{R}}(H_{r4}^{a})_{\mathrm{R}}+(H_{r3}^{b})_{\mathrm{I}}(H_{r4}^{a})_{\mathrm{I}}$

$\mathrm{I}_5=(H_{r3}^{a})_{\mathrm{R}}(H_{r4}^{b})_{\mathrm{I}}+(H_{r3}^{a})_{\mathrm{I}}(H_{r4}^{b})_{\mathrm{R}}-(H_{r3}^{b})_{\mathrm{R}}(H_{r4}^{a})_{\mathrm{I}}-(H_{r3}^{b})_{\mathrm{I}}(H_{r4}^{a})_{\mathrm{R}}$

传声损失的不确定度通过计算透射系数绝对值的不确定度得到。

#### D.4.3.1.2 传递函数测量造成的透射系数不确定度分量

传递函数测量引入的透射系数绝对值不确定度分量由式(D.16)给出：

$$u_{ijf}^{k}=u_{ijf}^{k}(|t|)=\left|\frac{\partial|\tau_p|}{\partial(H_{ij}^{k})_f}\right|u[(H_{ij}^{k})_f](k=a,b;f=\mathrm{R},\mathrm{I})\quad\cdots\cdots(\text{D.16})$$

具体为：

$$u_{r1\mathrm{R}}^{a}=\left|\frac{\partial|\tau_p|}{\partial(H_{r1}^{a})_{\mathrm{R}}}\right|u[(H_{r1}^{a})_{\mathrm{R}}]=2\left|\sin ks_1\sqrt{\frac{m}{n^3}}\frac{\partial n}{\partial(H_{r1}^{a})_{\mathrm{R}}}\right|u[(H_{r1}^{a})_{\mathrm{R}}]$$

$$u_{r1\mathrm{I}}^{a}=\left|\frac{\partial|\tau_p|}{\partial(H_{r1}^{a})_{\mathrm{I}}}\right|u[(H_{r1}^{a})_{\mathrm{I}}]=\left|\sin ks_1\sqrt{\frac{m}{n^3}}\frac{\partial n}{\partial(H_{r1}^{a})_{\mathrm{I}}}\right|u[(H_{r1}^{a})_{\mathrm{I}}]$$

$$u_{r1\mathrm{R}}^{b}=\left|\frac{\partial|\tau_p|}{\partial(H_{r1}^{b})_{\mathrm{R}}}\right|u[(H_{r1}^{b})_{\mathrm{R}}]=\left|\sin ks_1\sqrt{\frac{m}{n^3}}\frac{\partial n}{\partial(H_{r1}^{b})_{\mathrm{R}}}\right|u[(H_{r1}^{b})_{\mathrm{R}}]$$

$$u_{r1\mathrm{I}}^{b}=\left|\frac{\partial|\tau_p|}{\partial(H_{r1}^{b})_{\mathrm{I}}}\right|u[(H_{r1}^{b})_{\mathrm{I}}]=\left|\sin ks_1\sqrt{\frac{m}{n^3}}\frac{\partial n}{\partial(H_{r1}^{b})_{\mathrm{I}}}\right|u[(H_{r1}^{b})_{\mathrm{I}}]$$

$$u_{r2\mathrm{R}}^{a}=\left|\frac{\partial|\tau_p|}{\partial(H_{r2}^{a})_{\mathrm{R}}}\right|u[(H_{r2}^{a})_{\mathrm{R}}]=\left|\sin ks_1\sqrt{\frac{m}{n^3}}\frac{\partial n}{\partial(H_{r2}^{a})_{\mathrm{R}}}\right|u[(H_{r2}^{a})_{\mathrm{R}}]$$

$$u_{r2\mathrm{I}}^{a}=\left|\frac{\partial|\tau_p|}{\partial(H_{r2}^{a})_{\mathrm{I}}}\right|u[(H_{r2}^{a})_{\mathrm{I}}]=\left|\sin ks_1\sqrt{\frac{m}{n^3}}\frac{\partial n}{\partial(H_{r2}^{a})_{\mathrm{I}}}\right|u[(H_{r2}^{a})_{\mathrm{I}}]$$

$$u_{r2\mathrm{R}}^{b}=\left|\frac{\partial|\tau_p|}{\partial(H_{r2}^{b})_{\mathrm{R}}}\right|u[(H_{r2}^{b})_{\mathrm{R}}]=\left|\sin ks_1\sqrt{\frac{m}{n^3}}\frac{\partial n}{\partial(H_{r2}^{b})_{\mathrm{R}}}\right|u[(H_{r2}^{b})_{\mathrm{R}}]$$

$$u_{r2\mathrm{I}}^{b}=\left|\frac{\partial|\tau_p|}{\partial(H_{r2}^{b})_{\mathrm{I}}}\right|u[(H_{r2}^{b})_{\mathrm{I}}]=\left|\sin ks_1\sqrt{\frac{m}{n^3}}\frac{\partial n}{\partial(H_{r2}^{b})_{\mathrm{I}}}\right|u[(H_{r2}^{b})_{\mathrm{I}}]$$

$$u_{r3R}^{a}=\left|\frac{\partial|\tau_p|}{\partial(H_{r3}^{a})_R}\right|u[(H_{r3}^{a})_R]=\left|\sin ks_1\sqrt{\frac{1}{mn^3}}\left(n\frac{\partial m}{\partial(H_{r3}^{a})_R}-m\frac{\partial n}{\partial(H_{r3}^{a})_R}\right)\right|u[(H_{r3}^{a})_R]$$

$$u_{r3I}^{a}=\left|\frac{\partial|\tau_p|}{\partial(H_{r3}^{a})_I}\right|u[(H_{r3}^{a})_I]=\left|\sin ks_1\sqrt{\frac{1}{mn^3}}\left(n\frac{\partial m}{\partial(H_{r3}^{a})_I}-m\frac{\partial n}{\partial(H_{r3}^{a})_I}\right)\right|u[(H_{r3}^{a})_I]$$

$$u_{r3R}^{b}=\left|\frac{\partial|\tau_p|}{\partial(H_{r3}^{b})_R}\right|u[(H_{r3}^{b})_R]=\left|\sin ks_1\sqrt{\frac{1}{mn^3}}\left(n\frac{\partial m}{\partial(H_{r3}^{b})_R}-m\frac{\partial n}{\partial(H_{r3}^{a})_R}\right)\right|u[(H_{r3}^{b})_R]$$

$$u_{r3I}^{b}=\left|\frac{\partial|\tau_p|}{\partial(H_{r3}^{b})_I}\right|u[(H_{r3}^{b})_I]=\left|\sin ks_1\sqrt{\frac{1}{mn^3}}\left(n\frac{\partial m}{\partial(H_{r3}^{b})_I}-m\frac{\partial n}{\partial(H_{r3}^{b})_I}\right)\right|u[(H_{r3}^{b})_I]$$

$$u_{r4R}^{a}=\left|\frac{\partial|\tau_p|}{\partial(H_{r4}^{a})_R}\right|u[(H_{r4}^{a})_R]=\left|\sin ks_1\sqrt{\frac{1}{mn^3}}\left(n\frac{\partial m}{\partial(H_{r4}^{a})_R}-m\frac{\partial n}{\partial(H_{r4}^{a})_R}\right)\right|u[(H_{r4}^{a})_R]$$

$$u_{r4I}^{a}=\left|\frac{\partial|\tau_p|}{\partial(H_{r4}^{a})_I}\right|u[(H_{r4}^{a})_I]=\left|\sin ks_1\sqrt{\frac{1}{mn^3}}\left(n\frac{\partial m}{\partial(H_{r4}^{a})_I}-m\frac{\partial n}{\partial(H_{r4}^{a})_I}\right)\right|u[(H_{r4}^{a})_I]$$

$$u_{r4R}^{b}=\left|\frac{\partial|\tau_p|}{\partial(H_{r4}^{b})_R}\right|u[(H_{r4}^{b})_R]=\left|\sin ks_1\sqrt{\frac{1}{mn^3}}\left(n\frac{\partial m}{\partial(H_{r4}^{b})_R}-m\frac{\partial n}{\partial(H_{r4}^{b})_R}\right)\right|u[(H_{r4}^{b})_R]$$

$$u_{r4I}^{b}=\left|\frac{\partial|\tau_p|}{\partial(H_{r4}^{a})_I}\right|u[(H_{r4}^{b})_I]=\left|\sin ks_1\sqrt{\frac{1}{mn^3}}\left(n\frac{\partial m}{\partial(H_{r4}^{b})_I}-m\frac{\partial n}{\partial(H_{r4}^{b})_I}\right)\right|u[(H_{r4}^{b})_I]$$

式中：

$m=R_5^2+I_5^2$

$n=(R_1R_2-I_1I_2-R_3R_4+I_3I_4)^2+(R_1I_2+I_1R_2-R_3I_4-I_3R_4)^2$

#### D.4.3.1.3 间距测量造成的透射系数不确定度分量

间距测量引入的透射系数不确定度分量由式(D.17)给出：

$$u_{s_i}=u_{s_i}(t)=\left|\frac{\partial|\tau_p|}{\partial s_i}\right|u(s_i) \qquad \cdots\cdots(\text{D.17})$$

具体为：

$$u_{s_1}=\left|\frac{\partial|\tau_p|}{\partial s_1}\right|u(s_1)=\left|2\sqrt{\frac{m}{n}}\frac{\partial|\sin ks_1|}{\partial s_1}+|\sin ks_1|\sqrt{\frac{1}{mn^3}}\left(n\frac{\partial m}{\partial s_1}-m\frac{\partial n}{\partial s_1}\right)\right|u(s_1)$$

$$u_{s_2}=\left|\frac{\partial|\tau_p|}{\partial s_2}\right|u(s_2)=\left|\sin ks_1\sqrt{\frac{1}{mn^3}}\left(n\frac{\partial m}{\partial s_2}-m\frac{\partial n}{\partial s_2}\right)\right|u(s_2)$$

传声器与样品的间距 $l_1$ 及 $l_2$ 与传声损失大小无关，不予考虑。

#### D.4.3.1.4 透射系数绝对值合成标准不确定度

间距是由同一测量尺得到，因此 $s_1$、$s_2$ 相关；同一次测量的传递函数相关，不同次不相关。因此，透射系数绝对值合成标准不确定度为：

$$u_c(|\tau_p|)=\sqrt{(u_{s_1}+u_{s_2})^2+\left[\sum_{i=1}^{4}u_{riR}^{a}+\sum_{i=1}^{4}u_{riI}^{a}\right]^2+\left[\sum_{i=1}^{4}u_{riR}^{b}+\sum_{i=1}^{4}u_{riI}^{b}\right]^2} \qquad \cdots\cdots(\text{D.18})$$

#### D.4.3.1.5 传声损失合成标准不确定度

由传声损失与透射系数的关系得到传声损失的合成标准差为：

$$u_c(\text{TL})=\left|\frac{\text{dTL}}{\text{d}|\tau_p|}\right|u_c(|\tau_p|)=8.7\frac{u_c(|\tau_p|)}{|\tau_p|} \qquad \cdots\cdots(\text{D.19})$$

#### D.4.3.2 传声损失扩展不确定度

##### D.4.3.2.1 合成自由度

由韦尔奇-萨特思韦特(W-S)式得到合成自由度

$$\nu=\frac{u_{c}^{4}(\mathrm{TL})}{\frac{1}{n-1}\left[\sum_{i=1}^{4}u^{4}(H_{\mathrm{riR}}^{\mathrm{a}})+\sum_{i=1}^{4}u^{4}(H_{\mathrm{riR}}^{\mathrm{b}})+\sum_{i=1}^{4}u^{4}(H_{\mathrm{riI}}^{\mathrm{a}})+\sum_{i=1}^{4}u^{4}(H_{\mathrm{riI}}^{\mathrm{b}})\right]+\frac{1}{\nu_{s}}\left[u^{4}(s_{1})+u^{4}(s_{2})\right]} \qquad \text{(D.20)}$$

式中：

$n$——传递函数的平均次数；

$\nu_s$——间距的自由度。

##### D.4.3.2.2 传声损失扩展不确定度

$$U=t_{p}(\nu)u_{c}(\mathrm{TL}) \qquad \text{(D.21)}$$

式中：$t_p(\nu)$——置信水准为 $p$ 的 $t$ 分布临界值，见表 D.1。

**表 D.1 $t$ 分布临界值 $t_p(\nu)$ 表自由度 $\nu$ 的 $t$ 分布 $t_p(\nu)$ 值，此值确定的区间，$-t_p(\nu)$ 到 $t_p(\nu)$ 含分布的**

| 自由度 $\nu$ | $p$/% | | | | | | 自由度 $\nu$ | $p$/% | | | | | |
|---|---|---|---|---|---|---|---|---|---|---|---|---|---|
| | 68.27(a) | 90 | 95 | 95.45(a) | 99 | 99.73(a) | | 68.27(a) | 90 | 95 | 95.45(a) | 99 | 99.73(a) |
| 1 | 1.84 | 6.31 | 12.71 | 13.97 | 63.66 | 235.80 | 16 | 1.03 | 1.75 | 2.12 | 2.17 | 2.92 | 3.45 |
| 2 | 1.32 | 2.92 | 4.30 | 4.53 | 9.92 | 19.21 | 17 | 1.03 | 1.74 | 2.11 | 2.16 | 2.90 | 3.51 |
| 3 | 1.20 | 2.35 | 3.18 | 3.31 | 5.84 | 9.22 | 18 | 1.03 | 1.73 | 2.10 | 2.15 | 2.88 | 3.48 |
| 4 | 1.14 | 2.13 | 2.78 | 2.87 | 4.60 | 6.62 | 19 | 1.03 | 1.73 | 2.09 | 2.14 | 2.86 | 3.45 |
| 5 | 1.11 | 2.02 | 2.57 | 2.65 | 4.03 | 5.51 | 20 | 1.03 | 1.72 | 2.09 | 2.13 | 2.85 | 3.42 |
| 6 | 1.09 | 1.94 | 2.45 | 2.52 | 3.71 | 4.90 | 25 | 1.02 | 1.71 | 2.06 | 2.11 | 2.79 | 3.33 |
| 7 | 1.08 | 1.89 | 2.36 | 2.43 | 3.50 | 4.53 | 30 | 1.02 | 1.70 | 2.04 | 2.09 | 2.75 | 3.27 |
| 8 | 1.07 | 1.86 | 2.31 | 2.37 | 3.36 | 4.28 | 35 | 1.01 | 1.70 | 2.03 | 2.07 | 2.72 | 3.23 |
| 9 | 1.06 | 1.83 | 2.26 | 2.32 | 3.25 | 4.09 | 40 | 1.01 | 1.68 | 2.02 | 2.06 | 2.70 | 3.20 |
| 10 | 1.05 | 1.81 | 2.23 | 2.28 | 3.17 | 3.96 | 45 | 1.01 | 1.68 | 2.01 | 2.06 | 2.69 | 3.18 |
| 11 | 1.05 | 1.80 | 2.20 | 2.25 | 3.11 | 3.85 | 50 | 1.01 | 1.68 | 2.01 | 2.05 | 2.68 | 3.16 |
| 12 | 1.04 | 1.78 | 2.18 | 2.23 | 3.05 | 3.76 | 100 | 1.005 | 1.660 | 1.984 | 2.025 | 2.626 | 3.077 |
| 13 | 1.04 | 1.77 | 2.16 | 2.21 | 3.01 | 3.69 | ∞ | 1.000 | 1.645 | 1.960 | 2.000 | 2.576 | 3.000 |
| 14 | 1.04 | 1.76 | 2.14 | 2.20 | 2.98 | 3.64 | | | | | | | |
| 15 | 1.03 | 1.75 | 2.13 | 2.18 | 2.95 | 3.59 | | | | | | | |

(a) 对期望 $\mu$，标准差 $\sigma$ 正态分布描述量 $z$，当 $k=1,2,3$ 时 $\mu_z \pm k\sigma$ 区间分别包含分布的 68.27%，95.45%，99.73%。

## 参 考 文 献


[1] GB/T 1.1—2009 标准化工作导则 第1部分:标准的结构和编写

[2] GB/T 3947—1996 声学名词术语

[3] ISO 10534-2:1998 Acoustics—Determination of sound absorption coefficient and impedance in impedance tubes—Part 2: Transfer-function method

[4] GB/T 18696.2—2002 声学 阻抗管中吸声系数和声阻抗的测量 第2部分:传递函数法

[5] J. Y. Chung, D. A. Blaser. Transfer function method of measuring in-duct acoustic properties. Ⅰ. Theory. J. Acoust. Soc. Am,1980,68(3):07-913

[6] J. Y. Chung, D. A. Blaser. Transfer function method of measuring in-duct acoustic properties. Ⅱ. Experiment. J. Acoust. Soc. Am,1980,68(3):914-921

[7] B. H. Song,J. S. Bolton. A transfer-matrix approach for estimating the characteristic impedance and wave numbers of limp and rigid porous materials. J. Acoust. Soc. Am,2000,107,1131-1152

[8] Taewook Yoo,J. Stuart Bolton,Jonathan H. Alexander. Prediction of Random Incidence Transmission Loss Based on Normal Incidence Four-Microphone Measurements. Proc. InterNoise,2005

[9] Hans Boden,Mats Abom. Influence of errors on the two-microphone method for measuring acoustic properties in ducts. J. Acoust. Soc. Am,1986,79(2):541-549

[10] 曲波,朱蓓丽.驻波管中隔声量的四传感器测量法.噪声与振动控制,2002,22(6):44~46

[11] 胡碰,彭东立,朱蓓丽.柔性薄片和多孔材料声透射系数的声管测量.噪声与振动控制,2004,24(1):33~36

[12] 杜功焕,朱哲民,龚秀芬.声学基础.第二版.南京:南京大学出版社,2001

[13] JJF 1059—1999 测量不确定度评定与表示

[14] 刘智敏.不确定度及其实践.北京:中国标准出版社,2000

## 参考文献

ICS 71.040.99
C 40

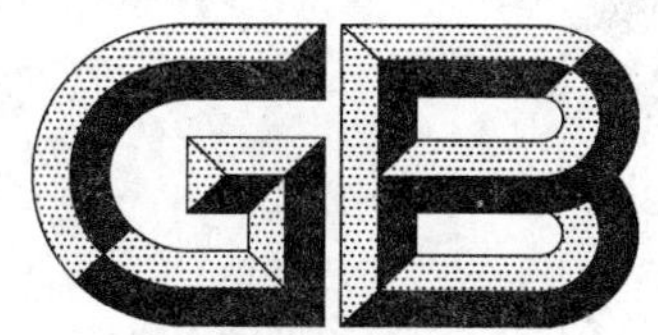

# 中华人民共和国国家标准

GB/T 27765—2011

# $SiO_2$、$TiO_2$、$Fe_3O_4$ 及 $Al_2O_3$ 纳米颗粒生物效应的透射电子显微镜检测方法

**Testing methods of $SiO_2$, $TiO_2$, $Fe_3O_4$ and $Al_2O_3$ nanoparticles biological effect by transmission electron microscope(TEM)**

2011-12-30 发布　　　　2012-05-01 实施

中华人民共和国国家质量监督检验检疫总局
中国国家标准化管理委员会　发布

# 前　言

本标准按照 GB/T 1.1—2009 给出的规则起草。

本标准由全国纳米技术标准化技术委员会(SAC/TC 279)提出并归口。

本标准负责起草单位:中国人民解放军第二军医大学、复旦大学及地科院矿产资源研究所。

本标准主要起草人:杨勇骥、俞彰、周健雄、张天宝。

# $SiO_2$、$TiO_2$、$Fe_3O_4$ 及 $Al_2O_3$ 纳米颗粒生物效应的透射电子显微镜检测方法

## 1 范围

本标准规定了透射电子显微镜检测含有 $SiO_2$、$TiO_2$、$Fe_3O_4$ 及 $Al_2O_3$ 纳米颗粒材料的生物试样的技术和规范。

本标准适用于 $SiO_2$、$TiO_2$、$Fe_3O_4$ 及 $Al_2O_3$ 纳米颗粒材料的生物效应透射电镜检测的生物薄试样超微结构分析。

## 2 规范性引用文件

下列文件对于本文件的应用是必不可少的。凡是注日期的引用文件，仅注日期的版本适用于本文件。凡是不注日期的引用文件，其最新版本(包括所有的修改单)适用于本文件。

GB/T 18873—2008 生物薄试样的透射电子显微镜-X射线能谱定量分析通则

GB/T 19619—2004 纳米材料术语

ISO/IEC 17025:2005 检测和校准实验室认可准则(General requirements for the competence of testing and calibration laboratories)

## 3 术语和定义

下列术语和定义适用于本文件。

3.1

**纳米颗粒 nanoparticles**

纳米尺度的固体粒子。本标准中出现的纳米颗粒材料特指为 $SiO_2$、$TiO_2$、$Fe_3O_4$ 及 $Al_2O_3$ 纳米颗粒材料。

3.2

**生物效应 biological effect**

纳米材料与生命过程的相互作用产生的生理功能、生化功能及形态结构的变化。

3.3

**生物效应检测 biological test**

采用生物学、化学、毒理学与医学等领域的实验技术进行检验测量。

3.4

**生物薄试样 thin biological sample**

生物薄试样是指采用超薄切片机切成的、厚度为 40 nm～100 nm 的生物试样，用于透射电镜观察。

## 4 基本原理

纳米颗粒材料的表面理化特性使其易形成团聚，经分散后与生物体接触。纳米颗粒材料与生物体接触后，需采用超微结构制样方法，将其制成生物薄试样，在透射电镜下检测纳米颗粒材料作用于生物

体后产生的细胞及细胞器的超微结构变化，以确定纳米颗粒材料对生物体的生物效应作用。用聚焦的高能电子束照射生物薄试样的微小区域，入射的电子束大部分透过薄试样，形成透射电子，透射电子中含有大量携带有生物薄试样内部信息的非弹性散射电子，非弹性散射电子在荧光屏、照相底片或CCD上成像，形成生物薄试样的超微结构图像。

## 5 仪器设备和材料

### 5.1 仪器设备

5.1.1 透射电子显微镜。

5.1.2 超薄切片机。

5.1.3 制刀机。

5.1.4 玻璃刀或钻石刀。

5.1.5 恒温烘箱(30 ℃～70 ℃)。

5.1.6 超声波清洗仪。

### 5.2 材料

5.2.1 戊二醛。

5.2.2 四氧化锇。

5.2.3 乙醇。

5.2.4 丙酮。

5.2.5 环氧树脂。

5.2.6 醋酸双氧铀。

5.2.7 枸橼酸铅。

## 6 仪器的环境条件

超薄切片机、透射电子显微镜的工作环境应符合以下要求：

### 6.1 超薄切片机

6.1.1 切片室应为超薄切片专用房间。

6.1.2 相对湿度小于60％。

6.1.3 温度：(20±5)℃。

6.1.4 电源电压：220(1±10％)V。

### 6.2 透射电子显微镜

6.2.1 电镜室应为电镜专用房间。

6.2.2 相对湿度小于60％。

6.2.3 温度：(20±5)℃。

6.2.4 杂散电磁场干扰应小于0.1 μT。

6.2.5 电源电压及频率应稳定[220(1±10％)V，50 Hz±1 Hz]。

6.2.6 具备仪器专用地线，接地电阻应小于100 Ω。

## 7 纳米颗粒材料分散

7.1 将纳米颗粒材料与溶剂按一定的比例充分混和。

7.2 放入超声波清洗仪中分散。

注：建议分散的条件：水温(25～30)℃；功率 300 W；频率 40(1±10%)kHz；时间 30 min 左右。

## 8 生物薄试样制备

### 8.1 纳米颗粒材料

8.1.1 将不同浓度、已分散的纳米颗粒悬液滴在有支持膜(一般用火棉胶或 Fomvar 膜)的 $\phi$3 mm 透射电镜专用载网上。

8.1.2 将滴有纳米颗粒材料悬液的电镜专用载网放入恒温烘箱中，60 ℃烘烤 2 h。

### 8.2 生物组织

8.2.1 取材：将生物组织在(2～3)%戊二醛固定液(4 ℃)中迅速切成小于 1 $mm^3$ 的小块。配制戊二醛固定液可参考附录 C。

8.2.2 前固定：将小块组织浸泡在 20 倍体积、4 ℃的(2～3)%戊二醛固定液中固定(1～4)h，用缓冲液充分漂洗。

8.2.3 后固定：将生物小块组织浸泡在 1%锇酸，4 ℃固定 2 h。配制锇酸可参考附录 D。

8.2.4 脱水：用乙醇或丙酮梯度脱水。建议乙醇或丙酮梯度脱水的顺序为：30%、50%、70%、90%乙醇各一次；90%丙酮 1 次，100%丙酮 3 次；每次(10～15)min。

8.2.5 包埋：在按比例配制好的环氧树脂(以 Epon812 为例，配制比例可参考附录 B)中浸透后，在胶囊(或硅胶包埋板)内进行包埋。建议浸透比例为，丙酮：包埋剂(浸透时间)：1∶1[(1～2)h]；1∶2(12 h)；纯包埋剂(1 h)。

8.2.6 聚合：在恒温烘箱内进行聚合，37 ℃聚合 12 h 后，升温至 60 ℃聚合(36～48)h。

8.2.7 修块：包埋块在进行超薄切片之前，将分析部位修成易于超薄切片的形状。

8.2.8 超薄切片：采用超薄切片机将已修好的包埋块切成超薄切片，厚度一般要求在(40～100)nm。

8.2.9 染色：采用醋酸铀和枸橼酸铅对超薄切片进行双重金属染色后待检。

### 8.3 培养细胞

8.3.1 前固定：用橡皮刮将细胞从培养皿底部刮下或胰酶消化下来，低速离心(800 g，5 min)成小团块，弃上清，沿管壁加入(2～3)%戊二醛固定液，放入 4 ℃冰箱固定(1～4)h。用缓冲液充分漂洗。

8.3.2 后固定：经戊二醛固定的细胞团块用缓冲液轻轻漂洗后，加入 1%锇酸，放入 4℃冰箱固定 1 h。

8.3.3 脱水(同 8.2.4)。

8.3.4 包埋(同 8.2.5)。

8.3.5 聚合(同 8.2.6)。

8.3.6 修块(同 8.2.7)。

8.3.7 超薄切片(同 8.2.8)。

8.3.8 染色(同 8.2.9)。

## 9 透射电子显微镜准备工作

9.1 开机，抽真空至电镜正常工作所需的高真空后再稳定 30 min 以上。

9.2 选择测试生物薄试样所需的加速电压，建议检测生物薄试样所需的加速电压选择在 60 kV～120 kV 之间。

9.3 调节电子枪的灯丝电流，使束流处于稳定饱和状态。

9.4 对电子光学系统进行对中调整，尽可能消除电子束的像散，使透射电子显微镜处于最佳工作状态。

## 10 测量分析步骤

### 10.1 纳米颗粒材料

10.1.1 将干燥的纳米颗粒薄试样放入透射电镜。

10.1.2 在低倍(3 000 倍～4 000 倍)下寻找合适的试样部位，要求被分析试样无破损、无污染。

10.1.3 在高倍(40 000 倍～50 000 倍)时观察纳米材料的分散情况，测量纳米颗粒的粒径并记录实验结果。

### 10.2 生物薄试样

10.2.1 在低倍(小于 4 000 倍)下寻找合适的生物薄试样部位，要求被分析试样无破损、无污染、无震颤条纹。

10.2.2 将确定的试样分析部位置于电子显微镜的观察中心。

10.2.3 逐步增加放大倍数(一般放大倍数在 10 000～30 000 即可，少数需放大 30 000 倍以上)，寻找细胞内外、细胞器内外有无纳米材料。

10.2.4 仔细分析纳米材料分布的位置，注意区分样品制备过程中引入的污染物和纳米颗粒材料。如果无法判别，建议采用 X 射线能谱分析对颗粒物进行定性分析，分析方法参见 GB/T 18873—2008。

10.2.5 精确聚焦并存储实验结果。

## 11 分析结果的发布

分析结果报告应包括以下信息(参见附录 A)，亦可参照 ISO/IEC 17025:2005 中有关分析报告格式。

11.1 分析报告的惟一编号。

11.2 送样人姓名，单位和地址。

11.3 样品的接收日期。

11.4 分析仪器及其工作条件。

11.5 分析结果和必要的说明。

11.6 分析报告负责人的签字。

11.7 分析报告的页码。

11.8 实验室名称和地址。

11.9 分析报告的日期。

# 附 录 A
## （资料性附录）
## $SiO_2$、$TiO_2$、$Fe_3O_4$ 及 $Al_2O_3$ 纳米颗粒生物效应的透射电子显微镜分析结果报告

报告编号：

送样单位：

送样日期：

样品内容：

检测内容与要求：

送样人姓名：　　　　　　　送样人联系电话：　　　　　　　送样人 E-mail 地址：

测量条件：

仪器型号：

仪器条件：

加速电压：

检测结果：

倍率标尺：

分析结果：

必要的说明：

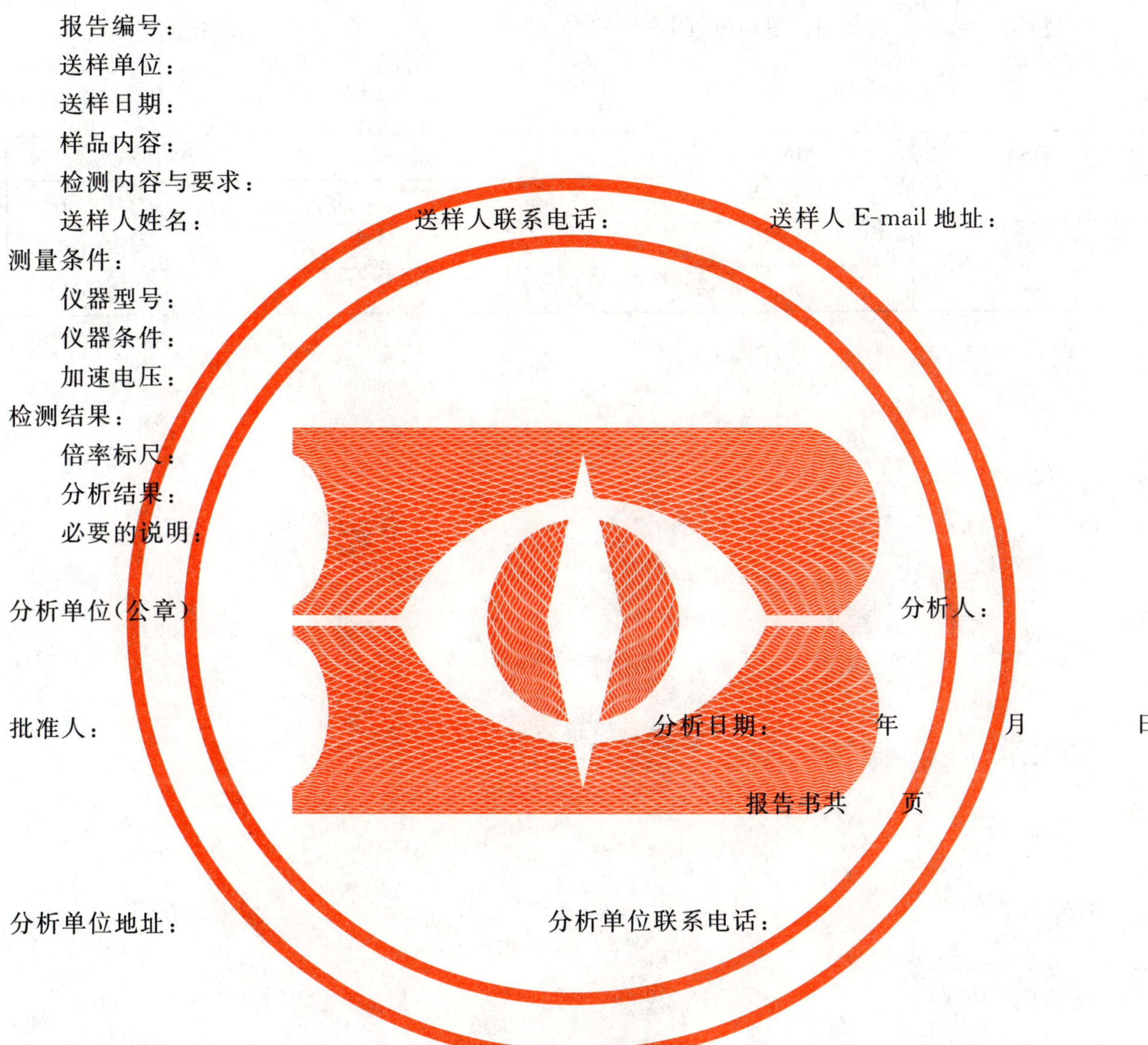

分析单位(公章)　　　　　　　　　　　　　　　　　　　　　分析人：

批准人：　　　　　　　　　　　　　　分析日期：　　　年　　　月　　　日

报告书共　　页

分析单位地址：　　　　　　　　　　　分析单位联系电话：

# 附 录 B
（资料性附录）
## 环氧树脂 Epon812 包埋剂配制比例参考

环氧树脂 Epon812 包埋剂配置顺序：DDSA→MNA→812→DMP-30。具体见表 B.1。

表 B.1

| DDSA | MNA | 812 | DMP-30 | 总量 |
| --- | --- | --- | --- | --- |
| 2 g | 3 g | 5 g | 0.16 mL | 10 mL |
| 4 g | 6 g | 10 g | 0.32 mL | 20 mL |
| 6 g | 9 g | 15 g | 0.48 mL | 30 mL |

# 附 录 C
（资料性附录）
# 磷酸缓冲液-戊二醛配方参考

## C.1 配置2.0%戊二醛

量取0.2 mol/L磷酸缓冲液(pH 7.3) 50 mL,加入纯化的25%戊二醛水溶液8 mL,最后用双蒸水补足到100 mL。充分混匀。

## C.2 配置3.0%戊二醛

量取0.2 mol/L磷酸缓冲液(pH 7.3) 50 mL,加入纯化的25%戊二醛水溶液12 mL,最后用双蒸水补足到100 mL。充分混匀。

注:戊二醛固定液宜现配现用。

# 附　录　D
（资料性附录）
# 锇酸配方参考

## D.1　配制2%四氧化锇贮存液

将装有四氧化锇的安瓿(共2 g)用肥皂水洗净，再用清洁液浸泡过夜，自来水冲洗干净后，用玻璃划割器在上面刻痕，再用蒸馏水冲洗几次，放入洁净棕色广口玻璃瓶内，加上100 mL双蒸水，用洁净玻璃棒捣破安瓿。然后用蜡将广口玻璃严密封口，贴上标签备用。洗净后的安瓿严禁与手、纱布及滤纸等接触。将配好的2%四氧化锇置于干燥器中，4 ℃保存。

## D.2　配制磷酸缓冲-四氧化锇固定液

等量0.2 mol/L磷酸缓冲液(pH7.3)与2%四氧化锇贮存液混合，现配现用。

ICS 35.040
L 71

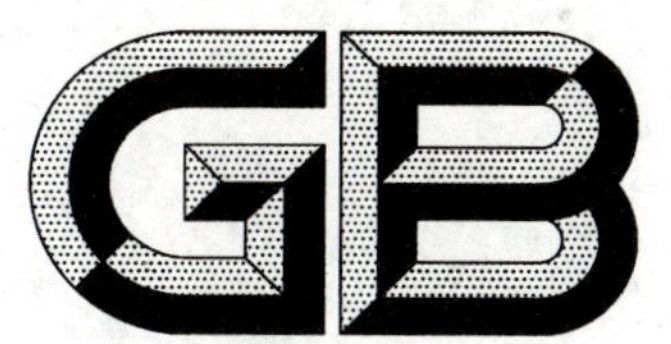

# 中华人民共和国国家标准

GB/T 27766—2011

# 二维条码　网格矩阵码

# Two-dimensional barcode—Grid matrix code

2011-12-30 发布　　2012-05-01 实施

中华人民共和国国家质量监督检验检疫总局
中国国家标准化管理委员会　发布

# 前　言

本标准按照 GB/T 1.1—2009 给出的规则起草。

本标准由中华人民共和国工业和信息化部提出。

本标准由全国物品编码标准化技术委员会(SAC/TC 287)归口。

本标准起草单位:武汉矽感科技有限公司、中国电子技术标准化研究所。

本标准主要起草人:张伟、张也平、刘波、张得煜、樊旭川。

# 引　言

本文件的发布机构提请注意，声明符合本文件时，可能涉及第 5 章、第 6 章、第 9 章、第 10 章相关的专利的使用。

本文件的发布机构对于该专利的真实性、有效性和范围无任何立场。

该专利持有人已向本文件的发布机构保证，他愿意同任何申请人在合理且无歧视的条款和条件下，就专利授权许可进行谈判。该专利持有人的声明已在本文件的发布机构备案。相关信息可通过以下联系方式获得：

专利所有人：　武汉矽感科技有限公司
地址：　武汉市东西湖区吴家山经济开发区金一路　武汉矽感光电产业园
邮政编码：　430040
网址：　http://www.syscantech.cn
联系人：　何柳青
联系电话：　027-61675589
传真：　027-61675592
E-mail：　helq@syscangroup.com

请注意除上述专利外，本文件的某些内容仍可能涉及专利。本文件的发布机构不承担识别这些专利的责任。

# 二维条码　网格矩阵码

## 1　范围

本标准规定了网格矩阵码的符号结构、信息编译码方法、纠错编译码方法、信息排布方法、参考译码算法以及符号质量要求等技术内容。

本标准适用于网格矩阵码的生成与识读。

## 2　规范性引用文件

下列文件对于本文件的应用是必不可少的。凡是注日期的引用文件，仅注日期的版本适用于本文件。凡是不注日期的引用文件，其最新版本(包括所有的修改单)适用于本文件。

GB/T 1988　信息技术　信息交换用七位编码字符集

GB/T 12905　条码术语

GB 18030　信息技术　中文编码字符集

GB/T 23704　信息技术　自动识别与数据采集技术　二维条码符号印制质量的检验

ISO/IEC 15424　信息技术　自动识别与数据采集技术　数据载体标识符

AIM 国际技术规范　扩展解释:第 1 部分:识别方案与协议(简称“AIM ECI 规范”)

## 3　术语、定义、缩略语和约定

### 3.1　术语和定义

GB/T 12905 中界定的以及下列术语和定义适用于本文件。

3.1.1

**纠错块　error correction codeword block**

对码字分组后用于纠错的一组码字。

3.1.2

**边框　frame**

宏模块的最外 20 个单元模块，这些单元模块同为深色(低反射率)或同为浅色(高反射率)。

3.1.3

**层　layer**

环绕中心宏模块的宏模块圈。

3.1.4

**层标识号　layer ID number**

赋予宏模块左上角的两个单元模块的值，该值根据纠错等级以及宏模块所在的层号确定，可用于指明 GM 码的方向。

3.1.5

**宏模块　macromodule**

GM 码的子结构，由 6×6 个单元模块组成。

3.1.6

**单元模块 module**

组成GM码的基本单元,每个单元模块表示一个二进制位。

3.1.7

**填充位 padding bit**

用于填充数据位流最后一个码字后面容量的无含义位,其值为0。

3.1.8

**填充码字 padding codeword**

当数据码字和纠错码字不能填满GM码的容量时,用于填充GM码的剩余容量的码字。填充码字不表示有效数据,但参与Reed-Solomon纠错运算。

3.1.9

**版本 version**

用于表示GM码规格的序列号。

3.1.10

**功能码 function code**

用于指示属于特定应用或特定功能的GM码符号的代码。

3.1.11

**纠错等级 error correction level**

指明GM码中纠错码字所占比例的参数。

## 3.2 缩略语

下列缩略语适用于本文件:

ABS——绝对值(Absolute Value)

DIV——整除运算(Division)

ECI——扩展解释(Extended Channel Interpretation)

FNC——功能码(Function Code)

GF——伽罗瓦有限域(Galois Field)

GM码——网格矩阵码(Grid Matrix Code)

MOD——模运算,求整除后的余数(Modulus)

## 3.3 约定

下列表示适用于本文件:

$(\cdots)_{BIN}$——表示括号中的内容使用二进制表示

$(\cdots)_{HEX}$——表示括号中的内容使用十六进制表示

$\lfloor x \rfloor$——表示不超过$x$的最大整数

$\lceil x \rceil$——表示不小于$x$的最小整数

# 4 符号描述

## 4.1 基本特征

### 4.1.1 可编码信息

GM码可编码以下信息:

a） 数字字符(数字 0～9,GB/T 1988 中值 48 至 57)；

b） 大写字母(字母 A～Z,GB/T 1988 中值 65 至 90)；

c） 小写字母(字母 a～z,GB/T 1988 中值 97 至 122)；

d） 汉字字符(GB 18030)；

e） 8 位字节型数据。

#### 4.1.2 数据表示法

深色单元模块表示二进制“1”,浅色单元模块表示二进制“0”。

#### 4.1.3 符号规格

GM 码的规格为 3×3 宏模块到 27×27 宏模块,对应于版本 1 到版本 13,每一版本 GM 码比前一版本每边增加 2 个宏模块,见表 1。

**表 1 各版本 GM 码的结构**

| 版本 | 宏模块数 | 单元模块数（不包括空白区） | 层数（不包括中心宏模块） | 总码字数（数据＋纠错码字） |
|---|---|---|---|---|
| 1 | 3×3 | 18×18 | 1 | 18 |
| 2 | 5×5 | 30×30 | 2 | 50 |
| 3 | 7×7 | 42×42 | 3 | 98 |
| 4 | 9×9 | 54×54 | 4 | 162 |
| 5 | 11×11 | 66×66 | 5 | 242 |
| 6 | 13×13 | 78×78 | 6 | 338 |
| 7 | 15×15 | 90×90 | 7 | 450 |
| 8 | 17×17 | 102×102 | 8 | 578 |
| 9 | 19×19 | 114×114 | 9 | 722 |
| 10 | 21×21 | 126×126 | 10 | 882 |
| 11 | 23×23 | 138×138 | 11 | 1058 |
| 12 | 25×25 | 150×150 | 12 | 1250 |
| 13 | 27×27 | 162×162 | 13 | 1458 |

#### 4.1.4 符号容量

使用最低纠错等级的最大版本 GM 码(纠错 1 级版本 13)的容量如下：

a） 2 751 个数字；

b） 1 836 个大写字母；

c） 1 836 个小写字母；

d） 1 529 个数字字母混合字符；

e） 705 个 GB 18030 双字节 1 区或双字节 2 区内的字符,或 571 个 GB 18030 双字节字符,或 285 个 GB 18030 四字节字符；

f） 1 143 个字节。

#### 4.1.5 纠错等级

版本 1 的 GM 码有 2 级到 5 级纠错，版本 2 到版本 13 的 GM 码有 1 级到 5 级纠错，每级中纠错码字数占总码字数的比例为：

a) 1 级：10％(不适用于版本 1)；

b) 2 级：20％；

c) 3 级：30％；

d) 4 级：40％；

e) 5 级：50％。

纠错码字的个数为总码字个数的上述百分比(向下舍入)，见附录 A。

### 4.2 附加特征

#### 4.2.1 结构链接

允许用不多于 16 个的 GM 码在逻辑上连续地表示数据文件。在多顺序扫描状态下应保持原始顺序与数据正确连接。

#### 4.2.2 支持 ECI 协议

ECI 协议(见"AIM ECI 规范")使 GM 码可以表示缺省字符集以外的字符(如阿拉伯字符、古斯拉夫字符、希腊字符等)，及其他数据解释(如用一定的压缩方式表示的数据)，或者具体应用的编码要求。

## 5 符号结构

### 5.1 概述

GM 码由深色边宏模块和浅色边宏模块交错排列而成的正方形宏模块矩阵组成，矩阵每边为奇数个宏模块，且 GM 码的中心与四个角上均为深色边宏模块，GM 码的四周为空白区，见图 1。

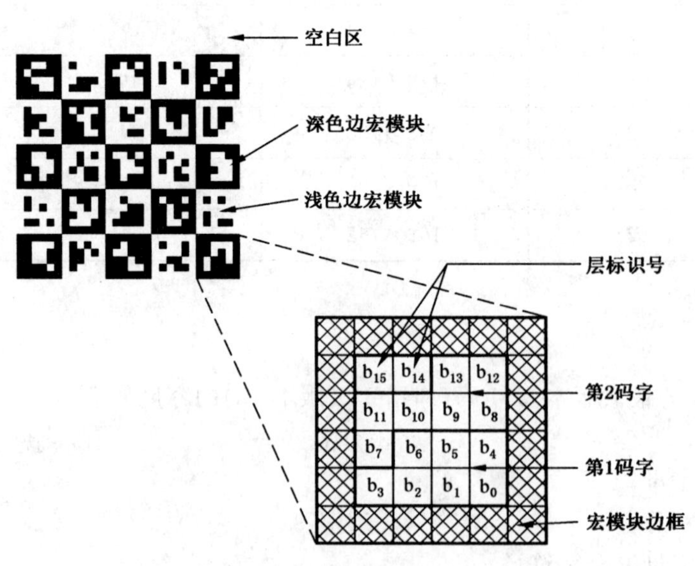


**图 1 GM 码结构图**

版本 2 纠错 5 级的 GM 码示意图见图 2。

图 2　版本 2 纠错 5 级的 GM 码示意图

## 5.2　宏模块结构

宏模块的内部结构见图 3，包括边框、两个 7 位的码字和层标识号。

每个宏模块由 6×6 个单元模块无缝排列而成，深色边宏模块的最外一圈单元模块全部是深色，浅色边宏模块的最外一圈单元模块全部是浅色。宏模块的最外一圈单元模块不表示数据，用于识别与定位。

在 20 个边框单元模块内部总共有 16 个单元模块：$b_0$，$b_1$，…，$b_{15}$。每个单元模块表示 1 位二进制数，深色对应“1”，浅色对应“0”。$b_{15}$ 和 $b_{14}$ 单元模块用来表示层标识号，$b_{15}$ 为高位。$b_6$ 到 $b_0$ 表示第 1 个码字，$b_{13}$ 到 $b_7$ 表示第 2 个码字，$b_{13}$ 和 $b_6$ 分别是码字的最高位。

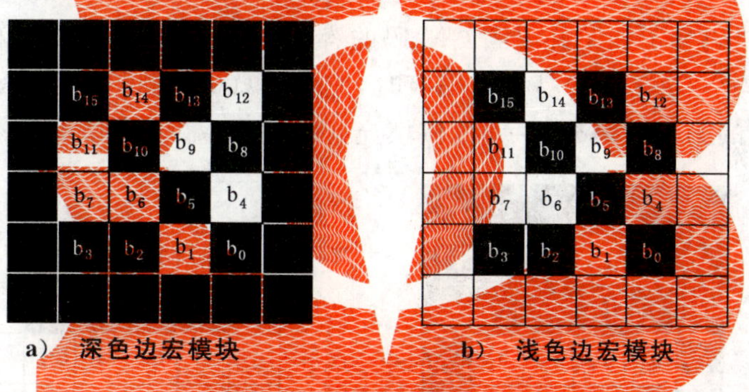


图 3　宏模块结构

图 3 中两个宏模块的数据均为 $(2D)_{HEX}$ 和 $(4A)_{HEX}$。图中第 1 个码字 $b_6 \cdots b_0$ 为 $(0101101)_{BIN}$，即 $(2D)_{HEX}$；第 2 个码字 $b_{13} \cdots b_7$ 为 $(1001010)_{BIN}$，即 $(4A)_{HEX}$。层标识号 $b_{15}b_{14}$ 为 $(10)_{BIN}$，即 $(2)_{HEX}$。

## 5.3　宏模块的分层

GM 码由边长为奇数个宏模块的方阵组成。见图 4，方阵中心的宏模块称为中心宏模块，中心宏模块（第 0 层）周围的 8 个宏模块为第 1 层宏模块，第 1 层宏模块外侧的 16 个宏模块为第 2 层宏模块，……，直至最外层宏模块。

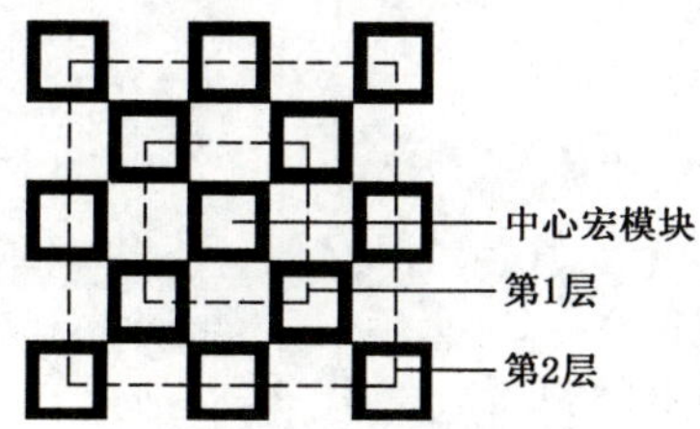


图 4　宏模块的分层

宏模块的层数（不包括中心宏模块）等于 GM 码的版本（见表 1）。

## 5.4 层标识号

每个宏模块都有一个层标识号,层标识号的取值为 0~3。同一层宏模块的层标识号相同。宏模块的层标识号由 GM 码的纠错等级和该宏模块所在的层号共同决定。表 2 是不同纠错等级的 GM 码各层宏模块的层标识号。

**表 2 层标识号分布**

| 纠错等级 | 从中心到第 13 层 | | | | | | | | | | | | | |
|---|---|---|---|---|---|---|---|---|---|---|---|---|---|---|
| | 中心 | 1 | 2 | 3 | 4 | 5 | 6 | 7 | 8 | 9 | 10 | 11 | 12 | 13 |
| 5 | 0 | 1 | 2 | 3 | 0 | 1 | 2 | 3 | 0 | 1 | 2 | 3 | 0 | 1 |
| 4 | 1 | 2 | 3 | 0 | 1 | 2 | 3 | 0 | 1 | 2 | 3 | 0 | 1 | 2 |
| 3 | 2 | 3 | 0 | 1 | 2 | 3 | 0 | 1 | 2 | 3 | 0 | 1 | 2 | 3 |
| 2 | 3 | 0 | 1 | 2 | 3 | 0 | 1 | 2 | 3 | 0 | 1 | 2 | 3 | 0 |
| 1 | 3 | 2 | 1 | 0 | 3 | 2 | 1 | 0 | 3 | 2 | 1 | 0 | 3 | 2 |

## 5.5 填充码字

当数据码字和纠错码字不能正好填满 GM 码的容量时,在数据码字后加入填充码字。

当宏模块的第 1 码字($b_6$ 到 $b_0$)是填充码字时,应填充$(0000000)_{BIN}$;当第 2 码字($b_{13}$ 到 $b_7$)是填充码字,并且是码字流中的第 1 个填充码字时,应填充$(0000000)_{BIN}$,否则应填充$(1111110)_{BIN}$,见图 5。

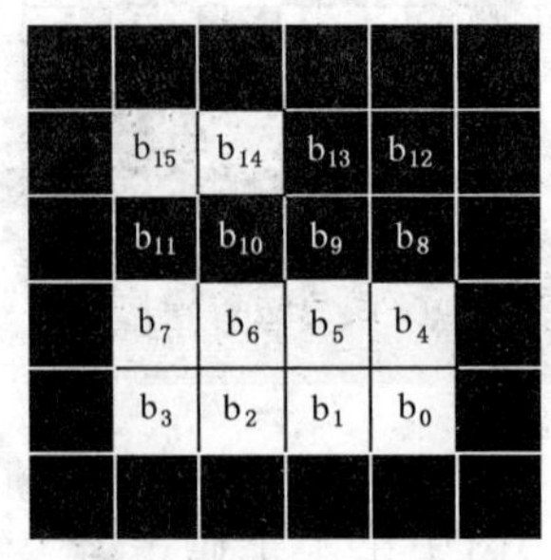


a) 填充的深色边宏模块

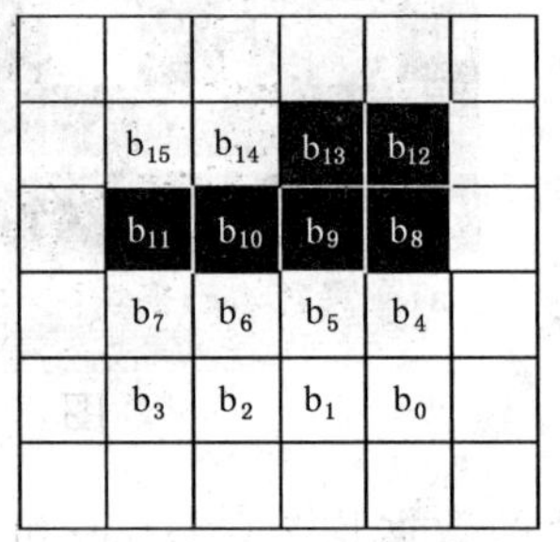


b) 填充的浅色边宏模块

**图 5 填充的宏模块**

## 5.6 空白区

空白区为环绕在 GM 码四周的不小于 6 个单元模块宽的区域,其反射率应与浅色单元模块相同。

# 6 符号生成

## 6.1 生成过程

GM 码的生成过程包括以下六个步骤:

a) 数据分析:分析输入的数据,确定数据的数据编码模式。对不同的数据类型,GM 码采用不同的数据编码模式进行编码,见 6.3。每种模式有各自的编码规则。

b) 数据编码:将输入数据按照其编码模式对应的编码规则转换为位流。当需要进行模式切换时,在新模式数据编码前输出模式转换码。将编码产生的位流按每7位对应一个码字的方式转换为数据码字流,最后一个码字不足7位时用0填充。

c) 计算GM码版本:用户应选取可接受的最小纠错等级,根据表1可得到能容纳数据码字和纠错码字的GM码版本。若用户未选取纠错等级,使用推荐的纠错等级(见6.6.2)计算GM码版本。根据该GM码版本,采用可以容纳给定数据的最高纠错等级,并在码字流的最后添加需要的填充码字。

d) 纠错编码:若数据码字和纠错码字总数大于127,应将数据码字进行分块(见6.6.3)。对每块码字分别生成纠错码字,并将纠错码字添加到该块数据码字的后面。

e) 在矩阵中布置网格图形:根据GM码的版本和纠错等级,将每个宏模块的边框以及层标识号排列到矩阵中。

f) 排列数据码字和纠错码字:若码字被分块,则对各块码字进行交错排列后得到一个单一的码字流。将码字流按顺序排列到矩阵中,完成编码。

## 6.2 数据分析

对输入数据进行类型分析,按类型划分成多个段,使编码得到的位流尽量短。位流长度优化的一种方法参见附录B。

## 6.3 模式指示

### 6.3.1 模式分类

GM码的编码模式分数据编码模式、ECI模式和功能码模式三类,各种模式由确定的模式指示符指示。表3列出了所有的模式指示符。

**表3 模式指示符**

| 模式分类 | 模式名称 | 模式指示符 | 说明 |
|---|---|---|---|
| 数据编码模式 | 汉字模式 | $(0001)_{BIN}$ | 每个字符用13位二进制进行编码。见6.4.1 |
| | 数字模式 | $(0010)_{BIN}$ | 每3个字符用10位二进制进行编码。见6.4.2 |
| | 小写字母模式 | $(0011)_{BIN}$ | 每个字符用5位二进制进行编码。见6.4.3 |
| | 大写字母模式 | $(0100)_{BIN}$ | 每个字符用5位二进制进行编码。见6.4.4 |
| | 数字字母混合模式 | $(0101)_{BIN}$ | 每个字符用6位二进制进行编码。见6.4.5 |
| | 控制字符模式[a] | — | 每个字符用6位二进制进行编码。见6.4.6 |
| | 字节模式 | $(0111)_{BIN}$ | 每个字符用8位二进制进行编码。见6.4.7 |
| ECI模式 | ECI | $(1100)_{BIN}$ | 见6.4.8 |
| 功能码模式 | ENC1 | $(1000)_{BIN}$ | 功能码1,GS1应用标识。见6.4.9.1 |
| | | $(1011)_{BIN}$ | 功能码1,AIM应用标识。见6.4.9.1 |
| | FNC2 | $(1001)_{BIN}$ | 功能码2,结构链接功能。见6.4.9.2 |
| | FNC3 | $(1010)_{BIN}$ | 功能码3,识读设备初始化数据。见6.4.9.3 |
| [a] 只允许从小写字母模式、大写字母模式或数字字母混合模式进行切换(见6.4.6.2和6.5.1)。 | | | |

### 6.3.2 数据编码模式

数据编码模式包括汉字模式、数字模式、小写字母模式、大写字母模式、数字字母混合模式、控制字符模式和字节模式，见表 3。

### 6.3.3 ECI 模式

ECI 模式只能出现在数据的开头或“模式结束”转换码(见 6.5.1)之后。ECI 模式的模式指示符之后为 ECI 任务号，编码方法见 6.4.8。

### 6.3.4 功能码模式

功能码分 FNC1、FNC2 和 FNC3 三类，其中 FNC1 包括两种模式指示符，分别对应两种应用标识，见表 3。功能码只能在 GM 码的开头出现。一个 GM 码使用功能码时，其模式指示符应出现在数据编码位流的前面。一个 GM 码最多可以使用两个功能码。

### 6.3.5 无效的模式指示符

模式指示符$(0000)_{BIN}$、$(0110)_{BIN}$、$(1101)_{BIN}$、$(1110)_{BIN}$和$(1111)_{BIN}$表示无效。

## 6.4 数据编码模式

### 6.4.1 汉字模式

#### 6.4.1.1 编码字符

可编码字符包括：

a) GB 18030 双字节 1 区及双字节 2 区的字符(即第一字节值在$(A1)_{HEX}$至$(A9)_{HEX}$或$(B0)_{HEX}$至$(F7)_{HEX}$之间，且第二字节值在$(A0)_{HEX}$至$(FF)_{HEX}$之间的部分)；

b) “回车换行”(GB/T 1988 中值 13、10 的组合)；

c) 数字对“00”到“99”；

d) 8 位字节型数据。

注：GB 18030 除双字节 1 区及双字节 2 区以外的字符不能用汉字模式编码，可用字节模式编码。

#### 6.4.1.2 编码规则

汉字模式采用 13 位二进制进行编码。

当一个 GB 18030 双字节字符第一字节值在$(A1)_{HEX}$至$(A9)_{HEX}$之间，且第二字节值在$(A0)_{HEX}$至$(FF)_{HEX}$之间时，按式(1)计算该字符的 13 位编码：

$$N = (C_1 - (A1)_{HEX}) \times (60)_{HEX} + (C_2 - (A0)_{HEX}) \quad \cdots\cdots (1)$$

式中：

$N$——字符的 13 位编码；

$C_1$——GB 18030 编码的第一字节值；

$C_2$——GB 18030 编码的第二字节值。

当一个 GB 18030 双字节字符第一字节值在$(B0)_{HEX}$至$(F7)_{HEX}$之间，且第二字节值在$(A0)_{HEX}$至$(FF)_{HEX}$之间时，按式(2)计算该字符的 13 位编码：

$$N = (C_1 - (B0)_{HEX} + 9) \times (60)_{HEX} + (C_2 - (A0)_{HEX}) \quad \cdots\cdots (2)$$

式中：

$N$——字符的 13 位编码；

$C_1$——GB 18030 编码的第一字节值；

$C_2$——GB 18030 编码的第二字节值。

式(1)及式(2)定义了 0 至 7775 之间的编码值，以下方式用于定义 7776 至 8191 的编码值：

a) 7776 赋给“回车换行”符；

b) 7777 至 8032 赋给 8 位字节数据(0 至 255)，用于编码混在汉字信息中的非汉字数据，减小个别非汉字模式的数据嵌在一段汉字中导致的模式转换开销；

c) 8033 至 8132 赋给数字对“00”到“99”；

d) 8160 至 8165 用于实现模式的转换，见 6.5.1；

e) 编码值 8133 至 8159 及编码值 8166 至 8191 是无效的。

两个编码示例见表 4。

**表 4 汉字编码示例**

| 步骤 | 说明 | 例 1 | 例 2 |
|---|---|---|---|
| 1 | 输入字符 | ￥ | 多 |
| 2 | GB 18030 编码 | $(A3A4)_{HEX}$ | $(B6E0)_{HEX}$ |
| 3 | 代入公式(1)或公式(2) | $((A3)_{HEX}-(A1)_{HEX})\times(60)_{HEX}+((A4)_{HEX}-(A0)_{HEX})$ | $((B6)_{HEX}-(B0)_{HEX}+9)\times(60)_{HEX}+((E0)_{HEX}-(A0)_{HEX})$ |
| 4 | 计算结果 | $(C4)_{HEX}$ | $(5E0)_{HEX}$ |
| 5 | 转化为 13 位二进制值 | 0000011000100 | 0010111100000 |

### 6.4.2 数字模式

#### 6.4.2.1 编码字符

可编码字符包括：

a) 数字 0 至 9(GB/T 1988 值 48～57)；

b) “空格”(GB/T 1988 值 32)；

c) “+”(GB/T 1988 值 43)；

d) “－”(GB/T 1988 值 45)；

e) “.”(GB/T 1988 值 46)；

f) “,”(GB/T 1988 值 44)；

g) “回车换行”(GB/T 1988 值 13、10 的组合)。

#### 6.4.2.2 编码规则

以连续的三个数字为一组将数据分组，每 3 个数字采用 10 位二进制进行编码。遇到非数字字符则将该字符包含到分组中，每组中最多只能有一个非数字字符，多余的非数字字符不能按数字模式编码。末尾一组不够三个数字用 0 填充。在输出第一组数字的编码前先输出 2 位计数器，记录最后一个分组填充的数字个数，译码时根据该计数器丢弃填充数字：

a) “00”表示没有填充数字；

b) “01”表示有 1 个填充数字；

c) “10”表示有 2 个填充数字；

d) “11”为无效编码。

编码只有数字字符的组时，按式(3)计算该组的 10 位编码：

$$N = 100D_1 + 10D_2 + D_3 \quad \cdots\cdots(3)$$

式中：

$N$ ——数字组的 10 位编码；

$D_1$——数字组的第一个数字；

$D_2$——数字组的第二个数字；

$D_3$——数字组的第三个数字。

当分组中包含非数字字符时，非数字字符出现在分组中的位置有三种情况，分别是($X$ 表示非数字字符)：第 1 位置为 $X D_1 D_2 D_3$；第 2 位置为 $D_1 X D_2 D_3$；第 3 位置为 $D_1 D_2 X D_3$。

同一个非数字字符处在不同的位置有不同的编码，非数字字符在不同位置时的赋码见表 5。

**表 5　非数字字符赋码表**

| 字符 | 在分组中的位置 | 编码(十进制数) |
|---|---|---|
| “空格”(GB/T 1988 值 32) | 1 | 1000 |
| | 2 | 1001 |
| | 3 | 1002 |
| “＋”(GB/T 1988 值 43) | 1 | 1003 |
| | 2 | 1004 |
| | 3 | 1005 |
| “－”(GB/T 1988 值 45) | 1 | 1006 |
| | 2 | 1007 |
| | 3 | 1008 |
| “.”(GB/T 1988 值 46) | 1 | 1009 |
| | 2 | 1010 |
| | 3 | 1011 |
| “,”(GB/T 1988 值 44) | 1 | 1012 |
| | 2 | 1013 |
| | 3 | 1014 |
| “回车换行”(GB/T 1988 值 13、10 的组合) | 1 | 1015 |
| | 2 | 1016 |
| | 3 | 1017 |

编码含有非数字字符的分组时，先输出非数字字符的 10 位二进制编码，然后再按式(3)计算并输出 3 个数字的 10 位二进制编码。

剩下的编码值 1018 至 1023 用于实现模式的转换，见 6.5.1。

示例：

输入数据：“1,234,567.899”

分组：　1,23　4,56　7.89　900

编码十进制值：　2　1013　123　1013　456　1010　789　900

转换为二进制：　10　1111110101　0001111011　1111110101　0111001000　1111110010　1100010101　1110000100

### 6.4.3　小写字母模式

#### 6.4.3.1　编码字符

可编码字符 27 个，包括 26 个小写英文字母 a～z 以及“空格”(GB/T 1988 中值 32)。

#### 6.4.3.2 编码规则

小写字母模式采用5位二进制进行编码，按顺序从a到z最后“空格”递增编码，字母“a”的编码为$(00000)_{BIN}$。剩下的5个编码值$(11011)_{BIN}$至$(11111)_{BIN}$用于实现模式的转换，见6.5.1。

示例：

| 输入数据： | b | a | r | “空格” | c | o | d | e |
|---|---|---|---|---|---|---|---|---|
| 编码十进制值： | 1 | 0 | 17 | 26 | 2 | 14 | 3 | 4 |
| 转换为二进制： | 00001 | 00000 | 10001 | 11010 | 00010 | 01110 | 00011 | 00100 |

### 6.4.4 大写字母模式

#### 6.4.4.1 编码字符

可编码字符27个，包括26个大写英文字母A～Z以及“空格”(GB/T 1988中值32)。

#### 6.4.4.2 编码规则

大写字母模式采用5位二进制进行编码，按顺序从A到Z最后“空格”递增编码，字母“A”的编码为$(00000)_{BIN}$。剩下的5个编码值$(11011)_{BIN}$至$(11111)_{BIN}$用于实现模式的转换，见6.5.1。

示例：

| 输入数据： | B | A | R | “空格” | C | O | D | E |
|---|---|---|---|---|---|---|---|---|
| 编码十进制值： | 1 | 0 | 17 | 26 | 2 | 14 | 3 | 4 |
| 转换为二进制： | 00001 | 00000 | 10001 | 11010 | 00010 | 01110 | 00011 | 00100 |

### 6.4.5 数字字母混合模式

#### 6.4.5.1 编码字符

可编码字符63个，包括：

a) 数字0至9(GB/T 1988中值48～57)；
b) 大写英文字母A～Z(GB/T 1988中值65至90)；
c) 小写英文字母a～z(GB/T 1988中值97至122)；
d) “空格”(GB/T 1988中值32)。

#### 6.4.5.2 编码规则

数字字母混合模式采用6位二进制进行编码，按顺序从数字、大写英文字母、小写英文字母最后“空格”递增编码，数字0的编码为$(000000)_{BIN}$。剩下的1个编码值$(111111)_{BIN}$用于实现模式的转换，见6.5.1。

示例：

| 输入数据： | 0 | A | b | “空格” |
|---|---|---|---|---|
| 编码十进制值： | 0 | 10 | 37 | 62 |
| 转换为二进制： | 000000 | 001010 | 100101 | 111110 |

### 6.4.6 控制字符模式

#### 6.4.6.1 编码字符

可编码字符64个，包括除以下字符外的GB/T 1988字符：

a) “空格”(GB/T 1988 中值 32)；

b) 数字字符(GB/T 1988 中值 48 至 57)；

c) 大写英文字母(GB/T 1988 中值 65 至 90)；

d) 小写英文字母(GB/T 1988 中值 97 至 122)；

e) DEL(GB/T 1988 中值 127)。

#### 6.4.6.2 编码规则

控制字符模式采用 6 位二进制进行编码，按字符的 GB/T 1988 中值由小至大顺序编码，第一个字符编码为 $(000000)_{BIN}$。该模式的数据长度固定为 1，编码后自动切换回之前的数据模式。输入数据的第一个字符不能分类为该模式。控制字符编码见表 6。

**表 6 控制字符编码表**

| 字符 | 编码 | 字符 | 编码 | 字符 | 编码 | 字符 | 编码 |
|---|---|---|---|---|---|---|---|
| NUL | 0 | DLE | 16 | ! | 32 | ； | 48 |
| SOH | 1 | DC1 | 17 | ″ | 33 | ＜ | 49 |
| STX | 2 | DC2 | 18 | # | 34 | ＝ | 50 |
| ETX | 3 | DC3 | 19 | ¥ | 35 | ＞ | 51 |
| EOT | 4 | DC4 | 20 | % | 36 | ? | 52 |
| ENQ | 5 | NAK | 21 | & | 37 | @ | 53 |
| ACK | 6 | SYN | 22 | ’ | 38 | [ | 54 |
| BEL | 7 | ETB | 23 | ( | 39 | \ | 55 |
| BS | 8 | CAN | 24 | ) | 40 | ] | 56 |
| HT | 9 | BM | 25 | * | 41 | ˆ | 57 |
| LF | 10 | SUB | 26 | + | 42 | _ | 58 |
| VT | 11 | ESC | 27 | , | 43 | ` | 50 |
| FF | 12 | FS | 28 | — | 44 | { | 60 |
| CR | 13 | GS | 29 | . | 45 | ｜ | 61 |
| SO | 14 | RS | 30 | / | 46 | } | 62 |
| SI | 15 | US | 31 | ： | 47 | ~ | 63 |

### 6.4.7 字节模式

字节模式采用 8 位二进制数编码 0 到 255 的字节数据。

设输入数据的长度为 $L$ 个字节，则先输出 9 位二进制无符号数 $L-1$，用于记录字节数，随后直接输出字节数据本身。

当输入数据的长度大于 512 字节时，将输入数据分割成多个数据段，每段长度不超过 512 字节，对每段数据分别编码。从第二段开始的每段数据都需要以模式转换码 $(0111)_{BIN}$ 和用 9 位二进制无符号数编码的该段数据长度开始。

### 6.4.8 ECI 模式

#### 6.4.8.1 ECI 编码

将输入的数据转换为一个位流。以缺省的 ECI 开始时，位流的开头为第一个数据类型的模式指示符，否则，其前面要有 ECI 标头，后面为一个或多个不同模式的段。ECI 标头由 ECI 模式指示符 $(1100)_{BIN}$ 和 ECI 任务号组成。ECI 的任务号为 000000～811799（十进制）之间的 6 位数。ECI 任务号的编码见表 7。

**表 7　ECI 任务号的编码**

| ECI 任务号 | 任务号编码 |
|---|---|
| 000000～001023 | 0bbbbbbbbbb |
| 001024～032767 | 10bbbbbbbbbbbbbb |
| 032768～811799 | 11bbbbbbbbbbbbbbbbbbbb |
| **注：** b…b 是 ECI 任务号的二进制值。 | |

ECI 模式指示符只能在数据的开头或“模式结束”转换码（见 6.5.1）之后出现。输入的 ECI 数据需要编码系统作为一系列 8 位字节的值进行处理，可以采用汉字、数字、小写字母、大写字母、数字字母混合、控制字符、字节等一种或几种模式进行最高效的编码，而不必考虑其实际意义。例如，值为 $30_{Hex}$ 到 $39_{Hex}$ 的数据序列可以当作一个数字序列，用数字模式进行编码，即使实际上它并不表示数字字符。

**示例：**

ECI 编码表示：

ECI 任务号：400123

待编码数据的字节值：$(31)_{HEX}$，$(32)_{HEX}$，$(33)_{HEX}$，$(34)_{HEX}$，$(35)_{HEX}$，$(36)_{HEX}$，$(37)_{HEX}$，$(38)_{HEX}$，$(39)_{HEX}$。

编码位流：

a）ECI 模式指示符：1100；

b）ECI 任务号：11 0110000110101111111011；

c）数据模式指示符（数字）：0010；

d）数据编码：00 0001111011 0111001000 1100010101；

e）最终的位流：1100 11 0110000110101111111011 0010 00 0001111011 0111001000 1100010101。

### 6.4.8.2　ECI 与结构链接

ECI 可以在单个 GM 码或 GM 码结构链接符号的任意位置出现。引入的任一 ECI 一直保持有效，直至数据结束或一个新的 ECI 被引入，ECI 将跨结构链接中的两个或多个 GM 码一直保持有效。

### 6.4.9　功能码模式

#### 6.4.9.1　FNC1

FNC1 模式指示符应在 GM 码的开头编码。结构链接模式同时被应用时，FNC1 的模式指示符只在结构链接的第一个符号出现，并且 FNC1 的模式指示符在 FNC2 的模式指示符之前。

FNC1 模式指示符 $(1000)_{BIN}$ 用于标识按 GS1 系统规则格式化信息的符号。

FNC1 模式指示符 $(1011)_{BIN}$ 用于标识按 AIM 同意的特定行业或者特定应用规范格式化信息的符号。在第一数据字符位置的字符（a～z，A～Z，或两位数字）用于指定特定的应用。

#### 6.4.9.2　FNC2

FNC2 功能码用于实现结构链接功能，输入的数据可用最多 16 个 GM 码链接起来。每个结构链结中的符号都是由一个 4 字段（20 位）链接控制头开始的：

a）第一字段是 4 位的 FNC2 模式指示符 $(1001)_{BIN}$；

b）第二字段是 8 位的文件签名；

c） 第三字段用 4 位数 $n$ 表示链接中的 GM 码总个数为 $n+1$；

d） 第四字段用 4 位数 $m$ 表示当前 GM 码在结构链接中的序号。

$m$ 应小于或等于 $n$，否则该 GM 码是无效的。

文件签名是用某种签名算法对输入的整体数据产生的签名，同一个结构链接中的所有符号的文件签名应相同，防止不同结构链接之间的符号互相串扰。

FNC2 应是符号中的最后一个功能码，FNC2 链接控制头之后应是数据模式指示符或 ECI 模式指示符。

在传输结构链接的符号数据之前，结构链接中的所有符号应全部被解码成功并且将数据还原为正确的顺序。

#### 6.4.9.3 FNC3

FNC3 功能码用于实现将符号编码的内容用作识读设备的初始化参数。FNC3 的模式指示符 $(1010)_{BIN}$ 应出现在数据编码位流之前。当 FNC3 和 FNC2 同时被应用时，FNC3 的模式指示符应在 FNC2 的模式指示符之前，且只在结构链接的第一个符号出现。FNC3 不能与 FNC1 同时使用。

## 6.5 混合模式编码

### 6.5.1 编码模式转换

数据编码时的模式转换是通过输出模式转换码来实现的，不是任何两个模式都可以转换的。表 8 列出了全部的模式转换码，括号中是模式转换码的二进制位数。

**表 8 数据模式转换码**

| 当前编码模式 | 下一编码模式 | | | | | | | |
|---|---|---|---|---|---|---|---|---|
| | 模式结束 | 汉字 | 数字 | 小写字母 | 大写字母 | 数字字母混合 | 控制字符（切换） | 字节 |
| 汉字 | 8160（13 位） | * | 8161（13 位） | 8162（13 位） | 8163（13 位） | 8164（13 位） | * | 8165（13 位） |
| 数字 | 1018（10 位） | 1019（10 位） | * | 1020（10 位） | 1021（10 位） | 1022（10 位） | * | 1023（10 位） |
| 小写字母 | 27（5 位） | 28（5 位） | 29（5 位） | * | 30（5 位） | 124（7 位）[a] | 125（7 位）[a] | 126（7 位）[a] |
| 大写字母 | 27（5 位） | 28（5 位） | 29（5 位） | 30（5 位） | * | 124（7 位）[a] | 125（7 位）[a] | 126（7 位）[a] |
| 数字字母混合 | 1008（10 位） | 1009（10 位） | 1010（10 位） | 1011（10 位） | 1012（10 位） | * | 1014（10 位） | 1015（10 位） |
| 字节 | 0（4 位） | 1（4 位） | 2（4 位） | 3（4 位） | 4（4 位） | 5（4 位） | * | 7（4 位） |

注："*"号表示不允许的模式转换。

[a] 小写字母、大写字母模式到数字字母混合、控制字符、字节模式的 7 位转换码是 5 位的"11111"分别加上 2 位的"00"，"01"，"10"。

### 6.5.2 数据编码总流程

数据编码流程如下：

a) 以编码产生的二进制位流最短为目标，将输入数据按类型划分成段，对输入数据的分段进行优化的方法参见附录B。
b) 对所有数据段按照下面的步骤逐段编码：
   1) 存在功能码时，按表3进行编码；
   2) 当前数据段是第一段时，输出该段数据的模式指示符，见表3；
   3) 按照当前数据模式的编码规则编码当前数据段；
   4) 下一段数据编码前，首先输出当前模式到下一模式的模式转换码，见表8；
   5) 需要编码ECI时，首先输出模式转换码“模式结束”，见表8，然后编码ECI模式指示符$(1100)_{BIN}$及ECI任务号(见表7)，之后是下一数据段的模式指示符，见表3；
   6) 最后一个数据段完成后，输出模式转换码“模式结束”，见表8。
c) 需要填充位时，最后一个码字填充“0”。
d) 需要填充码字时，第一个填充码字应当取$(000000000)_{BIN}$，后面的填充码字根据5.5规定的规则进行填充。

## 6.6 纠错编码

### 6.6.1 纠错等级

GM码采用伽罗瓦有限域$GF(2^7)$的Reed-Solomon纠错算法生成纠错码字，有限域的本原多项式为$x^7+x^3+1$，码字的位长为7位。纠错码字应添加在数据码字流后。GM码有5个用户可选纠错等级，对应的纠错码字容量见表9。

**表9 纠错码字容量**

| 纠错等级 | 1 | 2 | 3 | 4 | 5 |
|---|---|---|---|---|---|
| 纠错码字占总码字百分比(向下舍入) | 10% | 20% | 30% | 40% | 50% |

### 6.6.2 纠错的选择

根据GM码质量、识读设备精度以及应用的物理环境选择最佳纠错等级。表10给出了各版本GM码的推荐纠错等级。一般情况下，用户不应选择小于表10中给出的最低推荐纠错等级的GM码。纠错等级选择的用户导则参见C.2。

**表10 推荐的纠错等级**

| 版本 | 推荐的纠错等级 | 推荐纠错等级下的数据码字数 | 最低推荐纠错等级 | 最低推荐纠错等级下的数据码字数 |
|---|---|---|---|---|
| 1 | 5 | 9 | 4 | 11 |
| 2 | 4 | 30 | 2 | 40 |
| 3 | 4 | 59 | 1 | 89 |
| 4 | 3 | 114 | 1 | 146 |
| 5～13 | 3 | 总码字的70%(向上舍入) | 1 | 总码字的90%(向上舍入) |

纠错码字可以纠正两种类型的错误，拒读错误（错误码字的位置已知）和替代错误（错误码字的位置未知）。可纠正的替代错误数和拒读错误数与纠错码字数和错误检测码字数之间的关系由式(4)给出。

$$e + 2t = d - p \quad \cdots\cdots(4)$$

式中：

$e$——拒读错误数；

$t$——替代错误数；

$d$——纠错码字数；

$p$——错误检测码字数。

在一般情况下，$p=0$。当大部分纠错容量用于纠正拒读错误时，则检不出替代错误的概率增加；当拒读错误的总数大于纠错码字总数的一半时，$p=3$；当 GM 码的纠错码字总数小于 6 时，只允许纠正替代错误（$e=0,p=1$）。

### 6.6.3 码字的分块与纠错码字的分配

运用 Reed-Solomon 纠错算法生成纠错码字时码字序列的长度受到所选用有限域的限制，GM 码采用的是 GF($2^7$)有限域，码字序列的长度应小于 128。当数据码字的个数加上纠错码字的个数大于 127 时需要将数据码字分割成多个纠错块，然后分别对每个纠错块运用纠错算法生成各自的纠错码字。

设 GM 码的总码字容量为 $C$。将 $C$ 个码字分成 $B_1$ 个长度为 $N_1$ 的块，以及 $B_2$ 个长度为 $N_2$ 的块，满足式(5)。

$$C = B_1 \times N_1 + B_2 \times N_2 \quad \cdots\cdots(5)$$

总分块数 $B$ 见式(6)。

$$B = (C + 126) \text{ DIV } 127 \quad \cdots\cdots(6)$$

当 $C$ 是 $B$ 的整数倍时，码字分块参数为：$B_1=B, N_1=C \text{ DIV } B, B_2=0, N_2=0$。

当 $C$ 不是 $B$ 的整数倍时，码字分块参数为：$N_1=(C \text{ DIV } B)+1, N_2=N_1-1, B_1=C-B \times N_2, B_2=B-B_1$。

设选定的纠错等级为 $R(1 \leqslant R \leqslant 5)$，需要生成的纠错码字总数 $E$ 见式(7)。

$$E = (C \times R) \text{ DIV } 10 \quad \cdots\cdots(7)$$

$B$ 个纠错块中，前 $B_3$ 块中每块分配 $E_1$ 个纠错码字，后 $B_4$ 块每块分配 $E_2$ 个纠错码字，分配结果满足式(8)。

$$\begin{aligned} E &= E_1 \times B_3 + E_2 \times B_4 \\ B &= B_1 + B_2 = B_3 + B_4 \end{aligned} \quad \cdots\cdots(8)$$

当 $E$ 是 $B$ 的整数倍时，纠错码字分配参数为：$B_3=B, E_1=E \text{ DIV } B, B_4=0, E_2=0$。

当 $E$ 不是 $B$ 的整数倍时，纠错码字分配参数为：$E_1=(E \text{ DIV } B)+1, E_2=E_1-1, B_3=E-B \times E_2, B_4=B-B_3$。

GM 码码字分块参数表及分块计算法则的 C 语言源代码见附录 A。

### 6.6.4 生成纠错码字

构造数据码字多项式，多项式系数是数据码字，第一个数据码字为最高次项的系数，依次排列，最后一个数据码字是最低次项（常数项）的系数。设 $k$ 是纠错码字的个数，则纠错码字多项式是数据码字多项式乘以 $x^k$ 再除以纠错生成多项式得到的余式。其中余式的最高次项的系数为第一个纠错码字，最低次项的系数为最后一个纠错码字。

GM 码生成 $k$ 个纠错码字的生成多项式 $G(x)$ 见式(9)。

$$G(x) = (x - \alpha^1)(x - \alpha^2)\cdots(x - \alpha^k) \quad \cdots\cdots(9)$$

式中：

$G(x)$——纠错生成多项式；

$\alpha$ ——有限域 GF($2^7$)的生成元；

$k$ ——要生成的纠错码字个数。

计算生成多项式系数的 C 语言源代码见附录 D。

纠错码字的生成可用图 6 的电路实现。寄存器 $a_0$ 到 $a_{k-1}$ 的初始值为 0，$g_0$ 到 $g_{k-1}$ 为生成多项式由低次到高次的系数。编码分两个阶段完成：

a) 第一阶段两个开关的位置都向下，$n$ 个时钟脉冲后结束，输入的数据码字被直接导向输出，同时寄存器 $a_0$ 到 $a_{k-1}$ 的值都被更新。这里 $n$ 是数据码字的个数。

b) 第二阶段两个开关的位置都向上，输入保持为零，$k$ 个脉冲后寄存器的值被顺序移位输出，从而生成 $k$ 个纠错码字。

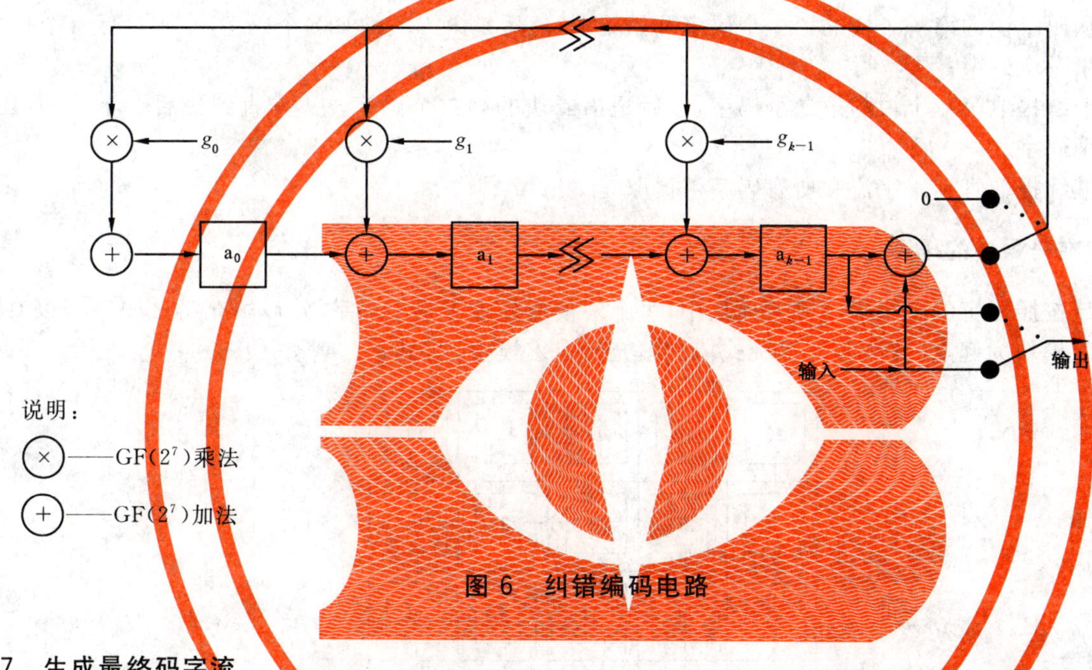


图 6 纠错编码电路

## 6.7 生成最终码字流

### 6.7.1 生成数据码字

编码输入数据生成二进制的位流。将二进制位流分成 7 位一组即生成数据码字流，位流分组中的第一个位对应于码字的最高位。最后一个码字不足 7 位时，低位以“0”填充，这样处理后的结果就是数据码字流。

### 6.7.2 确定 GM 码的各项参数

#### 6.7.2.1 确定 GM 码版本

选择可接受的最小纠错等级 $R_{min}$，计算所需的最小码字数 $C_{min}$ 见式(10)。

$$C_{min}=(10\times D)/(10-R_{min})\text{（向上舍入）} \quad\cdots\cdots(10)$$

式中：

$D$——由 6.7.1 得到的数据码字数量。

查表 1 选择可以编码 $C_{min}$ 的对应版本。

#### 6.7.2.2 确定 GM 码的实际纠错等级

版本 $V$ 的 GM 码码字容量 $C$ 是 GM 码宏模块数量的两倍，见式(11)。

$$C = 2 \times (2 \times V + 1)^2 \quad \cdots\cdots (11)$$

对于确定的版本 $V$,使用的纠错等级 $R$ 见式(12)。

$$R = [(C - D) \times 10] \text{DIV } C \quad \cdots\cdots (12)$$

当算出的 $R$ 大于 5 时,$R$ 即为最大值 5。

#### 6.7.2.3 计算填充码字

纠错等级为 $R$,纠错码字数 $E$ 见式(7)。需要加到数据码字流后的填充码字数 $P$ 见式(13)。

$$P = C - E - D \quad \cdots\cdots (13)$$

### 6.7.3 纠错块的交错排列

当 GM 码包括不止一个纠错块时,应对纠错块进行交错排列,规则如下:

a) 从码字流的第一个块的第一个码字开始提取,然后是第二块的第一个码字,直到最后一个块的第一个码字;

b) 继续提取第一个块的第二个码字,然后是第二块的第二个码字,……,直到最后一个块的第二个码字;

c) 继续提取直到码字流中所有码字被提取完。

## 6.8 码字在符号中的排列

码字流按照固定的路径填充到宏模块中,每个宏模块先填充第 1 码字,然后填充第 2 码字。以 GM 码的中心宏模块为起点,按顺时针螺旋式依次填充所有宏模块,见图 7。

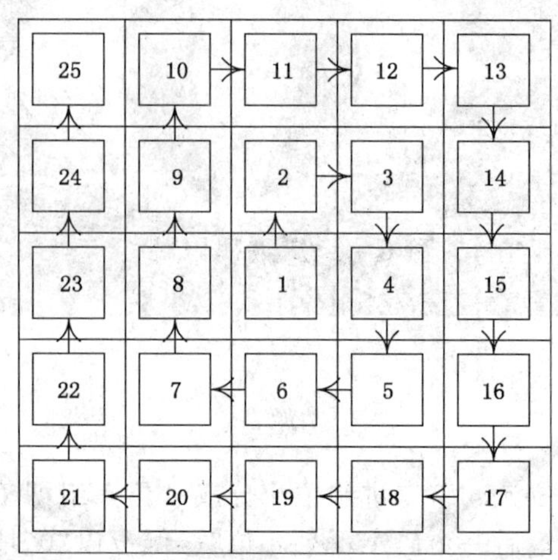


图 7 版本 2 的 GM 码的码字填充顺序示意图

图 7 所示为版本 2 的 GM 码码字填充顺序,从 1 号宏模块开始,到 25 号宏模块结束。1 号宏模块位于 GM 码的正中心,2 号宏模块在 1 号宏模块的上方。

对于版本 3 或者更高版本的 GM 码,接下来的宏模块(26)填充在 25 上面,依次不断填充,直到 GM 码所有层填充完毕。

## 6.9 编码示例

### 6.9.1 数据分析

本示例使用推荐的纠错等级编码数据“Grid Matrix”生成 GM 码。

根据附录 B 的选择方法,用数字字母混合模式编码开头 6 个字符(“Grid M”),用小写字母模式编码后续的 5 个字符。

### 6.9.2 数据编码

编码顺序如下：

a) $(0101)_{BIN}$表示数字字母混合模式；

b) “Grid M”编码见表11；

表11 数据编码

| 字符 | G | r | i | d | “空格” | M |
|---|---|---|---|---|---|---|
| 十进制值 | 16 | 53 | 44 | 39 | 62 | 22 |
| 二进制值 | 010000 | 110101 | 101100 | 100111 | 111110 | 010110 |

c) $(1111110011)_{BIN}$(十进制1011)转换编码模式到小写字符；

d) “atrix”编码见表12；

表12 数据编码

| 字符 | a | t | r | i | x |
|---|---|---|---|---|---|
| 十进制值 | 0 | 19 | 17 | 8 | 23 |
| 二进制值 | 00000 | 10011 | 10001 | 01000 | 10111 |

e) $(11011)_{BIN}$(十进制27)表示数据编码结束。

编码得到的二进制位流是：(中间空格仅用于方便阅读)

0101 010000 110101 101100 100111 111110 010110 1111110011 00000 10011 10001 01000 10111 11011

分成7位一组的码字后需要4个填充位(圆括号中所示)来填充最后一个码字。

0101010 0001101 0110110 0100111 1111100 1011011 1111001 1000001 0011100 0101000 1011111 011(0000)

该数据共12个码字。

### 6.9.3 确定GM码版本

查表10，确定用版本2的GM码编码以上数据(推荐最小纠错等级为4)。

由式(11)计算得到版本2的符号容量为：$C = 2(2V+1)^2 = 2\times(2\times2+1)^2 = 50$。

由式(12)计算使用的纠错等级为：$R = 10(C-D)$ DIV $C = 10(50-12)$ DIV $50 = 7$。$R>5$，应采用5级纠错。

由式(7)得出纠错码字的数量为：$E = (C\times R)$ DIV $10 = (50\times5)$ DIV $10 = 25$。

由式(13)得出填充码字数量为：$P = C-E-D = 50-25-12 = 13$。

紧接在数据后的填充码字为：$(0000000)_{BIN}(1111110)_{BIN}(0000000)_{BIN}(1111110)_{BIN}\cdots(0000000)_{BIN}(1111110)_{BIN}(0000000)_{BIN}$。

### 6.9.4 生成纠错码字

十进制的数据码字加上填充码字是：

42 13 54 39 124 91 121 65 28 40 95 48 0 126 0 126 0 126 0 126 0 126 0 126 0

相应的25个纠错码字是：

123 47 2 20 54 112 35 23 100 89 55 17 101 4 14 33 48 62 98 52 2 79 92 70 102

所有码字以二进制表示为：

25 个数据和填充码字

0101010 0001101 0110110 0100111 1111100 1011011 1111001 1000001 0011100 0101000 1011111 0110000 0000000 1111110 0000000 1111110 0000000 1111110 0000000 1111110 0000000 1111110 0000000 1111110 0000000

加上 25 个纠错码字

1111011 0101111 0000010 0010100 0110110 1110000 0100011 0010111 1100100 1011001 0110111 0010001 1100101 0000100 0001110 0100001 0110000 0111110 1100010 0110100 0000010 1001111 1011100 1000110 1100110

### 6.9.5 宏模块的排列

版本 2 的 GM 码由 25 个宏模块组成(13 个深色边宏模块和 12 个浅色边宏模块)，见图 8。

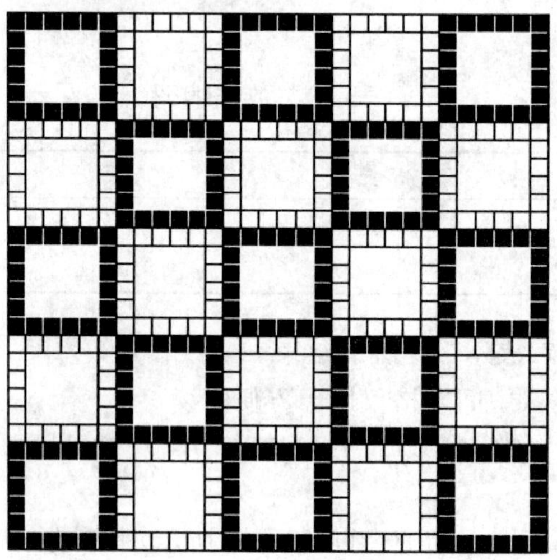

**图 8 版本 2 的 GM 码宏模块的排列**

将层标识号插入到每个宏模块，见图 9。

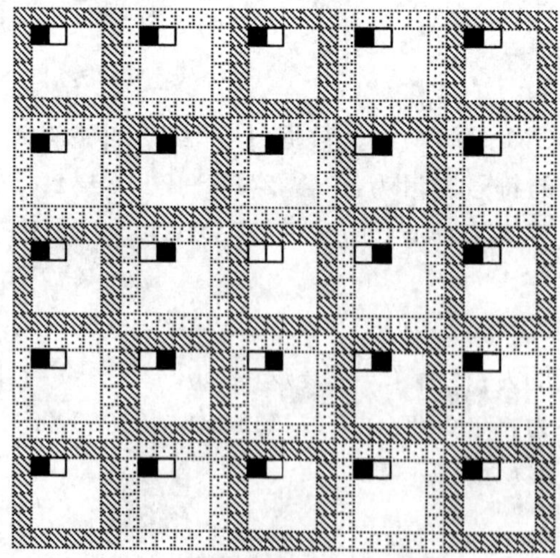

**图 9 版本 2 纠错等级 5 的层标识号**

### 6.9.6 数据码字的排列

向宏模块中填入码字的顺序是从中心向外顺时针排列，见图 7。图 10 显示的是排列的头几步：

a) 第一个码字$(0101010)_{BIN}$填在中心深色边宏模块的第1码字($b_6 \sim b_0$)位置上;

b) 第二个码字$(0001101)_{BIN}$填在同一个宏模块的第2码字($b_{13} \sim b_7$)位置上;

c) 第三个码字$(0110110)_{BIN}$填在中间靠上的浅色边宏模块的第1码字位置上;

d) 第四个码字填在同一个宏模块的第2码字位置上,后续的码字以此顺序依次排列。

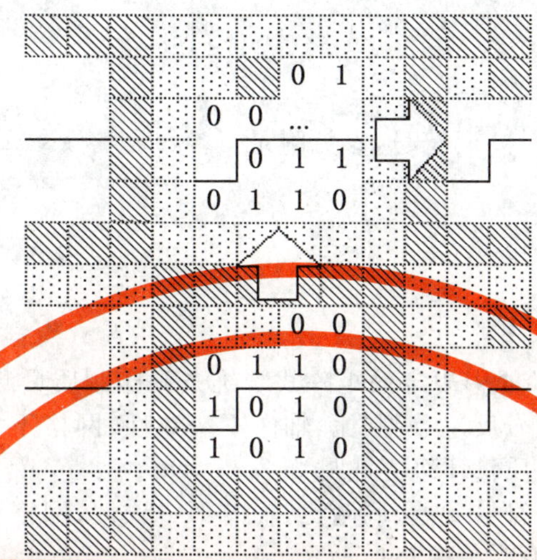

图10 头几个码字在GM码中的排列

图11展示了在GM码中填入码字的过程。填入码字的过程如左图所示:12个数据码字以螺旋排列的顺序填到头6个宏模块中,其后13个填充码字填入到接下来的6½个宏模块中,在GM码的右上角宏模块的第1码字位置结束;纠错码字从该宏模块的第2码字位置开始填入,在图中仅显示了一部分。填充完毕后,生成了右图。

图11 编码了数据"Grid Matrix"的GM码

## 7 符号印制

### 7.1 尺寸

GM码符号尺寸的确定:

X尺寸:单元模块宽度根据应用要求、采用的扫描技术以及符号生成技术来确定。

Y尺寸:单元模块高度应与单元模块宽度相等。

最小空白区:在GM码符号周围的空白区宽度尺寸为6X。

## 7.2 供人识读字符

GM码可以编码数百个字符，可用描述性的文本而不是全部数据原文与GM码符号同时印制在一起。

字符尺寸与字体不作具体规定，可印制在GM码周围的任意区域，但不能影响GM码符号本身及空白区。

## 7.3 符号制作指南

可用多种不同的技术制作GM码符号，参见附录C。

# 8 符号质量

## 8.1 符号质量评级

GM码符号采用GB/T 23704中规定的矩阵式二维条码印制质量测试导则进行质量评级。

评级参数包括符号译码、符号反差、调制比、轴向不一致性、网格不一致性、未使用的纠错以及固有图形污损，其中固有图形污损的质量评级方法见8.2。

一次扫描获得的符号译码、符号反差、调制比、轴向不一致性、网格不一致性、未使用的纠错以及固有图形污损各参数等级的最低值为单次扫描等级。

符号等级为从不同角度进行的5次扫描获得的单次扫描等级的算术平均值。两次扫描译码获得的数据不同时，符号等级为0。符号等级按质量高低以4.0～1.0的数字形式表示，小数点后应保留一位。

## 8.2 固有图形污损质量等级

### 8.2.1 需评估的固有图形

GM码需要评级的固有图形包括(见图12)：

a) 空白区；

b) 层标识号区域；

c) 宏模块边框。

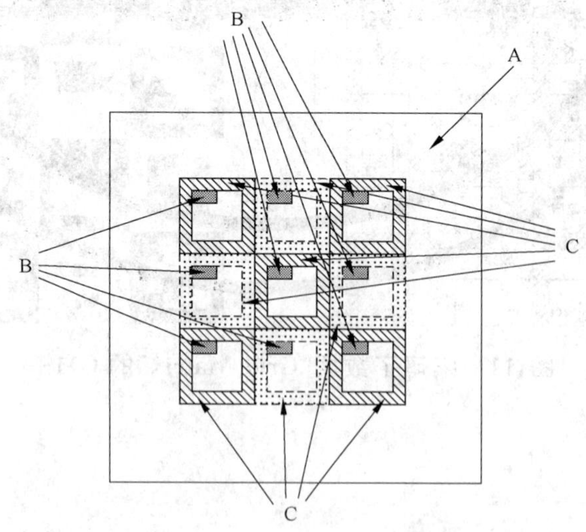


说明：

A——空白区；

B——层标识号区域；

C——宏模块边框。

图12 版本1的GM码的固有图形

固有图形污损的质量等级为空白区、层标识号区域和宏模块边框三个质量等级的最低值。

### 8.2.2 空白区质量评级

空白区环绕在 GM 码周围，为 6 个单元模块宽且空白区单元模块均为浅色。空白区内单元模块数量为 $144+144(2V+1)$，其中 $V$ 是 GM 码的版本。将译码过程中建立的采样网格延拓到空白区，在空白区内统计深色单元模块的数量，求出空白区内深色单元模块占空白区总单元模块数的百分比，评级规则见表 13。

### 8.2.3 宏模块边框质量评级

每个宏模块均有一个边框，每个边框有 20 个单元模块，当其中任何一个单元模块颜色读取错误时，该边框被视为错误边框，统计错误边框数量，根据错误边框数占总边框数的百分比对边框区域进行评级，见表 13。

### 8.2.4 层标识号区域质量评级

每个宏模块有两个层标识号单元模块，GM 码中层标识号单元模块总数为 $2(2V+1)^2$，其中 $V$ 为版本。统计层标识号单元模块错误的数量，根据错误的层标识号单元模块数占总层标识号单元模块数量的百分比确定质量等级，见表 13。

表 13 固定区域损失的评级阈值

| 空白区 | 宏模块边框 | 层标识号 | 等级 |
|---|---|---|---|
| 错误单元模块比率 | 错误边框比率 | 错误单元模块比率 | |
| 0% | 0% | 0% | 4 |
| ≤10% | ≤5% | ≤3% | 3 |
| ≤20% | ≤10% | ≤7% | 2 |
| ≤30% | ≤15% | ≤11% | 1 |
| >30% | >15% | >11% | 0 |

## 9 译码过程

### 9.1 概述

GM 码的译码过程如下：

a) 灰阶图像二值化

抓取的图像通常是灰阶图像。使用附录 E.1 中的二值化算法将灰阶图像转化为二值图像。以下的步骤均是在二值图像上实施的。

b) 获取边界图像及连通分支

称二值图像中的一个像素点为边界点是指该像素点本身为白色且其周围的 4 个像素至少有一个为黑色。由二值图像的所有边界点组成的图像称为其边界图像。分别提取边界图像的所有连通分支（8 连通），从边界图像中删去尺寸小的连通分支。

c) 估计 GM 码的水平斜率和竖直斜率

根据边界图像估计 GM 码的水平斜率和竖直斜率。

d) 估计宏模块的面积

根据边界图像分别估计宏模块的宽度和高度，从而得到宏模块的面积。从边界图像删去所有面积小于该估计面积值70%的连通分支，得到的图像称为框架图像。

e) 计算宏模块的中心

根据框架图像和GM码的水平斜率和竖直斜率计算所有宏模块的中心。

f) 计算宏模块的顶点

对邻近的宏模块中心插值可以计算得到宏模块的顶点。

g) 数据采样

根据宏模块的顶点计算采样网格。黑色像素表示二进制的“1”，白色像素表示二进制的“0”。

h) 推导GM码的方向、中心宏模块和纠错等级

根据层标识号可以推导得到GM码的方向、中心宏模块和纠错等级。

i) 还原GM码码字并纠错

根据码字排列规则得到GM码码字，进行纠错后得到原始信息的编码位流。

j) 编码位流解码

根据6.3、6.4和6.5定义的编码方法对编码位流进行解码。

### 9.2 参考译码算法

GM码的参考译码算法参见附录E。

## 10 数据传输

### 10.1 符号标识符

ISO/IEC 15424提供了一个标准的程序，根据译码器的设置和GM码的自身特性报告被读取的码制。

一旦数据结构（包括使用的ECI模式）被识别，译码器将适当的符号标识符作为一个段首标记追加到被传输的数据上。GM码使用了ECI模式或FNC1功能码时，符号标识符应被传输。

GM码的符号标识符是“]gm”，其中：

a) ]是符号标识符（GB/T 1988值为93）；

b) g是GM码的编码字符；

c) m是变数值，取值为表14中的某一值。

**表14 符号标识符与变数值**

| 变数值 | 含义 |
|---|---|
| 0 | 未使用ECI协议 |
| 1 | 已使用ECI协议 |
| 2 | 未使用ECI协议，FNC1用于指示GS1应用 |
| 3 | 已使用ECI协议，FNC1用于指示GS1应用 |
| 4 | 未使用ECI协议，FNC1用于指示AIM应用 |
| 5 | 已使用ECI协议，FNC1用于指示AIM应用 |

### 10.2 扩展信道解释

在支持ECI协议的系统中，每一传输都要求传输符号标识符。当遇到ECI模式指示符时，它应作

为转义字符“\”(GB/T 1988 中值 92)被传输。根据表 7 定义的规则，将紧跟在 ECI 模式指示符后的 11、17 或 22 位转化为 6 位数字，这些数字将按其 GB/T 1988 值进行传输(48 到 57)。

应用软件识别到\nnnnnn 之后，将所有后续字符解释为来自 6 位数字的指示符定义的 ECI。该解释一直有效直至数据结束或遇到另一个 ECI 指示符。

当字符“\”需要作为被编码的数据时，应按如下方式进行传输：每当字符“\”作为数据出现，应传输两个该值的字节，因此每当单个值出现，总是一个转义字符，连续两次出现则表示真正的数据。

示例：

被编码的数据：按 ECI 123456 规则编码 A\\B\C

被传输的数据：]g1\123456A\\\\B\\C

注：除非 GM 码确实使用了 ECI 模式指示符，符号标识符]g1，]g3，]g5 不应被传输，并且反斜杠字符“\”不应被传输两次。

## 10.3 FNC1

功能码没有对应的字节值，不能被直接传输，应通过相关的符号标识符(]g2，]g3，]g4，]g5)指示功能码 FNC1 被使用的情形(见 10.1)。

## 10.4 FNC2

功能码 FNC2 用于结构链接，译码器在传输前将数据文件重新链接，不传输结构链接头。如果结构链接中任一 GM 码读取失败，译码器不传输任何数据。

## 10.5 FNC3

功能码 FNC3 用于指示识读器将该 GM 码中的数据作为初始化参数，这些数据不应被传输。识读器可以根据 GM 码中的数据进行初始化。

# 附 录 A
（规范性附录）
# 码字分块参数C语言源代码

6.6.3定义的码字分块参数的C语言源代码如下：

```
/ *
功能:为指定版本和纠错等级的GM码计算码字分块参数
输入:GM码的版本和纠错等级
输出:分块结果
    码字个数为B1的块有N1块,码字个数为B2的块有N2块
    前B3块每块纠错码字E1个,后B4块每块纠错码字E2个
* /
#define N 127
int B1,N1,B2,N2;
int B3,E1,B4,E4;
void rs_block(int V,/ * GM码的版本,1—13 * /
int R) / * 纠错等级,  1—5   * /
{
    int C;/ * GM码的总码字数   * /
    int E;/ * 纠错码字数       * /
    int B;/ * 总分块数         * /
    C = (2 * V + 1) * (2 * V + 1) * 2;
    B = (C + N - 1) / N;
    if (0 = = C % B){
      B1 = B;
      N1 = C/B;
      B2 = 0;
      N2 = 0;
    } else {
      N1 = C / B + 1;
      N2 = N1 - 1;
      B1 = C - B * N2;
      B2 = B - B1;
    }
    E = (int)(C * 0.1 * R);
    if (0 = = E % B){
      B3 = B;
      E1 = E / B;
      B4 = 0;
      E2 = 0;
    } else {
      E1 = E / B + 1;
```

```
        E2 = E1 - 1;
        B3 = E - B * E2;
        B4 = B - B3;
    }
    return;
}
```

表 A.1 列出了所有版本和纠错等级的 GM 码的分块参数。

**表 A.1 GM 码分块参数**

| 版本 | 纠错等级 | 码字总数 | 数据码字数 | 分块参数 | | | | | | | |
|---|---|---|---|---|---|---|---|---|---|---|---|
| | | | | N1 | B1 | N2 | B2 | E1 | B3 | E2 | B4 |
| 1 | 1 | N/A | — | — | — | — | — | — | — | — | — |
| | 2 | 18 | 15 | 18 | 1 | 0 | 0 | 3 | 1 | 0 | 0 |
| | 3 | 18 | 13 | 18 | 1 | 0 | 0 | 5 | 1 | 0 | 0 |
| | 4 | 18 | 11 | 18 | 1 | 0 | 0 | 7 | 1 | 0 | 0 |
| | 5 | 18 | 9 | 18 | 1 | 0 | 0 | 9 | 1 | 0 | 0 |
| 2 | 1 | 50 | 45 | 50 | 1 | 0 | 0 | 5 | 1 | 0 | 0 |
| | 2 | 50 | 40 | 50 | 1 | 0 | 0 | 10 | 1 | 0 | 0 |
| | 3 | 50 | 35 | 50 | 1 | 0 | 0 | 15 | 1 | 0 | 0 |
| | 4 | 50 | 30 | 50 | 1 | 0 | 0 | 20 | 1 | 0 | 0 |
| | 5 | 50 | 25 | 50 | 1 | 0 | 0 | 25 | 1 | 0 | 0 |
| 3 | 1 | 98 | 89 | 98 | 1 | 0 | 0 | 9 | 1 | 0 | 0 |
| | 2 | 98 | 79 | 98 | 1 | 0 | 0 | 19 | 1 | 0 | 0 |
| | 3 | 98 | 69 | 98 | 1 | 0 | 0 | 29 | 1 | 0 | 0 |
| | 4 | 98 | 59 | 98 | 1 | 0 | 0 | 39 | 1 | 0 | 0 |
| | 5 | 98 | 49 | 98 | 1 | 0 | 0 | 49 | 1 | 0 | 0 |
| 4 | 1 | 162 | 146 | 81 | 2 | 0 | 0 | 8 | 2 | 0 | 0 |
| | 2 | 162 | 130 | 81 | 2 | 0 | 0 | 16 | 2 | 0 | 0 |
| | 3 | 162 | 114 | 81 | 2 | 0 | 0 | 24 | 2 | 0 | 0 |
| | 4 | 162 | 98 | 81 | 2 | 0 | 0 | 32 | 2 | 0 | 0 |
| | 5 | 162 | 81 | 81 | 2 | 0 | 0 | 41 | 1 | 40 | 1 |
| 5 | 1 | 242 | 218 | 121 | 2 | 0 | 0 | 12 | 2 | 0 | 0 |
| | 2 | 242 | 194 | 121 | 2 | 0 | 0 | 24 | 2 | 0 | 0 |
| | 3 | 242 | 170 | 121 | 2 | 0 | 0 | 36 | 2 | 0 | 0 |
| | 4 | 242 | 146 | 121 | 2 | 0 | 0 | 48 | 2 | 0 | 0 |
| | 5 | 242 | 121 | 121 | 2 | 0 | 0 | 61 | 1 | 60 | 1 |

表 A.1（续）

| 版本 | 纠错等级 | 码字总数 | 数据码字数 | 分块参数 | | | | | | | |
|---|---|---|---|---|---|---|---|---|---|---|---|
| | | | | N1 | B1 | N2 | B2 | E1 | B3 | E2 | B4 |
| 6 | 1 | 338 | 305 | 113 | 2 | 112 | 1 | 11 | 3 | 0 | 0 |
| | 2 | 338 | 271 | 113 | 2 | 112 | 1 | 23 | 1 | 22 | 2 |
| | 3 | 338 | 237 | 113 | 2 | 112 | 1 | 34 | 2 | 33 | 1 |
| | 4 | 338 | 203 | 113 | 2 | 112 | 1 | 45 | 3 | 0 | 0 |
| | 5 | 338 | 169 | 113 | 2 | 112 | 1 | 57 | 1 | 56 | 2 |
| 7 | 1 | 450 | 405 | 113 | 2 | 112 | 2 | 12 | 1 | 11 | 3 |
| | 2 | 450 | 360 | 113 | 2 | 112 | 2 | 23 | 2 | 22 | 2 |
| | 3 | 450 | 315 | 113 | 2 | 112 | 2 | 34 | 3 | 33 | 1 |
| | 4 | 450 | 270 | 113 | 2 | 112 | 2 | 45 | 4 | 0 | 0 |
| | 5 | 450 | 225 | 113 | 2 | 112 | 2 | 57 | 1 | 56 | 3 |
| 8 | 1 | 578 | 521 | 116 | 3 | 115 | 2 | 12 | 2 | 11 | 3 |
| | 2 | 578 | 463 | 116 | 3 | 115 | 2 | 23 | 5 | 0 | 0 |
| | 3 | 578 | 405 | 116 | 3 | 115 | 2 | 35 | 3 | 34 | 2 |
| | 4 | 578 | 347 | 116 | 3 | 115 | 2 | 47 | 1 | 46 | 4 |
| | 5 | 578 | 289 | 116 | 3 | 115 | 2 | 58 | 4 | 57 | 1 |
| 9 | 1 | 722 | 650 | 121 | 2 | 120 | 4 | 12 | 6 | 0 | 0 |
| | 2 | 722 | 578 | 121 | 2 | 120 | 4 | 24 | 6 | 0 | 0 |
| | 3 | 722 | 506 | 121 | 2 | 120 | 4 | 36 | 6 | 0 | 0 |
| | 4 | 722 | 434 | 121 | 2 | 120 | 4 | 48 | 6 | 0 | 0 |
| | 5 | 722 | 361 | 121 | 2 | 120 | 4 | 61 | 1 | 60 | 5 |
| 10 | 1 | 882 | 794 | 126 | 7 | 0 | 0 | 13 | 4 | 12 | 3 |
| | 2 | 882 | 706 | 126 | 7 | 0 | 0 | 26 | 1 | 25 | 6 |
| | 3 | 882 | 618 | 126 | 7 | 0 | 0 | 38 | 5 | 37 | 2 |
| | 4 | 882 | 530 | 126 | 7 | 0 | 0 | 51 | 2 | 50 | 5 |
| | 5 | 882 | 441 | 126 | 7 | 0 | 0 | 63 | 7 | 0 | 0 |
| 11 | 1 | 1 058 | 953 | 118 | 5 | 117 | 4 | 12 | 6 | 11 | 3 |
| | 2 | 1 058 | 847 | 118 | 5 | 117 | 4 | 24 | 4 | 23 | 5 |
| | 3 | 1 058 | 741 | 118 | 5 | 117 | 4 | 36 | 2 | 35 | 7 |
| | 4 | 1 058 | 635 | 118 | 5 | 117 | 4 | 47 | 9 | 0 | 0 |
| | 5 | 1 058 | 529 | 118 | 5 | 117 | 4 | 59 | 7 | 58 | 2 |

表 A.1(续)

| 版本 | 纠错等级 | 码字总数 | 数据码字数 | 分块参数 | | | | | | | |
|---|---|---|---|---|---|---|---|---|---|---|---|
| | | | | N1 | B1 | N2 | B2 | E1 | B3 | E2 | B4 |
| 12 | 1 | 1 250 | 1 125 | 125 | 10 | 0 | 0 | 13 | 5 | 12 | 5 |
| | 2 | 1 250 | 1 000 | 125 | 10 | 0 | 0 | 25 | 10 | 0 | 0 |
| | 3 | 1 250 | 875 | 125 | 10 | 0 | 0 | 38 | 5 | 37 | 5 |
| | 4 | 1 250 | 750 | 125 | 10 | 0 | 0 | 50 | 10 | 0 | 0 |
| | 5 | 1 250 | 625 | 125 | 10 | 0 | 0 | 63 | 5 | 62 | 5 |
| 13 | 1 | 1 458 | 1 313 | 122 | 6 | 121 | 6 | 13 | 1 | 12 | 11 |
| | 2 | 1 458 | 1 167 | 122 | 6 | 121 | 6 | 25 | 3 | 24 | 9 |
| | 3 | 1 458 | 1 021 | 122 | 6 | 121 | 6 | 37 | 5 | 36 | 7 |
| | 4 | 1 458 | 875 | 122 | 6 | 121 | 6 | 49 | 7 | 48 | 5 |
| | 5 | 1 458 | 729 | 122 | 6 | 121 | 6 | 61 | 9 | 60 | 3 |

# 附 录 B
（资料性附录）
# 位流长度的优化

## B.1 GM码编码数据类型的分析

### B.1.1 按数据类型分段

GM码总共有6种基本的数据类型：汉字、数字、小写字母、大写字母、控制字符、字节。

首先将需要编码的数据按这6种基本的数据类型进行分段。将输入数据看作字节流，按以下步骤，给每个字节赋予一个类型，连续的相同的数据类型被归为一个数据段。

a） 遍历字节流，若任意两个连续的字节可以组成一个GB 18030双字节1区及双字节2区的字符，则将这两个字节归为汉字类型。对一个或多个连续的"回车换行"字符，如果它们前面的两字节或后面的两字节为汉字类型，则将它们归为汉字类型，否则它们的类型是未定的。若数字对（"00"到"99"）的前两个字节及后两个字节均为汉字类型，则将该数字对归为汉字类型。

b） 从"a"到"z"的所有字节归为小写字母类型。

c） 从"A"到"Z"的所有字节归为大写字母类型。

d） 对一个或多个连续的空格，它们的类型根据这些空格前面的数据类型或后面的数据类型确定：

　1） 若这些空格前面的数据类型是小写字母类型或大写字母类型，则将这些空格归为其前面的数据类型，否则转2）；

　2） 若这些空格后面的数据类型是小写字母类型或大写字母类型，则将这些空格归为其后面的数据类型，否则转3）；

　3） 这些空格的类型是未定的。

e） 从"0"到"9"的所有字节归为数字类型。满足6.4.2规定的可以归入数字类型的"空格"、"＋"、"－"、"．"、"，"、"回车换行"也同时归为数字类型。

f） 剩下的所有未归类的字节被归为字节类型。但如果某一段字节类型满足以下所有条件，则该段数据被归为控制字符类型：

　1） 该段数据不是第一个数据段；

　2） 该段数据内的所有字符都是控制字符（见表6）；

　3） 该段数据的长度不超过3字节；

　4） 该段数据的前一数据段不是汉字类型。

### B.1.2 数据类型调整

根据一个数据段及其邻近数据段编码的位流长度，对一个数据段的类型进行调整。调整的规则为：根据连续的3（或4）个数据段，对所有可能的调整方案计算编码位流的长度，取其中位流最短的方案。调整从第一个数据段开始直至最后一个数据段结束：

a） 对第一个数据段，考虑它和其后的两个数据段，对所有可能的调整方案计算编码位流的长度，根据位流最短的方案确定第一个数据段的编码类型。

b） 从第二个数据段开始，考虑4个数据段（前一数据段，当前数据段，其后的两个数据段），前一数据段的编码类型固定，对当前数据段和其后的两个数据段，计算所有可能的调整方案的编码位流长度，根据位流最短的方案确定当前数据段的编码类型。直至最后的三个数据段。

c) 最后三个数据段的编码类型由最后 4 段数据的位流最短的调整方案确定。
如果有几种调整方案得到的编码位流长度是一样的,则根据以下规则选取当前数据段的编码类型:
1) 若存在一种方案保持当前段数据类型不变,则保持数据段的初始类型不变;
2) 若几种调整方案当前段数据类型均变化,则根据以下优先级选取当前数据段的编码类型:数字＞小写字母＞大写字母＞数字字母混合＞控制字符＞字节＞汉字。

表 B.1 列出了每一种数据类型允许的编码类型。若数字类型被调整为数字字母混合类型,则数字类型中的非数字字符被调整为控制字符。

**表 B.1 各数据类型可能的编码类型**

| 原数据类型 | 可能的编码类型 |
|---|---|
| 汉字 | 汉字<br>字节 |
| 数字 | 数字<br>数字字母混合<br>字节<br>汉字 |
| 小写字母 | 小写字母<br>数字字母混合<br>字节<br>汉字 |
| 大写字母 | 大写字母<br>数字字母混合<br>字节<br>汉字 |
| 控制字符 | 控制字符<br>字节<br>汉字 |
| 字节 | 字节<br>汉字 |

## B.2 编码数据类型分析的例子

以下给出一个编码数据类型分析的例子。
输入数据:国外通信教材 Matlab6.5
输入数据首先被分为 4 段,见表 B.2。

**表 B.2 根据数据类型分段**

| 国外通信教材 | 〈空格〉M | atlab | 6.5 |
|---|---|---|---|
| 汉字 | 大写字母 | 小写字母 | 数字 |

对开头的3个数据段(6个汉字、2个大写字母、5个小写字母),表B.3列出了所有可能的调整方案及其编码位流的长度:

**表B.3 编码位流长度的计算**

| 可能的编码方案 | | | 位流长度计算 | | | | | | 结果 |
|---|---|---|---|---|---|---|---|---|---|
| 当前段 | 其后第一段 | 其后第二段 | | | | | | | |
| 汉字 | 大写字母 | 小写字母 | 4 | 13×6 | 13 | 5×2 | 5 | 5×5 | 135 |
| 汉字 | 大写字母 | 混合 | 4 | 13×6 | 13 | 5×2 | 7 | 6×5 | 142 |
| 汉字 | 大写字母 | 字节 | 4 | 13×6 | 13 | 5×2 | 7 | 9+8×5 | 161 |
| 汉字 | 大写字母 | 汉字 | 4 | 13×6 | 13 | 5×2 | 5 | 13×5 | 175 |
| 汉字 | 混合 | 小写字母 | 4 | 13×6 | 13 | 6×2 | 10 | 5×5 | 142 |
| 汉字 | 混合 | 混合 | 4 | 13×6 | 13 | 6×2 | 0 | 6×5 | 137 |
| 汉字 | 混合 | 字节 | 4 | 13×6 | 13 | 6×2 | 10 | 9+8×5 | 166 |
| 汉字 | 混合 | 汉字 | 4 | 13×6 | 13 | 6×2 | 10 | 13×5 | 182 |
| 汉字 | 字节 | 小写字母 | 4 | 13×6 | 13 | 9+8×2 | 4 | 5×5 | 149 |
| 汉字 | 字节 | 混合 | 4 | 13×6 | 13 | 9+8×2 | 4 | 6×5 | 154 |
| 汉字 | 字节 | 字节 | 4 | 13×6 | 13 | 9+8×2 | 0 | 8×5 | 160 |
| 汉字 | 字节 | 汉字 | 4 | 13×6 | 13 | 9+8×2 | 4 | 13×5 | 189 |
| 汉字 | 汉字 | 小写字母 | 4 | 13×6 | 0 | 13×2 | 13 | 5×5 | 146 |
| 汉字 | 汉字 | 混合 | 4 | 13×6 | 0 | 13×2 | 13 | 6×5 | 151 |
| 汉字 | 汉字 | 字节 | 4 | 13×6 | 0 | 13×2 | 13 | 9+8×5 | 170 |
| 汉字 | 汉字 | 汉字 | 4 | 13×6 | 0 | 13×2 | 0 | 13×5 | 173 |
| 字节 | 大写字母 | 小写字母 | 4 | 9+16×6 | 4 | 5×2 | 5 | 5×5 | 153 |
| 字节 | 大写字母 | 混合 | 4 | 9+16×6 | 4 | 5×2 | 7 | 6×5 | 160 |
| 字节 | 大写字母 | 字节 | 4 | 9+16×6 | 4 | 5×2 | 7 | 9+8×5 | 179 |
| 字节 | 大写字母 | 汉字 | 4 | 9+16×6 | 4 | 5×2 | 5 | 13×5 | 193 |
| 字节 | 混合 | 小写字母 | 4 | 9+16×6 | 4 | 6×2 | 10 | 5×5 | 160 |
| 字节 | 混合 | 混合 | 4 | 9+16×6 | 4 | 6×2 | 0 | 6×5 | 155 |
| 字节 | 混合 | 字节 | 4 | 9+16×6 | 4 | 6×2 | 10 | 9+8×5 | 184 |
| 字节 | 混合 | 汉字 | 4 | 9+16×6 | 4 | 6×2 | 10 | 13×5 | 200 |
| 字节 | 字节 | 小写字母 | 4 | 9+16×6 | 0 | 8×2 | 4 | 5×5 | 154 |
| 字节 | 字节 | 混合 | 4 | 9+16×6 | 0 | 8×2 | 4 | 6×5 | 159 |
| 字节 | 字节 | 字节 | 4 | 9+16×6 | 0 | 8×2 | 0 | 8×5 | 165 |
| 字节 | 字节 | 汉字 | 4 | 9+16×6 | 0 | 8×2 | 4 | 13×5 | 194 |
| 字节 | 汉字 | 小写字母 | 4 | 9+16×6 | 4 | 13×2 | 13 | 5×5 | 177 |
| 字节 | 汉字 | 混合 | 4 | 9+16×6 | 4 | 13×2 | 13 | 6×5 | 182 |
| 字节 | 汉字 | 字节 | 4 | 9+16×6 | 4 | 13×2 | 13 | 9+8×5 | 201 |
| 字节 | 汉字 | 汉字 | 4 | 9+16×6 | 4 | 13×2 | 0 | 13×5 | 204 |

从表 B.3 可以看出，编码方案汉字、大写字母、小写字母需要的位流最短，故第一段数据（6 个汉字）使用汉字类型进行编码。

为了得到第二个数据段的编码类型，固定其前一数据段（第一段）为汉字类型，计算当前段（第二段）和其后两个数据段（第三、四段）所有可能的调整方案的编码位流长度，计算结果列于表 B.4。

**表 B.4　位流长度计算**

| 可能的编码方案 | | | 位流长度计算 | | | | | | | 结果 |
|---|---|---|---|---|---|---|---|---|---|---|
| 当前段 | 其后第一段 | 其后第二段 | | | | | | | | |
| 大写字母 | 小写字母 | 数字 | 13 | 5×2 | 5 | 5×5 | 5 | 2+10+10 | 10 | 90 |
| 大写字母 | 小写字母 | 混合 | 13 | 5×2 | 5 | 5×5 | 7 | 6×2+16 | 10 | 98 |
| 大写字母 | 小写字母 | 字节 | 13 | 5×2 | 5 | 5×5 | 7 | 9+8×3 | 4 | 97 |
| 大写字母 | 小写字母 | 汉字 | 13 | 5×2 | 5 | 5×5 | 5 | 13×3 | 13 | 110 |
| 大写字母 | 混合 | 数字 | 13 | 5×2 | 7 | 6×5 | 10 | 2+10+10 | 10 | 102 |
| 大写字母 | 混合 | 混合 | 13 | 5×2 | 7 | 6×5 | 0 | 6×2+16 | 10 | 98 |
| 大写字母 | 混合 | 字节 | 13 | 5×2 | 7 | 6×5 | 10 | 9+8×3 | 4 | 107 |
| 大写字母 | 混合 | 汉字 | 13 | 5×2 | 7 | 6×5 | 10 | 13×3 | 13 | 122 |
| 大写字母 | 字节 | 数字 | 13 | 5×2 | 7 | 9+8×5 | 4 | 2+10+10 | 10 | 115 |
| 大写字母 | 字节 | 混合 | 13 | 5×2 | 7 | 9+8×5 | 4 | 6×2+16 | 10 | 121 |
| 大写字母 | 字节 | 字节 | 13 | 5×2 | 7 | 9+8×5 | 0 | 9+8×3 | 4 | 116 |
| 大写字母 | 字节 | 汉字 | 13 | 5×2 | 7 | 9+8×5 | 4 | 13×3 | 13 | 135 |
| 大写字母 | 汉字 | 数字 | 13 | 5×2 | 5 | 13×5 | 13 | 2+10+10 | 10 | 138 |
| 大写字母 | 汉字 | 混合 | 13 | 5×2 | 5 | 13×5 | 13 | 6×2+16 | 10 | 144 |
| 大写字母 | 汉字 | 字节 | 13 | 5×2 | 5 | 13×5 | 13 | 9+8×3 | 4 | 143 |
| 大写字母 | 汉字 | 汉字 | 13 | 5×2 | 5 | 13×5 | 0 | 13×3 | 13 | 145 |
| 混合 | 小写字母 | 数字 | 13 | 6×2 | 10 | 5×5 | 5 | 2+10+10 | 10 | 97 |
| 混合 | 小写字母 | 混合 | 13 | 6×2 | 10 | 5×5 | 7 | 6×2+16 | 10 | 105 |
| 混合 | 小写字母 | 字节 | 13 | 6×2 | 10 | 5×5 | 7 | 9+8×3 | 4 | 104 |
| 混合 | 小写字母 | 汉字 | 13 | 6×2 | 10 | 5×5 | 5 | 13×3 | 13 | 117 |
| 混合 | 混合 | 数字 | 13 | 6×2 | 0 | 6×5 | 10 | 2+10+10 | 10 | 97 |
| 混合 | 混合 | 混合 | 13 | 6×2 | 0 | 6×5 | 0 | 6×2+16 | 10 | 93 |
| 混合 | 混合 | 字节 | 13 | 6×2 | 0 | 6×5 | 10 | 9+8×3 | 4 | 102 |
| 混合 | 混合 | 汉字 | 13 | 6×2 | 0 | 6×5 | 10 | 13×3 | 13 | 117 |
| 混合 | 字节 | 数字 | 13 | 6×2 | 10 | 9+8×5 | 4 | 2+10+10 | 10 | 120 |
| 混合 | 字节 | 混合 | 13 | 6×2 | 10 | 9+8×5 | 4 | 6×2+16 | 10 | 126 |
| 混合 | 字节 | 字节 | 13 | 6×2 | 10 | 9+8×5 | 0 | 9+8×3 | 4 | 121 |
| 混合 | 字节 | 汉字 | 13 | 6×2 | 10 | 9+8×5 | 4 | 13×3 | 13 | 140 |
| 混合 | 汉字 | 数字 | 13 | 6×2 | 10 | 13×5 | 13 | 2+10+10 | 10 | 145 |
| 混合 | 汉字 | 混合 | 13 | 6×2 | 10 | 13×5 | 13 | 6×2+16 | 10 | 151 |
| 混合 | 汉字 | 字节 | 13 | 6×2 | 10 | 13×5 | 13 | 9+8×3 | 4 | 150 |

表 B.4（续）

| 可能的编码方案 | | | 位流长度计算 | | | | | | | 结果 |
|---|---|---|---|---|---|---|---|---|---|---|
| 当前段 | 其后第一段 | 其后第二段 | | | | | | | | |
| 混合 | 汉字 | 汉字 | 13 | 6×2 | 10 | 13×5 | 0 | 13×3 | 13 | 152 |
| 字节 | 小写字母 | 数字 | 13 | 9+8×2 | 4 | 5×5 | 5 | 2+10+10 | 10 | 104 |
| 字节 | 小写字母 | 混合 | 13 | 9+8×2 | 4 | 5×5 | 7 | 6×2+16 | 10 | 112 |
| 字节 | 小写字母 | 字节 | 13 | 9+8×2 | 4 | 5×5 | 7 | 9+8×3 | 4 | 111 |
| 字节 | 小写字母 | 汉字 | 13 | 9+8×2 | 4 | 5×5 | 5 | 13×3 | 13 | 124 |
| 字节 | 混合 | 数字 | 13 | 9+8×2 | 4 | 6×5 | 10 | 2+10+10 | 10 | 114 |
| 字节 | 混合 | 混合 | 13 | 9+8×2 | 4 | 6×5 | 0 | 6×2+16 | 10 | 110 |
| 字节 | 混合 | 字节 | 13 | 9+8×2 | 4 | 6×5 | 10 | 9+8×3 | 4 | 119 |
| 字节 | 混合 | 汉字 | 13 | 9+8×2 | 4 | 6×5 | 10 | 13×3 | 13 | 134 |
| 字节 | 字节 | 数字 | 13 | 9+8×2 | 0 | 9+8×5 | 4 | 2+10+10 | 10 | 123 |
| 字节 | 字节 | 混合 | 13 | 9+8×2 | 0 | 9+8×5 | 4 | 6×2+16 | 10 | 129 |
| 字节 | 字节 | 字节 | 13 | 9+8×2 | 0 | 9+8×5 | 0 | 9+8×3 | 4 | 124 |
| 字节 | 字节 | 汉字 | 13 | 9+8×2 | 0 | 9+8×5 | 4 | 13×3 | 13 | 143 |
| 字节 | 汉字 | 数字 | 13 | 9+8×2 | 4 | 13×5 | 13 | 2+10+10 | 10 | 152 |
| 字节 | 汉字 | 混合 | 13 | 9+8×2 | 4 | 13×5 | 13 | 6×2+16 | 10 | 158 |
| 字节 | 汉字 | 字节 | 13 | 9+8×2 | 4 | 13×5 | 13 | 9+8×3 | 4 | 157 |
| 字节 | 汉字 | 汉字 | 13 | 9+8×2 | 4 | 13×5 | 0 | 13×3 | 13 | 159 |
| 汉字 | 小写字母 | 数字 | 0 | 13×2 | 13 | 5×5 | 5 | 2+10+10 | 10 | 101 |
| 汉字 | 小写字母 | 混合 | 0 | 13×2 | 13 | 5×5 | 7 | 6×2+16 | 10 | 109 |
| 汉字 | 小写字母 | 字节 | 0 | 13×2 | 13 | 5×5 | 7 | 9+8×3 | 4 | 108 |
| 汉字 | 小写字母 | 汉字 | 0 | 13×2 | 13 | 5×5 | 5 | 13×3 | 13 | 121 |
| 汉字 | 混合 | 数字 | 0 | 13×2 | 13 | 6×5 | 10 | 2+10+10 | 10 | 111 |
| 汉字 | 混合 | 混合 | 0 | 13×2 | 13 | 6×5 | 0 | 6×2+16 | 10 | 107 |
| 汉字 | 混合 | 字节 | 0 | 13×2 | 13 | 6×5 | 10 | 9+8×3 | 4 | 116 |
| 汉字 | 混合 | 汉字 | 0 | 13×2 | 13 | 6×5 | 10 | 13×3 | 13 | 131 |
| 汉字 | 字节 | 数字 | 0 | 13×2 | 13 | 9+8×5 | 4 | 2+10+10 | 10 | 124 |
| 汉字 | 字节 | 混合 | 0 | 13×2 | 13 | 9+8×5 | 4 | 6×2+16 | 10 | 130 |
| 汉字 | 字节 | 字节 | 0 | 13×2 | 13 | 9+8×5 | 0 | 9+8×3 | 4 | 125 |
| 汉字 | 字节 | 汉字 | 0 | 13×2 | 13 | 9+8×5 | 4 | 13×3 | 13 | 144 |
| 汉字 | 汉字 | 数字 | 0 | 13×2 | 0 | 13×5 | 13 | 2+10+10 | 10 | 136 |
| 汉字 | 汉字 | 混合 | 0 | 13×2 | 0 | 13×5 | 13 | 6×2+16 | 10 | 142 |
| 汉字 | 汉字 | 字节 | 0 | 13×2 | 0 | 13×5 | 13 | 9+8×3 | 4 | 141 |
| 汉字 | 汉字 | 汉字 | 0 | 13×2 | 0 | 13×5 | 0 | 13×3 | 13 | 143 |

从表B.4可以看出，编码方案大写字母、小写字母、数字需要的位流最短，故当前段（第二段数据、〈空格〉M）使用大写字母进行编码。因为这是最后的三个数据段，故第三数据段和第四数据段分别使用小写字母、数字进行编码。

最终的编码类型为：汉字、大写字母、小写字母、数字。

## B.3 GM码编码的例子

以下是一个GM码编码的示例。

输入数据：AAT2556 电池充电器＋降压转换器 200mA 至 2A tel：86 010 82512738。

将输入数据分为12段并根据B.1的规则对各数据段类型进行调整后结果见表B.5。

**表B.5 各数据段类型编码**

| 数据段 | 字符 | 初始数据类型 | 编码数据类型 |
| --- | --- | --- | --- |
| 1 | AAT | 大写字母 | 混合 |
| 2 | 2556“空格” | 数字 | 混合 |
| 3 | 电池充电器＋降压转换器 | 汉字 | 汉字 |
| 4 | “空格”200 | 数字 | 混合 |
| 5 | m | 小写字母 | 混合 |
| 6 | A | 大写字母 | 混合 |
| 7 | 至 | 汉字 | 汉字 |
| 8 | 2 | 数字 | 混合 |
| 9 | A“空格” | 大写字母 | 混合 |
| 10 | tel | 小写字母 | 小写字母 |
| 11 | ： | 控制字符 | 控制字符 |
| 12 | 86“空格”010“空格”82512738 | 数字 | 数字 |

第1段数据的编码模式为数字字母混合，首先输出数字字母混合模式指示符“0101”，其后是第1段数据编码结果，见表B.6。

**表B.6 第1段数据编码**

| 第1段数据 | 编码的十进制值 | 编码的二进制值 |
| --- | --- | --- |
| A | 10 | 001010 |
| A | 10 | 001010 |
| T | 29 | 011101 |

第2段数据的编码模式与第1段相同，故不需要模式转换码，编码结果见表B.7。

**表B.7 第2段数据编码**

| 第2段数据 | 编码的十进制值 | 编码的二进制值 |
| --- | --- | --- |
| 2 | 2 | 000010 |
| 5 | 5 | 000101 |

表 B.7（续）

| 第 2 段数据 | 编码的十进制值 | 编码的二进制值 |
|---|---|---|
| 5 | 5 | 000101 |
| 6 | 6 | 000110 |
| “空格” | 62 | 111110 |

第 3 段数据的编码模式为汉字，首先输出数字字母混合模式到汉字模式的模式转换码“1111110001”，其后是第 3 段数据的编码结果，见表 B.8。

**表 B.8　第 3 段数据编码**

| 第 3 段数据 | 编码的十进制值 | 编码的二进制值 |
|---|---|---|
| 电 | 1415 | 0010110000111 |
| 池 | 1208 | 0010010111000 |
| 充 | 1220 | 0010011000100 |
| 电 | 1415 | 0010110000111 |
| 器 | 3063 | 0101111110111 |
| 十 | 203 | 0000011001011 |
| 降 | 2133 | 0100001010101 |
| 压 | 4057 | 0111111011001 |
| 转 | 4618 | 1001000001010 |
| 换 | 1947 | 0011110011011 |
| 器 | 3063 | 0101111110111 |

第 4 段数据的编码模式为数字字母混合，首先输出汉字模式到数字字母混合模式的模式转换码“1111111100100”，其后是第 4 段数据编码结果，见表 B.9。

**表 B.9　第 4 段数据编码**

| 第 4 段数据 | 编码的十进制值 | 编码的二进制值 |
|---|---|---|
| “空格” | 62 | 111110 |
| 2 | 2 | 000010 |
| 0 | 0 | 000000 |
| 0 | 0 | 000000 |

第 5 段数据的编码模式与第 4 段相同，故不需要模式转换码，编码结果见表 B.10。

**表 B.10　第 5 段数据编码**

| 第 5 段数据 | 编码的十进制值 | 编码的二进制值 |
|---|---|---|
| m | 48 | 110000 |

第 6 段数据的编码模式与第 5 段相同，故不需要模式转换码，编码结果见表 B.11。

**表 B.11　第 6 段数据编码**

| 第 6 段数据 | 编码的十进制值 | 编码的二进制值 |
|---|---|---|
| A | 10 | 001010 |

第 7 段数据的编码模式为汉字，首先输出数字字母混合模式到汉字模式的模式转换码“1111110001”，其后是第 7 段数据编码结果，编码结果见表 B.12。

**表 B.12　第 7 段数据编码**

| 第 7 段数据 | 编码的十进制值 | 编码的二进制值 |
|---|---|---|
| 至 | 4545 | 1000111000001 |

第 8 段数据的编码模式为数字字母混合，首先输出汉字模式到数字字母混合模式的模式转换码“1111111100100”，其后是第 8 段数据编码结果，编码结果见表 B.13。

**表 B.13　第 8 段数据编码**

| 第 8 段数据 | 编码的十进制值 | 编码的二进制值 |
|---|---|---|
| 2 | 2 | 000010 |

第 9 段数据的编码模式与第 8 段相同，故不需要模式转换码，编码结果见表 B.14。

**表 B.14　第 9 段数据编码**

| 第 9 段数据 | 编码的十进制值 | 编码的二进制值 |
|---|---|---|
| A | 10 | 001010 |
| “空格” | 62 | 111110 |

第 10 段数据的编码模式为小写字母，首先输出数字字母混合模式到小写字母模式的模式转换码“1111110011”，其后是第 10 段数据编码结果，编码结果见表 B.15。

**表 B.15　第 10 段数据编码**

| 第 10 段数据 | 编码的十进制值 | 编码的二进制值 |
|---|---|---|
| t | 19 | 10011 |
| e | 4 | 00100 |
| l | 11 | 01011 |

第 11 段数据的编码模式为控制字符，首先输出小写字母模式到控制字符模式的模式转换码(shift)“1111101”，其后是第 11 段数据编码结果，编码结果见表 B.16。

**表 B.16　第 11 段数据编码**

| 第 11 段数据 | 编码的十进制值 | 编码的二进制值 |
|---|---|---|
| : | 47 | 101111 |

第 12 段数据的编码模式为数字,首先输出控制字符模式到数字的模式转换码“11101”,其后是第 12 段数据编码结果,编码结果见表 B.17。

**表 B.17 第 12 段数据编码**

| 第 12 段数据 | 编码的十进制值 | 编码的二进制值 |
|---|---|---|
| 计数(填充数字的个数) | 2 | 10 |
| 86“空格”0 | 1002 860 | 1111101010 1101011100 |
| 10“空格”8 | 1002 108 | 1111101010 00011011000 |
| 251 | 251 | 0011111011 |
| 273 | 273 | 0100010001 |
| 800 | 800 | 1100100000 |

编码位流的结尾是从数字模式转换到结束的转换码:1111111010。

最终的编码位流为(以下空格是为了便于阅读,并非位流的数据):

0101 001010 001010 011101 000010 000101 000101 000110 111110 1111110001 0010110000111 0010010111000 0010011000100 0010110000111 0101111110111 0000011001011 0100001010101 0111111011001 1001000001010 0011110011011 0101111110111 1111111100100 111110 000010 000000 000000 110000 001010 1111110001 1000111000001 1111111100100 000010 001010 111110 1111110011 10011 00100 01011 1111101 101111 11101 10 1111101010 1101011100 1111101010 00011001100 0011111011 0100010001 1100100000 1111111010

将位流每 7 位一组分割成码字(总共 62 个码字),这些码字的十进制值如下:

41 34 78 66 10 20 55 111 98 44 28 75 65 24 66
97 107 123 65 75 33 42 126 102 32 81 115 53 125 127
114 62 4 0 6 2 95 70 28 15 124 64 69 62 126
57 72 95 109 126 111 85 87 31 40 54 15 90 17 100
15 116

指定使用的纠错等级为 3 级,故要求总码字数至少为 89 个(89×(1−30%)=62.3),从而需要使用版本 3 的 GM 码(总码字数为(3×2+1)×(3×2+1)×2=98)。版本 3 纠错 3 级的 GM 码可以容纳 69 个数据码字,故需要 7 个填充码字,这 7 个填充码字为:0,126,0,126,0,126,0。

接下来需要生成纠错码字。GM 码使用 Reed-Solomon 纠错码,使用由本原多项式 $x^7+x^3+1$ 定义的有限域 GF($2^7$)。生成的纠错码字如下:

105 75 25 67 18 58 38 105 45 7 73 82 2 11 79
68 47 79 15 24 86 70 89 60 87 30 53 118 17

最终的码字流如下:

41 34 78 66 10 20 55 111 98 44 28 75 65 24 66
97 107 123 65 75 33 42 126 102 32 81 115 53 125 127
114 62 4 0 6 2 95 70 28 15 124 64 69 62 126
57 72 95 109 126 111 85 87 31 40 54 15 90 17 100
15 116 0 126 0 126 0 126 0 105 75 25 67 18 58
38 105 45 7 73 82 2 11 79 68 47 79 15 24 86
70 89 60 87 30 53 118 17

图 B.1 显示了最终的编码结果:编码数据为“AAT2556 电池充电器+降压转换器 200mA 至 2A

tel:86 010 82512738"的 3 级纠错的 GM 码：

**图 B.1　GM 码图**

# 附　录　C
（资料性附录）
GM 码印制的用户导则

## C.1　总则

应将GM码的应用看作整个系统的解决方案。组成系统的各个部分（打印机、标签、识读器）需要作为一个整体来考虑，在该系统的任一环节出现问题，或各环节之间的错误匹配将损害整个系统的运行效果。

符合标准要求是保证整个系统成功的关键之一，同时其他因素也会影响系统的运行。以下导则是建议在确定或者采用GM码时应考虑的一些因素。

——选择适当的印制密度，使符号的允许偏差是所使用的印制技术能达到的。保证模块尺寸是打印头分辨率的整数倍（在平行和垂直于印刷方向的两个方向），也要保证印制增量的调整，这种调整是通过单个深色模块或毗连的深色模块组边缘（由深色到浅色或由浅色到深色）改变等量的整数像素来实现的，这样可以保证模块中心的间距保持不变，虽然对每个深色（或浅色）模块的位图表示的尺寸进行了调整。

——选择识读器，其分辨率应与特定印制技术所生成的符号密度和质量相适应。

——保证印制的GM码的光学特性与扫描器光源的波长或传感器的感光特性相适应。

——检查在最终标签或外包装上的GM码是否合格。遮盖、透光、弯曲或不规则表面都会影响GM码的识读性能。

——应考虑光滑的符号表面产生的镜面反射。扫描系统应考虑在深色与浅色特性之间的漫反射的改变量。在某些扫描角度，反射光的镜面反射部分大大地超过希望的漫反射部分，从而改变了扫描特性。如果能改变材料表面或材料表面的某部分，那么，选择粗糙的、非光滑的表面有助于减小镜面效果。否则，应保证识读符号的照明使所希望的对比度达到最佳。

## C.2　纠错等级的用户选择

纠错等级的选择与下列因素相关：

——预计的GM码质量水平：预计的GM码质量等级越低，应用的纠错等级就应越高；

——潜在的GM码损毁可能性：潜在的GM码损毁可能性越高，应用的纠错等级就应越高；

——印刷GM码的空间限制了使用较高的纠错等级。

纠错等级1、2适用于具有高质量的GM码以及/或者要求使GM码的尺寸尽可能小的情况。等级3、4的GM码具有适中的尺寸和较好的可靠性。等级5适用于一些重要的或GM码印制质量差的场合。

对版本1的GM码，推荐使用5级纠错，对版本2、3的GM码，使用4级以上的纠错，对其他版本的GM码，使用3级以上的纠错。

注意：GM码的编码过程会自动提高纠错等级以充分利用GM码的码字容量。

需要注意的是，当GM码的质量降低到一定程度后，即使提高纠错等级也无法提高GM码的识读可靠性。建议GM码印制后测试GM码的剩余纠错能力，根据测试结果调整纠错等级以使剩余纠错能力处于一个适中的水平，这样可以在保证可靠性的前提下使得GM码的尺寸达到最小。

用户应确定合适的纠错等级来满足应用需求。从1级到5级的纠错码字占GM码容量的百分比逐渐增加,相应的纠错性能也逐步提高,其代价是对表示给定长度数据的 GM 码的尺寸逐步增加。表 C.1～表 C.4 列出了各版本和纠错等级的 GM 码编码各种数据类型时的编码容量。

**表 C.1 GM 码容量表(字节)**

| GM 码版本 | 1 级纠错的容量 | 2 级纠错的容量 | 3 级纠错的容量 | 4 级纠错的容量 | 5 级纠错的容量 |
|---|---|---|---|---|---|
| 1 | — | 11 | 9 | 7 | 5 |
| 2 | 37 | 32 | 28 | 24 | 19 |
| 3 | 75 | 67 | 58 | 49 | 40 |
| 4 | 125 | 111 | 97 | 83 | 68 |
| 5 | 188 | 167 | 146 | 125 | 103 |
| 6 | 264 | 235 | 205 | 175 | 145 |
| 7 | 352 | 312 | 273 | 234 | 194 |
| 8 | 453 | 403 | 352 | 301 | 250 |
| 9 | 565 | 503 | 440 | 377 | 313 |
| 10 | 691 | 614 | 537 | 461 | 383 |
| 11 | 830 | 737 | 644 | 551 | 460 |
| 12 | 980 | 871 | 761 | 652 | 543 |
| 13 | 1 143 | 1 017 | 889 | 761 | 634 |

**表 C.2 GM 码容量表(数字)**

| GM 码版本 | 1 级纠错的容量 | 2 级纠错的容量 | 3 级纠错的容量 | 4 级纠错的容量 | 5 级纠错的容量 |
|---|---|---|---|---|---|
| 1 | — | 24 | 21 | 18 | 12 |
| 2 | 87 | 78 | 66 | 57 | 45 |
| 3 | 180 | 159 | 138 | 117 | 96 |
| 4 | 300 | 267 | 234 | 201 | 165 |
| 5 | 453 | 402 | 351 | 300 | 249 |
| 6 | 633 | 564 | 492 | 420 | 348 |
| 7 | 843 | 750 | 654 | 561 | 465 |
| 8 | 1 089 | 966 | 843 | 723 | 600 |
| 9 | 1 359 | 1 209 | 1 056 | 906 | 753 |
| 10 | 1 662 | 1 476 | 1 293 | 1 107 | 921 |
| 11 | 1 995 | 1 773 | 1 551 | 1 326 | 1 104 |
| 12 | 2 355 | 2 094 | 1 830 | 1 569 | 1 305 |
| 13 | 2 751 | 2 445 | 2 139 | 1 830 | 1 524 |

**表 C.3 GM 码容量表(GB 18030 双字节 1 区或双字节 2 区内的字符)**

| GM 码版本 | 1 级纠错的容量 | 2 级纠错的容量 | 3 级纠错的容量 | 4 级纠错的容量 | 5 级纠错的容量 |
|---|---|---|---|---|---|
| 1 | — | 6 | 5 | 4 | 3 |
| 2 | 22 | 20 | 17 | 14 | 12 |
| 3 | 46 | 41 | 35 | 30 | 25 |
| 4 | 77 | 68 | 60 | 51 | 42 |
| 5 | 116 | 103 | 90 | 77 | 63 |
| 6 | 162 | 144 | 126 | 108 | 89 |
| 7 | 216 | 192 | 168 | 144 | 119 |
| 8 | 279 | 248 | 216 | 185 | 154 |
| 9 | 348 | 309 | 271 | 232 | 193 |
| 10 | 426 | 378 | 331 | 284 | 236 |
| 11 | 511 | 454 | 397 | 340 | 283 |
| 12 | 604 | 537 | 469 | 402 | 335 |
| 13 | 705 | 627 | 548 | 469 | 391 |

**表 C.4 GM 码容量表(字母)**

| GM 码版本 | 1 级纠错的容量 | 2 级纠错的容量 | 3 级纠错的容量 | 4 级纠错的容量 | 5 级纠错的容量 |
|---|---|---|---|---|---|
| 1 | — | 19 | 16 | 13 | 10 |
| 2 | 61 | 54 | 47 | 40 | 33 |
| 3 | 122 | 108 | 94 | 80 | 66 |
| 4 | 202 | 180 | 157 | 135 | 111 |
| 5 | 303 | 269 | 236 | 202 | 167 |
| 6 | 425 | 377 | 330 | 282 | 234 |
| 7 | 565 | 502 | 439 | 376 | 313 |
| 8 | 727 | 646 | 565 | 484 | 402 |
| 9 | 908 | 807 | 706 | 605 | 503 |
| 10 | 1 109 | 986 | 863 | 740 | 615 |
| 11 | 1 332 | 1 184 | 1 035 | 887 | 738 |
| 12 | 1 573 | 1 398 | 1 223 | 1 048 | 873 |
| 13 | 1 836 | 1 632 | 1 427 | 1 223 | 1 018 |

# 附 录 D
## (规范性附录)
## 纠错生成多项式

以下C语言源代码用于计算GM码纠错生成多项式的系数：

```
//power table for GF(2^7)
const unsigned char pow_tab[] = {/* for x^7 + x^3 + 1 */
  1,   2,   4,   8,  16,  32,  64,   9,  18,  36,  72,  25,  50, 100,  65,  11,
 22,  44,  88,  57, 114, 109,  83,  47,  94,  53, 106,  93,  51, 102,  69,   3,
  6,  12,  24,  48,  96,  73,  27,  54, 108,  81,  43,  86,  37,  74,  29,  58,
116,  97,  75,  31,  62, 124, 113, 107,  95,  55, 110,  85,  35,  70,   5,  10,
 20,  40,  80,  41,  82,  45,  90,  61, 122, 125, 115, 111,  87,  39,  78,  21,
 42,  84,  33,  66,  13,  26,  52, 104,  89,  59, 118, 101,  67,  15,  30,  60,
120, 121, 123, 127, 119, 103,  71,   7,  14,  28,  56, 112, 105,  91,  63, 126,
117,  99,  79,  23,  46,  92,  49,  98,  77,  19,  38,  76,  17,  34,  68,   0
};
//log table for GF(2^7)
const unsigned char log_tab[] = {/* for x^7 + x^3 + 1 */
127,   0,   1,  31,   2,  62,  32, 103,   3,   7,  63,  15,  33,  84, 104,  93,
  4, 124,   8, 121,  64,  79,  16, 115,  34,  11,  85,  38, 105,  46,  94,  51,
  5,  82, 125,  60,   9,  44, 122,  77,  65,  67,  80,  42,  17,  69, 116,  23,
 35, 118,  12,  28,  86,  25,  39,  57, 106,  19,  47,  89,  95,  71,  52, 110,
  6,  14,  83,  92, 126,  30,  61, 102,  10,  37,  45,  50, 123, 120,  78, 114,
 66,  41,  68,  22,  81,  59,  43,  76,  18,  88,  70, 109, 117,  27,  24,  56,
 36,  49, 119, 113,  13,  91,  29, 101,  87, 108,  26,  55,  40,  21,  58,  75,
107,  54,  20,  74,  48, 112,  90, 100,  96,  97,  72,  98,  53,  73, 111,  99
};
//multiplication of GF(2^7)
unsigned char prod(unsigned char x,unsigned char y)
{
  if (x==0 || y==0)
   return 0;
  else
   return pow_tab[(log_tab[x] + log_tab[y]) % 127];
}
/* obtaining the coefficients of generator polynomials
 * parameters
 * g: pointer to array of the coefficients of generator polynomials to be calculated
 * g[i] is the coefficent of term of degree i
 * k: number of error correction codewords to be generated. It equals to the degree of
 * the generator polynomial.
 */
```

```
void generator_polynomial(unsigned char *g,int k)
{
  int i,j;
  if (k<=0 || k>=127)
   return;
g[0] = 1;
for (i = 1;i <= k;i++)
   g[i] = 0;
for (i = 1;i <= k;i++)
{
   g[i] = g[i-1];
   for (j = i-1;j >= 1;j--)
   {
   g[j] = g[j-1] ^ prod(g[j],pow_tab[i]);
   }
   g[0] = prod(g[0],pow_tab[i]);
  }
}
```

表 D.1 给出了 GM 码使用的所有纠错生成多项式。

**表 D.1　纠错生成多项式**

| 纠错码字数 | 生成多项式 |
|---|---|
| 3 | $x^3+\alpha^{104}x^2+\alpha^{106}x+\alpha^6$ |
| 4 | $x^4+\alpha^{94}x^3+\alpha^{41}x^2+\alpha^{99}x+\alpha^{10}$ |
| 5 | $x^5+\alpha^{52}x^4+\alpha^{116}x^3+\alpha^{119}x^2+\alpha^{61}x+\alpha^{15}$ |
| 6 | $x^6+\alpha^{111}x^5+\alpha^6x^4+\alpha^{126}x^3+\alpha^{13}x^2+\alpha^{125}x+\alpha^{21}$ |
| 7 | $x^7+\alpha^{100}x^6+\alpha^{54}x^5+\alpha^5x^4+\alpha^9x^3+\alpha^{66}x^2+\alpha^{120}x+\alpha^{28}$ |
| 8 | $x^8+\alpha^{91}x^7+\alpha^{34}x^6+\alpha^{44}x^5+\alpha^6x^4+\alpha^{53}x^3+\alpha^{52}x^2+\alpha^{118}x+\alpha^{36}$ |
| 9 | $x^9+\alpha^{14}x^8+\alpha^{75}x^7+\alpha^{74}x^6+\alpha^{95}x^5+\alpha^{100}x^4+\alpha^{89}x^3+\alpha^{100}x^2+\alpha^{49}x+\alpha^{45}$ |
| 10 | $x^{10}+\alpha^7x^9+\alpha^{118}x^8+\alpha^{108}x^7+\alpha^{118}x^6+\alpha^{55}x^5+\alpha^2x^4+\alpha^3x^3+\alpha^{24}x^2+\alpha^{51}x+\alpha^{55}$ |
| 11 | $x^{11}+\alpha^4x^{10}+\alpha^{108}x^9+\alpha^{21}x^8+\alpha^{22}x^7+\alpha^{75}x^6+\alpha^{81}x^5+\alpha^{40}x^4+\alpha^{51}x^3+\alpha^{23}x^2+\alpha^{58}x+\alpha^{66}$ |
| 12 | $x^{12}+\alpha^{125}x^{11}+\alpha^{99}x^{10}+\alpha^5x^9+\alpha^{56}x^8+\alpha^{100}x^7+\alpha^{95}x^6+\alpha^{113}x^5+\alpha^{82}x^4+\alpha^{44}x^3+\alpha^{24}x^2+\alpha^{63}x+\alpha^{78}$ |
| 13 | $x^{13}+\alpha^{61}x^{12}+\alpha^{29}x^{11}+\alpha^{59}x^{10}+\alpha^{103}x^9+\alpha^{70}x^8+\alpha^{56}x^7+\alpha^{63}x^6+\alpha^{91}x^5+\alpha^{11}x^4+\alpha^{108}x^3+\alpha^{92}x^2+\alpha^{11}x+\alpha^{91}$ |
| 14 | $x^{14}+\alpha^{103}x^{13}+\alpha^7x^{12}+\alpha^{31}x^{11}+\alpha^{72}x^{10}+\alpha^{32}x^9+\alpha^{68}x^8+\alpha^{66}x^7+\alpha^{83}x^6+\alpha^{62}x^5+\alpha^{117}x^4+\alpha^{91}x^3+\alpha^{82}x^2+\alpha^{66}x+\alpha^{105}$ |
| 15 | $x^{15}+\alpha^{33}x^{14}+\alpha^{106}x^{13}+\alpha^{66}x^{12}+\alpha^{101}x^{11}+\alpha^{58}x^{10}+\alpha^{87}x^9+\alpha^8x^8+\alpha^{16}x^7+\alpha^{111}x^6+\alpha^{98}x^5+\alpha^{30}x^4+\alpha^{11}x^3+\alpha^{67}x^2+\alpha^{10}x+\alpha^{120}$ |
| 16 | $x^{16}+\alpha^{85}x^{15}+\alpha^{88}x^{14}+\alpha^{90}x^{13}+\alpha^{61}x^{12}+\alpha^{12}x^{11}+\alpha^{38}x^{10}+\alpha^{79}x^9+\alpha^{10}x^8+\alpha^{96}x^7+\alpha^{72}x^6+\alpha^{63}x^5+\alpha^2x^4+\alpha^{48}x^3+\alpha^{63}x^2+\alpha^{77}x+\alpha^9$ |

**表 D.1（续）**

| 纠错码字数 | 生成多项式 |
|---|---|
| 17 | $x^{17}+\alpha^{39}x^{16}+\alpha^{94}x^{15}+\alpha^{26}x^{14}+\alpha^{39}x^{13}+\alpha^{53}x^{12}+\alpha^{73}x^{11}+\alpha^{111}x^{10}+\alpha^{35}x^{9}+\alpha^{44}x^{8}+\alpha^{11}x^{7}+\alpha^{118}x^{6}+\alpha^{116}x^{5}+\alpha^{120}x^{4}+\alpha^{125}x^{3}+\alpha^{84}x^{2}+\alpha^{47}x+\alpha^{26}$ |
| 18 | $x^{18}+\alpha^{58}x^{17}+\alpha^{67}x^{16}+\alpha^{51}x^{15}+\alpha^{121}x^{14}+\alpha^{50}x^{13}+\alpha^{6}x^{12}+\alpha^{38}x^{11}+\alpha^{86}x^{10}+\alpha^{88}x^{9}+\alpha^{105}x^{8}+\alpha^{76}x^{7}+\alpha^{63}x^{6}+\alpha^{126}x^{5}+\alpha^{89}x^{4}+\alpha^{38}x^{3}+\alpha^{73}x^{2}+\alpha^{83}x+\alpha^{44}$ |
| 19 | $x^{19}+\alpha^{76}x^{18}+\alpha^{104}x^{17}+\alpha^{42}x^{16}+\alpha^{37}x^{15}+\alpha^{23}x^{14}+\alpha^{21}x^{13}+\alpha^{116}x^{12}+\alpha^{31}x^{11}+\alpha^{30}x^{10}+\alpha^{40}x^{9}+\alpha^{61}x^{8}+\alpha^{39}x^{7}+\alpha^{91}x^{6}+\alpha^{113}x^{5}+\alpha^{20}x^{4}+\alpha^{45}x^{3}+x^{2}+\alpha^{119}x+\alpha^{63}$ |
| 20 | $x^{20}+\alpha^{44}x^{19}+\alpha^{90}x^{18}+\alpha^{47}x^{17}+\alpha^{123}x^{16}+\alpha^{34}x^{15}+\alpha^{89}x^{14}+\alpha^{99}x^{13}+\alpha^{77}x^{12}+\alpha^{70}x^{11}+\alpha^{77}x^{10}+\alpha^{91}x^{9}+\alpha^{119}x^{8}+\alpha^{35}x^{7}+\alpha^{46}x^{6}+\alpha^{12}x^{5}+\alpha^{122}x^{4}+\alpha^{67}x^{3}+\alpha^{4}x^{2}+\alpha^{106}x+\alpha^{83}$ |
| 21 | $x^{21}+\alpha^{10}x^{20}+\alpha^{24}x^{19}+\alpha^{126}x^{18}+\alpha^{94}x^{17}+\alpha^{86}x^{16}+\alpha^{66}x^{15}+\alpha^{6}x^{14}+\alpha^{26}x^{13}+\alpha^{82}x^{12}+\alpha^{83}x^{11}+\alpha^{94}x^{10}+\alpha^{115}x^{9}+\alpha^{81}x^{8}+\alpha^{83}x^{7}+\alpha^{38}x^{6}+\alpha^{80}x^{5}+\alpha^{110}x^{4}+\alpha^{37}x^{3}+\alpha^{84}x^{2}+\alpha^{92}x+\alpha^{104}$ |
| 22 | $x^{22}+\alpha^{38}x^{21}+\alpha^{18}x^{20}+\alpha^{88}x^{19}+\alpha^{74}x^{18}+\alpha^{85}x^{17}+\alpha^{19}x^{16}+\alpha^{11}x^{15}+\alpha^{88}x^{14}+\alpha^{59}x^{13}+\alpha^{123}x^{12}+\alpha x^{11}+\alpha^{19}x^{10}+\alpha^{105}x^{9}+\alpha^{30}x^{8}+\alpha^{103}x^{7}+\alpha^{7}x^{6}+\alpha^{96}x^{5}+\alpha^{108}x^{4}+\alpha^{18}x^{3}+\alpha^{98}x^{2}+\alpha^{11}x+\alpha^{126}$ |
| 23 | $x^{23}+\alpha^{86}x^{22}+\alpha^{94}x^{21}+\alpha^{3}x^{20}+\alpha^{84}x^{19}+\alpha^{113}x^{18}+\alpha^{66}x^{17}+\alpha^{12}x^{16}+\alpha^{14}x^{15}+\alpha^{42}x^{14}+\alpha^{21}x^{13}+\alpha^{89}x^{12}+\alpha^{101}x^{11}+\alpha^{57}x^{10}+\alpha^{102}x^{9}+\alpha^{98}x^{8}+\alpha^{120}x^{7}+\alpha^{71}x^{6}+\alpha^{15}x^{5}+\alpha^{10}x^{4}+\alpha^{80}x^{3}+\alpha^{68}x^{2}+\alpha^{84}x+\alpha^{22}$ |
| 24 | $x^{24}+\alpha^{26}x^{23}+\alpha^{82}x^{22}+\alpha^{19}x^{21}+\alpha^{66}x^{20}+\alpha^{63}x^{19}+\alpha^{34}x^{18}+\alpha^{126}x^{17}+\alpha^{82}x^{16}+\alpha^{35}x^{15}+\alpha^{71}x^{14}+\alpha^{54}x^{13}+\alpha^{2}x^{12}+\alpha^{79}x^{11}+\alpha^{121}x^{10}+\alpha^{110}x^{9}+\alpha^{55}x^{8}+\alpha^{124}x^{7}+\alpha^{57}x^{6}+\alpha^{111}x^{5}+\alpha^{12}x^{4}+\alpha^{117}x^{3}+\alpha^{78}x^{2}+\alpha^{47}x+\alpha^{46}$ |
| 25 | $x^{25}+\alpha^{56}x^{24}+\alpha^{52}x^{23}+\alpha^{37}x^{22}+\alpha^{112}x^{21}+\alpha^{75}x^{20}+\alpha^{14}x^{19}+\alpha^{124}x^{18}+\alpha^{99}x^{17}+\alpha^{6}x^{16}+\alpha^{94}x^{15}+\alpha^{7}x^{14}+\alpha^{124}x^{13}+\alpha^{10}x^{12}+\alpha^{46}x^{11}+\alpha^{32}x^{10}+\alpha^{97}x^{9}+\alpha^{89}x^{8}+\alpha^{13}x^{7}+\alpha^{56}x^{6}+\alpha^{16}x^{5}+\alpha^{79}x^{4}+\alpha^{30}x^{3}+\alpha^{71}x^{2}+\alpha^{101}x+\alpha^{71}$ |
| 26 | $x^{26}+\alpha^{25}x^{25}+\alpha^{51}x^{24}+\alpha^{103}x^{23}+\alpha^{99}x^{22}+\alpha^{90}x^{21}+\alpha^{122}x^{20}+\alpha^{73}x^{19}+\alpha^{66}x^{18}+\alpha^{119}x^{17}+\alpha^{34}x^{16}+\alpha^{126}x^{15}+\alpha^{46}x^{14}+\alpha^{101}x^{13}+\alpha^{73}x^{12}+\alpha^{53}x^{11}+\alpha^{115}x^{10}+\alpha^{100}x^{9}+\alpha^{74}x^{8}+\alpha^{108}x^{7}+\alpha^{57}x^{6}+\alpha^{52}x^{5}+\alpha^{88}x^{4}+\alpha^{119}x^{3}+\alpha^{94}x^{2}+\alpha^{95}x+\alpha^{97}$ |
| 27 | $x^{27}+\alpha^{87}x^{26}+\alpha^{82}x^{25}+\alpha^{37}x^{24}+\alpha^{100}x^{23}+\alpha^{12}x^{22}+\alpha^{72}x^{21}+\alpha^{116}x^{20}+\alpha^{77}x^{19}+\alpha^{21}x^{18}+\alpha^{82}x^{17}+\alpha x^{16}+\alpha^{100}x^{15}+\alpha^{85}x^{14}+\alpha^{99}x^{13}+\alpha^{15}x^{12}+\alpha^{71}x^{11}+\alpha^{53}x^{10}+\alpha^{20}x^{9}+\alpha^{104}x^{8}+\alpha^{44}x^{7}+\alpha^{28}x^{6}+\alpha^{123}x^{5}+\alpha^{112}x^{4}+\alpha^{77}x^{3}+\alpha^{23}x^{2}+\alpha^{56}x+\alpha^{124}$ |
| 28 | $x^{28}+\alpha^{109}x^{27}+\alpha^{39}x^{26}+\alpha^{90}x^{25}+\alpha^{56}x^{24}+\alpha^{35}x^{23}+\alpha^{16}x^{22}+\alpha^{88}x^{21}+\alpha^{15}x^{20}+\alpha^{54}x^{19}+\alpha^{6}x^{18}+\alpha^{71}x^{17}+\alpha^{124}x^{16}+\alpha^{34}x^{15}+\alpha^{105}x^{14}+\alpha^{63}x^{13}+\alpha^{55}x^{12}+\alpha^{31}x^{11}+\alpha^{122}x^{10}+\alpha^{72}x^{9}+\alpha^{62}x^{8}+\alpha^{37}x^{7}+\alpha^{121}x^{6}+\alpha^{42}x^{5}+\alpha^{92}x^{4}+\alpha^{28}x^{3}+\alpha^{6}x^{2}+\alpha^{105}x+\alpha^{25}$ |
| 29 | $x^{29}+\alpha^{71}x^{28}+\alpha^{23}x^{27}+\alpha^{9}x^{26}+\alpha^{71}x^{25}+\alpha^{80}x^{24}+\alpha x^{23}+\alpha^{121}x^{22}+\alpha^{76}x^{21}+\alpha^{81}x^{20}+\alpha x^{19}+\alpha^{84}x^{18}+\alpha^{29}x^{17}+\alpha^{20}x^{16}+\alpha^{16}x^{15}+\alpha^{31}x^{14}+\alpha^{65}x^{13}+\alpha^{104}x^{12}+\alpha^{62}x^{11}+\alpha^{9}x^{10}+\alpha^{119}x^{9}+\alpha^{17}x^{8}+\alpha^{92}x^{7}+\alpha^{2}x^{6}+\alpha^{111}x^{5}+\alpha^{5}x^{4}+\alpha^{100}x^{3}+\alpha^{17}x^{2}+\alpha^{95}x+\alpha^{54}$ |
| 30 | $x^{30}+\alpha^{96}x^{29}+\alpha^{10}x^{28}+\alpha^{18}x^{27}+\alpha^{15}x^{26}+\alpha^{120}x^{25}+\alpha^{71}x^{24}+\alpha^{4}x^{23}+\alpha^{7}x^{22}+\alpha^{40}x^{21}+\alpha^{53}x^{20}+\alpha^{104}x^{19}+\alpha^{67}x^{18}+\alpha^{77}x^{17}+\alpha^{27}x^{16}+\alpha^{94}x^{15}+\alpha^{58}x^{14}+\alpha^{12}x^{13}+\alpha^{33}x^{12}+\alpha^{101}x^{11}+\alpha^{81}x^{10}+\alpha^{99}x^{9}+\alpha^{97}x^{8}+\alpha^{125}x^{7}+\alpha^{96}x^{6}+\alpha^{49}x^{5}+\alpha^{102}x^{4}+\alpha^{9}x^{3}+\alpha^{32}x^{2}+\alpha^{22}x+\alpha^{84}$ |
| 31 | $x^{31}+\alpha^{98}x^{30}+\alpha^{37}x^{29}+\alpha^{7}x^{28}+\alpha^{26}x^{27}+\alpha^{66}x^{26}+\alpha^{113}x^{25}+\alpha^{76}x^{24}+\alpha^{19}x^{23}+\alpha^{100}x^{22}+\alpha^{14}x^{21}+\alpha^{31}x^{20}+\alpha^{89}x^{19}+\alpha^{117}x^{18}+\alpha^{86}x^{17}+\alpha^{107}x^{16}+\alpha^{123}x^{15}+\alpha^{7}x^{14}+\alpha^{70}x^{13}+\alpha^{74}x^{12}+\alpha^{48}x^{11}+\alpha^{63}x^{10}+\alpha^{54}x^{9}+\alpha^{5}x^{8}+\alpha^{94}x^{7}+\alpha^{36}x^{6}+\alpha^{21}x^{5}+\alpha^{13}x^{4}+\alpha^{26}x^{3}+\alpha^{88}x^{2}+\alpha^{54}x+\alpha^{115}$ |

**表 D.1（续）**

| 纠错码字数 | 生成多项式 |
|---|---|
| 32 | $x^{32}+\alpha^{73}x^{31}+\alpha^{14}x^{30}+\alpha^{9}x^{29}+\alpha^{117}x^{28}+\alpha^{52}x^{27}+\alpha^{34}x^{26}+\alpha^{93}x^{25}+\alpha^{66}x^{24}+\alpha^{87}x^{23}+\alpha^{49}x^{22}+\alpha^{94}x^{21}+\alpha^{118}x^{20}+\alpha^{114}x^{19}+\alpha^{101}x^{18}+\alpha^{14}x^{17}+\alpha^{111}x^{16}+\alpha^{47}x^{15}+\alpha^{40}x^{14}+\alpha^{86}x^{13}+\alpha^{123}x^{12}+\alpha^{5}x^{11}+\alpha^{120}x^{10}+\alpha^{64}x^{9}+\alpha^{76}x^{8}+\alpha^{9}x^{7}+\alpha^{110}x^{6}+\alpha^{34}x^{5}+\alpha^{5}x^{4}+\alpha^{57}x^{3}+\alpha^{95}x^{2}+\alpha^{60}x+\alpha^{20}$ |
| 33 | $x^{33}+\alpha^{54}x^{32}+\alpha^{97}x^{31}+\alpha^{94}x^{30}+\alpha^{100}x^{29}+\alpha^{124}x^{28}+\alpha x^{27}+\alpha^{122}x^{26}+\alpha^{64}x^{25}+\alpha^{115}x^{24}+\alpha^{17}x^{23}+\alpha^{110}x^{22}+\alpha^{35}x^{21}+\alpha^{124}x^{20}+\alpha^{79}x^{19}+\alpha^{10}x^{18}+\alpha^{126}x^{17}+\alpha^{16}x^{16}+\alpha^{61}x^{15}+\alpha^{37}x^{14}+\alpha^{116}x^{13}+\alpha^{61}x^{12}+\alpha^{43}x^{11}+\alpha^{111}x^{10}+\alpha^{116}x^{9}+\alpha^{99}x^{8}+\alpha^{64}x^{7}+\alpha^{104}x^{6}+\alpha^{7}x^{5}+\alpha^{17}x^{4}+\alpha^{45}x^{3}+\alpha^{82}x^{2}+\alpha^{73}x+\alpha^{53}$ |
| 34 | $x^{34}+\alpha^{108}x^{33}+\alpha^{5}x^{32}+\alpha^{104}x^{31}+\alpha^{112}x^{30}+\alpha^{34}x^{29}+x^{28}+\alpha^{16}x^{27}+\alpha^{20}x^{26}+\alpha^{40}x^{25}+\alpha^{99}x^{24}+\alpha^{5}x^{23}+\alpha^{105}x^{22}+\alpha^{95}x^{21}+\alpha^{16}x^{20}+\alpha^{42}x^{19}+\alpha^{49}x^{18}+\alpha^{85}x^{17}+\alpha^{84}x^{16}+\alpha^{112}x^{15}+\alpha^{121}x^{14}+\alpha^{108}x^{13}+\alpha^{26}x^{12}+\alpha^{88}x^{11}+\alpha^{90}x^{10}+\alpha^{66}x^{9}+\alpha^{81}x^{8}+\alpha^{112}x^{7}+\alpha^{4}x^{6}+\alpha^{73}x^{5}+\alpha^{59}x^{4}+\alpha^{86}x^{3}+\alpha^{22}x^{2}+\alpha^{33}x+\alpha^{87}$ |
| 35 | $x^{35}+\alpha^{88}x^{34}+\alpha^{39}x^{33}+\alpha^{119}x^{32}+\alpha^{102}x^{31}+\alpha^{26}x^{30}+\alpha^{17}x^{29}+\alpha^{122}x^{28}+\alpha^{21}x^{27}+\alpha^{103}x^{26}+\alpha^{4}x^{25}+\alpha^{67}x^{24}+\alpha^{107}x^{23}+\alpha^{18}x^{22}+\alpha^{94}x^{21}+\alpha^{86}x^{20}+\alpha^{61}x^{19}+\alpha^{115}x^{18}+\alpha^{6}x^{17}+\alpha^{115}x^{16}+\alpha^{49}x^{15}+\alpha^{93}x^{14}+\alpha^{53}x^{13}+\alpha^{51}x^{12}+\alpha^{47}x^{11}+\alpha^{20}x^{10}+\alpha^{28}x^{9}+\alpha^{109}x^{8}+\alpha^{119}x^{7}+\alpha^{50}x^{6}+\alpha^{95}x^{5}+\alpha^{80}x^{4}+\alpha^{6}x^{3}+\alpha^{89}x^{2}+\alpha^{47}x+\alpha^{122}$ |
| 36 | $x^{36}+\alpha^{19}x^{35}+\alpha^{77}x^{34}+\alpha^{84}x^{33}+\alpha^{48}x^{32}+\alpha^{74}x^{31}+\alpha^{67}x^{30}+\alpha^{70}x^{29}+\alpha^{58}x^{28}+\alpha^{35}x^{27}+\alpha^{125}x^{26}+\alpha^{30}x^{25}+\alpha^{100}x^{24}+\alpha^{78}x^{23}+\alpha^{75}x^{22}+\alpha^{95}x^{21}+\alpha^{36}x^{20}+\alpha^{58}x^{19}+\alpha^{94}x^{18}+\alpha^{95}x^{17}+\alpha^{110}x^{16}+\alpha^{79}x^{15}+\alpha^{96}x^{14}+\alpha^{9}x^{13}+\alpha^{68}x^{12}+\alpha^{35}x^{11}+\alpha^{40}x^{10}+\alpha^{114}x^{9}+\alpha^{47}x^{8}+\alpha^{96}x^{7}+\alpha^{3}x^{6}+\alpha^{47}x^{5}+\alpha^{58}x^{4}+\alpha^{4}x^{3}+\alpha^{34}x^{2}+\alpha^{13}x+\alpha^{31}$ |
| 37 | $x^{37}+\alpha^{107}x^{36}+\alpha^{96}x^{35}+\alpha^{83}x^{34}+\alpha^{101}x^{33}+\alpha^{108}x^{32}+\alpha^{76}x^{31}+\alpha^{81}x^{30}+\alpha^{94}x^{29}+\alpha^{33}x^{28}+\alpha^{18}x^{27}+\alpha^{112}x^{26}+\alpha^{24}x^{25}+\alpha^{32}x^{24}+\alpha^{96}x^{23}+\alpha^{37}x^{22}+\alpha^{6}x^{21}+\alpha^{121}x^{20}+\alpha^{125}x^{19}+\alpha^{17}x^{18}+\alpha^{51}x^{17}+\alpha^{101}x^{16}+\alpha^{43}x^{15}+\alpha^{13}x^{14}+\alpha^{114}x^{13}+\alpha^{17}x^{12}+\alpha^{16}x^{11}+\alpha^{87}x^{10}+\alpha^{13}x^{9}+\alpha^{112}x^{8}+\alpha^{10}x^{7}+\alpha^{43}x^{6}+\alpha^{113}x^{5}+\alpha^{17}x^{4}+\alpha^{37}x^{3}+\alpha^{88}x^{2}+\alpha^{10}x+\alpha^{68}$ |
| 38 | $x^{38}+\alpha^{55}x^{37}+\alpha^{5}x^{36}+\alpha^{50}x^{35}+\alpha^{48}x^{34}+\alpha^{109}x^{33}+\alpha^{58}x^{32}+\alpha^{38}x^{31}+\alpha^{53}x^{30}+\alpha^{17}x^{29}+\alpha^{91}x^{28}+\alpha^{80}x^{27}+\alpha^{54}x^{26}+\alpha^{31}x^{25}+\alpha^{125}x^{24}+\alpha^{6}x^{23}+\alpha^{23}x^{22}+\alpha^{39}x^{21}+\alpha^{9}x^{20}+\alpha^{123}x^{19}+\alpha^{48}x^{18}+\alpha^{117}x^{17}+\alpha^{13}x^{16}+\alpha^{35}x^{15}+\alpha^{66}x^{14}+\alpha^{11}x^{13}+\alpha^{73}x^{12}+\alpha^{11}x^{11}+\alpha^{61}x^{10}+\alpha^{26}x^{9}+\alpha^{101}x^{8}+\alpha^{125}x^{7}+\alpha^{57}x^{6}+\alpha^{20}x^{5}+\alpha^{125}x^{4}+\alpha^{39}x^{3}+\alpha^{33}x^{2}+\alpha^{122}x+\alpha^{106}$ |
| 39 | $x^{39}+\alpha^{27}x^{38}+\alpha^{52}x^{37}+\alpha^{58}x^{36}+\alpha^{114}x^{35}+\alpha^{28}x^{34}+\alpha^{31}x^{33}+\alpha^{119}x^{32}+\alpha^{109}x^{31}+\alpha^{75}x^{30}+\alpha^{47}x^{29}+\alpha^{125}x^{28}+\alpha^{121}x^{27}+\alpha^{33}x^{26}+\alpha^{96}x^{25}+\alpha^{7}x^{24}+\alpha^{91}x^{23}+\alpha^{28}x^{22}+\alpha^{26}x^{21}+\alpha^{106}x^{20}+\alpha^{126}x^{19}+\alpha^{86}x^{18}+\alpha x^{17}+\alpha^{104}x^{16}+\alpha^{60}x^{15}+\alpha^{62}x^{14}+\alpha^{39}x^{13}+\alpha^{40}x^{12}+\alpha^{84}x^{11}+\alpha^{46}x^{10}+\alpha^{114}x^{9}+\alpha^{61}x^{8}+\alpha^{111}x^{7}+\alpha^{63}x^{6}+\alpha^{100}x^{5}+\alpha^{99}x^{4}+\alpha^{83}x^{3}+\alpha^{117}x^{2}+\alpha^{5}x+\alpha^{18}$ |
| 40 | $x^{40}+\alpha^{118}x^{39}+\alpha^{115}x^{38}+\alpha^{69}x^{37}+\alpha^{86}x^{36}+\alpha^{58}x^{35}+\alpha^{41}x^{34}+\alpha^{56}x^{33}+\alpha^{27}x^{32}+\alpha^{95}x^{31}+\alpha^{69}x^{30}+\alpha^{45}x^{29}+\alpha^{3}x^{28}+\alpha^{64}x^{27}+\alpha^{62}x^{26}+\alpha^{69}x^{25}+\alpha^{56}x^{24}+\alpha^{60}x^{23}+\alpha^{106}x^{22}+\alpha^{87}x^{21}+\alpha^{73}x^{20}+\alpha x^{19}+\alpha^{61}x^{18}+\alpha^{56}x^{17}+\alpha^{93}x^{16}+\alpha^{20}x^{15}+\alpha^{54}x^{14}+\alpha^{97}x^{13}+\alpha^{77}x^{12}+\alpha^{33}x^{11}+\alpha^{98}x^{10}+\alpha^{38}x^{9}+\alpha^{11}x^{8}+\alpha^{81}x^{7}+\alpha^{107}x^{6}+\alpha^{38}x^{5}+\alpha^{107}x^{4}+\alpha^{4}x^{3}+\alpha^{91}x^{2}+\alpha^{8}x+\alpha^{58}$ |
| 41 | $x^{41}+\alpha^{36}x^{40}+\alpha^{124}x^{39}+\alpha^{50}x^{38}+\alpha^{15}x^{37}+\alpha^{75}x^{36}+\alpha^{116}x^{35}+\alpha^{111}x^{34}+\alpha^{9}x^{33}+\alpha^{58}x^{32}+\alpha^{7}x^{31}+\alpha^{112}x^{30}+\alpha^{95}x^{29}+\alpha^{118}x^{28}+\alpha^{11}x^{27}+\alpha^{80}x^{26}+\alpha^{36}x^{25}+\alpha^{70}x^{24}+\alpha^{56}x^{23}+\alpha^{85}x^{22}+\alpha^{99}x^{21}+\alpha^{120}x^{20}+\alpha^{21}x^{19}+\alpha^{34}x^{18}+\alpha^{90}x^{17}+\alpha^{98}x^{16}+\alpha^{57}x^{15}+\alpha^{30}x^{14}+\alpha^{52}x^{13}+\alpha^{71}x^{12}+\alpha^{3}x^{11}+\alpha^{67}x^{10}+\alpha^{33}x^{9}+\alpha^{26}x^{8}+\alpha^{43}x^{7}+\alpha^{90}x^{6}+\alpha^{91}x^{5}+\alpha^{73}x^{4}+\alpha^{23}x^{3}+\alpha^{12}x^{2}+\alpha^{93}x+\alpha^{99}$ |
| 42 | $x^{42}+\alpha^{50}x^{41}+\alpha^{56}x^{40}+\alpha^{73}x^{39}+\alpha^{10}x^{38}+\alpha^{18}x^{37}+\alpha^{20}x^{36}+\alpha^{73}x^{35}+\alpha^{78}x^{34}+\alpha^{54}x^{33}+\alpha^{111}x^{32}+\alpha^{64}x^{31}+\alpha^{49}x^{30}+\alpha^{97}x^{29}+\alpha^{79}x^{28}+\alpha^{43}x^{27}+\alpha^{61}x^{26}+\alpha^{64}x^{25}+\alpha^{80}x^{24}+\alpha^{49}x^{23}+\alpha^{111}x^{22}+\alpha^{33}x^{21}+\alpha^{27}x^{20}+\alpha^{8}x^{19}+\alpha^{82}x^{18}+\alpha^{109}x^{17}+\alpha^{22}x^{16}+\alpha^{47}x^{15}+\alpha^{126}x^{14}+\alpha^{60}x^{13}+\alpha^{55}x^{12}+\alpha^{113}x^{11}+\alpha^{76}x^{10}+\alpha^{62}x^{9}+\alpha^{2}x^{8}+\alpha^{40}x^{7}+\alpha^{30}x^{6}+\alpha^{71}x^{5}+\alpha^{106}x^{4}+\alpha^{85}x^{3}+\alpha^{111}x^{2}+\alpha^{21}x+\alpha^{14}$ |

**表 D.1（续）**

| 纠错码字数 | 生成多项式 |
|---|---|
| 43 | $x^{43}+\alpha^{46}x^{42}+\alpha^{66}x^{41}+\alpha x^{40}+\alpha^{29}x^{39}+\alpha^{9}x^{38}+\alpha^{86}x^{37}+\alpha^{100}x^{36}+\alpha^{36}x^{35}+\alpha^{119}x^{34}+\alpha^{103}x^{33}+\alpha^{37}x^{32}+\alpha^{124}x^{31}+\alpha^{47}x^{30}+\alpha^{54}x^{29}+\alpha^{107}x^{28}+\alpha^{20}x^{27}+\alpha^{85}x^{26}+\alpha^{70}x^{25}+\alpha^{69}x^{24}+\alpha^{71}x^{23}+\alpha^{41}x^{22}+\alpha^{63}x^{21}+\alpha^{10}x^{20}+\alpha^{52}x^{19}+\alpha^{97}x^{18}+\alpha^{29}x^{17}+\alpha^{8}x^{16}+\alpha^{12}x^{15}+\alpha^{3}x^{14}+\alpha^{40}x^{13}+\alpha^{34}x^{12}+\alpha^{118}x^{11}+\alpha^{101}x^{10}+\alpha^{34}x^{9}+\alpha^{122}x^{8}+\alpha^{103}x^{7}+\alpha^{6}x^{6}+\alpha^{100}x^{5}+\alpha^{37}x^{4}+\alpha^{53}x^{3}+\alpha^{35}x^{2}+\alpha^{59}x+\alpha^{57}$ |
| 44 | $x^{44}+\alpha^{106}x^{43}+\alpha^{122}x^{42}+\alpha^{71}x^{41}+\alpha^{17}x^{40}+\alpha^{88}x^{39}+\alpha^{10}x^{38}+\alpha^{99}x^{37}+\alpha^{123}x^{36}+\alpha^{10}x^{35}+\alpha^{101}x^{34}+\alpha^{89}x^{33}+\alpha^{30}x^{32}+\alpha^{55}x^{31}+\alpha^{64}x^{30}+\alpha^{15}x^{29}+\alpha^{17}x^{28}+\alpha^{104}x^{27}+\alpha^{24}x^{26}+\alpha^{119}x^{25}+\alpha^{24}x^{24}+\alpha^{61}x^{23}+\alpha^{4}x^{22}+\alpha^{106}x^{21}+\alpha^{114}x^{20}+x^{19}+\alpha^{77}x^{18}+\alpha^{75}x^{17}+\alpha^{33}x^{16}+\alpha^{76}x^{15}+\alpha^{43}x^{14}+\alpha^{79}x^{13}+\alpha^{99}x^{12}+\alpha^{76}x^{11}+\alpha^{6}x^{10}+\alpha^{87}x^{9}+\alpha^{118}x^{8}+\alpha^{12}x^{7}+\alpha^{95}x^{6}+\alpha^{91}x^{5}+\alpha^{65}x^{4}+\alpha^{37}x^{3}+\alpha^{6}x^{2}+\alpha^{35}x+\alpha^{101}$ |
| 45 | $x^{45}+\alpha^{20}x^{44}+\alpha^{96}x^{43}+\alpha^{41}x^{42}+\alpha x^{41}+\alpha^{117}x^{40}+\alpha^{3}x^{39}+\alpha^{64}x^{38}+\alpha^{36}x^{37}+\alpha^{11}x^{36}+\alpha^{33}x^{35}+\alpha x^{34}+\alpha^{123}x^{33}+\alpha^{2}x^{32}+\alpha^{113}x^{31}+\alpha^{66}x^{30}+\alpha^{93}x^{29}+\alpha^{15}x^{28}+\alpha^{84}x^{27}+\alpha^{114}x^{26}+\alpha^{115}x^{25}+\alpha^{55}x^{24}+\alpha^{65}x^{23}+\alpha^{88}x^{22}+\alpha^{124}x^{21}+\alpha^{103}x^{20}+\alpha^{21}x^{19}+\alpha^{37}x^{18}+\alpha^{14}x^{17}+\alpha^{11}x^{16}+\alpha^{30}x^{15}+\alpha^{123}x^{14}+\alpha^{58}x^{13}+\alpha^{98}x^{12}+\alpha^{22}x^{11}+\alpha^{100}x^{10}+\alpha^{124}x^{9}+\alpha^{68}x^{8}+\alpha^{15}x^{7}+x^{6}+\alpha^{33}x^{5}+\alpha^{90}x^{4}+\alpha^{49}x^{3}+\alpha^{23}x^{2}+\alpha^{120}x+\alpha^{19}$ |
| 46 | $x^{46}+\alpha^{75}x^{45}+\alpha^{65}x^{44}+\alpha^{70}x^{43}+\alpha^{26}x^{42}+\alpha^{29}x^{41}+\alpha^{87}x^{40}+\alpha^{112}x^{39}+\alpha^{56}x^{38}+\alpha^{106}x^{37}+\alpha^{89}x^{36}+\alpha^{115}x^{35}+\alpha^{90}x^{34}+\alpha^{23}x^{33}+\alpha^{115}x^{32}+\alpha^{43}x^{31}+\alpha^{72}x^{30}+\alpha^{19}x^{29}+\alpha^{50}x^{28}+\alpha^{102}x^{27}+\alpha^{38}x^{26}+\alpha^{74}x^{25}+\alpha^{114}x^{24}+\alpha^{77}x^{23}+\alpha^{34}x^{22}+\alpha^{41}x^{21}+\alpha^{52}x^{20}+\alpha^{36}x^{19}+\alpha^{31}x^{18}+\alpha^{47}x^{17}+\alpha^{20}x^{16}+\alpha^{38}x^{15}+\alpha^{30}x^{14}+\alpha^{112}x^{13}+\alpha^{99}x^{12}+\alpha^{44}x^{11}+\alpha^{65}x^{10}+\alpha^{2}x^{9}+\alpha^{126}x^{8}+\alpha^{102}x^{7}+\alpha^{124}x^{6}+\alpha^{113}x^{5}+\alpha^{30}x^{4}+\alpha^{121}x^{3}+\alpha^{36}x^{2}+\alpha^{93}x+\alpha^{65}$ |
| 47 | $x^{47}+\alpha^{59}x^{46}+\alpha^{104}x^{45}+\alpha^{23}x^{44}+\alpha^{39}x^{43}+\alpha^{38}x^{42}+\alpha^{110}x^{41}+\alpha^{53}x^{40}+\alpha^{88}x^{39}+\alpha^{110}x^{38}+\alpha^{41}x^{37}+\alpha^{28}x^{36}+\alpha^{61}x^{35}+\alpha^{101}x^{34}+\alpha^{120}x^{33}+\alpha^{29}x^{32}+\alpha^{33}x^{31}+\alpha^{109}x^{30}+\alpha^{38}x^{29}+\alpha^{52}x^{28}+\alpha^{10}x^{27}+\alpha^{108}x^{26}+\alpha^{117}x^{25}+\alpha^{110}x^{24}+\alpha^{7}x^{23}+\alpha^{62}x^{22}+\alpha^{101}x^{21}+\alpha^{51}x^{20}+\alpha^{14}x^{19}+\alpha^{48}x^{18}+\alpha^{40}x^{17}+\alpha^{12}x^{16}+\alpha^{56}x^{15}+\alpha^{68}x^{14}+\alpha^{97}x^{13}+\alpha^{105}x^{12}+\alpha^{120}x^{11}+\alpha^{54}x^{10}+\alpha^{44}x^{9}+\alpha^{70}x^{8}+\alpha^{83}x^{7}+\alpha^{61}x^{6}+\alpha^{37}x^{5}+\alpha^{86}x^{4}+\alpha^{118}x^{3}+\alpha^{120}x^{2}+\alpha^{123}x+\alpha^{112}$ |
| 48 | $x^{48}+\alpha^{82}x^{47}+\alpha^{111}x^{46}+\alpha^{85}x^{45}+\alpha^{15}x^{44}+\alpha^{74}x^{43}+\alpha^{15}x^{42}+\alpha^{99}x^{41}+\alpha^{52}x^{40}+\alpha^{38}x^{39}+\alpha^{68}x^{38}+\alpha^{3}x^{37}+\alpha^{124}x^{36}+\alpha^{95}x^{35}+\alpha^{94}x^{34}+\alpha^{57}x^{33}+\alpha^{42}x^{32}+\alpha^{93}x^{31}+\alpha^{24}x^{30}+\alpha^{63}x^{29}+\alpha^{110}x^{28}+\alpha^{103}x^{27}+\alpha^{47}x^{26}+\alpha^{9}x^{25}+\alpha^{63}x^{24}+\alpha^{58}x^{23}+\alpha^{18}x^{22}+\alpha^{123}x^{21}+\alpha^{52}x^{20}+\alpha^{54}x^{19}+\alpha^{64}x^{18}+\alpha^{55}x^{17}+\alpha^{53}x^{16}+\alpha^{117}x^{15}+\alpha^{76}x^{14}+\alpha^{126}x^{13}+\alpha^{77}x^{12}+\alpha^{5}x^{11}+\alpha^{119}x^{10}+\alpha^{11}x^{9}+\alpha^{74}x^{8}+\alpha^{43}x^{7}+\alpha^{8}x^{6}+\alpha^{116}x^{5}+\alpha^{106}x^{4}+\alpha^{98}x^{3}+\alpha^{46}x^{2}+\alpha^{66}x+\alpha^{33}$ |
| 49 | $x^{49}+\alpha^{6}x^{48}+\alpha^{58}x^{47}+\alpha^{16}x^{46}+\alpha x^{45}+\alpha^{101}x^{44}+\alpha^{102}x^{43}+\alpha^{55}x^{42}+\alpha^{22}x^{41}+\alpha^{53}x^{40}+\alpha^{47}x^{39}+\alpha^{81}x^{38}+\alpha^{23}x^{37}+\alpha^{82}x^{36}+\alpha^{12}x^{35}+\alpha^{82}x^{34}+\alpha^{121}x^{33}+\alpha^{26}x^{32}+\alpha^{59}x^{31}+\alpha^{100}x^{30}+\alpha^{45}x^{29}+x^{28}+\alpha^{93}x^{27}+\alpha^{117}x^{26}+\alpha^{13}x^{25}+\alpha^{38}x^{24}+\alpha^{65}x^{23}+\alpha^{91}x^{22}+\alpha^{48}x^{21}+\alpha^{16}x^{20}+\alpha^{121}x^{19}+\alpha^{3}x^{18}+\alpha^{20}x^{17}+\alpha^{38}x^{16}+\alpha^{49}x^{15}+\alpha^{29}x^{14}+\alpha^{22}x^{13}+\alpha^{13}x^{12}+\alpha^{121}x^{11}+\alpha^{10}x^{10}+\alpha^{66}x^{9}+\alpha^{85}x^{8}+\alpha^{41}x^{7}+\alpha^{11}x^{6}+\alpha^{60}x^{5}+\alpha^{10}x^{4}+\alpha^{75}x^{3}+\alpha^{40}x^{2}+\alpha^{38}x+\alpha^{82}$ |
| 50 | $x^{50}+\alpha^{15}x^{49}+\alpha^{118}x^{48}+\alpha^{99}x^{47}+\alpha^{68}x^{46}+\alpha^{96}x^{45}+\alpha^{11}x^{44}+\alpha^{24}x^{43}+\alpha^{114}x^{42}+\alpha^{32}x^{41}+\alpha^{71}x^{40}+\alpha^{69}x^{39}+\alpha^{110}x^{38}+\alpha^{117}x^{37}+\alpha^{8}x^{36}+\alpha^{9}x^{35}+\alpha^{28}x^{34}+\alpha^{114}x^{33}+\alpha x^{32}+\alpha^{17}x^{31}+\alpha^{91}x^{30}+\alpha^{71}x^{29}+\alpha^{126}x^{28}+\alpha^{45}x^{27}+\alpha^{3}x^{26}+\alpha^{124}x^{25}+\alpha^{54}x^{24}+\alpha^{20}x^{23}+\alpha^{25}x^{22}+\alpha^{21}x^{21}+\alpha^{92}x^{20}+\alpha^{69}x^{19}+\alpha^{104}x^{18}+\alpha^{14}x^{17}+\alpha^{106}x^{16}+\alpha^{11}x^{15}+\alpha^{61}x^{14}+\alpha^{94}x^{13}+\alpha^{11}x^{12}+\alpha^{21}x^{11}+\alpha^{74}x^{10}+\alpha^{86}x^{9}+\alpha^{92}x^{8}+\alpha^{53}x^{7}+\alpha^{91}x^{6}+\alpha^{100}x^{5}+\alpha^{123}x^{4}+\alpha^{78}x^{3}+\alpha^{21}x^{2}+\alpha^{96}x+\alpha^{5}$ |
| 51 | $x^{51}+\alpha^{64}x^{50}+\alpha^{49}x^{49}+\alpha^{81}x^{48}+\alpha^{73}x^{47}+\alpha^{85}x^{46}+\alpha^{55}x^{45}+\alpha^{109}x^{44}+\alpha^{5}x^{43}+\alpha^{46}x^{42}+\alpha^{99}x^{41}+\alpha^{15}x^{40}+\alpha^{20}x^{39}+\alpha^{126}x^{38}+\alpha^{92}x^{37}+\alpha^{54}x^{36}+\alpha^{4}x^{35}+\alpha^{70}x^{34}+\alpha^{11}x^{33}+\alpha^{8}x^{32}+\alpha^{57}x^{31}+\alpha^{39}x^{30}+\alpha^{119}x^{29}+x^{28}+\alpha^{107}x^{27}+\alpha^{36}x^{26}+\alpha^{62}x^{25}+\alpha^{58}x^{24}+\alpha^{3}x^{23}+\alpha^{47}x^{22}+\alpha^{19}x^{21}+\alpha^{89}x^{20}+\alpha^{92}x^{19}+\alpha^{20}x^{18}+\alpha^{4}x^{17}+\alpha^{117}x^{16}+\alpha^{92}x^{15}+\alpha^{55}x^{14}+\alpha^{14}x^{13}+\alpha^{87}x^{12}+\alpha^{7}x^{11}+\alpha^{16}x^{10}+\alpha^{15}x^{9}+\alpha^{26}x^{8}+\alpha^{55}x^{7}+\alpha^{53}x^{6}+\alpha^{8}x^{5}+\alpha^{48}x^{4}+\alpha^{108}x^{3}+\alpha x^{2}+\alpha^{68}x+\alpha^{56}$ |

表 D.1（续）

| 纠错码字数 | 生成多项式 |
| --- | --- |
| 52 | $x^{52}+\alpha^{80}x^{51}+\alpha^{114}x^{50}+\alpha^{28}x^{49}+\alpha^{71}x^{48}+\alpha^{106}x^{47}+\alpha^{60}x^{46}+\alpha^{42}x^{45}+\alpha^{106}x^{44}+\alpha^{80}x^{43}+\alpha^{2}x^{42}+\alpha^{59}x^{41}+\alpha^{109}x^{40}+\alpha^{52}x^{39}+\alpha^{117}x^{38}+\alpha^{27}x^{37}+\alpha^{65}x^{36}+\alpha^{62}x^{35}+\alpha^{110}x^{34}+\alpha^{34}x^{33}+\alpha^{64}x^{32}+\alpha^{21}x^{31}+\alpha^{103}x^{30}+\alpha^{9}x^{29}+\alpha^{78}x^{28}+\alpha^{29}x^{27}+\alpha^{117}x^{26}+\alpha^{82}x^{25}+\alpha^{57}x^{24}+\alpha^{41}x^{23}+\alpha^{61}x^{22}+\alpha^{32}x^{21}+\alpha x^{20}+\alpha^{24}x^{19}+\alpha^{26}x^{18}+\alpha^{31}x^{17}+\alpha^{87}x^{16}+\alpha^{102}x^{15}+\alpha^{118}x^{14}+\alpha^{106}x^{13}+\alpha^{89}x^{12}+\alpha^{92}x^{11}+\alpha^{88}x^{10}+\alpha^{92}x^{9}+\alpha^{44}x^{8}+\alpha^{33}x^{7}+\alpha^{104}x^{6}+\alpha^{76}x^{5}+\alpha^{94}x^{4}+\alpha^{104}x^{3}+\alpha^{116}x^{2}+\alpha^{8}x+\alpha^{108}$ |
| 53 | $x^{53}+\alpha^{43}x^{52}+\alpha^{93}x^{51}+\alpha^{56}x^{50}+\alpha^{108}x^{49}+\alpha^{67}x^{48}+\alpha^{44}x^{47}+\alpha^{10}x^{46}+\alpha^{2}x^{45}+\alpha^{17}x^{44}+\alpha^{126}x^{43}+\alpha^{52}x^{42}+\alpha^{116}x^{41}+\alpha^{104}x^{40}+\alpha^{6}x^{39}+\alpha^{15}x^{38}+\alpha x^{37}+\alpha^{86}x^{36}+\alpha^{65}x^{35}+\alpha^{96}x^{34}+\alpha^{53}x^{33}+\alpha^{118}x^{32}+\alpha^{48}x^{31}+\alpha^{83}x^{30}+\alpha^{50}x^{29}+\alpha^{90}x^{28}+\alpha^{73}x^{27}+\alpha^{100}x^{26}+\alpha^{44}x^{25}+\alpha^{58}x^{24}+\alpha^{18}x^{23}+\alpha^{37}x^{22}+\alpha^{34}x^{21}+\alpha^{23}x^{20}+\alpha^{120}x^{19}+\alpha^{16}x^{18}+\alpha^{91}x^{17}+\alpha^{60}x^{16}+\alpha x^{15}+\alpha^{46}x^{14}+\alpha^{71}x^{13}+\alpha^{10}x^{12}+x^{11}+\alpha x^{10}+\alpha^{73}x^{9}+\alpha^{112}x^{8}+\alpha^{47}x^{7}+\alpha^{8}x^{6}+\alpha^{85}x^{5}+\alpha^{53}x^{4}+\alpha^{55}x^{3}+\alpha^{19}x^{2}+\alpha^{23}x+\alpha^{34}$ |
| 54 | $x^{54}+\alpha^{77}x^{53}+\alpha^{90}x^{52}+\alpha^{69}x^{51}+\alpha^{43}x^{50}+\alpha^{11}x^{49}+\alpha^{39}x^{48}+\alpha^{28}x^{47}+\alpha^{4}x^{46}+\alpha^{74}x^{45}+\alpha^{97}x^{44}+\alpha^{83}x^{43}+\alpha^{16}x^{42}+\alpha^{18}x^{41}+\alpha^{92}x^{40}+\alpha^{65}x^{39}+\alpha^{23}x^{38}+\alpha^{56}x^{37}+\alpha^{123}x^{36}+\alpha^{85}x^{35}+\alpha^{22}x^{34}+\alpha^{14}x^{33}+\alpha^{52}x^{32}+\alpha^{62}x^{31}+\alpha^{31}x^{30}+\alpha^{96}x^{29}+\alpha^{41}x^{28}+\alpha^{90}x^{27}+\alpha^{96}x^{26}+\alpha^{79}x^{25}+\alpha^{69}x^{24}+\alpha^{28}x^{23}+\alpha^{73}x^{22}+\alpha^{90}x^{21}+\alpha^{26}x^{20}+\alpha^{17}x^{19}+\alpha^{110}x^{18}+\alpha^{98}x^{17}+\alpha^{120}x^{16}+\alpha^{90}x^{15}+\alpha^{45}x^{14}+\alpha^{26}x^{13}+\alpha^{79}x^{12}+\alpha^{74}x^{11}+\alpha^{16}x^{10}+\alpha^{48}x^{9}+\alpha^{33}x^{8}+\alpha^{112}x^{7}+\alpha^{51}x^{6}+\alpha^{78}x^{5}+\alpha^{38}x^{4}+\alpha^{119}x^{3}+\alpha^{68}x^{2}+\alpha^{110}x+\alpha^{88}$ |
| 55 | $x^{55}+\alpha^{123}x^{54}+\alpha^{43}x^{53}+\alpha^{112}x^{52}+\alpha^{102}x^{51}+\alpha^{119}x^{50}+\alpha^{29}x^{49}+\alpha^{69}x^{48}+\alpha^{68}x^{47}+\alpha^{122}x^{46}+\alpha^{73}x^{45}+\alpha^{100}x^{44}+\alpha^{93}x^{43}+\alpha^{91}x^{42}+\alpha^{52}x^{41}+\alpha^{70}x^{40}+\alpha^{119}x^{39}+\alpha^{124}x^{38}+\alpha^{12}x^{37}+\alpha^{62}x^{36}+\alpha^{57}x^{35}+\alpha^{29}x^{34}+\alpha^{121}x^{33}+\alpha^{112}x^{32}+\alpha^{56}x^{31}+\alpha^{123}x^{30}+\alpha^{93}x^{29}+\alpha^{104}x^{28}+\alpha^{5}x^{27}+\alpha^{50}x^{26}+\alpha^{9}x^{25}+\alpha^{125}x^{24}+\alpha^{110}x^{23}+\alpha^{48}x^{22}+\alpha^{12}x^{21}+\alpha^{96}x^{20}+\alpha^{30}x^{19}+\alpha^{36}x^{18}+\alpha^{77}x^{17}+\alpha x^{16}+\alpha^{8}x^{15}+\alpha^{46}x^{14}+\alpha^{14}x^{13}+\alpha^{72}x^{12}+\alpha^{8}x^{11}+\alpha^{37}x^{10}+\alpha^{15}x^{9}+\alpha^{17}x^{8}+\alpha^{74}x^{7}+\alpha^{90}x^{6}+\alpha^{109}x^{5}+\alpha^{21}x^{4}+\alpha^{87}x^{3}+\alpha^{74}x^{2}+\alpha^{83}x+\alpha^{16}$ |
| 56 | $x^{56}+\alpha^{121}x^{55}+\alpha^{87}x^{54}+\alpha^{63}x^{53}+\alpha^{16}x^{52}+\alpha^{49}x^{51}+\alpha^{8}x^{50}+\alpha^{57}x^{49}+\alpha^{107}x^{48}+\alpha^{57}x^{47}+\alpha^{119}x^{46}+\alpha^{74}x^{45}+\alpha^{108}x^{44}+\alpha^{39}x^{43}+\alpha^{123}x^{42}+\alpha^{28}x^{41}+\alpha^{122}x^{40}+\alpha^{91}x^{39}+\alpha^{78}x^{38}+\alpha^{76}x^{37}+\alpha^{32}x^{36}+\alpha^{62}x^{35}+\alpha^{7}x^{34}+\alpha^{52}x^{33}+\alpha^{104}x^{32}+\alpha^{19}x^{31}+\alpha^{118}x^{30}+\alpha^{27}x^{29}+\alpha^{17}x^{28}+\alpha^{84}x^{27}+\alpha^{105}x^{26}+\alpha^{63}x^{25}+\alpha^{78}x^{24}+\alpha^{83}x^{23}+\alpha^{95}x^{22}+\alpha^{80}x^{21}+\alpha^{107}x^{20}+\alpha^{81}x^{19}+\alpha^{13}x^{18}+\alpha^{83}x^{17}+\alpha^{44}x^{16}+\alpha^{7}x^{15}+\alpha^{32}x^{14}+\alpha^{5}x^{13}+\alpha^{4}x^{12}+\alpha^{27}x^{11}+\alpha^{2}x^{10}+\alpha^{124}x^{9}+\alpha^{104}x^{8}+\alpha^{111}x^{7}+\alpha^{119}x^{6}+\alpha^{90}x^{5}+\alpha^{114}x^{4}+\alpha^{91}x^{3}+\alpha^{45}x^{2}+\alpha^{9}x+\alpha^{72}$ |
| 57 | $x^{57}+\alpha^{9}x^{56}+\alpha^{100}x^{55}+\alpha^{122}x^{54}+\alpha^{109}x^{53}+\alpha^{105}x^{52}+\alpha^{80}x^{51}+\alpha^{51}x^{50}+\alpha^{110}x^{49}+\alpha^{111}x^{48}+\alpha^{69}x^{47}+\alpha^{8}x^{46}+\alpha^{97}x^{45}+\alpha^{69}x^{44}+\alpha^{86}x^{43}+\alpha^{114}x^{42}+\alpha^{95}x^{41}+\alpha^{109}x^{40}+\alpha^{60}x^{39}+\alpha^{30}x^{38}+\alpha^{61}x^{37}+\alpha^{52}x^{36}+\alpha^{55}x^{35}+\alpha^{80}x^{34}+\alpha^{59}x^{33}+\alpha^{82}x^{32}+\alpha^{29}x^{31}+\alpha^{67}x^{30}+\alpha^{82}x^{29}+\alpha^{111}x^{28}+\alpha^{27}x^{27}+\alpha^{47}x^{26}+\alpha^{31}x^{25}+\alpha^{66}x^{24}+\alpha^{18}x^{23}+\alpha^{51}x^{22}+\alpha^{106}x^{21}+\alpha^{46}x^{20}+\alpha^{73}x^{19}+\alpha^{34}x^{18}+\alpha^{14}x^{17}+\alpha^{58}x^{16}+\alpha^{8}x^{15}+\alpha^{38}x^{14}+\alpha^{79}x^{13}+\alpha^{38}x^{12}+\alpha^{7}x^{11}+\alpha^{126}x^{10}+\alpha^{99}x^{9}+\alpha^{29}x^{8}+\alpha^{28}x^{7}+\alpha^{115}x^{6}+\alpha^{71}x^{5}+\alpha^{6}x^{4}+\alpha^{77}x^{3}+\alpha^{113}x^{2}+\alpha^{80}x+\alpha^{2}$ |
| 58 | $x^{58}+\alpha^{45}x^{57}+\alpha^{24}x^{56}+\alpha^{44}x^{55}+\alpha^{77}x^{54}+\alpha^{107}x^{53}+\alpha^{45}x^{52}+\alpha^{32}x^{51}+\alpha^{13}x^{50}+\alpha^{23}x^{49}+\alpha^{32}x^{48}+\alpha^{121}x^{47}+\alpha^{67}x^{46}+\alpha^{94}x^{45}+\alpha^{25}x^{44}+\alpha^{113}x^{43}+\alpha^{90}x^{42}+\alpha^{118}x^{41}+\alpha^{114}x^{40}+\alpha^{48}x^{39}+\alpha^{51}x^{38}+\alpha^{117}x^{37}+\alpha^{81}x^{36}+\alpha^{37}x^{35}+\alpha^{123}x^{34}+\alpha^{73}x^{33}+\alpha x^{32}+\alpha^{14}x^{31}+\alpha^{31}x^{30}+\alpha^{85}x^{29}+\alpha^{90}x^{28}+\alpha^{5}x^{27}+\alpha^{51}x^{26}+\alpha^{55}x^{25}+\alpha^{37}x^{24}+\alpha^{10}x^{23}+\alpha^{113}x^{22}+\alpha^{81}x^{21}+\alpha^{74}x^{20}+\alpha^{3}x^{19}+\alpha x^{18}+\alpha^{64}x^{17}+\alpha^{95}x^{16}+\alpha^{50}x^{15}+\alpha^{21}x^{14}+\alpha^{22}x^{13}+\alpha^{54}x^{12}+\alpha^{40}x^{11}+\alpha^{10}x^{10}+\alpha^{60}x^{9}+\alpha^{109}x^{8}+\alpha^{60}x^{7}+\alpha^{5}x^{6}+\alpha^{126}x^{5}+\alpha^{28}x^{4}+\alpha^{54}x^{3}+\alpha^{93}x^{2}+\alpha^{46}x+\alpha^{60}$ |
| 59 | $x^{59}+\alpha^{51}x^{58}+\alpha^{66}x^{57}+\alpha^{101}x^{56}+\alpha^{5}x^{55}+\alpha^{81}x^{54}+\alpha^{53}x^{53}+\alpha^{3}x^{52}+x^{51}+\alpha^{59}x^{50}+\alpha^{77}x^{49}+\alpha^{90}x^{48}+\alpha^{59}x^{47}+\alpha^{70}x^{46}+\alpha^{56}x^{45}+\alpha^{58}x^{44}+\alpha^{95}x^{43}+\alpha^{119}x^{42}+\alpha^{2}x^{41}+\alpha^{108}x^{40}+\alpha^{75}x^{39}+\alpha^{113}x^{38}+\alpha^{25}x^{37}+\alpha^{69}x^{36}+\alpha^{86}x^{35}+\alpha^{16}x^{34}+\alpha^{125}x^{33}+\alpha^{119}x^{32}+\alpha^{111}x^{31}+\alpha^{40}x^{30}+\alpha^{70}x^{29}+\alpha^{74}x^{28}+\alpha^{15}x^{27}+\alpha^{81}x^{26}+\alpha^{32}x^{25}+\alpha^{35}x^{24}+\alpha^{78}x^{23}+\alpha^{94}x^{22}+\alpha^{115}x^{21}+\alpha^{10}x^{20}+\alpha^{103}x^{19}+\alpha^{57}x^{18}+\alpha^{107}x^{17}+\alpha^{16}x^{16}+\alpha^{39}x^{15}+\alpha^{97}x^{14}+\alpha^{44}x^{13}+\alpha^{93}x^{12}+\alpha^{57}x^{11}+\alpha^{104}x^{10}+\alpha^{19}x^{9}+\alpha^{20}x^{8}+\alpha^{83}x^{7}+\alpha^{66}x^{6}+\alpha^{27}x^{5}+\alpha^{11}x^{4}+\alpha^{40}x^{3}+\alpha^{65}x^{2}+\alpha^{110}x+\alpha^{119}$ |

**表 D.1（续）**

| 纠错码字数 | 生成多项式 |
|---|---|
| 60 | $x^{60}+\alpha^{95}x^{59}+\alpha^{116}x^{58}+\alpha^{60}x^{57}+\alpha^{106}x^{56}+\alpha^{53}x^{55}+\alpha^{71}x^{54}+\alpha^{55}x^{53}+\alpha^{15}x^{52}+\alpha^{90}x^{51}+\alpha^{30}x^{50}+\alpha^{52}x^{49}+\alpha^{72}x^{48}+\alpha^{106}x^{47}+\alpha^{76}x^{46}+\alpha^{6}x^{45}+\alpha^{84}x^{44}+\alpha^{41}x^{43}+\alpha^{47}x^{42}+\alpha^{40}x^{41}+\alpha^{52}x^{40}+\alpha^{54}x^{39}+\alpha^{65}x^{38}+\alpha^{57}x^{37}+\alpha^{35}x^{36}+\alpha^{23}x^{35}+\alpha^{112}x^{34}+\alpha^{33}x^{33}+\alpha^{6}x^{32}+\alpha^{37}x^{31}+\alpha^{69}x^{30}+\alpha^{98}x^{29}+\alpha x^{28}+\alpha^{89}x^{27}+\alpha^{102}x^{26}+\alpha^{74}x^{25}+\alpha^{20}x^{24}+\alpha^{103}x^{23}+\alpha^{45}x^{22}+\alpha^{95}x^{21}+\alpha^{27}x^{20}+\alpha^{76}x^{19}+\alpha^{17}x^{18}+\alpha^{72}x^{17}+\alpha^{49}x^{16}+\alpha^{32}x^{15}+\alpha^{36}x^{14}+x^{13}+\alpha^{27}x^{12}+\alpha^{68}x^{11}+\alpha^{107}x^{10}+\alpha^{101}x^{9}+\alpha^{87}x^{8}+\alpha^{61}x^{7}+\alpha^{11}x^{6}+\alpha^{54}x^{5}+\alpha^{41}x^{4}+\alpha^{56}x^{3}+\alpha^{46}x^{2}+\alpha^{86}x+\alpha^{52}$ |
| 61 | $x^{61}+\alpha^{72}x^{60}+\alpha^{10}x^{59}+\alpha^{87}x^{58}+\alpha^{42}x^{57}+\alpha^{4}x^{56}+\alpha^{20}x^{55}+\alpha^{50}x^{54}+\alpha^{44}x^{53}+\alpha^{82}x^{52}+\alpha^{38}x^{51}+\alpha^{109}x^{50}+\alpha^{11}x^{49}+\alpha^{96}x^{48}+\alpha^{89}x^{47}+\alpha^{3}x^{46}+\alpha^{9}x^{45}+\alpha^{7}x^{44}+\alpha^{73}x^{43}+\alpha^{62}x^{42}+\alpha^{88}x^{41}+\alpha^{8}x^{40}+\alpha^{110}x^{39}+\alpha^{74}x^{38}+x^{37}+\alpha^{76}x^{36}+\alpha^{96}x^{35}+\alpha^{124}x^{34}+\alpha^{24}x^{33}+\alpha^{36}x^{32}+\alpha^{43}x^{31}+\alpha^{74}x^{30}+\alpha^{2}x^{29}+\alpha^{52}x^{28}+\alpha^{87}x^{27}+\alpha^{121}x^{26}+\alpha^{36}x^{25}+\alpha^{22}x^{24}+\alpha^{31}x^{23}+\alpha^{2}x^{22}+\alpha^{89}x^{21}+\alpha^{104}x^{20}+\alpha^{13}x^{19}+\alpha^{86}x^{18}+\alpha^{82}x^{17}+\alpha^{19}x^{16}+\alpha^{75}x^{15}+\alpha^{96}x^{14}+\alpha^{38}x^{13}+\alpha^{15}x^{12}+\alpha^{48}x^{11}+\alpha^{39}x^{10}+\alpha^{18}x^{9}+\alpha^{42}x^{8}+\alpha^{110}x^{7}+\alpha^{15}x^{6}+\alpha^{61}x^{5}+\alpha^{34}x^{4}+\alpha^{14}x^{3}+\alpha^{126}x^{2}+\alpha^{123}x+\alpha^{113}$ |
| 62 | $x^{62}+\alpha^{99}x^{61}+\alpha^{14}x^{60}+\alpha^{8}x^{59}+\alpha^{96}x^{58}+\alpha^{94}x^{57}+\alpha^{125}x^{56}+\alpha^{26}x^{55}+\alpha^{66}x^{54}+\alpha^{11}x^{53}+\alpha^{57}x^{52}+\alpha^{17}x^{51}+\alpha^{95}x^{50}+\alpha^{62}x^{49}+\alpha^{106}x^{48}+\alpha^{43}x^{47}+\alpha^{33}x^{46}+\alpha^{86}x^{45}+\alpha^{66}x^{44}+\alpha^{115}x^{43}+\alpha^{10}x^{42}+\alpha^{71}x^{41}+\alpha^{91}x^{40}+\alpha^{19}x^{39}+\alpha^{44}x^{38}+\alpha^{68}x^{37}+\alpha^{49}x^{36}+\alpha^{8}x^{35}+\alpha^{15}x^{34}+\alpha^{81}x^{33}+\alpha^{69}x^{32}+\alpha^{75}x^{31}+\alpha^{5}x^{30}+\alpha^{80}x^{29}+\alpha^{77}x^{28}+\alpha^{6}x^{27}+\alpha^{110}x^{26}+\alpha^{65}x^{25}+\alpha^{104}x^{24}+\alpha^{15}x^{23}+\alpha^{23}x^{22}+\alpha^{66}x^{21}+\alpha^{68}x^{20}+\alpha^{109}x^{19}+\alpha^{123}x^{18}+\alpha^{79}x^{17}+\alpha^{89}x^{16}+\alpha^{35}x^{15}+\alpha^{34}x^{14}+\alpha^{53}x^{13}+\alpha^{22}x^{12}+\alpha^{7}x^{11}+\alpha^{110}x^{10}+x^{9}+\alpha^{118}x^{8}+\alpha^{14}x^{7}+\alpha^{49}x^{6}+\alpha^{81}x^{5}+\alpha^{19}x^{4}+\alpha^{121}x^{3}+\alpha^{63}x^{2}+\alpha^{84}x+\alpha^{48}$ |
| 63 | $x^{63}+\alpha^{112}x^{62}+\alpha^{54}x^{61}+\alpha^{25}x^{60}+\alpha^{30}x^{59}+\alpha^{34}x^{58}+\alpha^{101}x^{57}+\alpha^{17}x^{56}+\alpha^{55}x^{55}+\alpha^{46}x^{54}+\alpha^{126}x^{53}+\alpha^{49}x^{52}+\alpha^{16}x^{51}+\alpha^{32}x^{50}+\alpha^{85}x^{49}+\alpha^{73}x^{48}+\alpha^{86}x^{47}+\alpha^{123}x^{46}+\alpha^{31}x^{45}+\alpha^{121}x^{44}+\alpha^{76}x^{43}+\alpha^{6}x^{42}+\alpha^{40}x^{41}+\alpha^{13}x^{40}+\alpha^{2}x^{39}+\alpha^{125}x^{38}+\alpha^{54}x^{37}+\alpha^{101}x^{36}+\alpha^{39}x^{35}+\alpha^{85}x^{34}+x^{33}+\alpha^{114}x^{32}+\alpha^{19}x^{31}+\alpha^{96}x^{30}+\alpha^{118}x^{29}+\alpha^{9}x^{28}+\alpha^{8}x^{27}+\alpha^{25}x^{26}+\alpha^{33}x^{25}+\alpha^{101}x^{24}+\alpha^{49}x^{23}+\alpha^{13}x^{22}+\alpha^{43}x^{21}+\alpha^{50}x^{20}+\alpha^{32}x^{19}+\alpha^{6}x^{18}+\alpha^{35}x^{17}+\alpha^{62}x^{16}+\alpha^{113}x^{15}+\alpha^{62}x^{14}+\alpha^{73}x^{13}+\alpha^{121}x^{12}+\alpha^{91}x^{11}+\alpha^{105}x^{10}+\alpha^{89}x^{9}+\alpha^{35}x^{8}+\alpha^{61}x^{7}+\alpha^{82}x^{6}+\alpha^{79}x^{5}+\alpha^{12}x^{4}+\alpha^{71}x^{3}+\alpha^{37}x^{2}+\alpha^{32}x+\alpha^{111}$ |

# 附　录　E
# （资料性附录）
# 参考译码算法

## E.1　灰阶图像二值化

将灰阶图像分割为小块，使用 Otsu 算法（见参考文献[1]）分别计算每块的二值化阈值，对相邻块的二值化阈值进行平均平滑后，各图像块使用各自的阈值进行二值化。

将灰阶图像分割为 $M \times M$ 像素的图像块（这里 $M = 40$）。如果图像高度或宽度不是 $M$ 的整数倍，则采取以下分块算法：图像宽度 $W$ 被分为 $BW$ 份，前 $BW_1$ 份的宽度为 $MW_1$，后 $BW_2$ 份的宽度为 $MW_2$。图像高度 $H$ 被分为 $BH$ 份，前 $BH_1$ 份的高度为 $MH_1$，后 $BH_2$ 份的高度为 $MH_2$：

$BW = (W + M - 1)\ \mathrm{DIV}\ M$

$MW_1 = W\ \mathrm{DIV}\ BW$

$MW_2 = MW_1 + 1$

$BW_1 = BW \times MW_2 - W$

$BW_2 = BW - BW_1$

$BH = (H + M - 1)\ \mathrm{DIV}\ M$

$MH_1 = H\ \mathrm{DIV}\ BH$

$MH_2 = MH_1 + 1$

$BH_1 = BH \times MH_2 - H$

$BH_2 = BH - BH_1$

各图像块的对比度是指该块内最暗与最亮像素间的灰阶差。记对比度最大的图像块的灰阶差为 max_sc。若一个图像块的对比度小于 max_sc/2，该图像块被认为处于背景区域，整个图像块被二值化为白色并且该块的二值化域值设为 0。否则，使用 Otsu 二值化算法计算该图像块的二值化域值。

对相邻块的二值化阈值进行平均平滑。所有的二值化阈值组成一个二维数组，所有非 0 的阈值与其周围 8 个块的非 0 阈值参与平均平滑。各图像块阈值的权值模板为：

$$\begin{matrix} 1 & 2 & 1 \\ 2 & 4 & 2 \\ 1 & 2 & 1 \end{matrix}$$

根据阈值对各图像块进行二值化，灰阶小于阈值的像素被二值化为黑色，其余像素为白色，从而得到二值图像。

图 E.1 和图 E.2 分别是灰阶图像和二值化的结果。

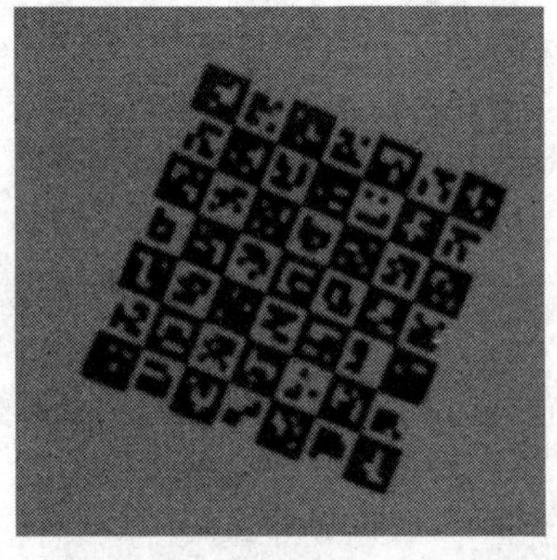

**图 E.1　GM 码灰阶图像**

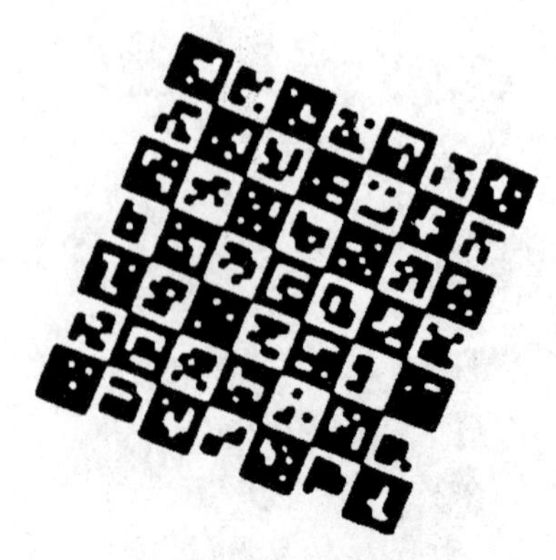

**图 E.2　二值图像**

## E.2 获取边界图像及连通分支

称二值图像中的一个像素点为边界点是指该像素点本身为白色且其周围的4个像素至少有一个为黑色。由二值图像的所有边界点组成的图像称为其边界图像。根据8连通将边界图像分解为连通分支的并。一个连通分支的尺寸定义为它的凸包的面积。删除所有尺寸小于625的连通分支(625是5×5个单元模块的最小面积,本参考译码算法要求单元模块至少应包含5×5个像素)。

图E.3是边界图像。图E.4是删去小连通分支后的边界图像。

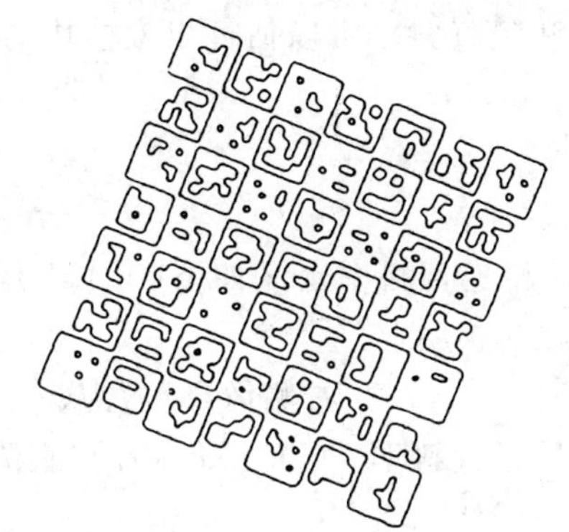

**图 E.3 边界图像**

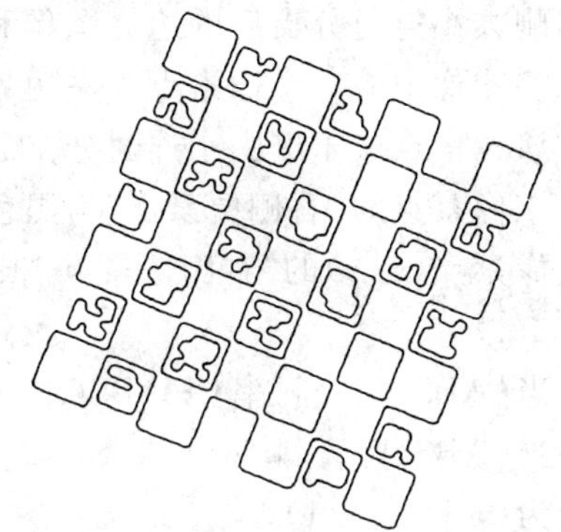

**图 E.4 删去小连通分支后的边界图像**

## E.3 估计GM码的水平斜率和竖直斜率

水平斜率是指GM码图的水平方向与$x$轴夹角的正切值,竖直斜率是指GM码图的竖直方向与$y$轴夹角的正切值。水平斜率和竖直斜率应分别进行计算。

使用删去小连通分支后的边界图像对水平斜率和竖直斜率进行估算。设当前像素点为$(x,y)$(下面的矩阵中以“*”号表示),它的8个相邻像素点分别为$P_0=(x+1,y-1)$,$P_1=(x+1,y)$,$P_2=(x+1,y+1)$,$P_3=(x,y+1)$,$P_4=(x-1,y+1)$,$P_5=(x-1,y)$,$P_6=(x-1,y-1)$,$P_7=(x,y-1)$。

$$\begin{matrix} P_6 & P_7 & P_0 \\ P_5 & * & P_1 \\ P_4 & P_3 & P_2 \end{matrix}$$

定义数组dir[8],这里dir[$i$]是当前像素与其周围的$P_i$像素点同时为黑色的情形的总数。定义数组dd[8][8],这里dd[$i$][$j$]是当前像素与其周围的$P_i$及$P_j$像素点同时为黑色的情形的总数。

当dir[0]+dir[2]<dir[1]+dir[3]且dd[4][1]+dd[5][0]+dd[6][3]+dd[7][2]>dd[6][1]+dd[5][2]+dd[7][4]+dd[0][3]时:

水平斜率 =−(dd[4][1]+dd[5][0])/(dir[1]×2+dd[4][1]+dd[5][0]+1)

竖直斜率 = (dd[6][3]+dd[7][2])/(dir[3]×2+dd[6][3]+dd[7][2]+1)

当dir[0]+dir[2]<dir[1]+dir[3]且dd[4][1]+dd[5][0]+dd[6][3]+dd[7][2]≤dd[6][1]+dd[5][2]+dd[7][4]+dd[0][3]时:

水平斜率= (dd[6][1]+dd[5][2])/(dir[1]×2+dd[6][1]+dd[5][2]+1)

竖直斜率=−(dd[7][4]+dd[0][3])/(dir[3]×2+dd[7][4]+dd[0][3]+1)

当dir[0]+dir[2]≥dir[1]+dir[3]且dd[4][1]+dd[5][0]+dd[6][3]+dd[7][2]>dd[6][1]+dd[5][2]+dd[7][4]+dd[0][3]时:

水平斜率=−(dir[0]×2)/(dir[0]×2+dd[5][0]+dd[4][1]+1)

竖直斜率＝(dir[2]×2)/(dir[2]×2＋dd[7][2]＋dd[6][3]＋1)

当dir[0]＋dir[2]≥dir[1]＋dir[3]且dd[4][1]＋dd[5][0]＋dd[6][3]＋dd[7][2]≤dd[6][1]＋dd[5][2]＋dd[7][4]＋dd[0][3]时：

水平斜率＝(dir[2]×2)/(dir[2]×2＋dd[5][2]＋dd[6][1]＋1)

竖直斜率＝－(dir[0]×2)/(dir[0]×2＋dd[7][4]＋dd[0][3]＋1)

## E.4 估计宏模块的面积

根据删去小连通分支后的边界图像和GM码的水平斜率和竖直斜率可以估算出宏模块的面积。

称二值图像中的一个像素点为左边界点是指：

——该像素点属于删去小连通分支后的边界图像；

——该像素点的“右侧像素点”为黑色。

这里像素点$(x,y)$的“右侧像素点”根据GM码的水平斜率和竖直斜率定义如下(0.414是22.5°的正切值)：

a) 当(ABS(竖直斜率)＋ABS(水平斜率))≤0.414×2时，$(x,y)$的“右侧像素点”为$(x+1,y)$；

b) 当(ABS(竖直斜率)＋ABS(水平斜率))＞0.414×2且竖直斜率＞0时，$(x,y)$的“右侧像素点”为$(x+1,y-1)$；

c) 当(ABS(竖直斜率)＋ABS(水平斜率))＞0.414×2且竖直斜率≤0时，$(x,y)$的“右侧像素点”为$(x+1,y+1)$。

所有左边界点组成的图像称为左边界图像。见图E.5，左边界图像中有一些孤立的像素点，根据以下规则去除孤立像素点：

当竖直斜率＞0且$(x,y-1)$，$(x,y+1)$，$(x-1,y-1)$，$(x+1,y+1)$都不是左边界点时，从左边界图像中删去$(x,y)$；当竖直斜率≤0且$(x,y-1)$，$(x,y+1)$，$(x+1,y-1)$，$(x-1,y+1)$都不是左边界点时，从左边界图像中删去$(x,y)$。

图E.6是去除孤立像素点后的左边界图像。

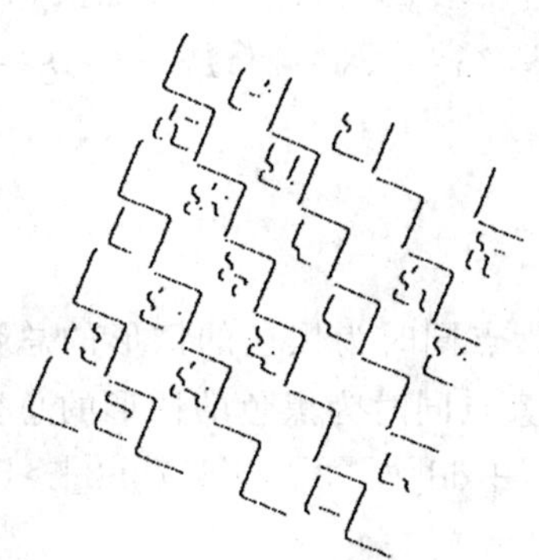

图E.5 左边界图像

图E.6 去除孤立像素点后的左边界图像

去除孤立像素点后的左边界图像分解为连通分支的并，各连通分支的直径定义为该连通分支内距离最远的两点直接的距离，并四舍五入到最接近的整数。删去直径小于26的连通分支。

对右边界图像实施同样的步骤。设$len[i]$是左右边界图像中直径为$i$的连通分支的总个数，$P[i]$和$Q[i]$的定义分别见式(E.1)和式(E.2)。

$$P[i]=\sum_{u\leqslant j\leqslant v} len[j] \qquad \cdots\cdots(E.1)$$

$$Q[i]=\sum_{u\leqslant j\leqslant v} len[j]\times j^2 \qquad \cdots\cdots(E.2)$$

式中：

$u=\lfloor 11\ i/12 \rfloor$

$v=\lceil 13\ i/12 \rceil$

设 $Q[i_0]$ 是满足 $i\geqslant 26$ 且 $P[i]\geqslant 10$ 的所有 $Q[i]$ 的最大值，则宏模块高度的估计值见式(E.3)。

$$\text{apprx_height}=\frac{\sum_{u_0\leqslant i\leqslant v_0} i\times len[i]}{\sum_{u_0\leqslant i\leqslant v_0} len[i]} \qquad \cdots\cdots(E.3)$$

式中：

$u_0=\lfloor 11\ i_0/12 \rfloor$

$v_0=\lceil 13\ i_0/12 \rceil$

使用同样的方法可计算得到宏模块的估计宽度 apprx_width，宏模块的估计面积为：

$$\text{apprx_area} = \text{apprx_height}\times\text{apprx_width}$$

从边界图像删去所有面积小于 apprx_area 的 70% 的连通分支，得到的图像称为框架图像，见图 E.7。

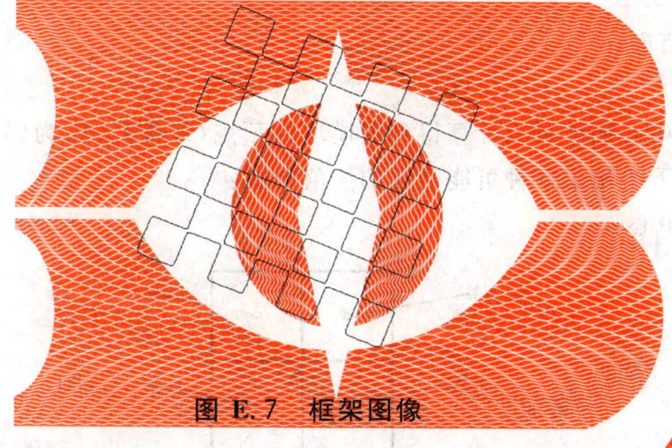

图 E.7 框架图像

得到框架图像后，使用 E.3 的方法重新计算 GM 码的水平斜率和竖直斜率。

## E.5 计算宏模块的中心

以下步骤根据框架图像计算宏模块的中心：

a) 计算初始内部点 $O$ 为框架图像的重心。若 $O$ 正好位于框架图像的边上，则从 $O$ 点开始顺时针方向螺旋向外搜索初始内部点，步长为宏模块边长的一半，初始搜索方向为 GM 码的竖直方向，直至得到第一个非边界点，仍记为 $O$。

b) 经过点 $O$ 以码图的水平方向画一条直线，直线与框架图像左右分别相交于 $A$、$B$ 两点。$AB$ 的中心记为 $O_1$，见图 E.8。

c) 经过点 $O_1$ 以码图的竖直方向画一条直线，直线与框架图像上下分别相交于 $C$、$D$ 两点。$CD$ 的中心记为 $O_2$，见图 E.8。

d) $O_2$ 是调整后的宏模块中心。将 $O_2$ 作为初始中心重复第 b)、c)步，直至调整后的中心与初始中心间的距离不超过 2 像素。若重复第 b)、c)步超过 10 次后距离仍大于 2 像素，则认为该宏模块中心搜索失败。

e) 至此 $AB$ 为宏模块的宽度，$CD$ 为宏模块的高度。如果 $AB>\text{ini_width}\times 7/6$ 或$AB<\text{ini_width}\times$

5/6 或 $CD$>ini_height×7/6 或 $CD$<ini_height×5/6，则认为该宏模块中心搜索失败。

f) 当一个宏模块中心被找到后，根据该宏模块的中心、码图的水平斜率和竖直斜率方向估计其周围 8 个宏模块的初始中心、初始高度和初始宽度，然后对这 8 个宏模块分别重复第 b)、c)、d)、e)步骤对中心进行调整。

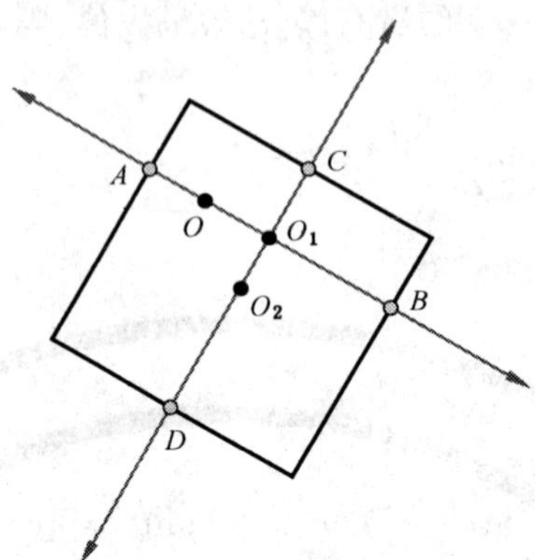


图 E.8 计算宏模块中心

## E.6 计算宏模块的顶点

对邻近的宏模块中心插值可以计算得到宏模块的顶点($X$,$Y$)。因为码图可能被污损，部分宏模块中心可能会丢失。以下给出了 5 种可能情况的插值公式：

a) 4 个宏模块中心：

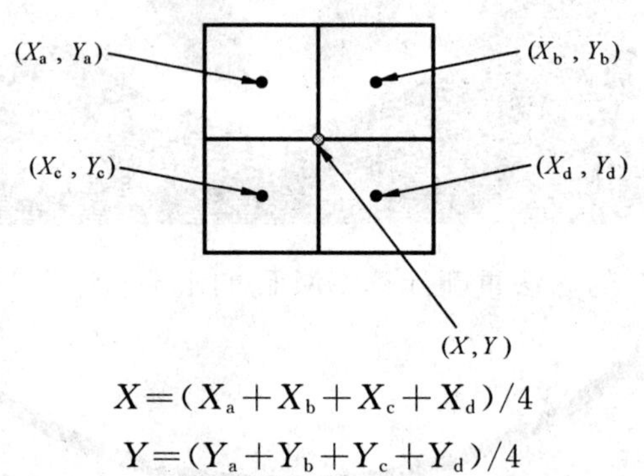


$$X=(X_a+X_b+X_c+X_d)/4$$

$$Y=(Y_a+Y_b+Y_c+Y_d)/4$$

b) 3 个宏模块中心：

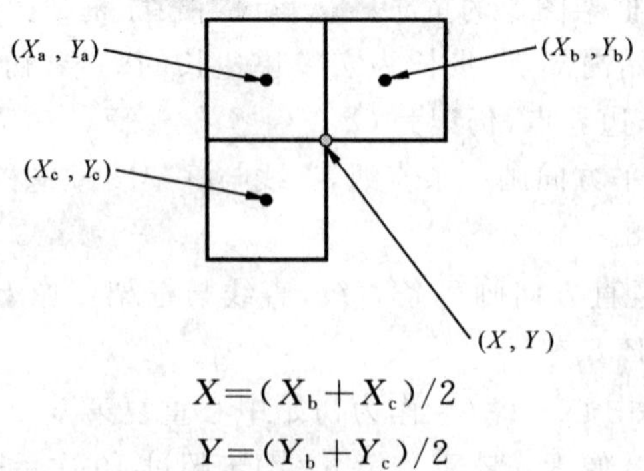


$$X=(X_b+X_c)/2$$

$$Y=(Y_b+Y_c)/2$$

c) 两个对角位置的宏模块中心：

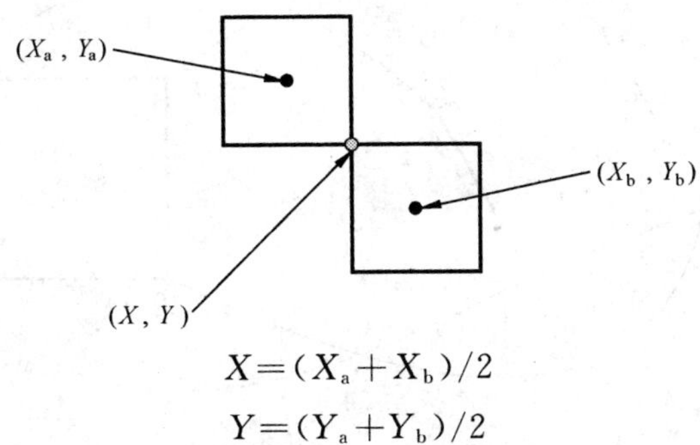


$$X=(X_a+X_b)/2$$
$$Y=(Y_a+Y_b)/2$$

d) 两个并排位置的宏模块中心：

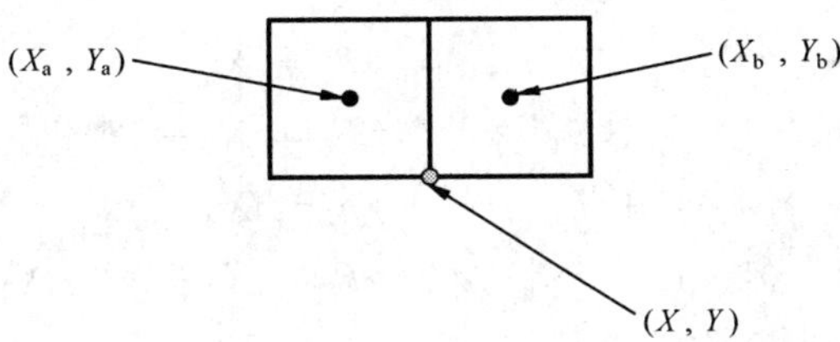


该顶点根据($X_a$,$Y_a$)、($X_b$,$Y_b$)，宏模块的宽度、高度以及GM码的水平斜率和竖直斜率进行计算。本例中为($X_a$,$Y_a$)、($X_b$,$Y_b$)的中点沿竖直方向向下走这两个宏模块的平均高度的一半得到($X$,$Y$)。

e) 1个宏模块中心：

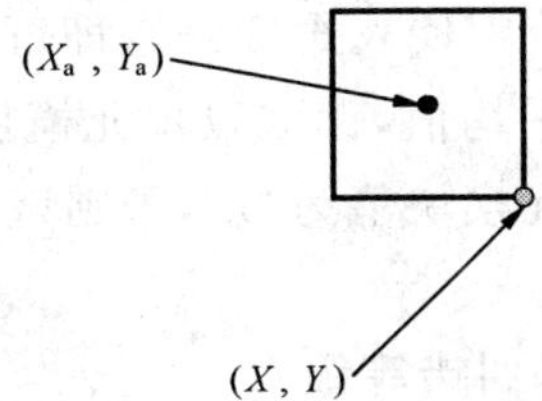


该顶点根据($X_a$,$Y_a$)、宏模块的宽度、高度以及GM码的水平斜率和竖直斜率进行计算。本例中为($X_a$,$Y_a$)沿水平方向向右走宏模块宽度的一半，并沿竖直方向向下走宏模块高度的一半得到($X$,$Y$)。

## E.7 数据采样

每个宏模块由6×6单元模块组成。根据宏模块的顶点可以计算这些单元模块的中心位置。

设宏模块的四个顶点为($X_0$,$Y_0$)、($X_1$,$Y_1$)、($X_2$,$Y_2$)、($X_3$,$Y_3$)，坐标变换公式见式(E.4)。

$$X=k_1\times x+k_2\times y+k_3\times x\times y+k_4 \quad \cdots\cdots(\text{E}.4)$$
$$Y=k_5\times x+k_6\times y+k_7\times x\times y+k_8$$

式中：

($x$,$y$) ——变换前的坐标；

($X$,$Y$)——变换后的坐标；

$k_1\sim k_8$ ——待定的参数。

图E.9是坐标变换公式的示意图。

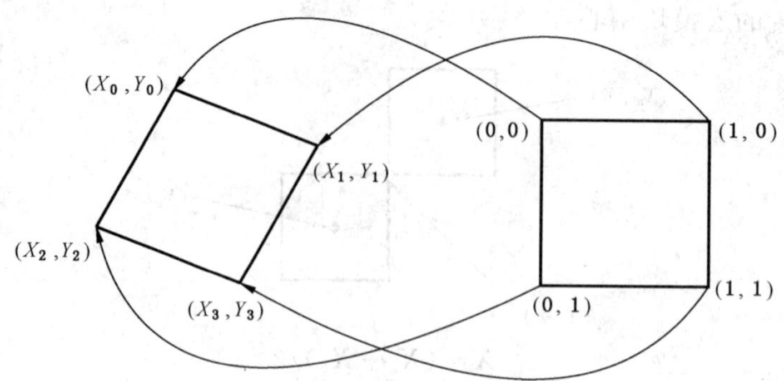


图 E.9 坐标变换

计算参数 $k_1$ 到 $k_8$ 如下：

$X_0=k_1\times0+k_2\times0+k_3\times0\times0+k_4 \quad \Rightarrow k_4=X_0$

$X_1=k_1\times1+k_2\times0+k_3\times1\times0+k_4 \quad \Rightarrow k_1=X_1-X_0$

$X_2=k_1\times0+k_2\times1+k_3\times0\times1+k_4 \quad \Rightarrow k_2=X_2-X_0$

$X_3=k_1\times1+k_2\times1+k_3\times1\times1+k_4 \quad \Rightarrow k_3=X_3-X_1-X_2+X_0$

$Y_0=k_5\times0+k_6\times0+k_7\times0\times0+k_8 \quad \Rightarrow k_8=Y_0$

$Y_1=k_5\times1+k_6\times0+k_7\times1\times0+k_8 \quad \Rightarrow k_5=Y_1-Y_0$

$Y_2=k_5\times0+k_6\times1+k_7\times0\times1+k_8 \quad \Rightarrow k_6=Y_2-Y_0$

$Y_3=k_5\times1+k_6\times1+k_7\times1\times1+k_8 \quad \Rightarrow k_7=Y_3-Y_1-Y_2+Y_0$

最外一层单元模块为边框，不表示数据。内部 4×4 单元模块分别表示 1 位。将 $x=3/12,5/12,7/12,9/12$ 和 $y=3/12,5/12,7/12,9/12$ 分别代入式(E.4)，即可得到所有内部单元模块中心的坐标。

设 $w$ 是单元模块的宽度和高度的平均值，读取以单元模块中心为圆心、$w/4$ 为半径的圆形区域内所有像素点。若多数像素为黑色，该单元模块值为“1”，否则该单元模块值为“0”。

## E.8 推导 GM 码的方向、中心宏模块和纠错等级

GM 码没有用于指明方向的功能图形，但通过综合分析宏模块的层标识号可推导出 GM 码的方向。

从正确的方向读取层标识号，则获得的层标识号呈环状循环分布。如果从其他方向读取层标识号，读取到的单元模块不代表层标识号，从而得到的结果是随机内容。由此与期望模式匹配得最好的方向被认为是正确的方向。

层标识号与期望模式的匹配度根据以下参数进行计算：

——8 个方向(正常的 4 个方向和镜像的 4 个方向)。

——5 个纠错等级。

——中心宏模块的位置。宏模块数组中心附近的多个宏模块都可以被认为是中心宏模块。中心宏模块边框的颜色用于确定 GM 码是否反色。

对每一个可能的参数组合，按以下方法计算一个分值：

记 $L[i,j]$ 为第 $i$ 列第 $j$ 行的宏模块的层标识号。设中心宏模块的位置为第 $x_c$ 列第 $y_c$ 行，纠错等级为 $e$，记 $LT[i,j;x_c,y_c,e]$ 为第 $i$ 列第 $j$ 行的宏模块的层标识号的理论值。当 $e$ 等于 1 时，$LT[i,j;x_c,y_c,e]=3-(\mathrm{MAX}(\mathrm{ABS}(i-x_c),\mathrm{ABS}(j-y_c))\ \mathrm{MOD}\ 4)$；当 $e$ 不等于 1 时，$LT[i,j;x_c,y_c,e]=(\mathrm{MAX}(\mathrm{ABS}(i-x_c),\mathrm{ABS}(j-y_c))+5-e)\ \mathrm{MOD}\ 4$。

第 $i$ 列第 $j$ 行的宏模块的分值 $S[i,j;x_c,y_c,e]$ 定义为($L[i,j]$ XOR $LT[i,j;x_c,y_c,e]$)中位“1”的个数。

GM 码的总分值 $T[x_c,y_c,e]$ 见式(E.5)。

$$T[x_c,y_c,e]=\sum_{i,j}S[i,j;x_c,y_c,e] \qquad \text{(E.5)}$$

一般地,得分最低的情况对应于正确的中心、方向和纠错等级。但在以下一些情况下,得分最低的情况不一定正好对应于正确的中心、方向和纠错等级,从而得分最低的情形不能得到正确的解码:

a) 由于 GM 码被污损,$(x_c,y_c)$ 可能不在 GM 码的正中心,见图 E.10。
b) 由于 GM 码是以中心宏模块为中心的方阵,我们可以根据假定的中心宏模块计算丢失的宏模块个数。根据 GM 码各纠错等级纠错码字所占的比例,可以得知若丢失宏模块个数大于纠错等级×10%×宏模块总个数,则必定解码失败,故这种情况不必再计算总分值。
c) 在一些特殊的情况下,从错误的方向读取到的层标识号有可能正好能够符合层标识号的分布规律,加上噪声的存在,有可能导致从错误方向得到的分值小于正确方向得到的分值。

所有(总分值+丢失宏模块个数)<(纠错等级×10%×宏模块总个数)的情形应当按总分值从小到大的次序依次尝试解码,直至解码成功或所有情形均解码失败。

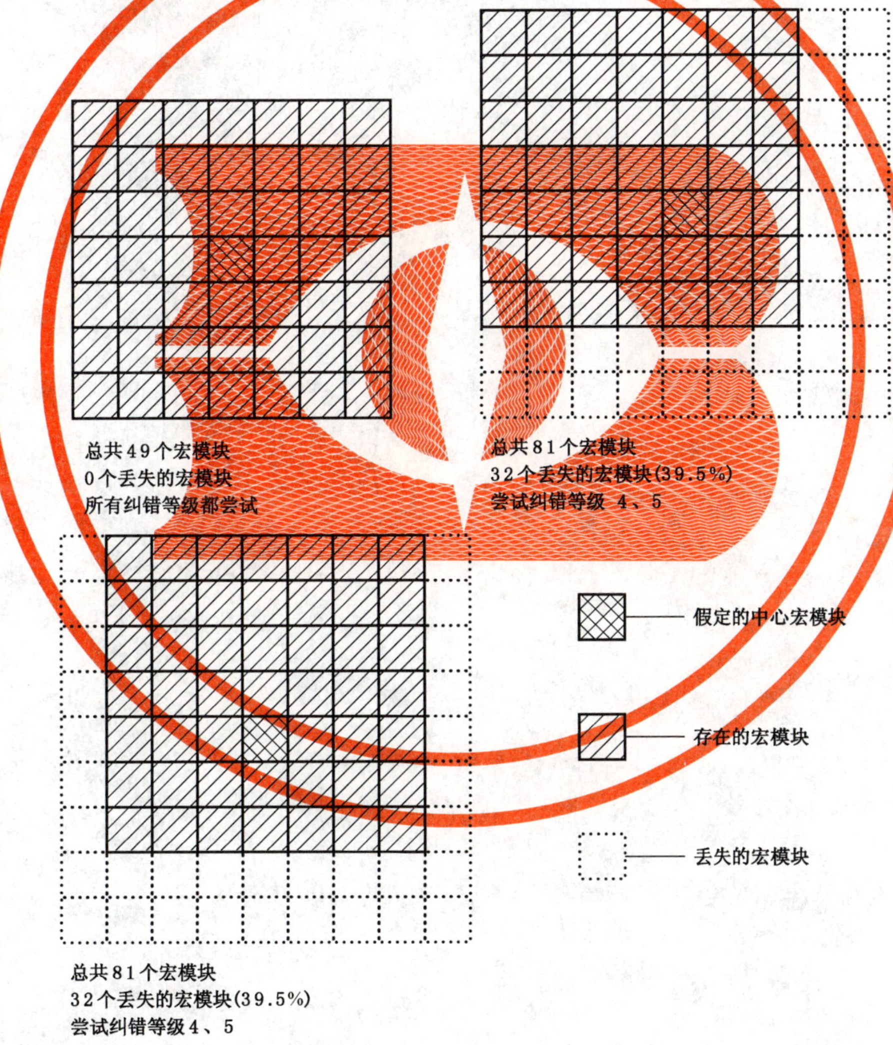


图 E.10 存在的宏模块,假定的中心宏模块和丢失的宏模块

## E.9 还原码字并纠错

从 GM 码的中心宏模块开始,按照顺时针螺旋方向(见图 7)依次读取码字。若 GM 码是镜像的则

反转螺旋的方向。每个宏模块中先读取第1码字,再读取第2码字。如果总码字数大于127,则按6.6.3的分块法则以及6.7.3的纠错块交错规则还原码字顺序。对每一纠错块分别应用Reed-Solomon纠错算法进行纠错后得到原始的数据码字。

## E.10 编码位流解码

错误码字被纠正后,将数据码字组装成二进制位流,按下面的流程译码二进制位流即可还原数据:

a) 读取开头4位数据得到当前的数据模式;

b) 根据当前数据模式的编码规则,对二进制位流进行解码,直至遇到模式转换码;

c) 查模式转换码表(表8),确定下一编码模式,如果为数据结束标志则整个译码过程结束,否则跳转到步骤b)。

若位流不是以数据结束标志结束,或填充位、填充码字(如果存在)不符合定义的规则,解码过程应返回失败。

# 参 考 文 献

[1] IEEE Trans. Sys. ,Man. N. Otsu (1979). “A threshold selection method from gray-level histograms”. IEEE Trans. Sys. ,Man. ,Cyber. 9:62-66

ICS 35.040
L 71

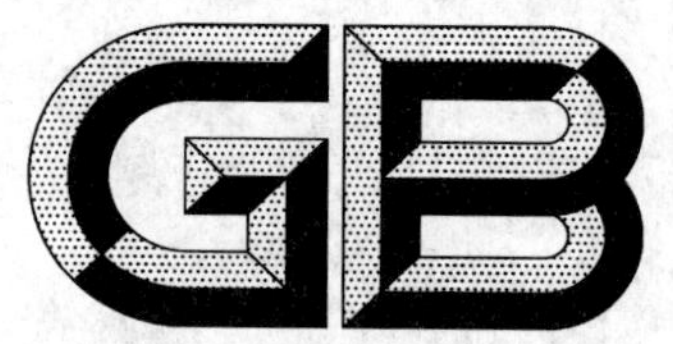

# 中华人民共和国国家标准

GB/T 27767—2011

# 二维条码　紧密矩阵码

**Two-dimensional barcode—Compact matrix code**

2011-12-30 发布　　2012-05-01 实施

中华人民共和国国家质量监督检验检疫总局
中国国家标准化管理委员会　发布

# 前　言

本标准按照 GB/T 1.1—2009 给出的规则起草。

本标准由中华人民共和国工业和信息化部提出。

本标准由全国物品编码标准化技术委员会(SAC/TC 287)归口。

本标准起草单位:武汉矽感科技有限公司、中国电子技术标准化研究所。

本标准主要起草人:张伟、张也平、刘波、张得煜、樊旭川。

# 引　　言

本文件的发布机构提请注意,声明符合本文件时,可能涉及第5章、第6章、第9章相关的专利的使用。

本文件的发布机构对于该专利的真实性、有效性和范围无任何立场。

该专利持有人已向本文件的发布机构保证,他愿意同任何申请人在合理且无歧视的条款和条件下,就专利授权许可进行谈判。该专利持有人的声明已在本文件的发布机构备案。相关信息可通过以下联系方式获得:

专利所有人:武汉矽感科技有限公司

地址:　　武汉市东西湖区吴家山经济开发区金一路　武汉矽感光电产业园

邮政编码:430040

网址:　　http://www.syscantech.cn

联系人:　何柳青

联系电话:027-61675589

传真:　　027-61675592

E-mail:　helq@syscangroup.com

请注意除上述专利外,本文件的某些内容仍可能涉及专利。本文件的发布机构不承担识别这些专利的责任。

# 二维条码　紧密矩阵码

## 1　范围

本标准规定了紧密矩阵码的符号结构、信息编译码方法、纠错编译码方法、信息排布方法、参考译码算法以及符号质量要求等技术内容。

本标准适用于紧密矩阵码的生成与识读。

## 2　规范性引用文件

下列文件对于本文件的应用是必不可少的。凡是注日期的引用文件，仅注日期的版本适用于本文件。凡是不注日期的引用文件，其最新版本(包括所有的修改单)适用于本文件。

GB/T 1988　信息技术　信息交换用七位编码字符集

GB/T 12905　条码术语

GB 18030　信息技术　中文编码字符集

GB/T 23704　信息技术　自动识别与数据采集技术　二维条码符号印制质量的检验

AIM 国际技术规范　扩展解释：第 1 部分：识别方案与协议(简称“AIM ECI 规范”)

## 3　术语、定义、缩略语和约定

### 3.1　术语和定义

GB/T 12905 中界定的以及下列术语和定义适用于本文件。

3.1.1

**功能图形　function pattern**

用于表示定位与识别特征的图形，包括开始图形、结束图形、数据段分隔图形和定位孔图形。

3.1.2

**开始图形　start pattern**

用于表示符号开始的图形。

3.1.3

**结束图形　stop pattern**

用于表示符号结束的图形。

3.1.4

**定位孔图形　positioning-hole pattern**

用于表示 CM 码列同步信息的图形。

3.1.5

**数据段分隔图形　data-segment separating pattern**

用于将编码区域进行分隔的图形。

3.1.6

**掩模　masking**

为使符号中深色(低反射率)模块与浅色(高反射率)模块的分布均衡，并使符号编码区域中出现功能图形的可能性降为最低,用掩模图形与数据编码区域的图形进行异或处理。

3.1.7

**版本 version**

用于指示 CM 码高度方向模块数的参数。

3.1.8

**纠错等级 error correction level**

指明 CM 码中纠错码字所占比例的参数。

3.1.9

**格式信息 format information**

CM 码符号相关的参数信息。CM 码的格式信息包括:数据段编号、数据段总数、纠错等级、掩模类型和码字交错标志。

3.1.10

**格式信息区域 format information area**

用于对格式信息及其纠错信息进行编码的区域,位于每个数据段开始的连续 7 个码字区域。

3.1.11

**数据编码区域 data encoding area**

用于对数据码字及其纠错信息进行编码的区域。

3.1.12

**编码区域 encoding area**

由格式信息区域和数据编码区域组成的区域。

3.1.13

**数据段 data-segment**

相邻的两个数据段分隔图形之间的编码区域。

3.1.14

**纠错块 error correction codeword block**

对码字分组后用于纠错的一组码字。

3.1.15

**填充位 padding bit**

用于填充数据位流最后一个码字后面容量的无含义位,其值为 0。

3.1.16

**填充码字 padding codeword**

当数据码字和纠错码字不能填满 CM 码的容量时,用于填充 CM 码的剩余容量的码字。填充码字不表示有效数据,但参与 Reed-Solomon 纠错运算。

3.1.17

**功能码 function code**

用于指示属于特定应用或特定功能的 CM 码符号的代码。

## 3.2 缩略语

下列缩略语适用于本文件:

ABS——绝对值(Absolute Value)

CM 码——紧密矩阵码(Compact Matrix Code)

DIV——整除运算(Division)

ECI——扩展解释(Extended Channel Interpretation)

FNC——功能码(Function Code)

GF——伽罗瓦有限域(Galois Field)

### 3.3 约定

下列表示适用于本文件：

$(\cdots)_{BIN}$——表示括号中的内容使用二进制表示

$(\cdots)_{HEX}$——表示括号中的内容使用十六进制表示

## 4 符号描述

### 4.1 基本特征

#### 4.1.1 可编码信息

CM码可编码以下信息：

a) 数字字符(数字0～9，GB/T 1988中值48至57)；

b) 大写字母(字母A～Z，GB/T 1988中值65至90)；

c) 小写字母(字母a～z，GB/T 1988中值97至122)；

d) 汉字字符(GB 18030)；

e) 8位字节型数据。

#### 4.1.2 数据表示法

深色单元模块表示二进制“1”，浅色单元模块表示二进制“0”。

#### 4.1.3 符号规格

CM码有32个可选版本，每个版本可采用1到32个数据段，共有32×32种规格，符号规格从39×18模块到1093×483模块(这里符号的开始图形和结束图形的宽度均以2模块宽度计算，见5.3和5.4)。符号每增加一个版本，高度方向增加15个模块；符号每增加一个数据段，宽度方向增加34个模块。

#### 4.1.4 符号容量

使用最低纠错等级的最大版本、最多数据段的CM码的容量如下：

a) 138 462个数字；

b) 92 311个大写字母；

c) 92 311个小写字母；

d) 76 925个数字字母混合字符；

e) 35 503个GB 18030双字节1区或双字节2区内的字符，或28 843个GB 18030双字节字符，或14 421个GB 18030四字节字符；

f) 57 686个字节。

#### 4.1.5 纠错等级

8个纠错等级，每级中纠错码字占总码字的比例为：

a) 1级：8%；

b) 2级：16%；

c) 3级：24%；

d) 4级:32%;

e) 5级:40%;

f) 6级:48%;

g) 7级:56%;

h) 8级:64%。

纠错码字的个数为总码字个数的上述百分比(向下舍入)。当CM码的总码字数大于511时,需要将码字分割成多个纠错块,在每个纠错块内分别分配纠错码字。码字的分块和纠错码字的分配方法见6.6.2和附录A。

## 4.2 附加特征

### 4.2.1 结构链接

允许用不多于16个的CM码在逻辑上连续地表示数据文件。在多顺序扫描状态下应保持原始顺序与数据正确连接。

### 4.2.2 掩模

使符号中深色模块与浅色模块均匀分布,同时使符号编码区域中出现功能图形的可能性降为最低。

### 4.2.3 支持ECI协议

ECI协议(见"AIM ECI规范")使CM码可以表示缺省字符集以外的字符(如阿拉伯字符、古斯拉夫字符、希腊字符等),及其他数据解释(如用一定的压缩方式表示的数据),或者具体应用的编码要求。

# 5 符号结构

## 5.1 概述

每个CM码由矩形模块组成的矩形阵列构成,它由编码区域和功能区域组成,功能区域包括开始图形、结束图形、数据段分隔图形以及定位孔图形。数据段分隔图形和定位孔图形存在交叉,交叉部分既作为数据段分隔图形的一部分,也作为定位孔图形的一部分。功能区域不用于数据编码。符号的四周为空白区。图1是以版本2且2个数据段的CM码为例的结构图。

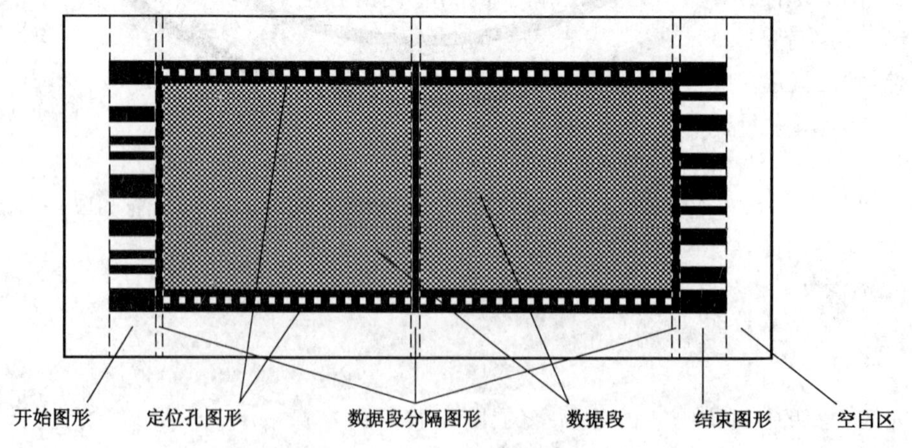


图1 符号结构图

CM码被设计用于接触式扫描解码,扫描时应使扫描线平行于数据段分隔图形,从CM码的一侧(开始图形或结束图形)往另一侧进行扫描。

### 5.2 版本和数据段

CM码有32个可选版本(1～32),每个版本有32个可选数据段(1～32)。规定图1的水平方向为CM码的宽度方向,竖直方向为CM码的高度方向。CM码高度方向的模块数为$15\times V+3$个,$V$为CM码的版本;宽度方向的模块数为$34\times S+1+H+T$,$S$为CM码的数据段个数,$H$为开始图形的宽度,$T$为结束图形的宽度,见5.3和5.4。图2为版本和数据段个数变化示意图。

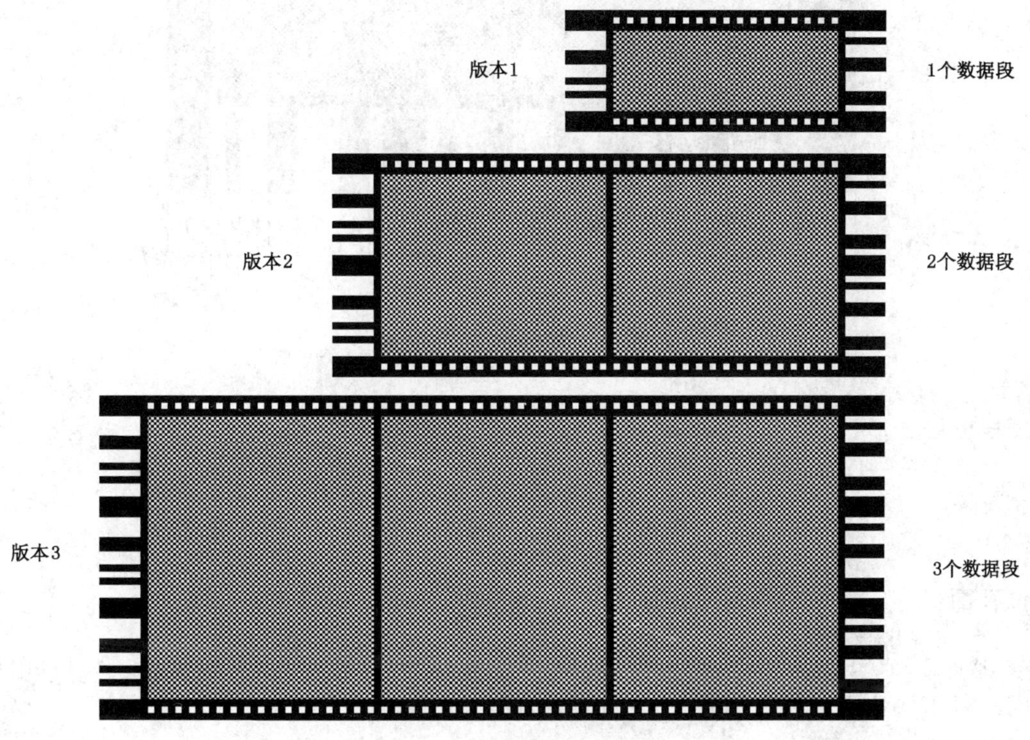


图2 符号的版本和数据段样图

### 5.3 开始图形

开始图形用于指示符号的开始,其宽度方向的模块数大于或等于2,较多的模块数能提高开始图形被探测到的可能性。开始图形的高度方向由15个深色模块和浅色模块按照3:2:1:1:1:2:2:3的序列重复排列而成,重复的次数与版本数相等,最后以3个深色模块结束。图3为版本3的CM码的开始图形顺时针旋转90°后的结构图。

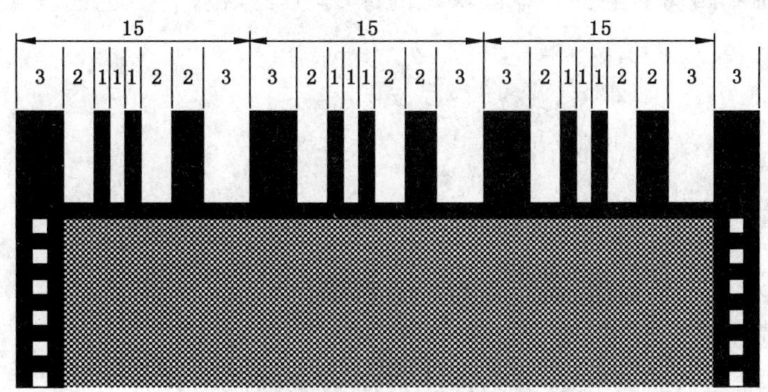


图3 符号的开始图形

### 5.4 结束图形

结束图形用于指示符号的结束，其宽度方向的模块数大于或等于 2，较多的模块数能提高结束图形被探测到的可能性。结束图形的高度方向由 15 个深色模块和浅色模块按照 3：1：2：3：2：2：1：1 的序列重复排列而成，重复的次数与版本数相等，最后以 3 个深色模块结束。图 4 为版本 3 的 CM 码的结束图形顺时针旋转 90°后的结构图。

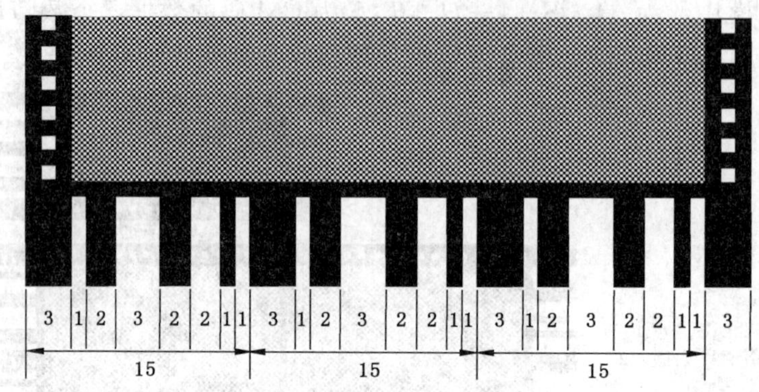


图 4 符号的结束图形

### 5.5 数据段分隔图形

数据段分隔图形宽度为一个模块，全部由深色模块组成，其作用是将编码区域分隔成多个数据段，见图 1。

### 5.6 定位孔图形

定位孔图形包括上下两条齿孔状的图形。每条定位孔图形高度为 3 个模块，上下两行由深色模块组成，中间一行由浅色模块和深色模块交替排列组成，见图 1。

### 5.7 数据段

每个 CM 码有 1 个或者多个数据段，每个数据段由码字对应的图形无缝排列而成，这些码字包括数据码字、纠错码字以及格式信息码字。每个数据段的宽度固定为 33 个模块，高度为 $15\times V-3$ 个模块，$V$ 为符号版本。

### 5.8 空白区

空白区为环绕在符号四周的至少 6 个模块宽的区域，其深浅应与浅色模块相同，见图 1。

## 6 符号生成

### 6.1 生成过程

CM 码的生成过程包括以下步骤：

a) 数据分析：分析输入的数据，确定数据的数据编码模式。对不同的数据类型，CM 码采用不同的数据编码模式进行编码，见 6.3。每种模式有各自的编码规则。

b) 数据编码：将输入数据按照其编码模式对应的编码规则转换为位流。当需要进行模式切换时，在新模式数据编码前输出模式转换码。将编码产生的位流按每 9 位对应一个码字的方式转换为数据码字流，最后一个码字不足 9 位时用 0 填充。

c) 纠错编码：将数据码字进行分块（见 6.6.2）。对每块码字分别生成纠错码字，并将纠错码字添加到该块数据码字的后面。

d) 在矩阵中布置功能图形：将开始图形、结束图形、数据段分隔图形以及定位孔图形排列到矩阵中。

e) 排列数据码字和纠错码字：将数据码字和纠错码字的图形排列到矩阵中。

f) 格式信息：将格式信息及其纠错信息组装成码字填充到符号中。

g) 掩模：用 4 种掩模类型依次对符号进行掩模处理，评估得到的 4 种结果，选择最优的一种作为掩模结果。

## 6.2 数据分析

对输入数据进行类型分析，按类型划分成多个段，使编码得到的位流尽量短。位流长度优化的一种方法参见附录 B。

## 6.3 模式指示

### 6.3.1 模式分类

CM 码的编码模式分数据编码模式、ECI 模式和功能码模式三类，各种模式由确定的模式指示符指示。表 1 列出了所有的模式指示符。

**表 1 模式指示符**

| 模式分类 | 模式名称 | 模式指示符 | 说　明 |
|---|---|---|---|
| 数据编码模式 | 汉字模式 | $(0001)_{BIN}$ | 每个字符用 13 位二进制进行编码。见 6.4.1 |
| | 数字模式 | $(0010)_{BIN}$ | 每 3 个字符用 10 位二进制进行编码。见 6.4.2 |
| | 小写字母模式 | $(0011)_{BIN}$ | 每个字符用 5 位二进制进行编码。见 6.4.3 |
| | 大写字母模式 | $(0100)_{BIN}$ | 每个字符用 5 位二进制进行编码。见 6.4.4 |
| | 数字字母混合模式 | $(0101)_{BIN}$ | 每个字符用 6 位二进制进行编码。见 6.4.5 |
| | 控制字符模式[a] | — | 每个字符用 6 位二进制进行编码。见 6.4.6 |
| | 字节模式 | $(0111)_{BIN}$ | 每个字符用 8 位二进制进行编码。见 6.4.7 |
| ECI 模式 | ECI | $(1100)_{BIN}$ | 见 6.4.8 |
| 功能码模式 | FNC1 | $(1000)_{BIN}$ | 功能码 1，GS1 应用标识。见 6.4.9.1 |
| | | $(1011)_{BIN}$ | 功能码 1，AIM 应用标识。见 6.4.9.1 |
| | FNC2 | $(1001)_{BIN}$ | 功能码 2，结构链接功能。见 6.4.9.2 |
| | FNC3 | $(1010)_{BIN}$ | 功能码 3，识读设备初始化数据。见 6.4.9.3 |

[a] 只允许从小写字母模式、大写字母模式或数字字母混合模式进行切换（见 6.4.6.2 和 6.5.1）。

### 6.3.2 数据编码模式

数据编码模式包括汉字模式、数字模式、小写字母模式、大写字母模式、数字字母混合模式、控制字符模式和字节模式，见表 1。

#### 6.3.3 ECI 模式

ECI 模式只能出现在数据的开头或“模式结束”转换码(见 6.5.1)之后。ECI 模式的模式指示符之后为 ECI 任务号,编码方法见 6.4.8。

#### 6.3.4 功能码模式

功能码分 FNC1、FNC2 和 FNC3 三类,其中 FNC1 包括两种模式指示符,分别对应两种应用标识,见表 1。功能码只能在 CM 码的开头出现。一个 CM 码使用功能码时,其模式指示符应出现在数据编码位流的前面。一个 CM 码最多可以使用两个功能码。

#### 6.3.5 无效的模式指示符

模式指示符$(0000)_{BIN}$、$(0110)_{BIN}$、$(1101)_{BIN}$、$(1110)_{BIN}$和$(1111)_{BIN}$表示无效。

### 6.4 数据编码模式

#### 6.4.1 汉字模式

##### 6.4.1.1 编码字符

可编码字符包括:

a) GB 18030 双字节 1 区及双字节 2 区的字符(即第一字节值在$(A1)_{HEX}$至$(A9)_{HEX}$或$(B0)_{HEX}$至$(F7)_{HEX}$之间,且第二字节值在$(A0)_{HEX}$至$(FF)_{HEX}$之间的部分);

b) “回车换行”(GB/T 1988 中值 13、10 的组合);

c) 数字对“00”到“99”;

d) 8 位字节型数据。

**注**:GB 18030 除双字节 1 区及双字节 2 区以外的字符不能用汉字模式编码,可用字节模式编码。

##### 6.4.1.2 编码规则

汉字模式采用 13 位二进制进行编码。

当一个 GB 18030 双字节字符第一字节值在$(A1)_{HEX}$至$(A9)_{HEX}$之间,且第二字节值在$(A0)_{HEX}$至$(FF)_{HEX}$之间时,按式(1)计算该字符的 13 位编码:

$$N=(C_1-(A1)_{HEX})\times(60)_{HEX}+(C_2-(A0)_{HEX}) \quad \cdots\cdots(1)$$

式中:

$N$——字符的 13 位编码;

$C_1$——GB 18030 编码的第一字节值;

$C_2$——GB 18030 编码的第二字节值。

当一个 GB 18030 双字节字符第一字节值在$(B0)_{HEX}$至$(F7)_{HEX}$之间,且第二字节值在$(A0)_{HEX}$至$(FF)_{HEX}$之间时,按式(2)计算该字符的 13 位编码:

$$N=(C_1-(B0)_{HEX}+9)\times(60)_{HEX}+(C_2-(A0)_{HEX}) \quad \cdots\cdots(2)$$

式中:

$N$——字符的 13 位编码;

$C_1$——GB 18030 编码的第一字节值;

$C_2$——GB 18030 编码的第二字节值。

式(1)及式(2)定义了 0 至 7775 之间的编码值,以下方式用于定义 7776 至 8191 的编码值:

a) 7776 赋给“回车换行”符;

b） 7777 至 8032 赋给 8 位字节数据(0 至 255)，用于编码混在汉字信息中的非汉字数据，减小个别非汉字模式的数据嵌在一段汉字中导致的模式转换开销；

c） 8033 至 8132 赋给数字对“00”到“99”；

d） 8160 至 8165 用于实现模式的转换，见 6.5.1；

e） 编码值 8133 至 8159 及编码值 8166 至 8191 是无效的。

两个编码示例见表 2。

**表 2 汉字编码示例**

| 步骤 | 说　明 | 例 1 | 例 2 |
|---|---|---|---|
| 1 | 输入字符 | ￥ | 多 |
| 2 | GB 18030 编码 | $(A3A4)_{HEX}$ | $(B6E0)_{HEX}$ |
| 3 | 代入公式(1)或公式(2) | $((A3)_{HEX}-(A1)_{HEX})\times(60)_{HEX}+((A4)_{HEX}-(A0)_{HEX})$ | $((B6)_{HEX}-(B0)_{HEX}+9)\times(60)_{HEX}+((E0)_{HEX}-(A0)_{HEX})$ |
| 4 | 计算结果 | $(C4)_{HEX}$ | $(5E0)_{HEX}$ |
| 5 | 转化为 13 位二进制值 | 0000011000100 | 0010111100000 |

### 6.4.2 数字模式

#### 6.4.2.1 编码字符

可编码字符包括：

a） 数字 0 至 9(GB/T 1988 值 48～57)；

b） “空格”(GB/T 1988 值 32)；

c） “+”(GB/T 1988 值 43)；

d） “－”(GB/T 1988 值 45)；

e） “.”(GB/T 1988 值 46)；

f） “,”(GB/T 1988 值 44)；

g） “回车换行”(GB/T 1988 值 13、10 的组合)。

#### 6.4.2.2 编码规则

以连续的三个数字为一组将数据分组，每 3 个数字采用 10 位二进制进行编码。遇到非数字字符则将该字符包含到分组中，每组中最多只能有一个非数字字符，多余的非数字字符不能用数字模式编码。末尾一组不够三个数字用 0 填充。在输出第一组数字的编码前先输出 2 位计数器，记录最后一个分组填充的数字个数，译码时根据该计数器丢弃填充数字：

a） “00”表示没有填充数字；

b） “01”表示有 1 个填充数字；

c） “10”表示有 2 个填充数字；

d） “11”为无效编码。

编码只有数字字符的组时，按式(3)计算该组的 10 位编码：

$$N = 100D_1 + 10D_2 + D_3 \qquad \cdots\cdots (3)$$

式中：

$N$——数字组的 10 位编码；

$D_1$——数字组的第一个数字；

$D_2$——数字组的第二个数字；

$D_3$——数字组的第三个数字。

当分组中包含非数字字符时，非数字字符出现在分组中的位置有三种情况，分别是（$X$ 表示非数字字符）：第 1 位置为 $X\ D_1\ D_2\ D_3$；第 2 位置为 $D_1\ X\ D_2\ D_3$；第 3 位置为 $D_1\ D_2\ X\ D_3$。

同一个非数字字符处在不同的位置有不同的编码，非数字字符在不同位置时的赋码见表 3。

**表 3 非数字字符赋码表**

| 字　符 | 在分组中的位置 | 编码（十进制数） |
|---|---|---|
| “空格”（GB/T 1988 中值 32） | 1 | 1000 |
| | 2 | 1001 |
| | 3 | 1002 |
| “+”（GB/T 1988 中值 43） | 1 | 1003 |
| | 2 | 1004 |
| | 3 | 1005 |
| “－”（GB/T 1988 中值 45） | 1 | 1006 |
| | 2 | 1007 |
| | 3 | 1008 |
| “.”（GB/T 1988 中值 46） | 1 | 1009 |
| | 2 | 1010 |
| | 3 | 1011 |
| “,”（GB/T 1988 中值 44） | 1 | 1012 |
| | 2 | 1013 |
| | 3 | 1014 |
| “回车换行”（GB/T 1988 中值 13、10 的组合） | 1 | 1015 |
| | 2 | 1016 |
| | 3 | 1017 |

编码含有非数字字符的分组时，先输出非数字字符的 10 位二进制编码，然后再按式(3)计算并输出 3 个数字的 10 位二进制编码。

剩下的编码值 1018 至 1023 用于实现模式的转换，见 6.5.1。

示例：

输入数据：“1,234,567.899”

| 分组： | | 1,23 | | 4,56 | | 7.89 | | 900 |
|---|---|---|---|---|---|---|---|---|
| 编码十进制值： | 2 | 1013 | 123 | 1013 | 456 | 1010 | 789 | 900 |
| 转换为二进制： | 10 | 1111110101 | 0001111011 | 1111110101 | 0111001000 | 1111110010 | 1100010101 | 1110000100 |

### 6.4.3 小写字母模式

#### 6.4.3.1 编码字符

可编码字符 27 个，包括 26 个小写英文字母 a～z 以及“空格”（GB/T 1988 中值 32）。

#### 6.4.3.2 编码规则

小写字母模式采用5位二进制进行编码，按顺序从a到z最后“空格”递增编码，字母“a”的编码为$(00000)_{BIN}$。剩下的5个编码值$(11011)_{BIN}$至$(11111)_{BIN}$用于实现模式的转换，见6.5.1。

示例：

| 输入数据： | b | a | r | “空格” | c | o | d | e |
|---|---|---|---|---|---|---|---|---|
| 编码十进制值： | 1 | 0 | 17 | 26 | 2 | 14 | 3 | 4 |
| 转换为二进制： | 00001 | 00000 | 10001 | 11010 | 00010 | 01110 | 00011 | 00100 |

### 6.4.4 大写字母模式

#### 6.4.4.1 编码字符

可编码字符27个，包括26个大写英文字母A～Z以及“空格”(GB/T 1988中值32)。

#### 6.4.4.2 编码规则

大写字母模式采用5位二进制进行编码，按顺序从A到Z最后“空格”递增编码，字母“A”的编码为$(00000)_{BIN}$。剩下的5个编码值$(11011)_{BIN}$至$(11111)_{BIN}$用于实现模式的转换，见6.5.1。

示例：

| 输入数据： | B | A | R | “空格” | C | O | D | E |
|---|---|---|---|---|---|---|---|---|
| 编码十进制值： | 1 | 0 | 17 | 26 | 2 | 14 | 3 | 4 |
| 转换为二进制： | 00001 | 00000 | 10001 | 11010 | 00010 | 01110 | 00011 | 00100 |

### 6.4.5 数字字母混合模式

#### 6.4.5.1 编码字符

可编码字符63个，包括：

a) 数字0至9(GB/T 1988中值48～57)；

b) 大写英文字母A～Z(GB/T 1988中值65～90)；

c) 小写英文字母a～z(GB/T 1988中值97～122)；

d) “空格”(GB/T 1988中值32)。

#### 6.4.5.2 编码规则

数字字母混合模式采用6位二进制进行编码，按顺序从数字、大写英文字母、小写英文字母最后“空格”递增编码，数字0的编码为$(000000)_{BIN}$。剩下的1个编码值$(111111)_{BIN}$用于实现模式的转换，见6.5.1。

示例：

| 输入数据： | 0 | A | b | “空格” |
|---|---|---|---|---|
| 编码十进制值： | 0 | 10 | 37 | 62 |
| 转换为二进制： | 000000 | 001010 | 100101 | 111110 |

### 6.4.6 控制字符模式

#### 6.4.6.1 编码字符

可编码字符64个，包括除以下字符外的GB/T 1988字符：

a) “空格”(GB/T 1988中值32)；

b) 数字字符(GB/T 1988 中值 48 至 57);

c) 大写英文字母(GB/T 1988 中值 65 至 90);

d) 小写英文字母(GB/T 1988 中值 97 至 122);

e) DEL(GB/T 1988 中值 127)。

#### 6.4.6.2 编码规则

控制字符模式采用 6 位二进制进行编码,按字符的 GB/T 1988 中的值由小至大顺序编码,第一个字符编码为$(000000)_{BIN}$。该模式的数据长度固定为 1,编码后自动切换回之前的数据模式。输入数据的第一个字符不能分类为该模式。控制字符编码见表 4。

**表 4 控制字符编码表**

| 字符 | 编码 | 字符 | 编码 | 字符 | 编码 | 字符 | 编码 |
|---|---|---|---|---|---|---|---|
| NUL | 0 | DLE | 16 | ! | 32 | ; | 48 |
| SOH | 1 | DC1 | 17 | ″ | 33 | < | 49 |
| STX | 2 | DC2 | 18 | # | 34 | = | 50 |
| ETX | 3 | DC3 | 19 | ￥ | 35 | > | 51 |
| EOT | 4 | DC4 | 20 | % | 36 | ? | 52 |
| ENQ | 5 | NAK | 21 | & | 37 | @ | 53 |
| ACK | 6 | SYN | 22 | ’ | 38 | [ | 54 |
| BEL | 7 | ETB | 23 | ( | 39 | \ | 55 |
| BS | 8 | CAN | 24 | ) | 40 | ] | 56 |
| HT | 9 | BM | 25 | * | 41 | ^ | 57 |
| LF | 10 | SUB | 26 | + | 42 | _ | 58 |
| VT | 11 | ESC | 27 | , | 43 | ` | 50 |
| FF | 12 | FS | 28 | − | 44 | { | 60 |
| CR | 13 | GS | 29 | . | 45 | \| | 61 |
| SO | 14 | RS | 30 | / | 46 | } | 62 |
| SI | 15 | US | 31 | : | 47 | ~ | 63 |

### 6.4.7 字节模式

字节模式采用 8 位二进制数编码 0 到 255 的字节数据。

设输入数据的长度为 $L$ 个字节,则先输出 14 位二进制无符号数 $L-1$,用于记录字节数,随后直接输出字节数据本身。

当输入数据的长度大于 16 384 字节时,将输入数据分割成多个数据段,每段长度不超过 16 384 字节,对每段数据分别编码。从第二段开始的每段数据都需要以模式转换码$(0111)_{BIN}$和用 14 位二进制无符号数编码的该段数据长度开始。

#### 6.4.8 ECI 模式

##### 6.4.8.1 ECI 编码

将输入的数据转换为一个位流。以缺省的 ECI 开始时,位流的开头为第一个数据类型的模式指示符,否则,其前面要有 ECI 标头,后面为一个或多个不同模式的段。ECI 标头由 ECI 模式指示符 $(1100)_{BIN}$ 和 ECI 任务号组成。ECI 的任务号为 000000～811799 (十进制)之间的 6 位数。ECI 任务号的编码见表 5。

**表 5 ECI 任务号的编码**

| ECI 任务号 | 任务号编码 |
|---|---|
| 000000 ～ 001023 | 0bbbbbbbbbb |
| 001024 ～ 032767 | 10bbbbbbbbbbbbbbb |
| 032768 ～ 811799 | 11bbbbbbbbbbbbbbbbbbbb |
| 注：b…b 是 ECI 任务号的二进制值。 | |

ECI 模式指示符只能在数据的开头或“模式结束”转换码(见 6.5.1)之后出现。输入的 ECI 数据需要编码系统作为一系列 8 位字节的值进行处理,可以采用汉字、数字、小写字母、大写字母、数字字母混合、控制字符、字节等一种或几种模式进行最高效的编码,而不必考虑其实际意义。例如,值为 $30_{HEX}$ 到 $39_{HEX}$ 的数据序列可以当作一个数字序列,用数字模式进行编码,即使实际上它并不表示数字数据。

示例：

ECI 编码表示：

ECI 任务号:400123

待编码数据的字节值:$(31)_{HEX}$,$(32)_{HEX}$,$(33)_{HEX}$,$(34)_{HEX}$,$(35)_{HEX}$,$(36)_{HEX}$,$(37)_{HEX}$,$(38)_{HEX}$,$(39)_{HEX}$。

编码位流：

a) ECI 模式指示符:1100;

b) ECI 任务号:11 0110000110101111111011;

c) 数据模式指示符 (数字):0010;

d) 数据编码:00 0001111011 0111001000 1100010101;

e) 最终的位流:1100 11 0110000110101111111011 0010 00 0001111011 0111001000 1100010101。

##### 6.4.8.2 ECI 与结构链接

ECI 可以在单个 CM 码或 CM 码结构链接符号的任意位置出现。引入的任一 ECI 一直保持有效,直至数据结束或一个新的 ECI 被引入,ECI 将跨结构链接中的两个或多个 CM 码一直保持有效。

#### 6.4.9 功能码模式

##### 6.4.9.1 FNC1

FNC1 模式指示符应在 CM 码的开头编码。结构链接模式同时被应用时,FNC1 的模式指示符只在结构链接的第一个符号出现,并且 FNC1 的模式指示符在 FNC2 的模式指示符之前。

FNC1 模式指示符 $(1000)_{BIN}$ 用于标识按 GS1 系统规则格式化信息的符号。

FNC1 模式指示符 $(1011)_{BIN}$ 用于标识按 AIM 同意的特定行业或者特定应用规范格式化信息的符号。在第一数据字符位置的字符(a～z,A～Z,或两位数字)用于指定特定的应用。

#### 6.4.9.2 FNC2

FNC2 功能码用于实现结构链接功能，输入的数据可用最多 16 个 CM 码链接起来。每个结构链结中的符号都是由一个 4 字段(20 位)链接控制头开始的：

a) 第一字段是 4 位的 FNC2 模式指示符$(1001)_{BIN}$；

b) 第二字段是 8 位的文件签名；

c) 第三字段用 4 位数 $n$ 表示链接中的 CM 码总个数为 $n+1$；

d) 第四字段用 4 位数 $m$ 表示当前 CM 码在结构链接中的序号。

$m$ 应小于或等于 $n$，否则该 CM 码是无效的。

文件签名是用某种签名算法对输入的整体数据产生的签名，同一个结构链接中的所有符号的文件签名应相同，防止不同结构链接之间的符号互相串扰。

FNC2 应是符号中的最后一个功能码，FNC2 链接控制头之后应是数据模式指示符或 ECI 模式指示符。

在传输结构链接的符号数据之前，结构链接中的所有符号应全部被解码成功并且将数据还原为正确的顺序。

#### 6.4.9.3 FNC3

FNC3 功能码用于实现将符号编码的内容用作识读设备的初始化参数。FNC3 的模式指示符$(1010)_{BIN}$应出现在数据编码位流之前。当 FNC3 和 FNC2 同时被应用时，FNC3 的模式指示符应在 FNC2 的模式指示符之前，且只在结构链接的第一个符号出现。FNC3 不能与 FNC1 同时使用。

## 6.5 混合模式编码

### 6.5.1 编码模式转换

数据编码时的模式转换是通过输出模式转换码来实现的，不是任何两个模式都可以转换的。表 6 列出了全部的模式转换码，括号中是模式转换码的二进制位数。

**表 6 数据模式转换码**

| 当前编码模式 | 下一编码模式 | | | | | | | |
|---|---|---|---|---|---|---|---|---|
| | 模式结束 | 汉字 | 数字 | 小写字母 | 大写字母 | 数字字母混合 | 控制字符(切换) | 字节 |
| 汉字 | 8 160 (13 位) | * | 8 161 (13 位) | 8 162 (13 位) | 8 163 (13 位) | 8 164 (13 位) | * | 8 165 (13 位) |
| 数字 | 1 018 (10 位) | 1 019 (10 位) | * | 1 020 (10 位) | 1 021 (10 位) | 1 022 (10 位) | * | 1 023 (10 位) |
| 小写字母 | 27 (5 位) | 28 (5 位) | 29 (5 位) | * | 30 (5 位) | 124 (7 位)[a] | 125 (7 位)[a] | 126 (7 位)[a] |
| 大写字母 | 27 (5 位) | 28 (5 位) | 29 (5 位) | 30 (5 位) | * | 124 (7 位)[a] | 125 (7 位)[a] | 126 (7 位)[a] |
| 数字字母混合 | 1 008 (10 位) | 1 009 (10 位) | 1 010 (10 位) | 1 011 (10 位) | 1 012 (10 位) | * | 1 014 (10 位) | 1 015 (10 位) |
| 字节 | 0 (4 位) | 1 (4 位) | 2 (4 位) | 3 (4 位) | 4 (4 位) | 5 (4 位) | * | 7 (4 位) |

注：“ * ”号表示不允许的模式转换。

[a] 小写字母、大写字母模式到数字字母混合、控制字符、字节模式的 7 位转换码是 5 位的“11111”分别加上 2 位的“00”,“01”,“10”。

### 6.5.2 数据编码总流程

数据编码流程如下：

a) 以编码产生的二进制位流最短为目标，将输入数据按类型划分成段。对输入数据的分段进行优化的方法参见附录 B。

b) 对所有数据段按照下面的步骤逐段编码：

1) 存在功能码时，按表 1 进行编码；

2) 当前数据段是第一段时，输出该段数据的模式指示符，见表 1；

3) 按照当前数据模式的编码规则编码当前数据段；

4) 下一段数据编码前，首先输出当前模式到下一模式的模式转换码，见表 6；

5) 需要编码 ECI 时，首先输出模式转换码“模式结束”，见表 6，然后编码 ECI 模式指示符 $(1100)_{BIN}$ 及 ECI 任务号(见表 5)，之后是下一数据段的模式指示符，见表 1；

6) 最后一个数据段完成后，输出模式转换码“模式结束”，见表 6。

c) 需要填充位时，最后一个码字填充“0”。

d) 需要填充码字时，第一个填充码字应当取 $(000000000)_{BIN}$。

## 6.6 纠错编码

### 6.6.1 纠错能力

CM 码采用伽罗瓦有限域 GF($2^9$)的 Reed-Solomon 纠错算法生成纠错码字，有限域的本原多项式为 $x^9+x^4+1$，码字的位长为 9 位。纠错码字应添加在数据码字流后。CM 码有 8 个用户可选纠错等级，对应的纠错码字容量见表 7。

**表 7 纠错码字容量**

| 纠错等级 | 1 | 2 | 3 | 4 | 5 | 6 | 7 | 8 |
|---|---|---|---|---|---|---|---|---|
| 纠错码字占总码字百分比(向下舍入) | 8% | 16% | 24% | 32% | 40% | 48% | 56% | 64% |

最佳纠错等级的选择需要依据符号质量、识读设备精度以及应用的物理环境相关，在数据密度与可靠性之间做出权衡。附录 C.2 给出了纠错等级选择的用户导则。

纠错码字可以纠正两种类型的错误，拒读错误(错误码字的位置已知)和替代错误(错误码字的位置未知)。可纠正的替代错误数和拒读错误数与纠错码字数和错误检测码字数之间的关系由式(4)给出。

$$e+2t=d-p \quad \cdots\cdots (4)$$

式中：

$e$——拒读错误数；

$t$——替代错误数；

$d$——纠错码字数；

$p$——错误检测码字数。

在一般情况下，$p=0$。当大部分纠错容量用于纠正拒读错误时，则检不出替代错误的概率增加；当拒读错误的总数大于纠错码字总数的一半时，$p=3$；当 CM 码的纠错码字总数小于 6 时，只允许纠正替代错误($e=0,p=1$)。

### 6.6.2 码字的分块与纠错码字的分配

运用 Reed-Solomon 纠错算法生成纠错码字时码字序列的长度受到所选用有限域的限制，CM 码采用的是 GF($2^9$)有限域,码字序列的长度应小于 512。当数据码字的个数加上纠错码字的个数大于 511 时需要将数据码字分割成多个纠错块,然后分别对每个纠错块运用纠错算法生成各自的纠错码字。

设 CM 码的总码字容量为 $C$。将 $C$ 个码字分成 $B_1$ 个长度为 $N_1$ 的块,以及 $B_2$ 个长度为 $N_2$ 的块,满足式(5)。

$$C = B_1 \times N_1 + B_2 \times N_2 \qquad (5)$$

总分块数 $B$ 见式(6)。

$$B = (C + 510)\mathrm{DIV}\ 511 \qquad (6)$$

当 $C$ 是 $B$ 的整数倍时,码字分块参数为:$B_1 = B, N_1 = C\ \mathrm{DIV}\ B, B_2 = 0, N_2 = 0$。

当 $C$ 不是 $B$ 的整数倍时,码字分块参数为:$N_1 = (C\ \mathrm{DIV}\ B) + 1, N_2 = N_1 - 1, B_1 = C - B \times N_2$, $B_2 = B - B_1$。

设选定的纠错等级为 $R(1 \leqslant R \leqslant 8)$,需要生成的纠错码字总数 $E$ 见式(7)。

$$E = (C \times R \times 8)\mathrm{DIV}\ 100 \qquad (7)$$

$B$ 个纠错块中,前 $B_3$ 块中每块分配 $E_1$ 个纠错码字,后 $B_4$ 块每块分配 $E_2$ 个纠错码字,分配结果满足式(8)。

$$\begin{aligned} E &= E_1 \times B_3 + E_2 \times B_4 \\ B &= B_1 + B_2 = B_3 + B_4 \end{aligned} \qquad (8)$$

当 $E$ 是 $B$ 的整数倍时,纠错码字分配参数为:$B_3 = B, E_1 = E\ \mathrm{DIV}\ B, B_4 = 0, E_2 = 0$。

当 $E$ 不是 $B$ 的整数倍时,纠错码字分配参数为:$E_1 = (E\ \mathrm{DIV}\ B) + 1, E_2 = E_1 - 1, B_3 = E - B \times E_2$, $B_4 = B - B_3$。

CM 码码字分块计算法则的 C 语言源代码见附录 A。

### 6.6.3 生成纠错码字

构造数据码字多项式,多项式系数是数据码字,第一个数据码字为最高次项的系数,依次排列,最后一个数据码字是最低次项(常数项)的系数。设 $k$ 是纠错码字的个数,则纠错码字多项式是数据码字多项式乘以 $x^k$ 再除以纠错生成多项式得到的余式。其中余式的最高次项的系数为第一个纠错码字,最低次项的系数为最后一个纠错码字。

CM 码生成 $k$ 个纠错码字的生成多项式 $G(x)$ 见式(9)。

$$G(x) = (x - \alpha^1)(x - \alpha^2)\cdots(x - \alpha^k) \qquad (9)$$

式中:

$G(x)$——纠错生成多项式;

$\alpha$ ——有限域 GF($2^9$)的生成元;

$k$ ——要生成的纠错码字个数。

计算生成多项式系数的 C 语言源代码见附录 D。

纠错码字的生成可用图 5 的电路实现。寄存器 $a_0$ 到 $a_{k-1}$ 的初始值为 0,$g_0$ 到 $g_{k-1}$ 为生成多项式由低次到高次的系数。编码分两个阶段完成:

a) 第一阶段两个开关的位置都向下,$n$ 个时钟脉冲后结束,输入的数据码字被直接导向输出,同时寄存器 $a_0$ 到 $a_{k-1}$ 的值都被更新。这里 $n$ 是数据码字的个数;

b) 第二阶段两个开关的位置都向上,输入保持为零,$k$ 个脉冲后寄存器的值被顺序移位输出,从而生成 $k$ 个纠错码字。

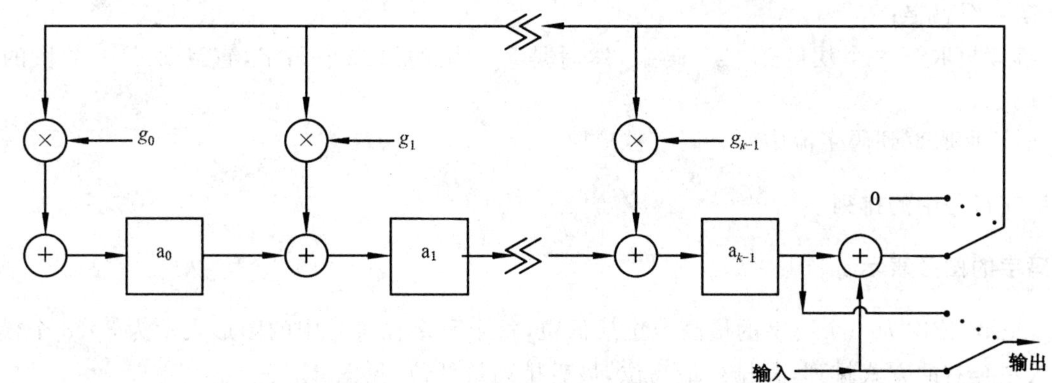


说明：

⊗——GF($2^9$)乘法；

⊕——GF($2^9$)加法。

**图 5　纠错编码电路**

## 6.7　生成最终码字流

### 6.7.1　生成数据码字

编码输入数据生成二进制的位流。将二进制位流分成 9 位一组即生成数据码字流，位流分组中的第一个位对应于码字的最高位。最后一个码字不足 9 位时，低位以"0"填充，这样处理后的结果就是数据码字流。

### 6.7.2　符号的码字容量

设指定的编码参数为：版本 $V$，$S$ 个数据段，$R$ 级纠错，编码得到的数据码字个数为 $C_i$。码字总容量 $C$ 见式(10)。

$$C=[(5V-1)\times 11-7]\times S \qquad (10)$$

其中纠错码字的容量 $C_e$ 见式(11)。

$$C_e=\mathrm{INT}(R\times C\times 0.08) \qquad (11)$$

数据码字的容量 $C_d$ 见式(12)。

$$C_d=C-C_e \qquad (12)$$

如果 $C_i<C_d$，则需要添加($C_d-C_i$)个填充码字，填充码字被视为数据码字的一部分参与纠错码字的生成，译码时填充码字被自动丢弃。如果 $C_i>C_d$ 则需要加大版本或/和数据段个数或者降低纠错等级。一般情况下 $C_d$ 不等于 $C_i$，需要根据实际应用选择 $V$、$S$ 以及 $R$ 的取值。

### 6.7.3　数据码字和纠错码字的排列

将数据码字和纠错码字填充到符号中之前，数据码字和纠错码字需要按照一定的规则排列成码字流，有两种排列方式，即块顺序排列和块间码字交错排列。

块顺序排列方式如下：第 1 块数据码字，第 1 块数据码字的纠错码字，第 2 块数据码字，第 2 块数据码字的纠错码字，……，最后一块数据码字，最后一块数据码字的纠错码字。

块间码字交错排列方式如下：

a)　从码字流的第一个块的第一个码字开始提取，然后是第二块的第一个码字，直到最后一个块的第一个码字；

b） 继续提取第一个块的第二个码字，然后是第二块的第二个码字，直到最后一个块的第二个码字；

c） 继续提取直到码字流中所有码字被提取完。

## 6.8 码字在符号中的排列

### 6.8.1 码字的图形表示

设 $b_8$ 至 $b_0$ 依次为一个码字的最高位至最低位，每个码字在符号中的图形表示为 3×3 个模块按从下至上、从左至右的方式排列，先排列最高位，最后排列最低位，见图 6。

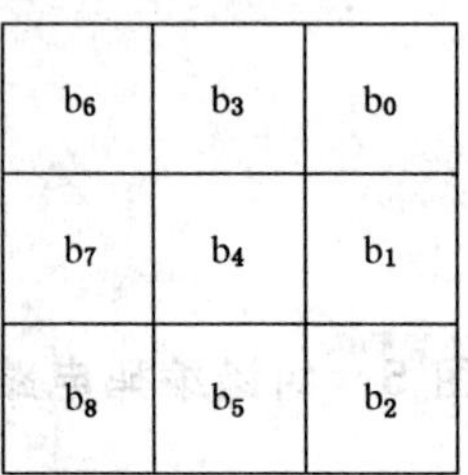

| $b_6$ | $b_3$ | $b_0$ |
|---|---|---|
| $b_7$ | $b_4$ | $b_1$ |
| $b_8$ | $b_5$ | $b_2$ |

图 6 码字的图形表示

### 6.8.2 码字在数据段中的排列

码字在数据段中按照从下至上、从左至右的顺序排列，从左至右依次填充每个数据段，每个数据段的前 7 个码字空间留给格式信息。图 7 是版本 2 的 CM 码数据段的码字排列顺序示意图，码字空间 A～G 由格式信息填充，码字空间 0～91 由数据码字和纠错码字填充。

| 1 | 10 | 19 | 28 | 37 | 46 | 55 | 64 | 73 | 82 | 91 |
|---|---|---|---|---|---|---|---|---|---|---|
| 0 | 9 | 18 | 27 | 36 | 45 | 54 | 63 | 72 | 81 | 90 |
| G | 8 | 17 | 26 | 35 | 44 | 53 | 62 | 71 | 80 | 89 |
| F | 7 | 16 | 25 | 34 | 43 | 52 | 61 | 70 | 79 | 88 |
| E | 6 | 15 | 24 | 33 | 42 | 51 | 60 | 69 | 78 | 87 |
| D | 5 | 14 | 23 | 32 | 41 | 50 | 59 | 68 | 77 | 86 |
| C | 4 | 13 | 22 | 31 | 40 | 49 | 58 | 67 | 76 | 85 |
| B | 3 | 12 | 21 | 30 | 39 | 48 | 57 | 66 | 75 | 84 |
| A | 2 | 11 | 20 | 29 | 38 | 47 | 56 | 65 | 74 | 83 |

图 7 版本为 2 的 CM 码的一个数据段的码字排列顺序

### 6.9 格式信息

#### 6.9.1 信息的组成

CM 码的每个数据段都有长度为 16 位的独立的格式信息(见表 8):

a) 数据段编号:$b_{15}$~$b_{11}$,共 5 位。每个数据段都有一个编号,第一个数据段编号为"00000",第二个数据段的编号为"00001",编号依次递增。

b) 数据段总数:$b_{10}$~$b_6$,共 5 位。编码为实际数据段数减 1 的二进制编码,CM 码最多可以有 32 个数据段,所以编码范围是"00000"至"11111"。

c) 纠错等级:$b_5$~$b_3$,共 3 位。CM 码的纠错等级为 1~8,对应的编码为纠错等级数减 1 的二进制编码,即"000"~"111"。

d) 掩模类型:$b_2 b_1$,两位。CM 码有四种掩模方式,即掩模 1、掩模 2、掩模 3 和掩模 4,对应二进制编码为"00"~"11",见 6.10.2。

e) 码字交错标志:$b_0$,共 1 位。码字按交错方式排列 $b_0=1$,否则 $b_0=0$,见 6.7.3。

表 8 格式信息功能表

| 信息位 | $b_{15}$ | $b_{14}$ | $b_{13}$ | $b_{12}$ | $b_{11}$ | $b_{10}$ | $b_9$ | $b_8$ | $b_7$ | $b_6$ | $b_5$ | $b_4$ | $b_3$ | $b_2$ | $b_1$ | $b_0$ |
|---|---|---|---|---|---|---|---|---|---|---|---|---|---|---|---|---|
| 功能 | 数据段编号 | | | | | 数据段总数 | | | | | 纠错等级 | | | 掩模类型 | | 码字交错标志 |

每个数据段的数据段编号不同,其余 4 类格式信息相同。

#### 6.9.2 格式信息的纠错编码

格式信息的正确性对译码的成功起决定性作用,因此 CM 码的每个数据段的格式信息都要求使用纠错编码。16 位格式信息(表 8 的排列顺序)从左至右被分成 4 个码字,每个码字 4 位,运用生成元为 10011 的 GF($2^4$)域的 Reed-Solomon 纠错算法生成 11 个纠错码字,生成多项式 $G(x)$ 见式(13)。

$$G(x)=10+5x+3x^2+10x^3+13x^4+3x^5+15x^6+3x^7+6x^8+8x^9+12x^{10}+x^{11} \quad \cdots(13)$$

将生成多项式系数代入图 5 的电路中,并将 GF($2^9$)加法替换成 GF($2^4$)加法,GF($2^9$)乘法替换成 GF($2^4$)乘法即可用该编码电路生成所需纠错码字。

#### 6.9.3 格式信息在符号中的排列

4 个格式信息码字加上 11 个格式信息纠错码字共 60 位,每个数据段的前 7 个码字空间(共 63 个模块)用来表示格式信息,为了保证数据码字和其纠错码字排列整齐,剩余三个模块不表示任何信息,固定为浅色模块。将 4 个格式信息码字顺序编码号为 A、B、C 和 D,11 个格式信息纠错码字顺序编号为 E、F、G、H、I、J、K、L、M、N 和 O,然后给每个编号分别加上下标 0、1、2 和 3,分别表示每个码字的最低位至最高位。图 8 表示了格式信息码字及其纠错码字在符号中的排列方式。为了保证格式信息区域深浅模块的数目大致相等并均匀分布,需要对格式信息掩模,即用值为 $155_{HEX}$ 的码字对每个数据段的前 7 个码字进行异或操作,译码时重复该操作可去掩模。

| $F_2$ | $F_0$ | $O_0$ | | | |
|---|---|---|---|---|---|
| $F_3$ | $F_1$ | $O_1$ | | | |
| $E_2$ | $E_0$ | $O_2$ | | | |
| $E_3$ | $E_1$ | $O_3$ | * | * | * |
| $D_2$ | $D_0$ | $J_2$ | $J_0$ | $N_2$ | $N_0$ |
| $D_3$ | $D_1$ | $J_3$ | $J_1$ | $N_3$ | $N_1$ |
| $C_2$ | $C_0$ | $I_2$ | $I_0$ | $M_2$ | $M_0$ |
| $C_3$ | $C_1$ | $I_3$ | $I_1$ | $M_3$ | $M_1$ |
| $B_2$ | $B_0$ | $H_2$ | $H_0$ | $L_2$ | $L_0$ |
| $B_3$ | $B_1$ | $H_3$ | $H_1$ | $L_3$ | $L_1$ |
| $A_2$ | $A_0$ | $G_2$ | $G_0$ | $K_2$ | $K_0$ |
| $A_3$ | $A_1$ | $G_3$ | $G_1$ | $K_3$ | $K_1$ |

a） 版本 1 的格式信息排列

| * | * | * |
|---|---|---|
| $N_2$ | $N_0$ | $O_0$ |
| $N_3$ | $N_1$ | $O_1$ |
| $M_2$ | $M_0$ | $O_2$ |
| $M_3$ | $M_1$ | $O_3$ |
| $K_2$ | $K_0$ | $L_0$ |
| $K_3$ | $K_1$ | $L_1$ |
| $J_2$ | $J_0$ | $L_2$ |
| $J_3$ | $J_1$ | $L_3$ |
| $H_2$ | $H_0$ | $I_0$ |
| $H_3$ | $H_1$ | $I_1$ |
| $G_2$ | $G_0$ | $I_2$ |
| $G_3$ | $G_1$ | $I_3$ |
| $E_2$ | $E_0$ | $F_0$ |
| $E_3$ | $E_1$ | $F_1$ |
| $D_2$ | $D_0$ | $F_2$ |
| $D_3$ | $D_1$ | $F_3$ |
| $B_2$ | $B_0$ | $C_0$ |
| $B_3$ | $B_1$ | $C_1$ |
| $A_2$ | $A_0$ | $C_2$ |
| $A_3$ | $A_1$ | $C_3$ |

b） 版本 2 以上的格式信息排列

图 8　格式信息的排列

## 6.10　掩模

### 6.10.1　掩模规则

CM 码按以下规则进行掩模操作：

a） 掩模仅作用于数据编码区域，不作用于格式信息区域；

b） 用多个掩模类型分别对数据编码区域的图形进行异或操作，采用不同掩模类型时，格式信息区域应按 6.9 的规则进行更新；

c） 对每种掩模结果，统计结果图形中不合要求的部分并计分；

d） 选择得分最低的图形作为结果图形。

### 6.10.2　掩模类型

CM 码有 4 种掩模类型，每种掩模类型由一对码字的图形元素在平面空间内交替排列而成，表 9 列出了掩模类型。

表 9　掩模类型

| 类型编码 | 码字对 | 图形元素 |
|---|---|---|
| 00 | $0AA_{HEX}$,$155_{HEX}$ | |
| 01 | $0BA_{HEX}$,$145_{HEX}$ | |
| 10 | $193_{HEX}$,$129_{HEX}$ | |
| 11 | $055_{HEX}$,$0AB_{HEX}$ | |

由图形元素排列掩模图形的方法为:从下至上、从左至右依次交替排列两个图形元素,使得两个图形元素在水平方向与竖直方向都是交替出现,图 9 是用于版本 1 的第 1 种掩模图形。

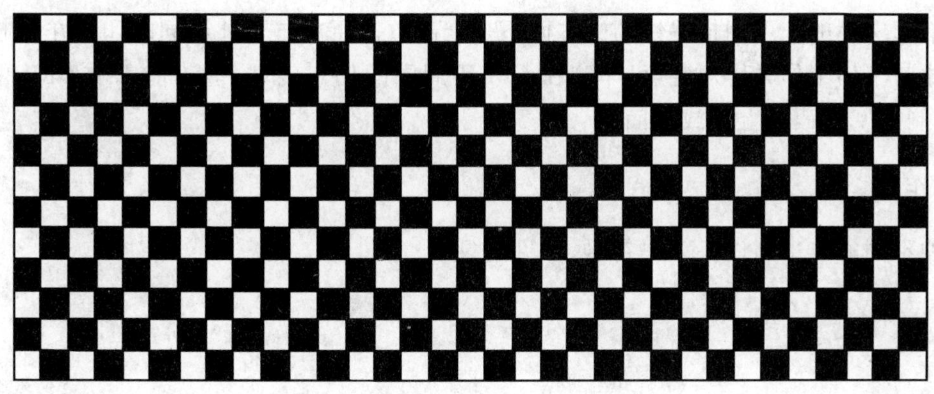

图 9　版本 1 的第 1 种掩模图形

### 6.10.3　掩模结果的评价

在依次用每种掩模类型进行掩模操作之后,对编码区域(包括格式信息区域)中每次出现表 10 中的情况进行计分,分数越高其结果越不可用。在表 10 中,$W_1$ 到 $W_3$ 为非期望的图形特征的计分权重($W_1=10\ 000$,$W_2=3$,$W_3=100$)。

表 10 掩模结果计分规则

| 数据段图形特征 | 计分条件 | 分值 |
|---|---|---|
| 全部由深色模块组成的列 | 所有数据段中共有 $i$ 个全部由深色模块组成的列 | $W_1 \times i$ |
| 同种颜色的模块组成的块 | 块尺寸 $= m \times n (m>1, n>1)$ | $W_2 \times (m-2) \times (n-2)$ |
| 深色模块的比例 | 深色模块占总模块的百分比为 $k\%$ | $W_3 \times \mathrm{ABS}(50-k)$ |

根据表 10 的计分规则给每种掩模后的 CM 码打分，分值最低的 CM 码被选为最终的结果。

### 6.11 符号生成示例

附录 E 给出了一个完整的符号生成示例。

## 7 符号印制

### 7.1 尺寸

CM 码尺寸的确定：

$X$ 尺寸：模块宽度根据应用要求、采用的扫描技术以及符号生成技术来确定。

$Y$ 尺寸：模块高度一般与模块宽度相等，实际应用时可根据采用的扫描技术以及符号生成技术来确定，可以大于模块宽度，也可以小于模块宽度。

最小空白区：在符号周围的空白区宽度最小为 6 个模块宽度。

### 7.2 供人识读字符

CM 码被设计成用于存储大容量的数据文件，因此供人识读的数据字符包含 CM 码所表示的所有数据信息是不切实际的。可用描述性的文本而不是全部数据原文与 CM 码同时印制在一起。

字符尺寸与字体不作具体规定，可印制在 CM 码周围的任意区域，但不能影响 CM 码本身及其空白区，建议印制在 CM 码的上面或下面。

### 7.3 符号制作

可用多种不同的技术制作 CM 码符号，参见附录 C。

## 8 符号质量

### 8.1 符号质量评价

CM 码采用 GB/T 23704 中规定的矩阵式二维码印制质量测试导则进行质量评级。

CM 码质量参数包括：标准译码、符号反差、调制度、轴向不一致性、网格不一致性、未使用纠错、格式信息污损和功能图形污损。格式信息污损和功能图形污损的评价见附录 F。

标准译码、符号反差、调制度、轴向不一致性、网格不一致性、未使用纠错各参数等级及评价方法见 GB/T 23704。其中网格不一致性的评价应将参考译码算法建立的取样网格延拓到包含开始图形、结束图形、数据段分隔图形、定位孔图形等部分的整个符号之后进行计算(参考译码算法参见附录 G)。

### 8.2 符号等级

一次扫描获得的符号反差、调制度、标准译码、轴向不一致性、网格不一致性、未使用纠错、格式信息污损、功能图形污损各参数等级的最低值为单次扫描等级。

符号等级为5次扫描获得的单次扫描等级的算术平均值。CM码被设计用于接触式扫描解码，扫描时应使扫描线平行于数据段分隔图形，从CM码的一侧(开始图形或结束图形)往另一侧进行扫描。如果两次扫描译码获得的数据不同，那么不论单次扫描的等级如何，符号等级应为0。符号等级质量高低以4.0～0.0的数字形式表示，小数点后应保留一位。

## 9 译码过程

### 9.1 概述

CM码的译码过程如下：

a) 图像预处理：将图像二值化为一系列深色与浅色像素组成的二值图像；

b) 探测开始图形与结束图形：在二值图像中寻找开始图形与结束图形，并确定符号的版本；

c) 探测定位孔图形：在开始图形与结束图形之间探测定位孔图形；

d) 探测数据段分隔图形：在开始图形与结束图形之间探测数据段分隔图形；

e) 格式信息译码：根据探测到的定位孔图形和数据段分隔图形，对每个数据段的格式信息分别进行译码并校验；

f) 数据段分隔图形校验：根据格式信息译码得到的数据段总数对已探测到的数据段分隔图形进行剔除或/和插值操作；

g) 定位孔图形校验：根据数据段分隔图形对定位孔进行剔除或/和插值操作，使得每个数据段上下两侧各17个定位孔；

h) 数据采样：根据定位孔图形建立采样网格，对CM码进行取样；

i) 去除掩模：用掩模图形(掩模类型从格式信息中得出)对数据编码区域的模块进行异或处理，去除掩模；

j) 还原符号码字并纠错：根据码字排布规则，恢复数据码字序列并进行纠错译码处理；

k) 数据位流译码：对数据位流进行译码，恢复原始信息。

### 9.2 参考译码算法

CM码的参考译码算法参见附录G。

# 附 录 A
## （规范性附录）
## 码字分块参数 C 语言源代码

6.6.2 定义的码字分块参数的 C 语言源代码如下：

```
/*
功能:为指定版本和纠错等级的符号计算码字分块参数
输入:符号的版本和纠错等级
输出:分块结果
码字个数为 B1 的块有 N1 块,码字个数为 B2 的块有 N2 块
前 B3 块每块纠错码字 E1 个,后 B4 块每块纠错码字 E2 个
*/
#define N 511
int B1,N1,B2,N2;
int B3,E1,B4,E4;

void rs_block(int V,/* 符号的版本,1—32 */
              int S,/* 符号的数据段数,1—32 */
              int R) /* 纠错等级,  1—8   */
{
    int C;/* 符号的总码字数 */
    int E;/* 纠错码字数     */
    int B;/* 总分块数       */

    C = ((5 * V - 1) * 11 - 7) * S;
    B = (C + N - 1) / N;
    if (0 = = C % B){
        B1 = B;
        N1 = C/B;
        B2 = 0;
        N2 = 0;
    } else {
        N1 = C / B + 1;
        N2 = N1 - 1;
        B1 = C - B * N2;
        B2 = B - B1;
    }
    E = (int)(C * 0.08 * R);
    if (0 = = E % B){
        B3 = B;
        E1 = E / B;
```

```
        B4 = 0;
        E2 = 0;
    } else {
        E1 = E / B + 1;
        E2 = E1 - 1;
        B3 = E - B * E2;
        B4 = B - B3;
    }
    return;
}
```

# 附　录　B
# （资料性附录）
# 位流长度的优化

## B.1　CM码编码数据类型的分析

### B.1.1　按数据类型分段

CM码总共有6种基本的数据类型：汉字、数字、小写字母、大写字母、控制字符、字节。

首先将需要编码的数据按这6种基本的数据类型进行分段。将输入数据看作字节流，按以下步骤，给每个字节赋予一个类型，连续的相同的数据类型被归为一个数据段。

a）遍历字节流，若任意两个连续的字节可以组成一个GB 18030双字节1区及双字节2区的字符，则将这两个字节归为汉字类型。对一个或多个连续的“回车换行”字符，如果它们前面的两字节或后面的两字节为汉字类型，则将它们归为汉字类型，否则它们的类型是未定的。若数字对（“00”到“99”）的前两个字节及后两个字节均为汉字类型，则将该数字对归为汉字类型。

b）从“a”到“z”的所有字节归为小写字母类型。

c）从“A”到“Z”的所有字节归为大写字母类型。

d）对一个或多个连续的空格，它们的类型根据这些空格前面的数据类型或后面的数据类型确定：

　1）若这些空格前面的数据类型是小写字母类型或大写字母类型，则将这些空格归为其前面的数据类型，否则转2）；

　2）若这些空格后面的数据类型是小写字母类型或大写字母类型，则将这些空格归为其后面的数据类型，否则转3）；

　3）这些空格的类型是未定的。

e）从“0”到“9”的所有字节归为数字类型。满足6.4.2规定的可以归入数字类型的“空格”、“＋”、“－”、“.”、“,”、“回车换行”也同时归为数字类型。

f）剩下的所有未归类的字节被归为字节类型。但如果某一段字节类型满足以下所有条件，则该段数据被归为控制字符类型：

　1）该段数据不是第一个数据段；

　2）该段数据内的所有字符都是控制字符（见表4）；

　3）该段数据的长度不超过3字节；

　4）该段数据的前一数据段不是汉字类型。

### B.1.2　数据类型调整

根据一个数据段及其邻近数据段编码的位流长度，对一个数据段的类型进行调整。调整的规则为：根据连续的3（或4）个数据段，对所有可能的调整方案计算编码位流的长度，取其中位流最短的方案。调整从第一个数据段开始直至最后一个数据段结束：

a）对第一个数据段，考虑它和其后的两个数据段，对所有可能的调整方案计算编码位流的长度，根据位流最短的方案确定第一个数据段的编码类型。

b）从第二个数据段开始，考虑4个数据段（前一数据段，当前数据段，其后的两个数据段），前一数据段的编码类型固定，对当前数据段和其后的两个数据段，计算所有可能的调整方案的编码位流长度，根据位流最短的方案确定当前数据段的编码类型。直至最后的三个数据段。

c) 最后三个数据段的编码类型由最后 4 段数据的位流最短的调整方案确定。

如果有几种调整方案得到的编码位流长度是一样的，则根据以下规则选取当前数据段的编码类型：

1) 若存在一种方案保持当前段数据类型不变，则保持数据段的初始类型不变；
2) 若几种调整方案当前段数据类型均变化，则根据以下优先级选取当前数据段的编码类型：数字＞小写字母＞大写字母＞数字字母混合＞控制字符＞字节＞汉字。

表 B.1 列出了每一种数据类型允许的编码类型。若数字类型被调整为数字字母混合类型，则数字类型中的非数字字符被调整为控制字符。

**表 B.1 各数据类型可能的编码类型**

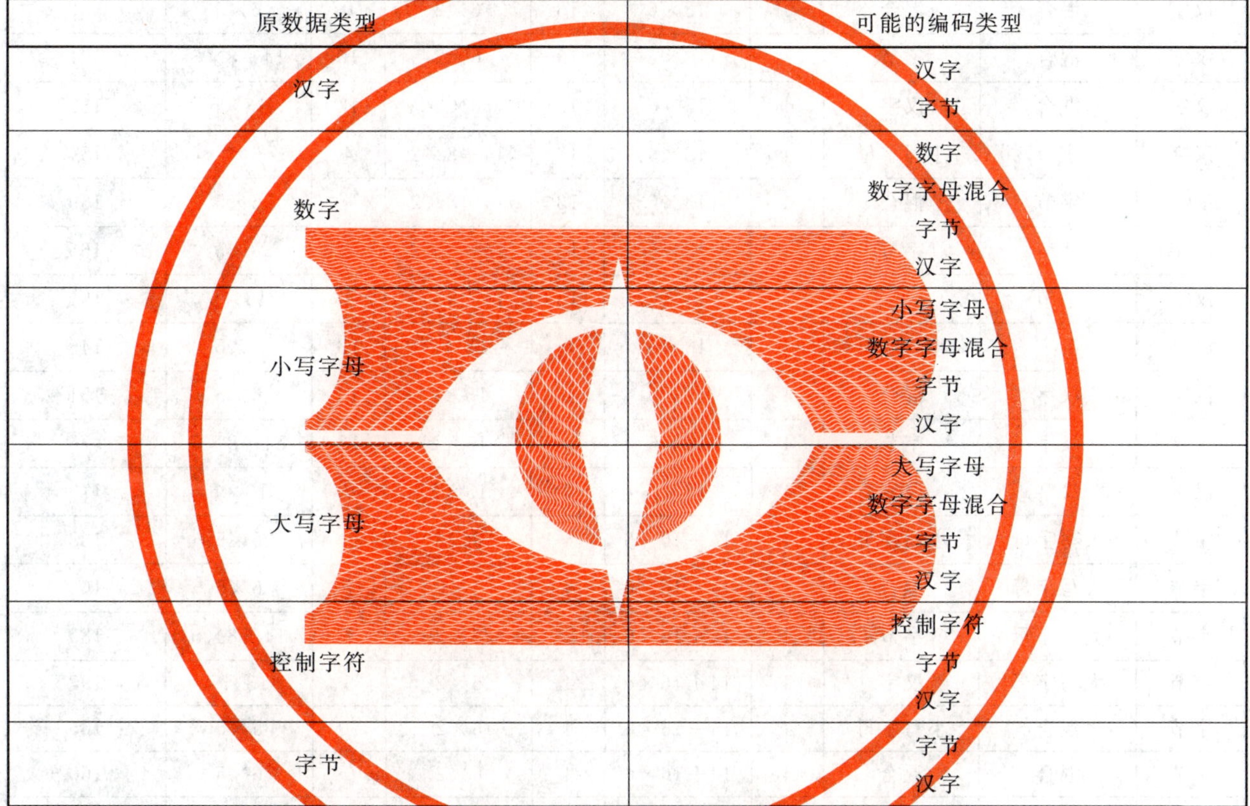

| 原数据类型 | 可能的编码类型 |
|---|---|
| 汉字 | 汉字<br>字节 |
| 数字 | 数字<br>数字字母混合<br>字节<br>汉字 |
| 小写字母 | 小写字母<br>数字字母混合<br>字节<br>汉字 |
| 大写字母 | 大写字母<br>数字字母混合<br>字节<br>汉字 |
| 控制字符 | 控制字符<br>字节<br>汉字 |
| 字节 | 字节<br>汉字 |

## B.2 编码数据类型分析的例子

以下给出一个编码数据类型分析的例子。

输入数据：国外通信教材 Matlab6.5

输入数据首先被分为 4 段，见表 B.2。

**表 B.2 根据数据类型分段**

| 国外通信教材 | 〈空格〉M | atlab | 6.5 |
|---|---|---|---|
| 汉字 | 大写字母 | 小写字母 | 数字 |

对开头的 3 个数据段(6 个汉字、2 个大写字母、5 个小写字母)，表 B.3 列出了所有可能的调整方案及其编码位流的长度。

表 B.3 编码位流长度的计算

| 可能的编码方案 | | | 位流长度计算 | | | | | | 结果 |
|---|---|---|---|---|---|---|---|---|---|
| 当前段 | 其后第一段 | 其后第二段 | | | | | | | |
| 汉字 | 大写字母 | 小写字母 | 4 | 13×6 | 13 | 5×2 | 5 | 5×5 | 135 |
| 汉字 | 大写字母 | 混合 | 4 | 13×6 | 13 | 5×2 | 7 | 6×5 | 142 |
| 汉字 | 大写字母 | 字节 | 4 | 13×6 | 13 | 5×2 | 7 | 14+8×5 | 166 |
| 汉字 | 大写字母 | 汉字 | 4 | 13×6 | 13 | 5×2 | 5 | 13×5 | 175 |
| 汉字 | 混合 | 小写字母 | 4 | 13×6 | 13 | 6×2 | 10 | 5×5 | 142 |
| 汉字 | 混合 | 混合 | 4 | 13×6 | 13 | 6×2 | 0 | 6×5 | 137 |
| 汉字 | 混合 | 字节 | 4 | 13×6 | 13 | 6×2 | 10 | 14+8×5 | 171 |
| 汉字 | 混合 | 汉字 | 4 | 13×6 | 13 | 6×2 | 10 | 13×5 | 182 |
| 汉字 | 字节 | 小写字母 | 4 | 13×6 | 13 | 14+8×2 | 4 | 5×5 | 154 |
| 汉字 | 字节 | 混合 | 4 | 13×6 | 13 | 14+8×2 | 4 | 6×5 | 159 |
| 汉字 | 字节 | 字节 | 4 | 13×6 | 13 | 14+8×2 | 0 | 8×5 | 165 |
| 汉字 | 字节 | 汉字 | 4 | 13×6 | 13 | 14+8×2 | 4 | 13×5 | 194 |
| 汉字 | 汉字 | 小写字母 | 4 | 13×6 | 0 | 13×2 | 13 | 5×5 | 146 |
| 汉字 | 汉字 | 混合 | 4 | 13×6 | 0 | 13×2 | 13 | 6×5 | 151 |
| 汉字 | 汉字 | 字节 | 4 | 13×6 | 0 | 13×2 | 13 | 14+8×5 | 175 |
| 汉字 | 汉字 | 汉字 | 4 | 13×6 | 0 | 13×2 | 0 | 13×5 | 173 |
| 字节 | 大写字母 | 小写字母 | 4 | 14+16×6 | 4 | 5×2 | 5 | 5×5 | 158 |
| 字节 | 大写字母 | 混合 | 4 | 14+16×6 | 4 | 5×2 | 7 | 6×5 | 165 |
| 字节 | 大写字母 | 字节 | 4 | 14+16×6 | 4 | 5×2 | 7 | 14+8×5 | 189 |
| 字节 | 大写字母 | 汉字 | 4 | 14+16×6 | 4 | 5×2 | 5 | 13×5 | 198 |
| 字节 | 混合 | 小写字母 | 4 | 14+16×6 | 4 | 6×2 | 10 | 5×5 | 165 |
| 字节 | 混合 | 混合 | 4 | 14+16×6 | 4 | 6×2 | 0 | 6×5 | 160 |
| 字节 | 混合 | 字节 | 4 | 14+16×6 | 4 | 6×2 | 10 | 14+8×5 | 194 |
| 字节 | 混合 | 汉字 | 4 | 14+16×6 | 4 | 6×2 | 10 | 13×5 | 205 |
| 字节 | 字节 | 小写字母 | 4 | 14+16×6 | 0 | 8×2 | 4 | 5×5 | 159 |
| 字节 | 字节 | 混合 | 4 | 14+16×6 | 0 | 8×2 | 4 | 6×5 | 164 |
| 字节 | 字节 | 字节 | 4 | 14+16×6 | 0 | 8×2 | 0 | 8×5 | 170 |
| 字节 | 字节 | 汉字 | 4 | 14+16×6 | 0 | 8×2 | 4 | 13×5 | 199 |
| 字节 | 汉字 | 小写字母 | 4 | 14+16×6 | 4 | 13×2 | 13 | 5×5 | 182 |
| 字节 | 汉字 | 混合 | 4 | 14+16×6 | 4 | 13×2 | 13 | 6×5 | 187 |
| 字节 | 汉字 | 字节 | 4 | 14+16×6 | 4 | 13×2 | 13 | 14+8×5 | 211 |
| 字节 | 汉字 | 汉字 | 4 | 14+16×6 | 4 | 13×2 | 0 | 13×5 | 209 |

从表 B.3 可以看出，编码方案汉字、大写字母、小写字母需要的位流最短，故第一段数据(6 个汉字)使用汉字类型进行编码。

为了得到第二个数据段的编码类型，固定其前一数据段（第一段）为汉字类型，计算当前段（第二段）和其后两个数据段（第三、四段）所有可能的调整方案的编码位流长度，计算结果列于表 B.4。

**表 B.4 位流长度计算**

| 可能的编码方案 | | | 位流长度计算 | | | | | | | 结果 |
|---|---|---|---|---|---|---|---|---|---|---|
| 当前段 | 其后第一段 | 其后第二段 | | | | | | | | |
| 大写字母 | 小写字母 | 数字 | 13 | 5×2 | 5 | 5×5 | 5 | 2+10+10 | 10 | 90 |
| 大写字母 | 小写字母 | 混合 | 13 | 5×2 | 5 | 5×5 | 7 | 6×2+16 | 10 | 98 |
| 大写字母 | 小写字母 | 字节 | 13 | 5×2 | 5 | 5×5 | 7 | 14+8×3 | 4 | 102 |
| 大写字母 | 小写字母 | 汉字 | 13 | 5×2 | 5 | 5×5 | 5 | 13×3 | 13 | 110 |
| 大写字母 | 混合 | 数字 | 13 | 5×2 | 7 | 6×5 | 10 | 2+10+10 | 10 | 102 |
| 大写字母 | 混合 | 混合 | 13 | 5×2 | 7 | 6×5 | 0 | 6×2+16 | 10 | 98 |
| 大写字母 | 混合 | 字节 | 13 | 5×2 | 7 | 6×5 | 10 | 14+8×3 | 4 | 112 |
| 大写字母 | 混合 | 汉字 | 13 | 5×2 | 7 | 6×5 | 10 | 13×3 | 13 | 122 |
| 大写字母 | 字节 | 数字 | 13 | 5×2 | 7 | 14+8×5 | 4 | 2+10+10 | 10 | 120 |
| 大写字母 | 字节 | 混合 | 13 | 5×2 | 7 | 14+8×5 | 4 | 6×2+16 | 10 | 126 |
| 大写字母 | 字节 | 字节 | 13 | 5×2 | 7 | 14+8×5 | 0 | 14+8×3 | 4 | 126 |
| 大写字母 | 字节 | 汉字 | 13 | 5×2 | 7 | 14+8×5 | 4 | 13×3 | 13 | 140 |
| 大写字母 | 汉字 | 数字 | 13 | 5×2 | 5 | 13×5 | 13 | 2+10+10 | 10 | 138 |
| 大写字母 | 汉字 | 混合 | 13 | 5×2 | 5 | 13×5 | 13 | 6×2+16 | 10 | 144 |
| 大写字母 | 汉字 | 字节 | 13 | 5×2 | 5 | 13×5 | 13 | 14+8×3 | 4 | 148 |
| 大写字母 | 汉字 | 汉字 | 13 | 5×2 | 5 | 13×5 | 0 | 13×3 | 13 | 145 |
| 混合 | 小写字母 | 数字 | 13 | 6×2 | 10 | 5×5 | 5 | 2+10+10 | 10 | 97 |
| 混合 | 小写字母 | 混合 | 13 | 6×2 | 10 | 5×5 | 7 | 6×2+16 | 10 | 105 |
| 混合 | 小写字母 | 字节 | 13 | 6×2 | 10 | 5×5 | 7 | 14+8×3 | 4 | 109 |
| 混合 | 小写字母 | 汉字 | 13 | 6×2 | 10 | 5×5 | 5 | 13×3 | 13 | 117 |
| 混合 | 混合 | 数字 | 13 | 6×2 | 0 | 6×5 | 10 | 2+10+10 | 10 | 97 |
| 混合 | 混合 | 混合 | 13 | 6×2 | 0 | 6×5 | 0 | 6×2+16 | 10 | 93 |
| 混合 | 混合 | 字节 | 13 | 6×2 | 0 | 6×5 | 10 | 14+8×3 | 4 | 107 |
| 混合 | 混合 | 汉字 | 13 | 6×2 | 0 | 6×5 | 10 | 13×3 | 13 | 117 |
| 混合 | 字节 | 数字 | 13 | 6×2 | 10 | 14+8×5 | 4 | 2+10+10 | 10 | 125 |
| 混合 | 字节 | 混合 | 13 | 6×2 | 10 | 14+8×5 | 4 | 6×2+16 | 10 | 131 |
| 混合 | 字节 | 字节 | 13 | 6×2 | 10 | 14+8×5 | 0 | 14+8×3 | 4 | 131 |
| 混合 | 字节 | 汉字 | 13 | 6×2 | 10 | 14+8×5 | 4 | 13×3 | 13 | 145 |
| 混合 | 汉字 | 数字 | 13 | 6×2 | 10 | 13×5 | 13 | 2+10+10 | 10 | 145 |
| 混合 | 汉字 | 混合 | 13 | 6×2 | 10 | 13×5 | 13 | 6×2+16 | 10 | 151 |
| 混合 | 汉字 | 字节 | 13 | 6×2 | 10 | 13×5 | 13 | 14+8×3 | 4 | 155 |

表 B.4（续）

| 可能的编码方案 | | | 位流长度计算 | | | | | | | 结果 |
|---|---|---|---|---|---|---|---|---|---|---|
| 当前段 | 其后第一段 | 其后第二段 | | | | | | | | |
| 混合 | 汉字 | 汉字 | 13 | 6×2 | 10 | 13×5 | 0 | 13×3 | 13 | 152 |
| 字节 | 小写字母 | 数字 | 13 | 14+8×2 | 4 | 5×5 | 5 | 2+10+10 | 10 | 109 |
| 字节 | 小写字母 | 混合 | 13 | 14+8×2 | 4 | 5×5 | 7 | 6×2+16 | 10 | 117 |
| 字节 | 小写字母 | 字节 | 13 | 14+8×2 | 4 | 5×5 | 7 | 14+8×3 | 4 | 121 |
| 字节 | 小写字母 | 汉字 | 13 | 14+8×2 | 4 | 5×5 | 5 | 13×3 | 13 | 129 |
| 字节 | 混合 | 数字 | 13 | 14+8×2 | 4 | 6×5 | 10 | 2+10+10 | 10 | 119 |
| 字节 | 混合 | 混合 | 13 | 14+8×2 | 4 | 6×5 | 0 | 6×2+16 | 10 | 115 |
| 字节 | 混合 | 字节 | 13 | 14+8×2 | 4 | 6×5 | 10 | 14+8×3 | 4 | 129 |
| 字节 | 混合 | 汉字 | 13 | 14+8×2 | 4 | 6×5 | 10 | 13×3 | 13 | 139 |
| 字节 | 字节 | 数字 | 13 | 14+8×2 | 0 | 14+8×5 | 4 | 2+10+10 | 10 | 133 |
| 字节 | 字节 | 混合 | 13 | 14+8×2 | 0 | 14+8×5 | 4 | 6×2+16 | 10 | 139 |
| 字节 | 字节 | 字节 | 13 | 14+8×2 | 0 | 14+8×5 | 0 | 14+8×3 | 4 | 139 |
| 字节 | 字节 | 汉字 | 13 | 14+8×2 | 0 | 14+8×5 | 4 | 13×3 | 13 | 153 |
| 字节 | 汉字 | 数字 | 13 | 14+8×2 | 4 | 13×5 | 13 | 2+10+10 | 10 | 157 |
| 字节 | 汉字 | 混合 | 13 | 14+8×2 | 4 | 13×5 | 13 | 6×2+16 | 10 | 163 |
| 字节 | 汉字 | 字节 | 13 | 14+8×2 | 4 | 13×5 | 13 | 14+8×3 | 4 | 167 |
| 字节 | 汉字 | 汉字 | 13 | 14+8×2 | 4 | 13×5 | 0 | 13×3 | 13 | 164 |
| 汉字 | 小写字母 | 数字 | 0 | 13×2 | 13 | 5×5 | 5 | 2+10+10 | 10 | 101 |
| 汉字 | 小写字母 | 混合 | 0 | 13×2 | 13 | 5×5 | 7 | 6×2+16 | 10 | 109 |
| 汉字 | 小写字母 | 字节 | 0 | 13×2 | 13 | 5×5 | 7 | 14+8×3 | 4 | 113 |
| 汉字 | 小写字母 | 汉字 | 0 | 13×2 | 13 | 5×5 | 5 | 13×3 | 13 | 121 |
| 汉字 | 混合 | 数字 | 0 | 13×2 | 13 | 6×5 | 10 | 2+10+10 | 10 | 111 |
| 汉字 | 混合 | 混合 | 0 | 13×2 | 13 | 6×5 | 0 | 6×2+16 | 10 | 107 |
| 汉字 | 混合 | 字节 | 0 | 13×2 | 13 | 6×5 | 10 | 14+8×3 | 4 | 121 |
| 汉字 | 混合 | 汉字 | 0 | 13×2 | 13 | 6×5 | 10 | 13×3 | 13 | 131 |
| 汉字 | 字节 | 数字 | 0 | 13×2 | 13 | 14+8×5 | 4 | 2+10+10 | 10 | 129 |
| 汉字 | 字节 | 混合 | 0 | 13×2 | 13 | 14+8×5 | 4 | 6×2+16 | 10 | 135 |
| 汉字 | 字节 | 字节 | 0 | 13×2 | 13 | 14+8×5 | 0 | 14+8×3 | 4 | 135 |
| 汉字 | 字节 | 汉字 | 0 | 13×2 | 13 | 14+8×5 | 4 | 13×3 | 13 | 149 |
| 汉字 | 汉字 | 数字 | 0 | 13×2 | 0 | 13×5 | 13 | 2+10+10 | 10 | 136 |
| 汉字 | 汉字 | 混合 | 0 | 13×2 | 0 | 13×5 | 13 | 6×2+16 | 10 | 142 |
| 汉字 | 汉字 | 字节 | 0 | 13×2 | 0 | 13×5 | 13 | 14+8×3 | 4 | 146 |
| 汉字 | 汉字 | 汉字 | 0 | 13×2 | 0 | 13×5 | 0 | 13×3 | 13 | 143 |

从表B.4可以看出，编码方案大写字母、小写字母、数字需要的位流最短，故当前段(第二段数据、〈空格〉M)使用大写字母进行编码。因为这是最后的三个数据段，故第三数据段和第四数据段分别使用小写字母、数字进行编码。

最终的编码类型为：汉字、大写字母、小写字母、数字。

# 附 录 C
（资料性附录）
# CM 码符号印制的用户导则

## C.1 总则

应将 CM 码的应用看作整个系统的解决方案。组成系统的各个部分(打印机、标签、识读器)需要作为一个整体来考虑,在该系统的任一环节出现问题,或各环节之间的错误匹配将损害整个系统的运行效果。

符合标准要求是保证整个系统成功的关键之一,同时其他因素也会影响系统的运行。以下指南是建议在确定或者采用 CM 码时应考虑的一些因素。

——选择适当的印制密度,使符号的允许偏差是所使用的印制技术能达到的。保证模块尺寸是打印头分辨率的整数倍(在平行和垂直于印刷方向的两个方向),也要保证印制增量的调整,这种调整是通过单个深色模块或毗连的深色模块组边缘(由深色到浅色或由浅色到深色)改变等量的整数像素来实现的,这样可以保证模块中心的间距保持不变,虽然对每个深色(或浅色)模块的位图表示的尺寸进行了调整。

——选择识读器,其分辨率应与特定印制技术所生成的符号密度和质量相适应。

——保证印制的 CM 码的光学特性与扫描器光源的波长或传感器的感光特性相适应。

——检查在最终标签或外包装上的 CM 码是否合格。遮盖、透光、弯曲或不规则表面都会影响 CM 码的识读性能。

——应考虑光滑的符号表面产生的镜面反射。扫描系统应考虑在深色与浅色特性之间的漫反射的改变量。在某些扫描角度,反射光的镜面反射部分大大地超过希望的漫反射部分,从而改变了扫描特性。如果能改变材料表面或材料表面的某部分,那么,选择粗糙的、非光滑的表面有助于减小镜面效果。否则,应保证识读符号的照明使所希望的对比度达到最佳。

## C.2 纠错等级的用户选择

用户应确定合适的纠错等级来满足应用需求。从 1 级到 8 级的纠错码字占符号容量的百分比逐渐增加,相应的纠错性能也逐步提高,其代价是对表示给定长度数据的符号的尺寸逐步增加。

纠错等级的选择与下列因素相关:

——预计的符号质量水平:预计的符号质量等级越低,应用的纠错等级就应越高;

——潜在的符号损毁可能性:潜在的符号损毁可能性越高,应用的纠错等级就应越高;

——印刷符号的空间限制了使用较高的纠错等级。

纠错等级 1、2 适用于具有高质量的符号以及/或者要求使符号的尺寸尽可能小的情况。等级 3、4 的符号具有适中的尺寸和较好的纠错能力。等级 5 至 8 适用于一些重要的或符号印制质量差的场合。需要注意的是当符号的质量降低到一定程度后,即使提高纠错等级也无法提高符号的识读可靠性。建议符号印制后测试符号的剩余纠错能力,根据测试结果调整纠错等级以使剩余纠错能力处于一个适中的水平,这样可以在保证可靠性的前提下提高符号的数据密度。

# 附 录 D
## （规范性附录）
## 纠错生成多项式

以下 C 语言源代码用于计算 CM 码纠错生成多项式的系数：

```
//power table for GF(2^9)
const unsigned short pow_tab[] = {/* for x^9 + x^4 + 1 */
  1,   2,   4,   8,  16,  32,  64, 128, 256,  17,  34,  68, 136, 272,  49,  98,
196, 392, 257,  19,  38,  76, 152, 304, 113, 226, 452, 409, 291,  87, 174, 348,
169, 338, 181, 362, 197, 394, 261,  27,  54, 108, 216, 432, 369, 243, 486, 477,
427, 327, 159, 318, 109, 218, 436, 377, 227, 454, 413, 299,  71, 142, 284,  41,
 82, 164, 328, 129, 258,  21,  42,  84, 168, 336, 177, 354, 213, 426, 325, 155,
310, 125, 250, 500, 505, 483, 471, 447, 367, 207, 414, 301,  75, 150, 300,  73,
146, 292,  89, 178, 356, 217, 434, 373, 251, 502, 509, 491, 455, 415, 303,  79,
158, 316, 105, 210, 420, 345, 163, 326, 157, 314, 101, 202, 404, 313,  99, 198,
396, 265,   3,   6,  12,  24,  48,  96, 192, 384, 273,  51, 102, 204, 408, 289,
 83, 166, 332, 137, 274,  53, 106, 212, 424, 321, 147, 294,  93, 186, 372, 249,
498, 501, 507, 487, 479, 431, 335, 143, 286,  45,  90, 180, 360, 193, 386, 277,
 59, 118, 236, 472, 417, 339, 183, 366, 205, 410, 293,  91, 182, 364, 201, 402,
309, 123, 246, 492, 457, 387, 279,  63, 126, 252, 504, 481, 467, 439, 383, 239,
478, 429, 331, 135, 270,  13,  26,  52, 104, 208, 416, 337, 179, 358, 221, 442,
357, 219, 438, 381, 235, 470, 445, 363, 199, 398, 269,  11,  22,  44,  88, 176,
352, 209, 418, 341, 187, 374, 253, 506, 485, 475, 423, 351, 175, 350, 173, 346,
165, 330, 133, 266,   5,  10,  20,  40,  80, 160, 320, 145, 290,  85, 170, 340,
185, 370, 245, 490, 453, 411, 295,  95, 190, 380, 233, 466, 437, 379, 231, 462,
397, 267,   7,  14,  28,  56, 112, 224, 448, 401, 307, 119, 238, 476, 425, 323,
151, 302,  77, 154, 308, 121, 242, 484, 473, 419, 343, 191, 382, 237, 474, 421,
347, 167, 334, 141, 282,  37,  74, 148, 296,  65, 130, 260,  25,  50, 100, 200,
400, 305, 115, 230, 460, 393, 259,  23,  46,  92, 184, 368, 241, 482, 469, 443,
359, 223, 446, 365, 203, 406, 317, 107, 214, 428, 329, 131, 262,  29,  58, 116,
232, 464, 433, 371, 247, 494, 461, 395, 263,  31,  62, 124, 248, 496, 497, 499,
503, 511, 495, 463, 399, 271,  15,  30,  60, 120, 240, 480, 465, 435, 375, 255,
510, 493, 459, 391, 287,  47,  94, 188, 376, 225, 450, 405, 315, 103, 206, 412,
297,  67, 134, 268,   9,  18,  36,  72, 144, 288,  81, 162, 324, 153, 306, 117,
234, 468, 441, 355, 215, 430, 333, 139, 278,  61, 122, 244, 488, 449, 403, 311,
127, 254, 508, 489, 451, 407, 319, 111, 222, 444, 361, 195, 390, 285,  43,  86,
172, 344, 161, 322, 149, 298,  69, 138, 276,  57, 114, 228, 456, 385, 275,  55,
110, 220, 440, 353, 211, 422, 349, 171, 342, 189, 378, 229, 458, 389, 283,  39,
 78, 156, 312,  97, 194, 388, 281,  35,  70, 140, 280,  33,  66, 132, 264,   0
};
```

```
//log table for GF(2^9)
const unsigned short log_tab[] = {/* for x^9 + x^4 + 1 */
511,  0,  1, 130,  2, 260, 131, 290,  3, 420, 261, 235, 132, 213, 291, 390,
  4,  9, 421,  19, 262,  69, 236, 343, 133, 332, 214,  39, 292, 365, 391, 377,
  5, 507,  10, 503, 422, 325,  20, 495, 263,  63,  70, 462, 237, 169, 344, 405,
134,  14, 333, 139, 215, 149,  40, 479, 293, 473, 366, 176, 392, 441, 378, 199,
  6, 329, 508, 417,  11, 470, 504,  60, 423,  95, 326,  92,  21, 306, 496, 111,
264, 426,  64, 144,  71, 269, 463,  29, 238,  98, 170, 187, 345, 156, 406, 279,
135, 499,  15, 126, 334, 122, 140, 413, 216, 114, 150, 359,  41,  52, 480, 455,
294,  24, 474, 338, 367, 431, 177, 299, 393, 309, 442, 193, 379,  81, 200, 448,
  7,  67, 330, 363, 509, 258, 418, 211,  12, 147, 471, 439, 505, 323,  61, 167,
424, 267,  96, 154, 327, 468,  93, 304,  22, 429, 307,  79, 497, 120, 112,  50,
265, 466, 427, 118,  65, 256, 145, 321,  72,  32, 270, 487, 464, 254,  30, 252,
239,  74,  99, 220, 171,  34, 188, 182, 346, 272, 157, 244, 407, 489, 280, 315,
136, 173, 500, 459,  16,  36, 127, 232, 335, 190, 123, 356, 141, 184, 414,  89,
217, 241, 115, 484, 151,  76, 360, 436,  42, 101,  53, 225, 481, 222, 456, 353,
295, 409,  25,  56, 475, 491, 339, 286, 368, 282, 432, 228, 178, 317, 300, 207,
394, 348, 310,  45, 443, 274, 194, 372, 380, 159,  82, 104, 201, 246, 449, 399,
  8,  18,  68, 342, 331,  38, 364, 376, 510, 129, 259, 289, 419, 234, 212, 389,
 13, 138, 148, 478, 472, 175, 440, 198, 506, 502, 324, 494,  62, 461, 168, 404,
425, 143, 268,  28,  97, 186, 155, 278, 328, 416, 469,  59,  94,  91, 305, 110,
 23, 337, 430, 298, 308, 192,  80, 447, 498, 125, 121, 412, 113, 358,  51, 454,
266, 153, 467, 303, 428,  78, 119,  49,  66, 362, 257, 210, 146, 438, 322, 166,
 73, 219,  33, 181, 271, 243, 488, 314, 465, 117, 255, 320,  31, 486, 253, 251,
240, 483,  75, 435, 100, 224, 221, 352, 172, 458,  35, 231, 189, 355, 183,  88,
347,  44, 273, 371, 158, 103, 245, 398, 408,  55, 490, 285, 281, 227, 316, 206,
137, 477, 174, 197, 501, 493, 460, 403,  17, 341,  37, 375, 128, 288, 233, 388,
336, 297, 191, 446, 124, 411, 357, 453, 142,  27, 185, 277, 415,  58,  90, 109,
218, 180, 242, 313, 116, 319, 485, 250, 152, 302,  77,  48, 361, 209, 437, 165,
 43, 370, 102, 397,  54, 284, 226, 205, 482, 434, 223, 351, 457, 230, 354,  87,
296, 445, 410, 452,  26, 276,  57, 108, 476, 196, 492, 402, 340, 374, 287, 387,
369, 396, 283, 204, 433, 350, 229,  86, 179, 312, 318, 249, 301,  47, 208, 164,
395, 203, 349,  85, 311, 248,  46, 163, 444, 451, 275, 107, 195, 401, 373, 386,
381, 382, 160, 383,  83, 161, 105, 384, 202,  84, 247, 162, 450, 106, 400, 385
};

//multiplication of GF(2^9)
unsigned short prod(unsigned short x,unsigned short y)
{
    if(x= =0 || y= =0)
        return 0;
    else
```

```
        return pow_tab[(log_tab[x] + log_tab[y]) % 511];
}

/ * obtaining the coefficients of generator polynomials
 * parameters
 * g: pointer to array of the coefficients of generator polynomials to be calculated
 * g[i] is the coefficent of term of degree i
 * k: number of error correction codewords to be generated. It equals to the degree of
 * the generator polynomial.
 * /
void generator_polynomial(unsigned short * g,int k)
{
    int i,j;

    if(k<=0 || k>=511)
        return;

    g[0] = 1;
    for(i = 1; i <= k; i++)
        g[i] = 0;

    for (i = 1; i <= k; i++)
    {
        g[i] = g[i-1];
        for (j = i-1; j >= 1; j--)
        {
            g[j] = g[j-1] ^ prod(g[j],pow_tab[i]);
        }
        g[0] = prod(g[0],pow_tab[i]);
    }
}
```

# 附 录 E
# （资料性附录）
# CM 码符号生成示例

## E.1 概述

本附录是使用版本 1、数据段数 1、纠错 4 级的 CM 码符号编码“深圳矽感科技有限公司 COMPACT MATRIX”的例子。

## E.2 数据分析

用附录 B 的选择方法，用汉字模式编码开头 10 个字符（“深圳矽感科技有限公司”），用大写字母模式编码后续的 14 个字符（“COMPACT MATRIX”）。

## E.3 数据编码

编码顺序如下：

a) “0001”表示汉字模式；

b) “深圳矽感科技有限公司”编码见表 E.1；

表 E.1 汉字编码

| 字符 | 十进制值 | 二进制值 |
|---|---|---|
| 深 | 3342 | 0110100001110 |
| 圳 | 5050 | 1001110111010 |
| 矽 | 3833 | 0111011111001 |
| 感 | 1680 | 0011010010000 |
| 科 | 2342 | 0100100100110 |
| 技 | 2044 | 0011111111100 |
| 有 | 4272 | 1000010110000 |
| 限 | 3902 | 0111100111110 |
| 公 | 1739 | 0011011001011 |
| 司 | 3486 | 0110110011110 |

c) “1111111100011”（十进制 8163）转换编码模式到大写字符；

d) “COMPACT MATRIX”编码见表 E.2；

表 E.2 大写字母编码

| 字符 | 十进制值 | 二进制值 |
|---|---|---|
| C | 2 | 00010 |
| O | 14 | 01110 |
| M | 12 | 01100 |
| P | 15 | 01111 |
| A | 0 | 00000 |
| C | 2 | 00010 |
| T、 | 19 | 10011 |
| “空格” | 26 | 11010 |
| M | 12 | 01100 |
| A | 0 | 00000 |
| T | 19 | 10011 |
| R | 17 | 10001 |
| I | 8 | 01000 |
| X | 23 | 10111 |

e) “11011”(十进制 27)表示数据编码结束。

编码得到的二进制字符串是:(中间空格仅用于方便阅读,无任何意义)

0001 0110100001110 1001110111010 0111011111001 0011010010000 0100100100110 0011111111100 1000010110000 0111100111110 0011011001011 0110110011110 1111111100011 00010 01110 01100 01111 00000 00010 10011 11010 01100 00000 10011 10001 01000 10111 11011

分成 9 位一组的码字后需要 3 个填充位(圆括号中所示)来填充最后一个码字。

000101101 000011101 001110111 010011101 111100100 110100100 000100100 100110001 111111110 010000101 100000111 100111110 001101100 101101101 100111101 111111100 011000100 111001100 011110000 000010100 111101001 100000001 001110001 010001011 111011(000)

该数据需要 25 个码字。

## E.4 纠错码字编码

版本 1、数据段数 1、纠错 4 级的 CM 码符号总码字数为 37 个,其中 26 个数据码字,11 个纠错码字,故需要一个填充码字。

十进制的数据码字加上填充码字是:

45 29 119 157 484 420 36 305 510 133 263 318 108 365 317 508 196 460 240 20 489 257 113 139 472 0

相应的 11 个 Reed-Solomon 纠错码字是:

88 50 461 253 483 117 21 322 182 444 28

最后整个的二进制的位流是:

26 个数据和填充码字

000101101 000011101 001110111 010011101 111100100 110100100 000100100 100110001 111111110 010000101 100000111 100111110 001101100 101101101 100111101 111111100 011000100 111001100 011110000 000010100 111101001 100000001 001110001 010001011 111011000 000000000

加上 11 个纠错码字

001011000 000110010 111001101 011111101 111100011 001110101 000010101 101000010 010110110 110111100 000011100

## E.5 符号表示

生成版本 1、数据段数 1 的 CM 码功能图形及码字的排列顺序见图 E.1。

| | | | | | | | | | | |
|---|---|---|---|---|---|---|---|---|---|---|
| | 1 | 5 | 9 | 13 | 17 | 21 | 25 | 29 | 33 | 37 |
| | | 4 | 8 | 12 | 16 | 20 | 24 | 28 | 32 | 36 |
| | | 3 | 7 | 11 | 15 | 19 | 23 | 27 | 31 | 35 |
| | | 2 | 6 | 10 | 14 | 18 | 22 | 26 | 30 | 34 |

图 E.1 版本 1、数据段数 1 的 CM 码固定图形模式及码字排列顺序

将数据码字与纠错码字填入后的结果见图 E.2。

图 E.2 填入数据码字和纠错码字后的码图

## E.6 掩模与格式信息

### E.6.1 按第 1 种掩模类型编码

以下按第 1 种掩模类型为例演示格式信息与掩模的编码过程。

本码图只有一个数据段，格式信息如下：

数据段编号：00000

数据段总数：00000

纠错等级:011

掩模类型:00

码字交错标志:0

将格式信息按4位一个码字分成4个码字:0000 0000 0001 1000,十进制为:0,0,1,8。按6.9.2对格式信息进行纠错编码后得到11个纠错码字为:2 9 12 10 10 9 14 0 4 15 11。

按6.9.3将格式信息填入图E.2所示码图,并按第1种掩模类型对码图进行掩模后得到的编码结果见图E.3。

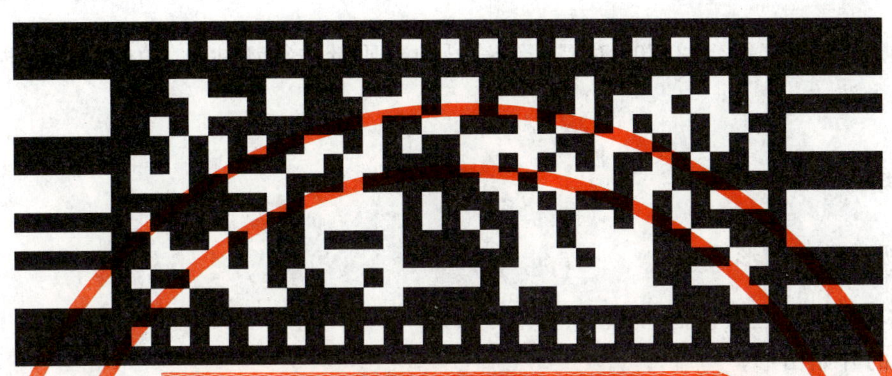

图 E.3 按第1种掩模类型的编码结果

### E.6.2 确定选取的掩模类型

对所有的4种掩模类型均按E.6.1的方法生成编码结果后,根据6.10.2计算各掩模类型的得分,可以得到得分最低的是第3种掩模类型($193_{HEX}$,$129_{HEX}$),最终编码结果见图E.4。

图 E.4 最终编码结果

# 附 录 F
（规范性附录）
# CM 码专有指标的质量评级要求

## F.1 概述

本附录规定了采用 GB/T 23704 对 CM 码符号印制质量进行评估时，功能图形污损和格式信息污损指标的分级方法。

## F.2 功能图形质量等级

### F.2.1 需评级的功能图形区域

需评级的功能图形区域包括（见图 F.1）：

a） 符号的开始图形；

b） 符号的结束图形；

c） 符号的数据段分隔图形；

d） 符号的定位孔图形；

e） 符号周围至少 6 个模块宽度的空白区。

功能图形的质量等级为以上 5 个区块质量等级的最低值。

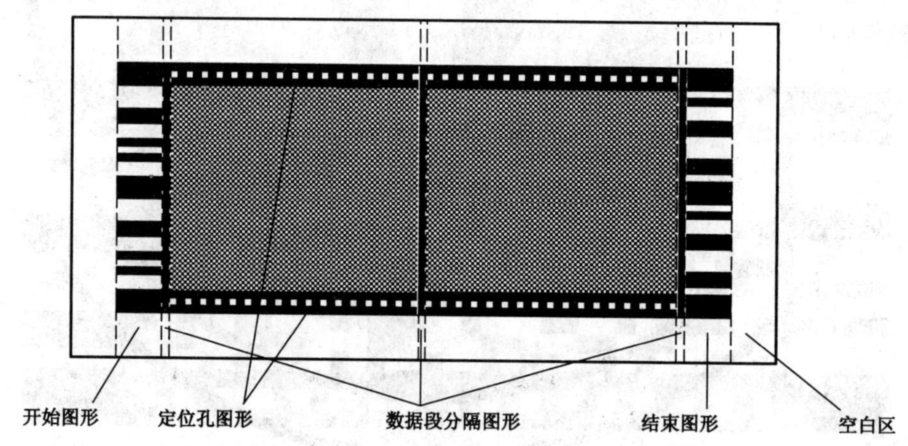


图 F.1 CM 码功能图形污损

### F.2.2 开始图形、结束图形质量评级

根据参考译码算法得到的定位孔图形，计算模块的平均宽度。在 CM 码二值图像的开始图形位置以模块的平均宽度为间距采样扫描线（见图 F.2），计算各扫描线上条、空的个数及宽度。对单条扫描线，按如下方式评价其质量等级：

a） 如果空的个数不是 4 的倍数，则该扫描线的质量等级为 0。

b） 根据该扫描线上条、空的总宽度 $W$ 和符号的版本数 $V$，计算模块的理论宽度 $mw=W/(15\times V+3)$。

c） 计算该扫描线上每个条、空的实际宽度与理论宽度的偏差。设条（或空）实际宽度为 $W_1$，该条

(或空)含 $n$ 个模块,则该条(或空)的理论宽度为 $n\times mw$,偏差计算公式为:$d=\mathrm{ABS}(W_1-n\times mw)/mw$。所有条、空的最大偏差作为该扫描线的偏差。根据表 F.1 确定该扫描线的质量等级。

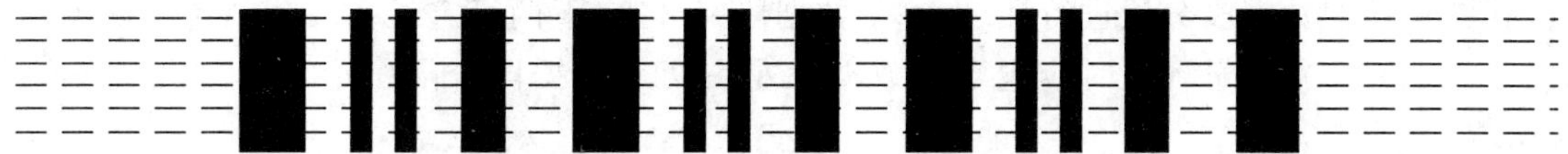

**图 F.2 开始图形的采样扫描线**

**表 F.1 开始图形、结束图形扫描线质量等级的阈值**

| 扫描线上条、空的最大偏差 $d$ | 等级 |
|---|---|
| $d\leqslant 0.08$ | 4 |
| $0.08<d\leqslant 0.11$ | 3 |
| $0.11<d\leqslant 0.14$ | 2 |
| $0.14<d\leqslant 0.17$ | 1 |
| $d>0.17$ | 0 |

所有扫描线的最高等级作为开始图形的质量等级。

结束图形质量等级的检测方法与开始图形相同。

### F.2.3 数据段分隔图形质量评级

对 CM 码的一个数据段分隔图形的评级过程如下:

a) 对于每一个模块,根据 GB/T 23704 中的方法计算该模块的调制度等级。由于数据段分隔图形的所有模块均为深色模块,如果一个模块的反射率高于整体阈值,则该模块的调制度等级为 0。

b) 对于每一个调制度等级,假定所有低于这个等级的模块都是错误模块,连续的错误模块定义为一个错误模块段。根据错误模块个数占总个数的百分比、错误模块段的个数、错误模块段的最大长度三个参数,基于表 F.2 导出一个假定的质量等级。取调制度等级和假定的质量等级的较低值作为该调制度等级下的质量等级。

c) 分别计算每一个调制度等级下的质量等级,取最高值作为 CM 码的一个数据段分隔图形的质量等级。

**表 F.2 数据段分隔图形质量等级的阈值**

| 错误模块百分比 | 错误模块段的个数 | 错误模块段的最大长度 | 等级 |
|---|---|---|---|
| 0% | 0 | 0 | 4 |
| 2% | 1 | 1 | 3 |
| 4% | 2 | 2 | 2 |
| 6% | 3 | 3 | 1 |
| >6% | >3 | >3 | 0 |

一个 CM 码符号有多个数据段分隔图形,对每个数据段分隔图形分别进行评级,所有数据段分隔

图形等级的平均值作为数据段分隔图形的总质量等级，如果需要可以对该数值取整。

### F.2.4 定位孔图形质量评级

定位孔图形按照数据段分段进行评级，每个数据段又分上、下两行定位孔段分别进行评级。

每段定位孔在进行质量评级时应包含该数据段左右两个数据段分隔图形与定位孔图形的重叠部分，见图 F.3。

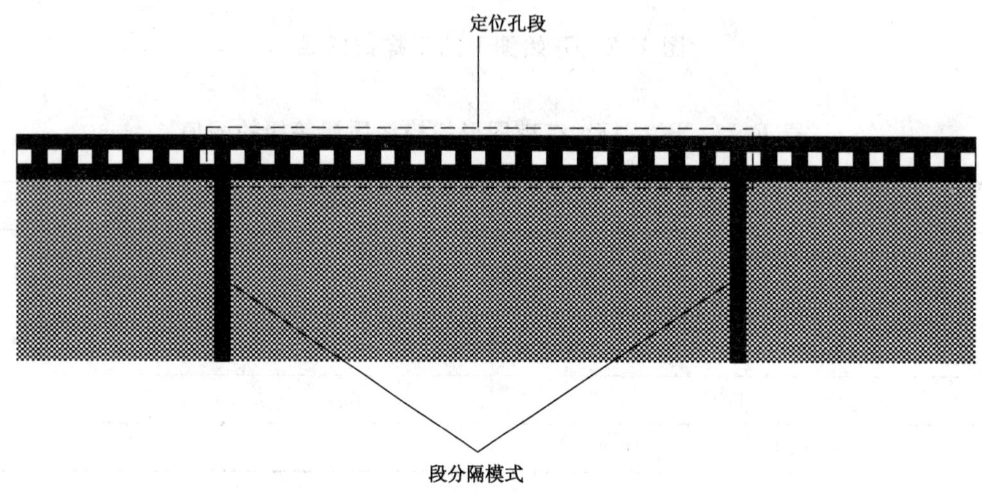


图 F.3 定位孔段

a) 对于定位孔段的每一个模块，根据 GB/T 23704 中的方法计算该模块的调制度等级。由于已知定位孔图形的设计深浅性质，对于任何模块，如果设计其为深，而其反射率高于整体阈值，或其设计为浅，而其反射率低于整体阈值，则该模块的调制度等级为 0。

b) 对于每一个调制度等级，假定所有低于这个等级的模块都是错误模块，基于表 F.3 给出的阈值导出一个假定的质量等级，取调制度等级和假定的质量等级的较低值作为该调制度等级下的质量等级。

c) 分别计算每一个调制度等级下的质量等级，取最高值作为该定位孔段的质量等级。

表 F.3 定位孔段、空白区和格式信息质量等级的阈值

| 定位孔段<br>错误模块的个数 | 空白区<br>错误模块百分比 | 格式信息<br>错误模块的个数 | 等 级 |
|---|---|---|---|
| 0 | 0% | 0 | 4 |
| 1 | 5% | 1 | 3 |
| 2 | 10% | 2 | 2 |
| 3 | 15% | 3 | 1 |
| >3 | >15% | >3 | 0 |

一个 CM 码符号有多个定位孔段，对每个定位孔段分别进行评级，所有定位孔段等级的平均值作为定位孔图形的总质量等级，如果需要可以对该数值取整。

### F.2.5 空白区质量评级

空白区环绕在整个符号周围，6 个模块宽且空白区模块均为浅色，如果空白区某一模块的反射率低

于整体阈值，则认为是一个错误模块。在空白区内统计错误模块的数量，求出错误模块占总模块数的百分比，评级规则见表 F.3。

## F.3　格式信息质量等级

CM 码符号的每一数据段都包含一组格式信息模块，每组格式信息模块分别进行质量等级的评定。

对于一组格式信息，如果格式信息不能被译码，那么该组格式信息质量等级为 0，否则应根据以下方法确定分组的等级：

a）对于每一个模块，根据 GB/T 23704 中的方法计算该模块的调制度等级。由于已知模块设计的深浅性质，对于任何模块，如果设计其为深，而其反射率高于整体阈值，或其设计为浅，而其反射率低于整体阈值，则该模块的调制度等级为 0。

b）对于每一个调制度等级，假定所有低于这个等级的模块都是错误模块，基于表 F.3 给出的阈值导出一个假定的质量等级，取调制度等级和假定的质量等级的较低值作为该调制度等级下的质量等级。

c）分别计算每一个调制度等级下的质量等级，取最高值作为该组格式信息的质量等级。

格式信息质量等级应为各组格式信息质量等级的算术平均值，如果需要可以对该数值取整。

## F.4　扫描分级

单次扫描分级应为 GB/T 23704 中规定的标准译码、符号反差、调制度、轴向不一致性、网格不一致性、未使用纠错以及本附录中规定的功能图形质量等级和格式信息质量等级 8 个指标中的最低值。

# 附 录 G
（资料性附录）
# 参考译码算法

## G.1 概述

CM码被设计用于接触式扫描解码，扫描时应使扫描线平行于数据段分隔模式，从CM码的一侧（开始图形或结束图形）往另一侧进行扫描。参考译码算法要求扫描的速度近似均匀。

## G.2 图像二值化

将采集到的图像转化为灰阶图像，选取灰阶图像反射率最大值与最小值的中值作为全局阈值，并使用该阈值将图像转化为一系列深色与浅色像素组成的二值图像。

## G.3 探测开始图形与结束图形

在图像中寻找“深色－浅色－深色－浅色－深色－浅色－深色－浅色－……－深色”的重复序列，且各块的相对宽度比例是3：2：1：1：1：2：2：3：…：3或3：…：3：2：2：1：1：1：2：3，确定开始图形的位置。对本译码算法，每一元素宽度的允许偏差为0.25（即比例为1的模块尺寸允许范围为0.75～1.25，比例为2的模块尺寸允许范围为1.75～2.25，比例为3的模块尺寸允许范围为2.75～3.25）。

结束图形的探测方法与开始图形相同。结束图形的重复次数应当与开始图形的重复次数相同，并且方向相符，即如果开始图形的相对宽度比例是3：2：1：1：1：2：2：3：…：3，则结束图形的相对宽度比例应当为3：1：2：3：2：2：1：1：…：3；反之则结束图形的相对宽度比例应当为3：…：1：1：2：2：3：2：1：3。

## G.4 探测定位孔图形

开始图形与结束图形探测完成后，即可得到码图模块的高度。从左至右扫描码图的上边界，从边界向下在3个模块高度的范围内搜索定位孔图形，具体算法如下：

a) 从码图的边界向下3个模块高度范围内，若扫描线上的前三段为深色－浅色－深色，且这三段的总长度在2.5～3.5个模块高度的范围内，则认为该扫描线穿过一个定位孔（图G.1的扫描线A），否则认为该扫描线不穿过任何定位孔（图G.1的扫描线B）。
b) 当扫描到一条穿过定位孔的扫描线时，从它的浅色线段出发搜索浅色的连通区域，见图G.1的阴影部分。若该连通区域全部落在码图的边界向下的3个模块高度范围内，则认为扫描得到一个定位孔，计算该连通区域的重心作为该定位孔的中心；否则认为该连通区域不是一个定位孔。
c) 若扫描得到一个定位孔，则下一扫描线移至该定位孔区域的右侧，否则下一扫描线为当前扫描线的右侧。
d) 使用相同的算法，可得到码图下边界的定位孔。

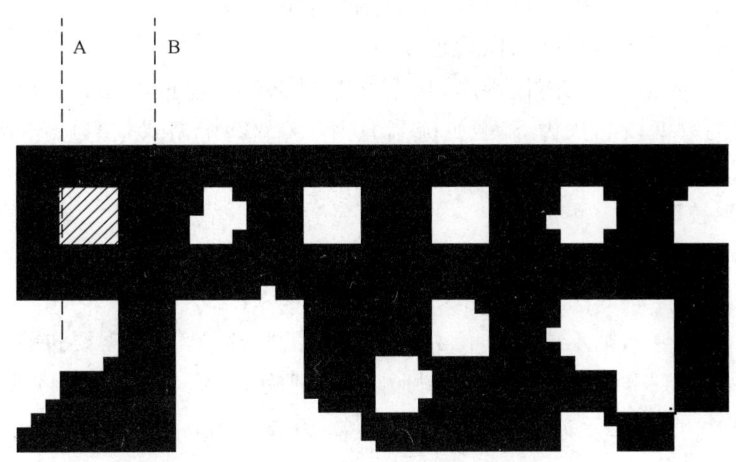


图 G.1 定位孔图形的探测

## G.5 探测数据段分隔图形

从左至右扫描整个码图，每一条扫描线与码图相交形成深色－浅色－深色－…的序列，若该序列同时满足以下三个条件则认为该扫描线穿过一个数据段分隔图形：

a) 浅色段的个数除以高度方向的模块数小于 0.03；

b) 浅色段的最大长度小于或等于 3 个模块高度；

c) 所有浅色段的长度和占总长度的比例小于 6%。

若相邻的两条或多条扫描线同时穿过数据段分隔图形，则将其并入一个数据段分隔图形。

## G.6 格式信息译码

CM 码的格式信息排列于数据段分隔图形的附近（见 6.8 和 6.9.3）。根据已经探测得到的数据段分隔图形和定位孔图形，可以建立格式信息的采样网格。

a) 取紧临数据段分隔图形的 4 个定位孔中心，其中码图上下边界各两个。上边界的两个定位孔中心记为 $A_1$、$B_1$，下边界的两个定位孔中心记为 $A_2$、$B_2$。$A_1B_1$ 的中点记为 $C_1$，$A_2B_2$ 的中点记为 $C_2$。图 G.2 为将码图按逆时针方向旋转 90°后的示意图。

b) 根据在开始图形与结束图形探测阶段得到的符号的版本数，可以计算出符号在高度方向的模块数，根据该数据在 $A_1A_2$、$B_1B_2$、$C_1C_2$ 上分别进行等分建立采样网格，提取格式信息。

c) 对格式信息进行纠错译码可获得数据段编号、数据段的总段数、纠错等级、掩模类型、码字交错标志。

当码图存在多个数据段时，对每个数据段分隔图形均需执行以上 3 个步骤进行格式信息译码。对版本 1 的码图，a)、b)两步建立采样网格时，需要用到数据段分隔图形旁边的 6 条采样线。

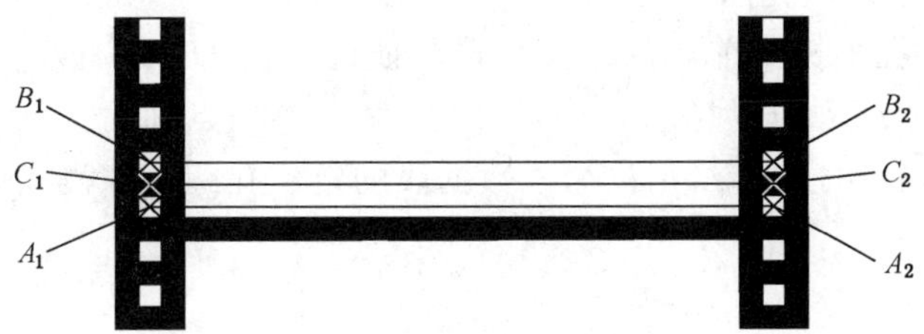


图 G.2 格式信息采样示意图

所有译码成功的格式信息应满足以下条件，否则认为解码失败：

——数据段编号从开始图形到结束图形递增；

——数据段总段数、纠错等级、掩模类型、码字交错标志全都保持不变；

——设译码得到的数据段总数为 $S$，至少应当有 INT(S/2)个格式信息译码成功。

## G.7 数据段分隔图形校验

设 $S_a$、$S_b$ 分别是两个译码成功的数据段的编号，记 $m=S_b-S_a-1$，则理论上 $S_a$、$S_b$ 之间应当有 $m$ 个数据段分隔图形。若 $m=0$，则不需要进行数据段分隔图形校验，否则需要进行校验。

设 $S_a$、$S_b$ 之间共探测到 $n$ 个数据段分隔图形，分别记为 $S_1,S_2,\cdots,S_n$。将 $S_a$ 和 $S_b$ 之间的码图平均分为 $m+1$ 份，记平分的位置分别为 $P_1,P_2,\cdots,P_m$，数据段分隔图形的长度记为 $L$。数据段分隔图形校验的算法如下：

a) 对每一个平分位置 $P_i$，在 $S_1,S_2,\cdots,S_n$ 中搜索与 $P_i$ 距离最近的数据段分隔图形，记为 $S_j$。若 $P_i$ 与 $S_j$ 之间的距离小于 $L/20$，则保留 $S_j$ 作为 $S_a$、$S_b$ 之间的第 $i$ 个数据段分隔图形，否则按步骤 b)在 $P_i$ 附近搜索数据段分隔图形。

b) 在以 $P_i$ 为中心，$L/20$ 为半径的长度范围内，按以下步骤计算每一条竖直扫描线的得分：

   1) 浅色段的个数除以高度方向的模块数记为 $x$；

   2) 浅色段的最大长度除以模块高度记为 $y$；

   3) 所有浅色段的长度和占总长度的比例记为 $z$；

   4) 总得分 $w=x+y/100+z$。

若得分最小的扫描线的分值小于 0.2，则该扫描线作为 $S_a$、$S_b$ 之间的第 $i$ 个数据段分隔图形，否则认为 $S_a$、$S_b$ 之间的第 $i$ 个数据段分隔图形搜索失败。

## G.8 定位孔图形校验

定位孔图形的校验对每个数据段分别进行。每个数据段左右两侧各有一个数据段分隔图形，如果其中一个数据段分隔图形探测失败，则认为该数据段无法读取。即一个数据段分隔图形探测失败将导致其左右两个数据段无法读取。

根据本标准规定，一个数据段的上下两侧各有 17 个定位孔，定位孔中心之间的距离固定为 2 个模块的宽度，第一个与最后一个定位孔与数据段分隔图形之间的距离为 1 个模块的宽度。

设一个数据段共探测到 $m$ 个定位孔(见 G.4)，记为 $H_1,H_2,\cdots,H_m$。根据该数据段的左右两个数据段分隔图形，可以计算出 17 个定位孔的理论位置 $P_1,P_2,\cdots,P_{17}$，定位孔中心之间的距离记为 $L$。定位孔图形校验的算法如下：

a) 对每一个理论位置 $P_i$，在 $H_1,H_2,\cdots,H_m$ 中搜索与 $P_i$ 距离最近的定位孔图形，记为 $H_j$。若 $P_i$ 与 $H_j$ 之间的距离小于 $L/10$，则保留 $H_j$ 作为该数据段的第 $i$ 个定位孔图形，否则按步骤 b)插值计算第 $i$ 个定位孔图形的位置。

b) 需要插值的定位孔根据其前后的定位孔进行插值。设 $H_a$，$H_b$ 两个定位孔之间需要插入 $k$ 个定位孔，则将 $H_a$，$H_b$ 的连线等分为 $k+1$ 份，每个等分点即对应一个插值的定位孔。若总共需要插值的定位孔超过 8 个，则认为该数据段的定位孔图形探测失败。

## G.9 数据采样

对每个数据段分别进行采样。一个数据段的上下分别有 17 个定位孔，在每两个相邻的定位孔的中点插入一个参考点，共插入 16 个参考点，加上 17 个定位孔共 33 个参考点。以直线段连接码图上下对应的两个参考点，根据符号在高度方向的模块数，将该直线段进行等分建立采样网格，等分点即为采样点。每个数据段经数据采样后得到一个二进制数据矩阵。

## G.10 去除掩模

根据 6.10 的掩模方案和格式信息译码得到的掩模类型，用相应的掩模方式对符号的数据编码区域进行异或处理。

## G.11 还原符号码字并纠错

根据 6.8 所规定的码字排列顺序组装码字。如果总码字数大于 511，则参照 6.6.2 的分块法则以及 6.7.3 的纠错块交错规则和格式信息中的码字交错标志位还原码字顺序。每一纠错块分别应用 Reed-Solomon 纠错算法进行纠错后得到原始的数据码字。

## G.12 数据位流解码

错误码字被纠正后，将数据码字组装成二进制位流，按下面的流程译码二进制流即可还原数据：

a） 读取开头 4 位数据得到当前的解码数据类型；

b） 根据当前数据类型的编码规则，对二进制位流进行解码，直至遇到类型转换码；

c） 查类型转换代码表（表 6），确定下一数据类型，如果为码流结束标志则整个译码过程结束，否则跳转到步骤 b）。

若数据流不是以数据结束标志结束，解码过程应当返回失败。

检05